UG NX 12.0 中文版
曲面造型从入门到精通

三维书屋工作室

孙海涛 胡仁喜 等编著

机 械 工 业 出 版 社

本书以 UG NX 12.0 中文版为平台，以基础和大量实例相结合的形式，讲解了 UG NX 12.0 曲面造型设计中的操作方法和使用技巧。具体内容包括：曲面造型综述、UG NX 12.0 基础、基本操作、曲线功能、简单曲面的创建、复杂曲面的创建、曲面的编辑、曲线与曲面分析、渲染、吧台椅设计综合实例、榨汁机设计综合实例和飞机造型设计综合实例内容。

在介绍的过程中，注意由浅入深，从易到难，各章节既相对独立又前后关联。本书解说翔实，图文并茂，语言简洁，思路清晰。

随书所配电子资料包含全书实例源文件和全部实例操作过程 MP4 文件，可以帮助读者更加轻松自如地学习本书的相关知识。

本书可作为大、中专院校相关专业和相关培训学院学生的教材，也可作为工程技术人员的自学教材或参考工具书。

图书在版编目（CIP）数据

UG NX 12.0中文版曲面造型从入门到精通/孙海涛等编著. —3版. —北京：机械工业出版社, 2019.8

ISBN 978-7-111-63168-2

Ⅰ. ①U… Ⅱ. ①孙… Ⅲ. ①计算机辅助设计－应用软件 Ⅳ. ①TP391.72

中国版本图书馆 CIP 数据核字(2019)第 140098 号

机械工业出版社（北京市百万庄大街 22 号 邮政编码 100037）
策划编辑：曲彩云　　责任编辑：曲彩云
责任校对：刘秀华　　责任印制：郜　敏
北京中兴印刷有限公司印刷
2019 年 9 月第 3 版第 1 次印刷
184mm×260mm · 23.25 印张 · 574 千字
0001－3000 册
标准书号：ISBN 978-7-111-63168-2
定价：89.00 元

电话服务　　网络服务
客服电话：010-88361066　　机工官网：www.cmpbook.com
010-88379833　　机工官博：weibo.com/cmp1952
010-68326294　　金 书 网：www.golden-book.com
封底无防伪标均为盗版　　机工教育服务网：www.cmpedu.com

前　言

曲面造型是计算机辅助几何设计和计算机图形学的一项重要内容，主要研究在计算机图系统的环境下对曲面的表示、设计、显示和分析。它起源于汽车、飞机、船舶等产品的外形放样工艺，由 Coons、Bezier 等大师于 20 世纪 60 年代奠定其理论基础。如今经过几十年的发展，曲面造型已形成了以有理 B 样条曲面参数化特征设计和隐式代数曲面表示这两类方法为主体，以插值、逼近这两种手段为骨架的几何理论体系。

Unigraphics（简称 UG）是美国 EDS 公司出品的一套集 CAD/CAM/CAE 于一体的软件系统。它的功能覆盖了从概念设计到产品生产的整个过程，并且广泛地运用在汽车、航天、模具加工及设计和医疗器械等行业领域。它提供了强大的实体建模技术，提供了高效能的曲面建构能力，能够完成最复杂的造型设计。

本书以 UG NX 12.0 中文版为平台，以基础和大量实例相结合的形式，详细讲解了 UG NX 12.0 曲面造型设计中的操作方法和使用技巧。具体内容包括：

第 1 章为曲面造型综述。第 2 章介绍了 UG NX 12.0 的启动、工作环境、系统环境以及参数预设置。第 3 章介绍了文件操作、对象操作、工作图层设置、坐标系操作和基准建模等基本操作。第 4 章介绍了基本曲线、复杂曲线、曲线操作及曲线编辑，并结合鞋子曲线的创建实例介绍了曲线功能的综合应用。第 5 章介绍了简单曲面的创建，包括基本曲面、网格曲面、扫掠创建曲面等，并结合风扇和节能灯泡的创建实例介绍了简单曲面的使用和操作。第 6 章介绍了复杂曲面的创建，包括四点曲面、艺术曲面、样式圆角、规律延伸、偏置曲面、加厚和桥接曲面等，并结合牙膏盒、咖啡壶和鞋子的创建实例介绍了如何创建复杂曲面。第 7 章介绍了曲面的编辑命令的使用和操作，并结合饮料瓶的创建实例介绍了曲面编辑命令的综合应用。第 8 章介绍了曲线和曲面分析的使用方法。第 9 章介绍了曲面的渲染，包括高质量图像、艺术图像、材料及纹理设置、灯光效果和视觉效果。第 10 章～第 12 章通过吧台椅、榨汁机和飞机造型设计综合实例，介绍了零件建模和装配的具体操作步骤。

本书可作为大中专院校相关专业和相关培训学院学生的教材，也可作为工程技术人员的自学教材或参考工具书。

为了配合学校师生利用本书进行学习的需要，随书附赠了电子资料包，包含了全书实例操作过程 PM4 文件和实例源文件，可以帮助读者更加形象直观地学习相关知识。读者可以登录百度网盘 https://pan.baidu.com/s/1jKpaTAe 或 https://pan.baidu.com/s/1dahSWe 下载，密码为 z71e 或 rvqt（如果没有百度网盘，需要先注册一个才能下载）。

本书由陆军工程大学石家庄校区的孙海涛和胡仁喜主要编写。其中孙海涛执笔编写了第 1~9 章，胡仁喜执笔编写了第 10~12 章。刘昌丽、康士廷、王敏、王玮、孟培、王艳池、闫聪聪、王培合、王义发、王玉秋、杨雪静、卢园、孙立明、甘勤涛、李兵、路纯红、阳平华、李亚莉、张俊生、李鹏、周冰、董伟、李瑞、王渊峰等参加了部分编写工作。

由于编者水平有限，书中不足之处在所难免，望广大读者批评指正，编者将不胜感激。有任何问题可以登录网站 www.sjzswsw.com 或联系 win760520@126.com，也欢迎加入三维书屋图书学习交流群（QQ：811016724）交流探讨。

编　者

目　录

第1章

曲面造型综述

曲面造型是计算机辅助几何设计 和计算机图形学的一项重要内容，主要研究在计算机图像系统的环境下对曲面的表示、设计、显示和分析。它起源于汽车、飞机、船舶及叶轮等的外形放样工艺，由 Coons、Bezier 等大师于 20 世纪 60 年代奠定其理论基础。经过 40 多年的发展，曲面造型现在已形成了以有理 B 样条曲面(Rational B-spline Surface)参数化特征设计和隐式代数曲面(Implicit Algebraic Surface)表示这两类方法为主体，以插值(Interpolation)、拟合(Fitting)和逼近(Approximation)这三种手段为骨架的几何理论体系。

重点与难点

- 曲面造型的现状和发展趋势
- UG 曲面建模的学习方法

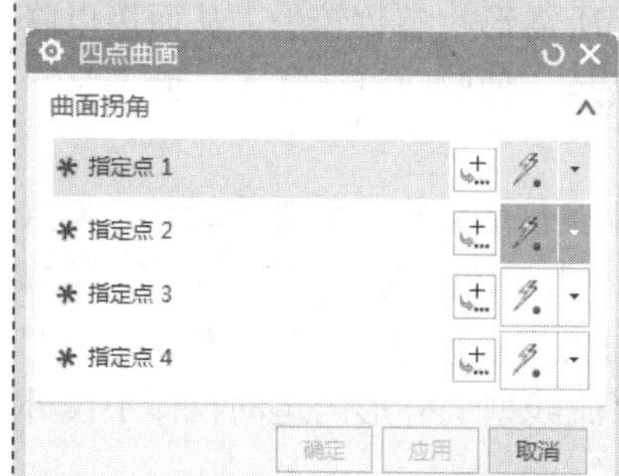

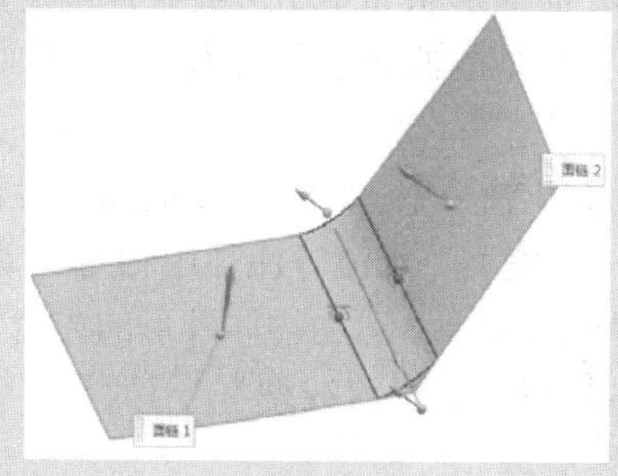

1.1 曲面造型现状和发展趋势

随着计算机图形显示对于真实性、实时性和交互性要求的日益增强，随着几何设计对象向着多样性、特殊性和拓扑结构复杂性这一趋势的日益明显，随着图形工业和制造工业迈向一体化、集成化和网络化步伐的日益加快，随着激光测距扫描等三维数据采样技术和硬件设备的日益完善，曲面造型近几年得到了长足的发展，这主要表现在研究领域的急剧扩展和表示方法的开拓创新。

1）从研究领域来看，曲面造型技术已从传统的研究曲面表示、曲面求交和曲面拼接，扩充到曲面变形、曲面重建、曲面简化、曲面转换和曲面等距性。

2）从表示方法来看，以网格细分(Subdivision)为特征的离散造型与传统的连续造型相比，大有后来居上的创新之势。这种曲面造型方法在生动逼真的特征动画和雕塑曲面的设计加工中如鱼得水，得到了广泛的运用。

3）新的曲面造型方法。

①基于物理模型的曲面造型方法。现有的 CAD/CAM 系统中的曲面造型方法建立在传统的 CAGD 纯数学理论的基础之上，借助控制顶点和控制曲线来定义曲面，具有调整曲面局部形状的功能，但这种灵活性也给形状设计带来许多不便：典型的设计要求既是定量的又是定性的，如“逼近一组散乱点且插值于一条截面线的整体光顺的曲面”，这种要求对曲面的整体和局部都具有约束，现有曲面生成方式难以满足这种要求；设计者在修改曲面时，往往要求面向形状的修改，通过间接的调整顶点、权因子和节点矢量进行形状修改既烦琐、耗时又不直观，难以既定性又定量地修改曲面的形状；局部调整控制顶点难以保持曲面的整体特性，如凸性或光顺性。基于物理模型的曲面造型方法为克服这些不足提供了一种手段。用基于物理模型的方法对变形曲面进行仿真或构造光顺曲面是 CAGD 和计算机图形学中一个重要研究领域。

②基于偏微分方程（PDE）的曲面造型方法。PDE 曲面的形状由边界条件和所选择的片微分方程确定。该方法具有以下特点：构造过渡面简单易行，只需给出过渡线并计算过渡线处的跨界导矢；所得曲面自然光顺。曲面由曲面参数的超越函数表示，而不是简单的多项式；确定一张曲面只需少量的参数，并且对设计者的数学背景要求较少，用户只需给出边界曲线和跨界导矢即可产生一张光顺的曲面。因此，用户的输入工作量较小；可通过修改边界曲线和跨界导矢，即方程中的一个物理参数来调整曲面形状；便于功能曲面的设计。功能曲面设计最终归结为一些泛函的极值问题，这些泛函的自变量是形状参数，形状参数的多少直接关系到求泛函极值问题时计算量的大小。PDE 曲面形状完全由边界条件确定，所需形状参数较少，从而可以降低计算耗费。PDE 方法是一种新型的曲面造型技术，该方法仅是一种曲面设计技术，而不是一种曲面的表达方式。

③流曲线曲面造型。在 CAD 领域中，许多曲线曲面的设计涉及运动物体的外形设计，如汽车、飞机、船舶等，这些物体在空气、水流等流体中相对运动。由于流体对运动物体产生阻力，运动物体的外形设计将变得十分重要，运动物体外形的光滑与否将直接影响其运动性能。人们常常希望所设计的运动物体外形具有“流线型”，因为具有“流线型”外形的运动物体不仅外

观漂亮宜人，而且能极大地减少运动过程中流体对物体的阻力。

1.2 UG 曲面建模学习方法

面对 CAD/CAM 软件所提供的众多曲面造型功能，要想在较短的时间内达到学会实用造型的目标，掌握正确的学习方法是十分必要的。要想在最短的时间内掌握实用造型技术，应注意以下几点：

1）应学习必要的基础知识，包括自由曲线（曲面）的构造原理。这对正确地理解软件功能和造型思路是十分重要的，所谓“磨刀不误砍柴工”。不能正确理解也就不能正确使用曲面造型功能，必然给日后的造型工作留下隐患，使学习过程出现反复。

2）要针对性地学习软件功能。这主要包括两方面：一方面是学习功能切忌贪多。一个 CAD/CAM 软件中的各种功能复杂多样，初学者往往陷入其中不能自拔。其实在实际工作中能用得上的只占其中很小的一部分，完全没有必要求全。对于一些难得一用的功能，即使学了也容易忘记，徒然浪费时间。另一方面，对于必要的、常用的功能应重点学习，真正领会其基本原理和应用方法，做到融会贯通。

3）重点学习造型基本思路。造型技术的核心是造型的思路，而不在于软件功能本身。大多数 CAD/CAM 软件的基本功能大同小异，要在短时间内学会这些功能的操作并不难，但面对实际产品时却又感到无从下手，这是许多自学者常常遇到的问题。这就好比学射击，其核心技术其实并不在于对某一型号枪械的操作一样。只要真正掌握了造型的思路和技巧，无论使用何种 CAD/CAM 软件都能成为造型高手。

4）应培养严谨的工作作风，切忌在造型学习和工作中“跟着感觉走”，在造型的每一步骤都应有充分的依据，不能凭感觉和猜测进行，否则贻害无穷。

第2章

UG NX 12.0 基础

UG(Unigraphics)是 Unigraphics Solutions 公司推出的集 CAD/CAM/CAE 为一体的三维机械设计平台，也是当今世界广泛应用的计算机辅助设计、分析和制造软件之一，应用于汽车、航空航天、机械、消费产品、医疗器械、造船等行业，它为制造行业产品开发的全过程提供解决方案，功能包括概念设计、工程设计、性能分析和制造。本章主要介绍 UG 软件界面的工作环境，简单介绍如何自定义工具栏，最后介绍 UG 产品流程及个性设计

重点与难点

- UG NX 12.0 的启动和工作环境
- 功能区的定制
- 系统的默认参数设置
- UG NX 12.0 的参数设置

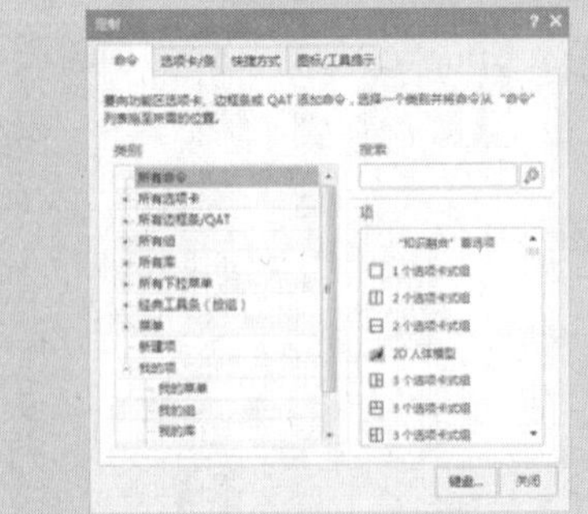

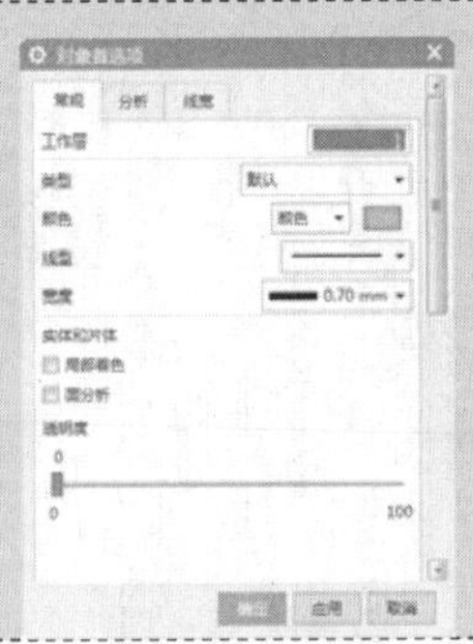

2.1 UG NX 12.0 的启动和工作环境

2.1.1 UG NX 12.0 的启动

启动 UG NX 12.0 有下面 4 种方法：

1）双击桌面上的 UG NX 12.0 的快捷方式图标，即可启动 UG NX 12.0。

2）单击桌面左下方的“开始”按钮，在弹出的菜单中选择“所有程序”→“UG NX 12.0”→“NX 12.0”，启动 UG NX 12.0。

3）将 UG NX 12.0 的快捷方式图标拖到桌面下方的快捷启动栏中，只需单击快捷启动栏中 UG NX12.0 的快捷方式图标，即可启动 UG NX 12.0。

4）直接在启动 UG NX 12.0 的安装目录的 UGII 子目录下双击 ugraf.exe 图标，就可启动 UG NX 12.0。

UG NX 12.0 的启动画面如图 2-1 所示。

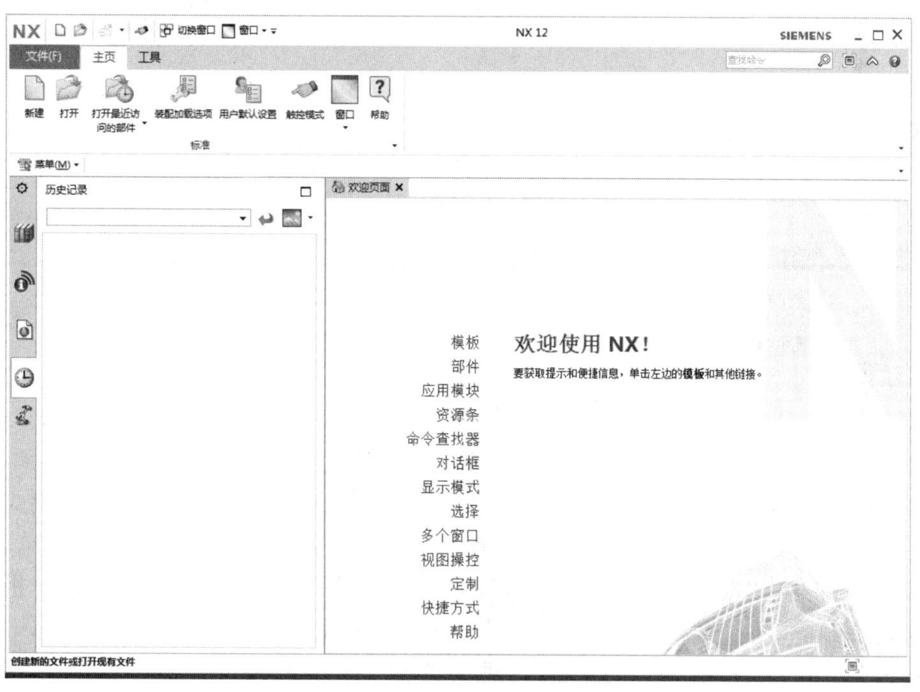

图 2-1　UG NX 12.0 的启动画面

2.1.2 工作环境

本节介绍 UG NX 12.0 的主要工作界面及各部分功能，了解各部分的位置和功能之后才可

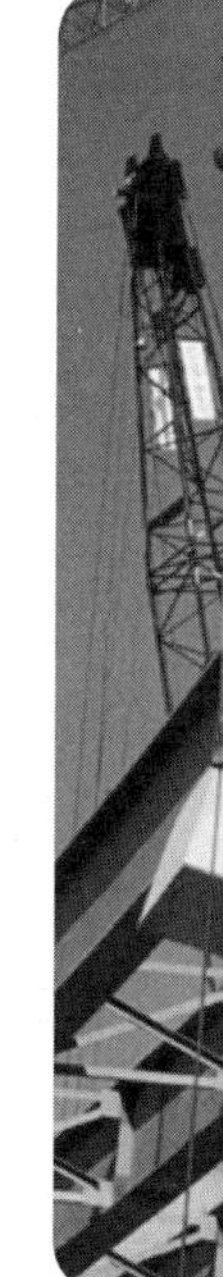

以有效地进行工作设计。UG NX 12.0 的工作窗口如图 2-2 所示，其中主要包括标题、菜单、工作区、坐标系、功能区、资源工具条、提示行和状态行等部分。

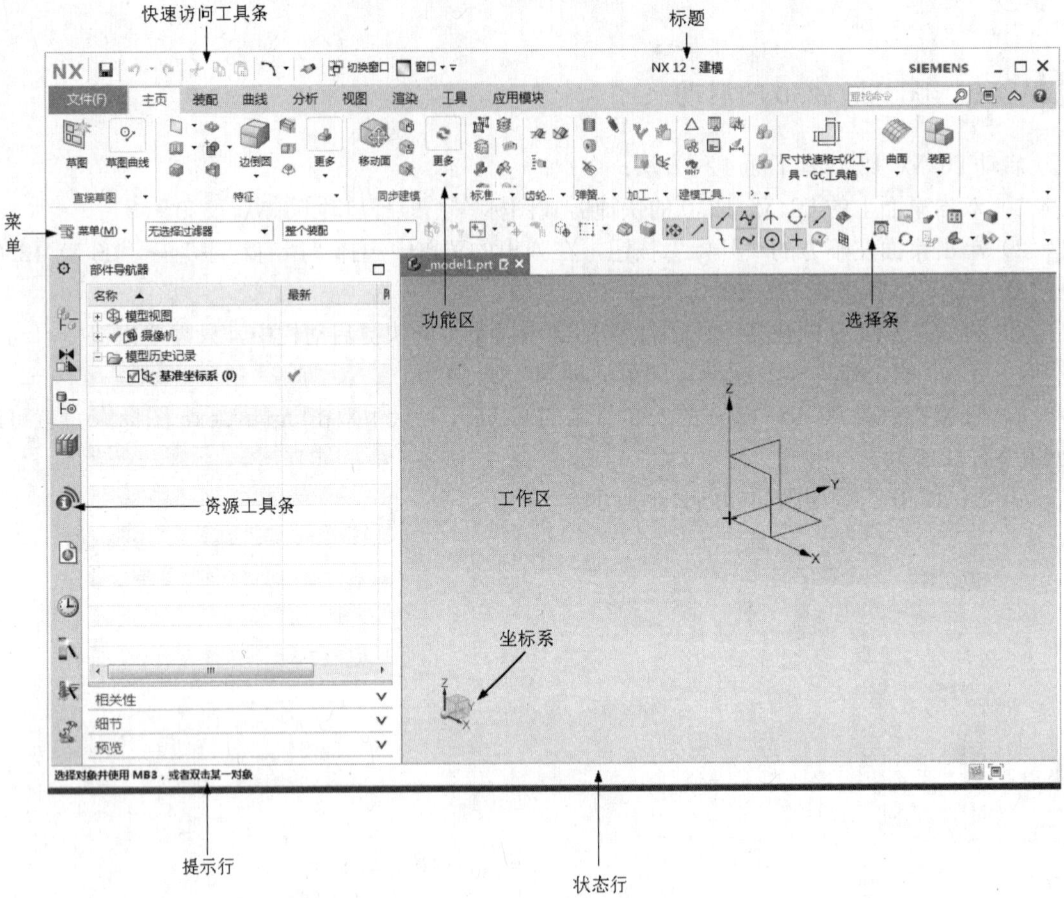

图 2-2　UG NX 12.0 的工作窗口

1）标题：用来显示当前软件版本以及当前的模块和文件名等信息。

2）菜单：包含了本软件的主要功能，系统的所有命令或设置选项都归属到不同的菜单下，它们分别是："文件"菜单、"编辑"菜单、"视图"菜单、"插入"菜单、"格式"菜单、"工具"菜单、"装配"菜单、"动画设计"菜单、"产品制造信息"菜单、"信息"菜单、"分析"菜单、"首选项"菜单、"应用模块"菜单、"窗口"菜单、"GC 工具箱"和"帮助"菜单。

当单击"菜单"按钮时，在下拉菜单中就会显示所有与该功能有关的命令选项。图 2-3 所示为菜单的命令，有如下特点：

①功能命令：是实现软件各个功能所要执行的各个命令，单击它会调出相应功能。

②提示箭头：是指菜单命令中右方的三角箭头，表示该命令含有子菜单。

③快捷命令：命令右方的字母组合键即是该命令的快捷键。在工作过程中直接按下组合键，即可自动执行该命令。

3）工作区：是绘图的主区域。

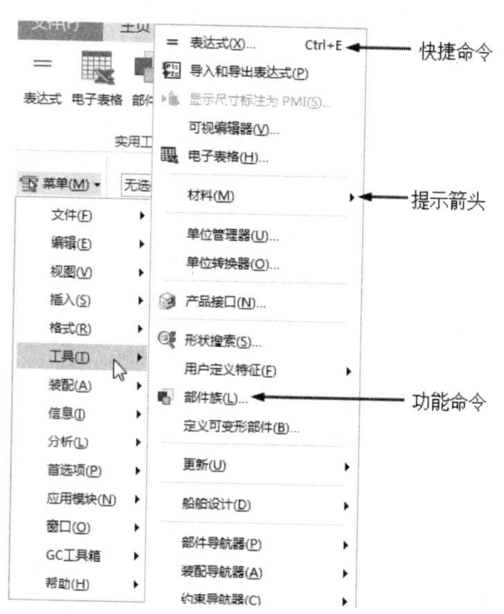

图 2-3　菜单

4）坐标系：分为工作坐标系（WCS）和绝对坐标系（ACS），其中工作坐标系是用户在建模时直接应用的坐标系。

5）功能区：选项卡中的命令以图标的方式表示，所有选项的图标命令都可以在菜单中找到，这样可以使用户避免在菜单中查找命令的烦琐，方便操作。功能区用于显示 UG NX 12.0 的常用功能，以“主页”功能区为例，如图 2-4 所示。

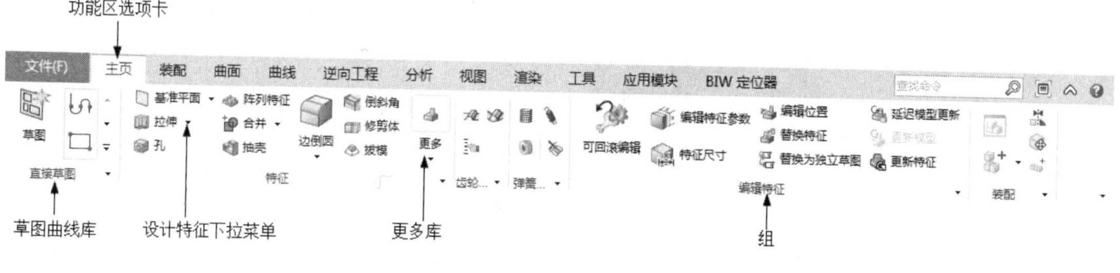

图 2-4　功能区

6）资源工具条：如图 2-5 所示。其中包括装配导航器、部件导航器、Web 浏览器、历史记录、重用库等。

单击“部件导航器”或“Web 浏览器”图标，会弹出一页面显示窗口。当单击按钮□时可以切换页面的最大化，如图 2-6 所示。

单击“Web 浏览器”图标，用它来显示 UG NX 12.0 的在线帮助、CAST、e-vis、iMan 或其他任何网站和网页，也可执行“菜单”→“首选项”→“用户界面”命令来配置浏览主页，如图 2-7 所示。

单击“历史记录”图标，可访问打开过的零件列表，可以预览零件及其他相关信息，如图 2-8 所示。

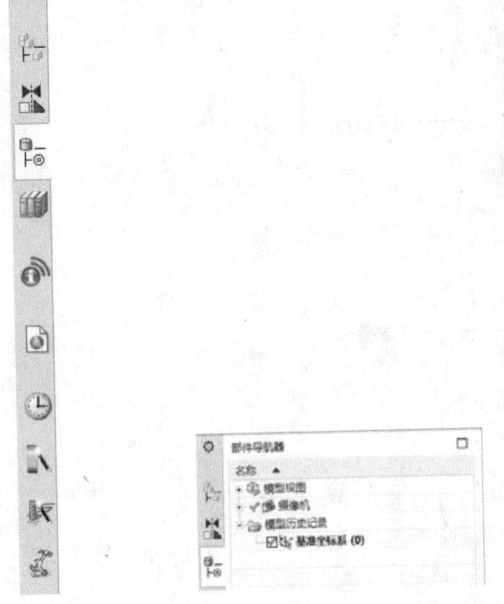

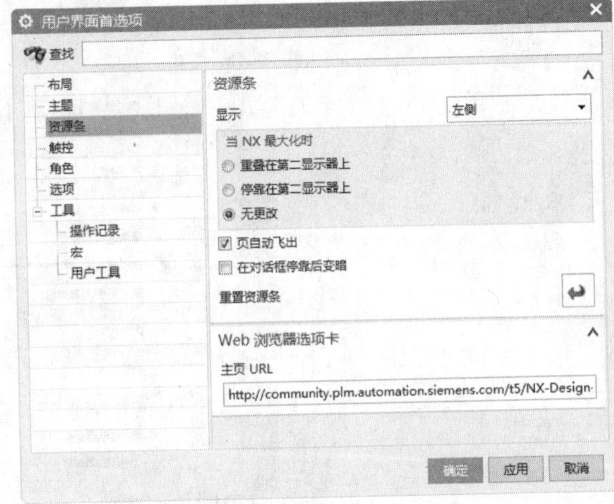

图 2-5　资源工具条　　图 2-6　最大化窗口　　图 2-7　配置浏览器主页

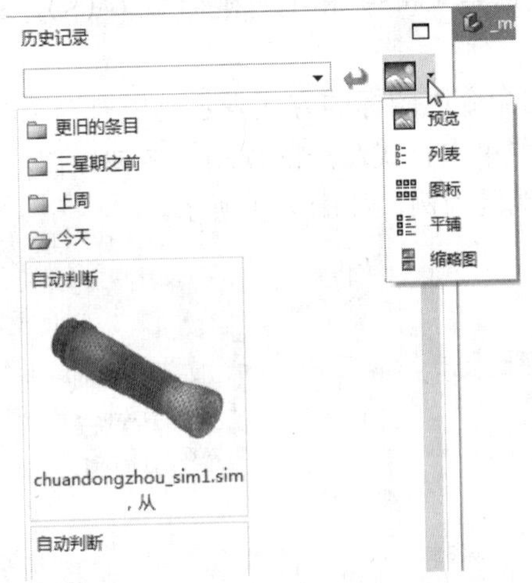

图 2-8　历史信息

7）提示行：用来提示用户如何操作。执行每个命令时，系统都会在提示栏中显示用户必须执行的下一步操作。对于不熟悉的命令，可利用提示行的帮助，一般都可以顺利完成操作。

8）状态行：主要用于显示系统或图元的状态，如显示是否选择图元等信息。

2.2　功能区的定制

UG NX 12.0 中提供的功能区可以为用户工作提供方便，但是进入应用模块之后，UG NX 12.0只会显示默认的功能区图标设置，而用户可以根据自己的习惯定制独特风格的功能区，本节将介绍功能区的设置。

执行菜单中的“工具”→“定制”命令，如图 2-9 所示，或者在功能区空白处的任意位置右击，从弹出的快捷菜单（见图 2-10）中选择“定制”选项，就可以打开“定制”对话框，如图 2-11 所示。该对话框中有 4 个功能标签，即命令、选项卡/条、快捷方式、图标/工具提示。单击相应的标签后，对话框会随之显示对应的选项卡内容，即可进行功能区选项卡的定制。完成后执行对话框下方的“关闭”命令，即可退出对话框。

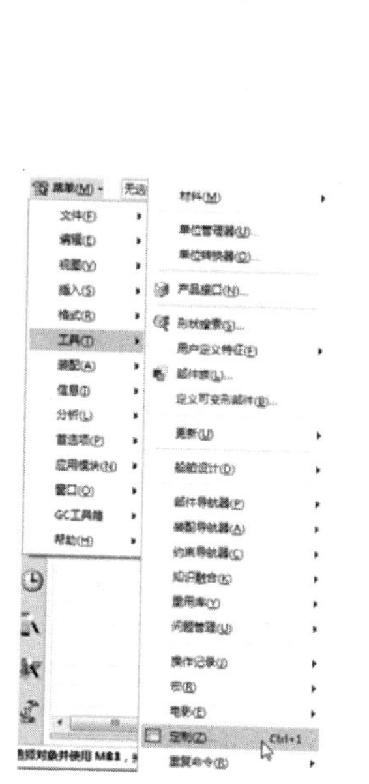

图 2-9　“工具”→“定制”命令

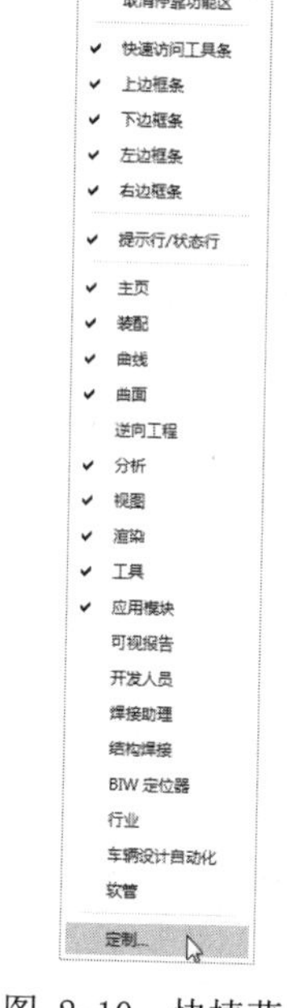

图 2-10　快捷菜单

图 2-11　“定制”对话框

2.2.1　命令

该标签用于显示或隐藏功能区中的某些图标命令，如图 2-11 所示。具体操作为：在“类别”列表框中找到需要添加的命令，然后在“项”列表框中找到待添加的命令，将该命令拖至工作窗口的相应功能区中即可。对于功能区中不需要的命令图标可直接拖出，然后释放鼠标即可。对功能区中的“命令”图标，也可用同样方法将其拖动到“菜单”的下拉菜单中。

2.2.2　选项卡/条

该标签如图 2-12 所示。用于设置显示或隐藏某些选项、新建选项、装载定义好的选项文件（以.tbr 为后缀），也可以利用“重置”命令来恢复软件默认的选项设置。

2.2.3 快捷方式

该标签如图 2-13 所示。用于在工作区或导航器中选择对象以定制其快捷工具条或推断式工具条。

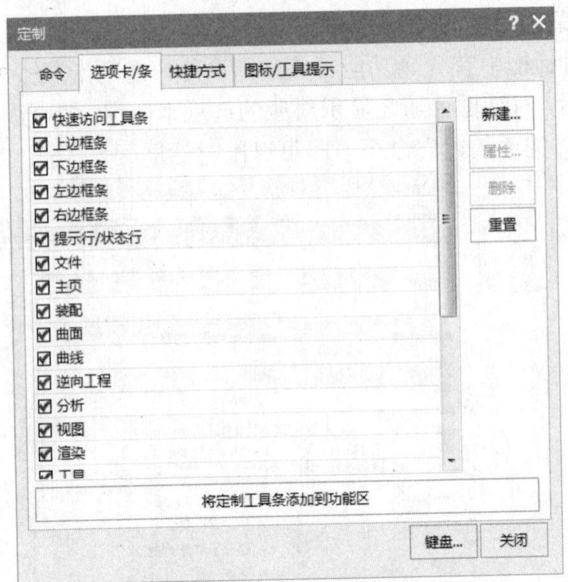

图 2-12 “选项卡/条”标签

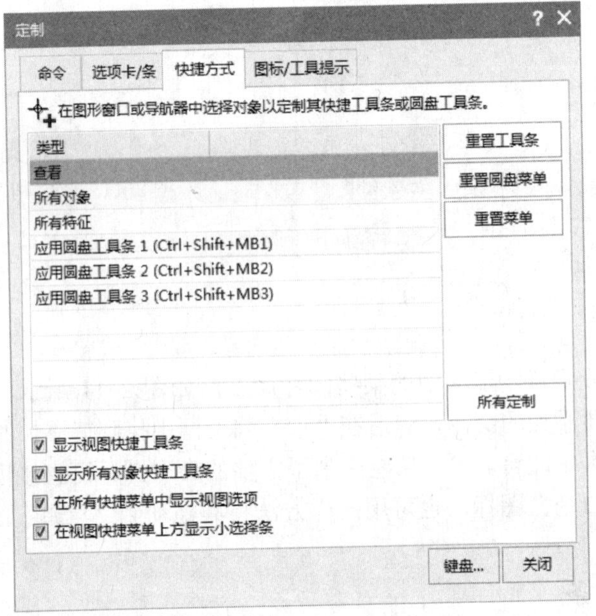

图 2-13 “快捷方式”标签

2.2.4 图标/工具提示

该标签（见图 2-14）可以对以 UG NX 12.0 中所有的图标大小进行设置，包括功能区、窄功能区、上/下边框条、左/右边框条、快捷工具条/圆盘工具条和菜单等，以及工具提示的设置。

图 2-14　“图标/工具提示”标签

2.3　系统的默认参数设置

UG NX 12.0 安装以后，会自动建立一些系统变量，所以在使用之前先要设置默认参数的默认值。

在 UG NX 12.0 环境中，操作参数一般都可以修改。大多数的操作参数，如尺寸的单位、尺寸的标注方式、字体的大小以及对象的颜色等都有默认值。而参数的默认值都保存在默认参数设置文件中，当启动 UG NX 12.0 时，会自动调用默认参数设置文件中的默认参数。UG NX 12.0 提供了修改默认参数方式，用户可以根据自己的习惯预先设置默认参数的默认值。

执行菜单中的“文件”→“实用工具”→“用户默认设置”命令，弹出如图 2-15 所示的“用户默认设置”对话框。

在该对话框中可以设置默认参数的默认值、查找所需默认设置的作用域和版本，将默认参数以电子表格的格式输出并升级旧版本的默认设置等。

下面介绍图 2-15 所示对话框中主要选项的用法。

1. 查找默认设置

单击“查找默认设置”按钮，弹出如图 2-16 所示的“查找默认设置”对话框。在该对话框“输入与默认设置关联的字符”的文本框中输入要查找的默认设置，单击“查找”按钮，在“找到的默认设置”列表框中列出其作用域（适用于）、类别等。

2. 管理当前设置

单击“管理当前设置”按钮，弹出“管理当前设置”对话框。在该对话框中可以实现对默认设置的新建、删除、导入、导出和以电子表格的格式输出默认设置。

注意：如果想切换英文或中文界面，需要更改 UG NX12.0 的系统环境变量，如图 2-17 所示。

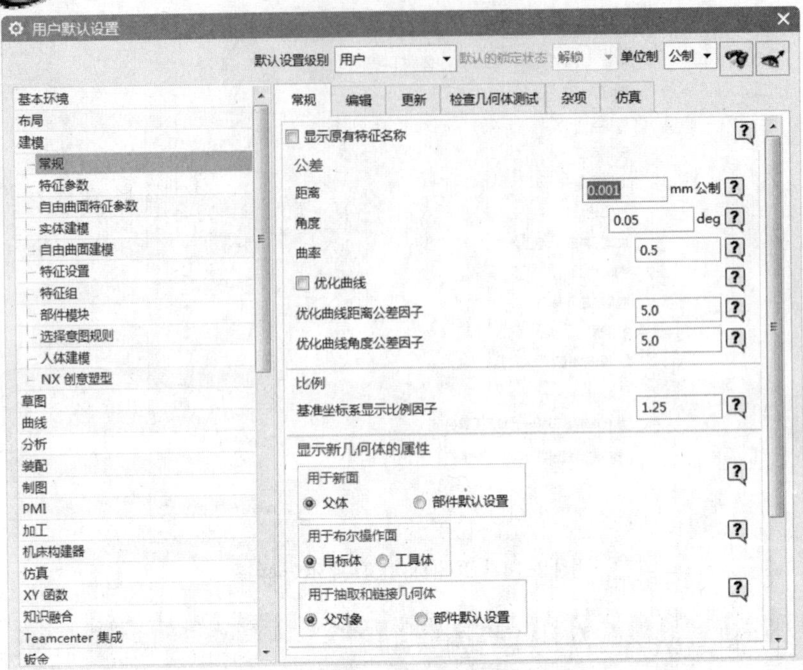

图 2-15 “用户默认设置”对话框

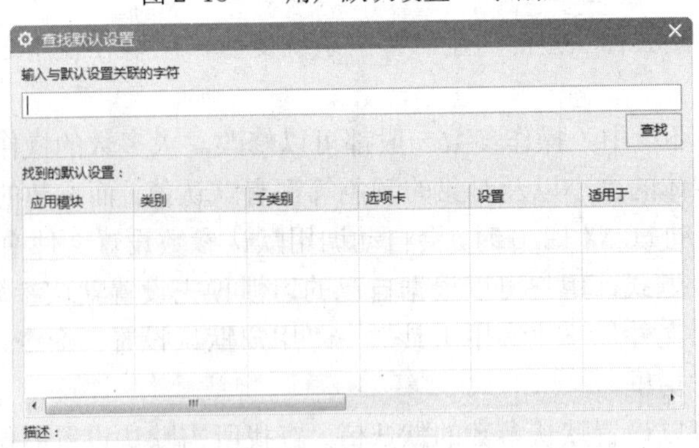

图 2-16 “查找默认设置”对话框

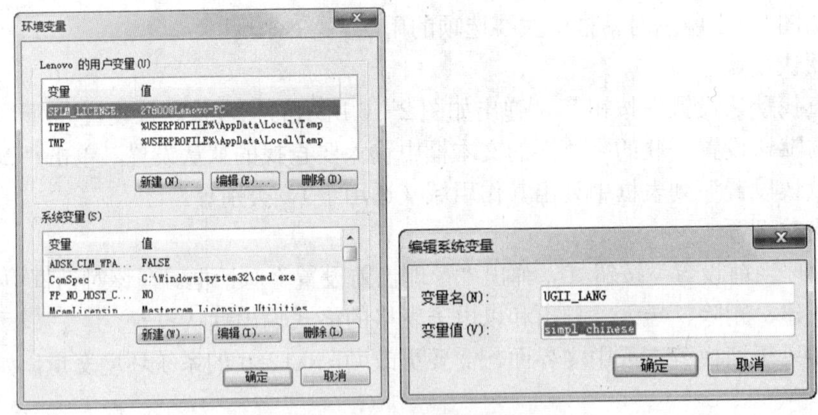

图 2-17 更改系统环境变量

2.4 UG NX 12.0 参数设置

UG NX 12.0 参数设置主要用于设置 UG NX 12.0 系统默认的一些控制参数。所有的参数设置命令均在菜单的“首选项”中，当进入相应的命令中时，每个命令还会有具体的设置。

其中，也可以通过修改 UG NX12.0 安装目录下的 UGII 文件夹中的 ugii_env.dat 和 ugii_metric.def 或相关模块的 def 文件来修改 UG 的默认设置。

2.4.1　对象首选项

执行菜单中的“首选项”→“对象”命令，弹出如图 2-18 所示“对象首选项”对话框。该对话框主要用于设置产生新对象的属性，如线型、宽度和颜色等，通过编辑，用户可以进行个性化的设置。以下就相关选项进行说明。

1）工作层：用于设置新对象的存储图层。在文本框中输入图层号，系统会自动将新建对象储存在该图层中。

2）类型、颜色、线型、宽度：在其下拉列表框中设置了系统默认的多种选项，包括 7 种线型选项和 3 种线宽选项等。

3）面分析：该选项用于确定是否在面上显示该面的分析效果。

4）透明度：该选项用于使对象显示处于透明状态。用户可以通过滑块来改变透明度。

5）继承：该选项命令即图标按钮，用于继承某个对象的属性设置，并以此来设置新创对象的预设置。单击此按钮，选择要继承的对象，这样以后新建的对象就会和刚选择的对象具有同样的属性。

6）信息：该选项即图标按钮，用于显示并列出对象属性设置的“信息”对话框。

2.4.2　装配首选项

执行菜单中的“首选项”→“装配”命令，弹出如图 2-19 所示的“装配首选项”对话框。该对话框用于设置装配的相关参数。

以下介绍部分选项功能用法.

1）显示为整个部件：当更改工作部件时，此选项会临时将新工作部件的引用集改为整个部件引用集。如果系统操作引起工作部件发生变化，引用集并不发生变化。

2）自动更改时警告：当工作部件被自动更改时显示通知。

3）选择组件成员：用于设置是否首先选择组件。勾选该复选框，则在选择属于某个子装配的组件时，首先选择的是子装配中的组件，而不是子装配。

4）描述性部件名样式：该选项用于设置部件名称的显示类型。其中包括“文件名”“描述”“指定的属性”3 种方式。

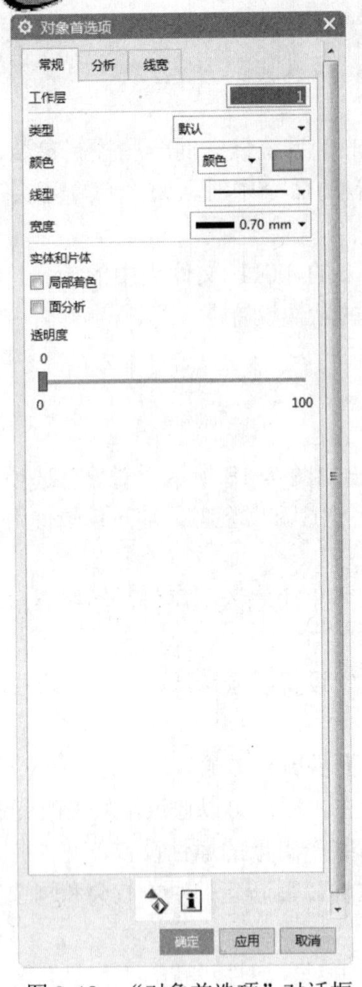

图 2-18 “对象首选项”对话框

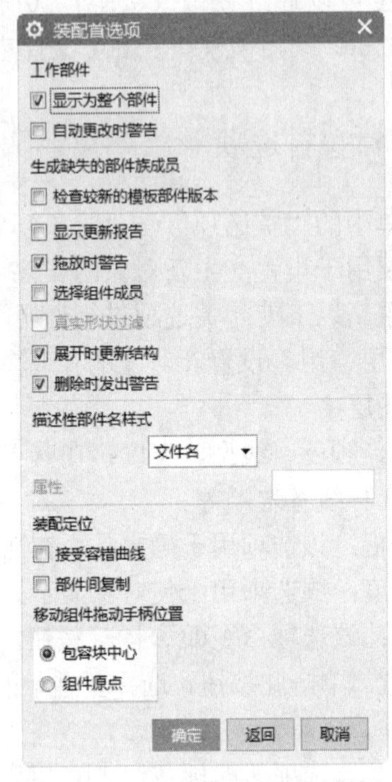

图 2-19 “装配首选项”对话框

2.4.3 草图首选项

执行菜单中的“首选项”→“草图”命令，弹出如图 2-20 所示的“草图首选项”对话框。该对话框用于设置草图的相关参数。

1. 草图设置

（1）尺寸标签：用于设置尺寸的文本内容。其下拉列表框中包含“表达式”“名称”和“值”3 个选项。

1）表达式：用于设置用尺寸表达式作为尺寸文本内容。

2）名称：用于设置用尺寸表达式的名称作为尺寸文本内容。

3）值：用于设置用尺寸表达式的值作为尺寸文本内容。

（2）屏幕上固定文本高度：用于设置固定尺寸文本的高度和约束符号大小。

2. 会话设置（见图 2-21）

（1）设置：

1）对齐角：用于设置捕捉角度，它用来控制不采取捕捉方式绘制直线时是否自动为水平或垂直直线。如果所画直线与草图工作平面XC轴或YC轴的夹角小于等于该参数值，则所画直线会自动为水平或垂直直线。

2）显示自由度箭头：该复选框用于控制自由箭头的显示状态。勾选该复选框，则草图中未约束的自由度会用箭头显示出来。

3）更改视图方向：该复选框用于控制草图退出激活状态时，工作视图是否回到原来的方向。

4）显示约束符号：该复选框用于控制约束是否动态显示。

（2）任务环境：

1）维持隐藏状态：该复选框用于控制草图的显示状态。勾选该复选框，当草图回到编辑状态时，草图依然维持隐藏状态。反之，草图为显示状态。

2）保持图层状态：该复选框用于控制工作层状态。当草图激活后，它所在工作层自动变为当前工作层。勾选该复选框，当草图退出激活状态时，草图工作层会回到激活前的工作层。

（3）名称前缀：这个选项组可以为草图几何体的名称指定前缀。

3. 部件设置（见图2-22）

显示相应的参数设置内容。该选项卡用于设置“曲线”“尺寸”等草图对象的颜色。

2.4.4　建模首选项

该选项用于设定建模参数和特性，如距离、角度公差、密度、密度单位和曲面网格。一旦定义了一组参数，所有随后生成的对象都符合那些特殊设置。要设定这些参数，需打开“建模首选项”对话框.执行菜单中的“首选项”→“建模”命令，系统弹出如图2-23所示的“建模首选项”对话框。其中部分选项功能介绍如下。

1. 常规

1）体类型：该选项组的作用在于，当生成依附于曲线的某种类型的体时，是生成一个实体还是片体。该选项组可在“实体”与“片体”之间切换。该选项组可与“通过曲线网格”“通过曲线”“扫掠”“截面”和“直纹”等自由形式特征生成选项及“拉伸体”和“旋转体”特征生成选项一起使用。

2）距离公差：该选项用于设置建模距离公差。在建模中可使用这个公差值来生成扫掠体、旋转实体、正在截取的实体和许多其他功能。例如，当生成片体时，距离公差指定原先曲面上的对应点与生成的B曲面之间的最大允许距离。

3）角度公差：这个选项可用于设定角度公差。角度公差是在对应点的曲面法向之间的最大允许角度，或者在对应点的曲线切向矢量之间的最大允许角度。

4）密度：该选项可以将指定的默认密度值设置给当前部件中随后生成的实体。

5)密度单位:此选项可以将指定的默认密度单位设置给当前部件中随后生成的实体上。密度可用的单位制有：磅/立方英寸、磅/立方英尺、克/立方厘米和千克/立方米。改变密度单位，将会使系统根据新的单位重新计算当前的密度值。如果需要，仍然可以改变密度值。

6）网格线：此选项可用于指定正在生成的体的面上U方向和V方向的网格曲线的数量。

图2-20 “草图首选项”对话框

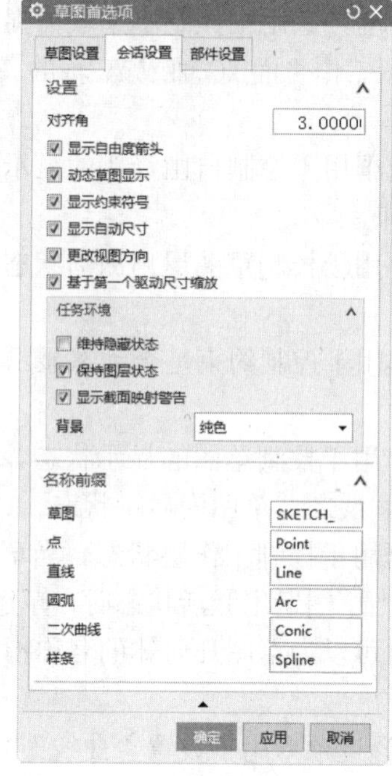
图2-21 “会话设置”选项卡

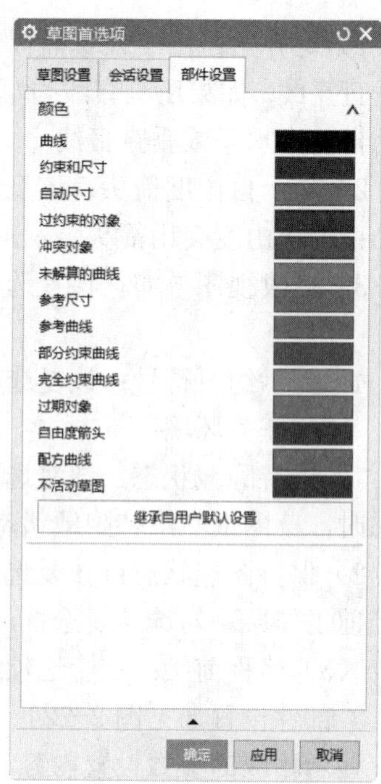
图2-22 “部件设置”选项卡

2. 自由曲面（见图2-24）

（1）曲线拟合方法：此选项组用于控制当必须用样条逼近曲线时所使用的拟合方式。有三种选择：

1）三次：使用阶次为 3 的样条。如果需要将样条数据转移到另外一个只支持阶次为 3 的样条的系统上，就必须使用这个选项。

2）五次：使用阶次为 5 的样条。用五次拟合方式生成的曲线，其段的数量比用三次拟合方式生成的曲线的段的数量少，而且更容易通过移动极点来进行编辑；曲率分布更光顺，并且可以更好地复制真实曲线的曲率特性。

3）高阶：使用更为高次的样条曲线拟合，要求曲线光顺性更高，但一般不常用。

（2）构造结果：这个选项组可以在使用“通过曲线”“通过曲线网格”“扫掠”和“直纹”选项时控制自由形式特征的生成。其下有两选项。

1）平面：该选项组用于打开并且生成几何体将产生平面时，会生成一个有界平面。

2）B 曲面：该选项用于将告知系统总是

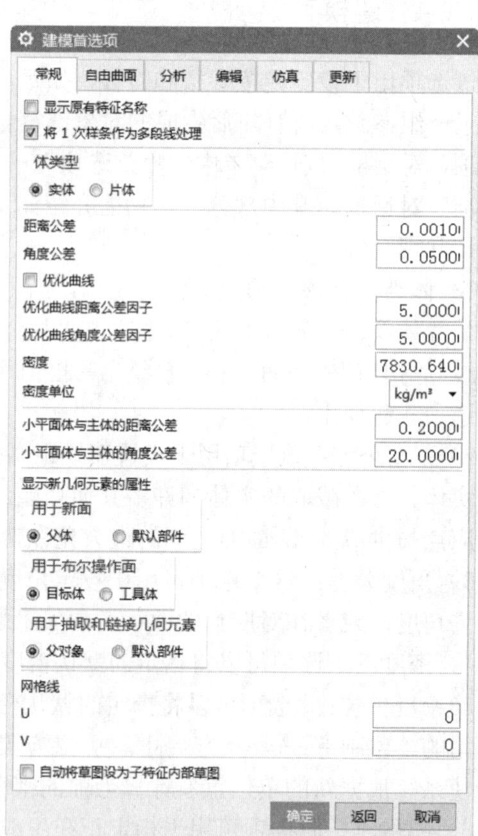
图2-23 “建模首选项”对话框

生成 B 曲面。使用有界平面代替 B 曲面可提高后续应用的性能和可靠性。然而，如果曲面的等参数曲线或流线对应用非常重要，则 B 曲面选项可以控制这些数据。

3. 更新（见图 2-25）

（1）动态更新模式：该选项用于指定系统在更新体的父曲线、样条、桥接曲线、直线或弧时，实时动态显示该体如何改变。正在改变的体的显示是临时的，直到完成编辑操作，它才变为永久的。其下拉列表中有 3 个选项。

1）连续：当移动鼠标编辑父曲线时，子体连续动态更新。当编辑体的父曲线时，此设置提供了来自于图形显示的实时动态响应。当连续动态更新没有过多地降低系统速度时，可使用此设置。

2）增量：在编辑父曲线（如当拖动样条极点）时每次停止移动鼠标，子体就动态更新一次。当连续动态更新过多地降低系统速度时，可使用此设置。

3）无：该选项表示在编辑体的父曲线的过程中禁用“动态更新模式”。

（2）动态更新层级：此选项从属于“动态更新模式”，用于决定其父曲线正在被编辑的体显示的动态更新程度。其下拉列表中有两个选项。

1）第一列：选择该选项后，在编辑过程中，只有那些直接从曲线或正在编辑的曲线中衍生出的特征才可以动态更新。“第一层子”被定义为第一个体，它可以从曲线中衍生出来，并且它不是隐藏的或放置在不可见层上的。

2）全部：选择该选项后，允许那些依附曲线或正在编辑的曲线的所有特征在编辑过程中动态更新。如果“动态更新模式”设置为“无”，则系统将忽略“动态更新层级”设置。

图 2-24　“自由曲面”选项卡

图 2-25　“更新”选项

第3章

基本操作

本章主要介绍 UG NX 12.0 应用中的一些基本操作及经常使用的工具，从而使用户更为熟悉 UG NX 12.0 的建模环境。要很好地掌握建模中常用的工具或命令，还是要多练多用才行，但对于 UG 所提供的建模工具的整体了解也是必不可少的，只有全局了解了，才知道对同一模型可以有多种的建模和修改的思路，对更为复杂或特殊的模型的建立游刃有余。

重点与难点

- 文件操作
- 对象操作
- 工作图层设置
- 坐标系操作
- 基准建模

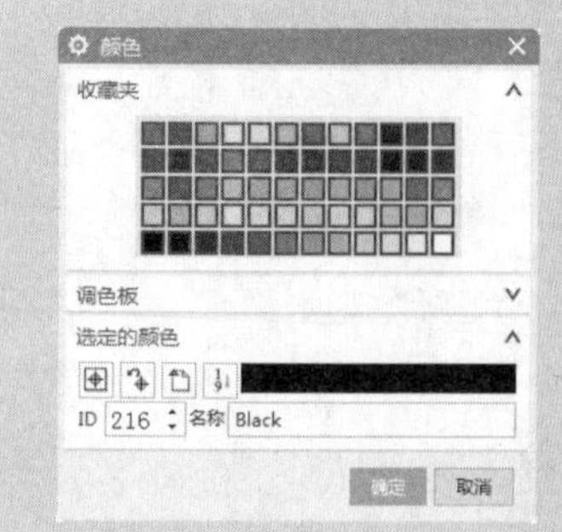

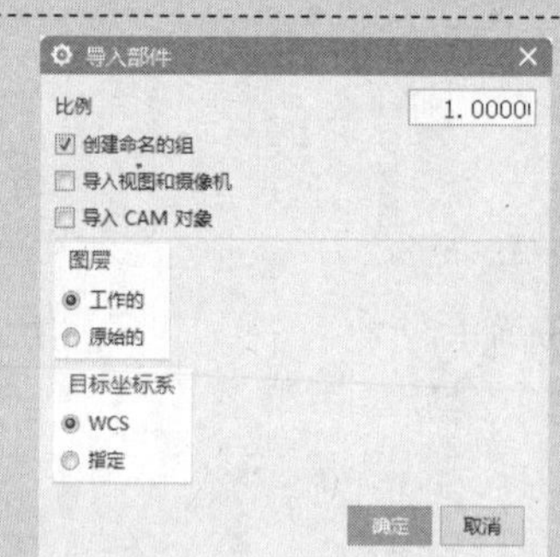

3.1 文件操作

本节将介绍文件的操作，包括新建文件、打开和关闭文件、保存文件、导入和导出文件操作等，这些操作可以通过"文件"菜单中的各种命令来完成。

3.1.1　新建文件

本节将介绍如何新建一个 UG 的 prt 文件，执行"文件"→"新建"命令，或者单击"标准"组中的"新建"图标或者按 Ctrl+N 组合键，弹出如图 3-1 所示的"新建"对话框。

在对话框中"模板"列表框中选择适当的模板，然后在"新文件名"的"文件夹"中确定新建文件的保存路径，在"名称"文本框中输入文件名，设置完后单击"确定"按钮即可。

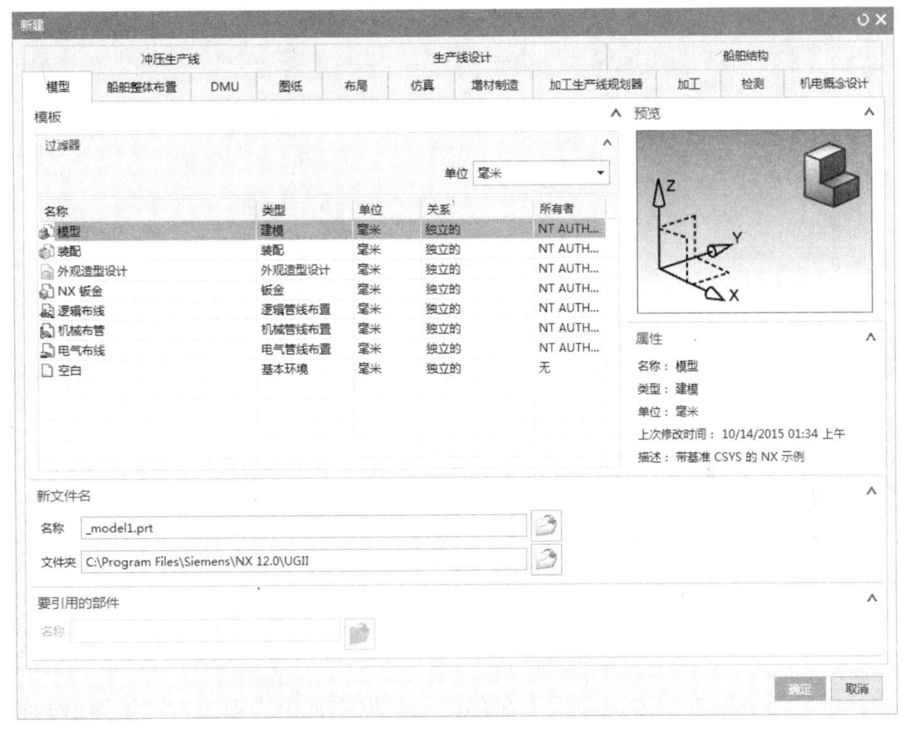

图 3-1　"新建"对话框

3.1.2　打开和关闭文件

执行"文件"→"打开"命令，或者单击"标准"组中的"打开"图标，或者按 Ctrl+O 组合键，弹出如图 3-2 所示的"打开"对话框，对话框中会列出当前目录下的所有有效文件以

供选择，这里的有效文件是根据用户在“文件类型”中的设置来决定的。从中选择所需文件，然后单击“OK”按钮，即可将其打开。

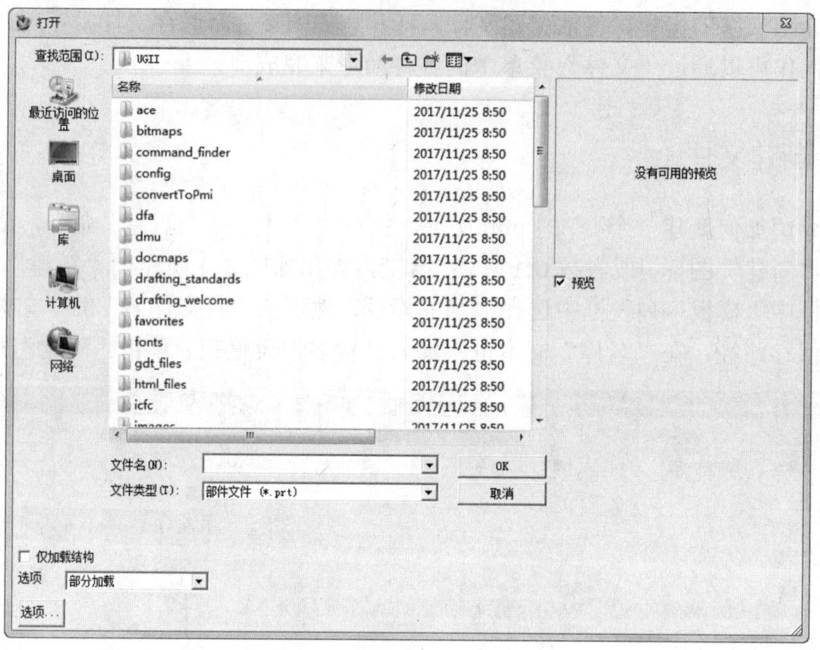

图 3-2 “打开”对话框

另外，可以单击“文件”菜单下的“最近打开的部件”命令，有选择性的打开最近打开过的文件。

关闭文件可以通过执行“文件”→“关闭”下的子菜单命令来完成，如图 3-3 所示。

以下对“关闭”→“选定的部件（P）”子菜单命令做一介绍。

执行该命令，弹出如图 3-4 所示的“关闭部件”对话框，用户选择要关闭的文件，然后单击“确定”即可。该对话框中的其他选项解释如下。

1）顶层装配部件：该选项用于在部件列表框中只列出顶层装配文件，而不列出装配中包含的组件。

2）会话中的所有部件：该选项用于在部件列表框中列出当前进程中所有载入的文件。

3）仅部件：仅关闭所选择的文件。

4）部件和组件：该选项的功能在于，如果所选择的文件是装配文件，则会一同关闭所有属于该装配文件的组件文件。

5）关闭所有打开的部件：选择该选项，可以关闭所有文件，但系统会出现警示提示框，如图 3-5 所示。“关闭所有文件”提示框，提示用户已有部分文件修改，给出选项，让用户进一步确定。

其他的命令与之相似，只是关闭之前再保存一下。

图 3-3　“关闭”子菜单

图 3-4　“关闭部件”对话框

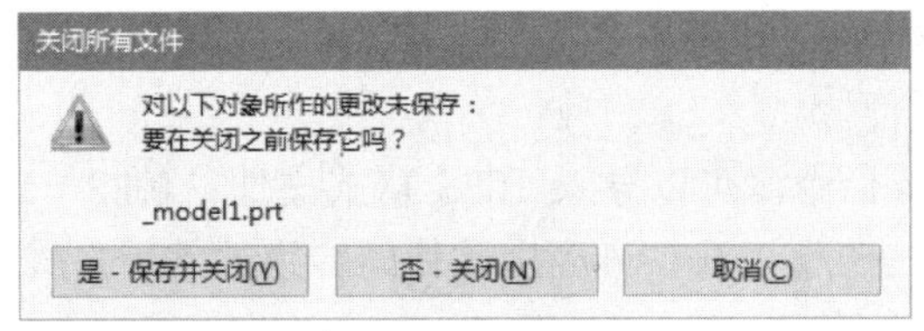

图 3-5　“关闭所有文件”对话框

3.1.3　导入和导出文件

1. 导入文件

执行“文件”→“导入”命令，系统弹出子菜单，提供了 UG 与其他应用程序文件格式的接口，其中常用的有部件、CGM、AutoCAD DXF/DWG 等格式文件。以下对部分格式文件做一介绍。

（1）部件：用于将已存在的部件文件导入到目前打开的部件文件或新文件中；此外还可以导入 CAM 对象。图 3-6 所示为“导入部件”对话框，其中各选项的功能如下。

1）比例：该选项的文本框用于设置导入部件的大小比例。当导入的部件中含有自由曲面时，系统将限制比例值为 1。

2）创建命名的组：选择该选项后，系统会将导入的部件中的所有对象建立群组，该群组的名称即是该部件文件的原始名称，并且该部件文件的属性将转换为导入的所有对象的属性。

3）导入视图和摄像机：勾选该复选框，导入的部件中若包含用户自定义布局和查看方式，则系统会将其相关参数和对象一同导入。

4）导入CAM对象：勾选该复选框，若部件中含有CAM对象则将一同导入。

5）图层

工作的：勾选该选项，则导入部件的所有对象将属于当前的工作图层。

原始的：勾选该选项，则导入的所有对象还是属于原来的图层。

6）目标坐标系

WCS：选择该选项，在导入对象时以工作坐标系为定位基准。

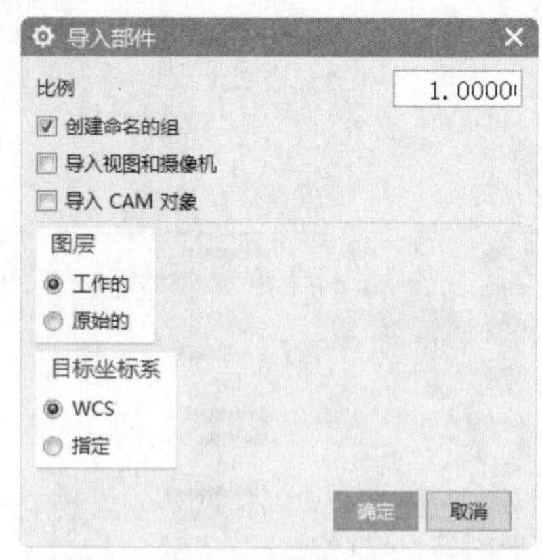

图3-6 “导入部件”对话框

指定：勾选该选项，系统将在导入对象后显示坐标子菜单，采用用户自定义的定位基准。定义之后，系统将以该坐标系作为导入对象的定位基准。

（2）Parasolid：执行该命令，系统会弹出对话框导入（*.x_t）格式文件，允许用户导入含有适当文字格式文件的实体（parasolid），该文字格式文件含有可用说明该实体的数据。导入的实体密度保持不变，表面属性（颜色、反射参数等）除透明度外，保持不变。

（3）CGM：执行该命令，可导入CGM（computer graphic metafile）文件，即标准的ANSI格式的电脑图形中继文件。

（4）IGES：执行该命令，可以导入IGES格式文件。IGES（initial graphics exchange specification）是可在一般CAD/CAM应用软件间转换的常用格式，可供各CAD/CAM相关应用程序转换点、线、曲面等对象。

（5）Autocad DFX/DWG：执行该命令，可以导入DFX/DWG格式文件，可将其他CAD/CAM相关应用程序导出的DFX/DWG文件导入到UG中，操作与IGES相同。

2. 导出文件

执行“文件”→“导出”命令，可以将UG文件导出为除自身外的多种文件格式，包括图片、数据文件和其他各种应用程序文件格式。

3.1.4 文件操作参数设置

1. 载入选项

执行菜单中的“文件”→“选项”→“装配加载选项”命令，弹出如图3-7所示“装配加载选项”对话框。以下对其主要选项进行说明：

（1）加载：用于设置加载的方式，其下拉列表中有3个选项：

1）按照保存的：用于指定载入的零件目录与保存零件的目录相同。

2）从文件夹：用于指定加载零件的文件夹与主要组件相同。

3）从搜索文件夹：利用此对话框中的“显示会话文件夹”按钮进行搜寻。

（2）范围：

1）加载：该选项用于设置零件的载入方式，该选项有 5 个选项。

2）选项：选择“完全加载”时，系统会将所有组件一并载入；选择“部分加载”时，系统仅允许用户载入部分组件文件。

（3）加载行为：

1）失败时取消加载：该复选框用于控制当系统载入发生错误时，是否中止载入文件。

2）允许替换：勾选该复选框，当组件文件载入零件时，即使该零件不属于该组件文件，系统也允许用户载入该零件。

2. 保存选项

执行菜单中的“文件”→“选项”→“保存选项”命令，弹出如图 3-8 所示的“保存选项”对话框，在该对话框中可以进行相关选项设置。下面就对话框中的部分选项进行介绍。

图 3-7　“装配加载选项”对话框

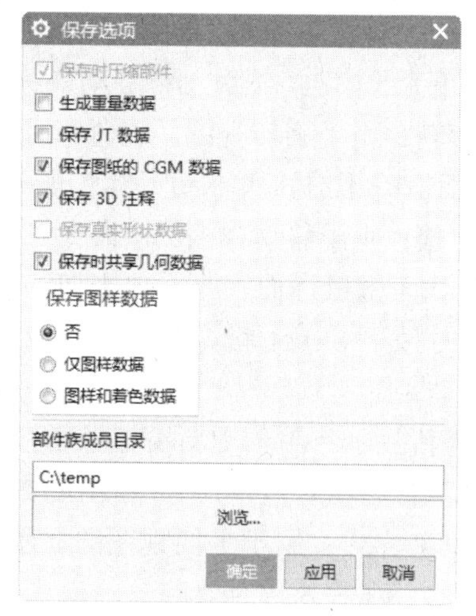

图 3-8　“保存选项”对话框

（1）保存时压缩部件：勾选该复选框，保存时系统会自动压缩零件文件。文件经过压缩需要花费较长时间，所以一般用于大型组件文件或复杂文件。

（2）生成重量数据：该复选框用于更新并保存元件的重量及质量特性，并将其信息与元件一同保存。

（3）保存图样数据：该选项组用于设置保存零件文件时是否保存图样数据。

1）否：选择该选项表示不保存。

2）仅图样数据：选择该选项表示仅保存图样数据而不保存着色数据。

3）图样和着色数据：选择该选项表示全部保存。

3.2　对象操作

UG 建模过程中的点、线、面、图层及实体等被称为对象，三维实体的创建和编辑操作过程实质上也可以看作是对对象的操作过程。

3.2.1　观察对象

对象的观察一般有以下几种途径。

1.通过快捷菜单

在工作区通过右击鼠标可以弹出如图 3-9 所示的快捷菜单，部分命令的功能说明如下。

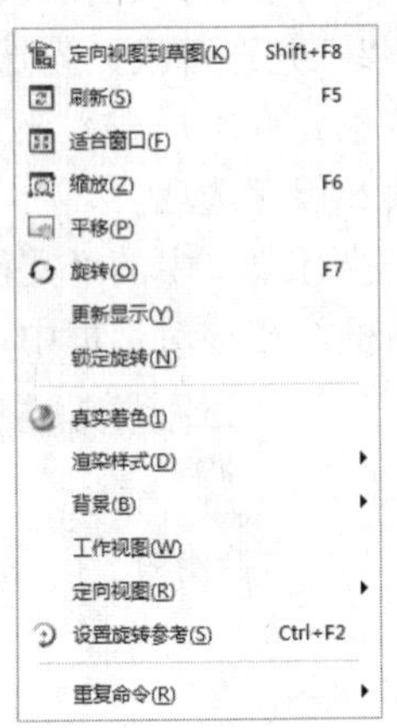

图 3-9　快捷菜单

1）适合窗口：用于拟合视图，即调整视图的中心和比例，使整合部件拟合在视图的边界内；也可以通过快捷键 Ctrl+F 实现。

2）缩放：用于实时缩放视图。该命令可以通过同时按下鼠标中键（对于 3 键鼠标而言）不放来拖动鼠标实现；将鼠标置于图形界面中，滚动鼠标滚轮就可以对视图进行缩放；或者在按下鼠标滚轮的同时按下 Ctrl 键，然后上下移动鼠标，也可以对视图进行缩放。

3）旋转：用于旋转视图。该命令可以通过按下鼠标中键（对于 3 键鼠标而言）不放，再拖动鼠标实现。

4）平移：用于移动视图。该命令可以通过同时按下鼠标右键和中键（对于 3 键鼠标而言）不放来拖动鼠标实现；或者在按下鼠标滚轮的同时按下 Shift 键，然后向各个方向移动鼠标，也可以对视图进行移动。

5）更新显示：用于更新窗口显示。包括更新 WCS 显示、更新由线段逼近的曲线和边缘显示；更新草图和相对定位尺寸/自由度指示符、基准平面和平面显示。

6）渲染样式：用于更换视图的显示模式。给出的命令中包含线框、着色、局部着色、面分析、艺术外观等 8 种对象的显示模式。

7）定向视图：用于改变对象观察点的位置。其子菜单中包括用户自定义视角共有 9 个命令。

8）设置旋转参考：将一个点或一个轴设置为视图中所有旋转的参考。

2.通过视图下拉菜单

在菜单中选择“视图”命令，系统会弹出子菜单，其中许多功能可以从不同角度观察对象模型。

3.2.2　改变对象的显示方式

执行菜单中的“编辑”→“对象显示”命令或者按组合键 Ctrl+J，弹出如图 3-10 所示“类选择”对话框。选择要改变的对象后，弹出如图 3-11 所示的“编辑对象显示”对话框。可编辑所选择对象的层、颜色、网格数、透明度或着色显示等参数，完成后单击“确定”按钮，即可完成编辑并退出对话框；单击“应用”按钮，则不退出对话框，接着进行其他操作。

“类选择”对话框中相关命令的功能说明如下。

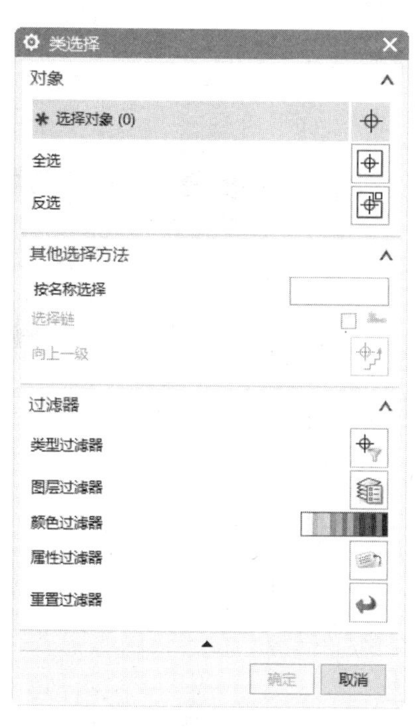

图 3-10　“类选择”对话框

图 3-11　“编辑对象显示”对话框

1. 对象

1）选择对象：用于选择对象。

2）全选：用于选择所有的对象。

3）反选：用于选择在工作区中未被用户选择的对象

2. 其他选择方法

1）按名称选择：用于输入预选择对象的名称，可使用通配符“？”或“*”。

2）选择链：用于选择首尾相接的多个对象。选择方法是首先单击对象链中的第一个对象，然后再单击最后一个对象，使所选对象呈高亮度显示；最后单击“确定”按钮，完成选择对象的操作。

3）向上一级：用于选择上一级的对象。当选择了含有群组的对象时，该按钮才被激活，单击该按钮，系统自动选择群组中当前对象的上一级对象。

3. 过滤器

1）类型过滤器：在图 3-10 所示的“类选择”对话框中单击“类型过滤器”按钮，弹出“按类型选择”对话框，如图 3-12 所示。在该对话框中可设置在对象选择中需要包括或排除的对象类型。当选择“曲线”“面”“尺寸”“符号”等对象类型时，单击“细节过滤”按钮，还可以做进一步限制，如图 3-13 所示。

2）图层过滤器：单击“图层过滤器”按钮，弹出如图 3-14 所示的“按图层选择”对话框，在该对话框中可以设置在选择对象时需包括或排除的对象的所在层。

3）颜色过滤器：单击“颜色过滤器”按钮，弹出如图3-15所示的“颜色”对话框。在该对话框中通过指定的颜色来限制选择对象的范围。

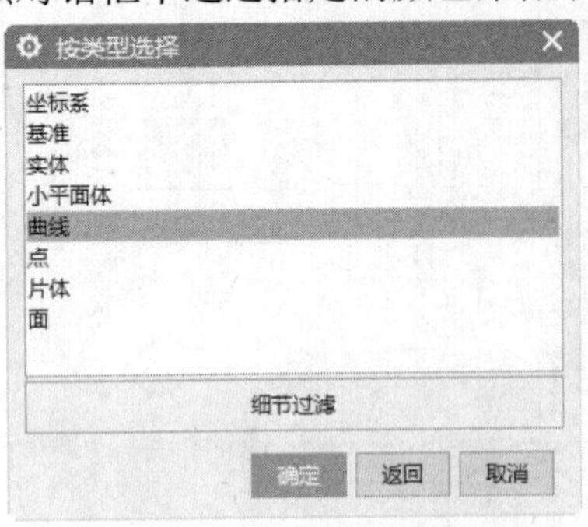

图3-12 “按类型选择”对话框

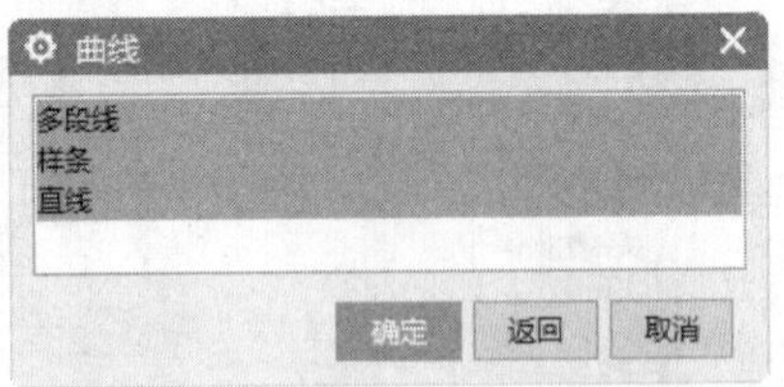

图3-13 “曲线”对话框

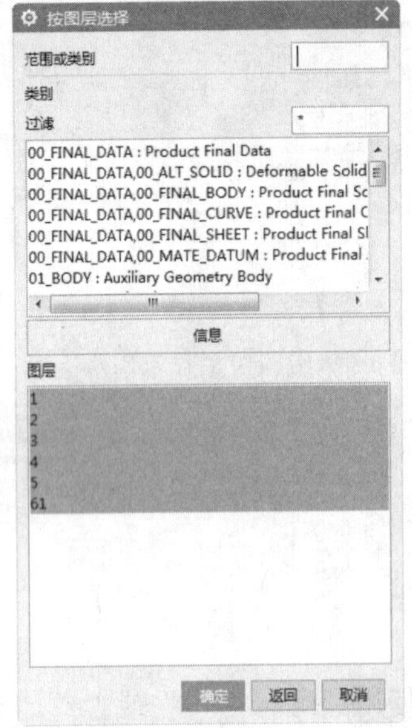

图3-14 “按图层选择”对话框

图3-15 “颜色”对话框

4）属性过滤器：单击“属性过滤器”按钮，弹出如图3-16所示的“按属性选择”对话框。在该对话框中可按对象线型、线宽或其他自定义属性实现过滤。

5）重置过滤器：单击“重置过滤器”按钮，用于恢复成默认的过滤方式。

“编辑对象显示”对话框中相关选项的功能说明如下。

1）图层：用于指定选择对象放置的层。系统规定的层为1～256层。

2）颜色：用于改变所选对象的颜色。可以调出如图3-15所示的“颜色”对话框。

3）线型：用于修改所选对象的线型（不包括文本）。

4）宽度：用于修改所选对象的线宽。

5）继承：选择需要从哪个对象上继承设置，并应用到之后的所选对象上。

6）重新高亮显示对象：重新高亮显示所选对象。

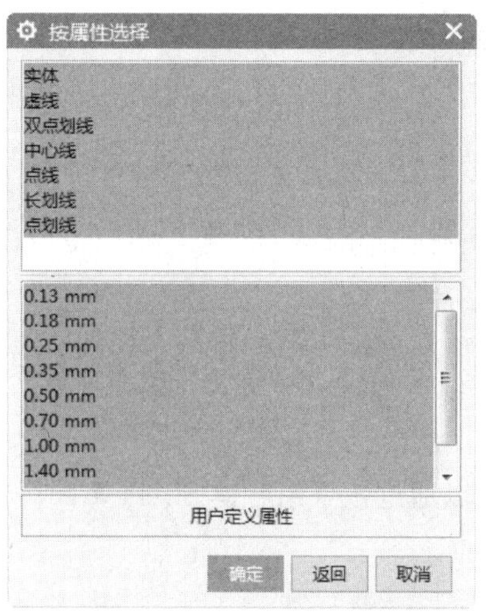

图 3-16　“按属性选择”对话框

3.2.3　隐藏对象

当工作区中图形太多，导致不便于操作时，需要将暂时不需要的对象隐藏，如模型中的草图、基准面、曲线、尺寸、坐标和平面等。执行菜单中的“编辑”→“显示和隐藏”命令，其子菜单提供了显示、隐藏和取消隐藏的命令，如图 3-17 所示。

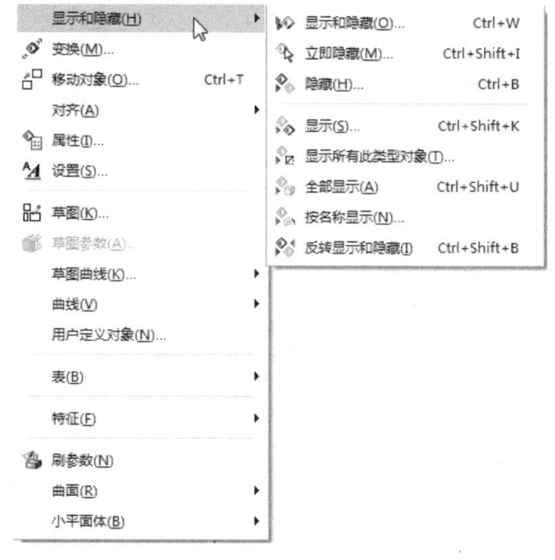

图 3-17　“显示和隐藏”子菜单

其部分命令功能说明如下。

1）显示和隐藏：单击该命令，弹出如图 3-18 所示的“显示和隐藏”对话框。在该对话框中可以选择要显示或隐藏的对象。

2）隐藏：该命令也可以通过按组合键 Ctrl+B 实现，并弹出“类选择”对话框，可以通过

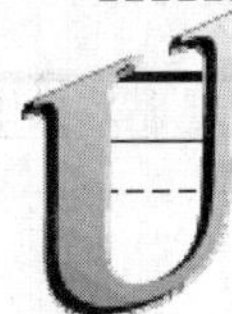

类型选择需要隐藏的对象，或者直接选择。

3）反转显示和隐藏：用于反转当前所有对象的显示或隐藏状态，即显示的全部对象将会隐藏，而隐藏的将会全部显示。

4）显示：该命令将所选的隐藏对象重新显示出来。执行该命令后将会弹出一“类选择”对话框，此时工作区中将显示所有已经隐藏的对象，用户可以在其中选择需要重新显示的对象即可。

5）显示所有此类型对象：该命令将重新显示某类型的所有隐藏对象，并弹出如图3-19所示的对话框，通过“类型”“图层”“其他”“重置”和“颜色” 5个按钮或选项来确定对象类别。

6）全部显示：该命令也可以通过按下组合键Shift+Ctrl+U实现，将重新显示所有在可选层上的隐藏对象。

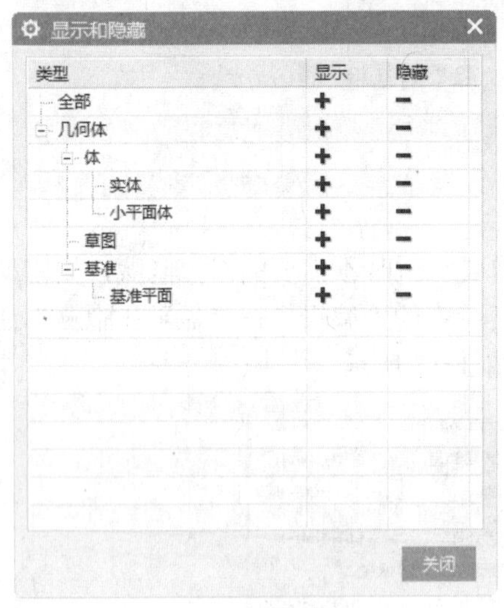

图3-18 “显示和隐藏“对话框

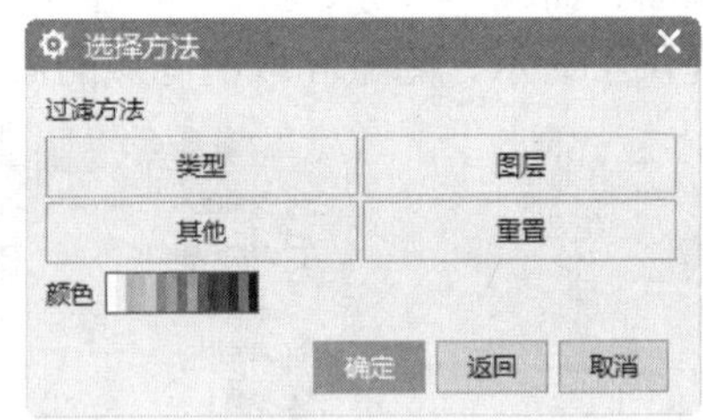

图3-19 “选择方法”对话框

3.2.4 对象变换

执行菜单中的“编辑”→“变换”命令，或者按组合键Ctrl+T，弹出如图3-20所示的“变换”对话框。选择对象后单击“确定”按钮，弹出如图3-21所示的对象“变换”对话框，可被变换的对象包括直线、曲线、面和实体等，该对话框在操作变化对象时经常用到。在执行“变换”命令的最后操作时，都会弹出如图3-22所示的“变换”公共参数对话框。

以下对图3-21所示的“变换”对象对话框中部分选项的功能做一介绍。

（1）比例：用于将选择的对象相对于指定参考点成比例地缩放尺寸。选择的对象在参考点处不移动。选择该选项后，在系统弹出的点构造器中选择一参考点后，系统会弹出对话框，提供了两种选择。

1）比例：用于设置均匀缩放。

2）非均匀比例： 选择该选项后，在弹出的对话框中设置 XC、YC、ZC 方向上的缩放比例。

（2）通过一直线镜像：用于将选择的对象相对于指定的参考直线做镜像，即在参考线的相反侧建立源对象的一个镜像。

图 3-20　“变换”对话框　　图 3-21　对象“变换”对话框　　图 3-22　“变换”公共参数对话框

选择该选项后，弹出如图 3-23 所示对话框，提供了三种选择：

1）两点：用于指定两点，两点的连线即为参考线。

2）现有的直线：选择一条已有的直线（或实体边缘线）作为参考线。

3）点和矢量：用点构造器指定一点，其后在矢量构造器中指定一个矢量，通过指定点的矢量即作为参考直线。

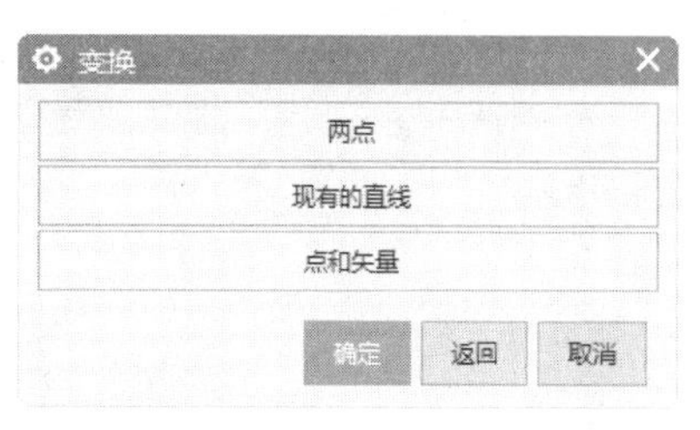

图 3-23　“通过一直线镜像”选项“变换”对话框

（3）矩形阵列：用于将选择的对象从指定的阵列原点开始，沿坐标系 XC 和 YC 方向（或指定的方位）建立一个等间距的矩形阵列。系统先将源对象从指定的参考点移动或复制到目标点（阵列原点）然后沿 XC、YC 方向建立阵列。

选择该选项后，弹出如图 3-24 所示的对话框。以下就该对话框中部分选项的功能做一介绍。

1）DXC：用于设置 XC 方向间距。

2）DYC：用于设置 YC 方向间距。

（4）圆形阵列：用于将选择的对象从指定的阵列原点开始，绕目标点（阵列中心）建立一个等角间距的圆形阵列。

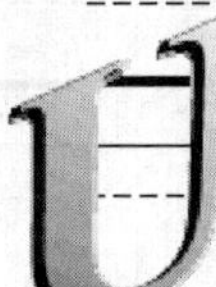

选择该选项后，弹出如图 3-25 所示的对话框。以下就该对话框中部分选项的功能做一介绍。

1）半径：用于设置环形阵列的半径，该值也等于目标对象上的参考点与目标点之间的距离。

2）起始角：用于定位环形阵列的起始角（与 XC 正向平行为零）。

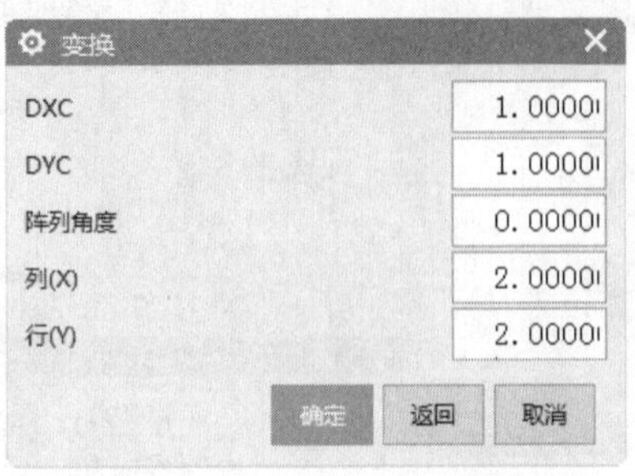

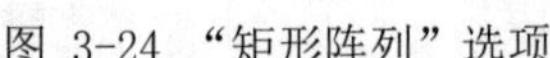
图 3-24 “矩形阵列”选项

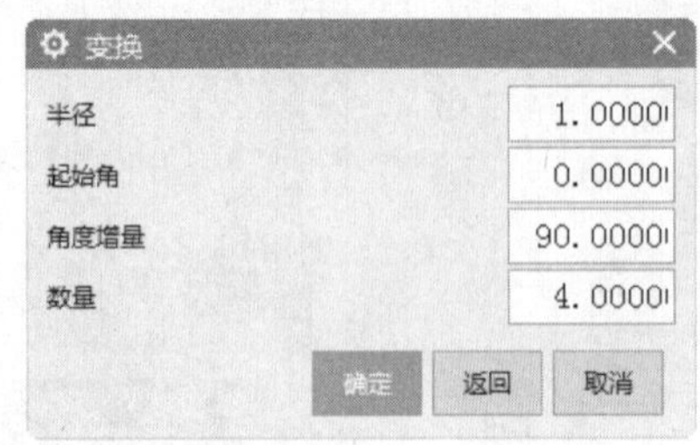

图 3-25 “圆形阵列”选项

（5）通过一平面镜像：用于将选择的对象相对于指定参考平面做镜像，即在参考平面的相反侧建立源对象的一个镜像。选择该选项后，弹出如图 3-26 所示的“平面”对话框。用于选择或创建一参考平面，然后选择源对象完成镜像操作。

（6）点拟合：用于将选择的对象从指定的参考点集缩放、重定位或修剪到目标点集上。选择该选项后，弹出如图 3-27 所示的对话框，其中各选项的功能介绍如下。

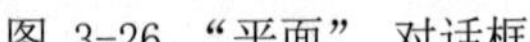
图 3-26 “平面” 对话框

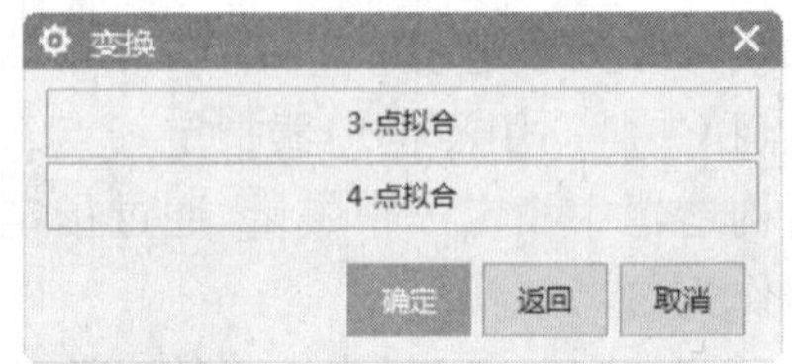

图 3-27 “点拟合”选项

1）3-点拟合：允许用户通过 3 个参考点和 3 个目标点来缩放和重定位对象。

2）4-点拟合：允许用户通过 4 个参考点和 4 个目标点来缩放和重定位对象。

以下对图 3-22 所示的“变换”公共参数对话框中部分选项的功能做一介绍。该对话框用于选择新的变换对象、改变变换方法、指定变换后对象的存放图层等功能。

（1）重新选择对象：用于重新选择对象。通过“类选择”对话框来选择新的变换对象，而保持原变换方法不变。

（2）变换类型－比例：用于修改变换方法，即在不重新选择变换对象的情况下，修改变换方法，当前选择的变换方法以简写的形式显示在“-”符号后面。

（3）目标图层-原始的：用于指定目标图层。即在变换完成后，指定新建立的对象所在的图层。选择该选项后，会有以下3种选项。

1）工作的：变换后的对象放在当前的工作图层中。

2）原先的：变换后的对象保持在源对象所在的图层中。

3）指定：变换后的对象被移动到指定的图层中。

（4）跟踪状态-关：这是一个开关选项，用于设置跟踪变换过程。当其设置为“开” 时，则在源对象与变换后的对象之间画连接线。

需要注意的是，该选项对于源对象类型为实体、片体或边界的对象变换操作时不可用。跟踪曲线独立于图层设置，总是建立在当前的工作图层中。

（5）细分-1：用于等分变换距离。即把变换距离（或角度）分割成几个相等的部分，实际变换距离（或角度）是其等分值。指定的值称为“等分因子”。

（6）移动：用于移动对象。即变换后，将源对象从其原来的位置移动到由变换参数所指定的新位置。如果所选择的对象和其他对象间有父子依存关系（即依赖于其他父对象而建立），则只有选择了全部的父对象一起进行变换后，才能用“移动”命令。

（7）复制：用于复制对象。即变换后，将源对象从其原来的位置复制到由变换参数所指定的新位置。对于依赖其他父对象而建立的对象，复制后的新对象中与数据关联信息将会丢失（即它不再依赖于任何对象而独立存在）。

（8）多个副本-不可用：用于复制多个对象。按指定的变换参数和复制个数在新位置进行源对象的多个复制。相当于一次执行了多个“复制”命令操作。

（9）撤销上一个-不可用：用于撤销最近变换，即撤销最近一次的变换操作，但源对象依旧处于选择状态。

3.3 工作图层设置

图层用于在空间使用不同的层次来放置几何体。图层相当于传统设计者使用的透明图纸。用多张透明图纸来表示设计模型，每个图层上存放模型中的部分对象，所有图层对其叠加起来就构成了模型的所有对象。

在一个组件的所有图层中，只有一个图层是当前工作图层，所有工作只能在工作图层上进行，而其他图层则可通过对它们的可见性、可选择性等进行设置来辅助工作。如果要在某图层中创建对象，则应在创建前使其成为当前工作图层。

为了便于各图层的管理，UG中的图层用图层号来表示和区分，图层号不能改变。每一模型文件中最多可包含256个图层，分别用1～256表示。

引入图层使得模型中对各种对象的管理更加有效和更加方便。

3.3.1　图层的设置

可根据实际需要和习惯设置用户自己的图层标准，通常可根据对象类型来设置图层号和图

层的类别，见表 3-1。

表 3-1　根据对象设置图层号和类别名

图层号	对象	类别名
1～20	实体	SOLID
21～40	草图	SKETCHES
41～60	曲线	CURVES
61～80	参考对象	DATUMS
81～100	片体	SHEETS
101～120	工程图对象	DRAF
121～140	装配组件	COMPONENTS

有关图层设置的具体操作如下。

执行菜单中的“格式”→“图层设置”命令，或者单击“视图”功能区“可见性”组中的“图层设置”图标，弹出如图 3-28 所示的“图层设置”对话框。

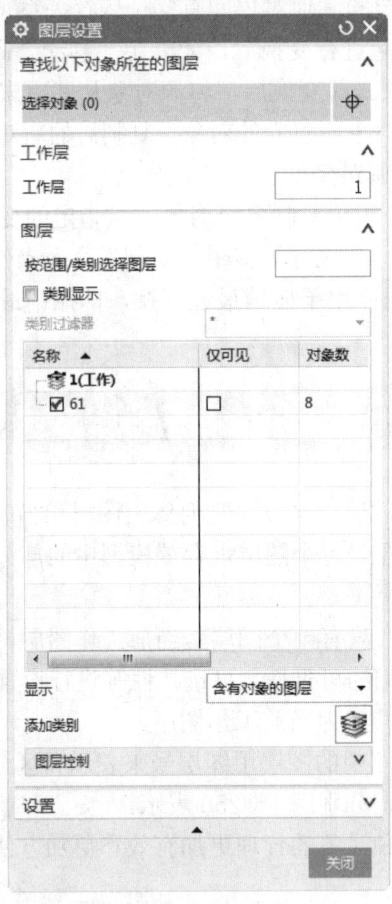

图 3-28　“图层设置”对话框

1）工作层：将指定的一个图层设置为工作图层。

2）按范围/类别选择图层：用于输入范围或图层种类的名称以便进行筛选操作。

3）类别过滤器：用于控制图层类列表框中显示图层类条数目，可使用通配符*，表示接收所有的图层种类。

3.3.2　图层的类别

为更有效地对图层进行管理，可将多个图层构成一组，每一组称为一个图层类。图层类用名称来区分，必要时还可附加一些描述信息。通过图层类，可同时对多个图层进行可见性或可选性的改变。同一图层可属于多个图层类。

执行菜单中的“格式”→“图层类别”命令，弹出如图 3-29 所示的“图层类别”对话框。

1）过滤：用于控制图层类别列表框中显示的图层类条目，可使用通配符。

2）图层类列表框：用于显示满足过滤条件的所有图层类条目。

3）类别：用于在“类别”下方的文本框中输入要建立的图层类名。

4）创建/编辑：用于建立新的图层类并设置该图层类所包含的图层，或者编辑选定图层类所包含的图层。

5）删除：用于删除选定的一个图层类。

6）重命名：用于改变选定的一个图层类的名称。

7）描述：用于显示选定的图层类的描述信息，或者输入新建图层类的描述信息。

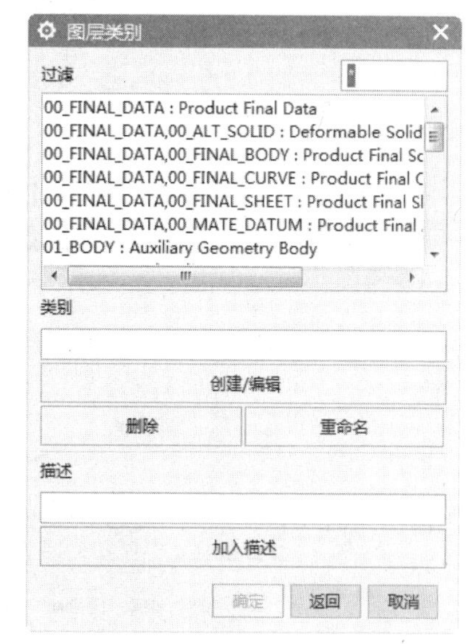

图 3-29　“图层类别”对话框

8）加入描述：当新建图层类时，若在“描述”下方的文本框中输入了该图层类的描述信息，只有单击该按钮才能使描述信息有效。

3.3.3　图层的其他操作

1. 在视图中可见

“在视图中可见”用于在多视图布局显示情况下，单独控制指定视图中各图层的属性，而不受图层属性的全局设置的影响。

执行菜单中的“格式”→“视图中可见图层”命令，弹出如图 3-30 所示的“视图中可见图层”对话框。在该对话框中选择“Trimetric”，单击“确定”按钮，弹出如图 3-31 所示的“视图中可见图层”对话框。

2. 移动至图层

移动至图层用于将选定的对象从其原图层移动到指定的图层中，原图层中不再包含这些对象。

执行菜单中的“格式”→“移动至图层”命令，用于移动至图层操作。

3. 复制至图层

复制至图层用于将选定的对象从其原图层复制一个备份到指定的图层，原图层中和目标图层中都包含这些对象。

执行菜单栏中的“格式”→“复制至图层”命令，用于复制至图层操作。

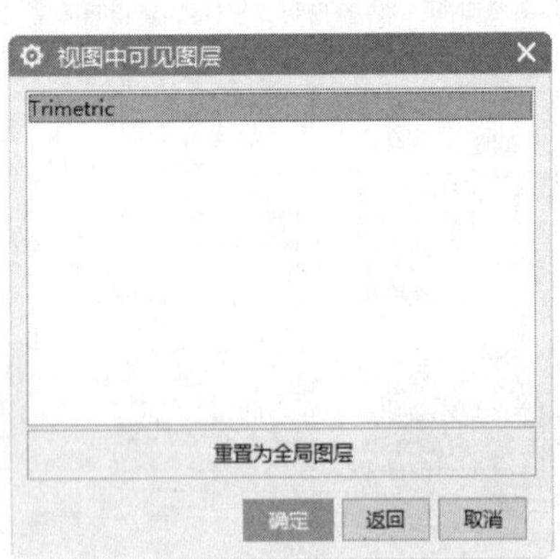

图 3-30　“视图中可见图层”对话框

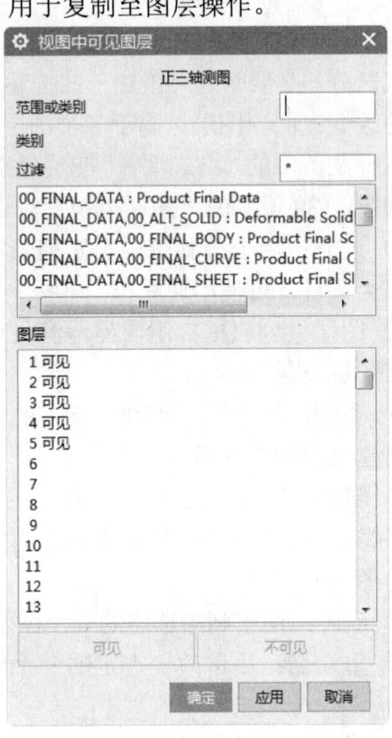

图 3-31　“视图中可见图层”对话框

3.4 坐标系操作

UG 系统中共包括 3 种坐标系统，分别是绝对坐标系 ACS（absolute coordinate system）、工作坐标系 WCS（work coordinate system）和机械坐标系 MCS（machine coordinate system），它们都是符合右手法则的。

1）ACS ：是系统默认的坐标系，其原点位置永远不变，在用户新建文件时就产生了。

2）WCS：是 UG 系统提供给用户的坐标系，用户可以根据需要任意移动它的位置，也可以设置属于自己的 WCS 坐标系。

3）MCS：该坐标系一般用于模具设计、加工及配线等向导操作中。

UG 中关于坐标系统的操作目录集中在如图 3-32 所示的子菜单中。

在一个 UG 文件中可以存在多个坐标系。但它们当中只可以有一个工作坐标系，还可以利用 WCS 子菜单中的“保存”命令来保存坐标系，从而记录下每次操作时的坐标系位置，以后可利用“原点”命令移动到相应的位置。

3.4.1　坐标系的变换

执行菜单中的“格式”→“WCS”命令，弹出相应的子菜单，用于对坐标系进行变换以产生新的坐标系。

1）原点：该命令通过定义当前 WCS 的原点来移动坐标系的位置，但该命令仅仅用于移动坐标系的位置，而不会改变坐标轴的方向。

2）动态：该命令能通过步进的方式移动或旋转当前的 WCS，用户可以在工作区中将坐标系移动到指定位置，也可以设置步进参数使坐标系逐步移动到指定的距离参数。

3）旋转：执行该命令，弹出如图 3-33 所示“旋转 WCS 绕”对话框。通过将当前的 WCS 绕其某一坐标轴旋转一定角度来定义一个新的 WCS。

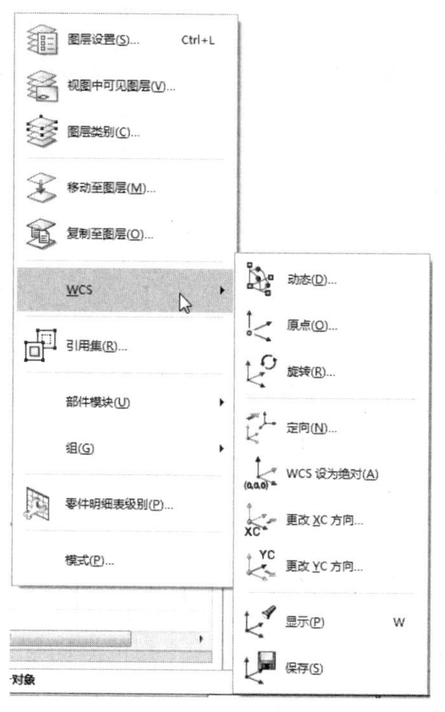

图 3-32　坐标系统操作子菜单

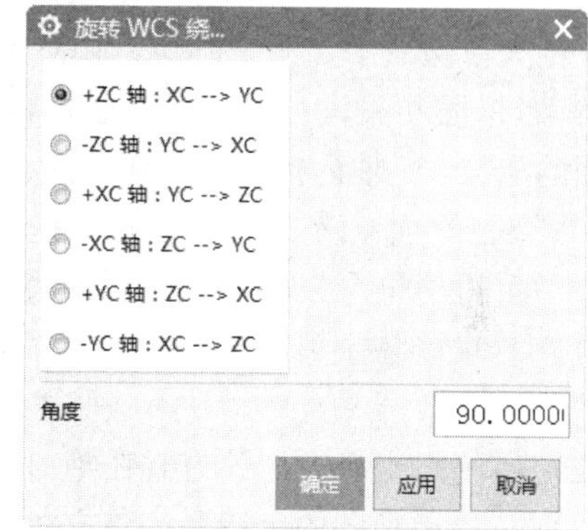

图 3-33　“旋转 WCS 绕”对话框

用户通过该对话框可以选择坐标系绕哪个轴旋转，同时指定从一个轴转向另一个轴，在“角度”文本框中输入需要旋转的角度即可，角度可以为负值。

3.4.2　坐标系的定义

执行菜单中的“格式”→“WCS”→“定向”命令，弹出如图 3-34 所示的“坐标系”对话框。用于定义一个新的坐标系，其“类型”下拉列表中包括以下选项。

1）自动判断：该方式通过选择的对象或输入X、Y、Z坐标轴方向的偏置值来定义一个坐标系。

2）动态：可以手动移动坐标系到任何想要的位置或方位。

3）原点，X点，Y点：该方式利用点创建功能先后指定3个点来定义一个坐标系。这3点分别是原点、X轴上的点和Y轴上的点，第一点为原点，第一和第二点的方向为X轴的正向，第一与第三点的方向为Y轴方向，再由X到Y按右手定则确定Z轴正向。

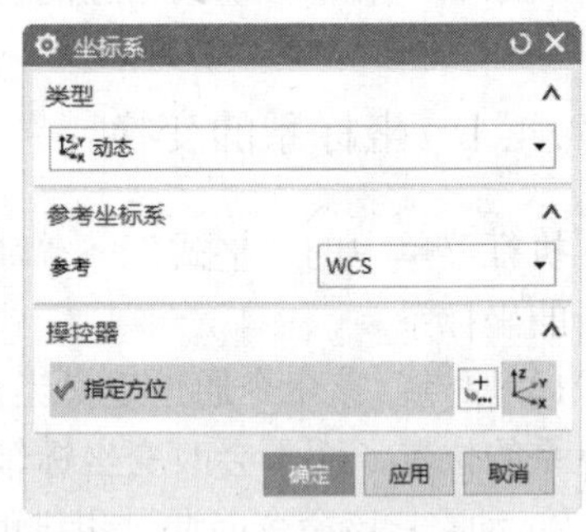

图 3-34 “坐标系”对话框

4）X轴，Y轴：该方式利用矢量创建功能通过选择或定义两个矢量来创建坐标系。

5）X轴，Y轴，原点：该方式先利用点创建功能指定一个点为原点，然后利用矢量创建功能创建两矢量坐标，从而定义坐标系。

6）Z轴，X轴，原点：该方式先利用矢量创建功能选择或定义一个矢量，再利用点创建功能指定一个点，来定义一个坐标系。其中，X轴正向为沿点和定义矢量的垂线指向定义点的方向，Y轴则由Z、X依据右手定则导出。

7）对象的坐标系：该方式由选择的平面曲线、平面或实体的坐标系来定义一个新的坐标系，XOY平面为选择对象所在的平面。

8）点，垂直于曲线：该方式利用所选曲线的切线和一个指定点的方法创建一个坐标系。曲线的切线方向即为Z轴矢量，X轴方向为沿点到切线的垂线指向点的方向，Y轴正向由自Z轴至X轴矢量按右手定则来确定，切点即为原点。

9）平面和矢量：该方式通过先后选择一个平面和一矢量来定义一个坐标系。其中X轴为平面的法矢，Y轴为指定矢量在平面上的投影，原点为指定矢量与平面的交点。

10）三平面：该方式通过先后选择3个平面来定义一个坐标系。3个平面的交点为原点，第一个平面的法向为X轴，Y、Z以此类推。

11）偏置坐标系：该方式通过输入X、Y、Z坐标轴方向相对于选择坐标系的偏距来定义一个新的坐标系。

12）绝对坐标系：该方式在绝对坐标系的（0，0，0）点处定义一个新的坐标系。

13）当前视图的坐标系：该方式用当前视图定义一个新的坐标系。XOY平面为当前视图所在平面。

3.5 基准建模

在UG NX 12.0的建模中，经常需要建立基准点、基准平面、基准轴和基准坐标系。

3.5.1 点

执行菜单中的“插入”→“基准/点”→“点”命令，或者单击“主页”功能区“特征”

组中的“点”图标+，弹出如图 3-35 所示的“点”对话框，其“类型”下拉列表中提供了创建基准点的方法：

1）自动判断的点：根据鼠标所指的位置指定所有点之中距光标最近的点。

2）光标位置：直接在鼠标左键单击的位置上建立点。

3）+现有点：根据已经存在的点，在该点位置上再创建一个点。

4）端点：根据鼠标选择位置，在靠近鼠标选择位置的端点处建立点。如果选择的特征为完整的圆，那么端点为零象限点。

5）控制点：在曲线的控制点上构造一个点或规定新点的位置。控制点与曲线的类型有关，可以是直线的中点或端点、二次曲线的端点，或样条曲线的定义点或控制点等。

6）交点：在两段曲线的交点上、曲线和平面或曲面的交点上创建一个点或规定新点的位置。

7）圆弧/椭圆上的角度：在与 X 轴正向成一定角度（沿逆时针方向）的圆弧/椭圆弧上创建一个点或规定新点的位置。

8）象限点：即圆弧的四分点。在圆弧或椭圆弧的四分点处创建一个点或规定新点的位置。

9）曲线/边上的点：在图 3-36 所示的对话框中设置“曲线上的位置”，即可在选择的特征上建立点。

10）面上的点：在图 3-37 所示的对话框中设置“U 参数”和“V 向参数”的值，即可在面上建立点。

11）两点之间：通过设置“点之间的距离”的值，即可在两点之间建立点。

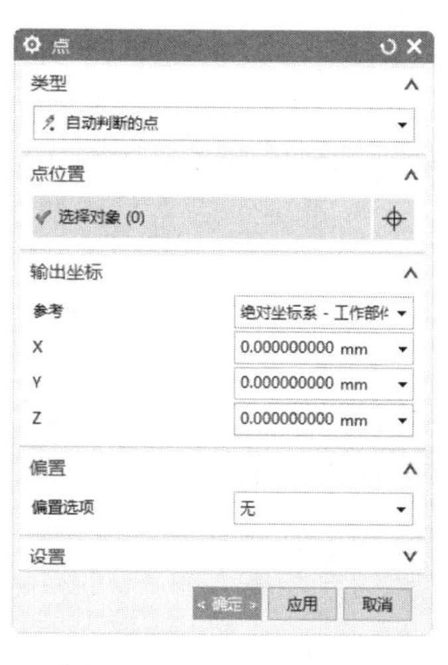

图 3-35　“点”对话框

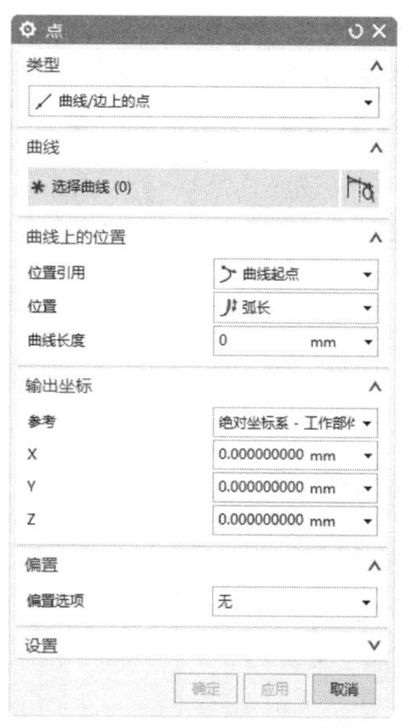

图 3-36　“曲线/边上的点”选项“点”对话框

图 3-37　“面上的点”选项“点”对话框

3.5.2 基准平面

执行菜单中的“插入”→“基准/点”→“基准平面”命令，或者单击“主页”功能区“特征”组中的“基准平面”图标，弹出如图 3-38 所示的“基准平面”对话框，其“类型”下拉列表中提供了创建基准平面的方法。

下面介绍基准平面的创建方法：

1）自动判断：系统根据所选对象创建基准平面。

2）点和方向：通过选择一个参考点和一个参考矢量来创建基准平面。

3）曲线上：通过已存在的曲线，创建在该曲线某点处和该曲线垂直的基准平面。

4）按某一距离：通过与已存在的参考平面或基准面进行偏置得到新的基准平面。

5）成一角度：通过与一个平面或基准面成指定角度来创建基本平面。

6）二等分：在两个相互平行的平面或基准平面的对称中心处创建基准平面。

7）曲线和点：通过选择曲线和点来创建基准平面。

8）两直线：通过选择两条直线创建基准平面。若两条直线在同一平面内，则以这两条直线所在平面为基准平面；若两条直线不在同一平面内，则创建的基准平面通过一条直线且与另一条直线平行。

9）相切：通过与一曲面相切且通过该曲面上点或线或平面来创建基准平面。

10）通过对象：以对象平面为基准平面。

3.5.3 基准轴

执行菜单中的“插入”→“基准/点”→“基准轴”命令，或者单击“主页”功能区“特征”组中的“基准轴”图标，弹出如图 3-39 所示的“基准轴”对话框，其“类型”下拉列表中提供了创建基准轴的方法。

图 3-38 “基准平面”对话框

图 3-39 “基准轴”对话框

1）自动判断：将按照选择的矢量关系来构造新矢量。

2）点和方向：通过选择一个点和方向矢量创建基准轴。

3）两点：通过选择两个点来创建基准轴。

4）曲线上矢量：通过选择曲线和该曲线上的点创建基准轴。

5）曲线/面轴：通过选择曲面和曲面上的轴来创建基准轴。

6）交点：通过选择两相交对象的交点来创建基准轴。

7）XC YC ZC，可以分别选择与 XC 轴、YC 轴、ZC 轴相平行的方向构造矢量。

3.5.4　基准坐标系

执行菜单中的“插入”→“基准/点”→“基准坐标系”命令，或者单击“主页”功能区“特征”组中的“基准坐标系”图标，弹出如图 3-40 所示的“基准坐标系”对话框，该对话框用于创建基准坐标系。与坐标系不同的是，基准坐标系一次建立 3 个基准面（XY、YZ 和 ZX 面）和 3 个基准轴（X、Y 和 Z 轴）。

图 3-40　“基准坐标系”对话框

，该对话框的“类型”下拉列表中提供了创建基准坐标系的方法：

1）自动判断：通过选择对象或输入沿 X、Y 和 Z 坐标轴方向的偏置值来定义一个坐标系。

2）动态：可以手动移动坐标系到任何想要的位置或方位。

3）原点，X 点，Y 点：该方法利用点创建功能先后指定 3 个点来定义一个坐标系。这 3 点应分别是原点、X 轴上的点和 Y 轴上的点。定义的第一点为原点，第一点指向第二点的方向为 X 轴的正向，从第二点至第三点按右手定则来确定 Z 轴正向。

4）三平面：该方法通过先后选择 3 个平面来定义一个坐标系。3 个平面的交点为坐标系的原点，第一个面的法向为 X 轴，第一个面与第二个面的交线方向为 Z 轴。

5）X 轴，Y 轴，原点：该方法先利用点创建功能指定一个点作为坐标系原点，然后利用矢量创建功能先后选择或定义两个矢量，完成基准坐标系的创建。坐标系 X 轴的正向与第一矢量的方向平行，XOY 平面平行于第一矢量及第二矢量所在的平面，Z 轴正向由从第一矢量在 XOY 平面上的投影矢量至第二矢量在 XOY 平面上的投影矢量按右手定则确定。

6）绝对坐标系：该方法在绝对坐标系的（0，0，0）点处定义一个新的坐标系。

7）当前视图的坐标系：该方法利用当前视图定义一个新的坐标系。XOY 平面为当前视图的所在平面。

8）偏置坐标系：该方法通过输入沿X、Y和Z坐标轴方向相对于选择坐标系的偏距来定义一个新的坐标系。

第4章

曲线功能

本章主要介绍曲线的建立、操作及编辑的方法。UG NX 12.0 中重新改进了曲线的各种操作风格，以前版本中一些复杂难用的操作方式被抛弃了，采用了新的方法，在本章中将会详述。

重点与难点

- 基本曲线
- 复杂曲线
- 曲线操作
- 曲线编辑

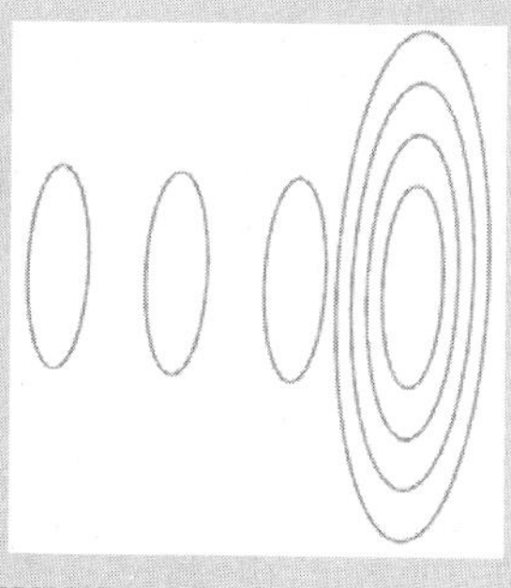

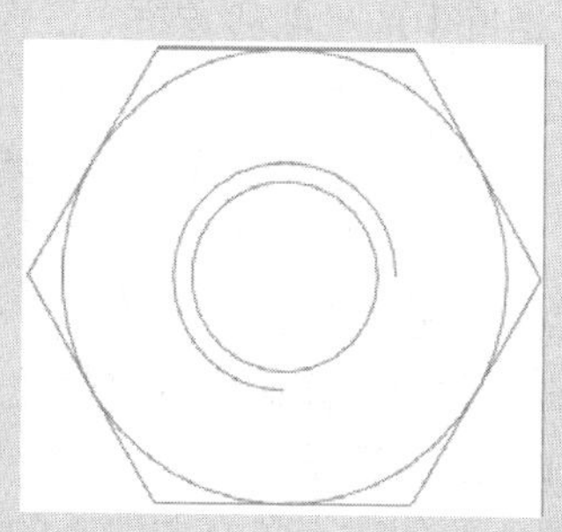

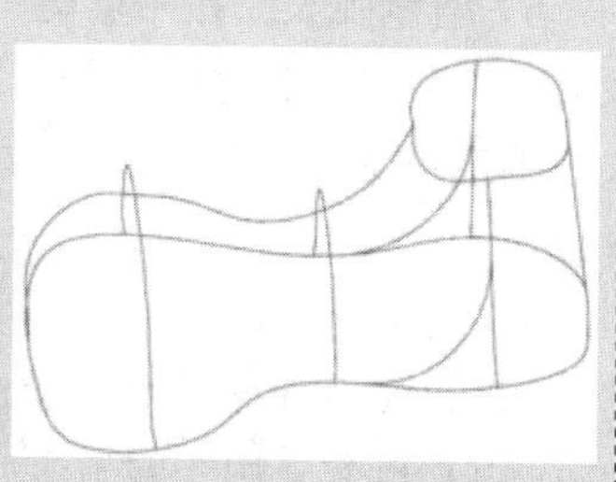

4.1 基本曲线

在所有的三维建模中，曲线是构建模型的基础。只有曲线构造的质量良好，才能保证以后的面或实体的质量。曲线功能主要包括曲线的生成、编辑和操作方法。

4.1.1 点与点集

执行菜单中的“插入”→“基准/点”→“点”命令，弹出“点”对话框。其中各选项的相关用法在3.5.1节中的基准点中已有叙述，此处不再详述。

执行菜单中的“插入”→“基准/点”→“点集”命令，弹出如图4-1所示“点集”对话框。在其“类型”下拉列表中提供了3种点集的创建方式。

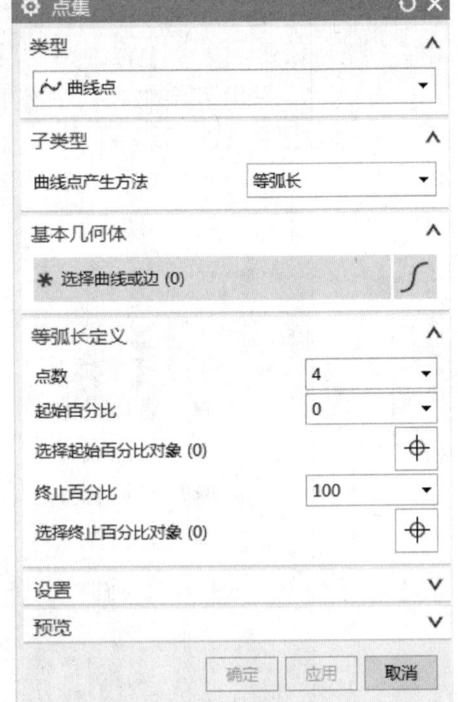

图4-1 “点集”对话框

1.曲线点

“曲线点”用于在曲线上创建点集。

（1）曲线点产生方法：该下拉列表框中的选项用于选择曲线上点的创建方法，包括以下7种。

1）等弧长：用于在点集的起始点和终止点之间按点间等弧长来创建指定数目的点集。

2）等参数：用于以曲线曲率的大小来确定点集的位置。曲率越大，产生点的距离越大，反之则越小。

3）几何级数：在“点集”对话框中的“曲线点产生方法”下拉列表框中选择“几何级数”，则在该对话框中会多出一个“比率”文本框。在设置完其他参数数值后，还需要指定一个比率值，用了确定点集中彼此相邻的后两点之间的距离与前两点距离的倍数。

4）弦公差：在“点集”对话框中的“曲线点产生方法”下拉列表框中选择“弦公差”，根据所给出弦公差的大小来确定点集的位置。弦公差值越小，产生的点数越多，反之则越少。

5）增量弧长：在“点集”对话框中的“曲线点产生方法”下拉列表框中选择“增量弧长”，根据弧长的大小确定点集的位置，而点数的多少则取决于曲线总长及两点间的弧长。按照顺时针方向生成各点。

6）投影点：用于通过投影点来创建点集。

7）曲线百分比：用于通过曲线上的百分比位置来创建一个点。

（2）点数：用于设置要添加的点的数量。

（3）起始百分比：用于设置所要创建点集在曲线上的起始位置。

（4）终止百分比：用于设置所要创建点集在曲线上的结束位置。

（5）选择曲线或边：单击该按钮，可以通过选择新的曲线来创建点集。

2. 样条点

（1）样条点类型：其下拉列表中包括以下选项。

1）定义点：用于利用绘制样条曲线时的定义点来创建点集。

2）结点：用于利用绘制样条曲线时的结点来创建点集。

3）极点：用于利用绘制样条曲线时的极点来创建点集。

（2）选择样条：单击该按钮，可以通过选择新的样条来创建点集。

3. 面的点

“面的点”用于产生曲面上的点集。

（1）面点产生方法：其下拉列表中包括以下选项。

1）阵列：用于设置点集的边界。其中“对角点”用于以对角点方式来限制点集的分布范围。当选择该单选按钮时，系统会提示用户在工作区中选择一点，完成后再选择另一点，这样就以这两点为对角点设置了点集的边界；“百分比”用于以曲面参数百分比的形式来限制点集的分布范围。

2）面百分比：用于通过在选定曲面上的 U、V 方向的百分比来创建该曲面上的一个点。

3）B 曲面极点：用于以 B 曲面控制点的方式创建点集。

（2）选择面：单击该按钮，可以通过选择新的面来创建点集。

4.1.2　直线的建立

执行菜单中的“插入”→“曲线”→“直线”命令，或者单击“曲线”功能区“曲线”组中的“直线”图标，弹出如图 4-2 所示“直线”对话框。以下就“直线”对话框中部分选项的功能做一介绍。

（1）起点选项/终点选项：其下拉列表中包括以下选项。

1）自动判断：根据选择的对象来确定要使用的起点和终点选项。

2）点：通过一个或多个点来创建直线。

3）相切：用于创建与弯曲对象相切的直线。

（2）平面选项：其下拉列表中包括以下选项。

1）自动平面：根据指定的起点和终点来自动判断临时平面。

2）锁定平面：选择此选项，如果更改起点或终点，自动平面不可移动。锁定的平面以基准平面对象的颜色显示。

3）选择平面：通过“指定平面”下拉列表框或“平面”对话框来创建平面。

（3）起始/终止限制：其下拉列表中包括以下选项。

1）值：用于为直线的起始限制或终止限制指定数值。

2）在点上：通过“捕捉点”选项为直线的起始限制或终止限制指定点。

3）直至选定：用于在所选对象的限制处开始或结束直线。

图 4-2 “直线”对话框

4.1.3 圆和圆弧

执行菜单中的“插入”→“曲线”→“圆弧/圆”命令，或者单击“曲线”功能区“曲线”组中的“圆弧/圆”图标，弹出如图 4-3 所示“圆弧/圆”对话框。该对话框用于创建关联的圆弧和圆曲线。以下就“圆弧/圆”对话框中部分选项的功能做一介绍。

（1）类型：其下拉列表中包括以下选项。

1）三点画圆弧：通过指定的三个点或两个点和半径来创建圆弧。

2）从中心开始的圆弧/圆：通过圆弧中心及第二点或半径来创建圆弧。

（2）起点/终点/中点选项：其下拉列表中包括以下选项。

1）自动判断：根据选择的对象来确定要使用的起点/终点/中点选项。

2）点：用于指定圆弧的起点/终点/中点。

3）相切：用于选择曲线对象，以从其派生与所选对象相切的起点/终点/中点。

（3）平面选项：其下拉列表中包括以下选项。

1）自动平面：根据圆弧或圆的起点和终点来自动判断临时平面。

2）锁定平面：选择此选项，如果更改起点或终点，自动平面不可移动。可以双击解锁或锁定自动平面。

3）选择平面：用于选择现有平面或新建平面。

（4）限制：其下拉列表中包括以下选项。

1）起始限制/终止限制：

①值：用于为圆弧的起始限制或终止限制指定数值。

②在点上：通过“捕捉点”选项为圆弧的起始限制或终止限制指定点。

③直至选定：用于在所选对象的限制处开始或结束圆弧。

2）整圆：用于将圆弧指定为完整的圆。

3）补弧：用于创建圆弧的补弧。

图 4-3 “圆弧/圆”对话框

4.2 复杂曲线

复杂曲线指非基本曲线，即除直线、圆和圆弧曲线以外的曲线，包括样条、二次曲线、螺旋线和规律曲线等。复杂曲线是建立复杂实体模型的基础，在本节将介绍一些较为复杂的特殊曲线的生成和操作。

4.2.1 艺术样条

执行菜单中的“插入”→“曲线”→“艺术样条”命令，或者单击“曲线”功能区“曲线”组中的“艺术样条”图标，弹出如图 4-4 所示“艺术样条”对话框。

（1）类型：

1）通过点：用于通过延伸曲线使其穿过定义点来创建样条。

2）根据极点：用于通过构造和操控样条极点来创建样条。

(2) 点位置/极点位置：用于定义样条点或极点位置。

(3) 参数化：

1) 次数：指定样条的阶次。样条的极点数不得少于次数。

2) 匹配的结点位置：勾选此复选框，在定义点所在的位置放置结点。

3) 封闭：勾选此复选框，用于指定样条的起点和终点在同一个点，形成闭环。

(4) 移动：在指定的方向上或沿指定的平面移动样条点和极点。

1) WCS：在工作坐标系中指定 X、Y 或 Z 方向上或沿 WCS 的一个主平面移动点或极点。

2) 视图：相对于视图平面移动极点或点。

3) 矢量：用于定义所选极点或多段线的移动方向。

4) 平面：选择一个基准平面、基准 CSYS 或使用指定平面来定义一个平面，以在其中移动选定的极点或多段线。

5) 法向：沿曲线的法向移动点或极点。

(5) 延伸：

1) 对称：勾选此复选框，在所选样条的指定开始和结束位置上展开对称延伸。

2) 起点/结束：

①无：不创建延伸。

②按值：用于指定延伸的值。

③按点：用于定义延伸的延展位置。

图 4-4 “艺术样条”对话框

(6) 设置：

1) 自动判断的类型：

①等参数：将约束限制为曲面的 U 向和 V 向。

②截面：允许约束同任何方向对齐。

③法向：根据曲线或曲面的正常法向自动判断约束。

④垂直于曲线或边：从点附着对象的父级自动判断 G1、G2 或 G3 约束。

2) 固定相切方位：勾选此复选框，与邻近点相对的约束点的移动就不会影响方位，并且方向保留为静态。

4.2.2 规律曲线

执行菜单中的“插入”→“曲线”→“规律曲线”命令，弹出如图 4-5 所示“规律曲线”对话框。以下对该对话框中的“规律类型”做一说明：

(1) 恒定：该选项能够给整个规律功能定义一个常数值。系统提示用户只输入一个规律值（即该常数）。

（2）线性：该选项能够定义从起始点到终止点的线性变化率。

（3）三次：该选项能够定义从起始点到终止点的三次变化率。

（4）沿脊线的线性：该选项能够使用两个或多个沿着脊线的点定义线性规律功能。选择一条脊线后，可以沿该曲线指出多个点。系统会提示用户在每个点处输入一个值。

（5）沿脊线的三次：该选项能够使用两个或多个沿着脊线的点定义三次规律功能。选择一条脊线后，可以沿该脊线指出多个点。系统会提示用户在每个点处输入一个值。

（6）根据方程：该选项可以用表达式和“参数表达式变量”来定义规律。必须事先定义所有变量（变量定义可以使用“工具”→“表达式”来定义），并且公式必须使用参数表达式变量 t。

图 4-5　“规律曲线”对话框

在这个表格中，点的每个坐标被表达为一个单独参数的一个功能 t。系统在从 0～1 的格式化范围中使用默认的参数表达式变量 t(0 <= t <= 1)。在表达式编辑器中，可以初始化 t 为任何值，因为系统使 t 从 0～1 变化。为了简单起见，初始化 t 为 0。

（7）根据规律曲线：该选项利用已存在的规律曲线来控制坐标或参数的变化。选择该选项后，按照系统在提示栏给出的提示，先选择一条存在的规律曲线，再选择一条基线来辅助选定曲线的方向。如果没有定义基准线，默认的基准线方向就是绝对坐标系的 X 轴方向。

4.2.3　螺旋线

执行菜单中的“插入”→“曲线”→“螺旋”命令，弹出如图 4-6 所示“螺旋”对话框。

利用该对话框，能够通过定义圈数、螺距、半径方式（规律或恒定）、旋转方向和适当的方向，可以生成螺旋线。其结果是一个样条。

（1）类型：包括“沿矢量”和“沿脊线”两种。

（2）方位：用于设置螺旋线指定方向的偏转角度。

（3）大小：用于设置螺旋线旋转直径或半径的方式及大小。

图 4-6　“螺旋”对话框

1）规律类型：螺旋曲线每圈半径或直径按照指定的规律变化。

2）值：螺旋曲线每圈半径或直径按照规律类型变化的值。

（4）螺距：用于设置螺旋线每圈之间的导程。

（5）长度：按照圈数或起始限制/终止限制来指定螺旋线长度。

（6）旋转方向：用于指定绕螺旋轴旋转的方向，分为“右手”和“左手”两种。

1）右手：螺旋线起始于基点向右卷曲（逆时针方向）。

2）左手：螺旋线起始于基点向左卷曲（顺时针方向）。

4.2.4 抛物线

执行菜单中的“插入”→“曲线”→“抛物线”命令，弹出“点”对话框。设置抛物线顶点，单击“确定”按钮，弹出如图4-7所示的对话框。在该对话框中设置用户所需的数值，单击“确定”按钮，创建的抛物线如图4-8所示。

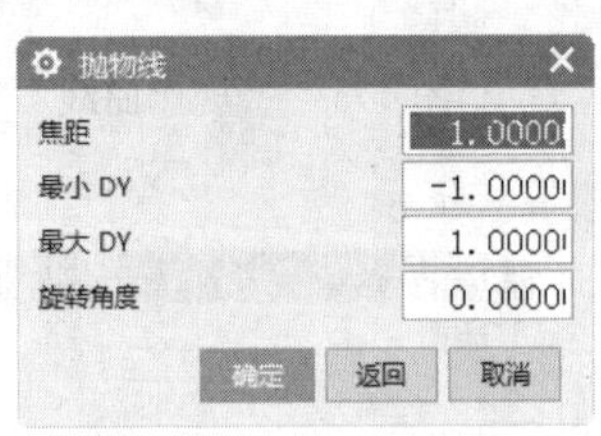

图4-7 “抛物线”对话框

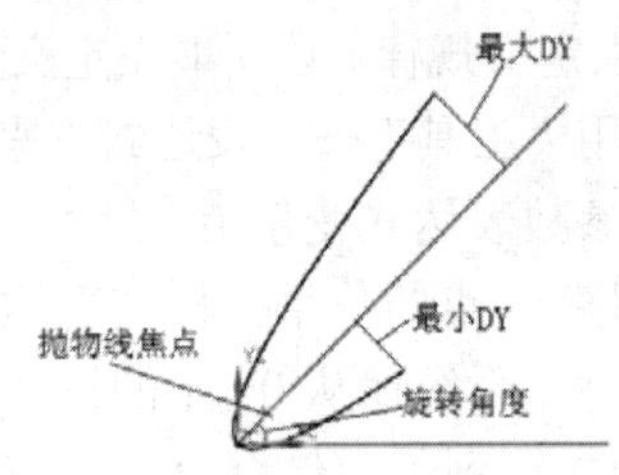

图4-8 创建的抛物线

4.2.5 双曲线

执行菜单中的“插入”→“曲线”→“双曲线”命令，弹出“点”对话框。设置双曲线中心点，弹出如图4-9所示的对话框，在该对话框中设置用户所需的数值，单击“确定”按钮，创建的双曲线如图4-10所示。

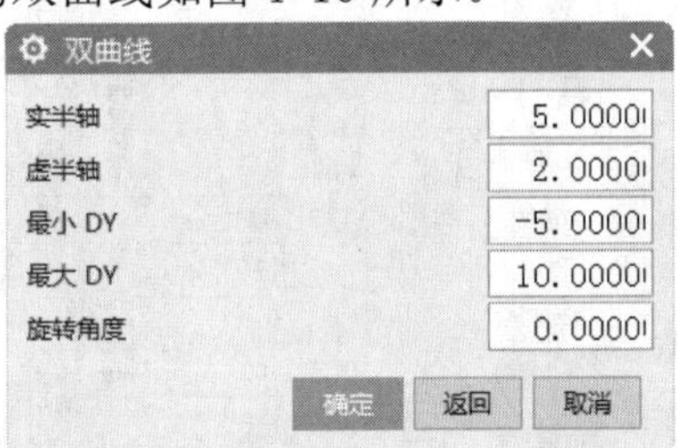

图4-9 “双曲线”对话框

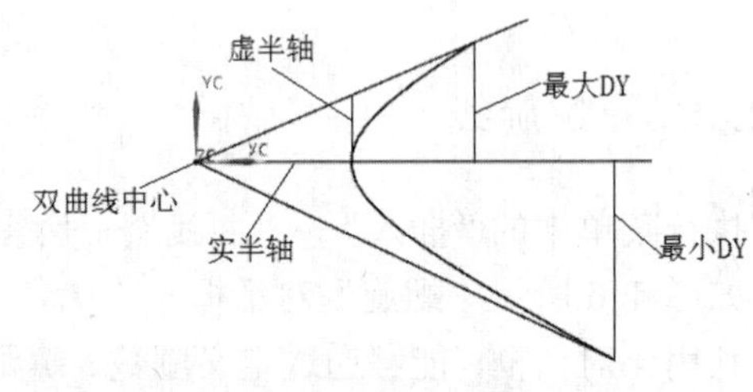

图4-10 创建的双曲线

4.3 曲线操作

一般情况下，曲线创建完成后并不能满足用户需求，还需要进一步的处理工作。本节中将进一步介绍曲线的操作功能，如简化、偏置、桥接、连接、截面和沿面偏置等。

4.3.1　偏置曲线

执行菜单中的“插入”→“派生曲线”→“偏置”命令，或者单击“曲线”功能区“派生曲线”组中的“偏置曲线”图标，弹出如图 4-11 所示“偏置曲线”对话框。

利用该对话框能够通过从原先对象偏置的方法，生成直线、圆弧、二次曲线、样条和边。偏置曲线是通过垂直于选择基曲线上的点来构造的。可以选择是否使偏置曲线与其输入数据相关联。

曲线可以在选择几何体所确定的平面内偏置，也可以使用拔模角和拔模高度将曲线偏置到一个平行的平面上。只有当多条曲线共面且为连续的线串（即端端相连）时，才能对其进行偏置。结果曲线的对象类型与它们的输入曲线相同（除了二次曲线，它偏置为样条）。

图 4-11　“偏置曲线”对话框

以下对“偏置曲线”对话框中部分选项的功能做一介绍。

（1）偏置类型：

1）距离：此方式用于在选择曲线的平面上偏置曲线。

2）拔模：此方式用于在平行于选择曲线平面并与其相距指定距离的平面上偏置曲线。一个平面符号标记出偏置曲线所在的平面。

3）规律控制：此方式用于在规律定义的距离上偏置曲线。该规律是用规律子功能选项对话框指定的。

4）3D 轴向：此方式用于在三维空间内指定矢量方向和偏置距离来偏置曲线，并在其下方的“3D 偏置值”和“轴矢量”中设置数值。

（2）距离：用于在箭头矢量指示的方向上设置与选择曲线之间的偏置距离。负的距离值将在反方向上偏置曲线。

（3）副本数：用于构造多组偏置曲线。

（4）反向：用于反转箭头矢量标记的偏置方向。

（5）修剪：用于选择将偏置曲线修剪或延伸到它们的交点处的方式。

1）无：既不修剪偏置曲线，也不将偏置曲线倒成圆角。

2）相切延伸：将偏置曲线延伸到它们的交点处。

3）圆角：创建与每条偏置曲线终点相切的圆弧。

（6）距离公差：当输入曲线为艺术样条或二次曲线时，可确定偏置曲线的精度。

（7）关联：勾选该复选框，则偏置曲线会与输入曲线和定义数据相关联。

（8）输入曲线：利用该选项可以指定对原曲线的处理情况。对于关联曲线，某些选项不可用：

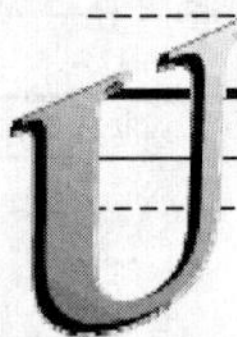

1）保留：在创建偏置曲线时，保留输入曲线。

2）隐藏：在创建偏置曲线时，隐藏输入曲线。

3）删除：在创建偏置曲线时，删除输入曲线。如果勾选“关联”复选框，则该选项会变灰。

4）替换：该操作类似于移动操作，输入曲线被移至偏置曲线的位置。如果勾选“关联”复选框，则该选项会变灰。

4.3.2 实例——偏置曲线

01 创建一个新的文件。执行菜单中的“文件”→“新建”命令，或者单击“标准”组中的“新建”图标，弹出“新建”对话框。在“文件”文本框中输入 pianzhiquxian，“单位”选择“毫米”，单击“确定”按钮，进入UG NX 12.0的工作窗口。

02 执行菜单中的“插入”→“曲线”→“圆弧/圆”命令，在原点处绘制如图 4-12 所示的半径为 10 的圆。

03 执行菜单中的“插入”→“派生曲线”→“偏置”命令，或者单击“曲线”功能区“派生曲线”组中的图标，弹出“偏置曲线”对话框。

04 选择“距离”类型，选择上步绘制的圆为要偏置的曲线，此时显示偏置方向 1，如图 4-13 所示。

05 在“距离”和“副本数”参数项中输入 2 和 3，单击“应用”按钮，生创建如图 4-14 所示的曲线。

06 在“偏置曲线”对话框中选择“拔模”类型，选择最小的圆为要偏置的曲线，此时图中显示偏置的方向 2，如图 4-15 所示。

图 4-12　绘制圆

图 4-13　偏置方向 1

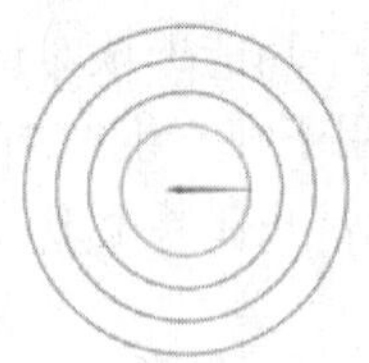

图 4-14　偏置曲线

图 4-15　偏置方向 2

07 在“偏置”选项卡中设置偏置的“高度”“角度”和副本数为 5、0、3，如图 4-16 所示。

08 单击“确定”按钮，创建的偏置曲线如图 4-17 所示。

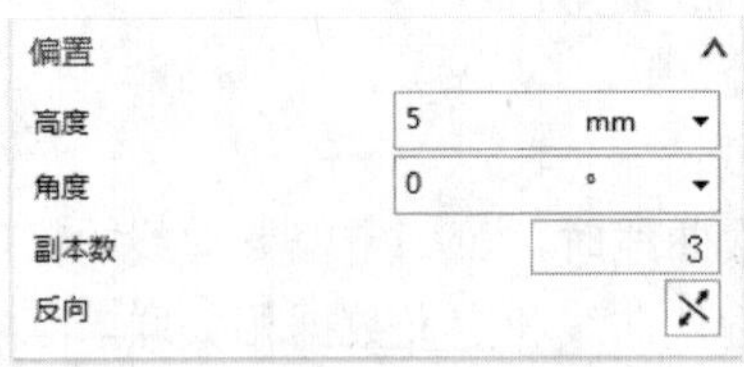

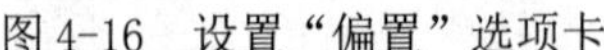

图 4-16　设置“偏置”选项卡

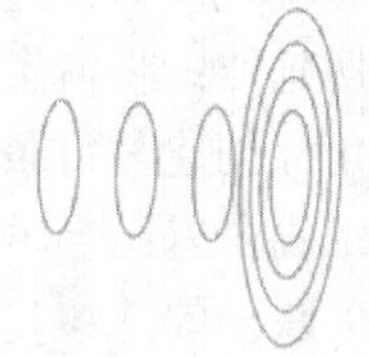

图 4-17　创建的偏置曲线

4.3.3 圆形圆角曲线

执行菜单中的“插入”→“派生曲线”→“圆形圆角曲线”命令，或者单击“曲线”功能区“更多库”中的“圆形圆角曲线”图标，弹出如图 4-18 所示的“圆形圆角曲线”对话框。

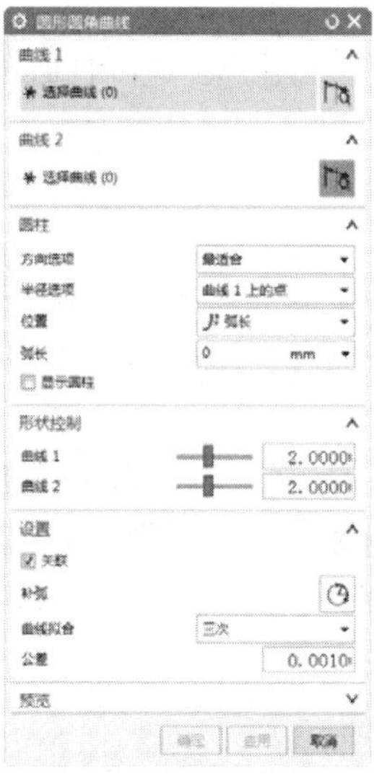

图 4-18 “圆形圆角曲线”对话框

利用该对话框可在两条 3D 曲线或边链之间创建光滑的圆角曲线。圆角曲线与两条输入曲线相切，且当投影到垂直于所选矢量方向的平面上时类似于圆角。以下对“圆形圆角曲线”对话框各选项的功能做一介绍。

（1）选择曲线：用于选择第一个和第二个曲线链或特征边链。

（2）方向选项：用于指定圆柱轴的方向。其下拉列表框中包括以下选项。

1）最适合：用于查找最可能包含输入曲线的平面。自动判断的圆柱轴垂直于该最适合的平面。

2）变量：使用输入曲线上具有倒圆的接触点处的切线来定义视图矢量。圆柱轴的方向平行于接触点上切线的叉积。

3）矢量：用于通过矢量构造器或其他标准矢量方法将矢量指定为圆柱轴。

4）当前视图：用于指定垂直于当前视图的圆柱轴。圆柱轴的此方向是非关联的。选择当前视图的法向后，“方向选项”便更改为“矢量”类型。可以使用矢量构造器或其他标准矢量方法来更改此圆柱轴。

（3）半径选项：用于指定圆柱半径的值。其下拉列表框中包括以下选项。

1）曲线 1 上的点：用于在曲线 1 上选择一个点作为锚点，然后在曲线 2 上搜索该点。

2）曲线 2 上的点：用于在曲线 2 上选择一个点作为锚点，然后在曲线 1 上搜索该点。

3）值：用于输入圆柱半径的值。

（4）位置：仅可用于“曲线 1 上的点”和“曲线 2 上的点”半径选项。用于指定曲线 1 上或曲线 2 上接触点的位置。其下拉列表框中包括以下选项。

1）弧长：用于指定沿弧长方向的距离作为接触点。

2）弧长百分比：用于指定弧长的百分比作为接触点。

3）通过点：用于选择一个点作为接触点。

（5）半径选项：仅用于“圆柱”的“半径选项”为“值”的情况。将圆柱半径设置为在此文本框中输入的值。

（6）显示圆柱：用于显示或隐藏用于创建圆柱圆角曲线的圆柱。

4.3.4 在面上偏置曲线

执行菜单中的“插入”→“派生曲线”→“在面上偏置”命令，或者单击“曲线”功能区“派生曲线”组中的“在面上偏置曲线”图标，弹出如图4-19所示“在面上偏置曲线”对话框。

该对话框用于在一表面上由一存在曲线按指定的距离生成一条沿面的偏置曲线。以下对“在面上偏置曲线”对话框中的重要选项功能做一介绍。

（1）偏置法：用于确定偏置曲线的方法。其下拉列表框中包括以下选项。

1）弦：沿曲线弦长偏置曲线。

2）弧长：沿曲线弧长偏置曲线。

3）测地线：沿曲面的最小距离创建偏置曲线。

4）相切：沿曲面的切线方向创建偏置曲线。

5）投影距离：用于按指定的法向矢量在虚拟平面上指定偏置距离。

（2）公差：该选项用于设置偏置曲线公差，其默认值是在建模预设置对话框中设置的。公差值决定了偏置曲线与被偏置曲线的相似程度，选用默认值即可。

4.3.5 桥接曲线

执行菜单中的“插入”→“派生曲线”→“桥接”命令，或者单击“曲线”功能区“派生曲线”组中的“桥接曲线”图标，弹出如图4-20所示“桥接曲线”对话框。

该对话框可用于桥接两条不同位置的曲线，边也可以作为曲线来选择。这是用户在曲线连接中最常用的方法。以下对“桥接曲线”对话框的各选项功能做一介绍。

（1）起始对象：用于确定桥接曲线操作的起始对象。

（2）终止对象：用于确定桥接曲线操作的终止对象。

（3）约束面：用于限制桥接曲线所在面。

（4）半径约束：用于限制桥接曲线的半径的类型和大小。

（5）方法：用于设置“形状控制”的方法。其下拉列表框中包括以下选项。

1）相切幅值：通过改变桥接曲线与起始曲线和终止曲线连接点的相切矢量值，来控制桥接曲线的形状。相切矢量值的改变是通过“开始”和“结束”滑块，或者直接在“开始”和“结束”文本框中输入切矢量值来实现的

2）深度和歪斜度：当选择该形状控制方法时，“形状控制”选项组如图4-21所示。

①深度：指桥接曲线峰值点的深度，即影响桥接曲线形状的曲率百分比，其值可通过拖动下方的滑块或直接在“深度”文本框中输入百分比实现。

②歪斜度：指桥接曲线峰值点的倾斜度，即设定沿桥接曲线从起始曲线向终止曲线度量时峰值点位置的百分比。

3）模板曲线：用于通过选择现有艺术样条来控制桥接曲线的整体形状。

图 4-19　“在面上偏置曲线”对话框

图 4-20　“桥接曲线”对话框

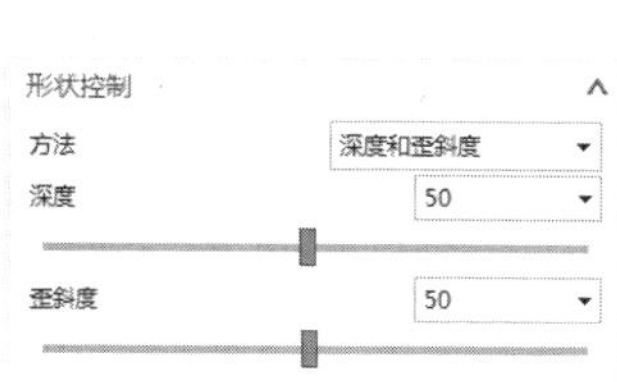

图 4-21　“形状控制”选项组

4.3.6　简化曲线

执行菜单中的“插入”→“派生曲线”→“简化”命令，弹出如图 4-22 所示的“简化曲线”对话框。该对话框以一条最合适的逼近曲线来简化一组选择曲线（最多可选择 512 条曲线），它将这组曲线简化为圆弧或直线的组合，即将高次方曲线降为二次或一次方曲线。

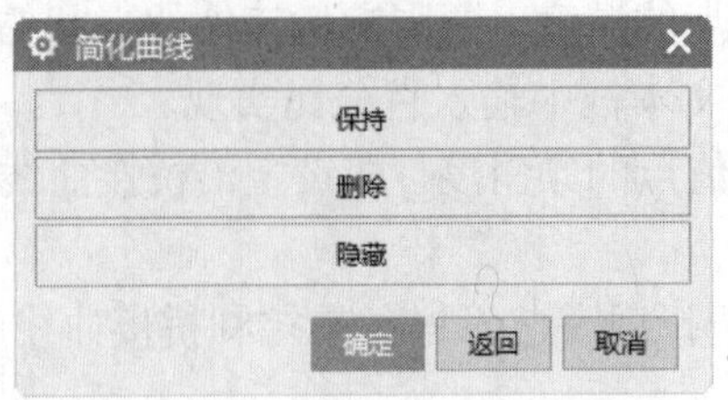

图 4-22 “简化曲线”对话框

在简化选择曲线之前，可以指定原有曲线在转换之后的状态。该对话框中各选项的功能如下。

1）保持：在生成直线和圆弧之后保留原有曲线。在选择曲线的上面生成曲线。

2）删除：简化之后删除选择曲线。删除选择曲线之后，不能再恢复。如果选择“取销”，可以恢复原有曲线但不再被简化。

3）隐藏：生成简化曲线之后，将选择的原有曲线从屏幕上移除，但并未被删除。

4.3.7 复合曲线

执行菜单中的→“插入”→“派生曲线”→“复合曲线”命令，或者单击“曲线”功能区“派生曲线”库中的“复合曲线”图标，弹出如图 4-23 所示的“复合曲线”对话框。利用该对话框可从工作部件中抽取曲线和边。抽取的曲线和边随后会在添加倒斜角和圆角等详细特征后保留。以下就其中的部分选项功能做一介绍。

图 4-23 “复合曲线”对话框

（1）曲线：

1）选择曲线：用于选择要复合的曲线。

2）指定原始曲线：用于从该曲线环中指定原始曲线。

（2）设置：

1）关联：创建关联复合曲线特征。

2）隐藏原先的：创建复合特征时，隐藏原始曲线。如果原始几何体是整个对象，则不能隐藏实体边。

3）允许自相交：用于选择自相交曲线作为输入曲线。

4）高级曲线拟合：用于指定方法、次数和段数。

①方法：用于控制输出曲线的参数设置。其下拉列表框中包括以下选项。

a）　次数和段数：显式控制输出曲线的参数设置。

b）　次数和公差：使用指定的次数及所需数量的非均匀段达到指定的公差值。

c）　保留参数化：使用此选项可继承输入曲线的次数、段数、极点结构和结点结构，然后将其应用于输出曲线。

d）　自动拟合：可以指定最低次数、最高次数、最大段数和公差值，以控制输出曲线的参数设置。此选项替换了之前版本中可用的高级选项。

②次数：当方法为“次数和段数”或“次数和公差”时可用。用于指定曲线的次数。

③段数：当方法为“次数和段数”时可用。用于指定曲线的段数。

④最低次数：当方法为“自动拟合”时可用。用于指定曲线的最低次数。

⑤最高次数：当方法为“自动拟合”时可用。用于指定曲线的最高次数。

⑥最大段数：当方法为“自动拟合”时可用。用于指定曲线的最大段数。

5）连接曲线：用于指定是否要将复合曲线的线段连接成单条曲线。

①否：不连接复合曲线段。

②三次：连接输出曲线以形成 3 次多项式样条曲线。使用此选项可最小化结点数。

③常规：连接输出曲线以形成常规样条曲线。创建可精确表示输入曲线的样条。此选项可以创建次数高于三次或五次类型的曲线。

④五次：连接输出曲线以形成 5 次多项式样条曲线。

6）使用父对象的显示属性：将对复合对象的显示属性所做的更改反映给通过 WAVE 几何链接器与其链接的任何子对象。

4.3.8　投影曲线

执行菜单中的“插入”→“派生曲线”→“投影”命令，或者单击“曲线”功能区“派生曲线”组中的“投影曲线”图标，弹出如图 4-24 所示的“投影曲线”对话框。利用该对话框能够将曲线和点投影到片体、面、平面和基准面上。点和曲线可以沿着指定矢量方向、与指定矢量成某一角度的方向、指向特定点的方向或沿着面法线的方向进行投影。所有投影曲线在孔或面边界处都要进行修剪。

以下对该对话框中部分选项的功能做一介绍。

（1）要投影的曲线或点：用于确定要投影的曲线和点。

（2）要投影的对象：用于确定投影所在的表面或平面以及对象。

（3）投影方向：用于指定如何定义将对象投影到片体、面和平面上时所使用的方向。其下拉列表框中包括以下选项。

1）沿面的法向：用于沿着面和平面的法向投影对象。

2）朝向点：可向一个指定点投影对象。对于投影的点，可以在选择点与投影点之间的直线上获得交点。

3）朝向直线：可沿垂直于一指定直线或基准轴的矢量投影对象。对于投影的点，可以在通过选择点垂直于与指定直线的直线上获得交点。

4）沿矢量：用于沿指定矢量（该矢量是通过矢量构造器定义的）投影选择对象。可以在该矢量指示的单个方向上投影曲线，或者在两个方向上（指示的方向和它的反方向）投影曲线。

5）与矢量成角度：可将选择曲线按与指定矢量成指定角度的方向投影，该矢量是使用矢量构造器定义的。根据选择的角度值（向内的角度为负值），该投影可以相对于曲线的近似形心按向外或向内的角度生成。对于点的投影，该选项不可用。

（4）关联：勾选该复选框，原曲线保持不变，在投影面上生成与原曲线相关联的投影曲线，只要原曲线发生变化，投影曲线也随之发生变化。

（5）连接曲线：用于设置曲线拟合的阶次。可以选择“否”“三次”“五次”或者“常规”，一般推荐使用三次。

（6）公差：该选项用于设置公差，其默认值是在建模预设置对话框中设置的。该公差值决定所投影的曲线与被投影曲线在投影面上的投影相似程度。

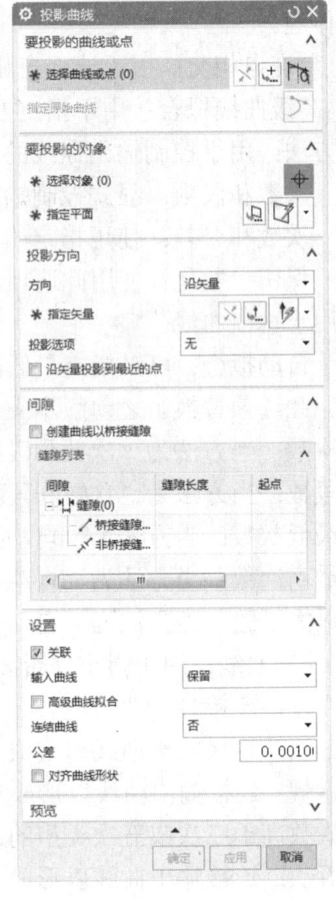

图 4-24 “投影曲线”对话框

4.3.9 组合投影

执行菜单中的“插入”→“派生曲线”→“组合投影”命令，或者单击“曲线”功能区“派生曲线”组中的“组合投影”图标，弹出如图 4-25 所示“组合投影”对话框。

利用该对话框可组合两个已有曲线的投影，生成一条新的曲线。需要注意的是，这两条曲线的投影必须相交。可以指定新曲线是否与输入曲线关联，以及将对输入曲线做哪些处理。

以下对“组合投影”对话框中部分选项的功能做一介绍。

1）曲线 1：用于选择第一条曲线。

2）曲线 2：用于选择第二条曲线。

3）投影方向 1：用于确定第一条曲线投影的矢量方向。

4）投影方向 2：用于确定第二条曲线投影的矢量方向。

4.3.10　缠绕/展开曲线

执行菜单中的“插入”→“派生曲线”→“缠绕/展开曲线”命令，弹出如图 4-26 所示“缠绕/展开曲线”对话框。利用该对话框可以将曲线从平面缠绕到圆锥或圆柱面上，或者将曲线从圆锥或圆柱面展开到平面上。输出的曲线是 3 次 B 样条，并且与其输入曲线、定义面和定义平面相关联。其中部分选项的功能如下。

（1）类型：用于指定是要缠绕曲线还是展开曲线。

（2）面：可选择将曲线缠绕到或从其上展开的圆锥或圆柱面。可选择多个面。

（3）曲线或点：选择要缠绕或展开的曲线或点。

（4）平面：用于确定产生缠绕的与被缠绕表面相切的平面。

（5）切割线角度：用于指定“切线”（一条假想直线，位于缠绕面和缠绕平面相遇的公共位置处。它是一条与圆锥或圆柱轴线共面的直线）绕圆锥或圆柱轴线旋转的角度（0°～360° 之间）。可以输入数值或表达式。

图 4-25　“组合投影”对话框

图 4-26　“缠绕/展开曲线”对话框

4.3.11　实例——通过“缠绕/展开曲线”创建曲线

01 打开文件 4-1.prt，进入建模模块，如图 4-27 所示。

02 执行菜单中的“插入”→“派生曲线”→“缠绕/展开曲线”命令，弹出“缠绕/展开曲线”对话框。

03 选择圆锥面为缠绕面，选择基准平面为缠绕平面，选择样条曲线为缠绕曲线。

04 选择“缠绕”类型，在“切割线角度”中输入90。

05 单击“确定”按钮，创建缠绕曲线，如图4-28所示。

06 选择“展开”类型，创建展开曲线，如图4-29所示。

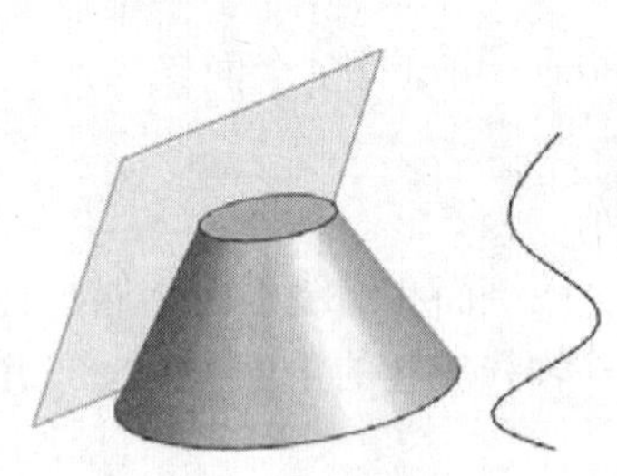

图4-27 模型

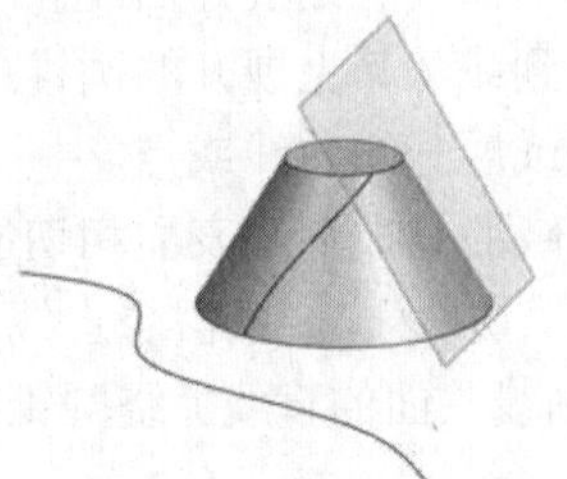

图4-28 创建缠绕曲线

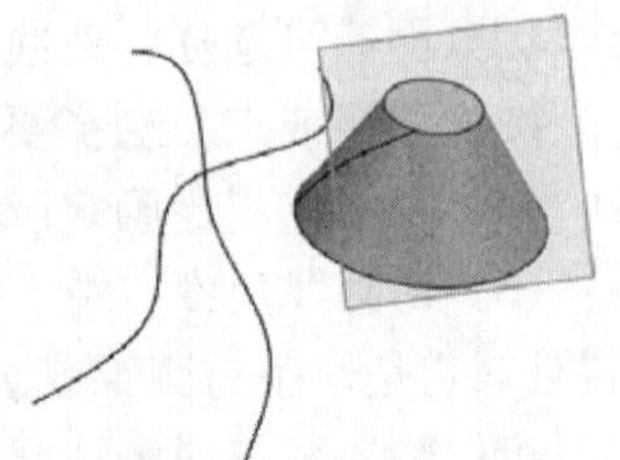

图4-29 创建展开曲线

4.3.12 相交曲线

执行菜单中的“插入”→“派生曲线”→“相交”命令，或者单击“曲线”功能区“派生曲线”组中的“相交曲线”图标，弹出如图4-30所示“相交曲线”对话框。该对话框用于在两组对象之间生成相交曲线。相交曲线是关联的，会根据其定义对象的更改而更新。

该对话框部分选项的功能如下。

1）第一组：激活该选项时可选择第一组对象。

2）第二组：激活该选项时可选择第二组对象。

3）保持选定：勾选该复选框，选择“第一组”或“第二组”，在单击“应用”按钮后，系统自动选择已选择的“第一组”或“第二组”对象。

4）高级曲线拟合：用于设置曲线拟合的方式。包括“次数和段数”“次数和公差”和“自动拟合”3中拟合方式。

5）距离公差：该选项用于设置距离公差，其默认值是在建模预设置对话框中设置的。

6）关联：能够指定相交曲线是否关联。当对源对象进行更改时，关联的相交曲线会自动更新。

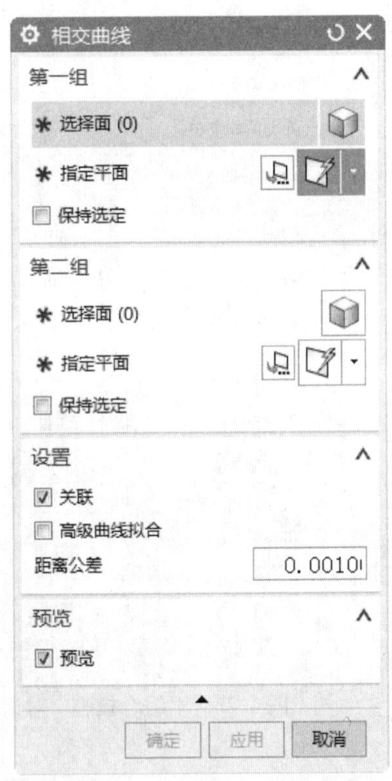

图4-30 “相交曲线”对话框

4.3.13　截面曲线

执行菜单中的“插入”→“派生曲线”→“截面”命令，或者单击“曲线”功能区“派生曲线”组中的“截面曲线”图标，弹出如图 4-31 所示“截面曲线”对话框。利用该对话框可以在指定平面与体、面、平面和/或曲线之间生成相交几何体。平面与曲线之间相交生成一个或多个点。以下对“截面曲线”对话框中部分选项的功能做一介绍。

1. 类型

（1）选定的平面：该选项用于指定单独平面或基准平面作为截面。

1）要剖切的对象：该选项用于选择将被截取的对象。需要时，可以使用“过滤器”选项辅助选择所需对象。可以将“过滤器”选项设置为任意、体、面、曲线、平面或基准平面。

2）剖切平面：该选项用于选择已有平面或基准平面，或者使用平面子功能定义临时平面。需要注意的是，如果勾选了“关联”复选框，则平面子功能不可用，此时必须选择已有平面。

（2）平行平面：该选项用于设置一组等间距的平行平面作为截面，如图 4-32 所示。

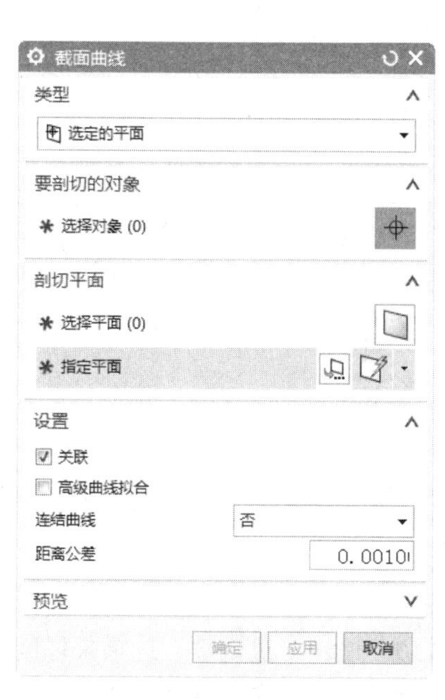

图 4-31　“截面曲线”对话框

图 4-32　选择“平行平面”选项

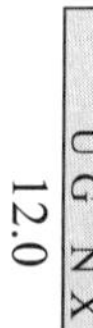

1）步进：用于指定每个临时平行平面之间的相互距离；

2）起点/终点：是从基本平面测量的，正距离为显示的矢量方向。系统将生成适合指定限制的平面数。这些距离值不必恰好是步长距离的偶数倍。

（3）径向平面：该选项从一条普通轴开始以扇形展开生成按等角度间隔的平面，以用于选择体、面和曲线的截取，如图 4-33 所示。

1）径向轴：用于定义径向平面绕其旋转的轴矢量。若要指定轴矢量，可使用“矢量方式”

或矢量构造器工具。

2）参考平面上的点：该选项通过使用点方式或点构造器工具，指定径向参考平面上的点。径向参考平面是包含该轴线和点的唯一平面。

3）起点：用于设置相对于基平面的角度，径向面由此角度开始。按右手法则确定正方向。限制角不必是步长角度的偶数倍。

4）终点：用于设置相对于基础平面的角度，径向面在此角度处结束。

5）步进：用于设置径向平面之间所需的夹角。

（4）垂直于曲线的平面：该选项用于设定一个或一组与所选定曲线垂直的平面作为截面，如图 4-34 所示。

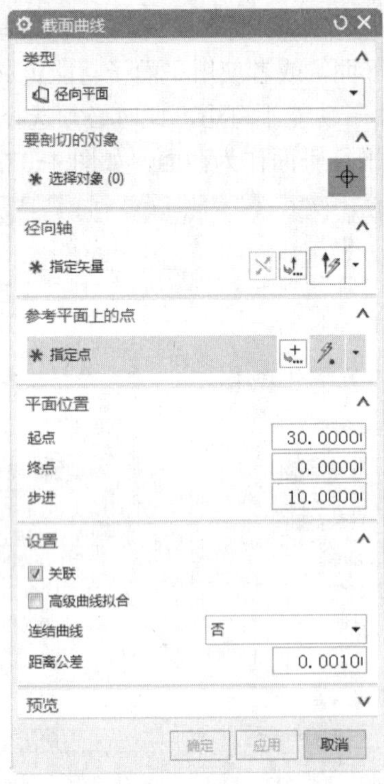

图 4-33　选择“径向平面”选项

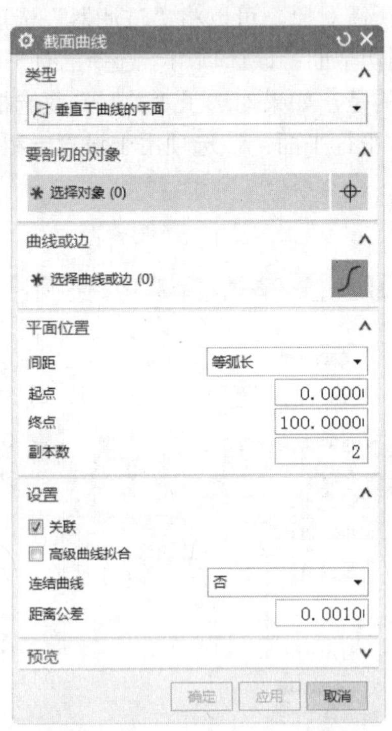

图 4-34　选择“垂直于曲线的平面”选项

曲线或边：用于选择沿其生成垂直平面的曲线或边。使用“过滤器”选项来辅助对象的选择。可以将“过滤器”设置为曲线或边。在选择曲线或边之前，先选择适合该操作的“间距”。

1）等弧长：沿曲线路径以等弧长方式间隔平面。必须在“副本数”文本框中输入截面平面的数目，以及平面相对于曲线全弧长的起点和终点位置的百分比值。

2）等参数：根据曲线的参数化法间隔平面。必须在“副本数”文本框中输入截面平面的数目，以及平面相对于曲线参数长度的起点和终点位置的百分比值。

3）几何级数：根据几何级数比间隔平面。必须在“副本数”文本框中输入截面平面的数目，还须在“比例字段”中输入数值，以确定起点和终点之间的平面间隔。

4）弦公差：根据弦公差间隔平面。选择曲线或边后，通过定义曲线段，使线段上的点与线段端点连线的最大弦距离等于在“弦公差”文本框中输入的弦公差值。

5）增量弧长：以沿曲线路径增量的方式间隔平面。在“弧长”文本框中输入值，在曲线上以增量圆弧长方式定义平面。

2. 高级曲线拟合

用于设置曲线拟合的方式。包括“次数和段数”“次数和公差”和“自动拟合”3 中拟合方式。

3. 距离公差

该选项用于指定截面曲线操作的公差。该文本框中的公差值用于确定截面曲线与定义截面曲线的对象和平面的接近程度。

4.4 曲线编辑

当曲线创建完成后，经常还需要对曲线进行修改和编辑，需要调整曲线的很多细节，本节主要介绍曲线编辑的操作，具体包括编辑曲线参数、修剪曲线、修剪拐角、分割曲线、编辑圆角、拉长曲线、曲线长度、光顺样条等，其相关命令集中在菜单“编辑”→“曲线”的子菜单中或相应的组中，如图 4-35 所示。

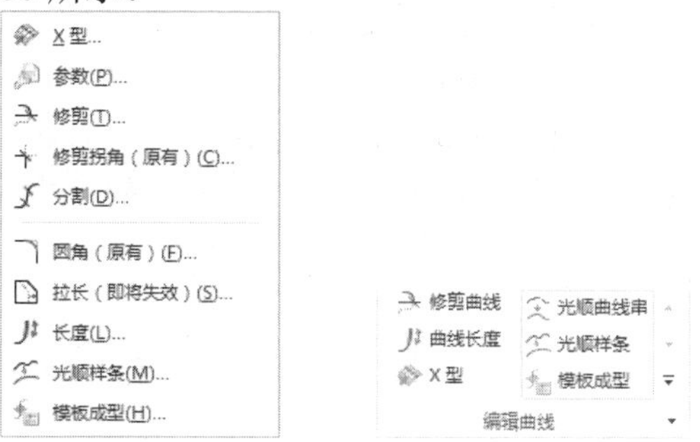

图 4-35　“曲线”子菜单或功能区中的“编辑曲线”组

4.4.1　编辑曲线参数

执行菜单中的“编辑”→“曲线”→“参数”命令，或者单击“曲线”功能区“更多”组“编辑曲线”中的“编辑曲线参数”图标，弹出如图 4-36 所示“编辑曲线参数”对话框。

利用该对话框可编辑大多数类型的曲线。当选择了不同的曲线类型时，系统会给出相应的对话框。

（1）编辑直线：当选择的曲线为直线时，弹出如图 4-37 所示的对话框。利用该对话框，通过设置直线的端点或它的参数（长度和角度）对直线进行编辑。

如果要改变直线的端点，可以：

1）选择要修改的直线端点，即可从固定的端点像拉橡皮筋一样改变该直线。

2）用对话框中的任意的“点方式”选项指定新的位置。

如果要改变直线的参数，可以：

1）选择该直线，避免选到它的控制点上。

2）在对话框中输入长度和/或角度的新值，然后按 Enter 键即可。

（2）编辑圆弧/圆方法：当选择的曲线为圆弧或圆时，弹出如图 4-38 所示的对话框。

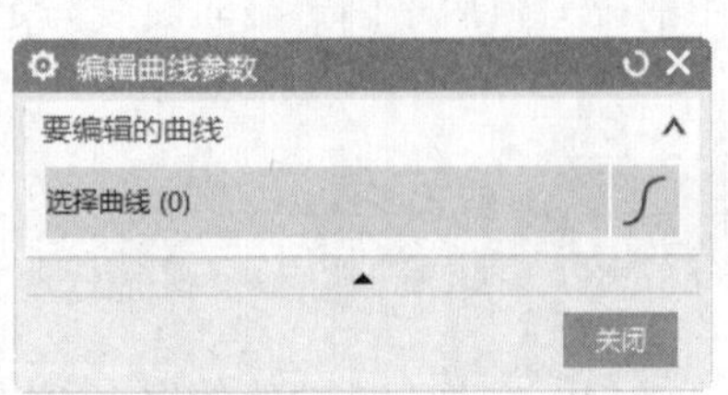

图 4-36 “编辑曲线参数”对话框

图 4-37 “直线”对话框

通过在对话框中输入新值或拖动滑块改变圆弧或圆的参数，还可以把圆弧变成它的补弧。不管激活的编辑模式是什么，都可以将圆弧或圆移动到新的位置。

（3）编辑艺术样条：当选择的曲线为艺术样条时，弹出如图 4-39 所示对话框。该对话框用于编辑已有的艺术样条。该选项和创建艺术样条的操作几乎相同。

图 4-38 “圆弧/圆”对话框

图 4-39 “艺术样条”对话框

4.4.2　修剪曲线

执行菜单中的“编辑”→“曲线”→“修剪”命令，或者单击“曲线”功能区“编辑曲线”组中的“修剪曲线”图标，弹出如图 4-40 所示“修剪曲线”对话框。利用该对话框，可以根据边界实体和选择进行修剪的曲线的分段来调整曲线的端点。可以修剪或延伸直线、圆弧、二次曲线或艺术样条。以下就“修剪曲线”对话框中部分选项的功能做一介绍。

图 4-40　“修剪曲线”对话框

（1）要修剪的曲线：此选项用于选择要修剪的一条或多条曲线（此步骤是必需的）。

（2）边界对象：此选项用于从工作区中选择一串对象作为边界，沿着它修剪曲线。

（3）设置：

1）曲线延伸：如果正在修剪一个要延伸到它的边界对象的艺术样条，则可以在其下拉列表中选择曲线延伸的方式。

①自然：从样条的端点沿其自然路径延伸它。

②线性：把艺术样条从它的任一端点延伸到边界对象，艺术样条的延伸部分是直线的。

③圆形：把艺术样条从它的端点延伸到边界对象，艺术样条的延伸部分是圆弧形的。

④无：对任何类型的曲线都不执行延伸。

2）关联：该选项用于指定输出的已被修剪的曲线与输入曲线是否关联。勾选该复选框，将导致生成一个 TRIM_CURVE 特征，它是原始曲线的复制、关联及被修剪的副本。

勾选“将输入曲线设置为虚线”复选框，这样它们比被修剪的、关联的副本更容易看得到。如果输入参数改变，则关联的修剪的曲线会自动更新。

3）输入曲线：该选项用于指定想让输入曲线的被修剪的部分处于何种状态。

①隐藏：意味着输入曲线被渲染成不可见。

②保留：意味着输入曲线不受修剪曲线操作的影响，被保留在它们的初始状态。

③删除：意味着通过修剪曲线操作把输入曲线从模型中删除。

④替换：意味着输入曲线被已修剪的曲线替换或交换。当使用“替换”时，原始曲线的子特征成为已修剪曲线的子特征。

4.4.3 实例——绘制碗轮廓线

01 创建一个新的文件。执行菜单中的“文件”→“新建”命令，或者单击“标准”组中的“新建”图标，弹出“新建”对话框。在“名称”文本框中输入 wan，“单位”选择“毫米”，单击“确定”按钮，进入 UG NX 12.0 的工作窗口。

02 执行菜单中的“插入”→“曲线”→“圆弧/圆”命令，或者单击“曲线”功能区“曲线”组中的“圆弧/圆”图标，弹出“圆弧/圆”对话框。绘制圆心为（0，50，0），半径为 50 的圆，如图 4-41 所示。

03 执行菜单中的“插入”→“派生曲线”→“偏置”命令，或者单击“曲线”功能区“派生曲线”组中的“偏置曲线”图标，弹出“偏置曲线”对话框。将上步绘制的圆向内偏移 2，如图 4-42 所示

04 执行菜单中的“插入”→“曲线”→“直线”命令，或者单击“曲线”功能区“曲线”组中的“直线”图标，弹出“直线”对话框。捕捉半径为 50 圆的象限点，绘制两条相交直线，如图 4-43 所示。

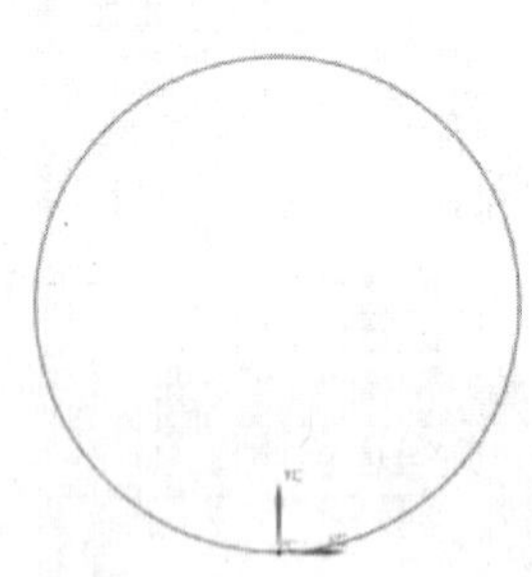
图 4-41　绘制圆

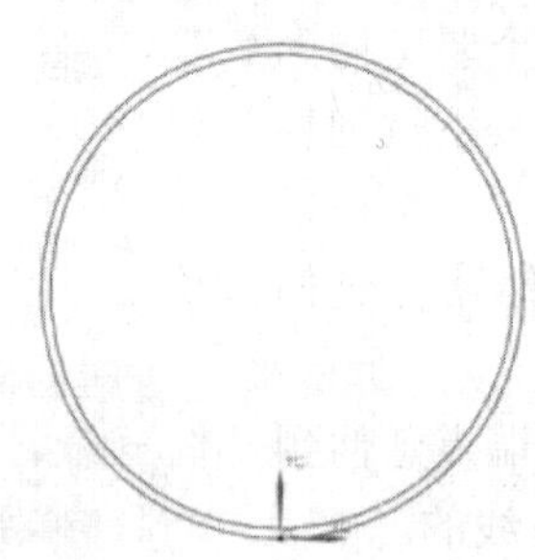
图 4-42　偏置圆

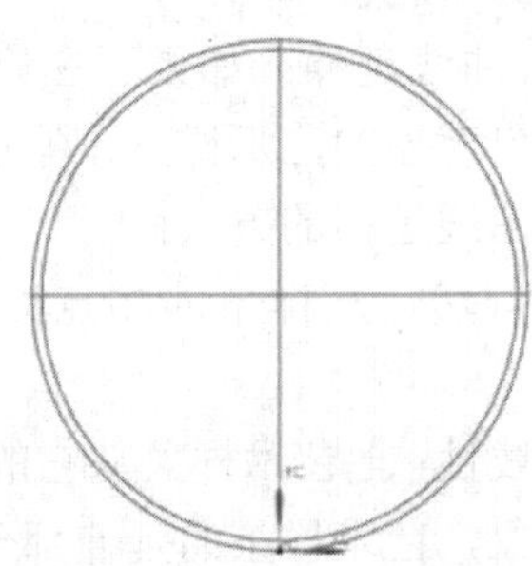
图 4-43　绘制相交直线

05 执行菜单中“编辑”→“曲线”→“修剪”命令，或者单击“曲线”功能区“编辑曲线”组中的“修剪曲线”图标，弹出“修剪曲线”对话框。其中各选项的设置如图 4-44 所示。

06 选择步骤 04 绘制的两条直线为边界对象，如图 4-45 所示

07 选择两圆弧为要修剪的曲线，单击“确定”按钮，如图 4-46 所示。

08 再以步骤 03 创建的偏置圆为边界，修剪两条直线，如图 4-47 所示。

09 执行“直线”命令，定义端点 A 为直线起点。选择“沿 YC”为终点选项，此时绘制的直线沿 Y 轴方向。在跟踪条的 Y 坐标中输入-2，单击“应用”按钮，完成直线 1 的创建。

10 依照上述方法定义图 4-48 所示的线段 C、D、E，长度分别为 15、2、5。在定义线段 F 时，长度刚好到半径为 50 的圆弧即可。

11 执行菜单中的“编辑”→“曲线”→“修剪”命令，或者单击“曲线”功能区“编辑曲线”组中的“修剪曲线”图标，弹出“修剪曲线”对话框。

12 选择线段 F 为边界对象，半径为 50 的圆弧为修剪对象，单击“确定”按钮，完成修剪操作，创建的碗轮廓曲线如图 4-49 所示。

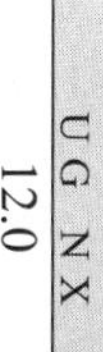

图 4-44　设置“修剪曲线”对话框的选项

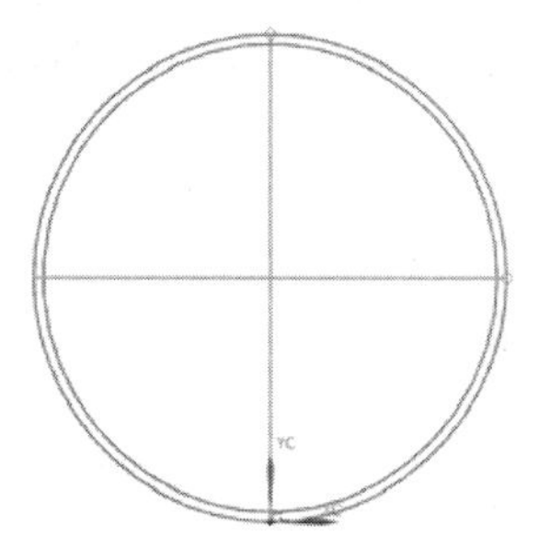

图 4-45　选择边界对象

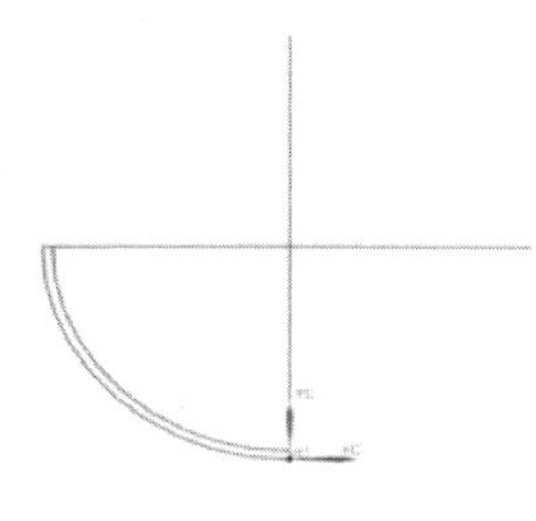

图 4-46 创建修剪曲线模型

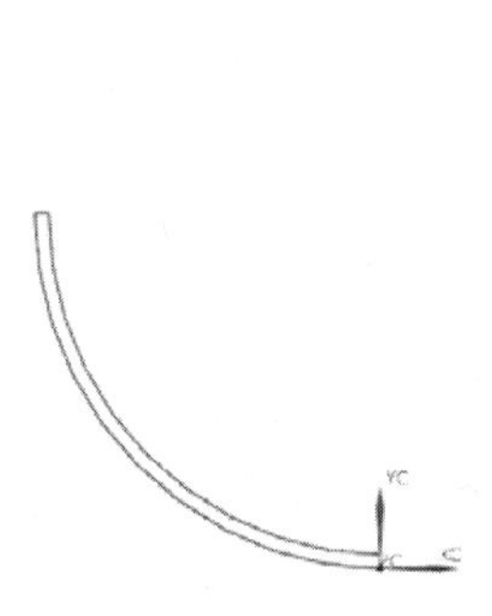

图 4-47　修剪直线

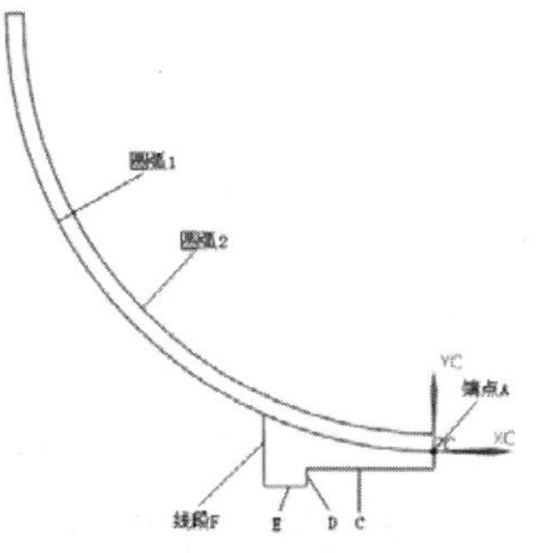

图 4-48　轮廓曲线

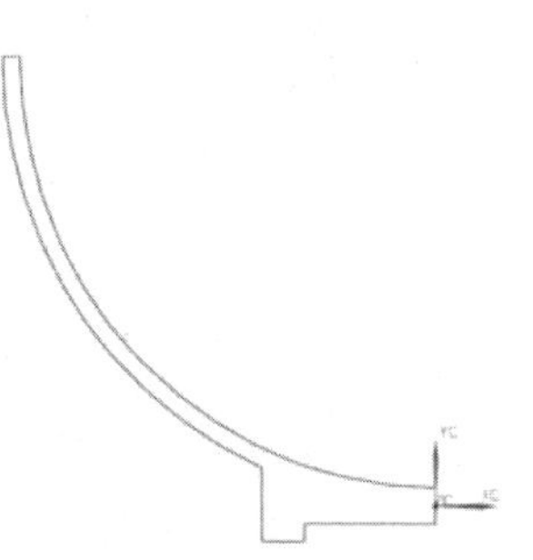

图 4-49　碗轮廓曲线

4.4.4　分割曲线

执行菜单中的“编辑”→“曲线”→“分割”命令，或者单击“曲线”功能区“更多”组“编辑曲线”中的“分割曲线”图标，弹出如图 4-50 所示的“分割曲线”对话框。

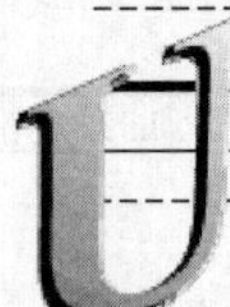

利用该对话框，可以将曲线分割成一组同样的段（即直线到直线，圆弧到圆弧）。每个生成的段是单独的实体并赋予与原先的曲线相同的线型。新的对象和原先的曲线放在同一层上。分割曲线有 5 种不同的方式。

（1）等分段：该选项使用曲线长度或特定的曲线参数把曲线分成相等的段。

1）等参数：该选项是根据曲线参数特征将曲线等分。曲线的参数随各种不同的曲线类型而变化。

2）等弧长：该选项将选择的曲线分割成等长度的单独曲线，各段的长度是根据把实际的曲线长度分成要求的段数计算出来的。

（2）按边界对象：该选项使用边界实体把曲线分成几段，边界实体可以是点、曲线、平面和/或面等。选择该选项后，弹出如图 4-51 所示“按边界对象”对话框。

（3）弧长段数：选择该选项后，会弹出如图 4-52 所示的“弧长段数”对话框，要求输入分段弧长值，其后会显示分段数目和剩余部分弧长值如图 4-53 所示的“在结点处”对话框。

具体操作时，在靠近要开始分段的端点处选择该曲线。从选择的端点开始，系统沿着曲线测量输入的长度并生成一段；从分段处的端点开始，系统再次测量长度并生成下一段。此过程不断重复，直到到达曲线的另一个端点。生成的完整分段数目会在对话框中显示出来，此数目取决于曲线的总长和设置的各段长度。显示出的曲线剩余部分长度，作为部分段。

图 4-50 “分割曲线”对话框

图 4-51 选择“按边界对象”选项

（4）在结点处：该选项使用选择的结点分割曲线，其中的结点是样条段的端点。选择该选项后会弹出图 4-53 所示的对话框，其各选项功能如下：

1）按结点号：通过输入特定的结点号分割样条。

2）选择结点：通过用图形光标在结点附近指定一个位置来选择分割结点。当选择艺术样条时会显示结点。

3）所有结点：自动选择艺术样条上的所有结点来分割曲线。

（5）在拐角上：该选项在拐角上分割样条，其中拐角指艺术样条折弯处（即某艺术样条段的终止方向不同于下一段的起始方向）的节点。

图 4-52　选择“弧长段数”选项

图 4-53　“在结点处”对话框

4.4.5　实例——利用分割命令编辑曲线

01 创建一个新的文件。执行菜单中的“文件”→“新建”命令，或者单击“标准”组中的“新建”图标，弹出“新建”对话框。在“名称”文本框中输入 fenge，“单位”选择“毫米”，单击“确定”按钮，进入 UG NX 12.0 的工作窗口。

02 执行菜单中的“插入”→“曲线”→“圆弧/圆”命令，或者单击“曲线”功能区“曲线”组中的“圆弧/圆”图标，弹出“圆弧/圆”对话框。在坐标原点绘制半径为 20 的圆，如图 4-54 所示。

03 执行菜单中的“编辑”→“曲线”→“分割”命令，或者单击“曲线”功能区“更多”组“编辑曲线”中的“分割曲线”图标，弹出“分割曲线”对话框。

04 选择“等分段”类型，选择步骤 **02** 绘制的圆为分割曲线。

05 段数设置 1 如图 4-55 所示. 单击“确定”按钮，圆被分成四段圆弧。

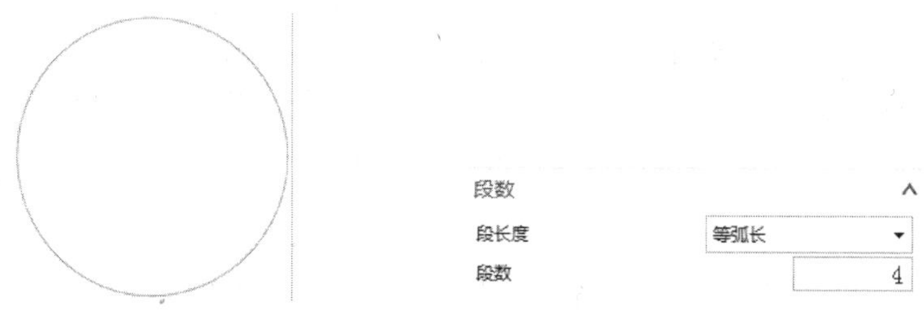

图 4-54　绘制圆　　　　图 4-55　段数设置 1

06 执行“直线”命令，连接各段圆弧的端点，如图 4-56 所示。

07 同步骤 **02** 、 **03** ，段数设置 2 如图 4-57 所示。

08 分别选择 4 段直线，单击“确定”按钮，直线被分成两段直线。

09 执行“直线”命令，连接各段直线的端点，如图 4-58 所示。

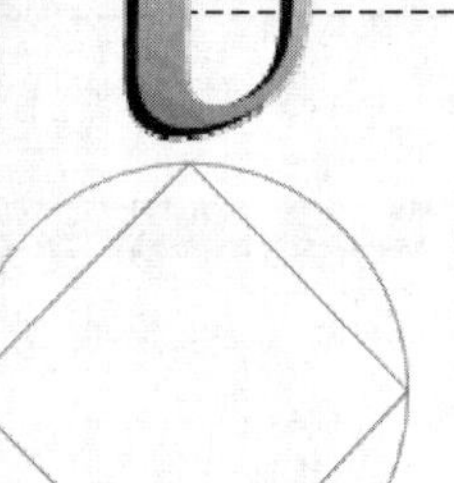

图 4-56 绘制直线

图 4-57 段数设置 2

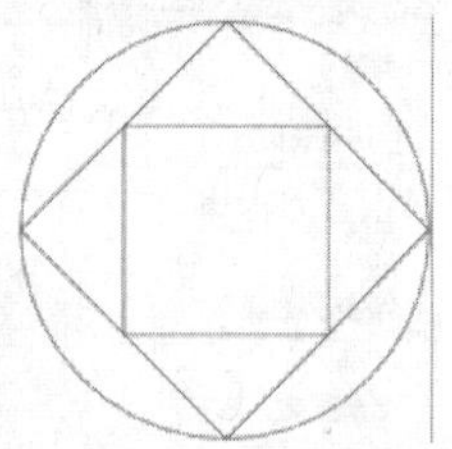

图 4-58 绘制直线

4.4.6 缩放曲线

执行菜单中的“插入”→“派生曲线”→“缩放”命令，或者单击“曲线”功能区“派生曲线”组中的“缩放曲线”图标，弹出如图 4-59 所示对话框。该对话框用于缩放曲线、边或点，其中部分选项的功能如下。

1）选择曲线或点：用于选择要缩放的曲线、边、点或草图。

2）均匀：在所有方向上按比例因子缩放曲线。

3）不均匀：基于指定的坐标系在三个方向上缩放曲线。

4）指定点：用于选择缩放的原点。

5）比例因子：用于指定比例大小。其初始大小为 1。

图 4-59 “缩放曲线”对话框

4.4.7 曲线长度

执行菜单中的“编辑”→“曲线”→“长度”命令，或者单击“曲线”功能区 “编辑曲线”组中的“曲线长度”图标，弹出如图 4-60 所示“曲线长度”对话框。该对话框可以通过给定的圆弧增量或总弧长来修剪曲线，其中部分选项的功能如下。

1. 延伸

（1）侧：

1）起点和终点：从圆弧的起始点和终点修剪或延伸曲线。

2）对称：从圆弧的起点和终点以距离两侧相等的长度修剪或延伸曲线。

（2）长度：

1）总数：此方式为利用曲线的总弧长来修剪或延伸

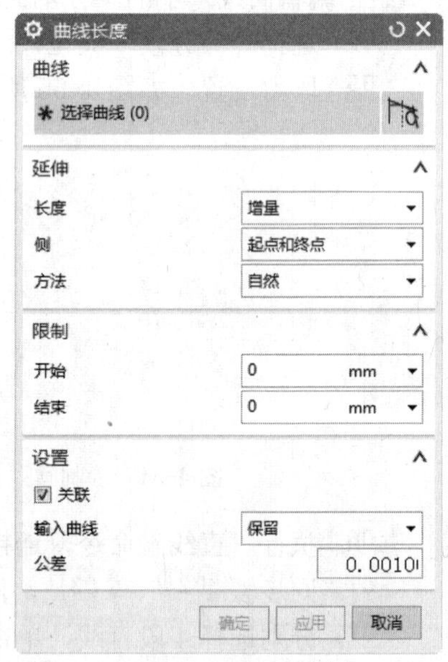

图 4-60 “曲线长度”对话框

曲线。总弧长指沿着曲线的精确路径，从曲线的起点到终点的距离。

2）增量：此方式为利用给定的弧长增量来修剪或延伸曲线。弧长增量指从初始曲线上修剪的长度。

（3）方法：用于确定所选曲线延伸的形状。选项有：

1）自然：从曲线的端点沿它的自然路径延伸它。

2）线性：从任意一个端点延伸曲线，它的延伸部分是线性的。

3）圆形：从曲线的端点延伸它，它的延伸部分是圆弧。

2. 限制

该选项组用于输入一个值作为修剪的或延伸的圆弧的长度。

（1）开始：从起始端修建或延伸的圆弧长度。

（2）结束：从终端修建或延伸的圆弧长度。

用户既可以输入正值也可以输入负值作为弧长。输入正值时延伸曲线，输入负值则剪断曲线。

4.4.8　光顺样条

执行菜单中的“编辑”→“曲线”→“光顺样条”命令，或者单击“曲线”功能区“编辑曲线”组中的“光顺样条”图标，弹出如图 4-61 所示“光顺样条”对话框。该对话框用于光顺曲线的斜率，使得 B-样条曲线更加光顺，其中部分选项的功能如下。

（1）类型：

1）曲率：通过最小化曲率值的大小来光顺曲线。

2）曲率变化：通过最小化整条曲线的曲率变化来光顺曲线。

（2）约束：该选项组用于选择在光顺曲线时对于曲线起点和终点的约束。

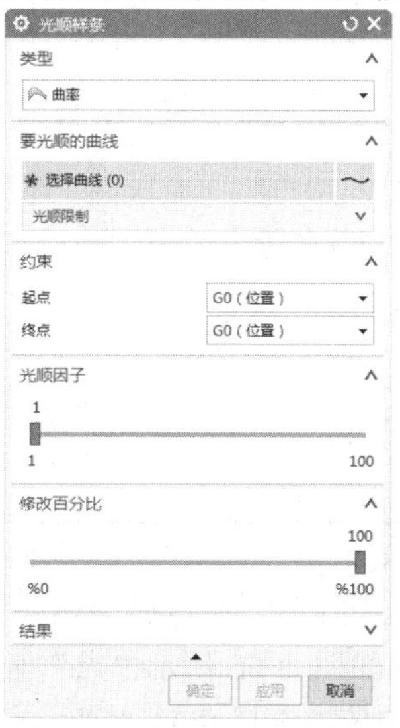

图 4-61　“光顺样条”对话框

UG NX 12.0

4.5 综合实例——鞋子曲线

鞋子曲线的绘制流程如图 4-62 所示。

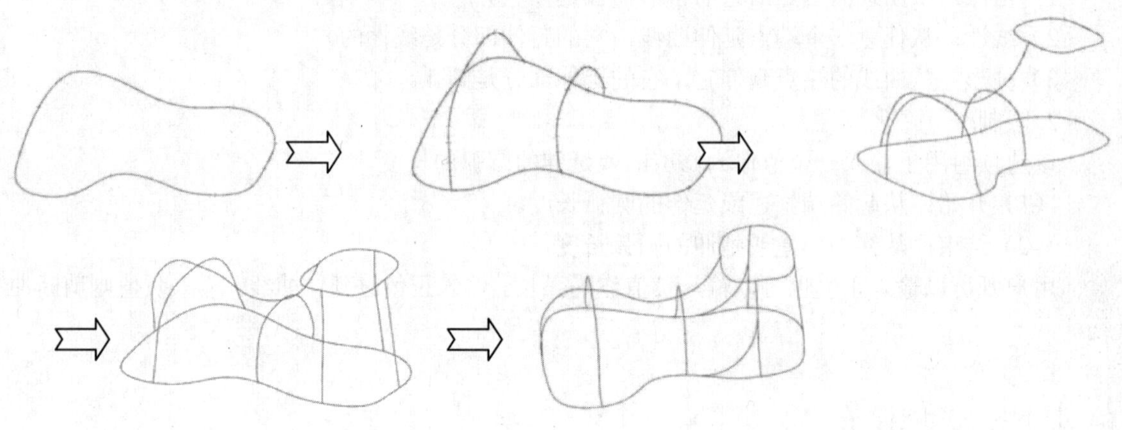

图 4-62 鞋子曲线的绘制流程

01 创建一个新的文件。执行菜单中的“文件”→“新建”命令，或者单击“标准”组中的“新建”图标，弹出“新建”对话框。在“名称”文本框中输入 xiezi，“单位”选择“毫米”，单击“确定”按钮，进入 UG NX 12.0 工作窗口。

02 创建点 1。执行菜单中的“插入”→“基准/点”→“点”命令，或者单击“主页”功能区“特征”组中的“点”图标十，弹出如图 4-63 所示“点”对话框。分别创建表 4-1 中的各点，如图 4-64 所示。

表 4-1 点坐标（一）

点	坐标	点	坐标
点 1	0，-250，0	点 2	71，-250，0
点 3	141，-230，-0	点 4	144，-114，0
点 5	92，-61，0	点 6	86，15，0
点 7	102，78，0	点 8	102，146，0
点 9	72，208，0	点 10	24，220，0
点 11	0，220，0		

03 创建艺术样条 1。执行菜单中的“插入”→“曲线”→“艺术样条”命令，弹出如图 4-65 所示“艺术样条”对话框。选择“通过点”类型，其他保持系统默认状态，单击对话框中的“点构造器”按钮，弹出如图 4-66 所示“点”对话框。在对话框“类型”下拉列表框中选择“现有点”，并在工作区中依次选择点 1、点 2、点 3、点 4、点 5、点 6、点 7、点 8、点 9、点 10、点 11，连续单击“确定”按钮，创建如图 4-67 所示艺术样条 1。

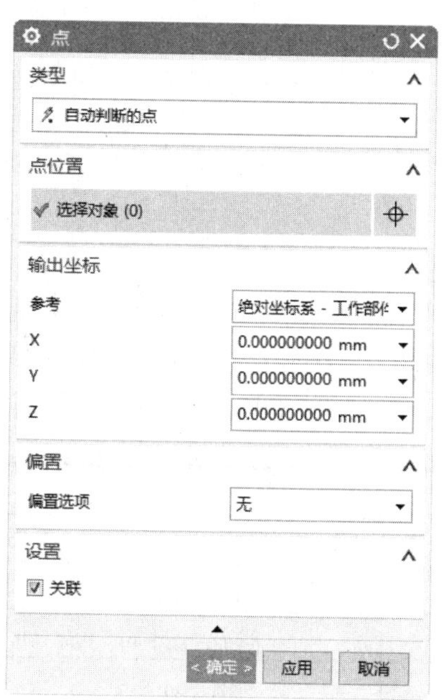

图 4-63　“点”对话框

图 4-64　创建点 1

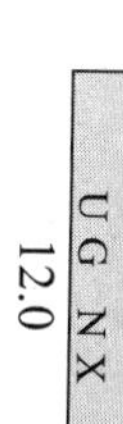

图 4-65　“艺术样条”对话框

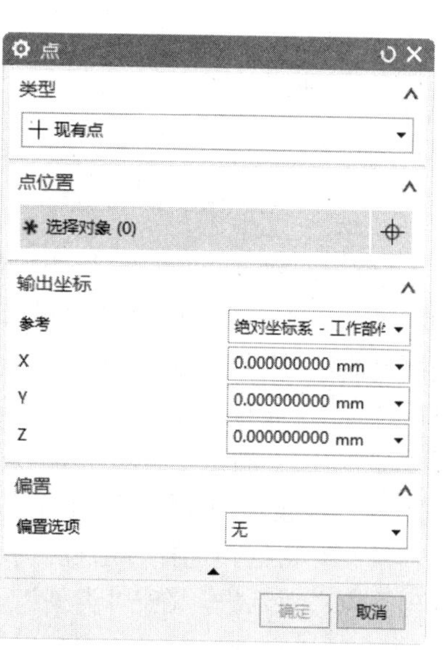

图 4-66　“点”对话框

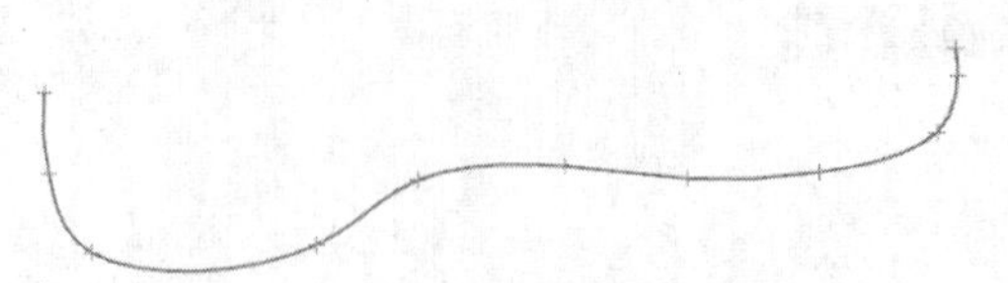

图 4-67　创建艺术样条 1

04 创建点 2。执行菜单中的“插入”→“基准/点”→“点”命令，或者单击“主页”功能区“特征”组中的“点”图标十，弹出“点”对话框。分别创建表 4-2 中的各点，如图 4-68 所示。

表 4-2 点坐标（二）

点	坐标	点	坐标
点 2	-39，-250，0	点 3	-126，-215，0
点 4	-122，-106，0	点 5	-96，-31，0
点 6	-90，43，0	点 7	-103，113，0
点 8	-78，191，0	点 9	-37，220，0

05 创建艺术样条 2。执行菜单中的“插入”→“曲线”→“艺术样条”命令，弹出“艺术样条”对话框。“类型”选择“通过点”，其他保持系统默认状态，单击“点构造器”按钮，弹出“点”对话框。在对话框“类型”下拉列表框中选择“现有点”，并在工作区中依次选择艺术样条曲线 1 的起点、点 2、点 3、点 4、点 5、点 6、点 7、点 8、点 9 和艺术样条 1 的终点，连续单击“确定”按钮，创建如图 4-69 所示艺术样条 2。

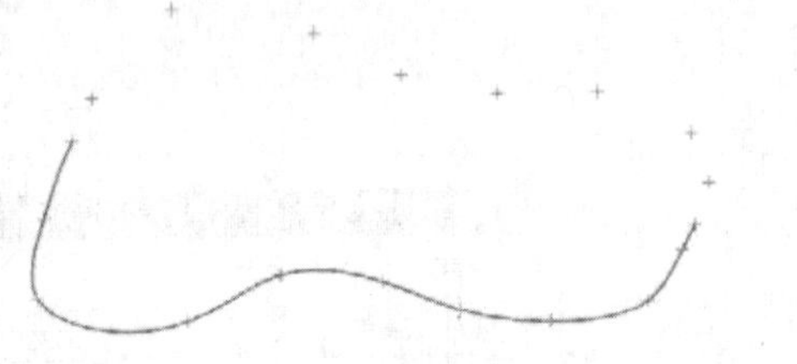

图 4-68　创建点 2

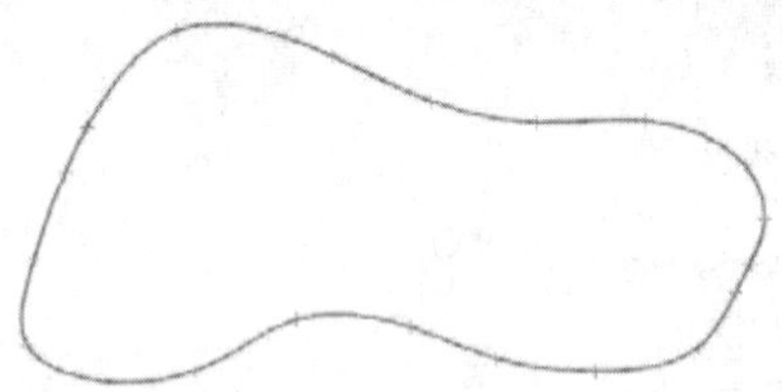

图 4-69　创建艺术样条 2

06 创建点 3。执行菜单中的“插入”→“基准/点”→“点”命令，或者单击“主页”功能区“特征”组中的“点”图标十，弹出“点”对话框。在对话框中“类型”下拉表框中中选择“曲线/边上的点”，在艺术样条 1 适当的地方单击，创建点 1。在对话框“类型”下拉表框中选择“自动判断的点”，分别创建表 4-3 中的各点。在对话框中“类型”下拉表框中中选择“曲线/边上的点”，在艺术样条 2 适当的地方单击，创建点 17，如图 4-70 所示。

07 创建艺术样条 3。执行菜单中的“插入”→“曲线”→“艺术样条”命令，弹出“艺术样条”对话框。选择“通过点”类型，其他保持系统默认状态，单击“点构造器”按钮，弹出“点”对话框。在 “类型”下拉表框中选择“现有点”，并在工作区中依次选择点 1、点 2、点 3、点 4、点 5、点 6、点 7、点 8、点 9、点 10、点 11、点 12、点 13、点 14、点 15、点 16、点 17，连续单击“确定”按钮，创建如图 4-71 所示艺术样条 3。

表 4-3 坐标点（三）

点	坐标	点	坐标
点 2	140，-160，14	点 3	138，-160，41
点 4	135，-160，74	点 5	124，-160，98
点 6	105，-160，122	点 7	83，-160，130
点 8	58，-160，136	点 9	30，-160，138
点 10	2，-160，138	点 11	-23，-160，136
点 12	-48，-160，128.5	点 13	-72，-160，114
点 14	-93，-160，91.6	点 15	-110，-160，60
点 16	-118，-160，24		

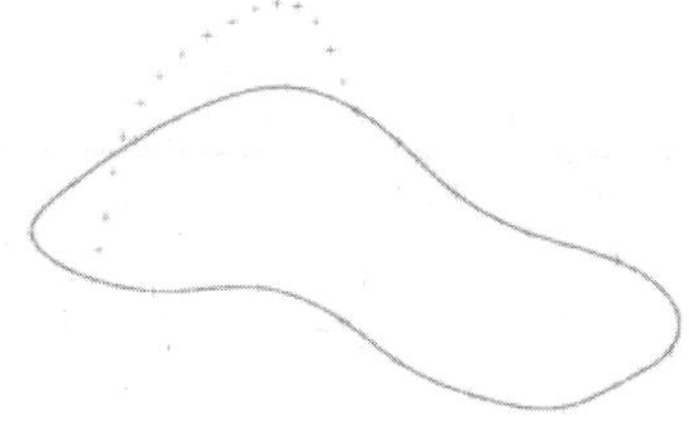

图 4-70　创建点 3

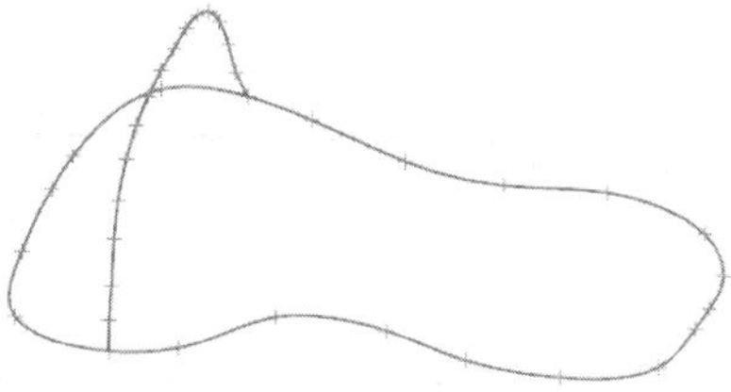

图 4-71　生成艺术样条 3

08 创建点 4。执行菜单中的“插入”→“基准/点”→“点”命令，或者单击“主页”功能区“特征”组中的“点”图标＋，弹出“点”对话框。在对话框的“类型”下拉表框中选择“曲线/边上的点”，在艺术样条 1 适当的地方单击，创建点 1。在对话框“类型”下拉表框中选择“自动判断的点”，分别创建表 4-4 中的各点。在对话框的“类型”下拉表框中选择“曲线/边上的点”，在样条 2 适当的地方单击，创建点 15，如图 4-72 所示。

表 4-4 坐标点（四）

点	坐标	点	坐标
点 2	-92，0，15	点 3	-87，0，40
点 4	-76，0，65	点 5	-60，0，86
点 6	-43，0，100	点 7	-22，0，107
点 8	-1，0，110	点 9	18，0，109
点 10	41，0，104	点 11	64，0，92
点 12	78.5，0，70	点 13	85，0，43
点 14	88.5，0，9		

09 创建艺术样条 4。执行菜单中的“插入”→“曲线”→“艺术样条”命令，弹出“艺术样条”对话框。选择“通过点”类型，其他保持系统默认状态，单击“点构造器”按钮，弹出“点”对话框，在对话框“类型”下拉表框中选择“现有点”，并在工作区中依次选择点 1、点 2、点 3、点 4、点 5、点 6、点 7、点 8、点 9、点 10、点 11、点 12、点 13、点 14、点 15，连续单击“确定”按钮，创建如图 4-73 所示艺术样条 4。

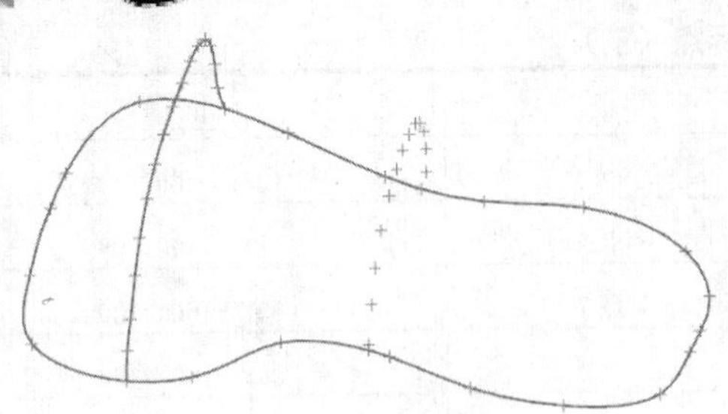
图 4-72 创建点 4

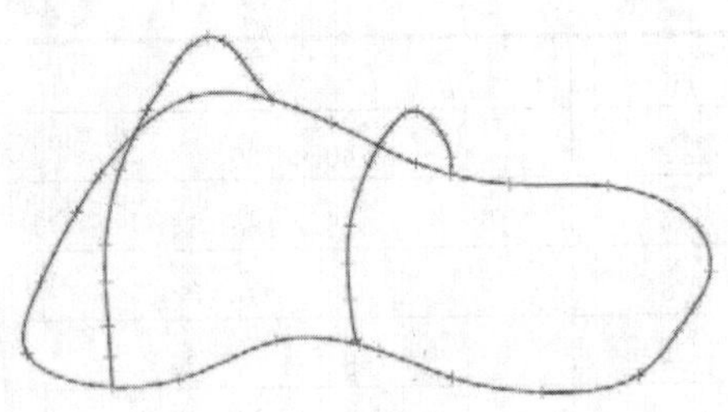
图 4-73 创建艺术样条 4

10 创建点 5。执行菜单中的“插入”→“基准/点”→“点”命令，或者单击“主页”功能区“特征”组中的“点”图标十，弹出“点”对话框。分别创建表 4-5 各点，如图 4-74 所示。

表 4-5 坐标点（五）

点	坐标	点	坐标
点 1	0，72.6，190	点 2	9，72.6，190
点 3	40，71，190	点 4	75.5，86.7，190
点 5	80，138，190	点 6	69，188.8，190
点 7	37.5，201.5，190	点 8	9.6，203，190
点 9	0，203，190		

11 创建艺术样条 5。执行菜单中的“插入”→“曲线”→“艺术样条”命令，弹出“艺术样条”对话框。选择“通过点”类型，取消勾选“封闭”复选框，其他保持系统默认状态，单击“点构造器”按钮，弹出“点”对话框，在对话框“类型”下拉表框中选择“现有点”，并在工作区中依次选择点 1、点 2、点 3、点 4、点 5、点 6、点 7、点 8、点 9，连续单击“确定”按钮，创建如图 4-75 所示艺术样条 5。

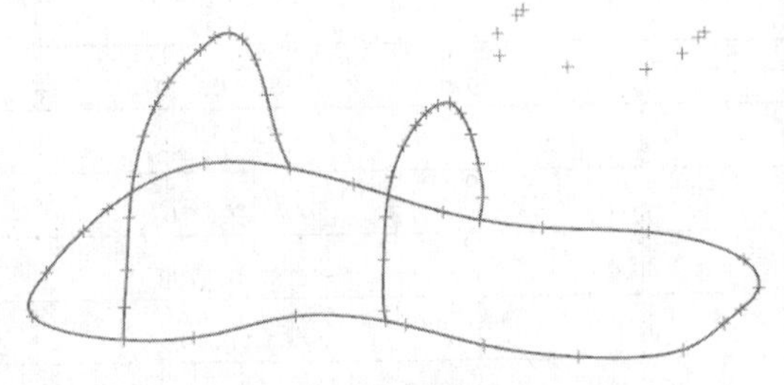
图 4-74 创建点 5

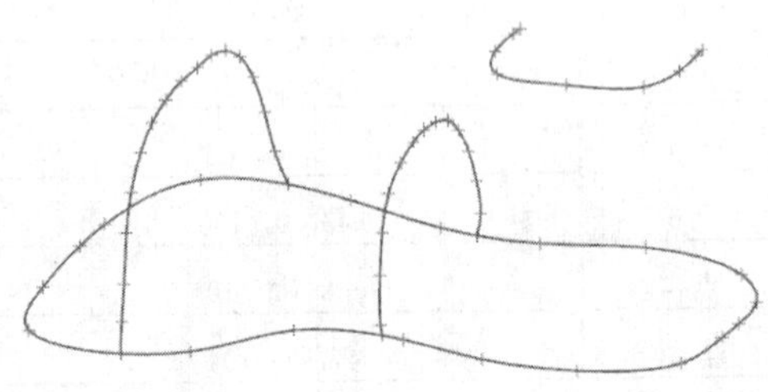
图 4-75 创建艺术样条 5

12 创建点 6。执行菜单中的“插入”→“基准/点”→“点”命令，或者单击“主页”功能区“特征”组中的“点”图标十，弹出“点”对话框。分别创建表 4-6 各点，如图 4-76 所示。

13 创建艺术样条 6。执行菜单中的“插入”→“曲线”→“艺术样条”命令，弹出“艺术样条”对话框，选择“通过点”类型，取消勾选“封闭”复选框，其他保持系统默认状态，单击“点构造器”按钮，弹出“点”对话框。在对话框“类型”下拉表框中选择“现有点”，并在工作区中依次选择艺术样条5的起点，点2、点3、点4、点5、点6、点7、点8、点9、点10和艺术样条曲线5的终点，连续单击“确定”按钮，创建如图4-77所示艺术样条6。

表4-6 坐标点（六）

点	坐标	点	坐标
点2	-11.5，72.5，190	点3	-36.5，75.8，190
点4	-60，88，190	点5	-76.8，112，190
点6	-81.6，146，190	点7	-71，180，190
点8	-51.5，197，190	点9	-29，202，190
点10	-10，203，190		

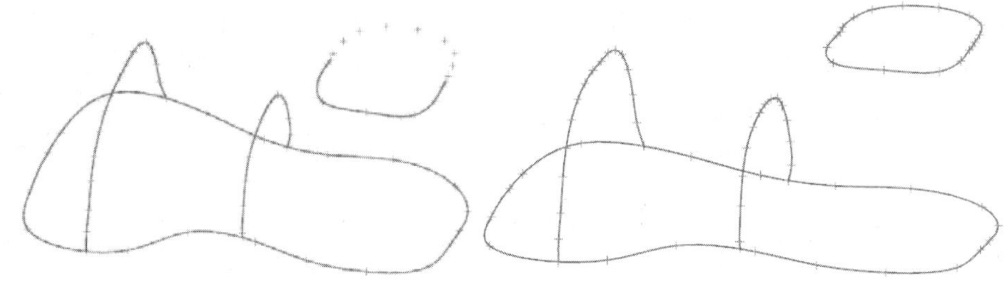

图4-76 创建点6　　图4-77 创建艺术样条6

14 创建点7。执行菜单中的“插入”→“基准/点”→“点”命令，或者单击“主页”功能区“特征”组中的“点”图标+，弹出“点”对话框。在对话框“类型”下拉表框中选择“端点”，拾取样条曲线1的端点，创建点1。在对话框下拉表框中选择“自动判断的点”，分别创建表4-7中的各点。在对话框“类型”下拉表框中选择“端点”，拾取艺术样条5的端点，创建点11，如图4-78所示。

表4-7 坐标点（七）

点	坐标	点	坐标
点2	0，-250，21	点3	0，-248，85
点4	0，-186，146	点5	0，-133，136
点5	0，-109，126	点6	0，-96，120
点7	0，-71，106	点8	0，-25，91
点9	0，33，129	点10	0，63，169

15 创建艺术样条7。执行菜单中的“插入”→“曲线”→“艺术样条”命令，弹出“艺术样条“对话框。选择“通过点”类型，取消勾选“封闭”复选框，其他保持系统默认状态，单击“点构造器”按钮，弹出“点”对话框，在对话框“类型”下拉菜单中选择“现有点”，并在工作区中依次选择点1、点2、点3、点4、点5、点6、点7、点8、点9、点10，连续单击“确定”按钮，创建如图4-79所示艺术样条7。

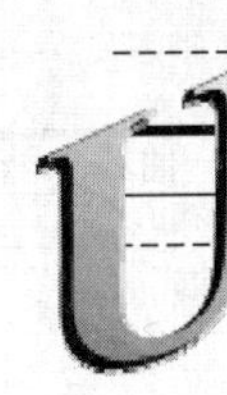

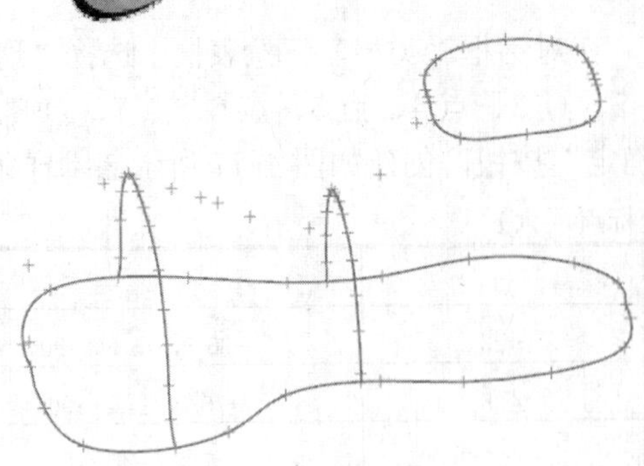
图 4-78　创建点 7

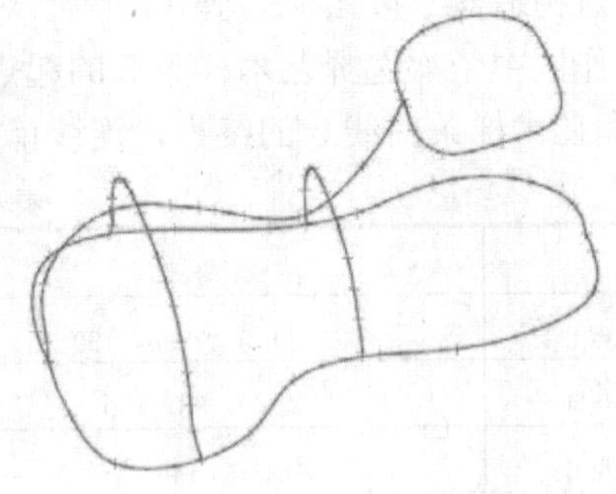
图 4-79　创建艺术样条 7

16 创建点 8。执行菜单中的“插入”→“基准/点”→“点”命令，或者单击“主页”功能区“特征”组中的“点”图标+，弹出“点”对话框。在对话框“类型”下拉表框中选择“曲线/边上的点”，在艺术样条曲线 1 上拾取适当的点，创建点 1。在对话框“类型”下拉表框中选择“自动判断的点”，分别创建表 4-8 中的各点。在对话框下拉类型中选择“曲线/边上的点”， 在艺术样条曲线 5 上拾取适当的点，创建点 4，如图 4-80 所示。

表 4-8 坐标点（八）

点	坐标	点	坐标
点 2	93，129，63	点 3	85，131，127

17 创建艺术样条 8。同上步骤，依次选择点 1、点 2、点 3、点 4，创建如图 4-81 所示的艺术样条 8。

18 创建点 9。执行菜单中的“插入”→“基准/点”→“点”命令，或者单击“主页”功能区“特征”组中的“点”图标+，弹出“点”对话框。在对话框“类型”下拉表框中选择“曲线/边上的点”，在艺术样条曲线 1 上拾取适当的点，创建点 1。在对话框“类型”下拉表框中选择“自动判断的点”，分别创建表 4-9 中的各点。在对话框“类型”下拉表框中选择“曲线/边上的点”， 在样条曲线 5 上拾取适当的点，创建点 4，图 4-82 所示。

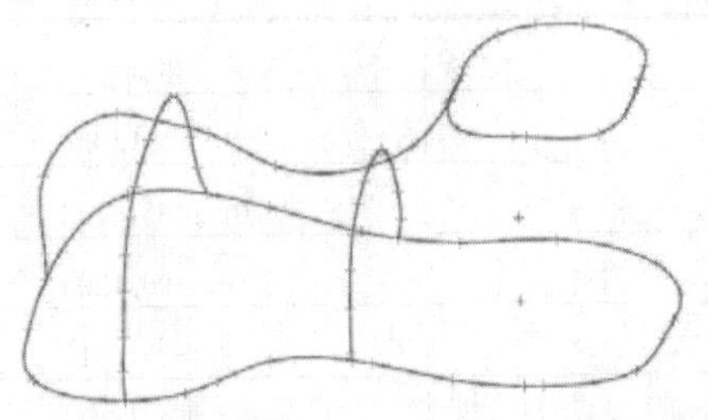
图 4-80　创建点 8

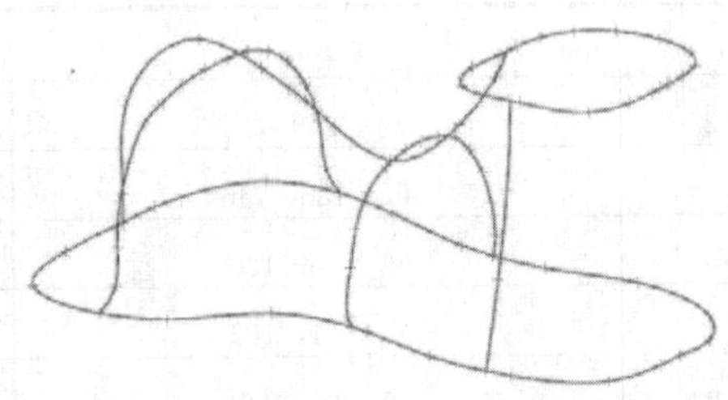
图 4-81　创建艺术样条 8

表 4-9 坐标点（九）

点	坐标	点	坐标
点 2	-89，135，63	点 3	-84，136.5，126.6

19 创建样条 9。同上，依次选择点 1、点 2、点 3、点 4，创建如图 4-83 所示的艺术样条 9。

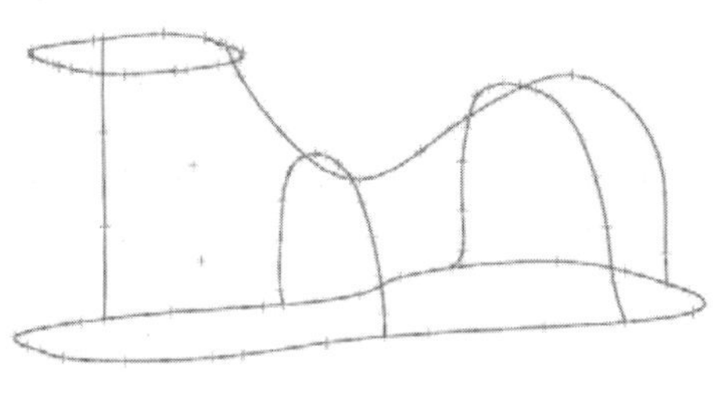

图 4-82　创建点 9

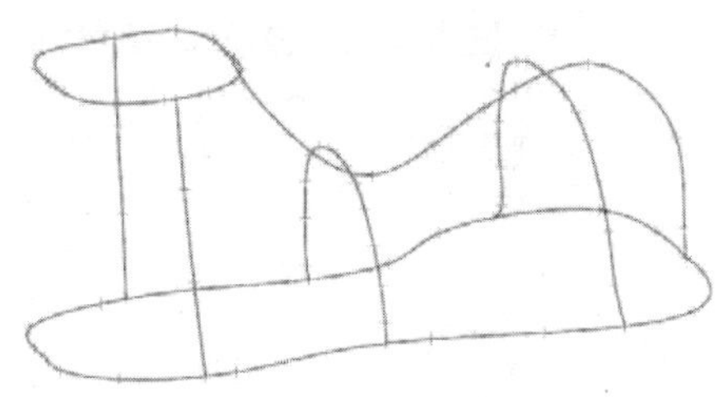

图 4-83　创建艺术样条 9

20 创建直线。执行菜单中的“插入”→“曲线”→“直线”命令，或者单击“曲线”功能区“曲线”组中的“直线”图标，弹出如图 4-84 所示“直线”对话框。选择艺术样条 1 的右端点为起点，选择样条 5 的右端点为终点，单击“确定”按钮，完成直线的创建，如图 4-85 所示。

21 隐藏点。执行菜单中“编辑”→“显示和隐藏”→“隐藏”命令，弹出如图 4-86 所示“类选择”对话框。单击“类型过滤器”按钮。弹出如图 4-87 所示的“按类型选择”对话框。选择“点”类型，单击“确定”按钮。返回到“类选择”对话框，单击“全选”按钮，工作区中的点全部被选择，单击“确定”按钮，如图 4-88 所示。

22 桥接曲线。执行菜单中的“插入”→“派生曲线”→“桥接”命令，或者单击“曲线”功能区“派生曲线”组中的“桥接曲线”图标，弹出如图 4-89 所示“桥接曲线”对话框。选择艺术样条 8 为桥接的起始对象。选择艺术样条 1 为桥接的终止对象，若桥接曲线不满足要求，可以拖动开始点和终点调节桥接曲线。单击“确定”按钮，如图 4-90 所示。同上步骤，桥接艺术样条 9 和艺术样条 2，如图 4-91 所示。

图 4-84　“直线”对话框

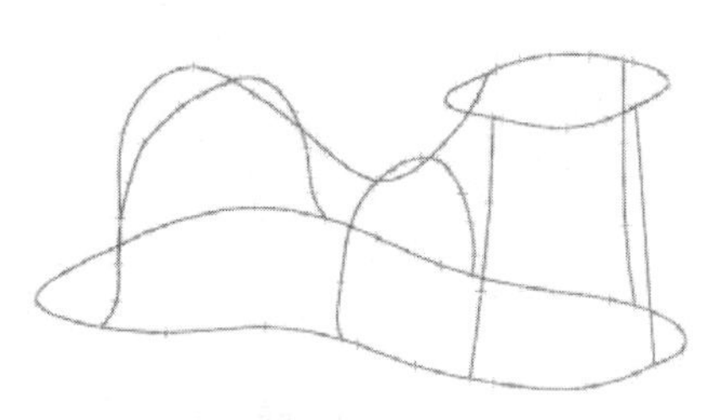

图 4-85　创建直线

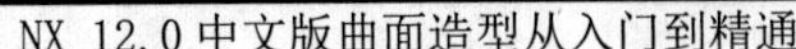

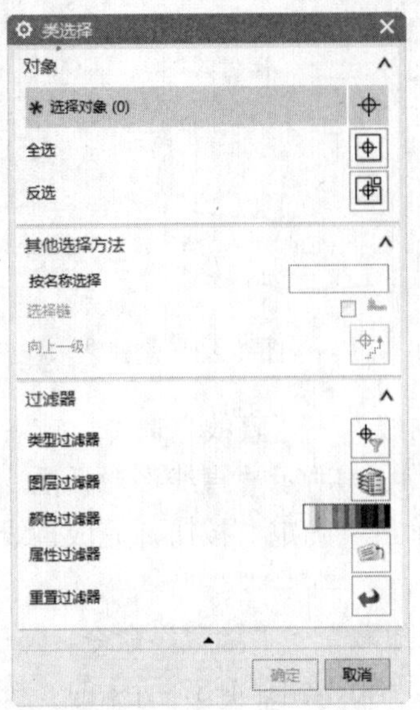

图 4-86 “类选择”对话框

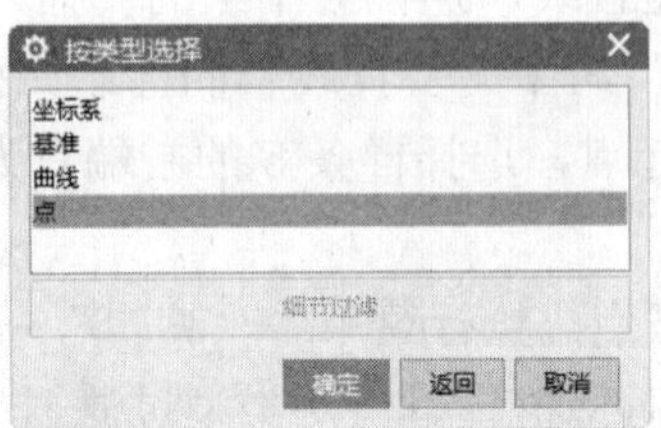

图 4-87 “按类型选择”对话框

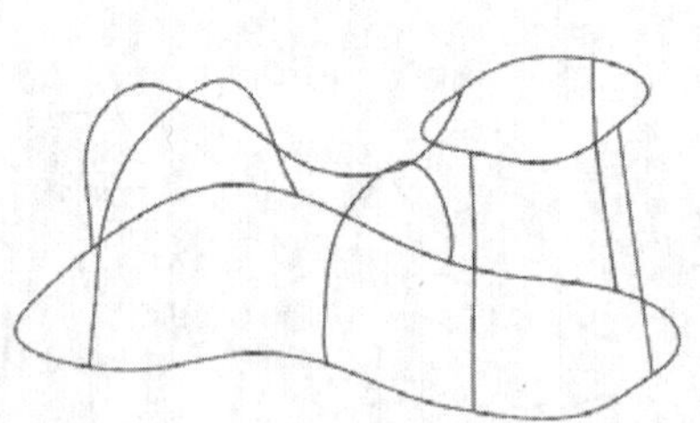

图 4-88 隐藏点

图 4-89 “桥接曲线”对话框

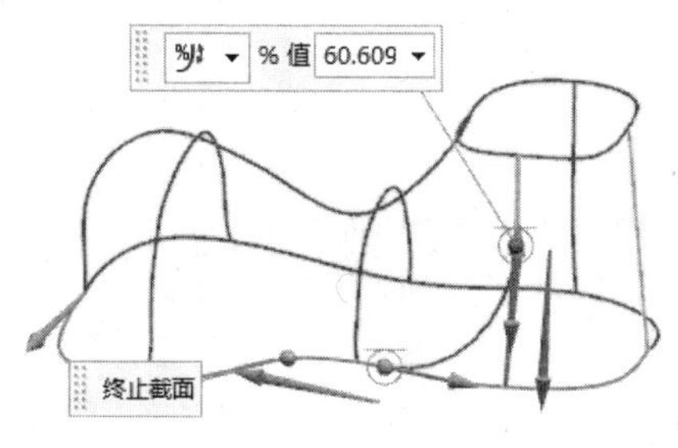

图 4-90　桥接艺术样条 1

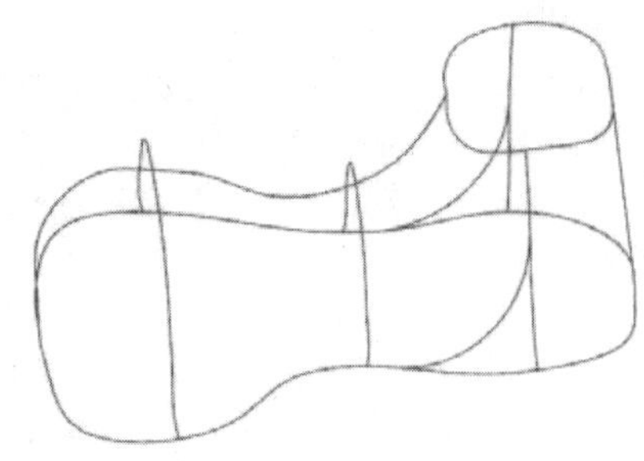

图 4-91　桥接艺术样条 2

23 编辑曲线。若艺术样条不满足要求，选择要编辑的艺术样条，单击鼠标右键，在弹出的快捷菜单中选择“编辑参数”项，激活艺术样条，调节艺术样条节点即可。

第5章

简单曲面的创建

在 UG NX 12.0 中，很多实际产品都需要采用曲面造型来完成复杂形状的构建，因此掌握 UG NX 12.0 自由曲面的创建对造型工程师来说至关重要，这也是体现 CAD 建模能力的重要标志。本章将讲述如何构建基本曲面特征、网格曲面以及扫掠曲面特征。

12.0

重点与难点

- 基本曲面的构造
- 直纹面
- 通过曲线组创建曲面
- 通过曲线网格创建曲面
- 截面曲面
- N 边曲面
- 扫掠
- 样式扫掠

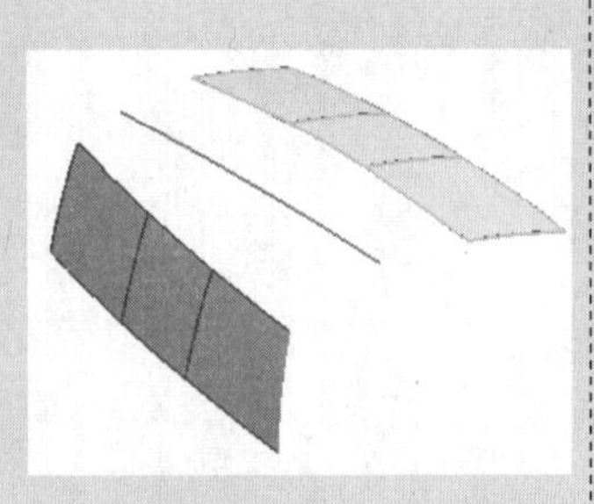

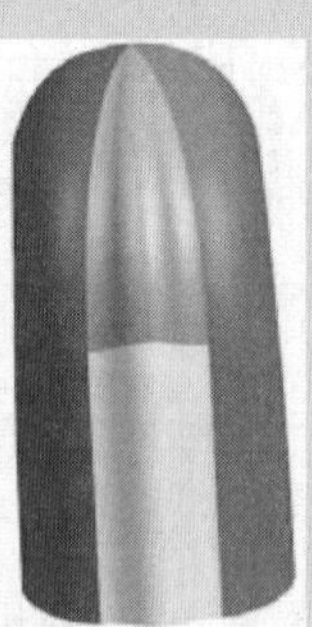

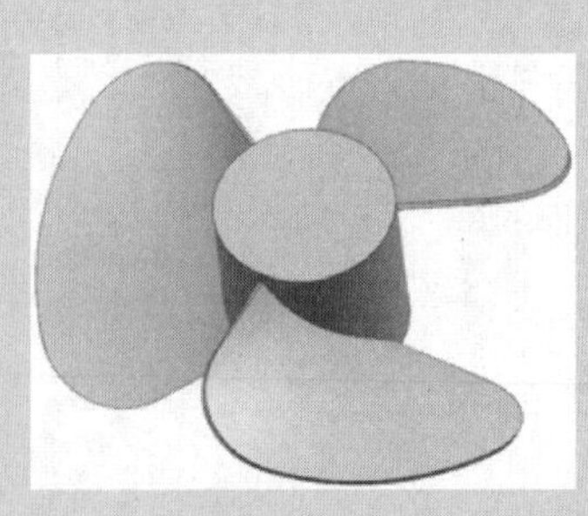

5.1 基本曲面的构造

自由形状特征是 CAD 模块的重要组成部分，也是体现 CAD/CAM 软件建模能力的重要标志。只使用特征建模方法就能够完成设计的产品是有限的，绝大多数实际产品设计都离不开自由形状特征。

现代产品的设计主要包括设计与仿形两大类。无论采用那种方法，一般的设计过程是：根据产品的造型效果（或三维真实模型），进行曲面数据采样、曲面拟合、曲面构成，创建计算机三维实体模型，最后进行编辑和修改。UG 自由形状特征的构造方法繁多，功能强大，使用方便。根据曲面创建原理，UG 曲面建模分为三类：一类由点创建曲面，即通过定义的点数据来创建曲面。所创建的曲面与点数据不存在关联性，曲面的光顺性较差，因此通常将运用点创建的曲面作为母面；二类由线创建曲面，即运用已有的曲线创建曲面。所建立的曲面与曲线是关联的，对曲线进行编辑后曲面也会随着改变，这类方法是创建曲面的主要方法；三类由面创建曲面，基于面创建的曲面大部分为参数化特征。通过对由线创建曲面而得到的一系列曲面进行连接、编辑等操作，从而得到新的曲面。

5.1.1　通过点创建曲面

由点创建的曲面是非参数化的，即创建的曲面与原始构造点不关联，当构造点编辑后，曲面不会发生更新变化，但绝大多数命令所构造的曲面都具有参数化的特征。通过点创建的曲面通过全部用来创建曲面的点。

执行菜单中的“插入”→“曲面”→“通过点”命令，系统弹出如图 5-1 所示的“通过点”对话框。其中各选项的功能如下。

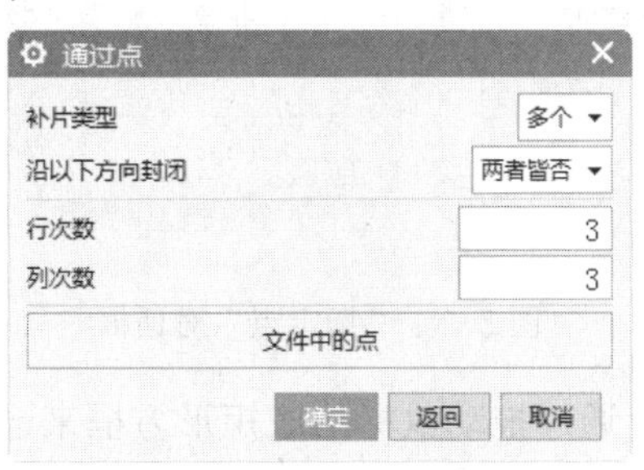

图 5-1　“通过点”对话框

（1）补片类型：曲线可以由单段或者多段曲线构成，片体也可以由单个补片或者多个补片构成。

1）单侧：所建立的片体只包含单一的补片。单个补片的片体是由一个曲面参数方程来表达的。

2）多个：所建立的片体是一系列单补片的阵列。多个补片的片体是由两个以上的曲面参数方程来表达的。一般创建较精密片体采用多个补片的方法。

（2）沿以下方向封闭：用于设置单个或多个补片片体是否封闭及它的封闭方式。其下拉列表框中包括以下几个选项。

1）两者皆否：片体以指定的点开始和结束，列方向与行方向都不封闭。

2）行：点的第一列变成最后一列。

3）列：点的第一行变成最后一行。

4）两者皆是：指在行方向和列方向上都封闭。如果选择在两个方向上都封闭，创建的将是实体。

（3）行次数和列次数：

1）行次数：用于定义片体U方向次数。

2）列次数：用于定义大致垂直于片体行的纵向曲线方向即V方向的次数。

（4）文件中的点：可以通过选择包含点的文件来定义这些点。

完成“通过点”对话框的设置后，系统会弹出如图5-2所示的“过点”对话框。用户可利用该对话框选择定义点。对话框各选项的功能如下。

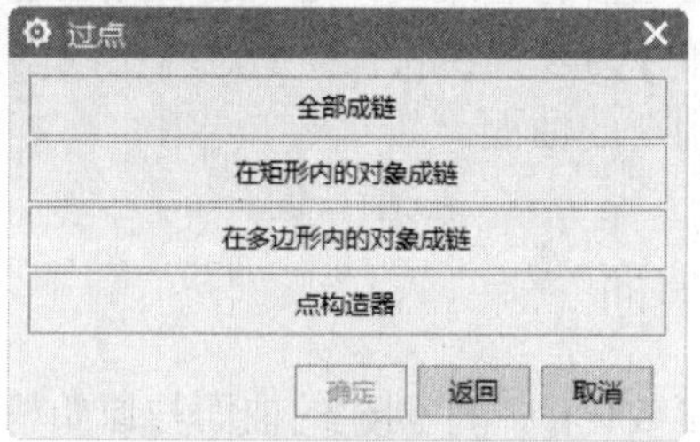

图5-2 “过点”对话框

1）全部成链：“全部成链”用于链接工作区中已存在的定义点，单击后会弹出如图5-3所示的对话框。用它来定义起点和终点，自动快速获取起点与终点之间链接的点。

图5-3 “指定点”对话框

2）在矩形内的对象成链：通过拖动鼠标形成矩形方框来选择要定义的点，矩形方框内所包含的所有点将被链接。

3）在多边形内的对象成链：通过鼠标定义多边形框来选择定义点，多边形框内的所有点将被链接。

4）点构造器：通过“点构造器”来选择定义点的位置会弹出如图5-4所示的对话框，需要一个点一个点地选择，所要选择的点都要单击到。每指定一列点后，系统都会弹出如图5-5所示的对话框，提示是否确定当前所定义的点。

如果想创建包括图5-6中的定义点，将“通过点”对话框设置为默认值，选择“全部成链”的选点方式。选点只需选择起点和终点，选择第一行的点如图5-7所示。

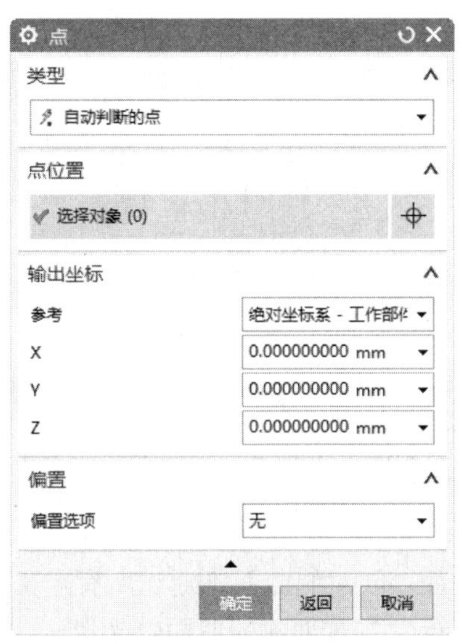

图 5-4　“点”对话框

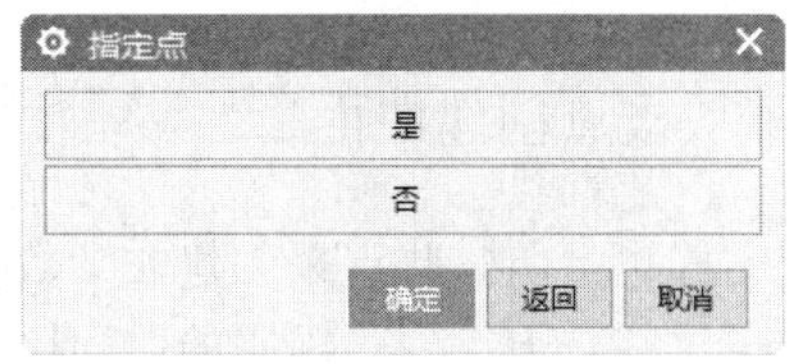

图 5-5　“指定点”对话框

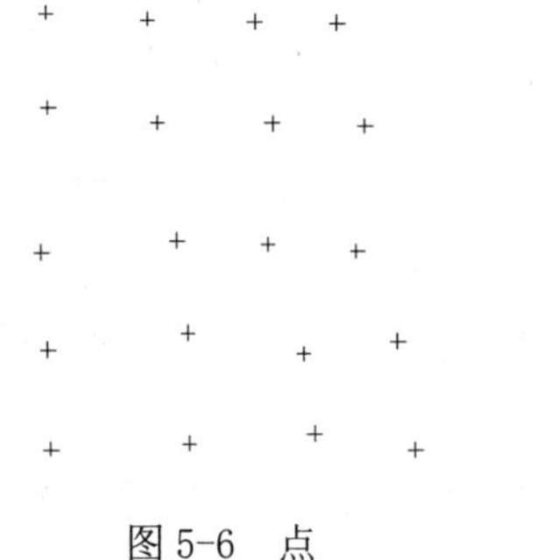

图 5-6　点

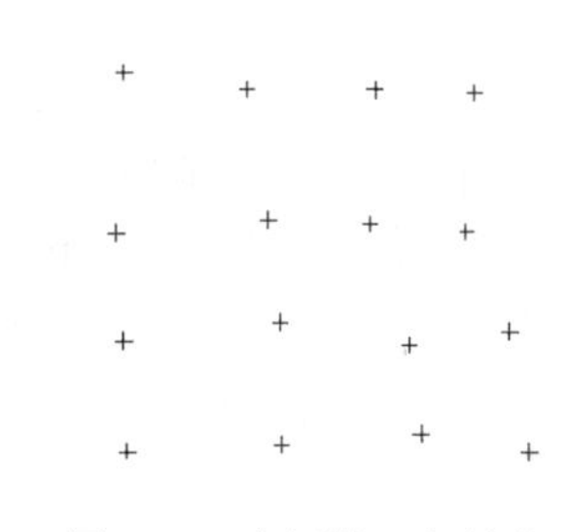

图 5-7　选择第一行的点

当第四行选好时如图 5-8 所示，系统会弹出如图 5-9 所示的对话框。单击“指定另一行”，然后定义第五行的起点和终点，如图 5-10 所示；再次弹出“过点”对话框，这时单击“所有指定的点”，创建的多补片片体如图 5-11 所示。

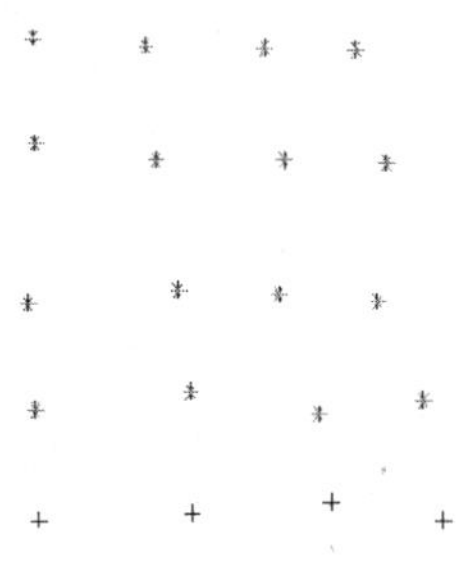

图 5-8　选择第四行点

图 5-9　“过点”对话框

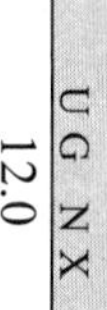

图 5-10　选择第五行点　　　　图 5-11　创建的多补片片体

5.1.2　从极点创建曲面

从极点方式也是由一些点来创建非参数化的曲面，创建的曲面不通过所有定义点，只是曲面的极点位于这些点上，创建出来的曲面比“通过点”方式创建的曲面较光滑。

执行菜单中的“插入”→“曲面”→“从极点”命令，或者单击“曲面”功能区“曲面”组上的“从极点”图标，系统弹出如图 5-12 所示的“从极点”对话框。对话框中的选项说明和“通过点”方式的相同。

完成“从极点”对话框设置后，系统会弹出“选择点信息”的对话框，与通过点的方式不同，“从极点”只有一个选择“点构造器”对话框，用户可利用该对话框选择定义点。

如果“从极点”应用上节中那些定义点创建曲面，完成“从极点”对话框的设置后，系统会弹出“点”对话框，选择“现有点”方式来选择定义点，如图 5-13 所示。每一行的每一个点都要选择到，第一行选择结束后单击“确定”按钮，弹出提示是否确定当前所定义的点，其他步骤与“通过点”方式相同。

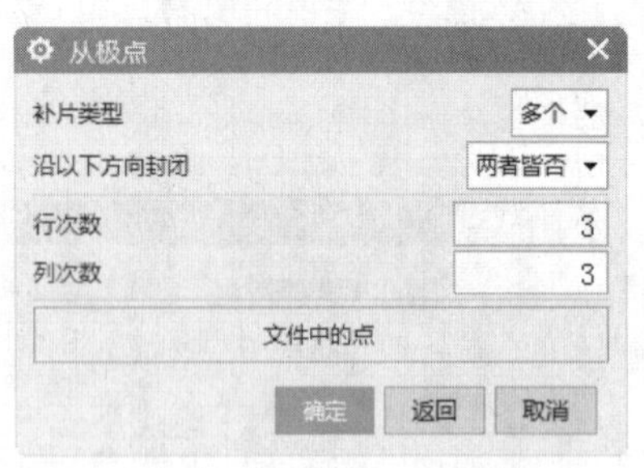

图 5-12　“从极点”对话框

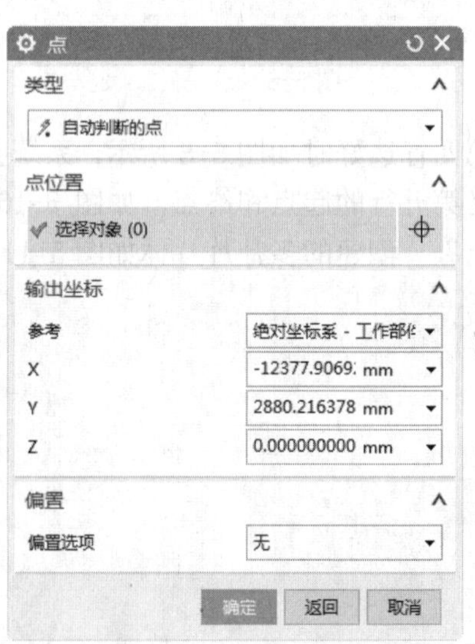

图 5-13　“点”对话框

5.1.3　拟合曲面

执行菜单中的“插入”→“曲面”→“拟合曲面”命令，或者单击“曲面”功能区“曲面”“更多”中的“拟合曲面”图标，系统弹出如图 5-14 所示“拟合曲面”对话框。

首先需要创建一些数据点，然后选择点再右击，将这些数据点组成一个组才能进行对象的选择（注意组的名称只支持英文）（见图 5-15），最后调节各个参数，创建所需要的曲面或平面。

图 5-14　“拟合曲面”对话框

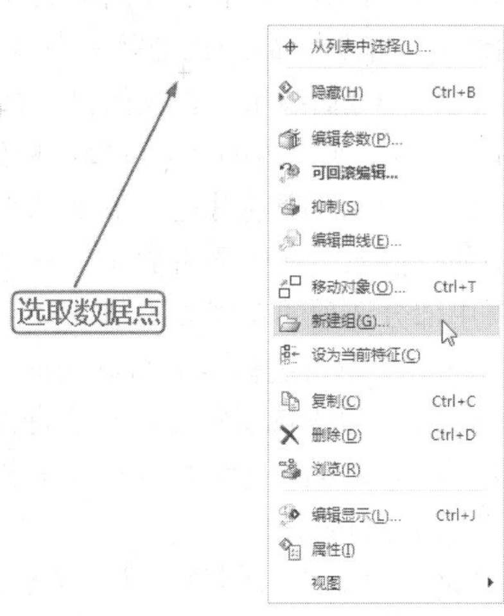

图 5-15　创建“新建组”

“拟合曲面”对话框中相关选项的功能如下。

（1）类型：用户可根据需求选择拟合自由曲面、拟合平面、拟合球、拟合圆柱和拟合圆锥共 5 种类型。

（2）目标：当此图标被激活时，让用户“选择对象（1）”。

（3）拟合方向：拟合方向用于指定投影方向与方位。有 4 种用于指定拟合方向的方法。

1）最适合：如果目标对象基本上是矩形，并具有可识别的长度和宽度方向以及或多或少的平面性，并选择此项。拟合方向和 U/Y 方位会自动确定。

2）矢量：如果目标对象基本上是矩形，并具有可识别的长度和宽度方向，但曲率很大，请选择此项。

3）方位：如果目标对象具有复杂的形状或为旋转对称，并选择此选项。使用“方位操控器”和“矢量”对话框指定拟合方向和大致的 U/V 方位。

4）坐标系：如果目标对象具有复杂的形状或为旋转对称，并且您需要使方位与现有几何体关联，并选择此选项。使用“坐标系”选项和“坐标系”对话框指定拟合方向和大致的 U/V 方位。

（4）边界：通过指定四个新边界点来延长或限制拟合曲面的边界。

（5）参数化：用于改变 U/V 向的次数和补片数从而调节曲面。

1）次数：用于指定拟合曲面在 U 向和 V 向的次数。

2）补片数：用于指定U及V向的曲面补片数。

（6）光顺因子：拖动滑块可直接影响曲面的平滑度。曲面越平滑，与目标的偏差越大。

（7）结果：UG根据用户所创建的曲面计算的最大误差和平均误差。

5.2 直纹面

直纹面是通过两条外形轮廓线创建的曲面，可以理解为用一系列的直线连接两条外形轮廓线编织形成一张曲面。运用已有的曲线创建的曲面都具有参数化的特征，所创建的曲面与曲线是关联的，对曲线进行编辑后曲面也会随着改变，这类方法是创建曲面的一个十分重要的方法。

外形轮廓线又称为截面线串，直纹面仅支持两个截面对象。截面对象可以是单一曲线、多个相连曲线、片体边界、实体表面，也可以是曲线的点等。如果选择的截面对象都为封闭曲线，创建的结果是实体；如果选择的截面对象不都为封闭曲线时，创建的结果是片体。

执行菜单中的“插入”→“网格曲面”→“直纹”命令，系统弹出如图5-16所示的“直纹”对话框。其中部分选项的功能如下。

（1）截面线串1：单击选择第一组截面曲线。

（2）截面线串2：单击选择第二组截面曲线。

要注意的是，在选择截面线串1和截面线串2时两组的方向要一致，如果两组截面线串的方向相反，创建的曲面将是扭曲的。

（3）对齐：通过“直纹”创建片体，需要在两组截面线串上确定对应点后用直线将对应点连接起来，这样才能形成一个曲面。因此，“对齐”方式选择的不同改变了截面线串上对应点分布的情况，从而调整了创建的片体。在选择线串后，可以进行“对齐”方式的设置，如图5-17所示。“对齐”方式有“参数”和“根据点”两种方式。

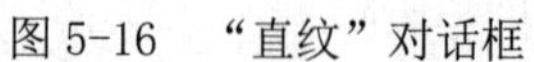
图5-16　“直纹”对话框

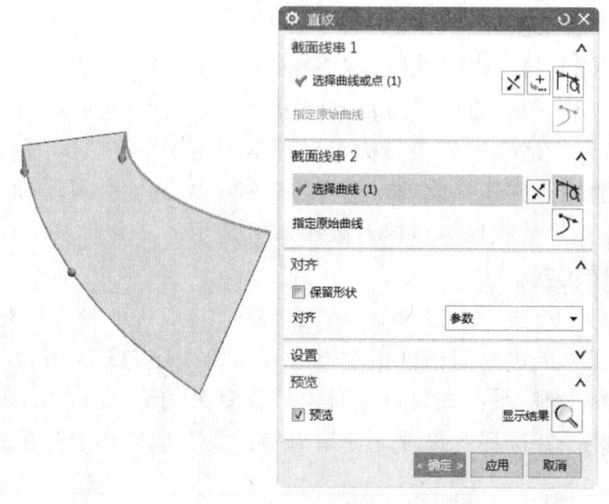

图5-17　“对齐”方式

1）参数：在创建曲面特征时，两条截面线串上所对应的点是根据截面线串的参数方程进行计算的，所以两组截面线串对应的直线部分是根据等距离来划分连接点的；两组截面线串对应的曲线部分是根据等角度来划分连接点的。选择“参数”方式并选择图 5-18 中所显示的截面线串来创建曲面，首先设置栅格线，栅格线主要用于曲面的显示，栅格线也称为等参数曲线。执行菜单中的“首选项”→“建模”命令，系统弹出如图 5-19 所示的“建模首选项”对话框，把“网格线”中的 U 和 V 设置为 6，这样创建的曲面将会显示出网格线。选择线串后，“对齐”方式设置为“参数”，单击“确定”或“应用”按钮，创建的曲面如图 5-20 所示。其中，直线部分是根据等弧长来划分连接点的，而曲线部分是根据等角度来划分连接点的。

如果选择的截面线串都为封闭曲线，则创建的结果是实体，如图 5-21 所示。

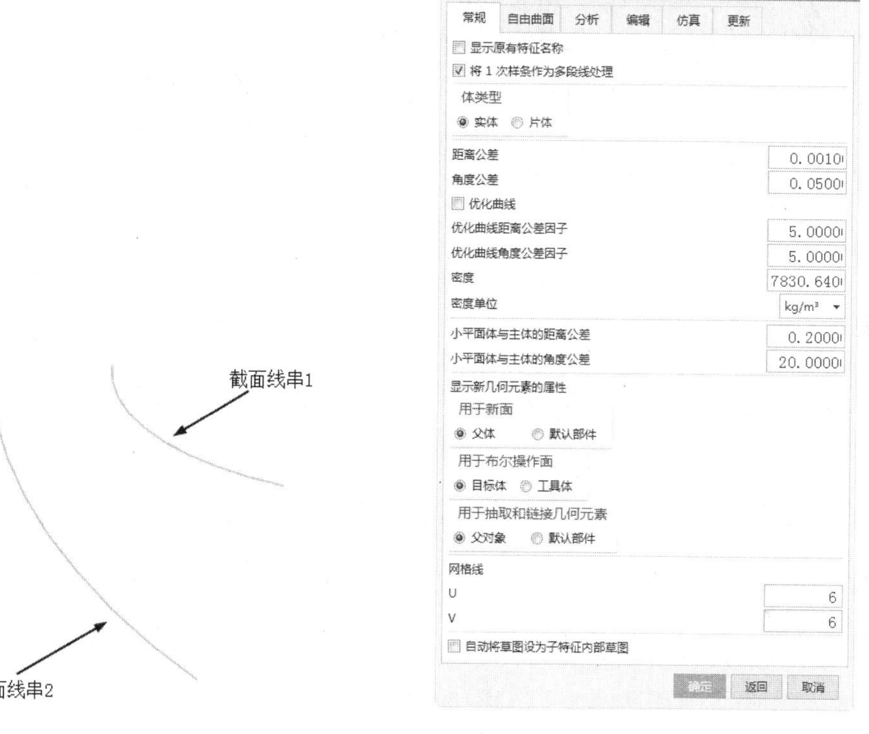

图 5-18　选择截面线串

图 5-19　“建模首选项”对话框

图 5-20　“参数”对齐方式创建曲面

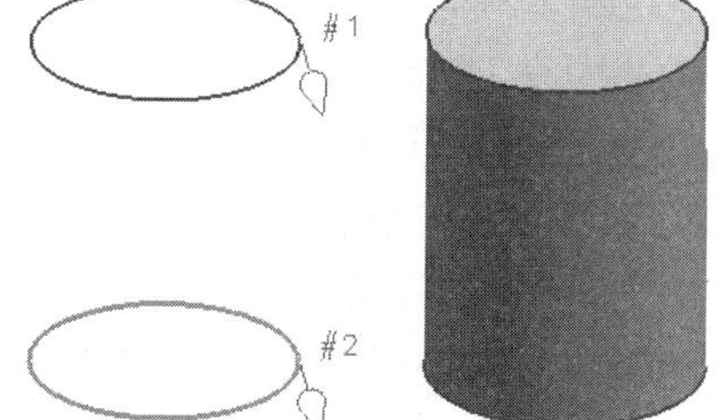

图 5-21　“参数”对齐方式创建实体

UG NX 12.0

2）根据点：在两组截面线串上选择对应的点（同一点允许重复选择）作为强制的对应点，

选择的顺序决定着片体的路径走向。一般在截面线串中含有角点时选择应用“根据点”方式。

（4）G0（位置）：“G0（位置）”选项指距离公差，可用来设置选择的截面线串与创建的片体之间的误差值。设置值为零时，将会完全沿着所选择的截面线串创建片体。

5.3 通过曲线组创建曲面

“通过曲线组”功能创建曲面，是将同一方向上的多条外形轮廓线，通过增加首尾的接触约束形式来创建曲面。这些外形轮廓线又称为截面线串，所选择的截面线串将定义曲面的行。截面线串可以由单个对象或多个对象组成，每个对象可以是曲线、实体的边线或曲面。如果选择的截面线串都为封闭曲线，创建的结果是实体；如果选择的截面线串不都为封闭曲线时，创建的结果是片体。

5.3.1 “通过曲线组”命令

执行菜单中的“插入”→“网格曲面”→“通过曲线组”命令，或者单击“曲面”功能区“曲面”组中的“通过曲线组”图标，系统弹出如图 5-22 所示的“通过曲线组”对话框。

对话框部分选项的功能如下。

1. 截面

（1）选择曲线或点：单击该按钮选择截面线串。选择第一组截面曲线后，“添加新集”被激活，单击鼠标中键，或者单击“添加新集”按钮将进行下一个对象的选择。

（2）列表：选择并确定的截面曲线以列表的形式在“列表”框中显示出来，如图 5-23 所示。单击按钮可以删除以存在于“列表”框中的截面曲线，单击按钮可以向上移动“列表”框中已经存在的截面曲线，单击按钮可以向下移动“列表”框中已经存在的截面曲线。

2. 连续性

通过这个选项组可以设置首尾的接触约束，目的在于使创建的曲面与已经存在的曲面在首尾截面曲线保持一定的约束关系，其选项组如图 5-24 所示。

（1）约束关系包括位置、相切和曲率三个选项：

1）G0（位置）：截面曲线与已经存在的曲面无约束关系，创建的曲面在公差范围内要严格沿着截面曲线连续。

2）G1（相切）：选择的第一截面曲线（最后截面曲线）与指定的曲面相切，且创建的曲面与指定的曲面切线斜率连续。

3）G2（曲率）：选择的第一截面曲线（最后截面曲线）与指定的曲面相切，且创建的曲面与指定的曲面曲率连续。

（2）流向：指定约束边界的切向方向。有未指定、等参数和垂直三种。

3. 对齐

通过选择“对齐”方式来改变截面曲线上对应点的分布，从而调整创建的曲面。在设置截面曲线后可以进行“对齐”方式的设置，如图 5-25 所示。调整方式包括 7 种方式：

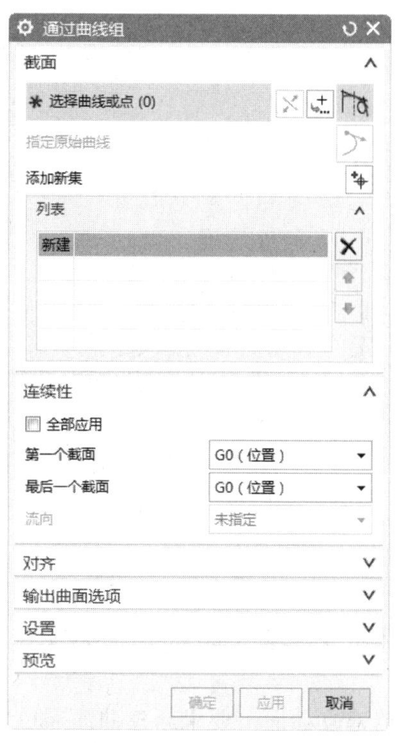

图 5-22　“通过曲线组”对话框

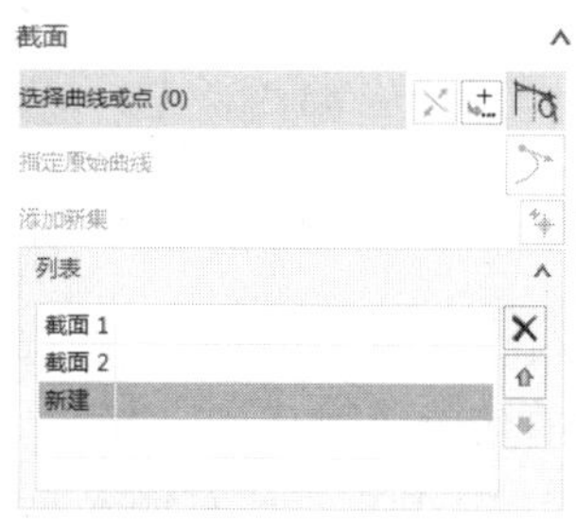

图 5-23　“截面”设置

图 5-24　“连续性”选项组

图 5-25　“对齐”选项组

（1）参数：截面曲线上对应的点是根据截面曲线的参数方程来进行划分的。使用截面曲线的整个长度。

（2）弧长：截面曲线上建立的连接点在截面曲线上的分布和间隔方式是根据等弧长方式建立的。

（3）根据点：“根据点”方式用于不同形状的截面曲线的对齐，特别是截面曲线具有尖角或有不同截面形状时，应该采用“根据点”方式，如果截面曲线都为封闭曲线，那么创建的结果是实体，如图 5-26 所示。该“对齐”方式可以使用零公差，表明点与点之间的精确对齐。选点时应该注意按照同一方向与次序选择，并且在所有的截面曲线上均需要有相应的对应点。起点和终点不能用于对齐，系统会自动对齐。

（4）距离：沿每个截面曲线，在规定方向上等距离间隔点，结果是所有等参数曲线将位于正交于规定矢量的平面中，如图 5-27 所示。

（5）角度：沿每个截面曲线，绕一规定的轴线等角度间隔点，结果是所有等参数曲线将

位于含有该轴线的平面内，如图 5-28 所示。

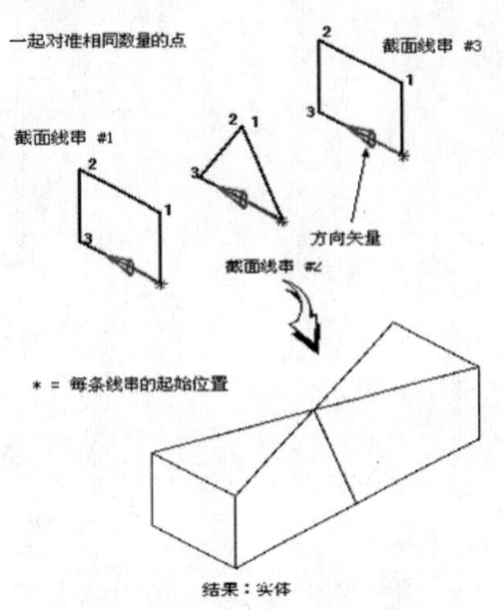

图 5-26 “根据点”方式创建体

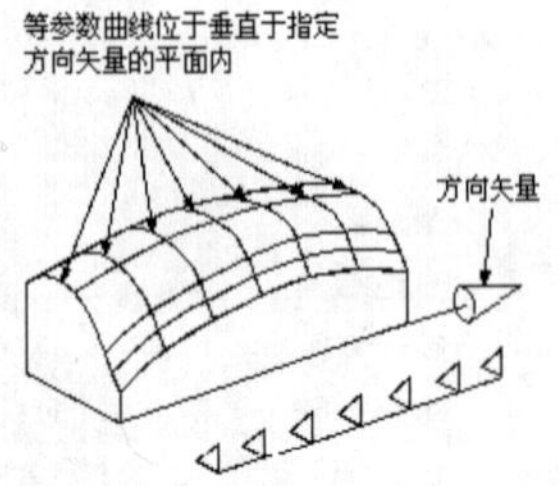

图 5-27 “距离”方式创建曲面

（6）脊线：“脊线”对齐点放在选择的曲线和正交于输入曲线的平面的交点上。最终体的范围基于这个脊线的界限。

（7）根据段：利用点和对输入曲线的相切值建立曲面，要求新建曲面通过定义输入曲线的点而不是曲线本身。

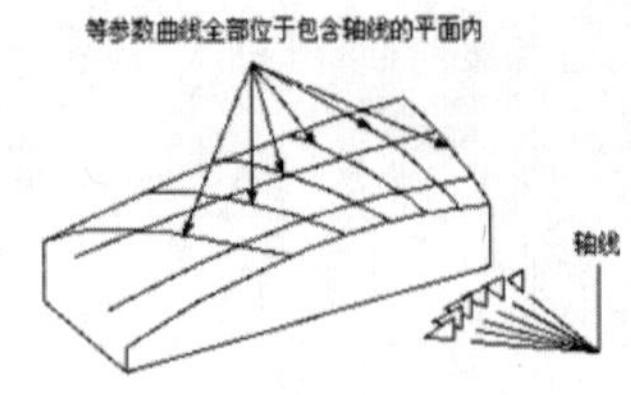

图 5-28 “角度”方式创建曲面

4. 输出曲面选项

“输出曲面选项”包括“补片类型”“V 向封闭”“垂直于终止截面”和“构造”4 项需要设置，如图 5-29 所示。

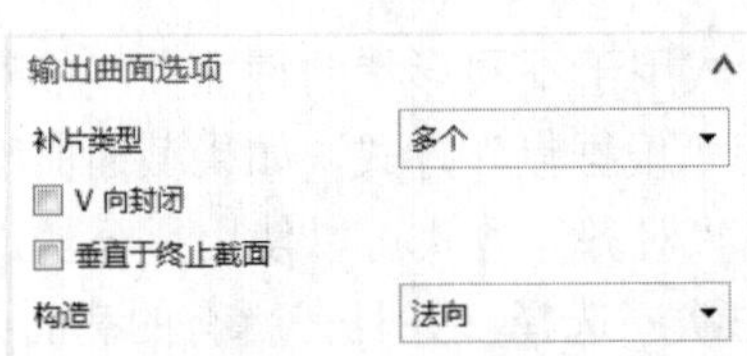

图 5-29 “输出曲面选项”选项组

（1）补片类型：用于设置将产生片体的偏移面类型，有三个选项，即“单个”“多个”和“匹配线串”。如果采用“单个”补片，系统自动计算 V 方向的次数，其数值等于截面线数量减去 1。如果采用“多个”补片，用户可以自己定义 V 方向的次数，但所选择的截面线数量至少比 V 方向的阶次多一组。建议采用“多个”补片，阶次为 3 次的特征类型。

（2）V 向封闭：勾选此复选框，片体沿列（V 方向）闭合。

（3）垂直于终止截面：此选项只有在选择“多个”片体时才可以选择。

（4）构造：用于设置创建的曲面符合个条曲线的程度。包括“法向”“样条点”和“简单孔”三个选项。

5. 设置

此选项组用于设置次数、公差等选项，如图 5-30 所示。

图 5-30　“设置”对话框

（1）次数：设置 V 方向上曲面的次数。所创建的片体或实体沿 V 方向（垂直于截面线方向）的阶次取决于补片类型和所选择的截面线的数量：

如果采用“单个”补片，系统自动计算 V 方向的次数，其数值等于截面线数量减去 1。

如果采用“多个”补片，用户可以自己定义 V 方向的次数，但所选择的截面线数量至少比 V 方向的阶次多一组。建议采用多补片，阶次为 3 次的特征类型。

（2）公差：指距离公差，可用来设置选择的截面曲线与创建的片体之间的误差值。设置值为零时，将会完全沿着所选择的截面曲线创建片体。

5.3.2　实例——“G1（相切）”创建曲面

01 打开文件 5-1.prt，进入建模模块，如图 5-31 所示。

02 执行菜单中的“插入”→“网格曲面”→“通过曲线组”命令，或者单击“曲面”功能区“曲面”组中的“通过曲线组”图标，系统弹出“通过曲线组”对话框。

03 按顺序从左边开始依次选择截面曲线，先选择第一组截面曲线，切记，每次选择结束要单击鼠标中键，或者单击“添加新集”按钮，才能进行下一条截面曲线的选择。选择第一组截面曲线如图 5-32 所示。

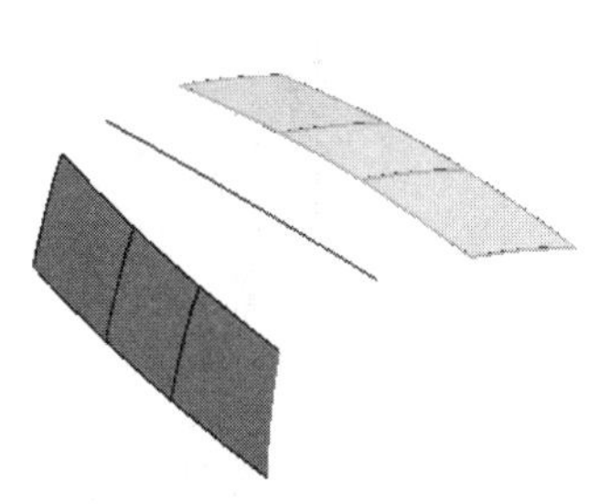

图 5-31　文件 5-1.prt

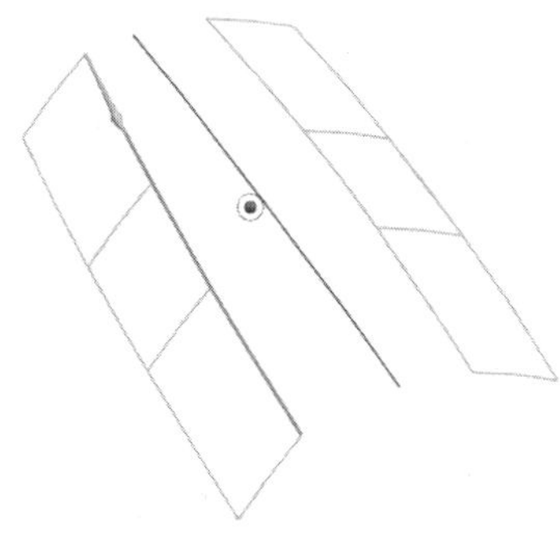

图 5-32　选择第一组截面曲线

04 选择两组曲面中间的曲线作为第二组截面曲线，已选择的两组截面曲线方向应当一致，如图 5-33 所示。

05 选择第三组截面曲线，为曲面组的边线，三组截面曲线的方向应当一致，如图 5-34 所示。

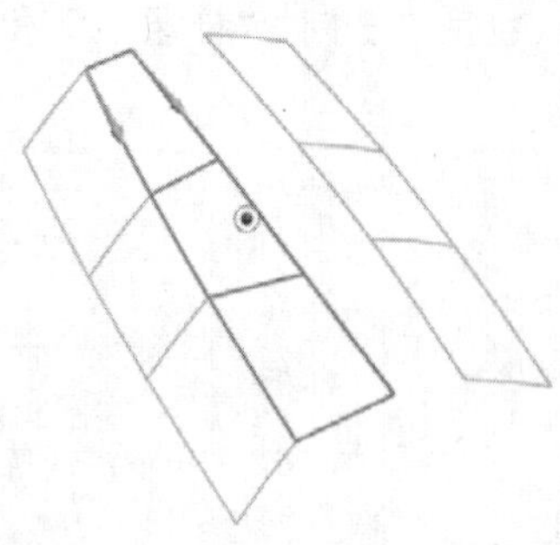

图 5-33　选择第二组截面曲线

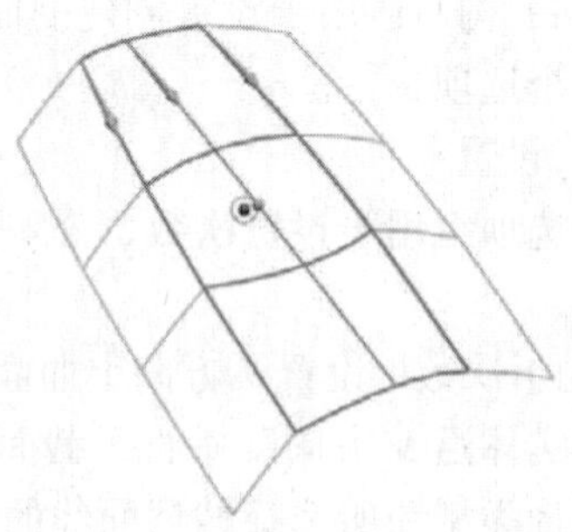

图 5-34　选择第三组截面曲线

06 连续性设置如图 5-35 所示。在“第一个截面”下拉列表框中选择“G1（相切）”，选择第一组截面曲线所在的所有曲面作为相切面，如图 5-36 所示。

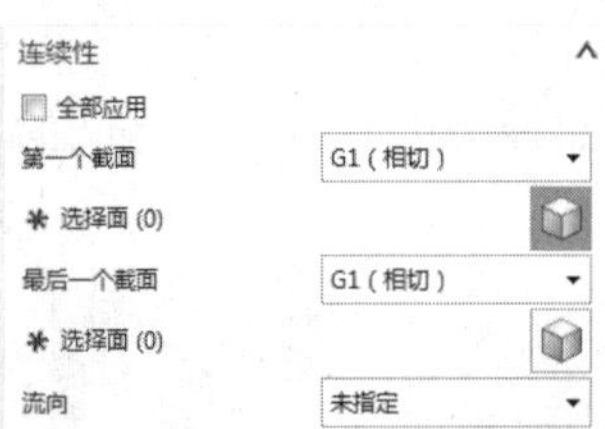

图 5-35　连续性设置

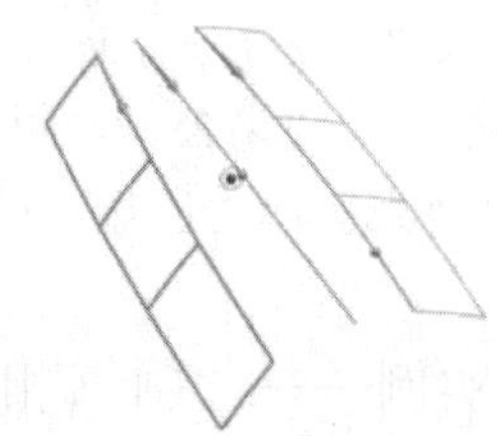

图 5-36　第一组截面曲线的相切面

07 在“最后一个截面”下拉列表框中选择“G1（相切）”，选择第三组截面曲线所在的所有曲面作为相切面，如图 5-37 所示。

08 在“通过曲线组”对话框中，设置“对齐”为“参数”，勾选“保留形状”复选框，“补片类型”为“多个”，设置“放样次数”为 3，其余默认。

09 单击“确定”按钮，创建的曲面如图 5-38 所示。

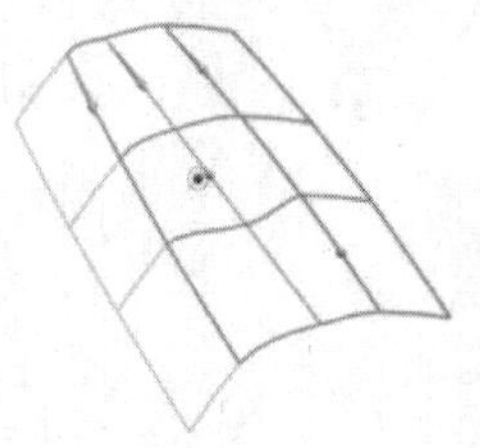

图 5-37　最后一组截面曲线的相切面

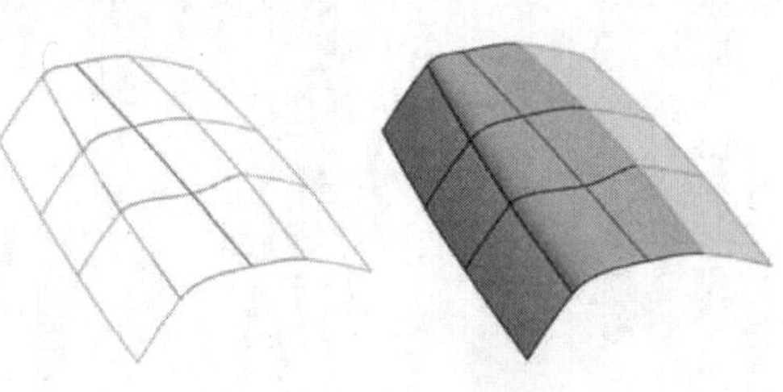

图 5-38　创建曲面

5.4 通过曲线网格创建曲面

“通过曲线网格”创建曲面指使用一系列在两个方向的截面线串创建片体或实体。创建曲面时，应该将一组同方向的截面线串定义为主曲线，而另一组大致垂直于主曲线的截面线串则称为交叉曲线，如图 5-39 所示。注意，由于该命令没有“对齐”选项，在创建特征时，主曲线上的尖角不会形成锐边，创建的曲线网格体是双三次多项式的。这意味着它在 U 向和 V 向的次数都是三次的（阶次为 3）。

U 向由交叉曲线方位决定，V 向由主曲线方位决定。由于在 U、V 两个方向都定义了控制曲线，所以可以较好地控制曲面的形状，因此通过曲线网格创建曲面比较常用。

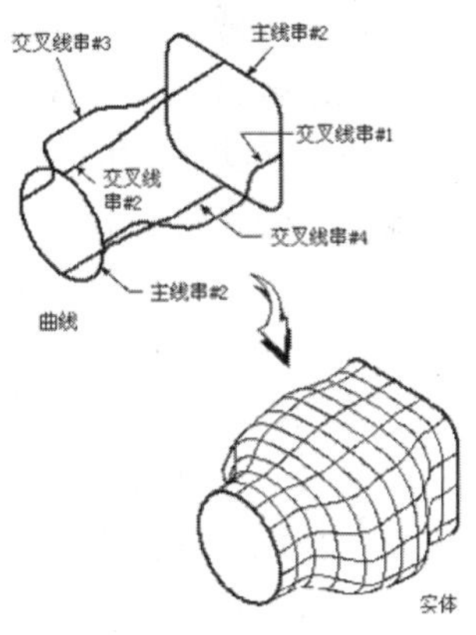

图 5-39　通过曲线网格创建实体

5.4.1 “通过曲线网格”命令

执行菜单中的“插入”→“网格曲面”→“通过曲线网格”命令，或者单击“曲面”功能区“曲面”组中的“通过曲线网格”图标，系统弹出如图 5-40 所示的“通过曲线网格”对话框。对话框部分选项的功能如下。

1. 主曲线

通过曲线网格创建曲面时，将选择第一组同方向的截面线串定义为主曲线。

（1）选择曲线或点：单击该按钮选择主线串。选择主线串 1（或点）后，“添加新集”被激活，单击鼠标中键或单击“添加新集”按钮，出现方向箭头，将进行下一个对象的选择。同理，按顺序依次选择其他主线串，最后单击鼠标中键，完成主线串的选择。

（2）列表：选择并确定的主线串以列表的形式在“列表”框中显示出来。单击按钮可以删除已存在于“列表”框中的主线串，单击按钮可以向上移动“列表”框中已经存在的主线串，单击按钮可以向下移动“列表”框中已经存在的主线串。

2. 交叉曲线

图 5-40　“通过曲线网格”对话框

UG NX 12.0

通过曲线创建网格曲面时，选择完主曲线后，另一组大致垂直于主曲线的截面线串则称为交叉曲线。

（1）选择曲线：单击该按钮选择交叉线串。选择交叉线串 1（或点）后，“添加新集”被激活，单击鼠标中键或单击“添加新集”按钮，出现方向箭头，将进行下一个对象的选择。同理按顺序依次选择其他交叉线串，最后单击鼠标中键，完成交叉线串的选择。

（2）列表：选择并确定的交叉曲线以列表的形式在“列表”框中显示出来。单击按钮可以删除已存在于“列表”框中的交叉线串，单击按钮可以向上移动“列表”框中已经存在的交叉线串，单击按钮可以向下移动“列表”框中已经存在的交叉线串。

3.连续性

通过这个选项组用户可以对所要创建的片体或实体定义边界约束条件，以使它在起始或最后的主曲线、交叉曲线处与一个或多个被选择的体表面相切或等曲率过渡。

约束关系包括以下 3 个选项。

1）G0（位置）：线串与已经存在的曲面无约束关系，创建的曲面在公差范围内要严格沿着主线串或交叉线串连续。

2）G1（相切）：选择的线串与指定的曲面相切，且创建的曲面与指定的曲面的切线斜率连续。

3）G2（曲率）：选择的线串与指定的曲面相切，且创建的曲面与指定的曲面的曲率连续。

4.输出曲面选项

（1）着重：该选项只有在主曲线与交叉曲线不相交时才有意义。此时，选择的选项不同，则构造的曲面通过的位置不同。其下拉列表框中包括以下 3 个选项。

1）两者皆是：创建的曲面通过主曲线和交叉曲线中间。

2）主线串： 创建的曲面通过主线串。

3）交叉线串：创建的曲面通过交叉线串。

（2）构造：用于设置创建的曲面符合各截面线串的程度。其下拉列表框中包括以下 3 个选项。

1）法向：利用标准程序创建曲线网格体。采用这种方法创建的曲面具有很高的精度，创建的曲面包含较多的补片。

2）样条点：利用输入曲线的定义点和该点的斜率值来创建曲面。要求所有主曲线和交叉曲线必须使用单根 B-样条曲线，并且要求具有相同数量的定义点。

3）简单：创建尽可能简单的曲面。采用这种方法创建的曲面包含较少的补片。

5.设置

（1）重新创建：可以通过重新定义主曲线或交叉曲线的阶次和节点数来创建光滑曲面。其下拉列表框中包括以下 3 个选项。

1）无：不用重构主曲线和交叉曲线。

2）次数和公差：通过手工选择主曲线或交叉曲线来替换原来的曲线，并为创建的曲面指定 U 向阶次或 V 向阶次节点数会依据 G0、G1、G2 的公差值按需要插入。

3）自动拟合：通过指定最小阶次和分段数来重新创建曲面，系统会自动尝试利用最小阶次来重新创建曲面。如果还不满足要求，则会再利用分段数来重新创建曲面。

（2）公差：通过曲线网格创建曲面时，主曲线和交叉曲线可以不相交，交点公差用于检查两组曲线间的距离。如果主曲线和交叉曲线不相交，两组曲线间的最大距离必须小于交点公差，否则系统报错。

5.4.2　实例——通过曲线网格创建曲面

01 打开文件 5-2.prt，进入建模模块，如图 5-41 所示。

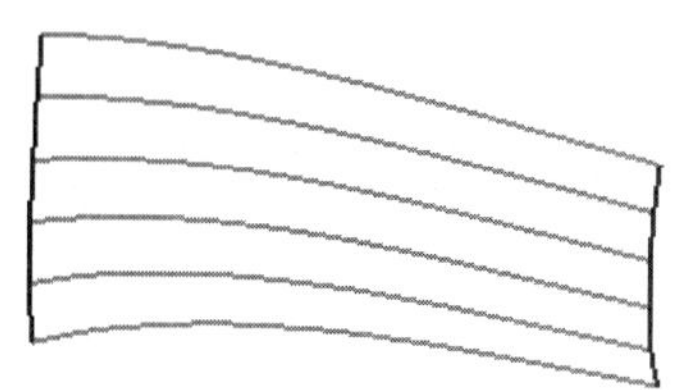

图 5-41　文件 5-2.prt

02 选择“通过曲线网格”方式来创建曲面。执行菜单中的“插入”→“网格曲面”→“通过曲线网格”命令，或者单击“曲面”功能区“曲面”组中的“通过曲线网格”图标，系统弹出 “通过曲线网格”对话框。

03 选择主曲线。按从下至上顺序依次选择这 6 条主线串。切记，每条主线串选择结束后要单击鼠标中键，或者单击“添加新集”按钮，才能进行下一条主线串的选择，如图 5-42 所示。

04 按照从左至右顺序开始依次进行交叉曲线的选择，同样每条交叉线串选择结束要单击鼠标中键，或单击“添加新集”图标将进行下一条交叉线串的选择。选择交叉线串后如图 5-43 所示。

05 在对话框中设置其余选项，这里保持默认状态即可，单击“确定”按钮，通过曲线网格创建曲面，如图 5-44 所示。

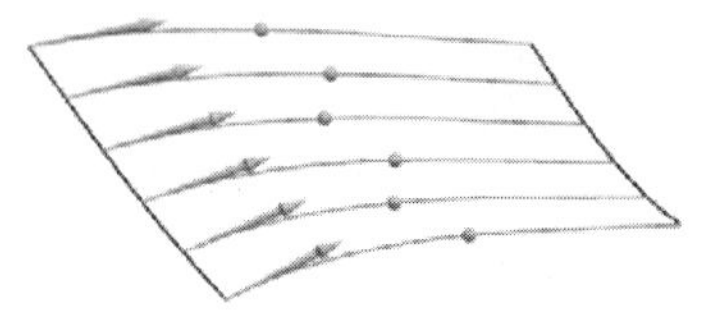

图 5-42　主线串的选择

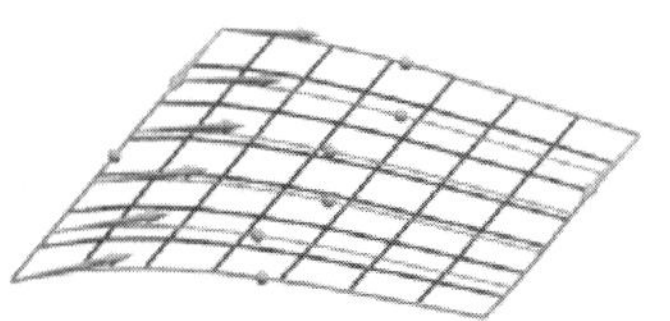

图 5-43　交叉线串的选择

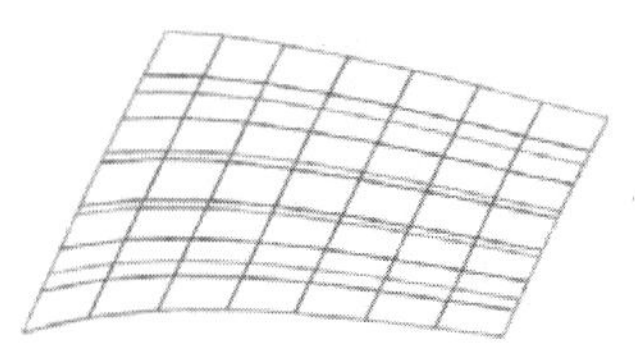

图 5-44　通过曲线网格创建曲面

5.4.3　实例——通过“G1（相切）”方式创建曲面

01 打开文件 5-3.prt，进入建模模块，如图 5-45 所示。

02 执行菜单中的“插入”→“网格曲面”→“通过曲线网格”命令，或者单击“曲面”功能区“曲面”组中的“通过曲线网格”图标，系统弹出“通过曲线网格”对话框。

03 选择主曲线。“通过曲线网格”创建曲面时，截面曲线可以是一个点，但一定要在主

UG NX 12.0

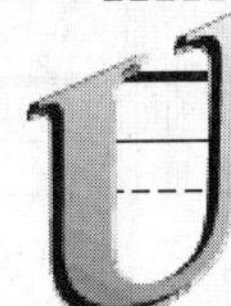

曲线选择时将其设置好，交叉曲线没有选择点的功能。按顺序从上至下依次选择主线串，首先选择主线串 1（一个点）。在“主曲线”选项组中单击“选择曲线或点”中的“点对话框”按钮，如图 5-46 所示，点的选择类型为“端点”，如图 5-47 所示，选择点如图 5-48 所示，选择结束单击鼠标中键，或单击“添加新集”图标将进行下一条主线串的选择，选择主线串 2 如图 5-49 所示。

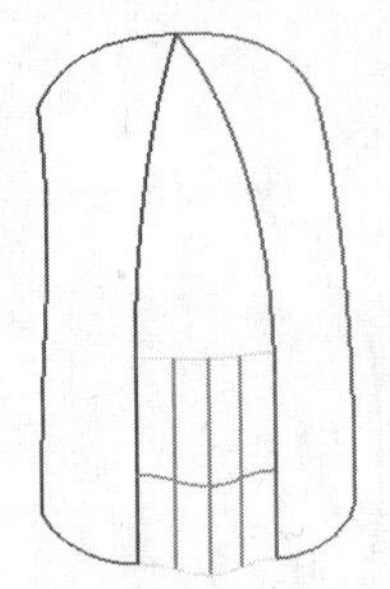

图 5-45　文件 5-3.prt

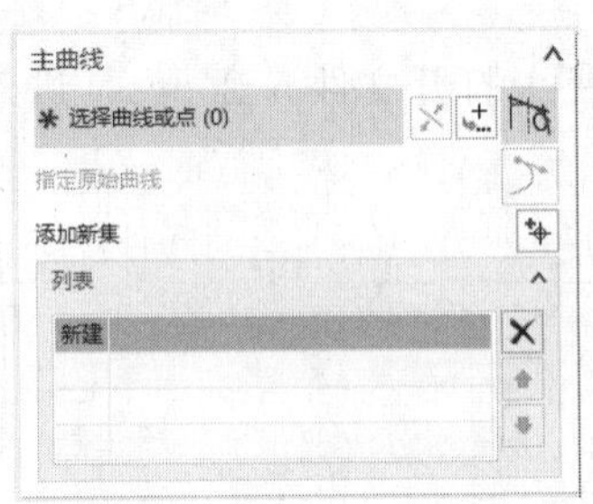

图 5-46　“主曲线”选项组

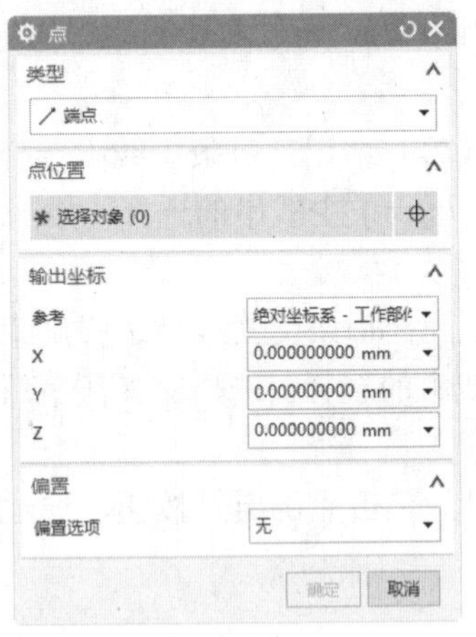

图 5-47　“点”对话框

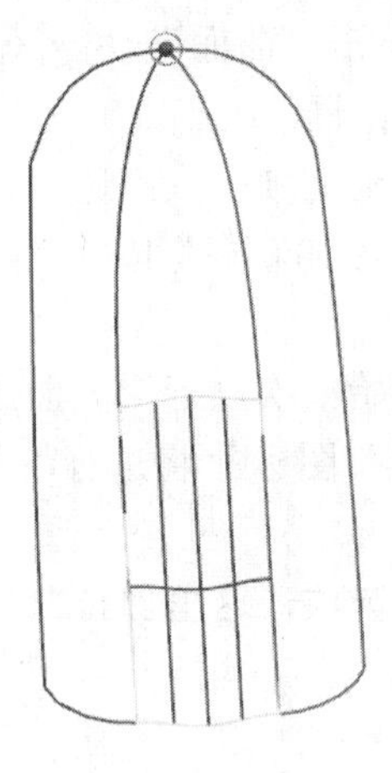

图 5-48　选择点

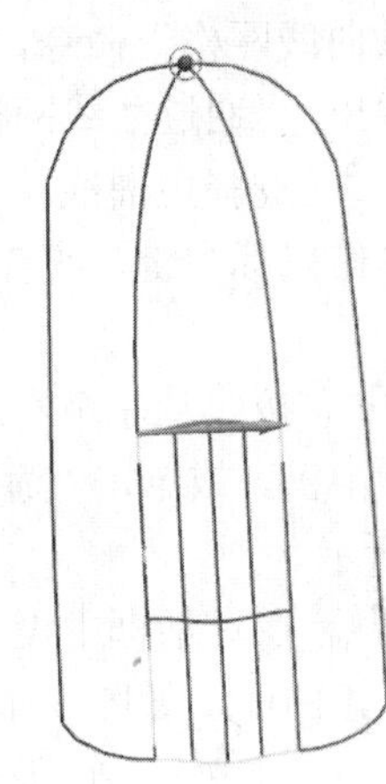

图 5-49　选择主线串 2

04 按照从左至右顺序依次进行交叉曲线的选择。同样，每条交叉线串选择结束后要单击鼠标中键，或者单击“添加新集”按钮，才能进行下一条交叉线串的选择。选择交叉线串，如图 5-50 所示。

05 在“连续性”选项组“最后主线串”的下拉列表框中选择“G1（相切）”，在工作区中选择“最后主线串”的相切面，如同 5-51 所示。

06 在“连续性”选项组的“第一交叉线串”下拉列表框中选择“G1（相切）”，在工作区中选择“第一交叉线串”所在的曲面作为相切面，如图 5-52 所示。

07 在“连续性”选项组“最后交叉线串”下拉列表框中的选择“G1（相切）”，在工作区中选择“最后交叉线串”所在的曲面作为相切面，如图 5-53 所示。

08 在“通过曲线网格”对话框中设置其余选项，这里保持默认状态即可。单击“确定”按钮，通过“G1（相切）”创建曲面，如图 5-54 所示。

图 5-50　选择交叉线串

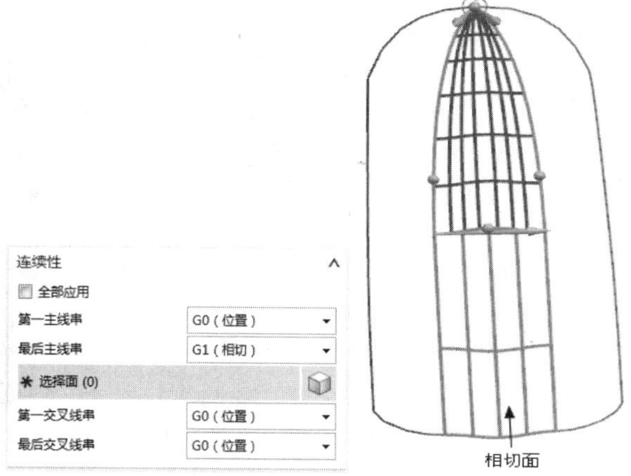

图 5-51　选择“最后主线串”的相切面

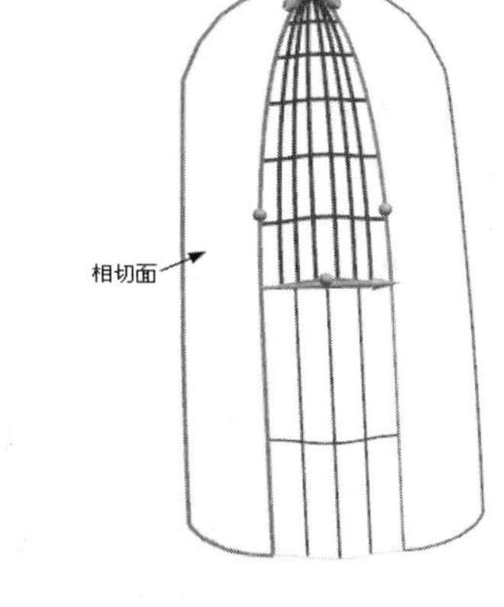

图 5-52　选择“第一交叉线串”的相切面

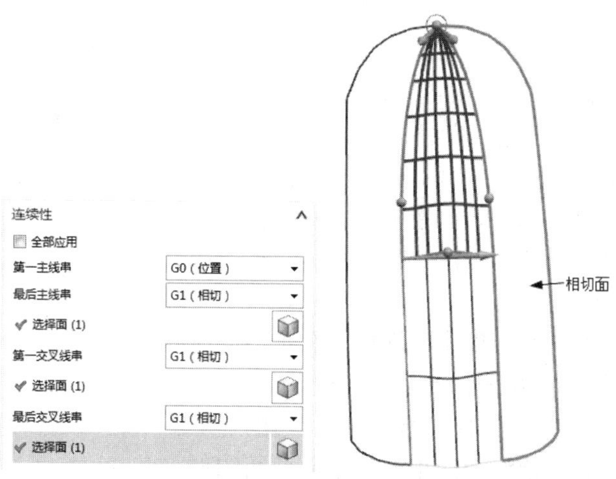

图 5-53　最后交叉线串的相切面

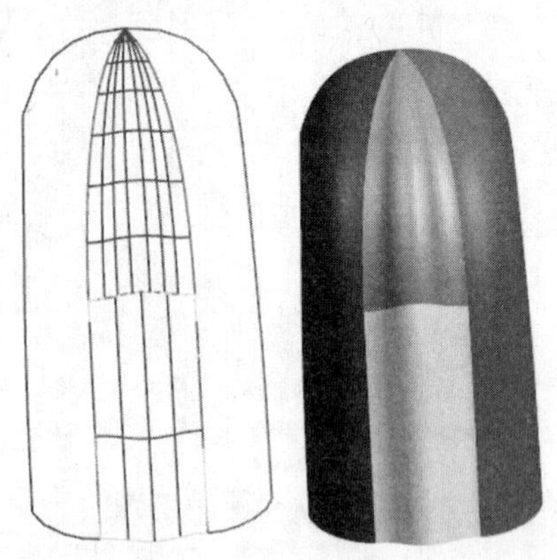

图 5-54　通过“G1（相切）”创建曲面

5.5　截面曲面

截面曲面是利用二次曲线构造技术定义的截面来创建体。截面曲面是二次曲面，可以看作是一系列二次曲线的集合，这些截面曲线位于指定的平面内，在控制曲线范围内编织形成一张二次曲面。

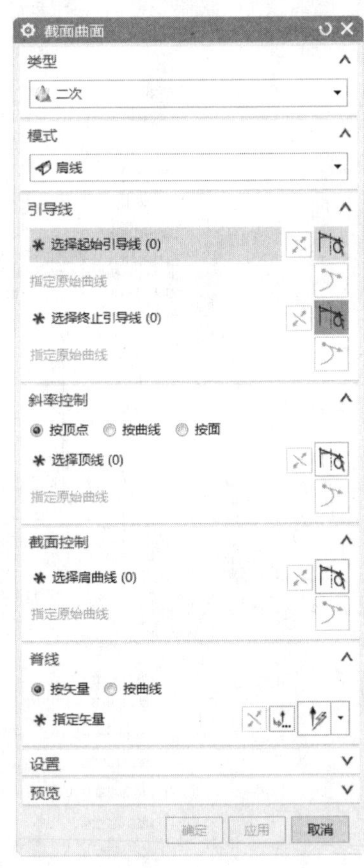

图 5-55　“截面曲面”对话框

5.5.1　“截面曲面”命令

执行菜单中的“插入”→“扫掠”→“截面”命令，或者单击“曲面”功能区“曲面”组中的“截面曲面”图标，系统弹出如图 5-55 所示的“截面曲面”对话框。对话框各选项组的功能如下。

1）类型：可选择二次曲线、圆形、三次和线性。

2）模式：根据选择的类型列出各个模式。若“类型”为“二次曲线”，其“模式”包括肩线、Rho、高亮显示、四点-斜率和五点；若“类型”为“圆形”，其“模式”包括三点、两点-半径、两点-斜率、半径-角度-圆弧、中心半径和相切半径等；若“类型”为“三次”，其“模式”包括两个斜率和圆角-桥接。

3）引导线：用于指定起始和结束位置。在某些情况下，可用于指定截面曲面的内部形状。

4）斜率控制：用于控制来自起始边或终止边的任一者或两者、单一顶线或者起始面或终止面的截面曲面的形状。

5）截面控制：用于控制在截面曲面中定义截面的方式。根据选择的类型，这些选项可以在曲线、边或面选择到规律定义之间变化。

6）脊线：用于控制已计算剖切平面的方位。

7）设置：用于控制 U 方向上的截面形状，设置重建和公差选项，以及创建顶线。

各选项部分组合功能如下。

1）二次-肩线-按顶线：可以使用这个选项创建起始于第一条选定曲线，通过一条称为肩曲线的内部曲线，并且终止于第 3 条选定曲线的截面自由形式特征。每个端点的斜率由选定顶线定义，如图 5-56 所示。

2）二次-肩线-按曲线：该选项可以创建起始于第一条选定曲线，通过一条内部曲线（称为肩曲线），并且终止于第 3 条曲线的截面自由形式特征。切矢在起始点和终止点由两个不相关的切矢控制曲线定义，如图 5-57 所示。

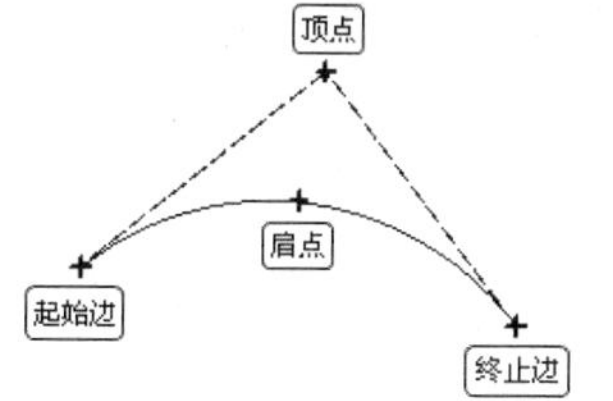

图 5-56　“二次-肩线-按顶线”示意

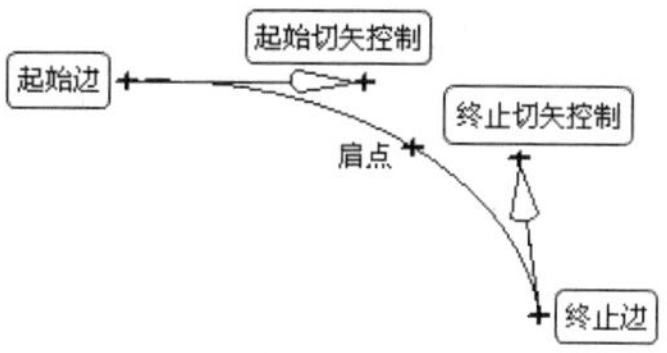

图 5-57　“二次-肩线-按曲线”示意

3）二次-肩线-按面：可以使用这个选项创建截面自由形式特征，该特征在分别位于两个体上的两条曲线间形成光顺的圆角。体起始于第一条选定曲线，与第一个选定体相切；终止于第二条曲线，与第二个体相切，并且通过肩曲线，如图 5-58 所示。

4）圆形-三点：该选项可以通过选择起始边曲线、内部曲线、终止边曲线和脊线来创建截面自由形式特征，片体的截面是圆弧，如图 5-59 所示。

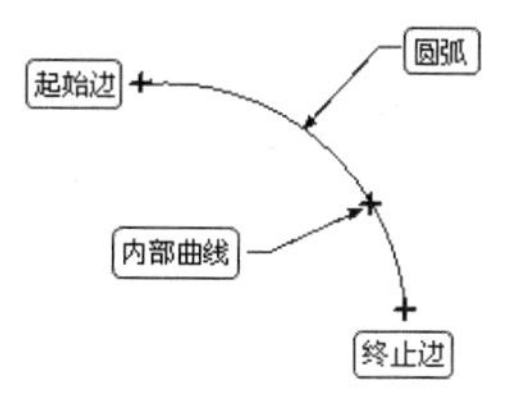

图 5-58　“二次-肩线-按面”示意

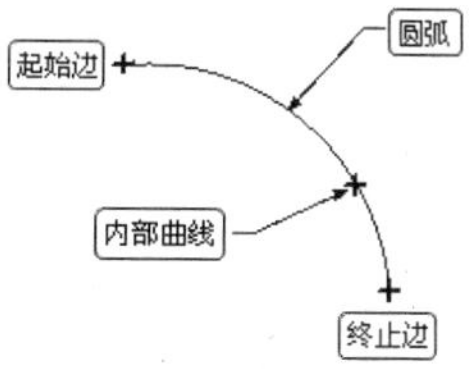

图 5-59　“圆形-三点”示意

5）二次-Rho-按顶线：可以使用这个选项来创建起始于第一条选定曲线，并且终止于第二条曲线的截面自由形式特征。每个端点的切矢由选定的顶线定义，每个二次截面的完整性由相应的 Rho 值控制，如图 5-60 所示。

6）二次-Rho-按曲线：该选项可以创建起始于第一条选定边曲线，并且终止于第二条边曲线的截面自由形式特征。切矢在起始点和终止点由两个不相关的切矢控制曲线定义。每个二次截面的完整性由相应的 Rho 值控制，如图 5-61 所示。

7）二次-Rho-按面：可以使用这个选项创建截面自由形式特征，该特征在分别位于两个体

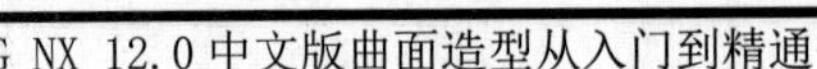

上的两条曲线间形成光顺的圆角，每个二次截面的完整性由相应的 rho 值控制，如图 5-62 所示。

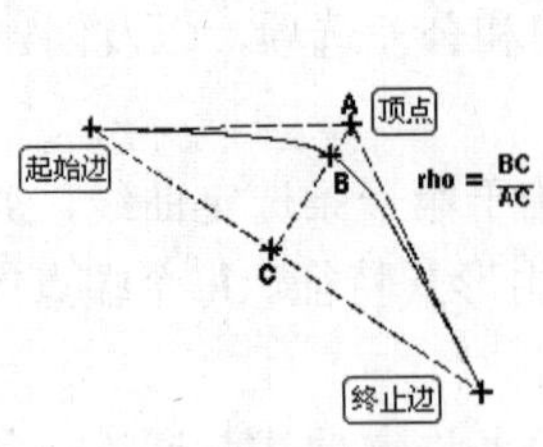

图 5-60 “二次-Rho-按顶线”示意

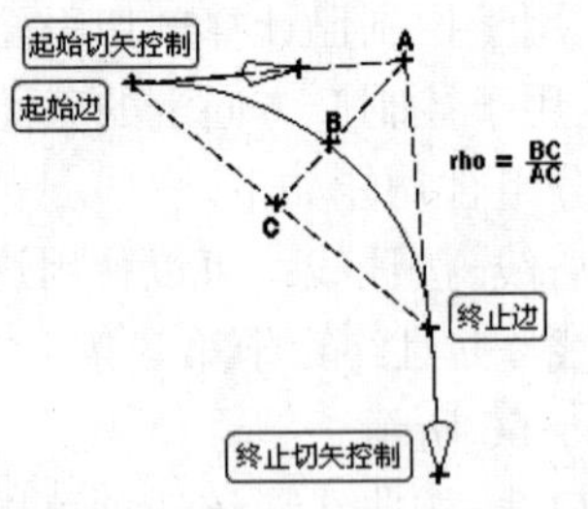

图 5-61 “二次-Rho-按曲线”示意

8）圆形-两点-半径：该选项创建带有指定半径圆弧截面的体。对于脊线方向，从第一条选定曲线到第二条选定曲线以逆时针方向创建体。半径必须至少是每个截面的起始边与终止边之间距离的一半，如图 5-63 所示。

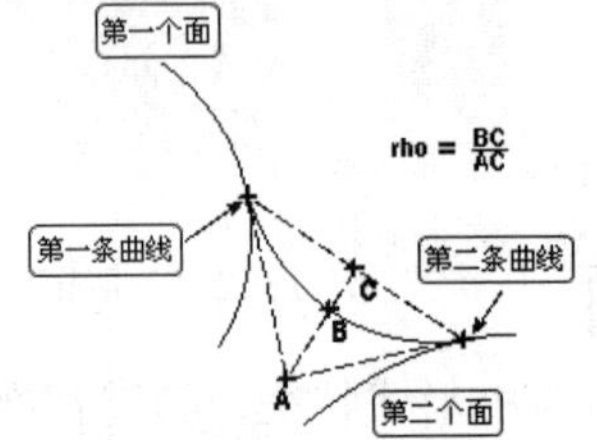

图 5-62 “二次曲线-Rho-按面”示意

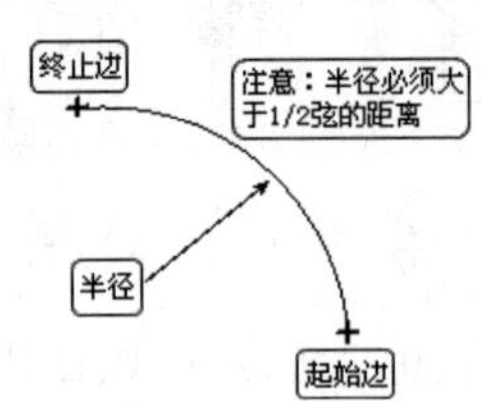

图 5-63 “圆形-两点-半径”示意

9）二次-高亮显示-按顶线：该选项可以创建带有起始于第一条选定曲线并终止于第二条曲线，而且与指定直线相切的二次截面的体。每个端点的切矢由选定顶线定义，如图 5-64 所示。

10）二次-高亮显示-按曲线：该选项可以创建带有起始于第一条选定边曲线并终止于第二条边曲线，而且与指定直线相切的二次截面的体。切矢在起始点和终止点由两个不相关的切矢控制曲线定义，如图 5-65 所示。

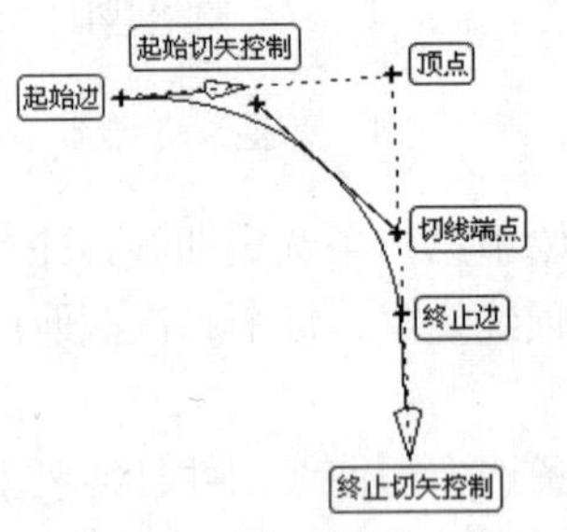

图 5-64 “二次-高亮显示-按顶线”示意

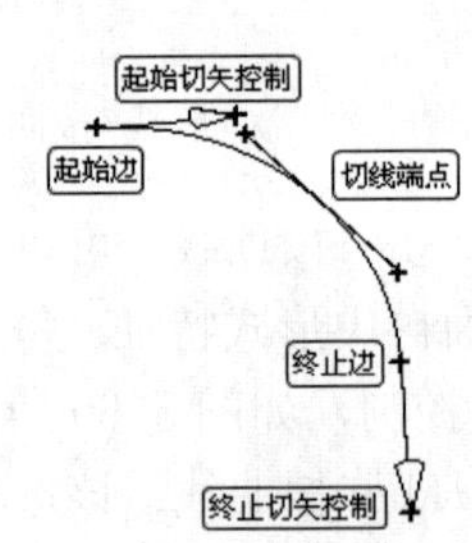

图 5-65 “二次-高亮显示-按曲线”示意

11）二次-高亮显示-按面：可以使用这个选项创建带有在分别位于两个体上的两条曲线之

间构成光顺圆角并与指定直线相切的二次截面的体，如图 5-66 所示。

12）圆形-两点-斜率：该选项可以创建起始于第一条选定边曲线，并且终止于第二条边曲线的截面自由形式特征。切矢在起始处由选定的控制曲线决定，片体的截面是圆弧，如图 5-67 所示。

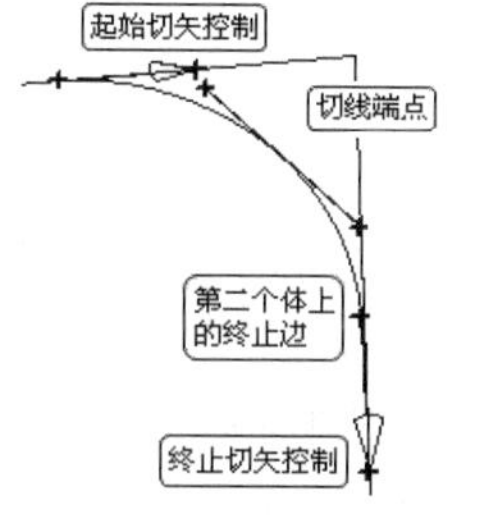

图 5-66　“二次-高亮显示-按面”示意

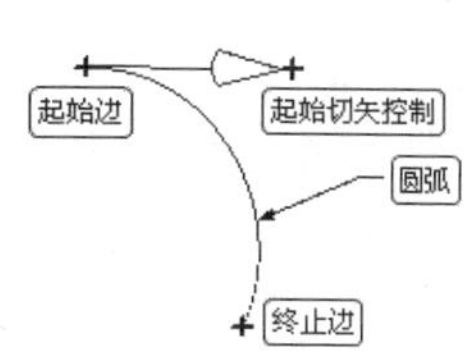

图 5-67　“圆形-两点-斜率”示意

13）二次-四点斜率：该选项可以创建起始于第一条选定曲线，通过两条内部曲线，并且终止于第四条曲线的截面自由形式特征。也选择定义起始切矢的切矢控制曲线，如图 5-68 所示。

14）三次-两个斜率：该选项创建带有截面的 S 形的体，该截面在两条选定边曲线之间构成光顺的三次圆角。切矢在起始点和终止点由两个不相关的切矢控制曲线定义，如图 5-69 所示。

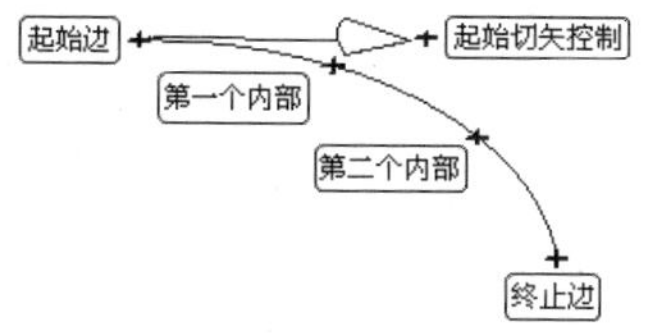

图 5-68　“二次-四点斜率”示意

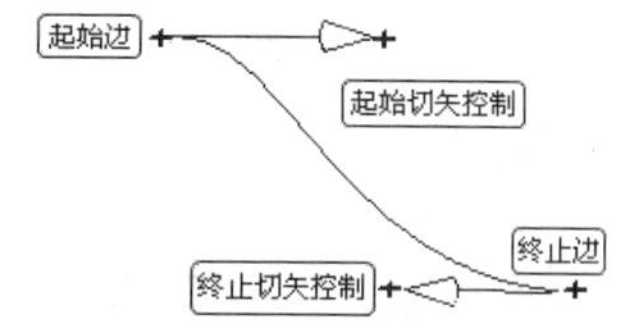

图 5-69　“三次-两个斜率”示意

15）三次-圆角-桥接：该选项创建一个体，该体带有在位于两组面上的两条曲线之间构成桥接的截面，如图 5-70 所示。

16）圆形-半径/角度/圆弧：该选项可以通过在选定边、相切面、体的曲率半径和体的张角上定义起始点来创建带有圆弧截面的体。角度可以从-170º～0º 或 0º～170º 变化，但是禁止通过零。半径必须大于零。曲面的默认位置在面法向的方向上，或者可以将曲面反向到相切面的反方向，如图 5-71 所示。

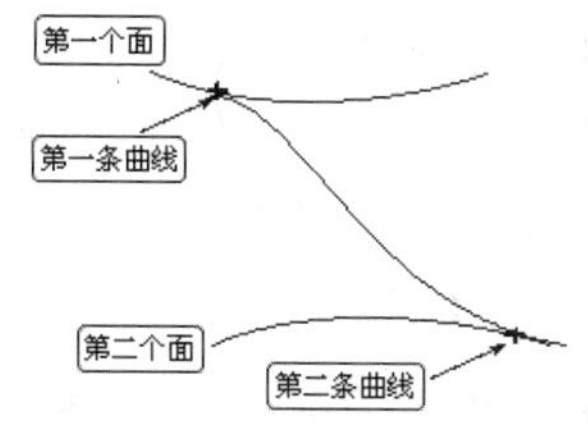

图 5-70　“三次-圆角-桥接”示意

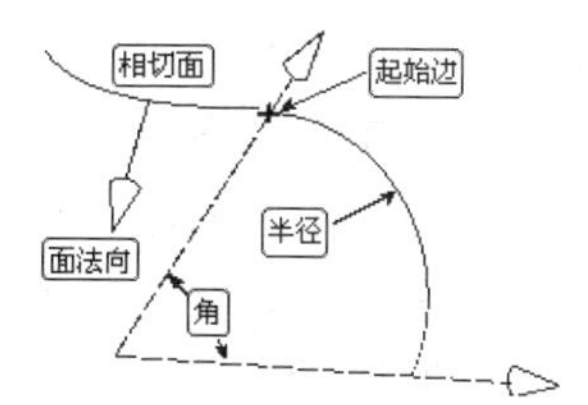

图 5-71　“圆形-半径/角度/圆弧”示意

UG NX 12.0

17）二次-五点：该选项可以使用 5 条已有曲线作为控制曲线来创建截面自由形式特征。体起始于第一条选定曲线，通过 3 条选定的内部控制曲线，并且终止于第 5 条选定的曲线，而且提示选择脊线曲线。5 条控制曲线必须完全不同，但是脊线可以为先前选定的控制曲线，如图 5-72 所示。

18）线性：该选项可以创建与一个或多个面相切的线性截面曲面。选择其相切面、起始曲面和脊线来创建这个曲面，如图 5-73 所示。

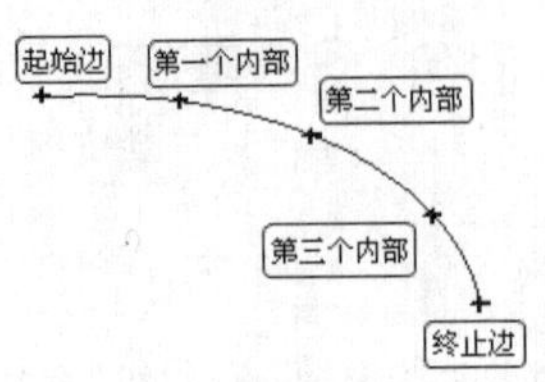

图 5-72 “二次-五点”示意

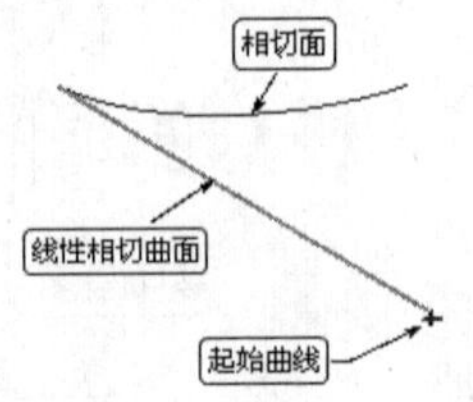

图 5-73 “线性”示意

19）圆形-相切半径：该选项可以创建与面相切的圆弧截面曲面。通过选择其相切面、起始曲线和脊线并定义曲面的半径来创建这个曲面，如图 5-74 所示。

20）圆形-中心-半径：可以使用这个选项创建整圆截面曲面。选择引导曲线、方向线串和脊线来创建圆截面曲面，然后定义曲面的半径，如图 5-75 所示。

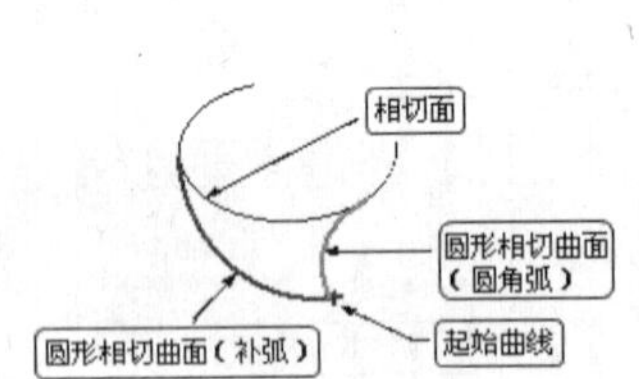

图 5-74 “圆形-相切半径”示意

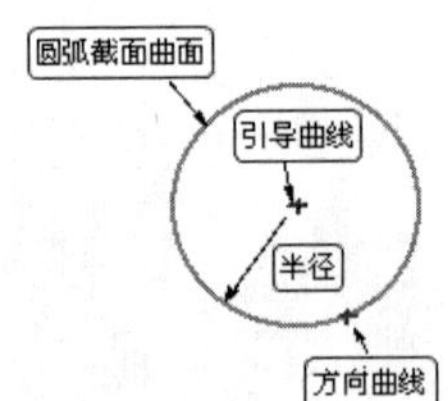

图 5-75 “圆形-中心-半径”示意

5.5.2 实例——通过“二次－Rho”方法创建曲面

01 打开文件 5-4.prt，进入建模模块，如图 5-76 所示。

02 执行菜单中的“插入”→“扫掠”→“截面”命令，系统弹出“截面曲面”对话框。

03 在“截面曲面”对话框“类型”下拉列表框中选择“二次”，“模式”选择“Rho”，如图 5-77 所示。

04 选择曲线 1 作为起始引导线，单击“确定”按钮或按鼠标中键。

05 选择曲线 3 作为终止引导线，单击“确定”按钮或按鼠标中键。

06 选择曲线 2 作为顶线，单击“确定”按钮或按鼠标中键。

07 选择曲线 2 作为脊线，单击“确定”按钮或按鼠标中键。

08 “规律类型”选择“恒定”，在“值”对话框中输入 0.5 ，单击“确定”按钮，创建的曲面如图 5-78 所示。

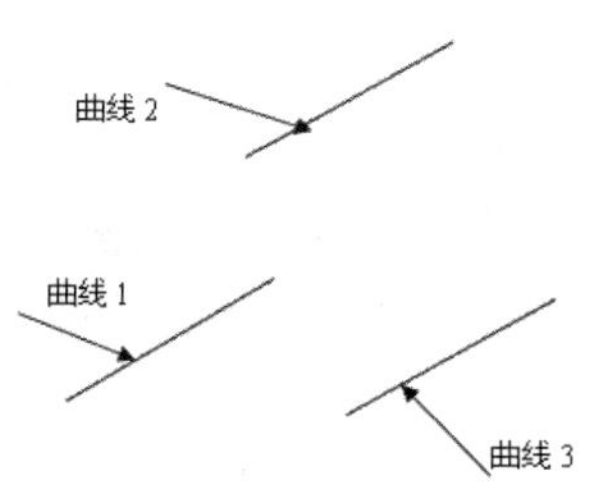

图 5-76　文件 5-4.prt

图 5-77　设置“截面曲面”对话框

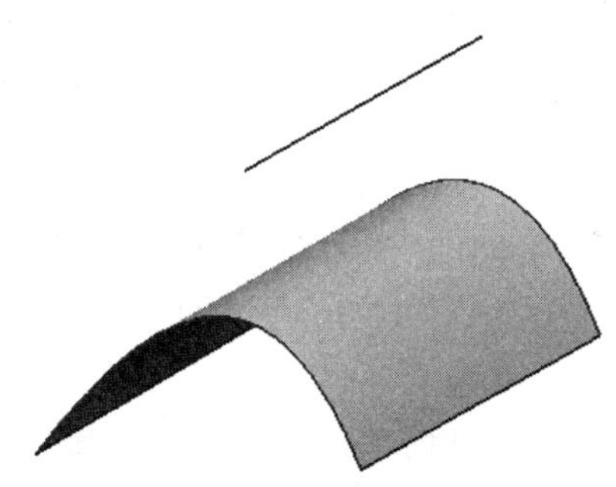

图 5-78　恒定 Rho 定义方式创建的曲面

09 双击创建的曲面，系统弹出如图 5-79 所示的“截面曲面”对话框。在“剖切方法”中选择 Rho 方法，其余选项保持默认值，单击“确定”按钮，创建的曲面如图 5-80 所示。

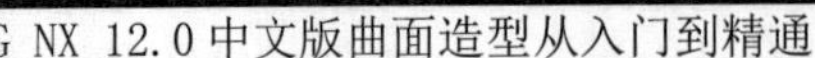

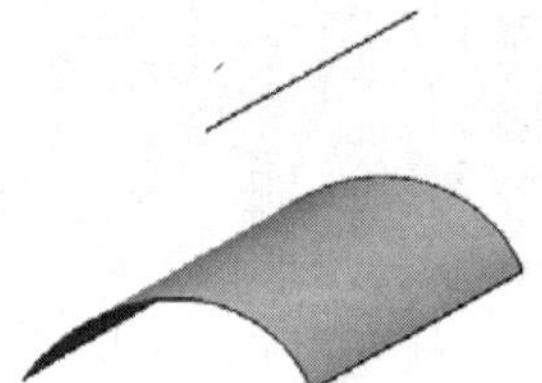

图 5-79　“截面曲面”对话框

图 5-80　通过“二次 Rho”方式创建的曲面

5.6　N 边曲面

通过“N 边曲面”命令可以使用不限数目的曲线或边建立一个曲面，并指定它与外部曲面的连续性，所用的曲线或边组成一个简单的、封闭的环。“N 边曲面”命令可用来移除曲面上非四边域的洞。“N 边曲面”命令的“形状控制”选项可用来修复中心点处的尖角，同时保持连续性约束。

5.6.1　“N 边曲面”命令

执行菜单中的“插入”→“网格曲面”→“N 边曲面”命令，或者单击“曲面”功能区“曲面”组中的“N 边曲面”图标，系统弹出如图 5-81 所示的“N 边曲面”对话框。

（1）类型：

1）已修剪：用于在封闭的边界上创建一张曲面，它覆盖被选定曲面封闭环内的整个区域。

2）三角形：用于在已经选择的封闭曲线串中创建一张由多个三角补片组成的曲面，其中的三角补片相交于一点。

（2）外环：用于选择一个轮廓以组成曲线或边的封闭环。

（3）约束面：用于选择外部表面来定义相切约束。

图 5-81 “N 边曲面”对话框

5.6.2 实例——创建 N 边曲面

01 打开文件 5-5.prt，进入建模模块，如图 5-82 所示。

02 执行菜单中的“插入”→“网格曲面”→“N 边曲面”命令，或者单击“曲面”功能区“曲面”组中的“N 边曲面”图标，系统弹出“N 边曲面”对话框。

03 在对话框中选择“已修剪”类型；在“设置”选项组中勾选“修剪到边界”复选框。

04 选择如图 5-83 所示的边界曲线为外环，选择曲面为约束面。

05 其余选项保持默认值，单击“应用”按钮，创建“修剪”类型的 N 边曲面，如图 5-84 所示。

06 删除上面创建的 N 边曲面。在“N 边曲面”对话框中选择“三角形”类型。

07 选择曲面上的曲线为外环。

08 选择曲面为约束面。

09 其余保持默认值，单击“应用”按钮，创建“三角形”类型的曲面，如图 5-85 所示。

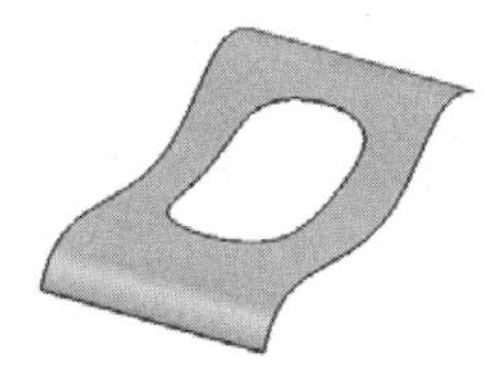

图 5-82 文件 5-5.prt

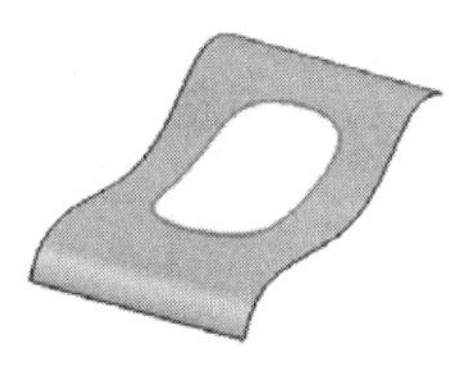

图 5-83 选择边界曲线

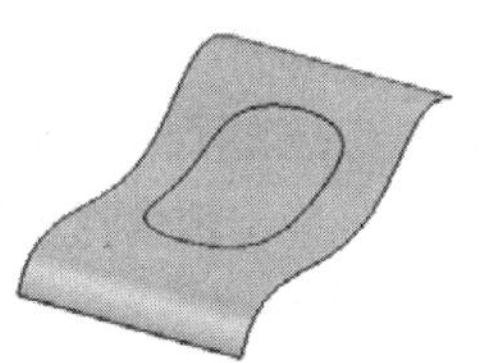

图 5-84 创建“修剪”类型的 N 边曲面

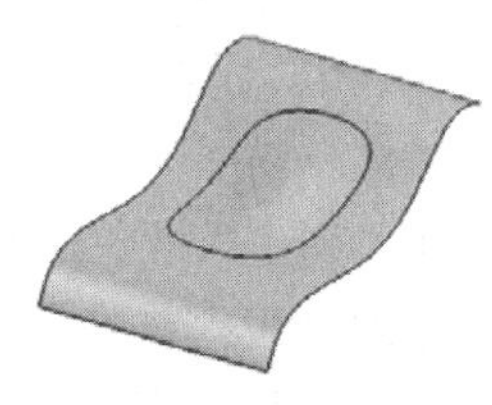

图 5-85 创建“三角形”类型的曲面

5.7 扫掠

通过“扫掠”创建体是使用轮廓曲线沿空间路径扫掠而成，其中扫掠路径称为引导线，轮廓曲线称为截面线。引导线和截面线的一般规律：一是截面线和引导线不一定是平面曲线；二是截面线和引导线可以是任意类型的曲线，但不可以使用点；三是截面线不一定要求与引导线相连接，但最好相连。

引导线最多选择3条。若只使用一条引导线，需要进一步控制截面线在沿引导线扫掠时的方位和尺寸大小的变化；若使用两条引导线，则截面线在沿引导线扫掠时的方向趋势完全确定。但其尺寸将会被缩放，以保证截面线与两条引导线始终接触。此时其方位是由两条引导线各对应点之间的连线方向来控制；三条引导线完全确定了截面线被扫掠时的方位和尺寸变化。因此无须另外指定方向和比例。

如果每一条引导线都形成封闭的回路，在选择截面线时可以重复选择第一组截面线作为最后一组截面线。

5.7.1 “扫掠”命令

执行菜单中的“插入”→“扫掠”→“扫掠”命令，或者单击“曲面”功能区“曲面”组中的“扫掠”图标，系统弹出如图5-86所示的“扫掠”对话框。对话框各选项功能如下。

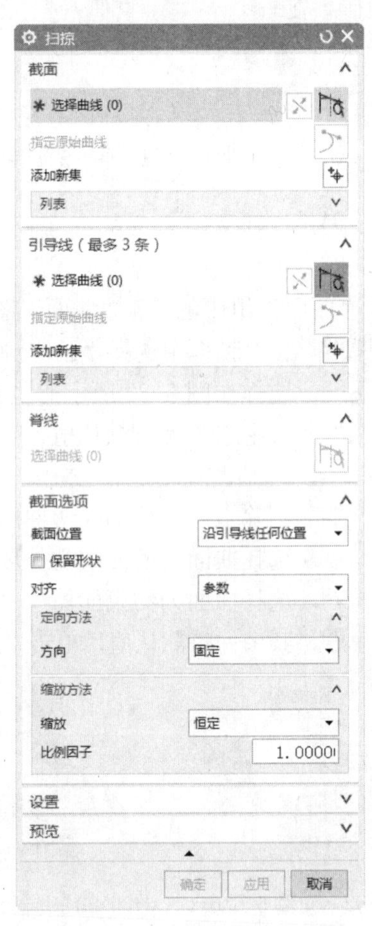

图5-86 “扫掠”对话框

1. 截面

截面线可以由单段或多段曲线组成。截面线可以是曲线，也可以是实（片）体的边或面。截面线的数量是1～150条。在扫掠特征中，截面线方位决定了V方向。

（1）选择曲线：单击该按钮选择截面线串。选择截面1后，“添加新集”被激活，单击鼠标中键，或者单击“添加新集”按钮，出现方向箭头，将进行下一个对象的选择。同理，按顺序依次选择其他截面线串，最后单击鼠标中键，完成截面线串的选择。

（2）列表：选择并确定的截面线串以列表的形式在“列表”框中显示出来。单击按钮，可以删除以存在于“列表”框中的截面线串，单击按钮；可以向上移动“列表”框中已经存在的截面线串，单击按钮，可以向下移动“列表”框中已经存在的截面线串。

2. 引导线

引导线控制了扫掠特征沿着V方向（扫描方向）的方位和尺寸大小的变化。注意，引导线可以由单段或多段曲线组成，组成每条引导线的所有曲线段之间必须相切过渡。引导线数量是 1～3 条。

（1）选择曲线：单击该按钮选择引导线串。选择引导线 1 后，“添加新集”被激活，单击鼠标中键，或者单击“添加新集”按钮，出现方向箭头，将进行下一个对象的选择。同理，按顺序依次选择其他引导线串，最后单击鼠标中键，完成引导线串的选择。

（2）列表：选择并确定的引导线串以列表的形式在“列表”框中显示出来。单击按钮可以删除已存在于“列表”框中的引导线串，单击按钮，可以向上移动“列表”框中已经存在的引导线串；单击按钮，可以向下移动“列表”框中已经存在的引导线串。

3. 脊线

脊线可以进一步控制截面线的扫掠方向。当使用一条截面线时，脊线会影响扫掠的长度。当脊线垂直于每条截面线时，使用效果更好。

使用“脊线”扫掠时，系统在脊线上每个点构造一个平面（称为截平面），此平面垂直于脊线在该点的切线（见图 5-87）；然后系统求出截平面与引导线的交点，这些交点用于产生控制方向和收缩比例的矢量轴。一般情况下不建议采用脊线，除非由于引导线的不均匀参数化而导致扫掠体形状不理想，才使用脊线。

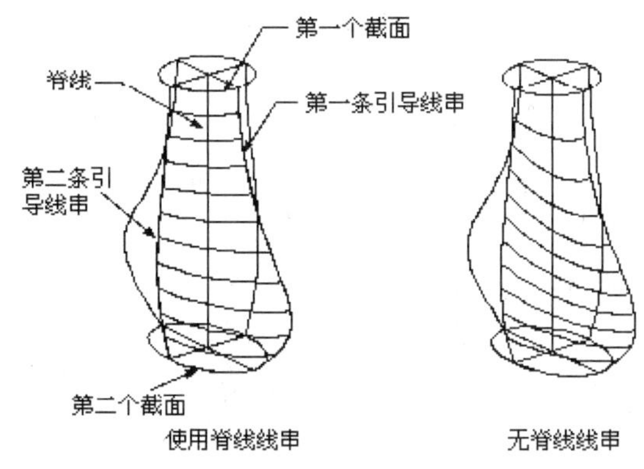

图 5-87 有无脊线线串比较

4. 截面选项

（1）定向方法：在构造扫掠特征时，若只使用一条引导线，需要进一步控制截面线在沿引导线扫掠时的方位。在“方向”下拉列表框中有 7 个选项。

1）固定：无须指明任何方向，截面线串保持固定的方位沿引导线串平移扫掠。

2）面的法向：截面线串沿引导线串扫掠时的第二个方向与所选择的面法向相同。

3）矢量方向：扫掠时截面线串变化的第二个方向与所选择的矢量方向相同，此矢量决不能与引导线串相切。

4）另一曲线：用另一条曲线或体边界来控制截面线串的方位。扫掠时截面线串变化的第二个方向由引导线串与另一条曲线各对应点之间的连线的方向来控制(好像用两条线做了一个直纹面)。

5）一个点：这个方法与“另一条曲线”相似，这时两条曲线之间的直纹面被引导线串与点之间的直纹面所替代。这个方法仅适用于创建三边扫掠体的情况，这时截面线串的一个端点

UG NX 12.0

占据一固定位置，另一个端点沿引导线串滑行。

6）强制方向：使用一个矢量方向来固定扫掠的第二个方向，截面线串在一系列平行平面内沿引导线串扫掠。该选项可以在小曲率的引导线串扫掠时防止相交。

7）角度规律：用于通过规律子函数来定义方位的控制规律。仅用于一个截面线串的扫掠。

（2）缩放方法：当创建扫掠特征使用一条引导线时，截面线在沿引导线扫掠时可以进行比例控制。缩放下拉列表框中有多个选项。

1）恒定：扫掠特征沿着整个引导线串采用一致的比例放大或缩小。截面线串首先相对于引导线串的起始点进行缩放，然后扫掠。

2）倒圆功能：先定义起始和终止截面线串的缩放比例，中间的缩放比例是按线性或三次函数变化规律来获得。

3）面积规律：该选项使用规律子功能控制扫掠体的截面面积的变化规律。截面线用于定义截面形状，截面线必须是封闭形状。

4）均匀：在横向和竖向两个方向缩放截面线串。当使用两条引导线时，其中的选项可用。

5.7.2 实例——通过选择截面线和引导线创建曲面

01 打开文件5-6.prt，进入建模模块，如图5-88所示。扫掠可以采用1条截面线串和2条引导线串来创建曲面，也可以采用2条截面线串和1条引导线串来创建曲面。

02 选择“扫掠”方式创建曲面。执行菜单中的“插入”→“扫掠”→“扫掠”命令，或者单击“曲面”功能区“曲面”组中的“扫掠”图标，系统弹出“扫掠”对话框。

03 先采用1条截面线串和2条引导线串来创建曲面。选择截面线串如图5-89所示，单击鼠标中键两次。

04 按照顺序依次进行引导线串的选择，同样在每条引导线串选择结束后要单击鼠标中键，或者单击“添加新集”按钮，才能进行下一条引导线串的选择，如图5-90所示。

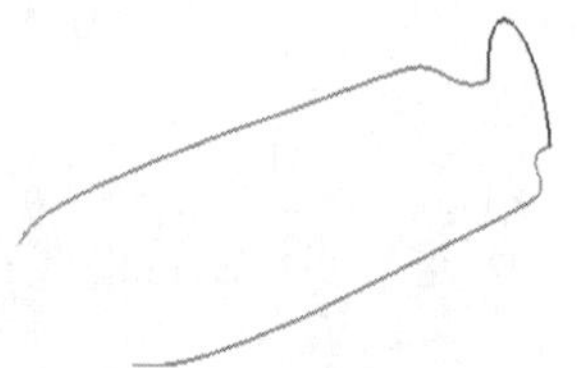

图5-88 文件5-6.prt

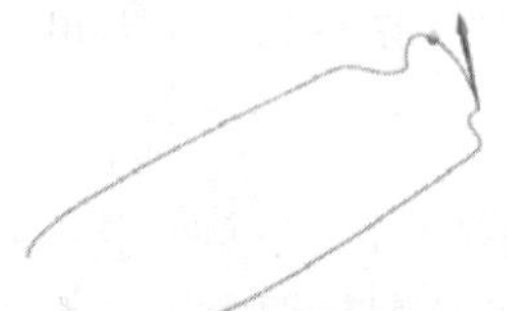

图5-89 选择截面线串

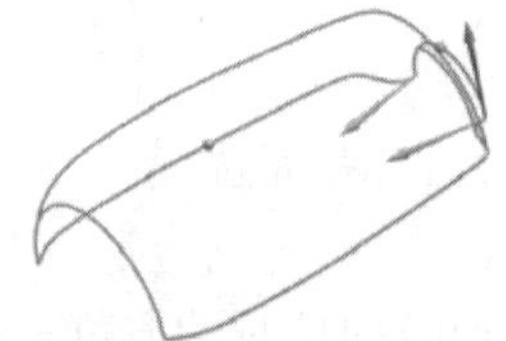

图5-90 选择引导线串

05 其余设置保留默认状态，单击“确定”按钮或鼠标中键，创建扫掠曲面1，如图5-91所示。

06 还可以采用2条截面线串和1条引导线串来创建曲面。将上面创建的曲面删除，调用“扫掠”命令。

07 重新选择截面线串和引导线串，如图5-92所示。

08 其余设置保留默认状态，单击“确定”按钮或鼠标中键，创建扫掠曲面2，如图5-93所示。

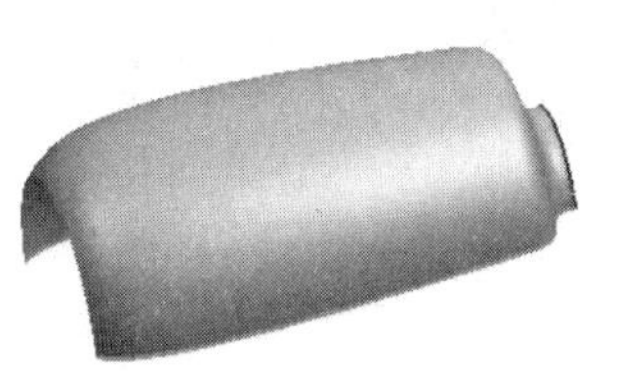

图 5-91　创建扫掠曲面 1

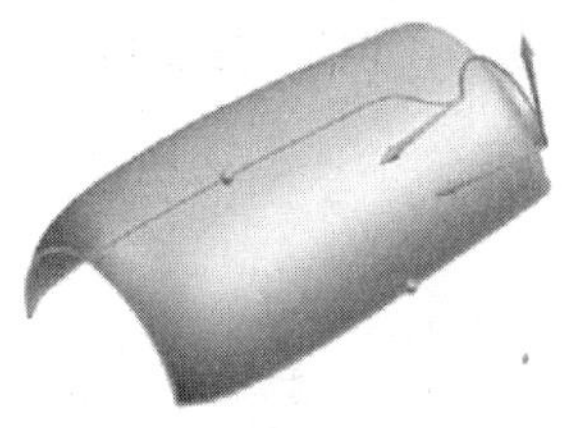

图 5-92　选择截面线串和引导线串

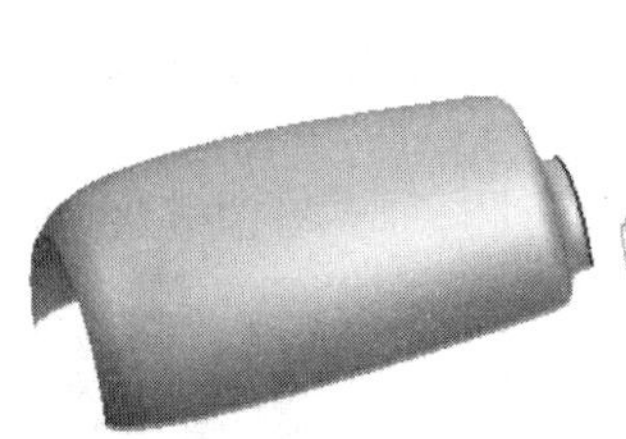

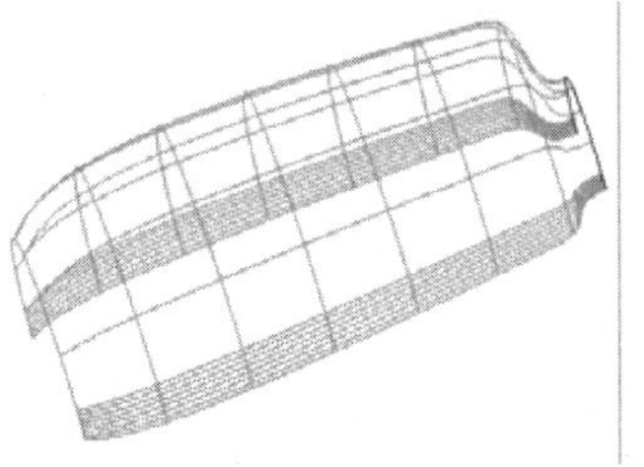

图 5-93　创建扫掠曲面 2

5.7.3　实例——通过选择脊线创建曲面

01 打开文件 5-7.prt，进入建模模块，如图 5-94 所示。

02 选择“扫掠”方式来创建曲面。执行菜单中的“插入”→“扫掠”→“扫掠”命令，或者单击“曲面”功能区“曲面”组中的“扫掠”图标，系统弹出“扫掠”对话框。

03 选择截面线串如图 5-95 所示，单击鼠标中键两次。

04 按照顺序开始依次进行引导线串的选择，同样在每条引导线串选择结束后要单击鼠标中键，或者单击“添加新集”按钮，才能进行下一条引导线串的选择，如图 5-96 所示。

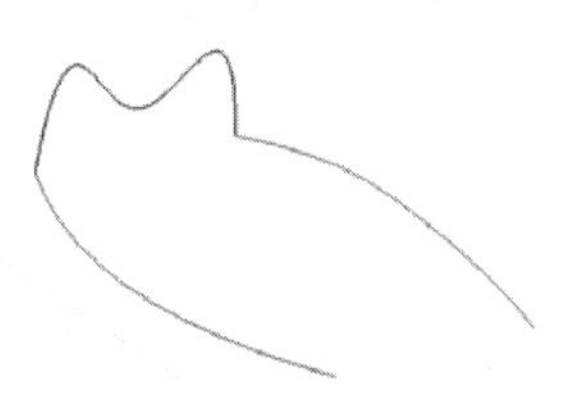

图 5-94　文件 5-7.prt

图 5-95　选择截面线串

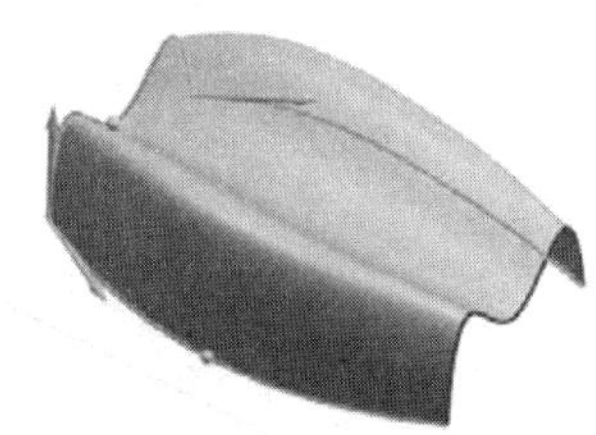

图 5-96　选择引导线串

05 其余设置保留默认状态，单击“确定”按钮或鼠标中键，创建扫掠曲面，如图 5-97 所示。其俯视图如图 5-98 所示。

06 采用“脊线”方式来创建曲面。将上面创建的曲面删除，调用“扫掠”命令。

07 重新选择截面线串和引导线串，选择结束后单击鼠标中键。

08 单击“脊线”中的“选择曲线”按钮，选择如图 5-99 所示的脊线。

09 其余设置保留默认状态，单击“确定”按钮或鼠标中键，采用“脊线”创建扫掠曲面，如图 5-100 所示。其俯视图如图 5-101 所示。可见，曲面的长度只有脊线那么长，如果想

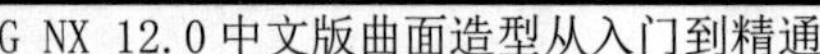

加大曲面长度，可以把脊线拉长，并且所有的截面都和脊线垂直。

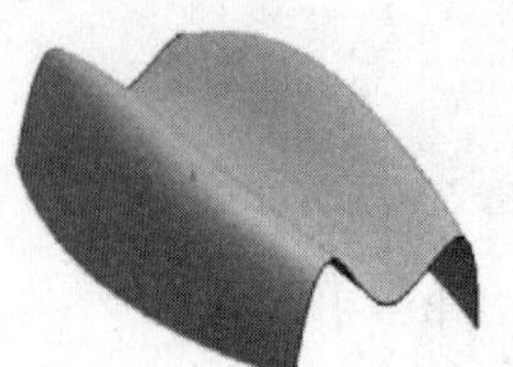
图5-97　创建扫掠曲面

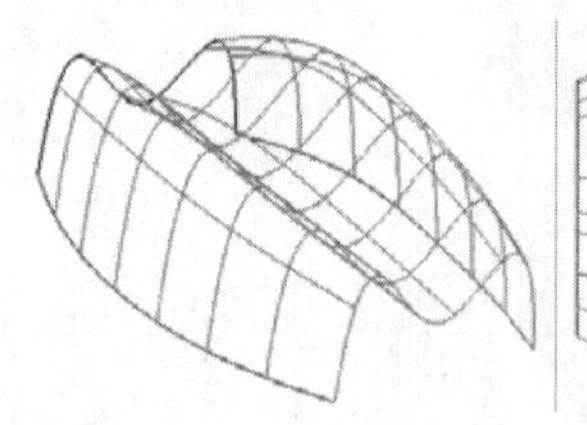
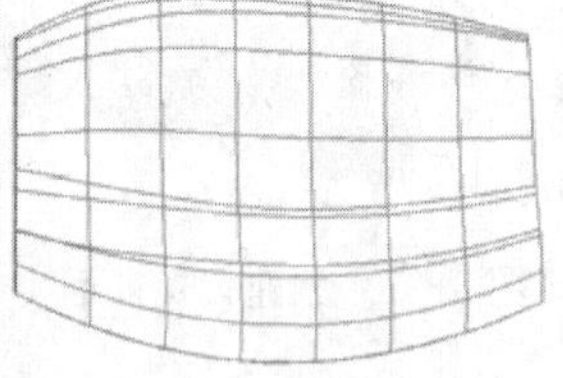
图5-98　“扫掠”创建的曲面俯视图

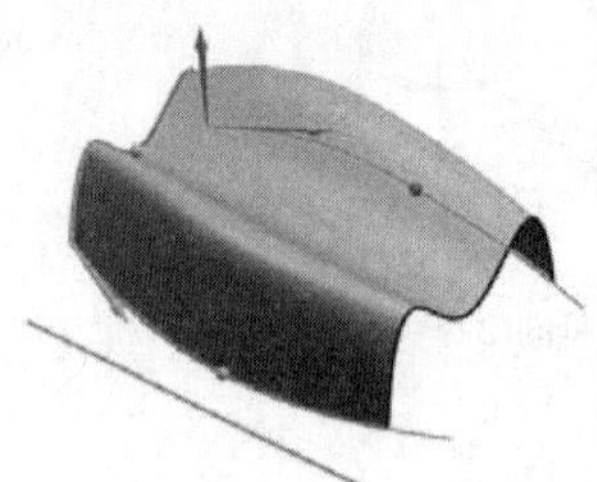
图5-99　选择脊线

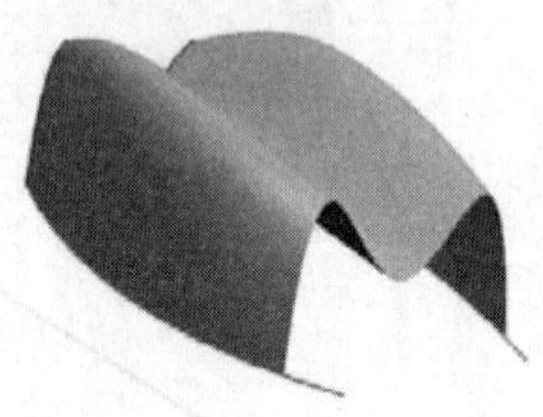
图5-100　采用“脊背”创建扫掠曲面

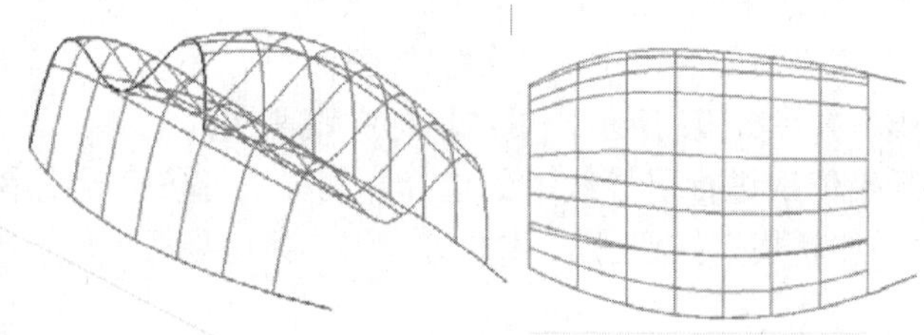
图5-101　采用“脊背”创建的曲面俯视图

5.8 样式扫掠

通过“样式扫掠”，可以从一组曲线创建一个精确的、光滑的 A 类曲面。“样式扫掠”内置了多种扫掠方式，可以选择不同的扫掠方式来创建扫掠曲面。

5.8.1　样式扫掠命令

执行菜单中的“插入”→“扫掠”→“样式扫掠”命令，或者单击“曲面”功能区“曲面”组中的“样式扫掠”图标，系统弹出如图5-102所示“样式扫掠”对话框。对话框部分选项的功能如下。

1. 类型

（1）1 条引导线串：在创建样式扫掠的过程中的自由程度最大，需要进行多个形状控制变量的设置。

（2）1 条引导线串，1 条接触线串：选择一组引导线串和一组接触线串，提供了新的样式扫掠方式。

（3）1 条引导线串，1 条方位线串：需要在提供一组引导线串的同时，还需要提供一组方向来创建样式扫掠面。

（4）2 条引导线串：需要提供两组引导线串来创建样式扫掠面。

2. 扫掠属性

（1）固定线串：包括“引导”“截面”和“引导线和截面”三个选项。选择固定线串“截面”和“引导线和截面”两个选项，表明在创建样式扫掠过程中固定的曲线。

（2）截面方向：用于设置截面和引导线之间的相互关系，可以选择的选项包括：“平移”“保持角度”“设为垂直”及“用户定义”方式。在这几个选项中，选择不同选项将会显示不同的附加选项。

1）平移：选择该选项，系统将根据剖面曲线进行移动扫描。

2）保持角度：当选择此选项时，如果选择“至引导线”参考，勾选“指定铰链失量”复选框，可以在“向量”下拉列表框中选择一种向量定义方式；如果选择“至脊曲线”参考，单击“选择曲线”按钮，可以选择参考的脊线线串，如果选择“至脊线矢量”参考，则在“向量”下拉列表框选择一种向量定义方式。

图 5-102　“样式扫掠”对话框

3）设为垂直：同“保持角度”选项的附加选项一致，设置方式也相同。

4）用户定义：同样会出现如上述两种选项的附加选项，但还会出现“显示备选解法”按钮。单击该按钮后，可以选择其他替代的方案。

3. 形状控制

（1）枢轴点位置：当选择该选项时，可以通过滑块位置，或者直接通过文本框输入数据，来设置该控制点位于样式扫掠曲面的位置，如图 5-103 所示。

（2）旋转：选择该选项，出现旋转“角度”和“位置百分比”滑块控件，用于设置参数数值，如图 5-104 所示。

（3）缩放：选择该选项，在此时的“形状控制”选项组中，可以通过拖动滑块设置“比例”变化的“值”和“深度”及缩放“位置百分比”，如图 5-105 所示。

（4）部分扫掠：选择该选项，通过属性滑块控制创建的“部分扫掠”面的位置，包括 U 向的起点和终点位置，以及 V 向的起点和终点位置，如图 5-106 所示。

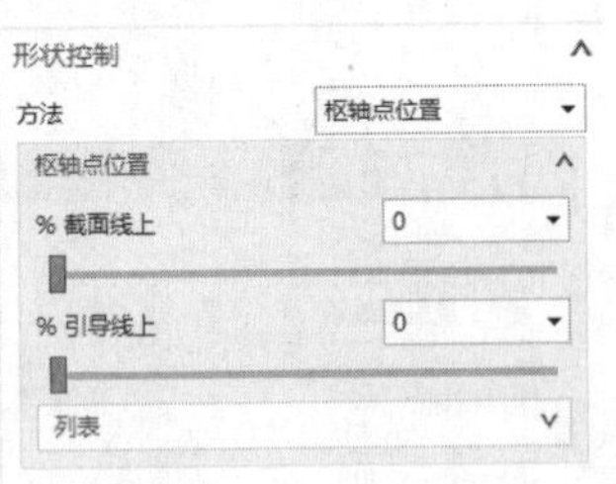

图 5-103　选择“枢轴点位置”选项

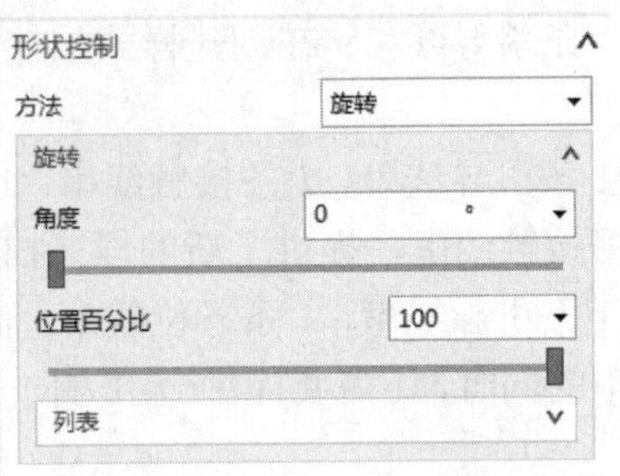

图 5-104　选择“旋转”选项

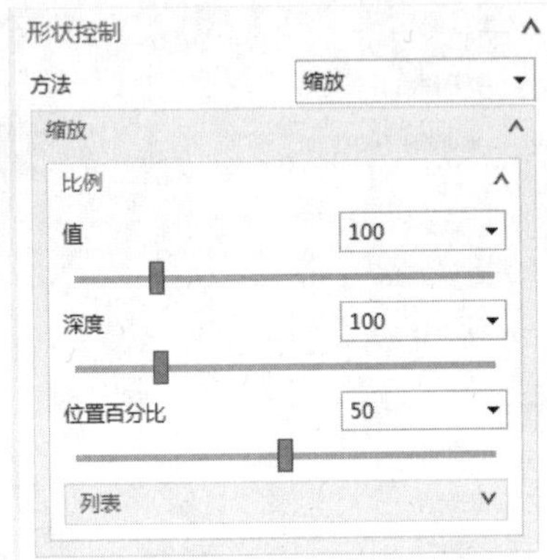

图 5-105　选择“缩放”选项

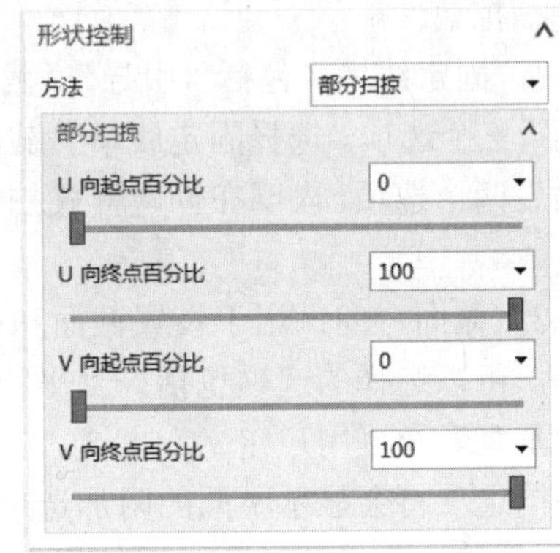

图 5-106　选择“部分扫掠”选项

5.8.2 实例——创建样式扫掠

01 打开文件 5-8.prt，进入建模模块，如图 5-107 所示。

02 执行菜单中的“插入”→“扫掠”→“样式扫掠”命令，或者单击“曲面”功能区“曲面”组中的“样式扫掠”图标，系统弹出“样式扫掠”对话框。

03 在扫掠“类型”中选择引导线数目为“2 条引导线串”。

04 在工作区中选择如图 5-108 所示的截面曲线，每条截面曲线选择结束后要单击鼠标中键。

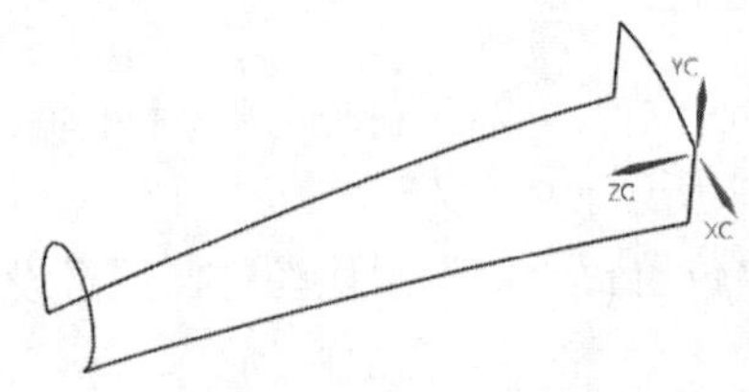

图 5-107　文件 5-8.prt

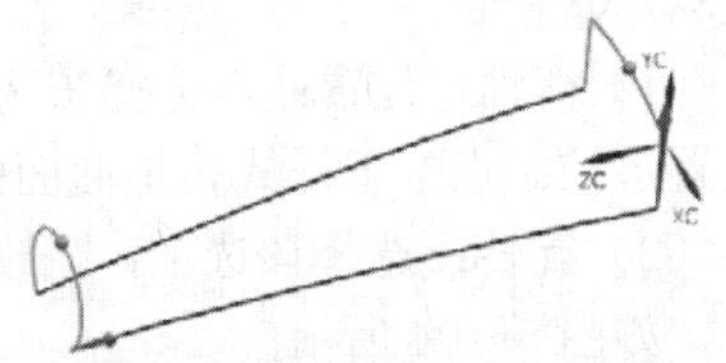

图 5-108　选择截面曲线

05 按照顺序依次进行引导曲线的选择。同样，每条引导曲线选择结束后要单击鼠标中键，如图 5-109 所示。

06 在“扫掠属性”中设置扫掠曲面的“过渡控制”“固定线串”“截面方向”及“参考”等属性，如图 5-110 所示。

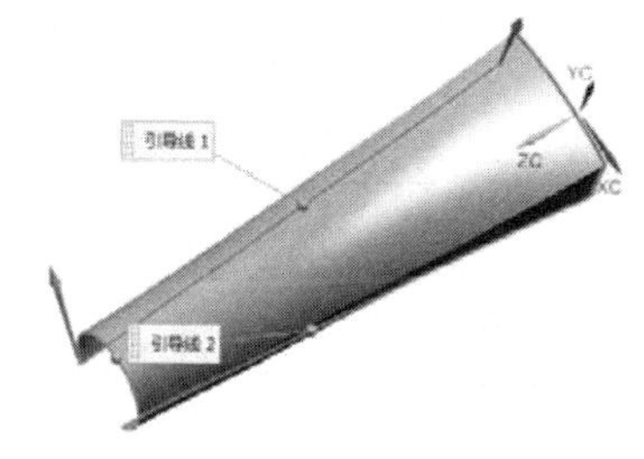

图 5-109　选择引导曲线

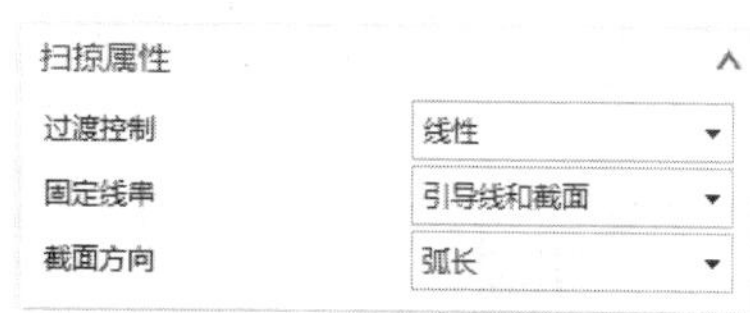

图 5-110　“扫掠属性”设置

07 其余设置保持默认状态，单击“确定”按钮或鼠标中键，创建样式扫掠曲面，如图 5-111 所示。

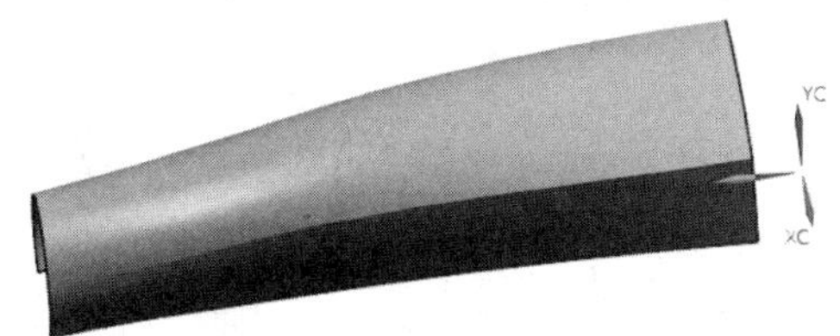

图 5-111　创建样式扫掠曲面

5.9 综合实例

运用 UG 来创建产品，一般都会根据产品的外形要求，首先建立用于创建曲面的边界曲线，或者根据实样测量的数据点创建曲线；然后使用 UG 提供的各种曲面构造方法创建曲面。一般来讲，对于简单曲面，可以一次完成建模。而实际产品的形状往往比较复杂，一般都难于一次完成。对于复杂的曲面，首先应该采用曲线构造方法创建主要或大面积的片体，然后通过曲面的过渡连接、光顺处理及曲面的编辑等方法完成整体造型。

本节将结合几个基本曲面创建的实例，通过对上述基本曲面创建的综合应用，使读者掌握简单曲面的创建方法。

5.9.1　风扇

风扇的创建流程如图 5-112 所示。

具体操作步骤如下：

01 创建一个新文件。执行菜单中的“文件”→“新建”命令，或者单击“主页”功能区“标准”组中的“新建”图标，弹出“新建”对话框。“单位”设置为“毫米”，在“模板”中单击“模型”选项，在“新文件名”的“名称”中输入文件名“fengshan”；然后在“新文

件名”的“文件夹”中选择文件保存的位置，如图5-113所示。完成后单击“确定”按钮，进入建模模块。

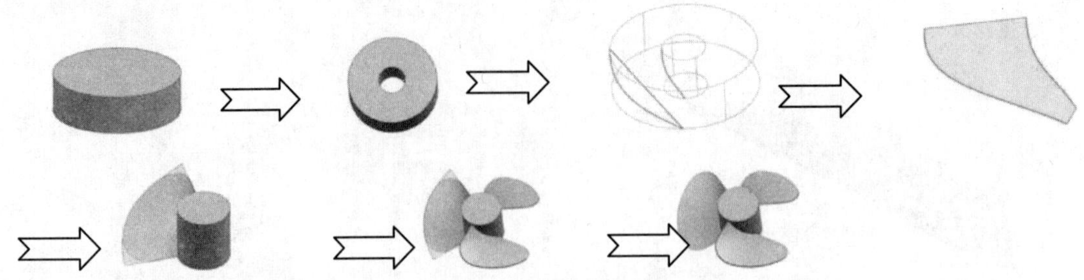

图5-112 风扇的创建流程

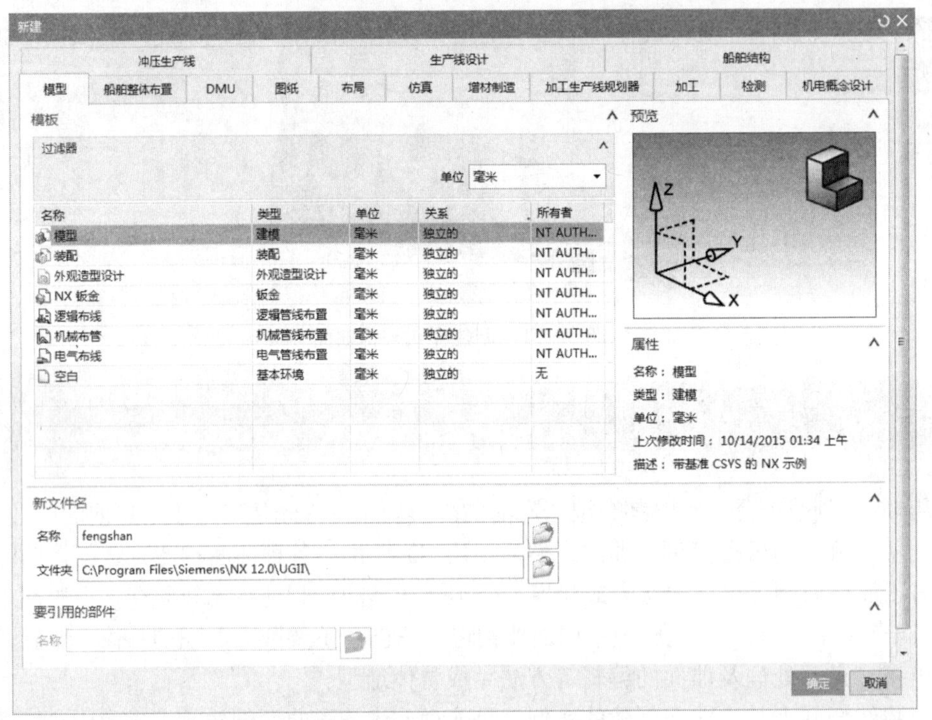

图5-113 “新建”对话框

02 创建圆柱体。执行菜单中的“插入”→“设计特征”→“圆柱”命令，系统弹出如图5-114所示的“圆柱”对话框。选择“轴、直径和高度”类型，在“指定矢量”下拉列表框中选择轴，单击“确定”按钮。单击“指定点”中的按钮，弹出“点”对话框，选择默认的点坐标（0，0，0）作为圆柱体的圆心坐标，单击“确定”按钮。在“圆柱”对话框中设置直径和高度为400、120。单击“确定”按钮，创建圆柱体，如图5-115所示。

03 创建孔。执行菜单中的“插入”→“设计特征”→“孔”命令，或者单击“主页”功能区“特征”组中的“孔”图标，系统弹出如图5-116所示的“孔”对话框。“类型”选择“常规孔”，捕捉圆柱体上表面的圆弧中心为孔位置，设置“直径”为120，深度为120，如

图 5-116 所示，创建的模型如图 5-117 所示。

图 5-114　“圆柱”对话框

图 5-115　创建圆柱体

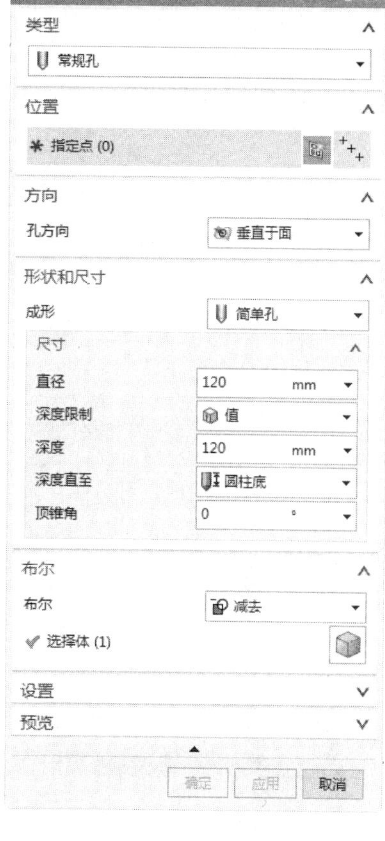

图 5-116　“孔”对话框

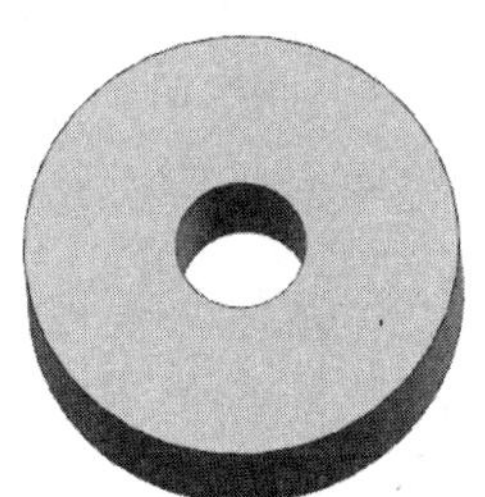

图 5-117　创建的模型

04 创建叶片。

❶创建直线。执行菜单中的“插入”→“曲线”→“直线”命令，或者单击“曲线”功能区“曲线”组中的“直线”图标，打开如图 5-118 所示的“直线”对话框。选择“选择条”中的“象限点”图标，选择圆柱体上表面边缘曲线的象限点作为直线起点，如图 5-119 所示，选择圆柱体下表面边缘曲线的象限点作为直线终点，单击“确定”按钮，创建如图 5-120 所示的直线。

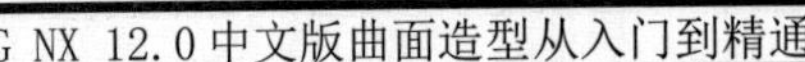

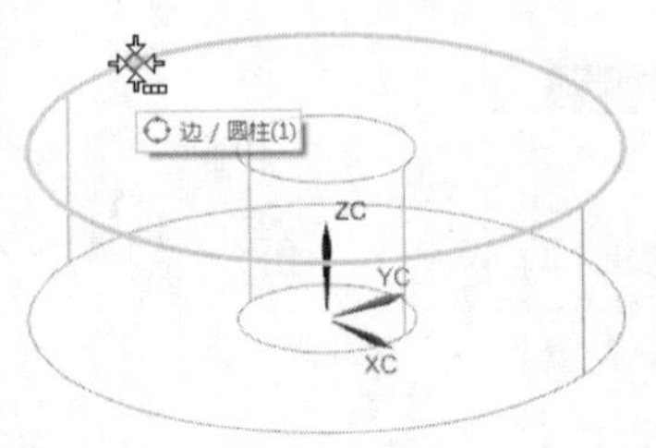

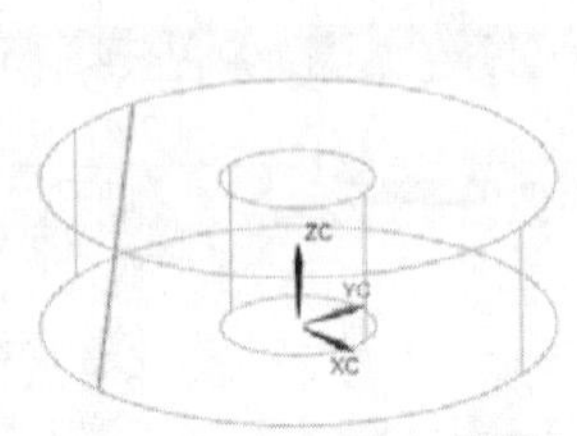

图 5-118 “直线”对话框　　图 5-119 选择直线的第一点　　图 5-120 创建直线

❷投影。执行菜单中的“插入”→“派生曲线”→“投影”命令，或者单击“曲线”功能区“派生曲线”组中“投影曲线”图标，系统弹出如图 5-121 所示的“投影曲线”对话框。首先选择要投影的曲线（见图 5-122），连续单击鼠标中键两次，进入要“投影”对象的选择。选择圆柱实体表面作为第一个要投影的对象（见图 5-123），选择圆柱孔的表面作为第二个要投影的对象（见图 5-124），单击“确定”按钮，创建如图 5-125 所示的两条投影曲线。

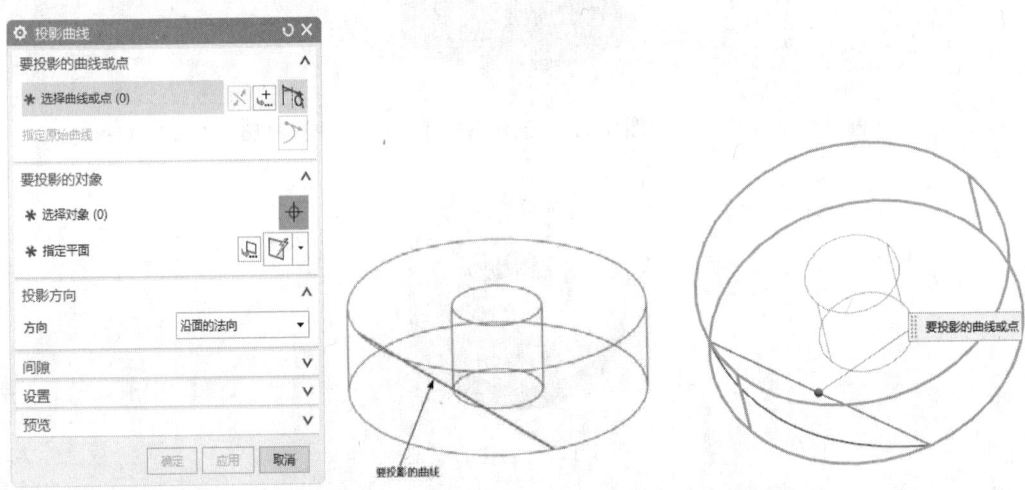

图 5-121 “投影曲线”对话框　　图 5-122 选择要投影的曲线　　图 5-123 选择第一个要投影的对象

❸隐藏实体和直线。执行菜单中的“编辑”→“显示和隐藏”→“隐藏”命令，或者按 Ctrl+B 键，系统弹出如图 5-126 所示的“类选择”对话框。选择实体和直线作为要隐藏的对象，如图 5-127 所示，单击“确定”按钮后如图 5-128 所示。

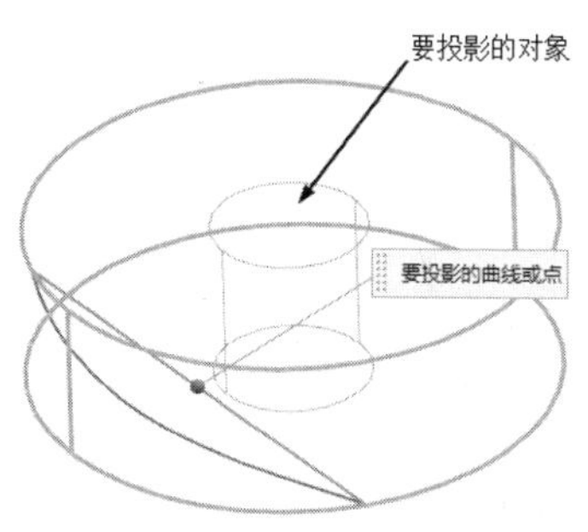

图 5-124　选择第二个要投影的对象

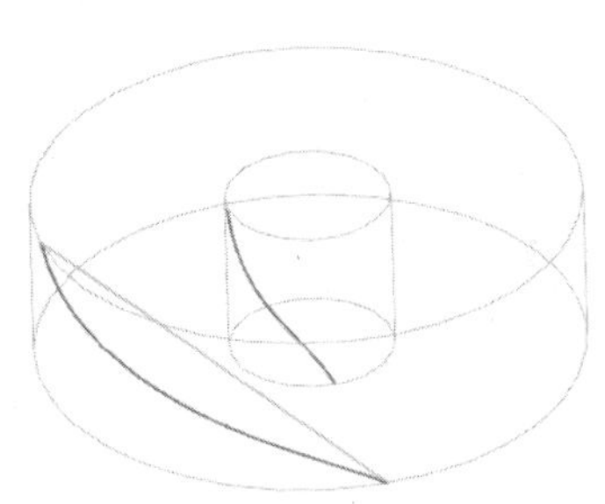

图 5-125　创建投影曲线

图 5-126　“类选择”对话框

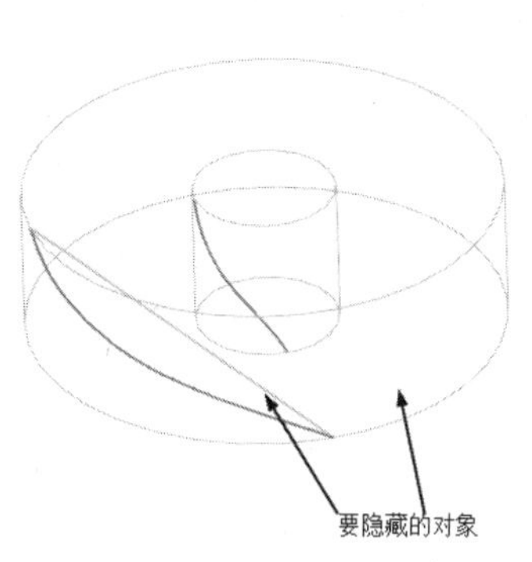

图 5-127　选择要隐藏的对象

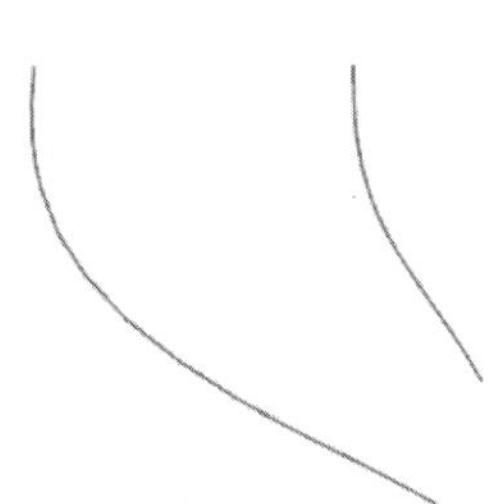

图 5-128　显示曲线

❹创建直纹面。执行菜单中的“插入”→“网格曲面”→“直纹”命令，或者单击“曲面”功能区“曲面”组中 “直纹”图标，系统弹出如图 5-129 所示的“直纹”对话框。选择截面线串 1 和截面线串 2，每条截面线串选择结束单击鼠标中键，如图 5-130 所示。在“对齐”下拉列表框中选择“参数”选项，单击“确定”按钮，创建如图 5-131 所示的直纹面。

❺加厚曲面。执行菜单中的“插入”→“偏置/缩放”→“加厚”命令，或者单击“曲面”功能区“曲面操作”组中的“加厚”图标，系统弹出如图 5-132 所示的“加厚”对话框。“偏置 1”和“偏置 2”分别为 2 和−2，单击“确定”按钮，创建如图 5-133 所示的加厚体。

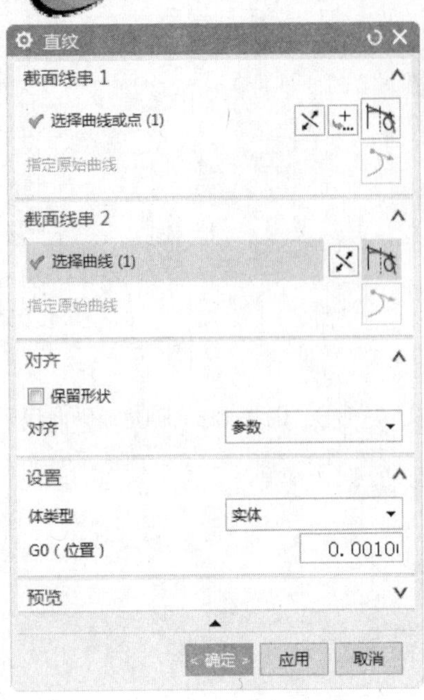

图 5-129　“直纹”对话框

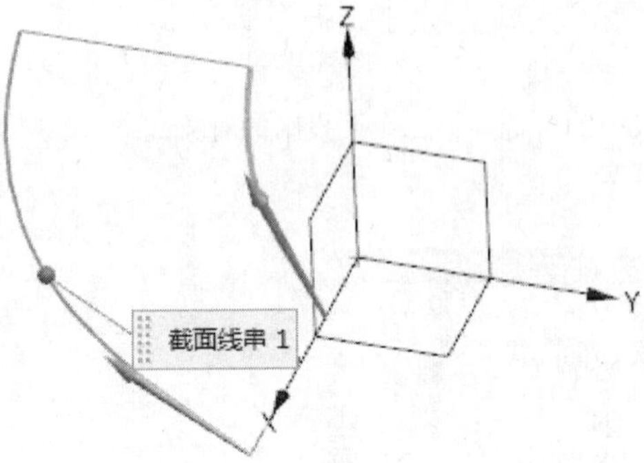

截面线串 1

图 5-130　选择的截面线串

图 5-131　创建直纹面　　图 5-132　“加厚”对话框　　图 5-133　创建加厚体

❻边倒圆。执行菜单中的“插入”→“细节特征”→“边倒圆”命令，或者单击“主页”功能区“特征”组中的“边倒圆”图标，系统弹出如图 5-134 所示的“边倒圆”对话框，选择边倒圆边 1 和边倒圆边 2，如图 5-135 所示，边倒圆“半径 1”设置为 60，单击“确定”按钮，创建如图 5-136 所示的边倒圆。

05 创建圆柱体。执行菜单中的“插入”→“设计特征”→“圆柱”命令，系统弹出如图 5-137 所示的“圆柱”对话框。选择“轴、直径和高度”类型，单击“指定矢量”选项中的按钮，弹出“矢量”对话框。选择 ZC↑，单击“确定”按钮。单击“指定点”中的按钮，弹出“点”对话框设置点坐标（0，0，−3）作为圆柱体的圆心坐标，单击“确定”按钮。在“圆柱”对话框中设置“直径”和“高度”为 132、132。单击“确定”按钮，创建圆柱体，如图 5-138 所示。

图 5-134　“边倒圆”对话框

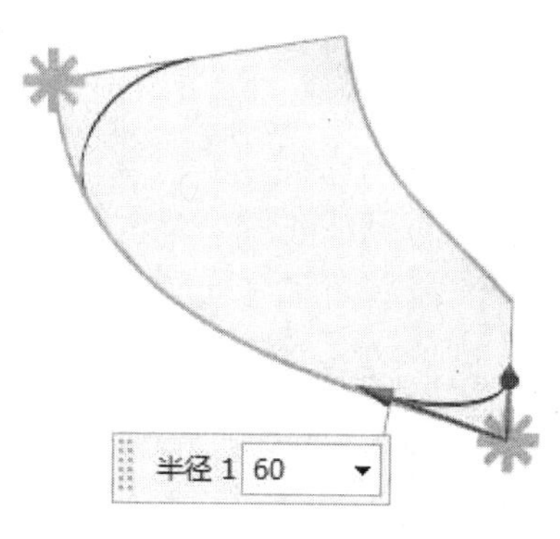

图 5-135　选择边倒圆的边

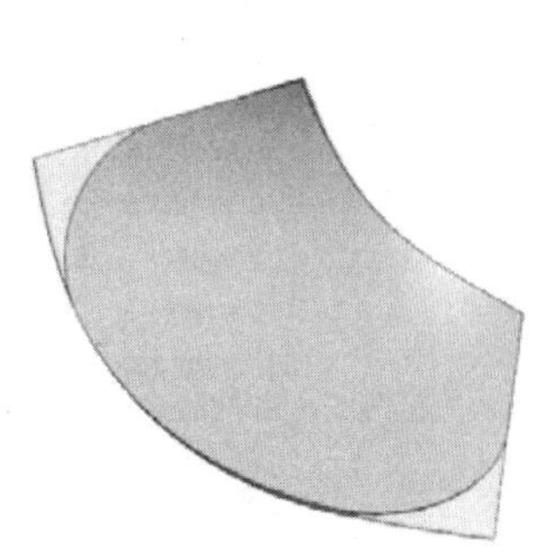

图 5-136 创建边倒圆

图 5-137　“圆柱”对话框

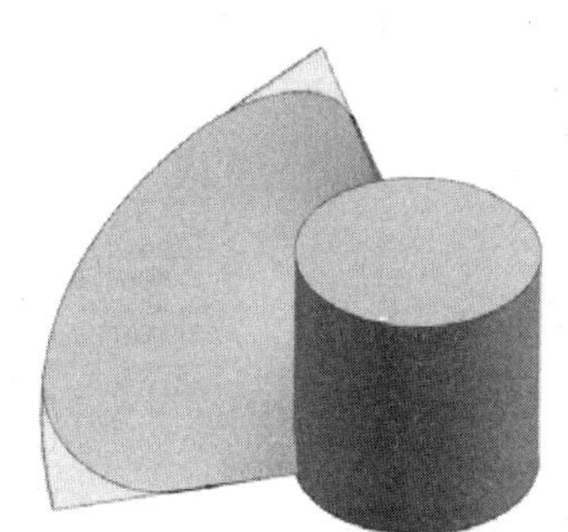

图 5-138　创建圆柱体

06 创建其余叶片。执行菜单中的“编辑”→“移动对象”命令，系统弹出“移动对象”对话框，如图 5-139 所示。选择扇叶为移动对象，如图 5-140 所示。在“运动”下拉列表框中选择“角度”选项，“指定矢量”为 ZC 轴，单击“指定轴点”按钮，系统弹出“点”对话框，如图 5-141 所示。保持默认的点坐标（0，0，0）。在“移动对象”对话框的“角度”文本框中输入 120。选择“复制原先的”选项，设置“非关联副本数”为 2。单击“确定”按钮，移动

对象后的效果如图 5-142 所示。

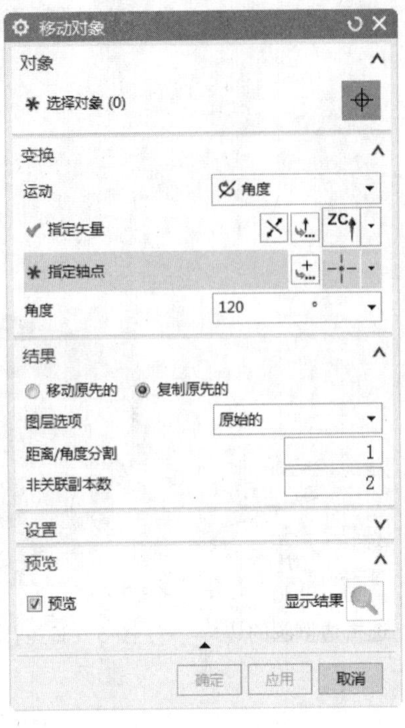

图 5-139 “移动对象”对话框

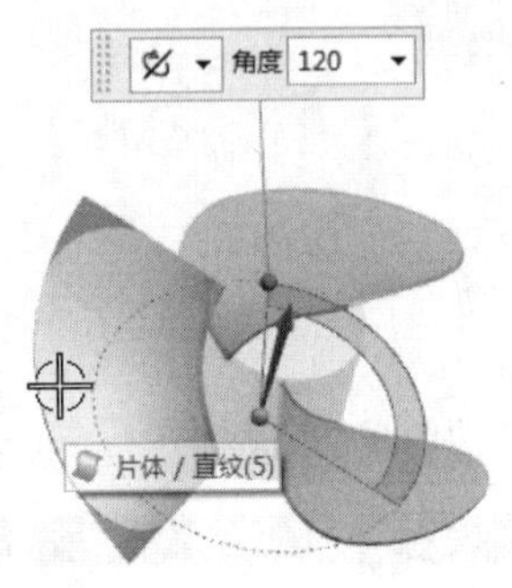

图 5-140 选择移动对象

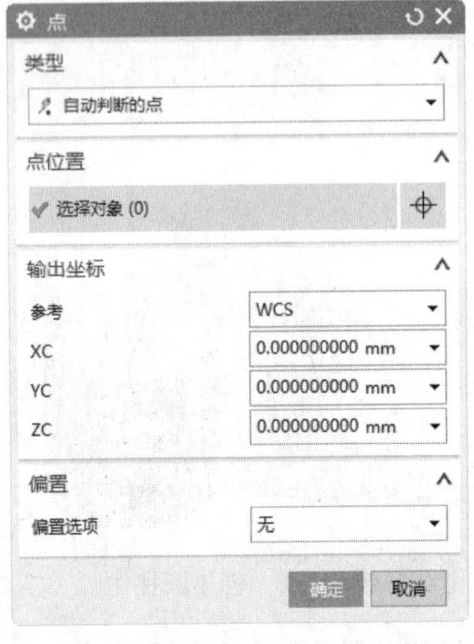

图 5-141 “点”对话框

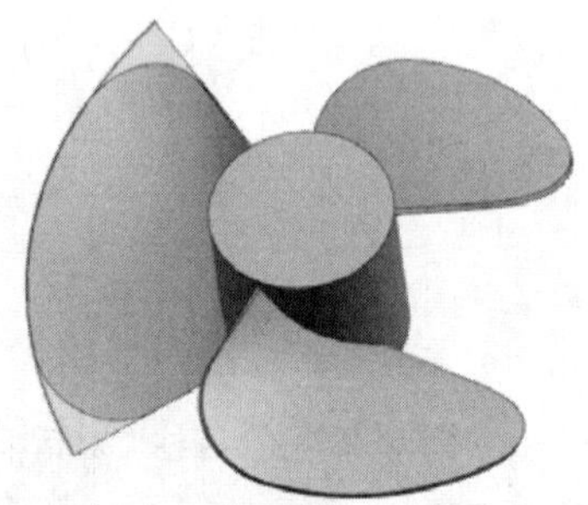

图 5-142 移动对象后的效果

07 创建组合体。执行菜单中“插入”→“组合”→“合并”命令，或者单击“主页”功能区“特征”组中的“合并”图标，系统弹出“合并”对话框如图 5-143 所示。选择圆柱体为目标体，如图 5-144 所示。选择 3 个叶片为工具体，如图 5-145 所示。单击“确定”按钮，创建合并体。

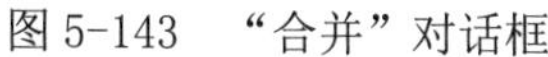

图 5-143　“合并”对话框

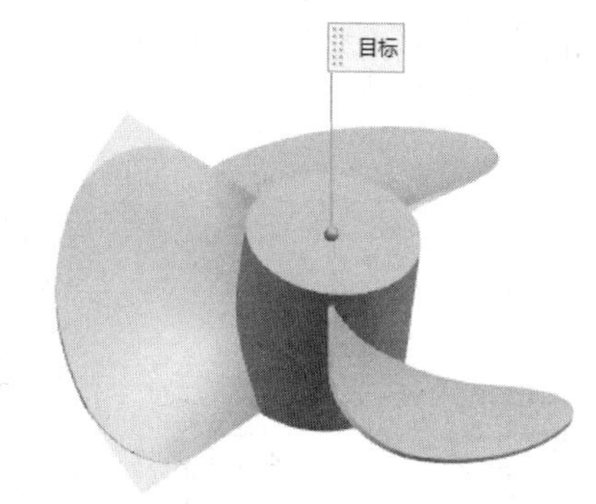

图 5-144　选择目标体

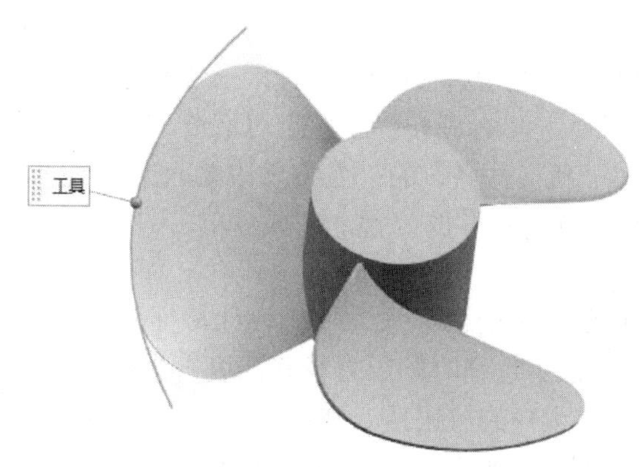

图 5-145　选择工具体

08 隐藏曲面和曲线。执行菜单中的“编辑”→“显示和隐藏”→“隐藏”命令，系统弹出“类选择”对话框。单击“类型过滤器”按钮，系统弹出“按类型选择”对话框，如图 5-146 所示，选择“片体”和“曲线”选项，单击“确定”按钮，返回到“类选择”对话框，单击“全选”按钮。单击“确定”按钮，创建的最终模型如图 5-147 所示。

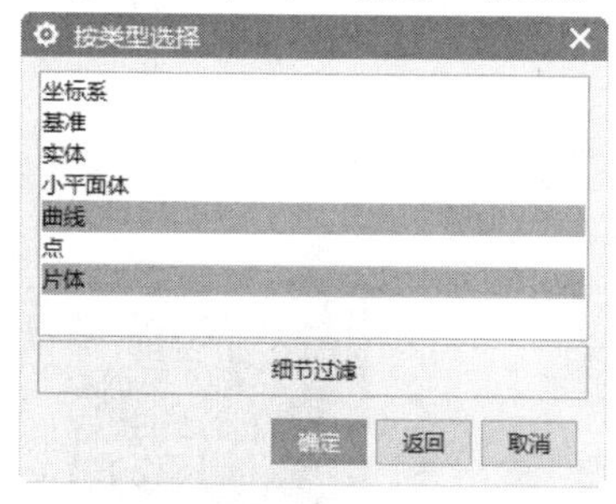

图 5-146　“按类型选择”对话框

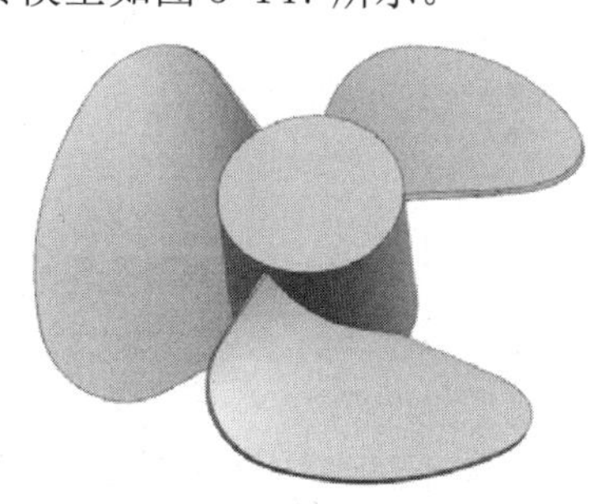

图 5-147　最终模型

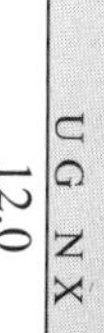

5.9.2　节能灯泡

节能灯泡的创建流程如图 5-148 所示。

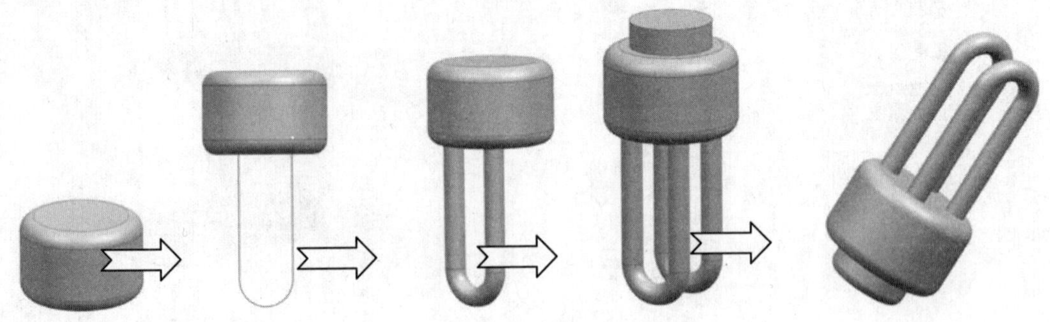

图 5-148　节能灯泡的创建流程

具体操作步骤如下：

01 创建一个新文件。执行菜单中的“文件”→“新建”命令，或者单击“主页”功能区“标准”组中的“新建”图标，弹出“新建”对话框。“单位”设置为“毫米”，在“模板”中单击“模型”选项，在“新文件名”的“名称”中输入文件名“dengpao”，然后在“新文件名”的“文件夹”中选择文件保存的位置，完成后单击“确定”按钮，进入建模模块。

02 创建灯座。

❶创建圆柱体。执行菜单中的“插入”→“设计特征”→“圆柱”命令，系统弹出如图 5-149 所示的“圆柱”对话框。选择“轴、直径和高度”类型，在“指定矢量”下拉列表框中选择 ZC 轴，单击“指定点”中的按钮，弹出“点”对话框，选择默认的点坐标（0，0，0）作为圆柱体的圆心坐标，单击“确定”按钮。在“圆柱”对话框中设置“直径”和“高度”为 62、40。单击“确定”按钮，创建圆柱体 1，如图 5-150 所示。

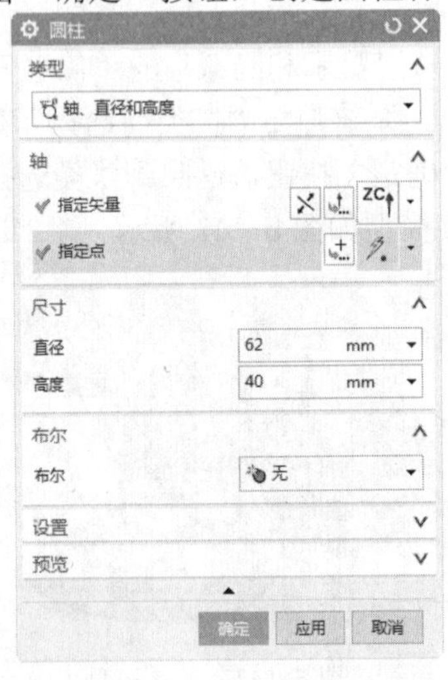

图 5-149　“圆柱”对话框

图 5-150　创建圆柱体 1

❷圆柱体边倒圆。执行菜单中的“插入”→“细节特征”→“边倒圆”命令，或者单击“主页”功能区“特征”组中的“边倒圆”图标，系统弹出如图 5-151 所示的“边倒圆”对话框，选择边倒圆的边 1 和倒圆角边 2 如图 5-152 所示，边倒圆的“半径 1”设置为 7，单击“确定”按钮，创建如图 5-153 所示的边倒圆。

图 5-151　“边倒圆”对话框

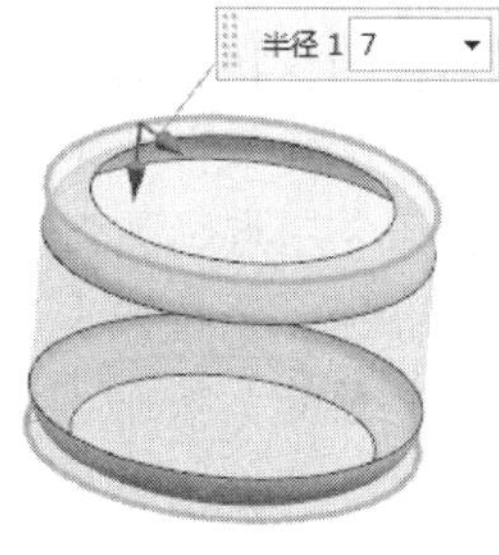

图 5-152　选择边 1 和边 2

图 5-153　创建边倒圆

03 创建灯管。

❶创建直线。将视图转换为右视图。执行菜单中的“插入”→“曲线”→“直线”命令，或者单击“曲线”功能区“曲线”组中的“直线”图标，系统弹出如图 5-154 所示的“直线”对话框。单击“开始”中的“选择对象”按钮，系统弹出“点”对话框。设置起点坐标为（13，-13，0），单击“确定”按钮，点“参考”设置为 WCS，结果如图 5-155 所示。单击“结束”中的“选择对象”按钮，系统弹出“点”对话框。设置终点坐标为（13，-13，-60），单击“确定”按钮，点“参考”设置为 WCS。在“直线”对话框中单击“确定”按钮，创建直线 1，如图 5-156 所示。

图 5-154　“直线”对话框

图 5-155　设置起点

使用同样的方法创建另一条直线。设置起点坐标为（13，13，0），终点坐标为（13，13，-60），创建直线 2，如图 5-157 所示。

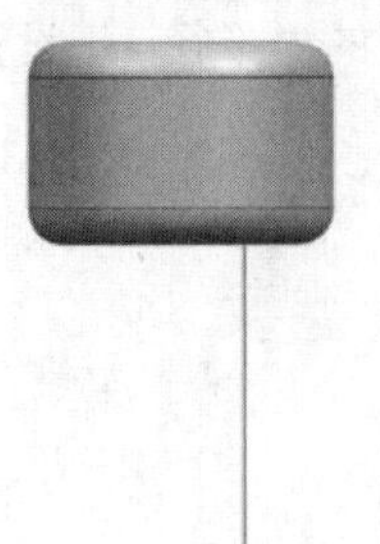

图 5-156　创建直线 1

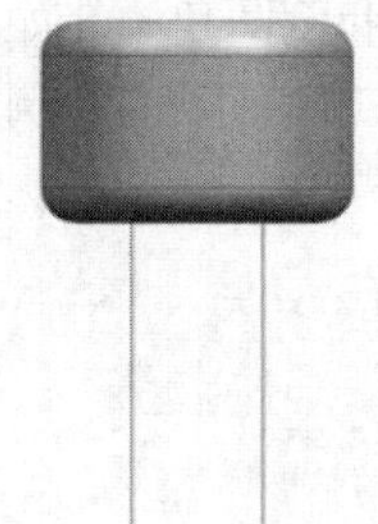

图 5-157　创建直线 2

❷创建圆弧。将视图转换为右视图。执行菜单中的“插入”→“曲线”→“圆弧/圆”命令，或者单击“曲线”功能区“曲线”组中的“圆弧/圆”图标，系统弹出如图 5-158 所示的“圆弧/圆”对话框。“类型”选择“三点画圆弧”，单击两条直线的两个端点，作为圆弧的起点和端点，单击“中点”中的按钮，系统弹出“点”对话框。设置中点坐标为（13，0，-73），点“参考”设置为 WCS，单击“确定”按钮。在“圆弧/圆”对话框中单击“确定”按钮，创建圆弧，如图 5-159 所示。

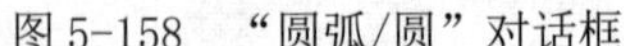

图 5-158　“圆弧/圆”对话框

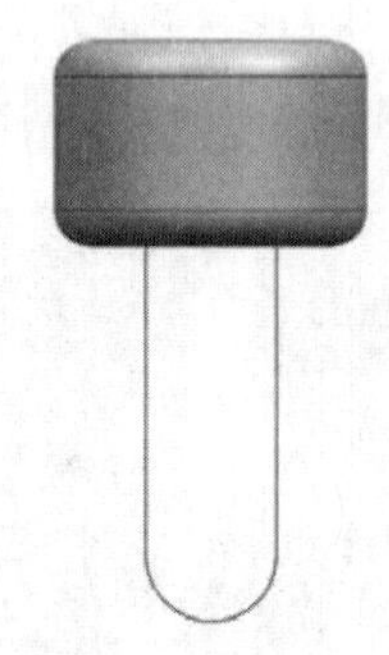

图 5-159　创建圆弧

❸创建圆。执行菜单中的“插入”→“曲线”→“圆弧/圆”命令，或者单击“曲线”功能区“曲线”组中的“圆弧/圆”图标，弹出“圆弧/圆”对话框。在“限制”选项组中勾选

“整圆”复选框，在“类型”下拉列表框中选择“从中心开始的圆弧/圆”类型，在“中心点”选项组中，单击“点对话框”按钮，系统弹出“点”对话框。设置中心点坐标为（13，-13，0），单击“确定”按钮。在“终点选项”下拉列表框中选择“半径”，在“大小”选项组“半径”文本框输入 5，按 Enter 键，单击“确定”按钮，创建圆，如图 5-160 所示。

❹扫掠。执行菜单中的“插入”→“扫掠”→“扫掠”命令，或者单击“曲面”功能区“曲面”组中“扫掠”图标，系统弹出如图 5-161 所示的“扫掠”对话框。截面选择上步的圆，如图 5-162 所示；选择引导线，如图 5-163 所示。在“扫掠”对话框中单击“确定”按钮，创建灯管，如图 5-164 所示。

图 5-160　创建圆

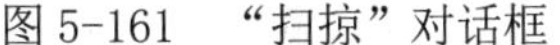
图 5-161　“扫掠”对话框

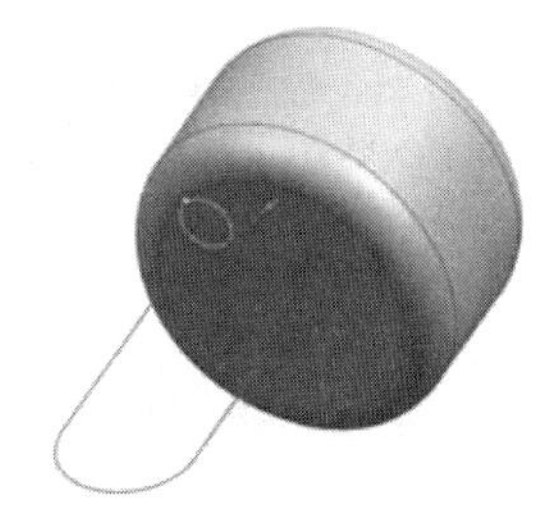
图 5-162　选择截面曲线

❺创建另一个灯管。执行菜单中的“编辑”→“移动对象”命令，系统弹出“移动对象”对话框如图 5-165 所示。选择灯管为移动对象，在“运动”下拉列表框中选择“点到点”，单击“指定出发点”按钮，弹出“点”对话框，设置点坐标（13，-13，0）；单击“指定目标点”按钮，弹出“点”对话框，设置点坐标（-13，-13，0）。选择“复制原先的”选项，在“非关联副本数”文本框中输入 1，单击“确定”按钮，移动灯管到如图 5-166 所示的位置。

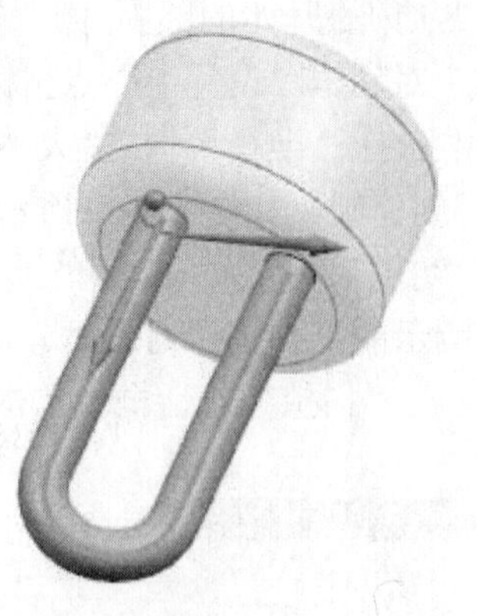

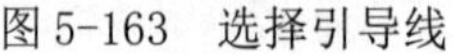

图 5-163　选择引导线

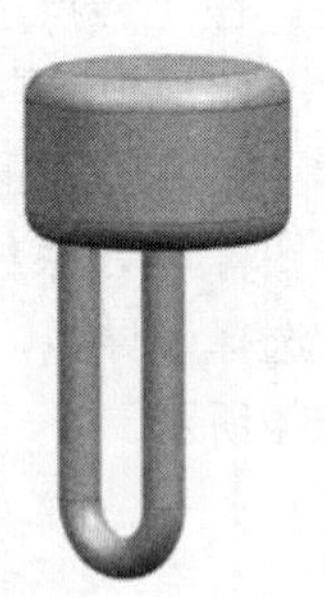

图 5-164　创建灯管

04 创建灯尾。

❶创建圆柱体。执行菜单中的“插入”→“设计特征”→“圆柱”命令，系统弹出“圆柱”对话框。选择“轴、直径和高度”类型，在“指定矢量”下拉列表框中选择 ZC 轴，单击“指定点”中的按钮，弹出“点”对话框，选择默认的点坐标（0，0，40）作为圆柱体的圆心坐标，单击“确定”按钮。设置“直径”和“高度”为 38、12，在“布尔”下拉列表框中选择“合并”选项，如图 5-167 所示。单击“确定”按钮，创建圆柱体 2，如图 5-168 所示。

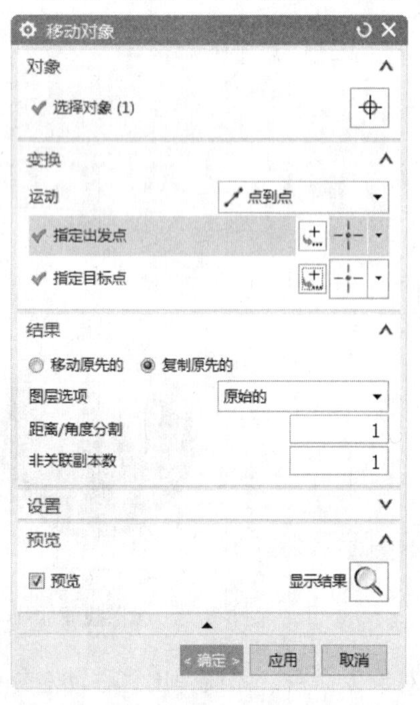

图 5-165　“移动对象”对话框

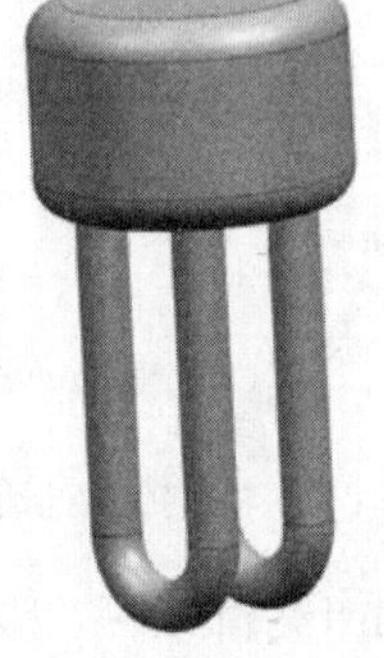

图 5-166　移动灯管

图 5-167　数值圆柱体的参数

❷圆柱体边倒圆。执行菜单栏中的“插入”→“细节特征”→“边倒圆”命令，或者单击“主页”功能区“特征”组中的“边倒圆”按钮，系统弹出“边倒圆”对话框，选择边倒圆

边，如图 5-169 所示；边倒圆的“半径 1”设置为 5，单击“确定”按钮，创建如图 5-170 所示的节能灯泡模型。

图 5-168 创建圆柱体 2

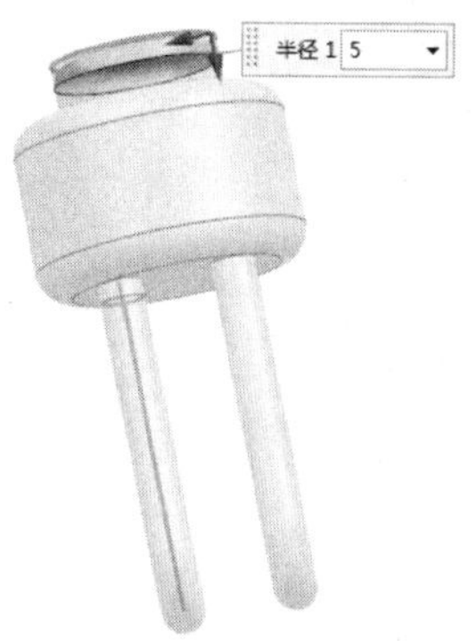

图 5-169　选择边 3

图 5-170　节能灯泡模型

第6章

复杂曲面的创建

对于简单曲面，可以一次创建完成，但对于较复杂的曲面，一般需要先创建主要的或大面积的片体，然后通过曲面的桥接、缝合和修剪等方法来完成整体造型。本章主要介绍自由曲面成形、样式圆角、曲面延伸、偏置曲面、桥接、缝合和修剪片体等复杂曲面创建的命令。

重点与难点

- 四点曲面、艺术曲面
- 样式圆角
- 延伸、规律延伸
- 偏置曲面、偏置体
- 加厚
- 桥接曲面
- 缝合
- 修剪片体

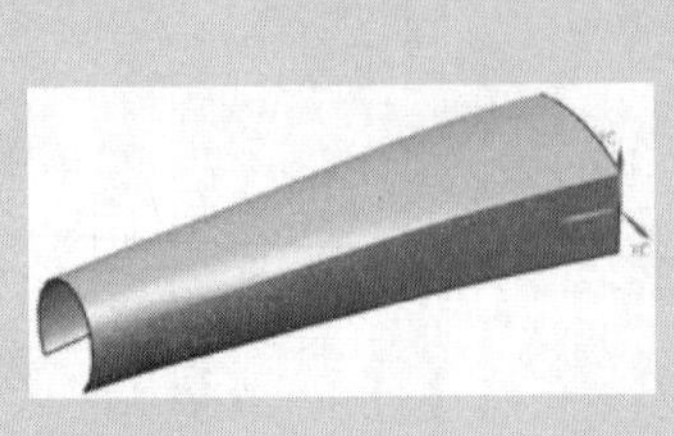

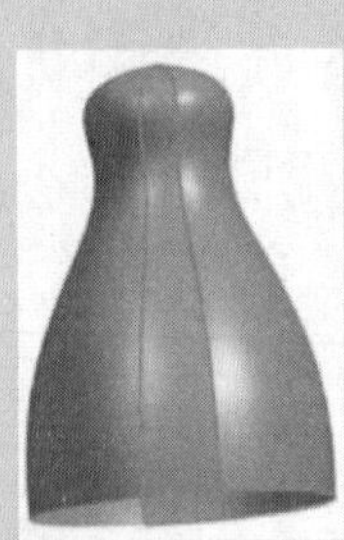

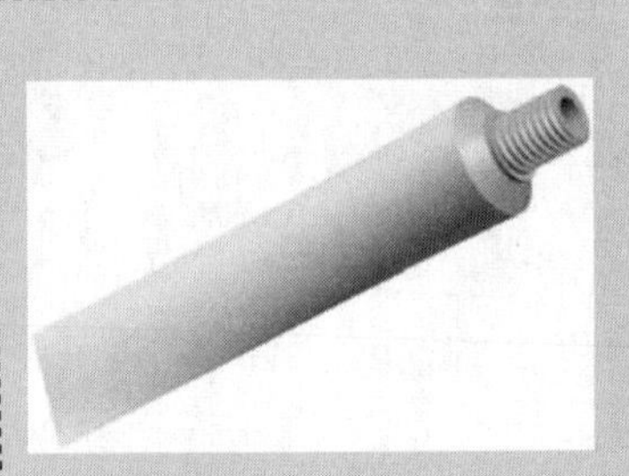

6.1 四点曲面

“四点曲面”同样是一种自由曲面成形方法。利用“四点曲面”能够个任意四边形形状。在创建 B 曲面时，可以选择已经存在的四个点，也可以通过点捕捉方法来捕捉四点，或者直接通过鼠标来创建四个点。

6.1.1 “四点曲面”命令

执行菜单中的“插入”→“曲面”→“四点曲面”命令，或者单击“曲面”功能区“曲面”组中的“四点曲面”图标，系统弹出如图 6-1 所示的“四点曲面”对话框。

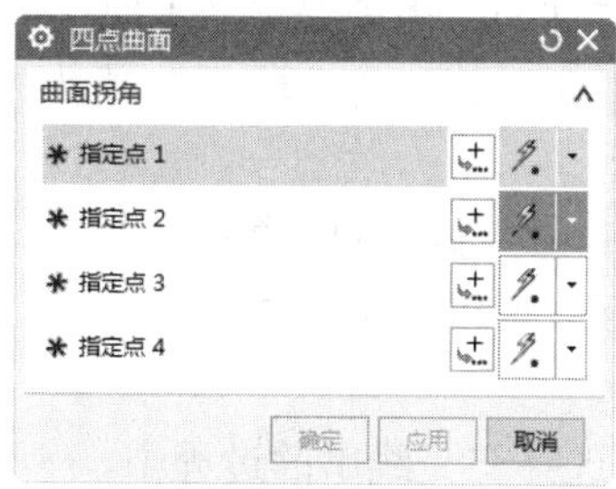

图 6-1 “四点曲面”对话框

6.1.2 实例——创建四点曲面

01 执行菜单中的“插入”→“曲面”→“四点曲面”命令，或者单击“曲面”功能区“曲面”组中的“四点曲面”图标，系统弹出“四点曲面”对话框。

02 在工作区中绘制如图 6-2 所示的四个点。

03 在对话框中单击“确定”按钮，创建四点曲面，如图 6-3 所示。

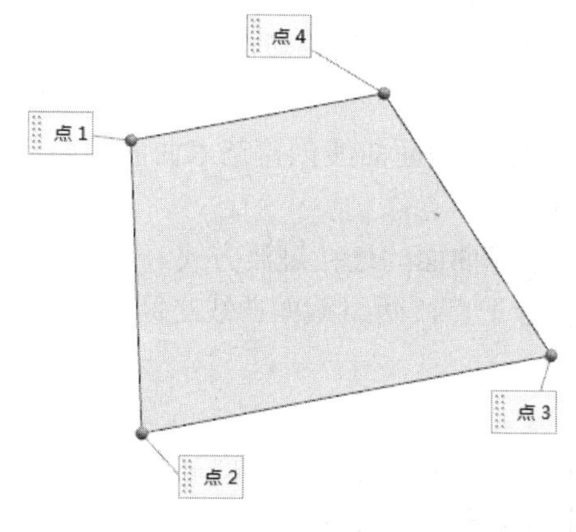

图 6-2 绘制点

图 6-3 曲面

6.2 艺术曲面

利用“艺术曲面”可以通过预先设置的曲面构造方式来创建曲面，能够快速简捷地创建曲面。通过“艺术曲面”，可以根据所选择的主线串自动创建符合要求的B曲面。在创建曲面之后，可以添加交叉线串或引导线串来更改原来曲面的形状和复杂程度。

6.2.1 “艺术曲面”命令

执行菜单中的“插入”→“网格曲面”→“艺术曲面”命令，或者单击“曲面”功能区“曲面”组中的“艺术曲面”图标，系统弹出如图6-4所示的“艺术曲面”对话框。其中部分选项的功能如下。

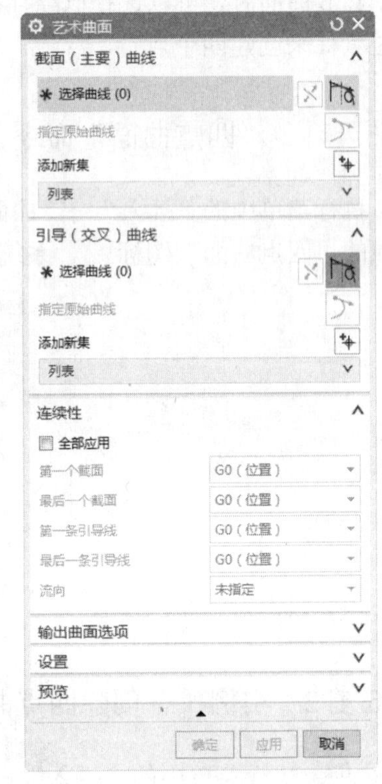

图6-4 “艺术曲面”对话框

（1）截面（主要）曲线：每一组曲线可以通过单击鼠标中键完成选择，如果方向相反，可以单击该选项组中的“反向”按钮。

（2）引导（交叉）曲线：在选择交叉线串的过程中，如果选择的交叉曲线方向与已经选择的交叉线串的曲线方向相反，可以通过单击“反向”按钮，将交叉曲线的方向反向。如果选择多组引导曲线，则该选项组的“列表”框中能够将所有选择的曲线都通过列表方式表示出来。

（3）连续性：用于设定连续性的过渡方式。

1）G0(位置)：通过点连接方式与其他部分进行连接。

2）G1(相切)：对相应曲线的艺术曲面与其相连接的曲面通过相切方式进行连接。

3）G2(曲率)：对相应曲线的艺术曲面与其相连接的曲面通过曲率方式逆行连接，在公共边上具有相同的曲率半径，且通过相切连接，从而实现曲面的光滑过渡。

（4）对齐：

1）参数：截面曲线在创建艺术曲面时(尤其是在通过截面曲线创建艺术曲面时)，系统将根据所设置的参数来完成各截面曲线之间的连接过渡。

2）弧长：截面曲线将根据各曲线的圆弧长度来计算曲面的连接过渡方式。

3）根据点：可以在连接的几组截面曲线上指定若干点，两组截面曲线之间的曲面连接关系将会根据这些点来进行计算。

（5）过渡控制：

1）垂直于终止截面：连接的平移曲线在终止截面处将垂直于此处截面。

2）垂直于所有截面：连接的平移曲线在每个截面处都将垂直于此处截面。

3）三次：系统构造的这些平移曲线是三次曲线，所构造的艺术曲面即通过截面曲线组合这些平移曲线来连接和过渡。

4）线形和圆角：系统将通过线形方式并对连接创建的曲面进行倒圆。

6.2.2　实例——创建艺术曲面

01 打开文件6-1.prt，进入建模模块，如图6-5所示。

02 执行菜单中的“插入”→“网格曲面”→“艺术曲面”命令，或者单击“曲面”功能区“曲面”组中的“艺术曲面”图标，系统弹出“艺术曲面”对话框。

03 选择截面线串1，单击鼠标中键，再选择截面线串2，单击鼠标中键。注意方向一直，如图6-6所示。

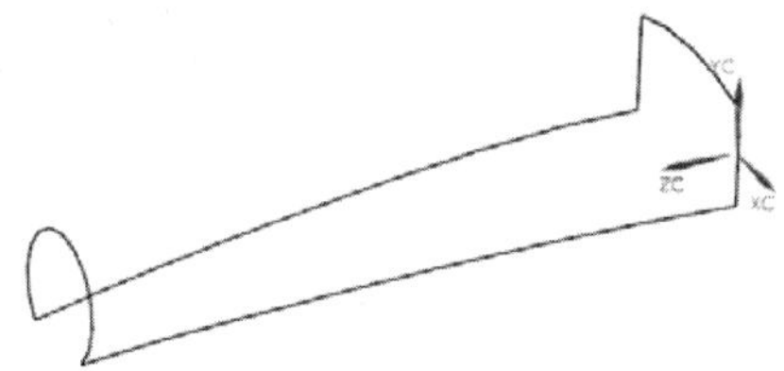

图6-5　文件6-1.prt

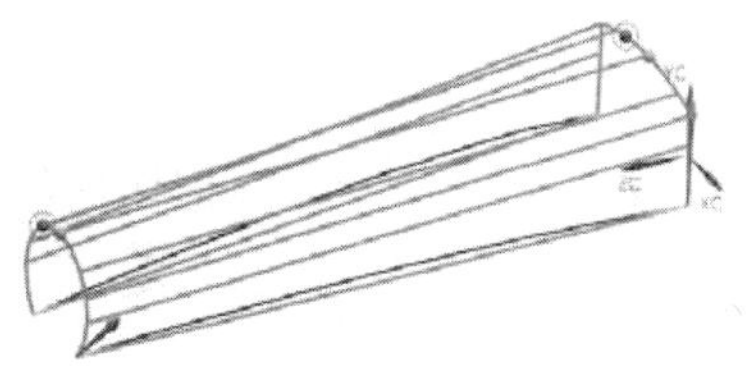

图6-6　选择截面线串

04 选择引导线串1，单击鼠标中键，再选择引导线串2，单击鼠标中键。选择引导线串，如图6-7所示。

05 其余设置保留默认状态，单击“确定”按钮或鼠标中键，创建艺术曲面1，如图6-8所示。

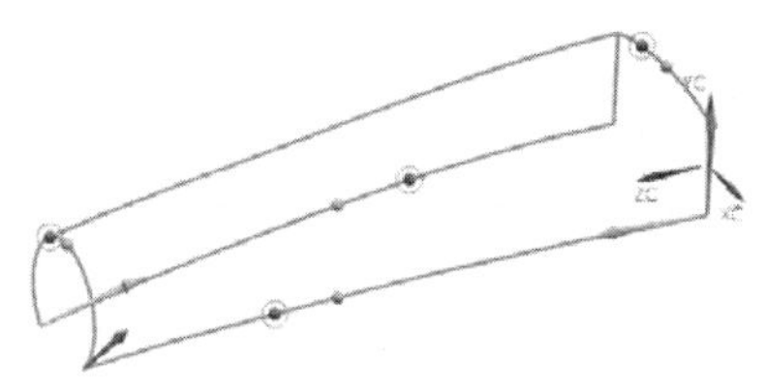

图6-7　选择引导线串

图6-8　创建艺术曲面1

06 若在对话框中单击“交换线串”按钮，则先前选择的截面线串和引导线串交换，如图6-9所示。

07 其余设置保留默认状态，单击“确定”按钮或鼠标中键，创建艺术曲面2，如图6-10所示。

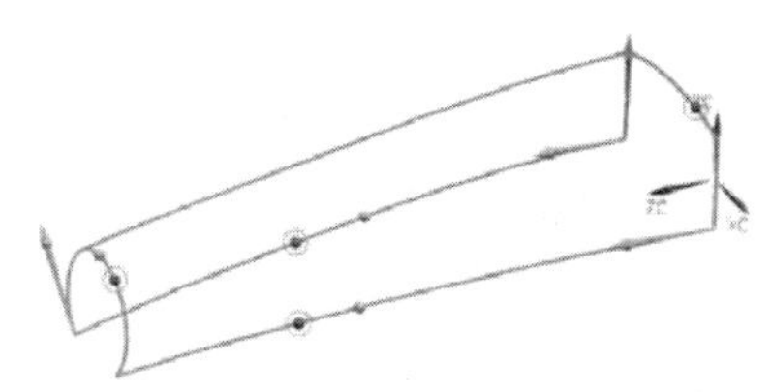

图6-9　交换截面线串和引导线串

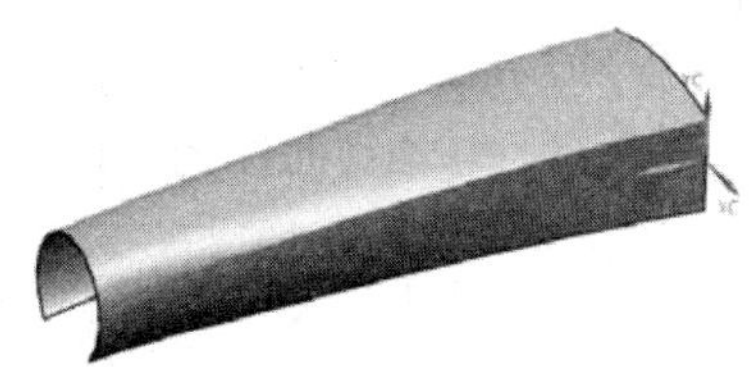

图6-10　创建艺术曲面2

6.3 样式圆角

造型“样式圆角”命令，可以通过圆角面与两个曲面的接触线来决定圆角面的创建。

6.3.1 “样式圆角”命令

执行菜单中的“插入”→“细节特征”→“样式圆角”命令，或者单击“曲面”功能区“曲面”组中的“样式圆角”图标，系统弹出如图6-11所示的“样式圆角”对话框。其中部分选项的功能如下。

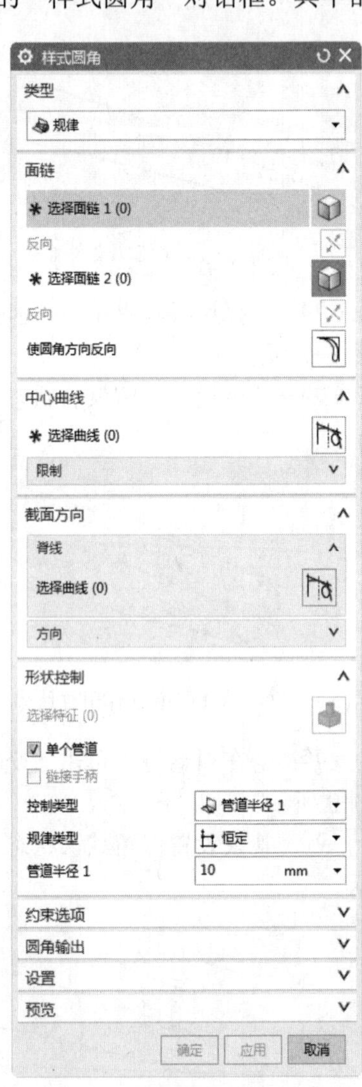

图6-11 “样式圆角”对话框

（1）类型

1）规律：用于通过保持相切的线创建样式圆角，其中这些线是通过面链和管道（其半径由规律控制切线定义）相交而创建的。

2）曲线：可以直接选择曲面上的曲线作为接触线，来决定样式圆角的形状。

3）轮廓：可以通过设置轮廓来创建样式圆角。它与前两种方式之间的差别不大，因此此处不做详细介绍。

（2）面链：

1）选择面链1：选择曲面或实体的表面作为面链1。

2）选择面链2：选择曲面或实体的表面作为面链2。在比较殊的情况下，可以选择基准面作为壁面。此外，在选择“面链 1”和“面链 2”时，面链的法线方向也控制着创建圆角面的方位。因此，如果选择方向相反，此时，可以单击“反向”按钮来改变法线的方向。

（3）中心曲线：在“规律”类型的样式圆角创建过程中，可以选择一条指定的曲线或边作为旋转面的旋转轴线，如果没有选择，那么系统将会根据选择“面链 1”和“面链 2”的相交曲线作为中心线。选择“中心曲线”时，如果中心曲线的方向相反，则创建的样式圆角方向也会反向。此时可以单击该选项组中的“反向”按钮。

（4）脊线：可以选择一条曲线作为脊线。脊线一般控制创建圆角面的U参数曲线的方位，U方向曲线位于圆角面的横截面内，因此当创建时，圆角面的U曲线平面将垂直于脊线。

（5）修剪方法：利用该选项可以对输出的样式圆角进行修剪。

1）修剪并附着：对产生样式圆角的两壁面进行修剪并产生缝合附着。

2）不修剪：对输入的两壁面将不做修剪。

3）修剪输入面链：产生的样式圆角将会对输入壁面进行修剪。

4）修剪输入圆角：系统将会对输入圆角进行修剪。

（6）形状控制：对产生的样式圆角的壁面线的形状进行控制。

1）控制类型：用于选择当前需要设定的当前对象及其变化规律。

2）规律类型：用于设置旋转面的半径、圆角面横截面的深度、圆角面横斜面的偏斜和圆角面的相切幅值的变化规律。

6.3.2　实例——创建样式圆角曲面

01 打开文件 6-2.prt，进入建模模块，如图 6-12 所示。

02 执行菜单中的“插入”→“细节特征”→“样式圆角”命令，或者单击“曲面”功能区“曲面”组中的“样式圆角”图标，系统弹出“样式圆角”对话框。

03 在对话框中选择“规律”类型。

04 单击“选择面链 1”按钮，在工作区中选择面链 1，如图 6-13 所示。

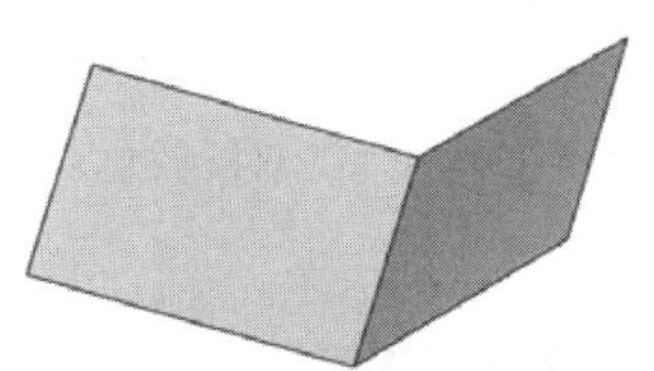

图 6-12　文件 6-2.prt

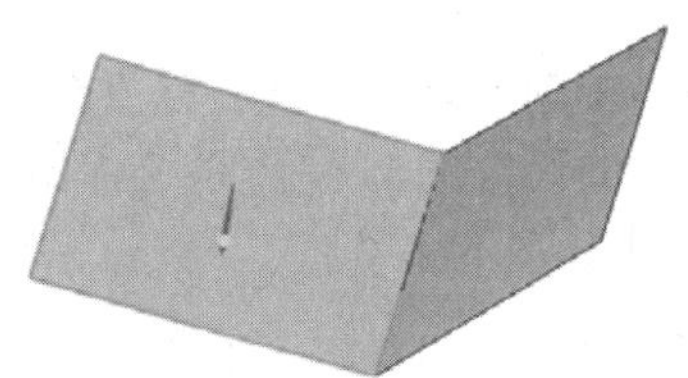

图 6-13　选择面链 1

05 单击“选择面链 2”按钮，在工作区中选择面链 2，如图 6-14 所示。

06 在工作区中选择如图 6-15 所示的曲线为中心曲线。

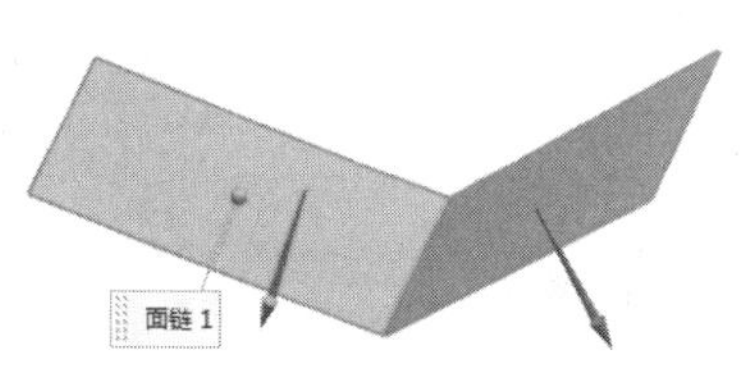

图 6-14　选择面链 2

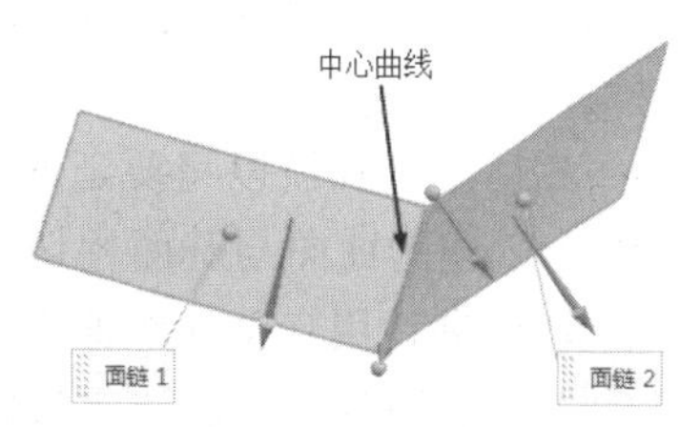

图 6-15　选择中心曲线

07 调整面链方向，在工作区中预览样式圆角曲面，如图 6-16 所示。

08 在“管道半径 1”文本框中输入 5，在“圆角输出”中的“修剪方法”中选择“不修剪”，其他选择默认设置，单击“确定”按钮，创建样式圆角，如图 6-17 所示。

UG NX 12.0

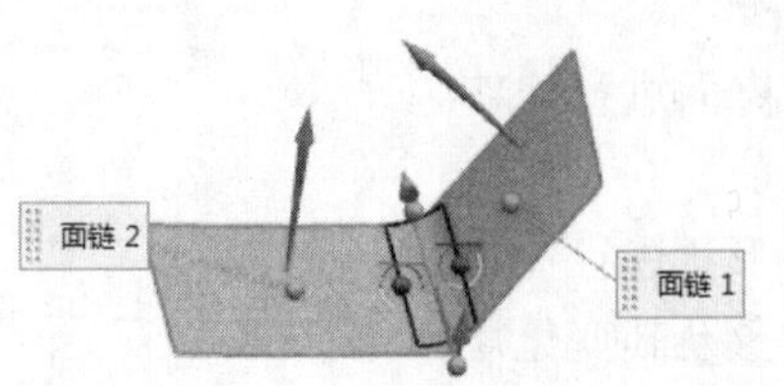

图 6-16　预览

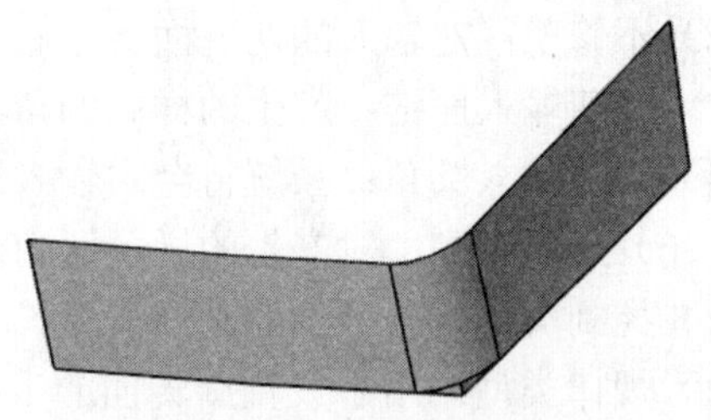

图 6-17　创建样式圆角

6.4　延伸

曲面的延伸就是在现有曲面的基础上，通过曲面的边界或曲面上的曲线进行延伸。

“延伸”命令主要用于在已经存在的曲面基础上建立延伸曲面，扩大曲面片体。延伸通常采用近似方法建立。

6.4.1　“延伸”命令

执行菜单中的“插入”→“弯边曲面”→“延伸”命令，或者单击“曲面”功能区“曲面”组中的“延伸曲面”图标，系统弹出如图 6-18 所示的“延伸曲面”对话框。其中部分选项的功能如下。

（1）类型：

1）边：边缘延伸是对延伸曲面的等参数边界进行延伸。

2）拐角：只有该方法具有拐角延伸方法。如需要拐角延伸，而拐角延伸的边需要与相邻边对齐时采用该法。拐角延伸时系统临时显示两个方向矢量，指定曲面的 U 和 V 方向，可以分别指定不同的延长百分比。

（2）方法：

1）相切：相切延伸功能以将要延伸的曲面的边缘拉伸一个曲面，创建的曲面与基面相切。

2）圆弧：该选项让用户从光顺曲面的边上创建一个圆弧的延伸。该延伸遵循沿着选定边的曲率半径。

（3）距离：

1）按长度：需要输入延伸的长度数值。

2）按百分比：延伸长度根据原来的基面长度的百分比确定。

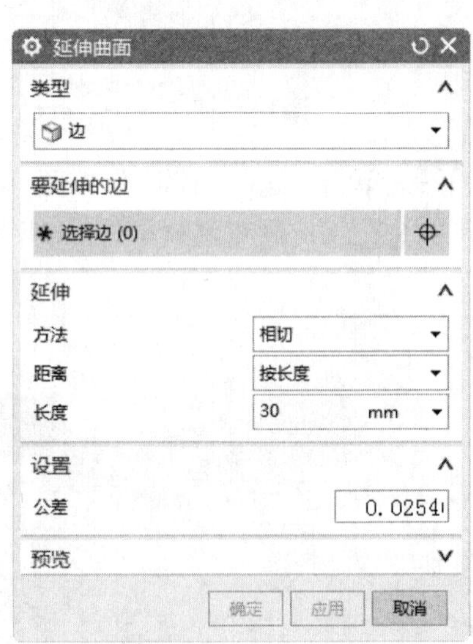

图 6-18　“延伸曲面”对话框

6.4.2　实例——创建延伸曲面

01 打开文件 6-3.prt，进入建模模块，如图 6-19 所示。

02 执行菜单中的“插入”→“弯边曲面”→“延伸”命令，或单击“曲面”功能区“曲面”组中的“延伸曲面”图标，系统弹出“延伸曲面”对话框。

03 选择“边”类型，选择“相切”方法，“距离”选择为“按百分比”。

04 选择曲面的边为要延伸的边，如图 6-20 所示。当选择曲线时，需要单击在参考曲面上才能选择边缘曲线；如果单击在参考曲面之外，曲线将不会被选上。

05 在“%长度”文本框中输入 20，单击“确定”按钮，创建延伸曲面，如图 6-21 所示。

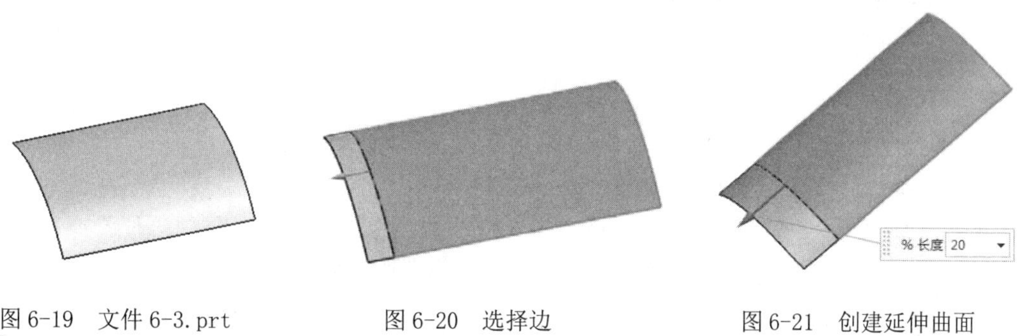

图 6-19　文件 6-3.prt　　图 6-20　选择边　　图 6-21　创建延伸曲面

UG NX 12.0

6.5　规律延伸

“规律延伸”命令用于在已有的曲面上动态地或基于长度和角度规律创建一个规律控制的延伸曲面。不同于 6.4 节中的延伸方法，利用“规律延伸”创建的曲面是非参数特征，同时还可以对修剪过的边界进行延伸。利用“规律延伸”创建曲面时，可以选择一个基面或多个面，也可以选择一个平面作为角度测量的参考平面。

6.5.1　“规律延伸”命令

执行菜单中的“插入”→“弯边曲面”→“规律延伸”命令，或者单击“曲面”功能区“曲面”组中的“规律延伸”图标，系统弹出如图 6-22 所示的“规律延伸”对话框。“规律延伸”的示意如图 6-23 所示。其中部分选项功能如下。

（1）类型：

1）面：用于选择一个参考曲面来确定延伸曲面。参考坐标系建立在基本曲线串的中点上。

2）矢量：用于定义一个矢量方向作为延伸曲面的方向。

（2）曲线：用于选择延伸曲面使用的基本曲线串，曲线串要位于曲面上。

（3）面：用于选择一个或多个曲面来定义延伸曲面的参考方向。

（4）脊线：用于选定一条曲线定义局部坐标系，只有规律指定方式为常规时此选项才被激活。

图 6-22　“规律延伸”对话框

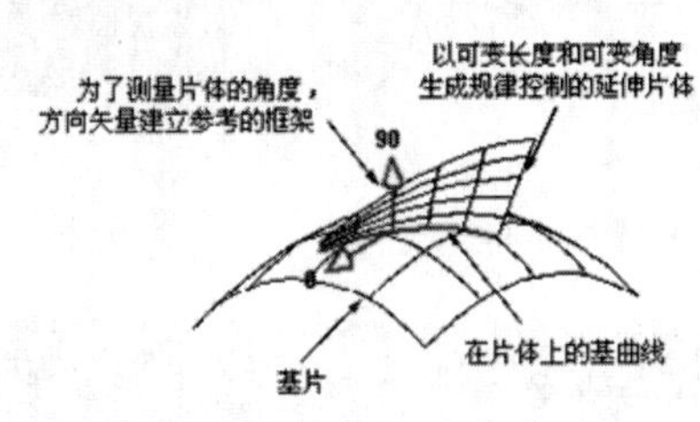

图 6-23　“规律延伸”示意

（5）长度规律：用于指定延伸长度的规律方式，包括恒定、线性、三次、根据方程、根据规律曲线和多重过渡 6 种方式。

（6）角度规律：用于指定延伸角度的规律方式，包括恒定、线性、三次、根据方程、根据规律曲线和多重过渡 6 种方式。

（7）设置：

1）尽可能合并面：选择该复选框，系统会尽量只创建单一的曲面。

2）锁定终止长度/角度手柄：选择该复选框，系统会锁定终止长度和角度的手柄。

6.5.2　实例——创建规律延伸曲面

01 打开文件 6-4.prt，进入建模模块。

02 执行菜单中的“插入”→“弯边曲面”→“规律延伸”命令，或者单击“曲面”功能区“曲面”组中的“规律延伸”图标，系统弹出“规律延伸”对话框。

03 选择“面”类型。

04 选择“曲线”选项组中的“选择曲线”选项，用户可以选择一条曲线或一组曲线，这里选择曲面的边缘曲线作为曲线，如图 6-24 所示。选择每条曲线后单击鼠标中键。

05 选择“面”选项组中的“选择面”选项，选择工作区中的曲面作为面。

06 将要延伸的曲面上显示延伸曲面的长度和角度参数控制手柄，如图 6-25 所示。

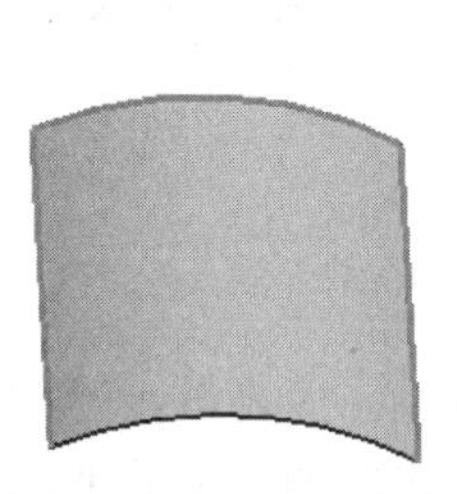

图 6-24　选择基本曲线串

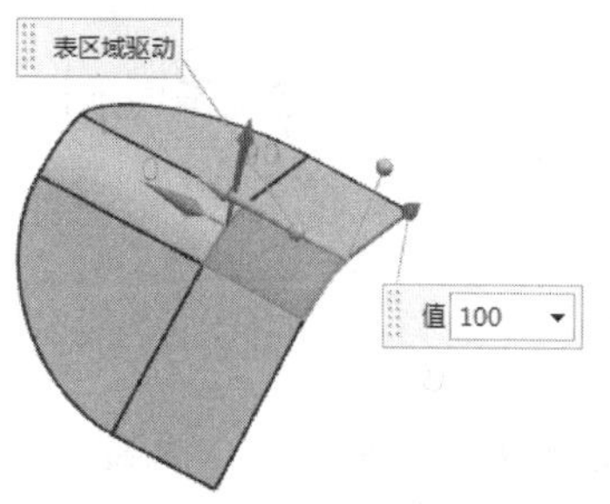

图 6-25　显示控制手柄

07 可见在延伸曲面之间进行了过渡连接并且合并，这是因为选择了对话框中的 ☑ 尽可能合并面 复选框，系统会尽量只创建单一的曲面。绿色箭头是长度控制手柄，拖动箭头可以改变延伸曲面的长度，如图 6-26 所示。圆圈上的圆点是角度控制手柄，拖动该圆点可以改变延伸曲面与参考面的夹角，如图 6-27 所示。

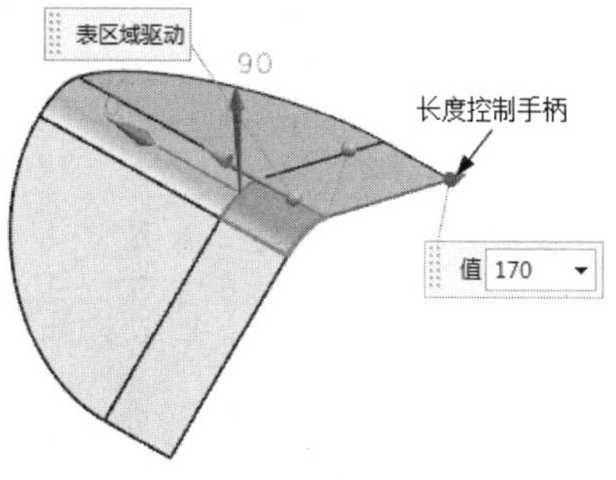

图 6-26　改变延伸长度

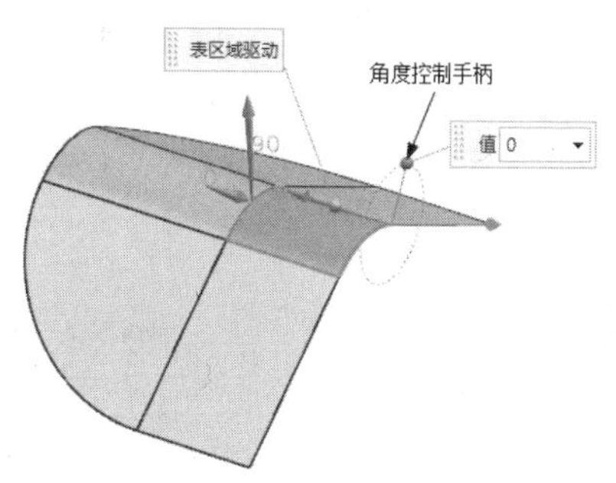

图 6-27　改变延伸曲面角度

08 拖动长度手柄使“值”为 30，角度手柄“值”为 90，或者直接在相应文本中输入数值，创建规律延伸曲面，如图 6-28 所示。

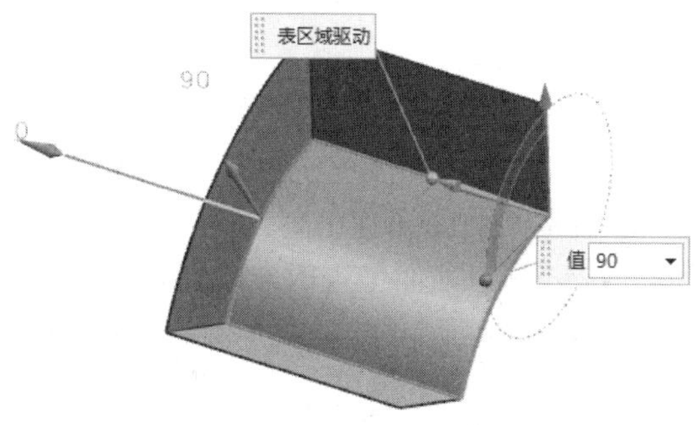

图 6-28　创建规律延伸曲面

UG NX 12.0

6.6 偏置曲面

“偏置曲面”用于沿选定基面的法向偏置点的方向创建偏置曲面。用户可以选择一组曲面，也可以选择多组曲面作为基面。

6.6.1 “偏置曲面”命令

执行菜单中的“插入”→“偏置/缩放”→“偏置曲面”命令，或者单击“曲面”功能区“曲面操作”组中的“偏置曲面”图标，系统弹出如图 6-29 所示的“偏置曲面”对话框。“偏置曲面”示意如图 6-30 所示。其中部分选项功能如下。

图 6-29 “偏置曲面”对话框

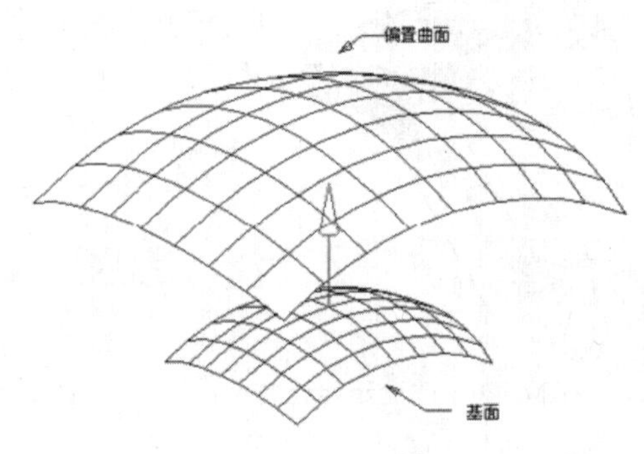

图 6-30 偏置曲面示意

（1）面：

1）选择面：用于选择需要偏置的曲面，可以选择一个也可以选择多个曲面，但同一组曲面的偏置距离都相同。

2）偏置 1：用于设置一组偏置曲面的偏置距离。

3）反向：单击 “反向”按钮，曲面偏置的方向反向。

4）添加新集：选择好一组偏置曲面后单击“添加新集”按钮，才能进行下一组偏置曲面的选择。

5）列表：用于显示已选的偏置曲面组。

（2）输出：

1）为所有面创建一个特征：将所有偏置的曲面作为一个特征。

2）为每个面创建一个特征：每个偏置的曲面均创建一个特征。

6.6.2　实例——创建偏置曲面

01 打开文件 6-5.prt，进入建模模块，如图 6-31 所示。

02 执行菜单中的“插入”→“偏置/缩放”→“偏置曲面”命令，或者单击“曲面”功能区“曲面操作”组中的“偏置曲面”图标，系统弹出“偏置曲面”对话框。

03 选择面。用鼠标左键单击两个曲面，作为一组偏置曲面，如图 6-32 所示。

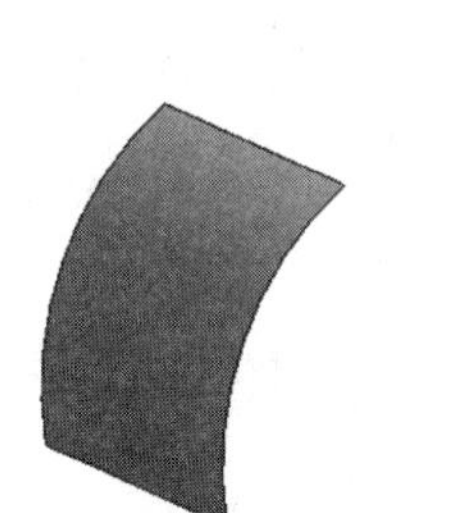

图 6-31　文件 6-5.prt

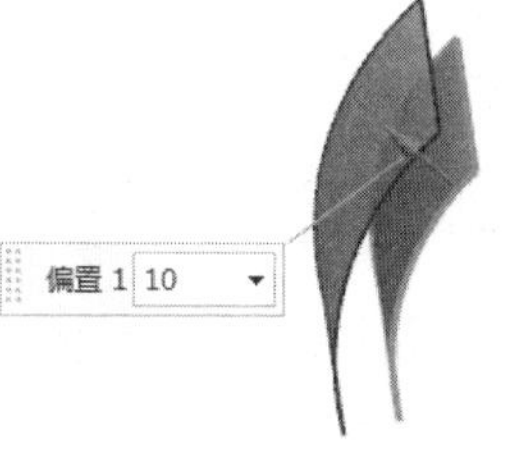

图 6-32　选择面组

04 在“偏置 1”文本框中输入 10。其余选项保持默认值，单击“确定”按钮，创建偏置曲面如图 6-33 所示。

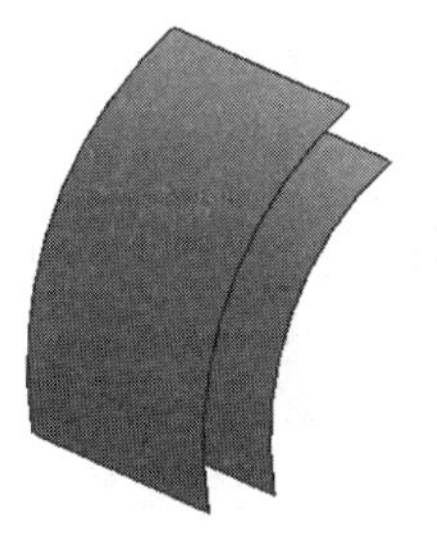

图 6-33　创建偏置曲面

6.7　偏置体

“偏置体”用于从一组小平面或片体创建偏置收敛体，由于消除偏置曲面锐刺和缝隙而改进了用户交互和偏置曲面的质量。

6.7.1　“偏置体”命令

执行菜单中的“编辑”→“小平面体”→“偏置体”命令，或单击“逆向工程”功能区“小平面体操作”组中的“偏置体”图标，系统弹出如图 6-34 所示的“偏置体”对话框。

其中部分选项的功能如下。

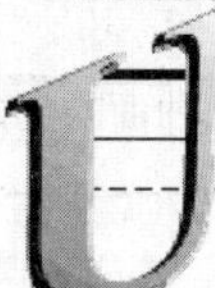

（1）选择小平面或片体：用于指定要偏置的小平面体或片体。

（2）距离：用于输入范围为 1～200 mm 的偏置距离值，如果方向矢量指向不正确，则单击“反向”按钮。

（3）选择曲线：如果偏置复杂边界可能导致错误，可提供选择边界曲线来指定偏置范围。

（4）公差：用于输入偏置因子比率，作为偏置操作的默认公差因子。

图 6-34　“偏置体”对话框

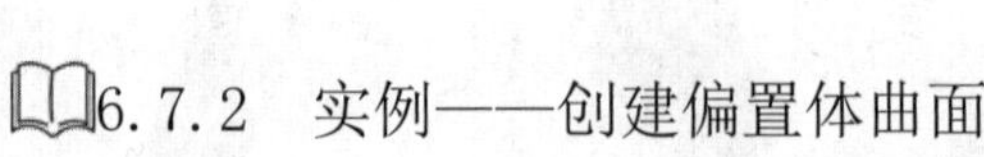

6.7.2　实例——创建偏置体曲面

01 打开文件 6-6.prt，进入建模模块，如图 6-35 所示。

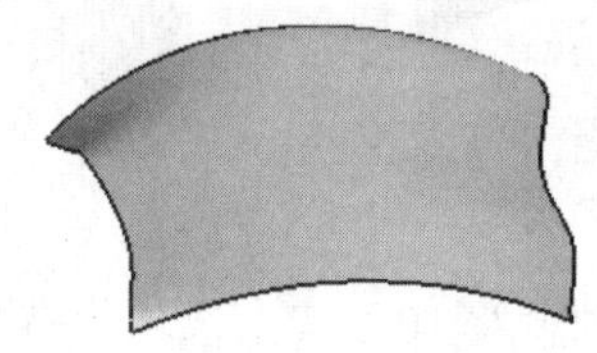

图 6-35　文件 6-6.prt

02 执行菜单中的“编辑”→“小平面体”→“偏置体”命令，或单击“逆向工程”功能区“小平面体操作”组中的“偏置体”按钮，系统弹出“偏置体”对话框。

03 单击“选择小平面或片体”选项，选择图 6-36 中的曲面作为偏置体平面。

04 在“偏置”选项组中设置偏置“距离”为 50。

05 勾选“预览”复选框，此时创建如图 6-37 所示的预览截面。

06 其余选项保持默认值，单击“确定”按钮，创建偏置体曲面，如图 6-38 所示。

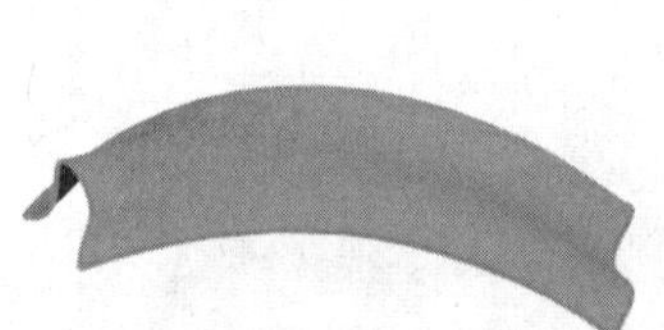

图 6-36　选择曲面

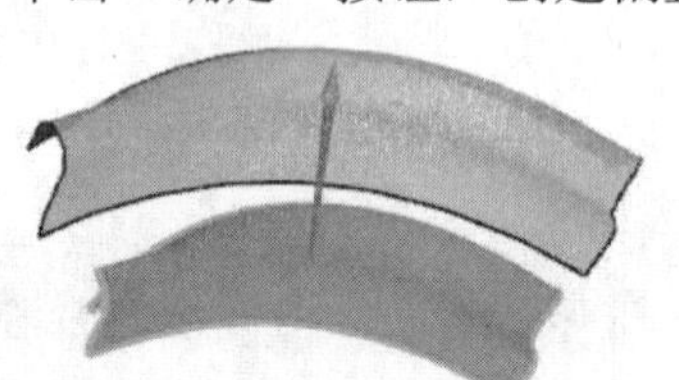

图 6-37　预览截面

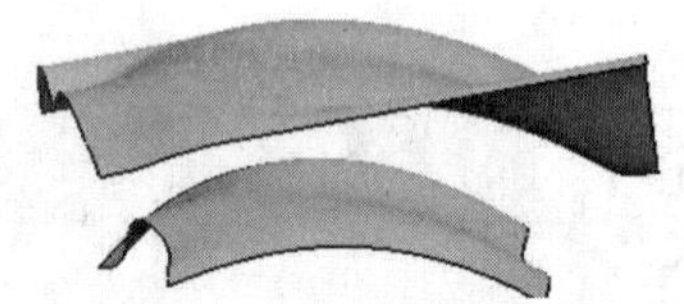

图 6-38　创建偏置体曲面

6.8　加厚

执行菜单中的“插入”→“偏置/缩放”→“加厚”命令，或者单击“曲面”功能区“曲面操作”组中的“加厚”图标，系统弹出如图 6-39 所示的“加厚”对话框。

图 6-39　“加厚”对话框

利用该对话框，通过在片体所在面的法向应用偏置或加厚片体来创建实体，其中部分选项的功能如下。

（1）选择面：用于选择要加厚的片体。一旦选择了片体，就会出现法向于片体的箭头矢量，指明法向方向。

（2）偏置 1/偏置 2：用于指定一个或两个偏置。

（3）公差：用于改变加厚片体操作的距离公差。默认值从“距离公差”“建模预设置”中得到。用户可以在此输入新的公差值，强制加厚片体操作的建模距离公差。

（4）Check-Mate：如果出现加厚片体错误，则此按钮可用。单击此按钮，会识别导致加厚片体操作失败的可能的面。

6.9 桥接曲面

“桥接曲面”用于在两个曲面之间建立过渡曲面，过渡曲面与两个曲面的连接可以采用相切连续或曲率连续两种方式，其创建的曲面为B样条曲面。同时为了进一步精确控制桥接曲面的形状，可以选择另外两组曲面或两组曲线作为曲面的侧面边界条件。桥接曲面与边界曲面相关联，当边界曲面编辑修改后，片体会自动更新。桥接曲面使用方便，曲面连接过渡光滑连续，边界约束条件灵活自由，形状编辑宜于控制，是曲面过渡连接的常用方法。

6.9.1　“桥接曲面”命令

执行菜单中的“插入”→“细节特征”→“桥接”命令，或者单击“曲面”功能区“曲面”

组中的“桥接”图标，系统弹出如图 6-40 所示的“桥接曲面”对话框。其中部分选项的功能如下。

（1）边：

1）选择边 1：用于选择第一条侧线串。

2）选择边 2：用于选择第二条侧线串。

（2）连续性：

1）位置：过渡表面与主表面及侧面在连接处不相切。

2）相切：过渡表面与主表面及侧面在连接处相切过渡。

3）曲率：过渡曲面与主表面及侧面在连接处以相同曲率相切过渡。

（3）边限制：如果没有勾选“端点到端点”复选框，则可以通过拖动滑块来调节边限制。分别在刚创建的过渡曲面的两端按住鼠标左键反复拖动，动态地改变其形状：按照鼠标左键拖动→松开鼠标左键→再按住鼠标左键拖动，如此反复进行，可实现很大的变形。

图 6-40 “桥接曲面”对话框

6.9.2 实例——创建桥接曲面

01 打开文件 6-7.prt，进入建模模块，如图 6-41 所示。

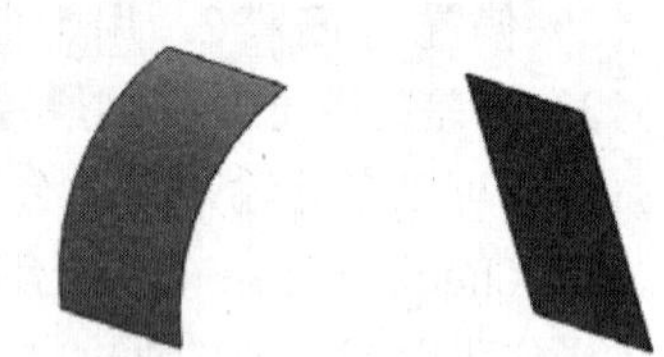

图 6-41 文件 6-7.prt

02 执行菜单中的“插入”→“细节特征”→“桥接”命令，或者单击“曲面”功能区“曲面”组中的“桥接”图标，系统弹出“桥接曲面”对话框。

03 单击边 1，选择第一个边，如图 6-42 所示，用鼠标左键单击边 2，选择第二个边，如图 6-43 所示。

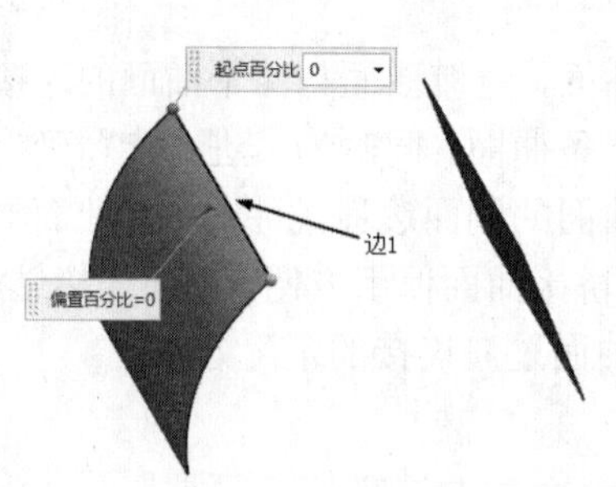

图 6-42 选择第一个边

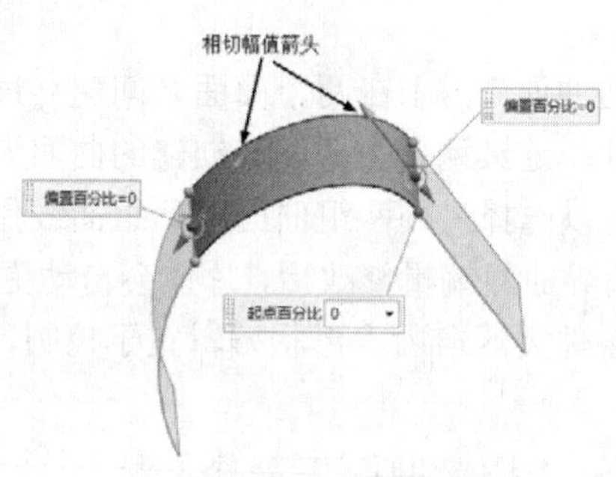

图 6-43 选择第二个边

04 按住鼠标左键拖拽图 6-43 所示的相切幅值箭头，调整桥接曲面的形状，也可以在对话框中的“相切幅值”中通过拖动滑块来调整，创建桥接曲面，如图 6-44 所示。

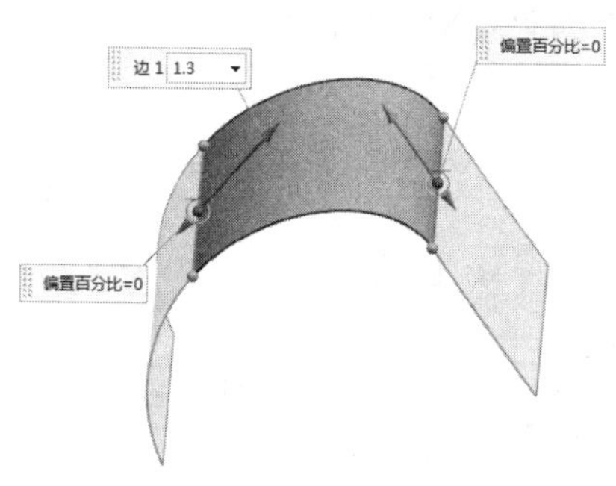

图 6-44　创建桥接曲面

05 按住鼠标左键拖拽起点或端点控制点到适当位置，如图 6-45 所示。单击“确定”按钮，改变桥接曲面形状，如图 6-46 所示。

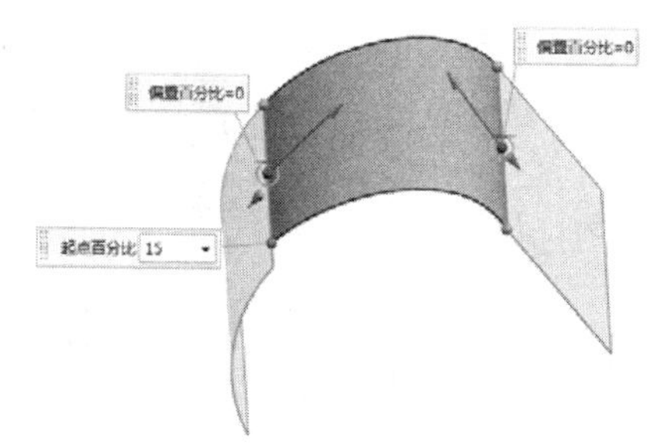

图 6-45　改变边限制

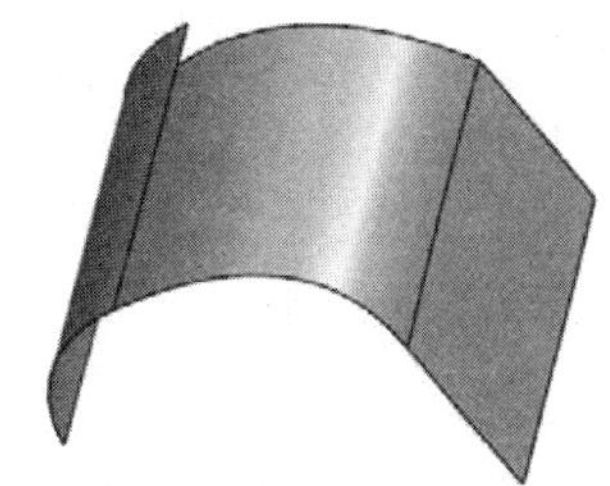

图 6-46　改变桥接曲面形状

6.10　缝合

“缝合”指通过将公共边缝合在一起来组合片体，绘制通过缝合公共面来组合实体。

6.10.1　“缝合”命令

执行菜单中的“插入”→“组合”→“缝合”命令，或者单击“曲面”功能区“曲面操作”组中的“缝合”图标，系统弹出如图 6-47 所示的“缝合”对话框。其中各选项的功能如下。

图 6-47　“缝合”对话框

(1) 类型：

1）片体：选择曲面作为缝合对象。

2）实体：选择实体作为缝合对象。

(2) 目标：

1）选择片体：当“类型”为“片体”时，“目标”为“选择片体”，用选择目标片体，但只能选择一个片体作为目标片体。

2）选择面：当“类型”为“实体”时，“目标”为“选择面”，用来选择目标实体面。

（3）工具：

1）选择片体：当“类型”为“片体”时，“工具”为“选择片体”，但可以选择多个片体作为工具片体。

2）选择面：当“类型”为“实体”时，“工具”为“选择面”，用选择工具实体面。

（4）设置：

1）输出多个片体：当“类型”为“片体”时，设置为“输出多个片体”复选框。当缝合的片体为封闭时，勾选“输出多个片体”复选框，缝合后创建的是片体；不勾选“输出多个片体”复选框，缝合后创建的是实体。

2）公差：用于设置缝合公差。

6.10.2 实例——创建缝合曲面

图 6-48 文件 6-8.prt

01 打开文件 6-8.prt，进入建模模块，如图 6-48 所示。

02 执行菜单中的“插入”→“组合”→“缝合”命令，或者单击“曲面”功能区“曲面操作”组中的“缝合”图标，系统弹出“缝合”对话框。

03 “类型”设置为“片体”。选择目标片体，如图 6-49 所示。

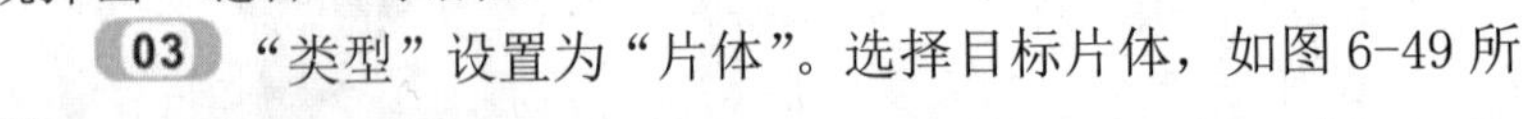

04 选择工具片体，如图 6-50 所示。

05 其余选项保持默认值，单击“确定”按钮，创建缝合曲面，如图 6-51 所示，目标片体和工具片体缝合在一起。

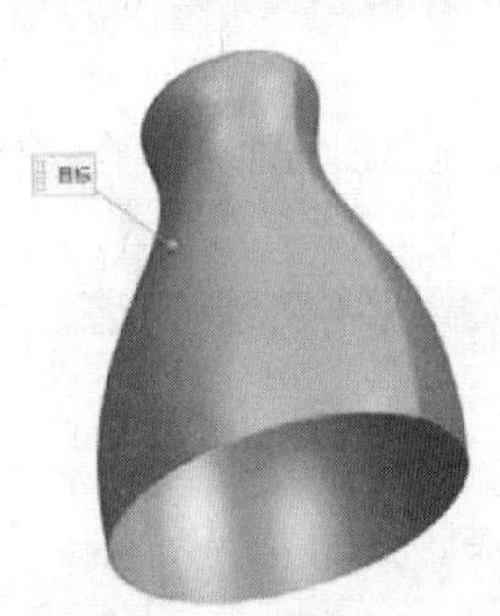

图 6-49 选择目标片体

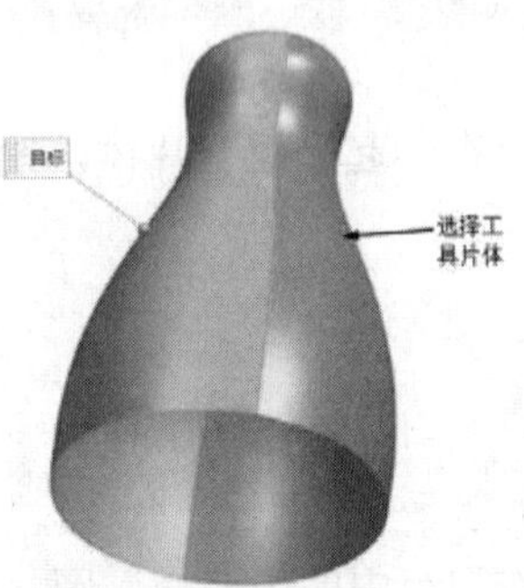

图 6-50 选择工具片体

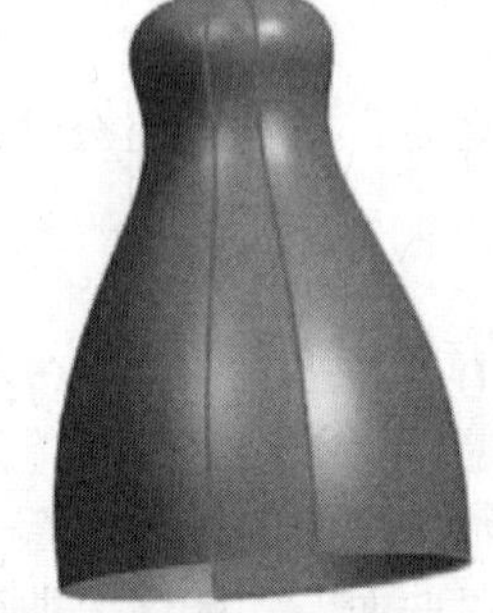

图 6-51 创建缝合曲面

6.11 修剪片体

“修剪片体”是使用曲线、面或基准平面修剪片体的一部分。该选项通过投影边界轮廓线修剪片体。系统根据指定的投影方向，将一边界（可以是曲线、实体或片体的边界、实体或片体的表面、基准平面）投射到目标片体，修剪出相应的轮廓形状，如图 6-52 所示。其结果是相关联的修剪片体。

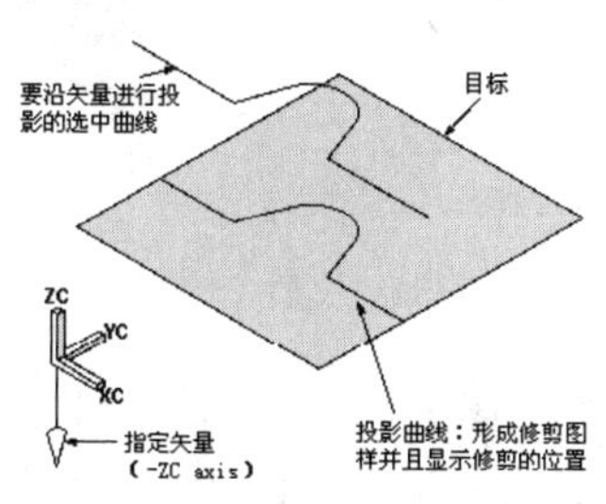

图 6-52　修剪的片体示意

6.11.1　“修剪片体”命令

执行菜单中的“插入”→“修剪”→“修剪片体”命令，或者单击“曲面”功能区“曲面操作”组中的“修剪片体”图标，系统弹出如图 6-53 所示的“修剪片体”对话框。其各选项的功能如下。

（1）目标：利用“选择片体”选项选择要修剪的片体。

（2）边界：

1）选择对象：用于选择作为修剪用的对象，边界可以是曲线、实体或片体的边界、实体或片体的表面、基准平面。修剪边界与片体的交线必须形成封闭环，或者必须超出片体的边界。

2）允许目标体边作为工具对象：选择“允许目标体边作为工具对象” 复选框，可以将目标片体的边作为工具对象。

（3）投影方向：

1）垂直于面：用于将投影方向设置为片体的垂直方向。

2）垂直于曲线平面：用于将投影方向设置为修剪曲线平面的垂直方向。

3）沿矢量：通过“矢量”对话框定义投影方向。

（4）区域：

1）选择区域：用于选择将要保留或不保留的区域。

2）保留：选择该选项，系统会将选择的区域保留下来。

3）放弃：选择该选项，系统会将选择的区域放弃掉。

图 6-53　“修剪片体”对话框

6.11.2　实例——创建修剪片体

01 打开文件 6-9.prt，进入建模模块，如图 6-54 所示。

图 6-54　文件 6-9.prt

02 执行菜单中的“插入”→“修剪”→“修剪片体”命令，或者单击“曲面”功能区“曲面操作”组中的“修剪片体”图标，系统弹出“修剪片体”对话框。

03 选择要修剪的片体，如图 6-55 所示，单击鼠标中键。

04 选择曲面为修剪边界，如图 6-56 所示。

05 “投影方向”设置为“垂直于面”。选择“保留”选项，系统会将选择的区域保留下来。其余选项保持默认值单击。单击“应用”按钮，创建修剪片体，如图 6-57 所示。

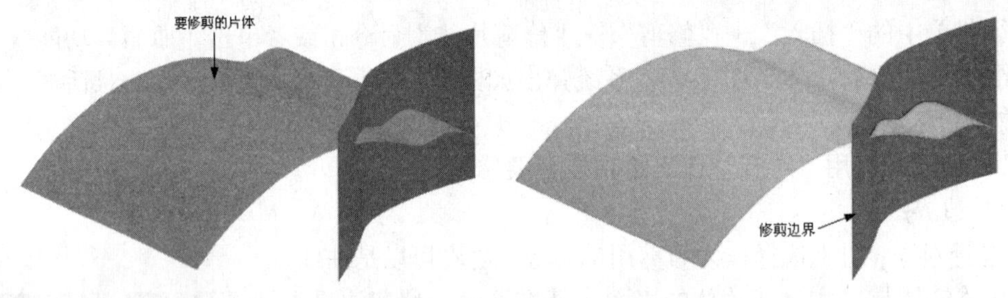

图 6-55　选择要修剪的片体　　图 6-56　选择修剪边界

06 取消上面的操作，恢复到修剪前的状态。前几个步骤同上，“区域”选择“放弃”选项，系统会将选择的区域放弃掉。单击“确定”按钮，创建修剪片体，如图 6-58 所示。

图 6-57　选择“保留”创建的修剪片体　　图 6-58　选择“放弃”创建的修剪的片体

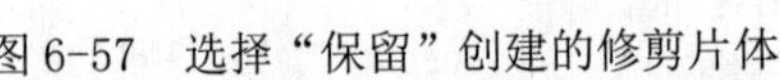

6.12 综合实例

实际产品的形状往往比较复杂，只通过基本曲面创建方法一般都难于完成。对于复杂的曲面，就需要先创建主要或大面积的片体，然后通过曲面的桥接、修剪、缝合等方法完成整体造型。

本章将结合几个复杂曲面的创建实例，通过对以上介绍的复杂曲面创建方法的综合应用，使读者掌握创建复杂曲面的方法。

6.12.1　牙膏盒

牙膏盒的创建流程如图6-59所示。

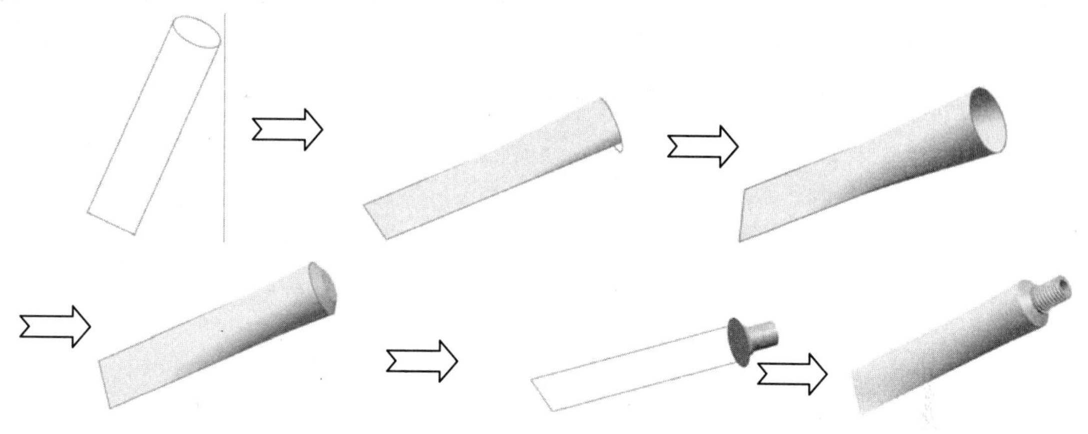

图6-59　牙膏盒的创建流程

具体操作步骤如下：

01 创建一个新文件。执行菜单中的“文件”→“新建”命令，弹出“新建”对话框。单位设置为毫米，“模板”中选择“模型”选项，在“新文件名”的“名中输入文件名“yagaohe”，然后在“新文件名”的“文夹”中选择文件保存的位置，完成后单击“确定”按钮，入建模模块。

02 创建直线1。执行菜单中的“插入”→“曲线”“直线”命令，或者单击“曲线”功能区“曲线”组中“直线”图标⁄，弹出如图6-60所示“直线”对话框。击“开始”选项组中的“点对话框”按钮，弹出“点”话框。在对话框中输入（0，0，0），单击“确定”按钮，回“直线”对话框。创建线段起点，单击“结束”选项的“点对话框”按钮，在弹出的“点”对话框中输入（20，0，0），单击“确定”按钮，返回“直线”对话框，单击“确定”按钮，完成直线1的创建，如图6-61所示。

图6-60　“直线”对话框

03 创建圆。执行菜单中的“插入”→“曲线”→“圆弧/圆”命令，或者单击“曲线”功能区“曲线”组中的“圆弧/圆”图标，弹出如图6-62所示的“圆弧/圆”对话框。在“类型”下拉列表框中选择“从中心开始的圆弧/圆”类型，在“限制”选项组中勾选“整圆”复

选框，单击“中心点”选项组中的“点对话框”按钮，弹出“点”对话框。在对话框中输入（10，0，90）作为圆中心，单击“确定”按钮，返回“圆弧/圆”对话框。单击“通过点”选项中的“点对话框”按钮，弹出“点”对话框。在对话框中输入（20，0，90），单击“确定”按钮，返回“圆弧/圆”对话框，单击“确定”按钮，完成圆的创建，如图 6-63 所示。

04 创建直线 2 和 3。执行菜单中的“插入”→“曲线”→“直线”命令，或者单击“曲线”功能区“曲线”组中的“直线”图标，弹出“直线”对话框。分别创建一条起点在直线 1 的端点，终点在圆象限点上的直线 2，以及起点在直线 1 的另一端点上、终点在圆弧另一象限点上的直线 3，如图 6-64 所示。

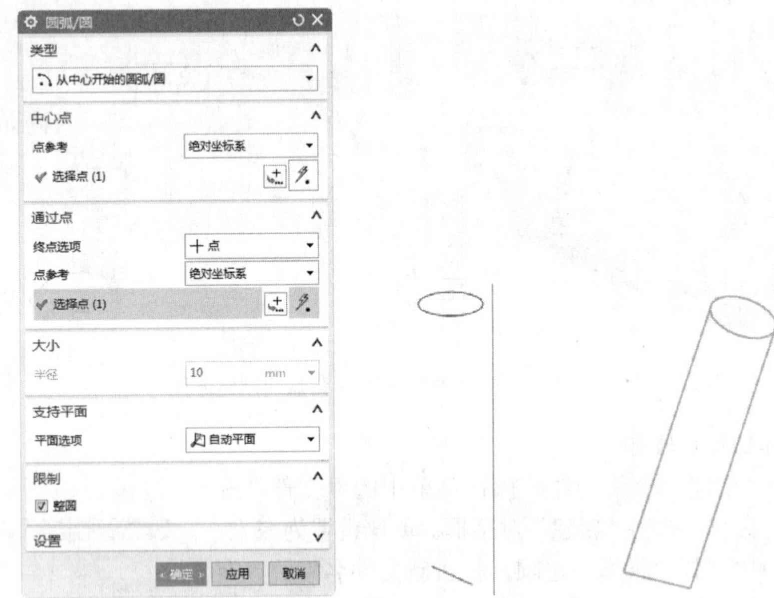

图 6-61　创建直线 1　　图 6-62　“圆弧/圆”对话框　　图 6-63　创建圆　　图 6-64　创建直线 2 和 3

05 创建曲面。执行菜单中的“插入”→“网格曲面”→“艺术曲面”命令，或者单击“曲面”功能区“曲面”组中的“艺术曲面”图标，系统弹出如图 6-65 所示的“艺术曲面”对话框。按系统提示选择截面曲线 1，选择步骤 **02** 创建的直线 1，单击鼠标中键，系统提示选择截面曲线 2，选择圆，单击鼠标中键，如图 6-66 所示。单击对话框“引导（交叉）曲线”按钮，分别选择步骤 **04** 创建的其中一条直线，单击鼠标中键，如图 6-67 所示。接受系统其他默认选项，单击“确定”按钮，创建如图 6-68 所示的曲面。

06 镜像操作。执行菜单中的“编辑”→“变换”命令，弹出如图 6-69 所示的“变换”对话框。选择上步创建的曲面，单击“确定”按钮，弹出“变换”对象对话框，如图 6-70 所示。单击“通过一平面镜像”按钮，弹出如图 6-71 所示的“平面”对话框，选择“XC-ZC 平面”，单击“确定”按钮，弹出如图 6-72 所示的“变换”公共参数对话框。单击“复制”按钮，创建镜像曲面，如图 6-73 所示。

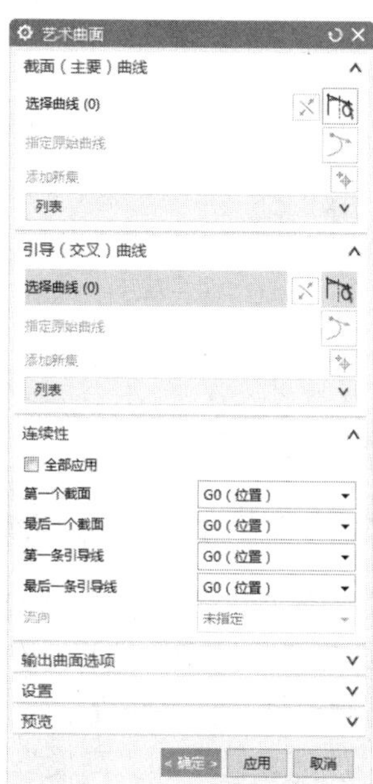

图 6-65　“艺术曲面”对话框

图 6-66　选择截面线串

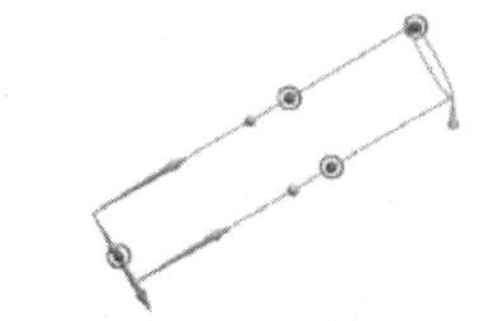

图 6-67　选择引导曲线

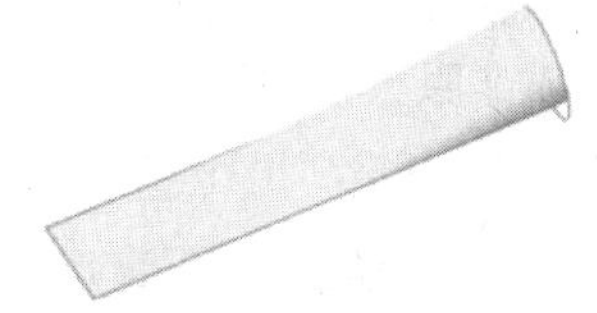

图 6-68　创建曲面

图 6-69　“变换”对话框

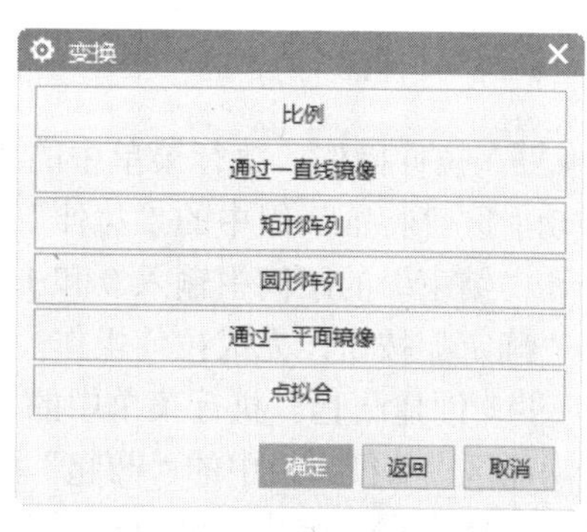

图 6-70　“变换”对象对话框

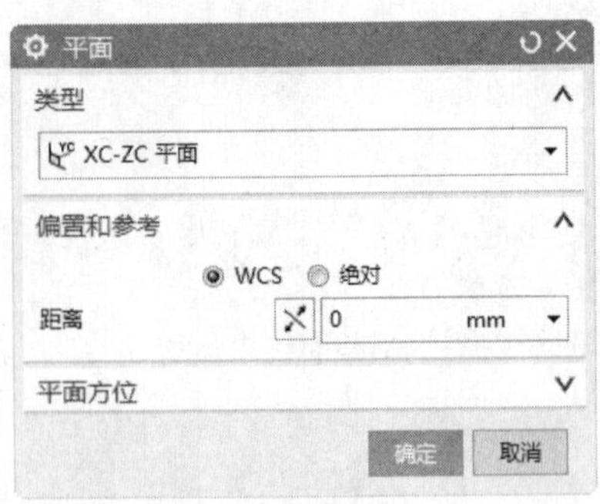

图 6-71 “平面”对话框

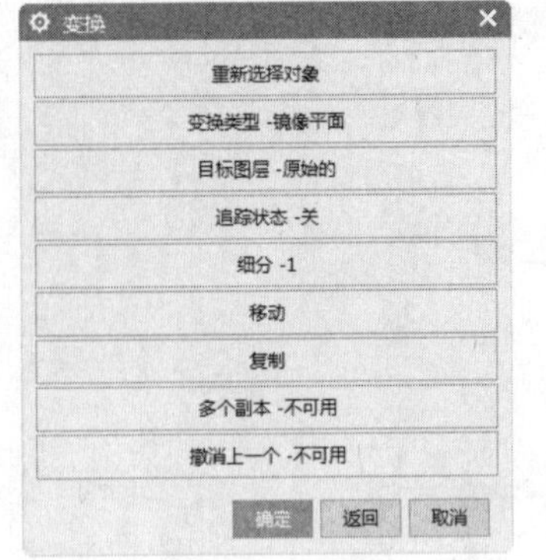

图 6-72 “变换”公共参数对话框

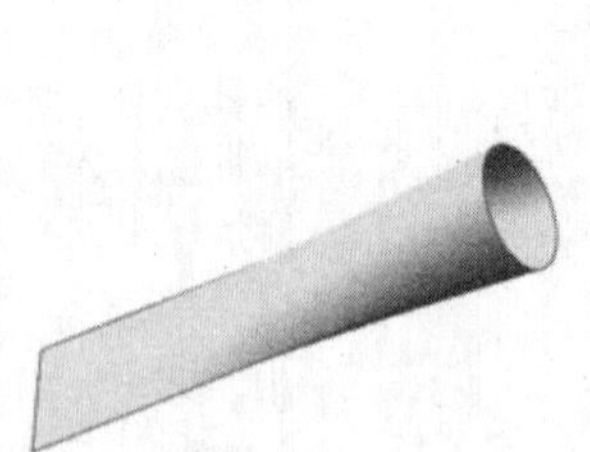

图 6-73 创建镜像曲面

07 创建圆锥。执行菜单中的“插入”→“设计特征”→“圆锥”命令，弹出如图 6-74 所示“圆锥”对话框。选择“直径和高度”类型，在“指定矢量”选项中选择 ZC 轴为矢量方向，单击“点对话框”按钮，弹出如图 6-75 所示的“点”对话框，按系统提示输入（10，0，90）作为圆锥原点，单击“确定”按钮，在“底部直径”“顶部直径”和“高度”文本框中分别输入 20、12 和 3，单击“确定”按钮，完成圆锥的创建，如图 6-76 所示。

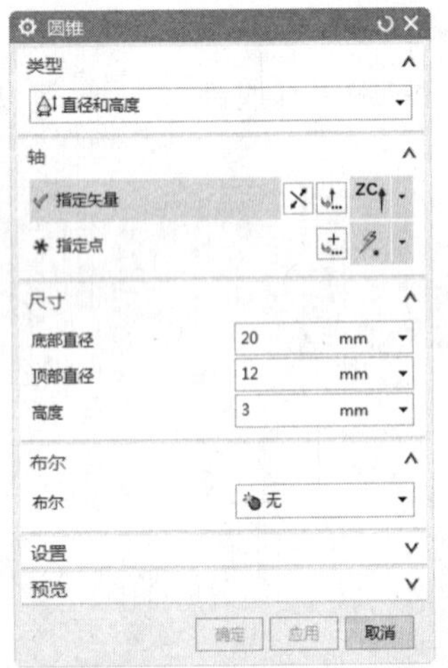

图 6-74 “圆锥”对话框

图 6-75 “点”对话框

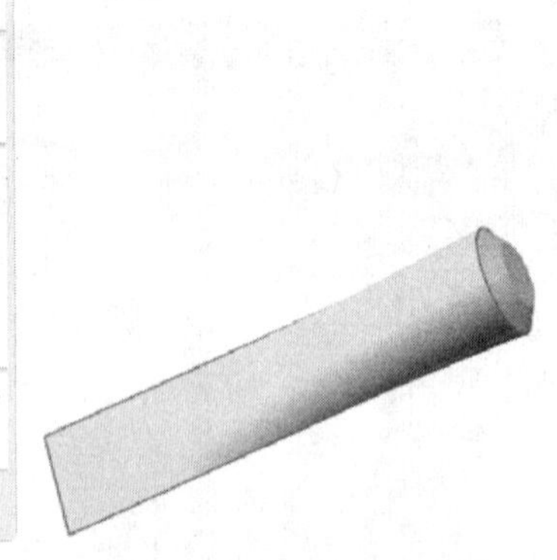

图 6-76 创建圆锥

08 拉伸操作。执行菜单中的“插入”→“设计特征”→“拉伸”命令，或者单击“主页”功能区“特征”组中的“拉伸”图标，弹出如图 6-77 所示的“拉伸”对话框。在“开始”和“结束”的距离中输入 0 和 1，在工作区中选择圆台小端面圆弧曲线，如图 6-78 所示。单击“确定”按钮，完成拉伸操作，如图 6-79 所示。

09 创建凸起。执行菜单中的“插入”→“设计特征”→“凸起”命令，或者单击“主页”功能区“特征”组中的“凸起”按钮，弹出如图 6-80 所示的“凸起”对话框。单击“绘制截面”按钮，弹出“创建草图”对话框，选择面 1 为草图工作面，单击“确定”按钮，进入到草图绘制环境，绘制如图 6-81 所示的草图，单击“完成”图标，返回“凸起”对话框，单击“选择曲线”按钮，选择刚绘制的草图，单击“选择面”按钮，选择面 1，在“几何体”下拉列表框中选择“凸起的面”选项，在“距离”文本框中输入 12，单击“确定”按钮，完成凸起的创建，如图 6-82 所示。

图 6-77　“拉伸”对话框

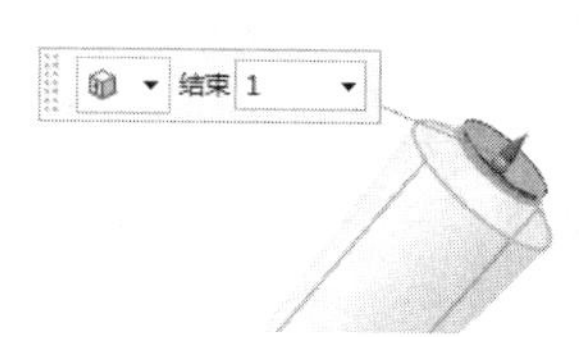

图 6-78　选择拉伸曲线

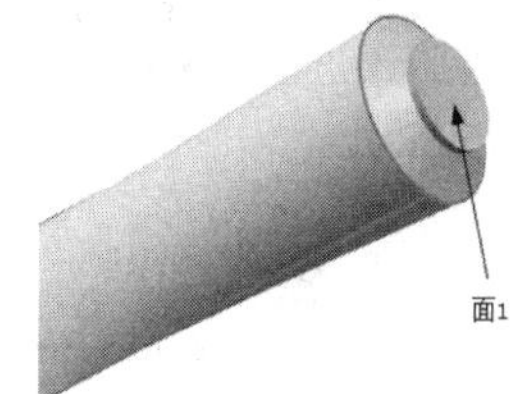

图 6-79　拉伸创建面 1

图 6-80　“凸起”对话框

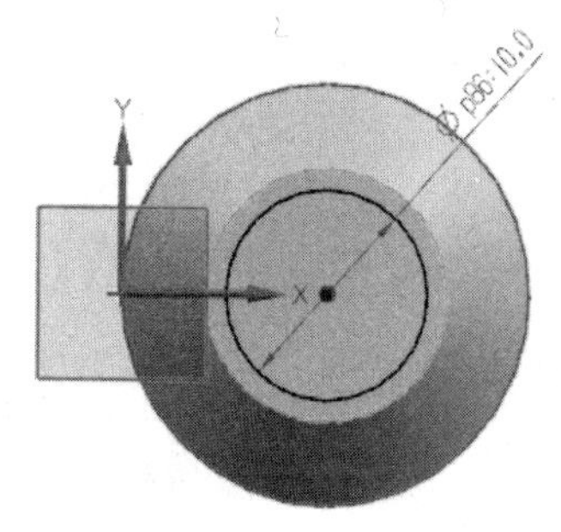

图 6-81　绘制草图

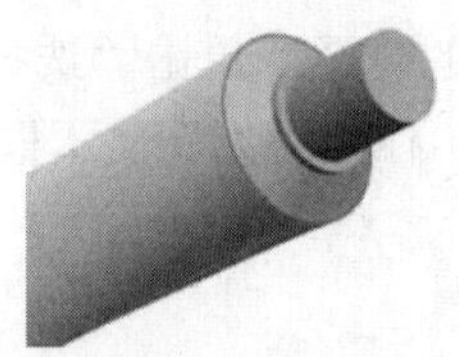

图 6-82　创建凸起

10 隐藏曲面。执行菜单中的“编辑”→“显示和隐藏”→“隐藏”命令，弹出“类选择”对话框。单击“类型过滤器”按钮，弹出如图 6-83 所示的“按类型选择”对话框。选择“片体”类型，单击“确定”按钮，返回“类选择”对话框。单击“全选”按钮，单击“确定”按钮，在工作区中的曲面被隐藏，如图 6-84 所示。

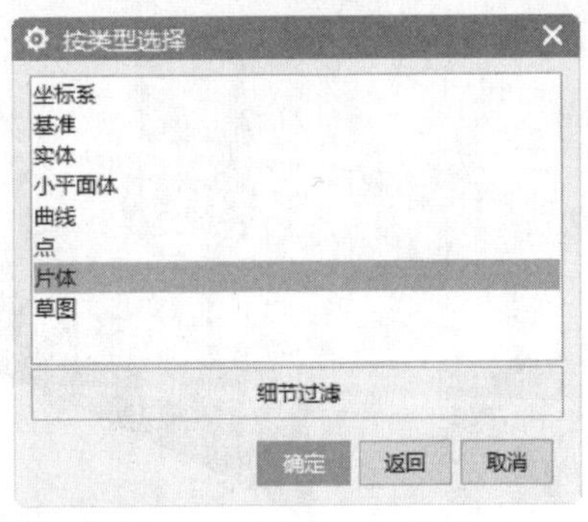

图 6-83　“按类型选择”对话框

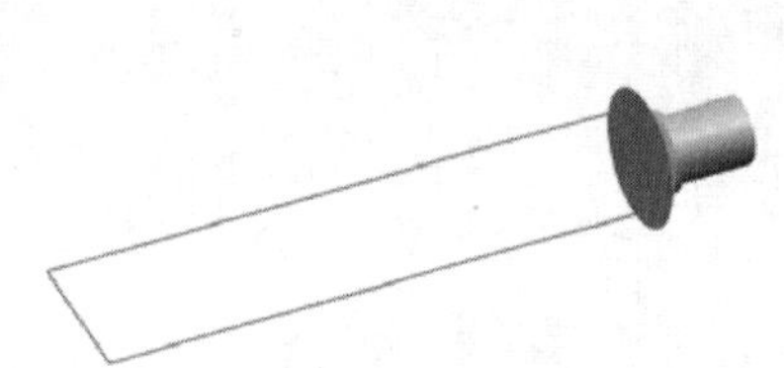

图 6-84　隐藏曲面

11 抽壳操作。执行菜单中的“插入”→“偏置/缩放”→“抽壳”命令，或者单击“主页”功能区“特征”组中的“抽壳”图标，弹出如图 6-85 所示的“抽壳”对话框。在“厚度”文本框中输入 0.2，选择圆台大端面为移除面，如图 6-86 所示。单击“确定”按钮，完成对圆台的抽壳操作，如图 6-87 所示。

12 合并实体。执行菜单中的“插入”→“组合”→“合并”命令，或者单击“主页”功能区“特征”组中“合并”图标，弹出“合并”对话框，将屏幕中所有实体的合并操作。

图 6-85　“抽壳”对话框

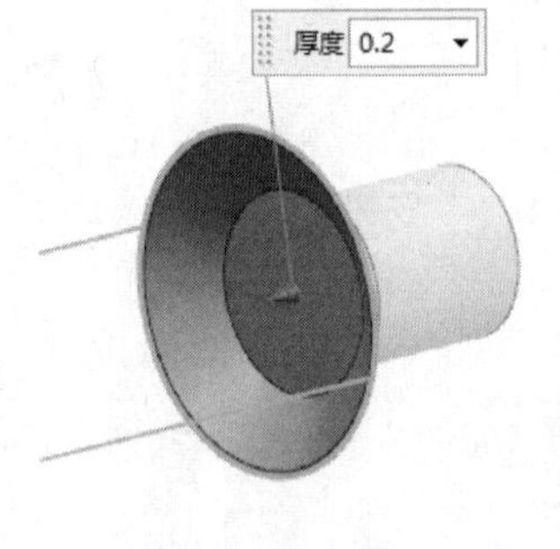

图 6-86　选择移除面

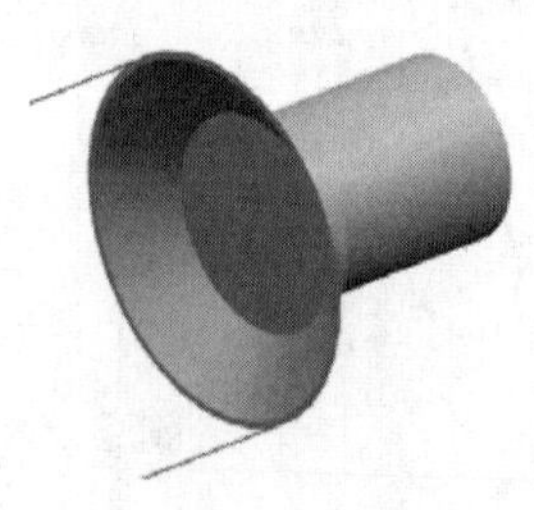

图 6-87　抽壳圆台

13 创建孔。执行菜单中的“插入”→“设计特征”→“孔”命令，或者单击“主页”功能区“特征”组中的“孔”图标，弹出如图 6-88 所示的“孔”对话框。选择“常规孔”类型，选择“简单孔”成形方式，在“直径”“深度”和“顶锥角”文本框中分别输入 6、20、和 0，捕捉圆台上表面圆弧中心为孔位置，单击“确定”按钮，创建孔，如图 6-89 所示。

14 创建螺纹。执行菜单中的“插入”→“设计特征”→“螺纹”命令，或者单击“主页”功能区“特征”组中的“螺纹”图标，弹出如图 6-90 所示的“螺纹切削”对话框。在“螺纹类型”选项组中选择“详细”，用鼠标选择圆柱体最上方的外表面，如图 6-91 所示。激活对话框中各选项，接受系统默认各选项，单击“确定”按钮，完成螺纹的创建，如图 6-92 所示。

15 隐藏实体模型中曲线。执行菜单中的“编辑”→“显示和隐藏”→“全部显示”命令，如图 6-93 所示。将工作中的曲线全部隐藏，牙膏盒创建完成，如图 6-94 所示。

图 6-88　“孔”对话框

图 6-89　创建孔

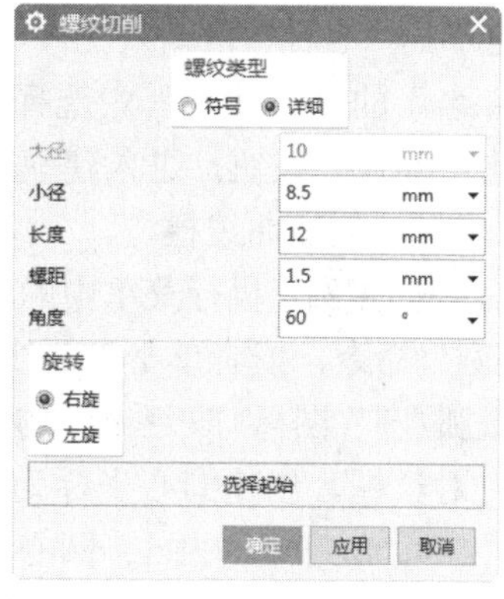

图 6-90　“螺纹切削”对话框

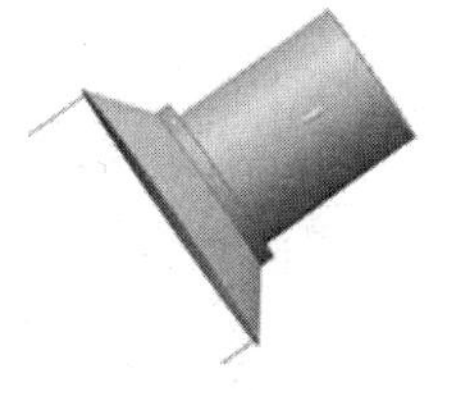

图 6-91　选择螺纹放置面

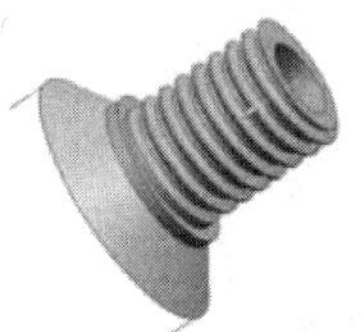

图 6-92　创建螺纹

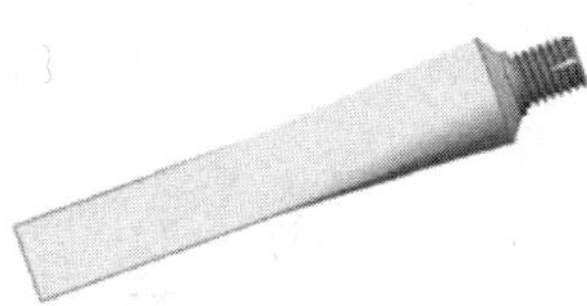

图 6-93　全部显示

图 6-94　创建的牙膏盒

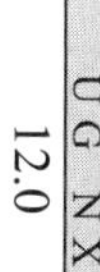

6.12.2 咖啡壶

咖啡壶的创建流程如图 6-95 所示。

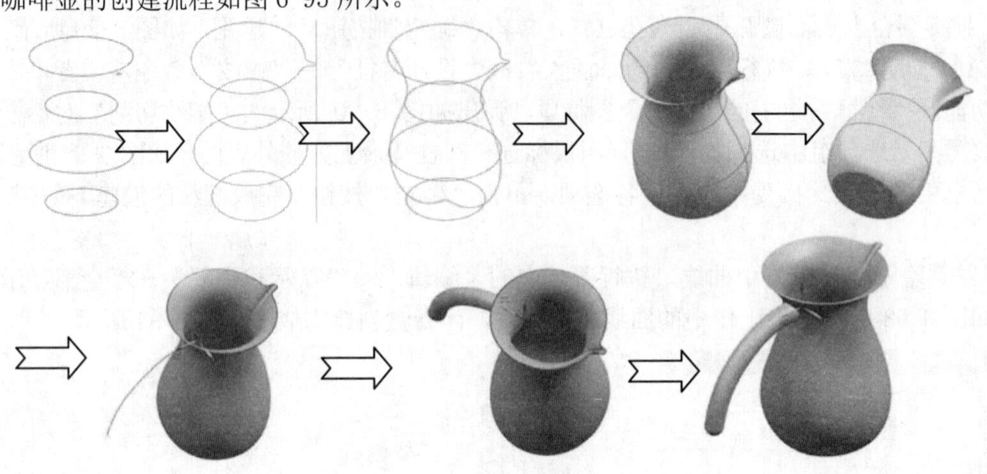

图 6-95 咖啡壶的创建流程

具体操作步骤如下：

01 创建一个新文件。执行菜单中的“文件”→“新建”命令，或者单击“标准”组中的“新建”图标，弹出“新建”对话框。“单位”设置为“毫米”，在“模板”中选择“模型”选项，在“新文件名”的“名称”中输入文件名“kafeihu”，然后在“新文件名”的“文件夹”中选择文件存盘的位置，完成后单击“确定”按钮，进入建模模块。

02 创建曲线模型。

❶创建圆。执行菜单中的“插入”→“曲线”→“圆弧/圆”命令，或者单击“曲线”功能区“曲线”组中的“圆弧/圆”图标，系统弹出如图 6-96 所示的“圆弧/圆”对话框。创建圆心坐标为（0，0，0），通过点坐标为（100，0，0）的圆 1；圆心坐标为（0，0，-100），通过点坐标为（700，0，-100）的圆 2；圆心为（0，0，-200），通过点坐标为（100，0，-200）的圆 3；圆心坐标为（0，0，-300），通过点坐标为（70，0，-300）的圆 4；圆心坐标为（115，0，0），通过点坐标为（120，0，0）的圆 5。创建的曲线模型 1 如图 6-97 所示。

图 6-96 “圆弧/圆”对话框

❷创建圆弧。执行菜单中的“插入”→“曲线”→“圆弧/圆”命令，或者单击“曲线”功能区“曲线”组中的“圆弧/圆”图标，系统弹出如图 6-98 所示的“圆弧/圆”对话框。创建半径为 15 并与圆 1 和圆 5 相切的 2

条圆弧，如图 6-99 所示。

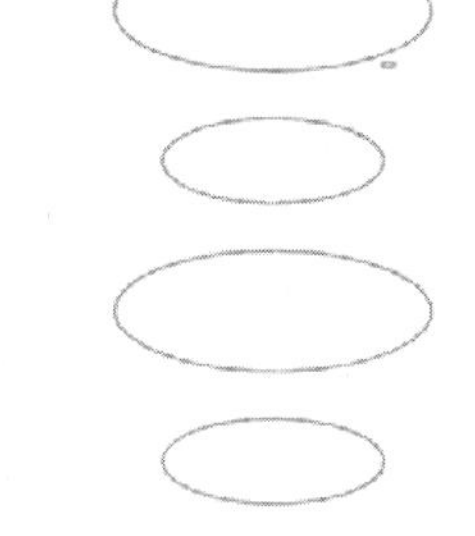

图 6-97　创建曲线模型 1

图 6-98　“圆弧/圆”对话框

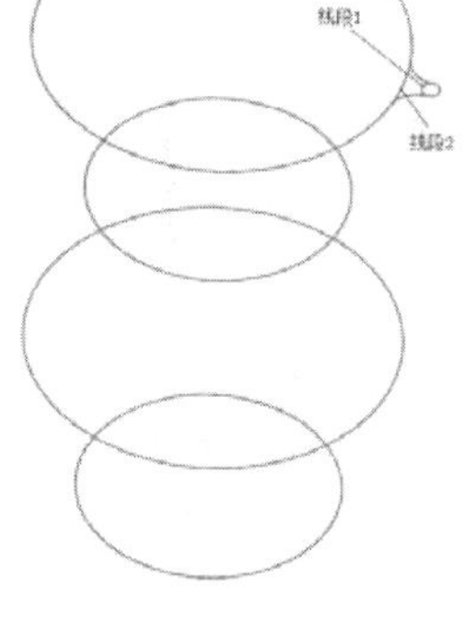

图 6-99　创建圆弧

❸修剪曲线。执行菜单中的“编辑”→“曲线”→“修剪”命令，或者单击“曲线”功能区“编辑曲线”组中的“修剪曲线”图标，系统弹出“修剪曲线”对话框，如图 6-100 所示。选择要修剪的曲线为圆 5，边界对象分别为圆圆弧 1 和圆弧 2，要放弃的区域为线段 1，单击“确定”按钮，完成对圆 5 的修剪。

按照上面的步骤，选择要修剪的曲线为圆 1，边界对象分别为圆弧 1 和圆弧 2，要放弃的区域为线段 2，单击“确定”按钮，完成对圆 1 的修剪，如图 6-101 所示。

03 创建艺术样条。执行菜单中的“插入”→“曲线”→“艺术样条”命令，或者单击“曲线”功能区“曲线”组中的“艺术样条”图标，系统弹出如图 6-102 所示的“艺术样条”对话框。选择“通过点”类型，“次数”为 3，选择通过的点如图 6-103 所示，第 1 点为圆 4 的圆心。第 2 点、3 点、4 点分别为圆 3、圆 2 和圆 1 的象限点。单击“确定”按钮，创建艺术样条 1。

采用相同的方法创建艺术样条 2。选择通过的点如图 6-104 所示。第 1 点为圆 4 的圆心。第 2 点、3 点、4 点分别为圆 3、圆 2 和圆 5 的象限点。单击“确定”按钮，创建艺术样条 2。创建的曲线模型 2，如图 6-105 所示。

04 通过曲线网格创建曲面。执行菜单中的“插入”→“网格曲面”→“通过曲线网格”命令，系统弹出如图 6-106 所示的“通过曲线网格”对话框。选择主曲线和交叉曲线，如图 6-107 所示。其余选项保持默认状态，单击“确定”按钮，通过曲线网格创建曲面如图 6-108 所示

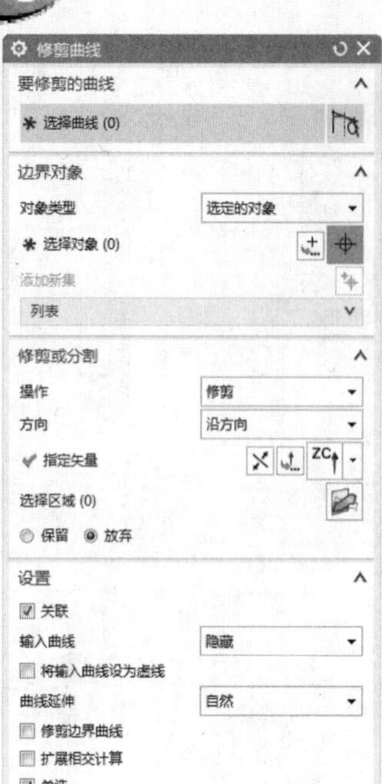

图 6-100　“修剪曲线”对话框

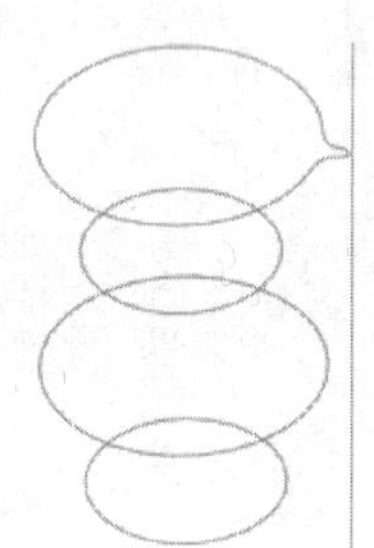

图 6-101　修剪曲线

图 6-102　“艺术样条”对话框

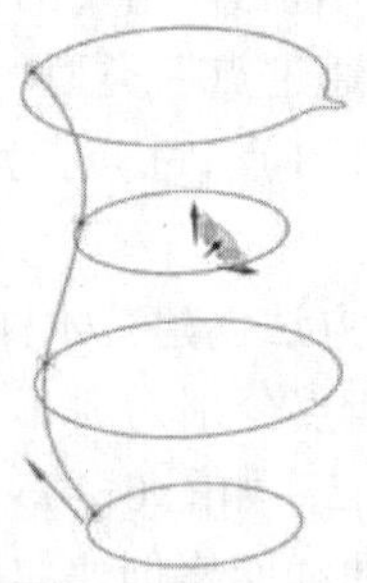

图 6-103　选择艺术样条 1 通过的点

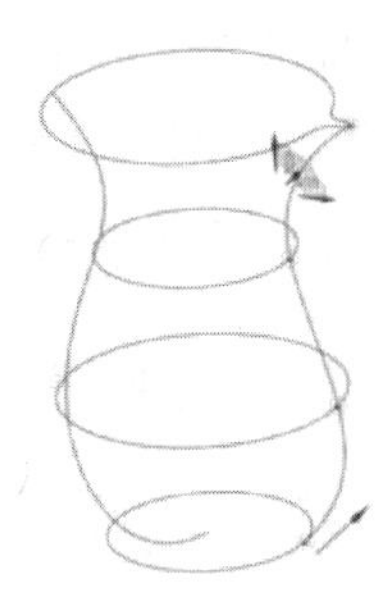

图 6-104　选择艺术样条 2 通过的点

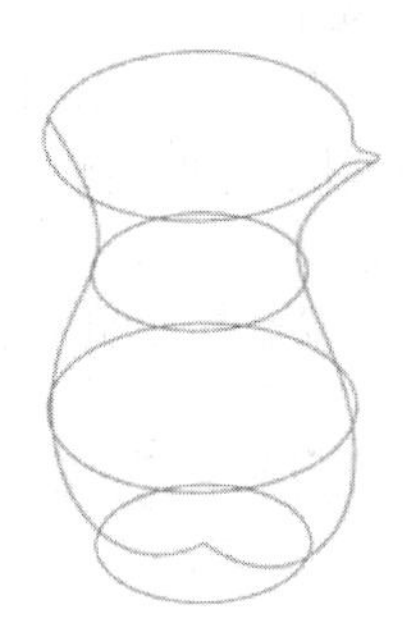

图 6-105　创建曲线模型 2

图 6-106　“通过曲线网格”对话框

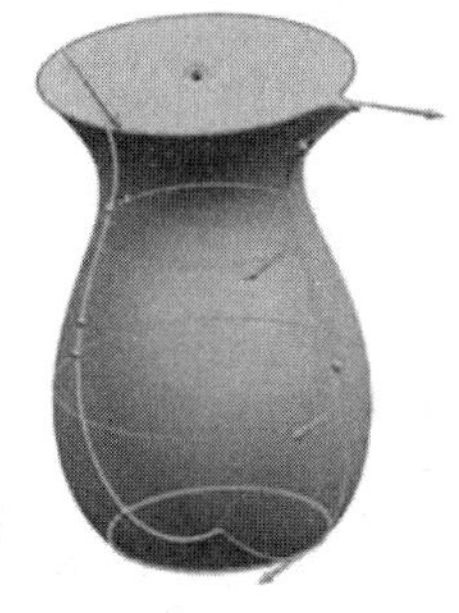

图 6-107　选择主曲线和交叉曲线

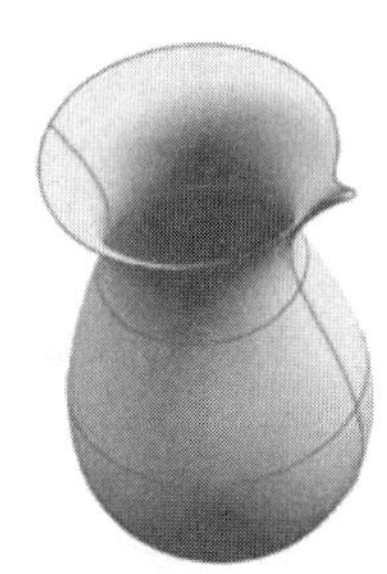

图 6-108　曲面模型

05 创建 N 边曲面。执行菜单中的“插入”→“网格曲面”→“N 边曲面”命令，或者单击“曲面”功能区“曲面”组中的“N 边曲面”图标，系统弹出如图 6-109 所示的“N 边曲面”对话框。选择“类型”为“已修剪”，选择外环为圆 4，单击鼠标中键，其余选项保持默认状态，单击“确定”按钮，创建底部曲面，如图 6-110 所示。

06 修剪曲面。执行菜单中的“插入”→“修剪”→“修剪片体”命令，或者单击“曲面”功能区“曲面操作”组中的“修剪片体”图标，弹出如图 6-111 所示的“修剪片体”对话框。选择 N 边曲面为目标体，选择网格曲面为边界对象，选择“放弃”选项，其余选项保持默认状态，单击“确定”按钮，创建底部曲面，如图 6-112 所示。

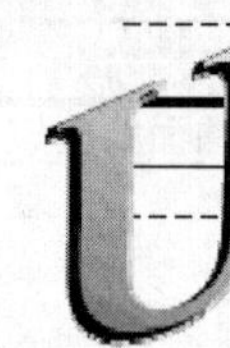

07 创建加厚曲面。执行菜单中的“插入”→“偏置/缩放”→“加厚”命令，或者单击“曲面”功能区“曲面操作”组中“加厚”图标，系统弹出如图 6-113 所示的“加厚”对话框。选择加厚面为曲线网格曲面和修剪的底部曲面，“偏置 1”设置为 2，“偏置 2”设置为 0，单击“确定”按钮，创建加厚曲面，如图 6-114 所示。

图 6-109　“N 边曲面”对话框

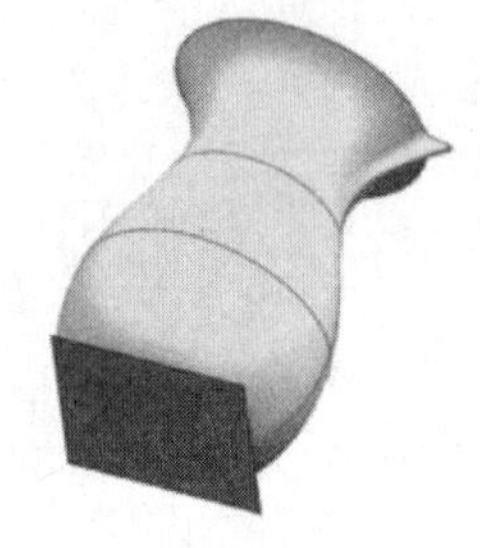

图 6-110　创建底部曲面

图 6-111　“修剪片体”对话框

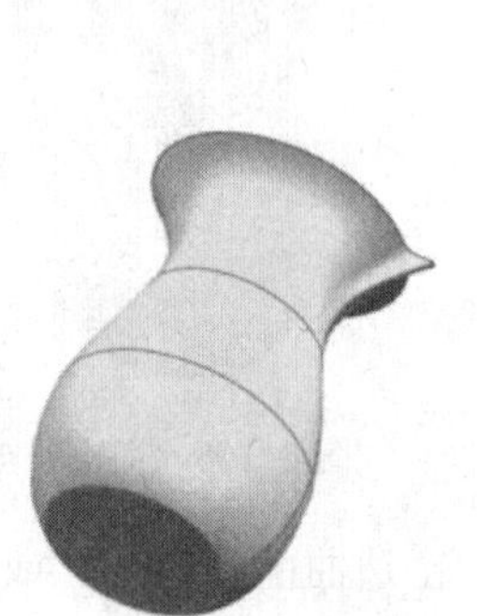

图 6-112　修剪底部曲面

图 6-113　“加厚”对话框

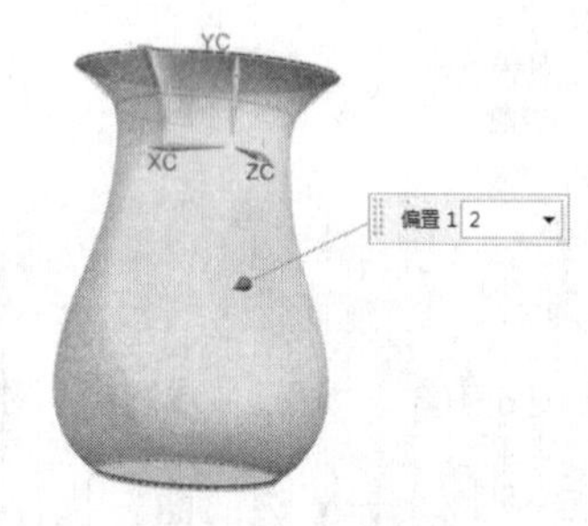

图 6-114　创建加厚曲面

08 创建壶把手曲线模型。

❶隐藏片体。执行菜单中的“编辑”→“显示和隐藏”→“隐藏”命令，系统弹出“类选择”对话框。单击“类型过滤器”按钮，系统弹出“按类型选择”对话框。选择“片体”单击“确定”按钮；单击“全选”按钮。单击“确定”按钮，片体被隐藏，如图 6-115 所示。

❷改变 WCS。执行菜单中的“格式”→“WCS”→“旋转”命令，弹出如图 6-116 所示的

“旋转 WCS 绕”对话框。选择“+XC 轴：YC→ZC”选项，设置“角度”为 90，单击“确定”按钮，将绕 XC 轴旋转 YC 轴到 ZC 轴，如图 6-117 所示。

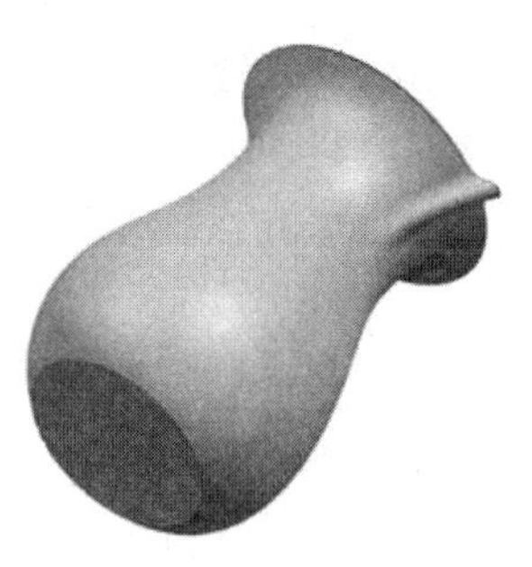

图 6-115　隐藏片体

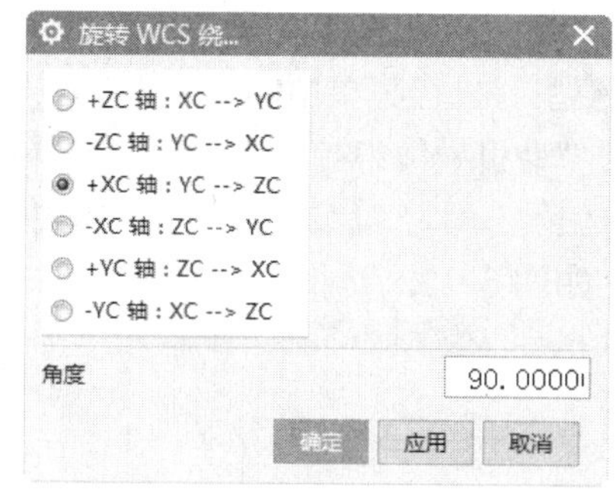

图 6-116　“旋转 WCS 绕”对话框

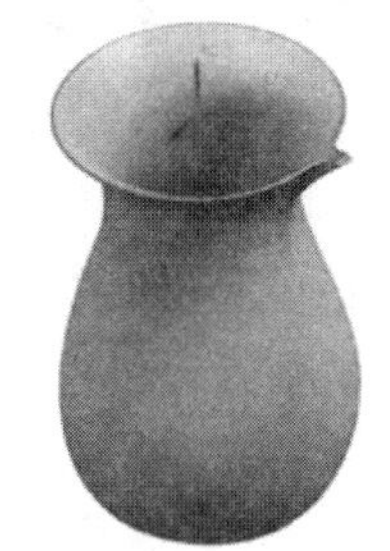

图 6-117　旋转坐标系 1

❸创建壶把手艺术样条。执行菜单中的“插入”→“曲线”→“艺术样条”命令，系统弹出如图 6-118 所示的“艺术样条”对话框。在“类型”下拉列表框中选择“通过点”，“次数”为 3，其他保持系统默认选项，单击“点对话框”按钮，弹出“点”对话框。设置艺术样条通过点，分别为（−50，−48，0）、（−98，−48，0）、（−167，−77，0）、（−211，−120，0）、（−238，−188，0），单击“确定”按钮，创建壶把手艺术样条，如图 6-119 所示。

❹改变 WCS。执行菜单中的“格式”→“WCS”→“原点”命令，弹出“点”对话框，捕捉壶把手艺术样条的端点，将坐标系移动到颜色样条的端点。执行菜单中的“格式”→“WCS”→“旋转”命令，弹出“旋转 WCS 绕”对话框。选择“-YC 轴：XC→ ZC”选项，设置“角度”为 90，单击“确定”按钮，绕 YC 轴旋转 XC 轴到 ZC 轴，如图 6-120 所示。

UG NX 12.0

图 6-118　“艺术样条”对话框

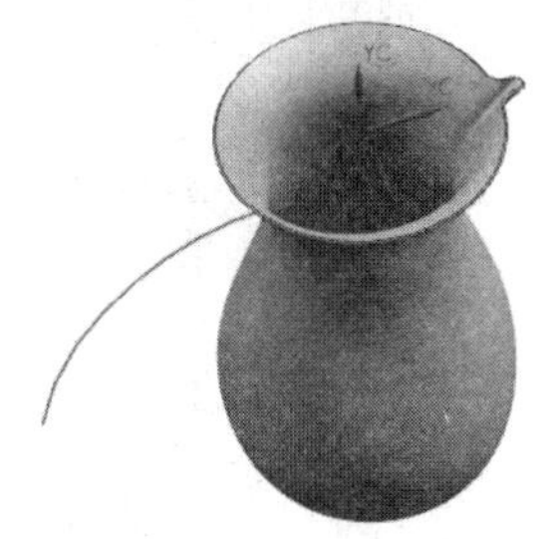

图 6-119　创建壶把手艺术样条

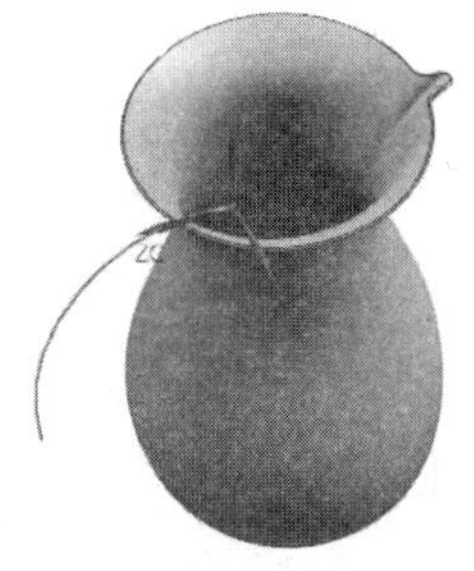

图 6-120　旋转坐标系 2

❺创建圆。执行菜单中的“插入”→“曲线”→“圆弧/圆”命令，或者单击“曲线”功能区“曲线”组中的“圆弧/圆”图标，系统弹出“圆弧/圆”对话框。创建圆心坐标为（0，0，0）并通过点坐标为（16，0，0）的圆，如图 6-121 所示。

09 创建壶把手实体模型。执行菜单中的“插入”→“扫掠”→“沿引导线扫掠”命令，系统弹出如图 6-122 所示的“沿引导线扫掠”对话框。选择圆 6 为截面曲线，选择壶把手艺术样条为引导曲线，在“第一偏置”和“第二偏置”文本框中分别输入 0，单击“确定”按钮，扫掠创建壶把手实体模型，如图 6-123 所示。

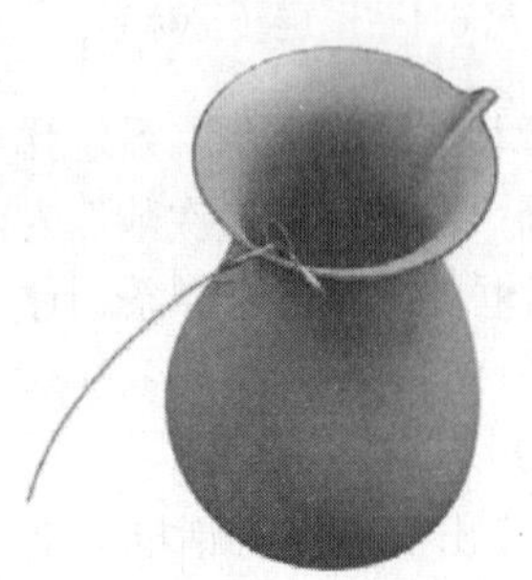

图 6-121 创建圆

图 6-122 “沿引导线扫掠”对话框

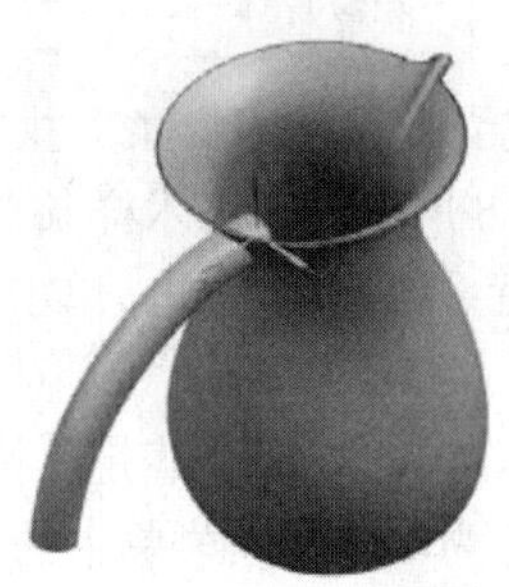

图 6-123 扫掠创建壶把手实体模型

10 修剪壶把手。

❶隐藏曲线。执行菜单中的“编辑”→“显示和隐藏”→“隐藏”命令，系统弹出“类选择”对话框。单击“类型过滤器”按钮，系统弹出“按类型选择”对话框。选择“曲线”选项后单击“确定”按钮，返回“类选择”对话框。单击“全选”按钮，单击“确定”按钮，曲线被隐藏，显示实体，如图 6-124 所示。

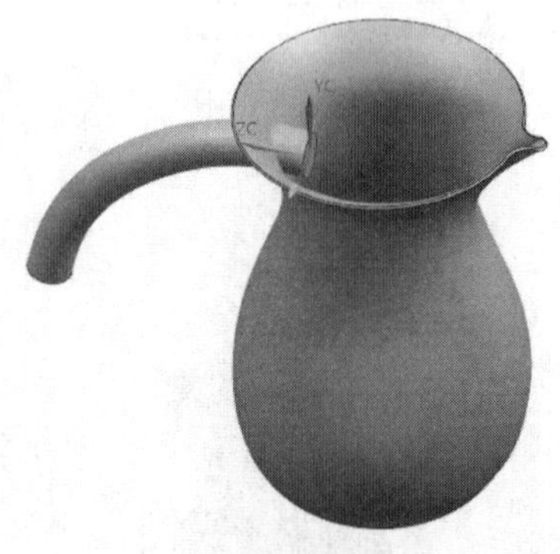

图 6-124 显示实体

❷修剪体。执行菜单中的“插入”→“修剪”→“修剪体”命令，或者单击“曲面”功能区“曲面操作”组中的“修剪体”图标，系统弹出如图 6-125 所示的“修剪体”对话框。

首先选择目标体，在工作区中选择扫掠实体壶把手，单击鼠标中间；然后选择工具，提示行中的“面规则”设置为单个面，选择咖啡壶外表面；修剪方向指向咖啡壶内侧，如图 6-126 所示。单击“确定”按钮，创建修剪体，如图 6-127 所示。

图 6-125　“修剪体”对话框

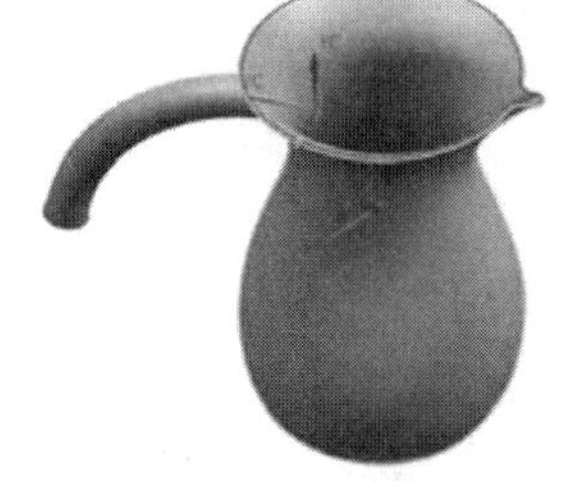

图 6-126　修剪方向

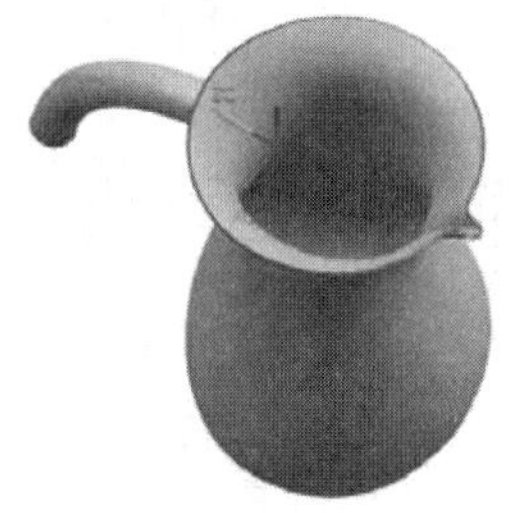

图 6-127　创建修剪体

11 创建球体。执行菜单中的“插入”→“设计特征”→“球”命令，系统弹出如图 6-128 所示的“球”对话框。选择“中心点和直径”类型，设置“直径”为 32；单击“点对话框”按钮，弹出“点”对话框。设置圆心坐标为（0，-140，188），连续单击“确定”按钮，创建球体，如图 6-129 所示。

图 6-128　“球”对话框

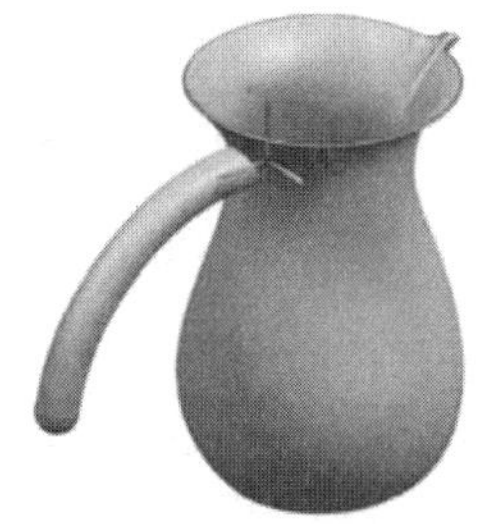

图 6-129　创建球体

12 合并操作。执行菜单中的“插入”→“组合”→“合并”命令，或者单击“主页”功能区“特征”组中的“合并”图标，系统弹出如图 6-130 所示的“合并”对话框。选择目标体为壶把手实体，选择工具体为球实体和壶实体，单击“确定”按钮，完成咖啡壶的创建，如图 6-131 所示。

图 6-130 “合并”对话框

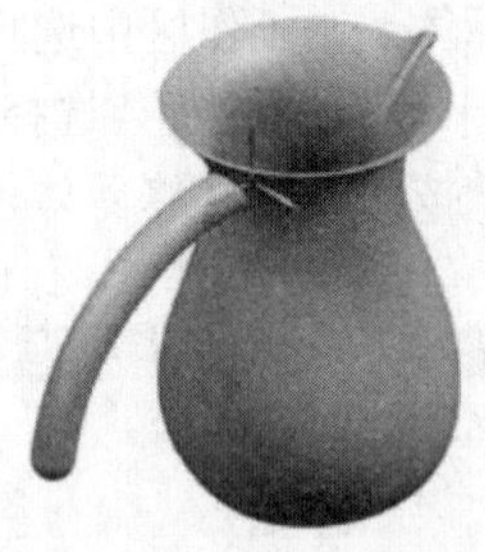

图 6-131 最终模型

6.12.3 鞋子

鞋子的创建流程如图 6-132 所示。

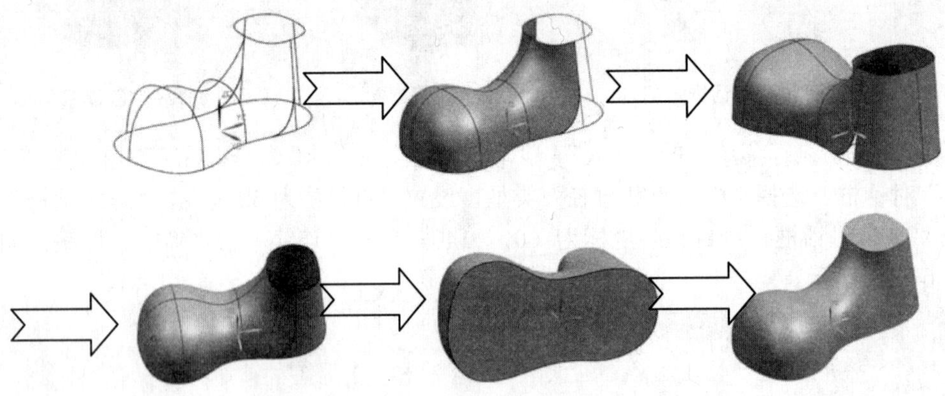

图 6-132 鞋子的创建流程

具体操作步骤如下：

01 打开鞋子曲线文件。执行菜单中的“文件”→“打开”命令，或者单击“标准”组中的“打开”图标，打开文件 xiezi.prt，进入建模模块，如图 6-133 所示。

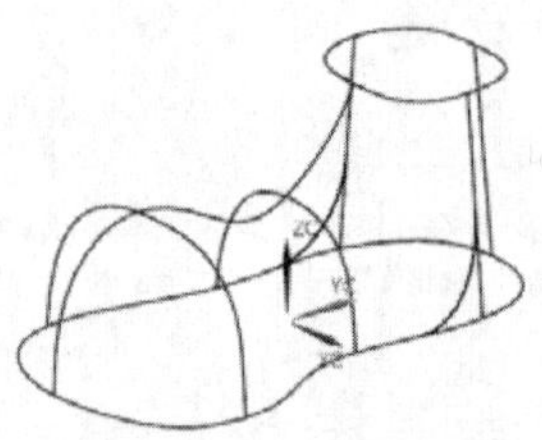

图 6-133 鞋子曲线

02 创建鞋子的前部曲面。执行菜单中的“插入”→“网格曲面”→“通过曲线网格”命令，或者单击“曲面”功能区“曲面”组中的“通过曲线网格”图标，系统弹出如图 6-134 所示的“通过曲线网格”对话框。选择主曲线，单击“端点”按钮，选择主曲线 1 如图 6-135

所示，单击鼠标中键，选择主曲线 2、3、4，如图 6-136 所示。选择交叉曲线 1 如图 6-137 所示。“连续性”设置如图 6-138 所示。其余选项设置保持默认值，单击“确定”按钮，创建鞋子的前部，如图 6-139 所示。

图 6-134　“通过曲线网格”对话框

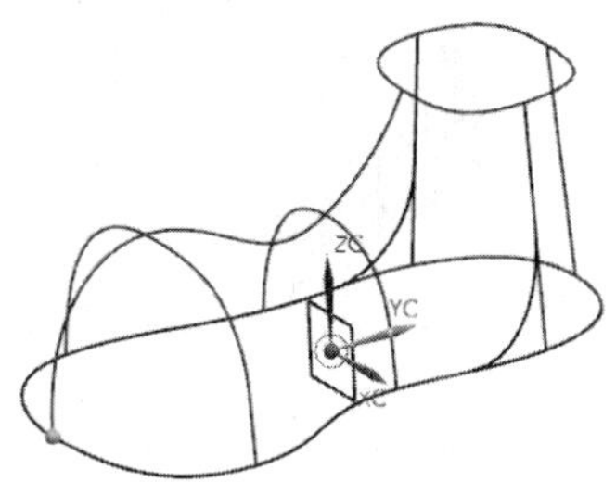

图 6-135　选择主曲线 1

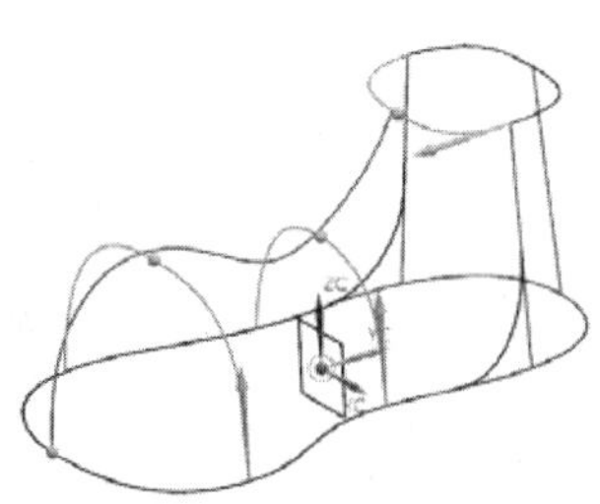

图 6-136　选择主曲线 2、3 和 4

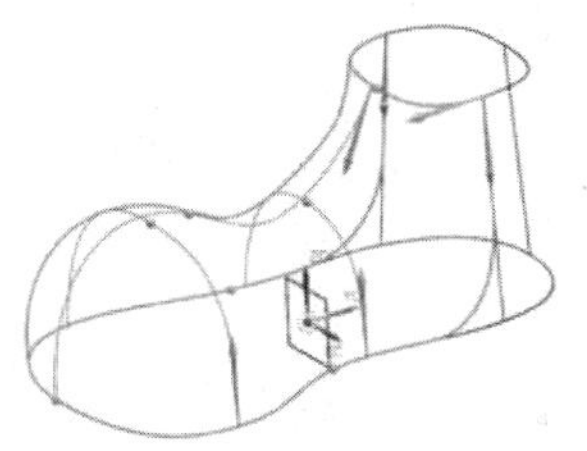

图 6-137　选择交叉曲线 1

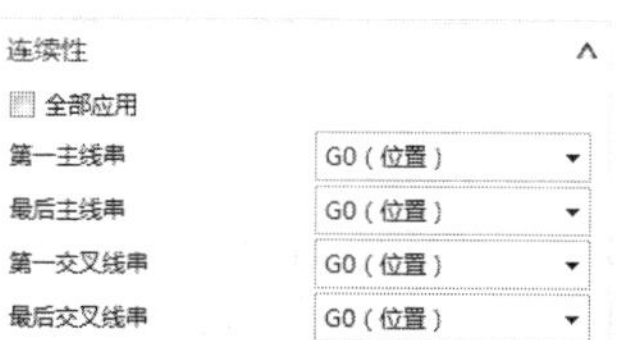

图 6-138　“连续性”设置

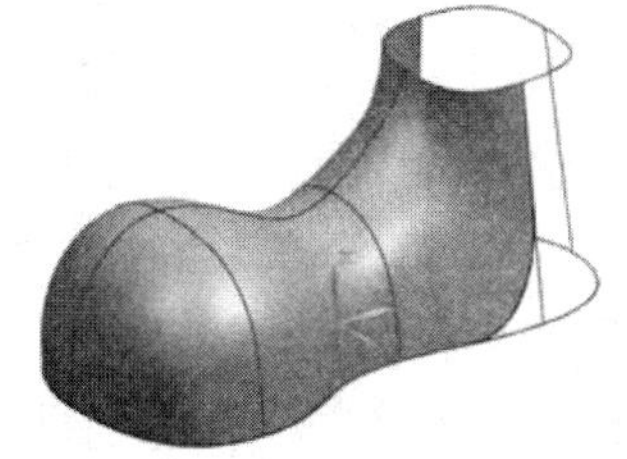

图 6-139　创建鞋子的前部曲面

03 创建鞋子的后部曲面。执行菜单中的“插入”→“网格曲面”→“通过曲线网格”命令，或者单击“曲面”功能区“曲面”组中的“通过曲线网格”图标，系统弹出“通过曲线网格”对话框。选择主曲线 5，如图 6-140 所示，单击鼠标中键，选择交叉曲线 2，如图 6-141 所示，其余选项设置保持默认值，单击“确定”按钮，创建鞋子的后部曲面，如图 6-142 所示。

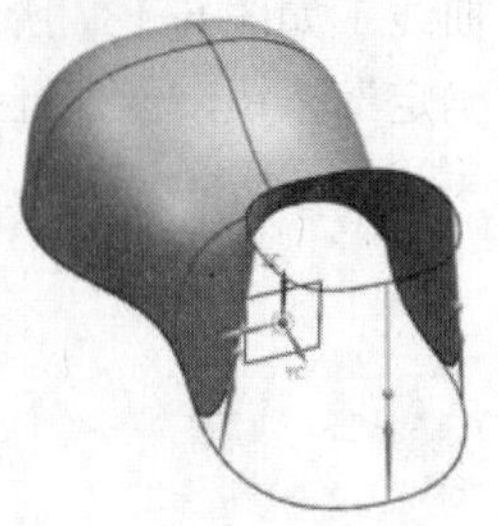
图 6-140　选择主曲线 5

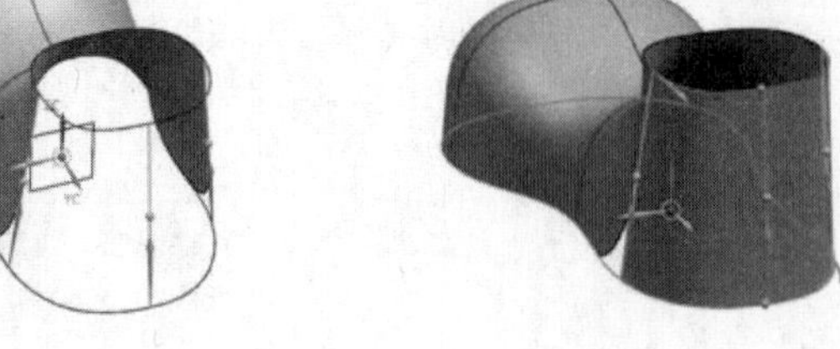
图 6-141　选择交叉曲线 2

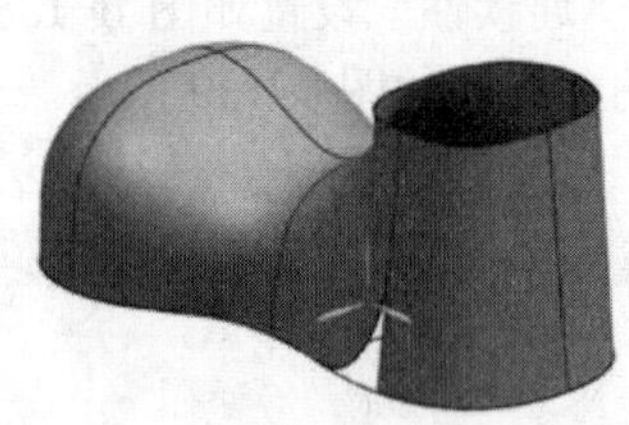
图 6-142　选择鞋子的后部曲面

04 创建鞋子的中部曲面。

❶创建桥接线。执行菜单中的“插入”→“曲线”→“直线和圆弧”→“直线（点-XYZ）”命令，或者单击“曲线”功能区“直线和圆弧”组中的“直线（点-XYZ）”图标，系统弹出如图 6-143 所示的“直线（点-XYZ）”对话框。单击“选择条”中的“点在曲线上”按钮，创建直线 1，如图 6-144 所示。采用同样的方法创建直线 2，如图 6-145 所示。

图 6-143　“直线（点-XYZ）”对话框

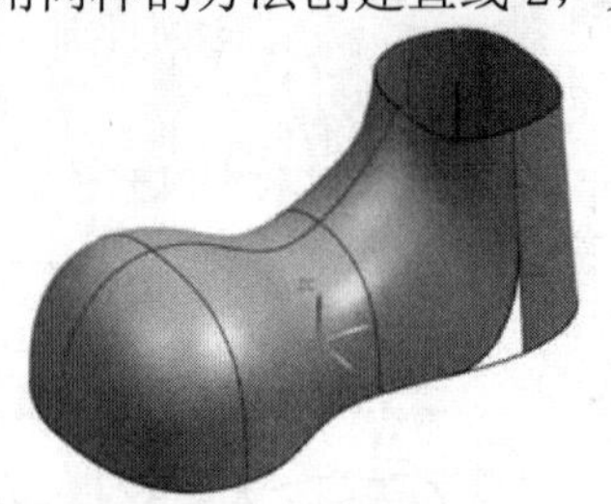
图 6-144　创建直线 1

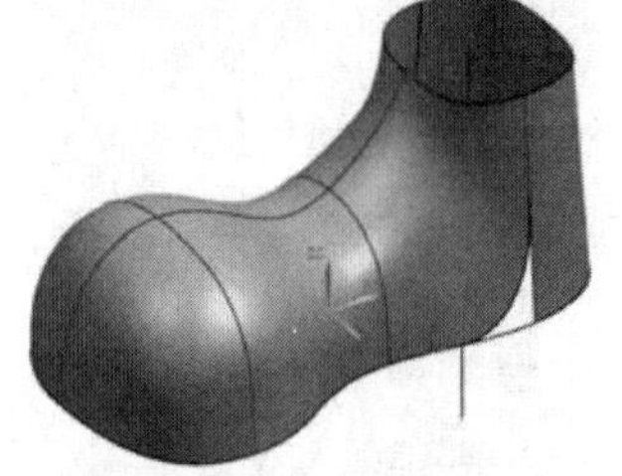
图 6-145　创建直线 2

执行菜单中的“插入”→“派生曲线”→“桥接”命令，或者单击“曲线”功能区“派生曲线”组中的“桥接曲线”图标，系统弹出如图 6-146 所示的“桥接曲线”对话框。“起始对象”选择“截面”，“终止对象”也选择“截面”。曲线选择如图 6-147 所示。在“连接”→“开始”→“连续性”下拉列表框中选择“G1（相切）”选项，其他为默认设置。单击“确定”按钮，创建的桥接曲线如图 6-148 所示。

❷修剪片体。执行菜单中的“插入”→“修剪”→“修剪片体”命令，或者单击“曲面”功能区“曲面操作”组中的“修剪片体”图标，系统弹出如图 6-149 所示的“修剪片体”对话框。选择目标片体，如图 6-150 所示。单击鼠标中键，进行边界对象选择。选择上一步骤创建的桥接曲线作为修剪片体的边界，如图 6-151 所示。单击“确定”按钮，完成片体的修剪，如图 6-152 所示。

❸隐藏曲线。左键单击选择图 6-153 所示的将要被隐藏的曲线，然后执行菜单中的“编辑”→“显示和隐藏”→“隐藏”命令，或按住 Ctrl+B 键。选择的曲线被隐藏，如图 6-154 所示。

❹构建通过曲线网格曲面。执行菜单中的“插入”→“网格曲面”→“通过曲线网格”命令，或者单击“曲面”功能区“曲面”组中的“通过曲线网格”图标，系统弹出“通过曲线网格”对话框。选择主曲线 6，如图 6-155 所示。选择交叉曲线 3，如图 6-156 所示。

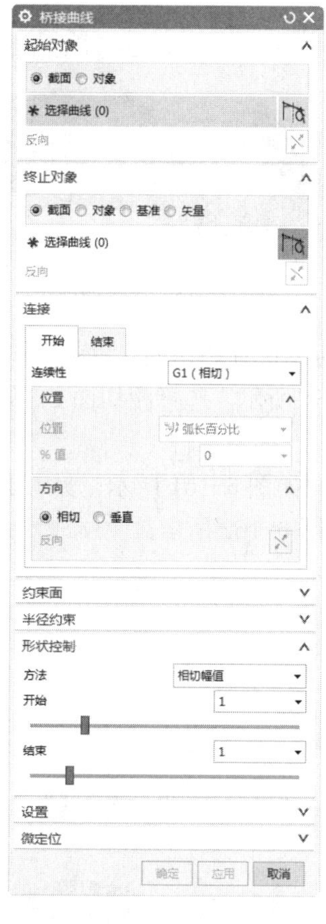

图 6-146　“桥接曲线”对话框

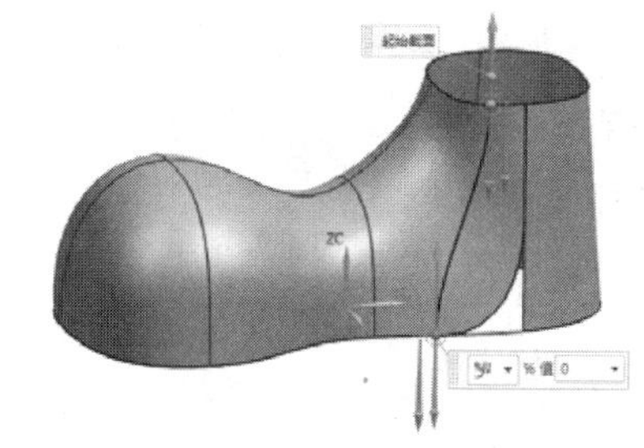

图 6-147　选择起始对象和终止对象

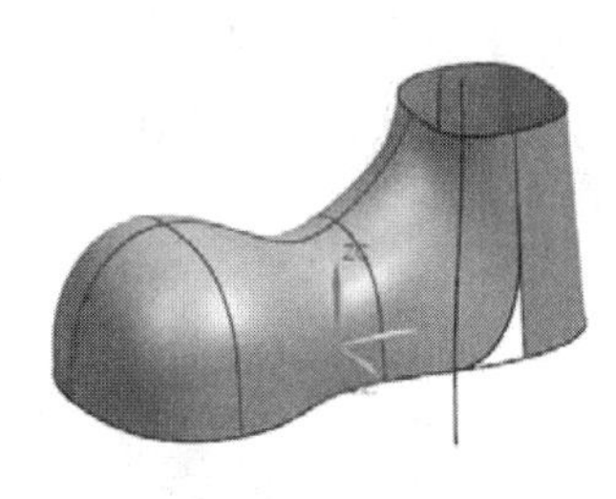

图 6-148　创建的桥接曲线

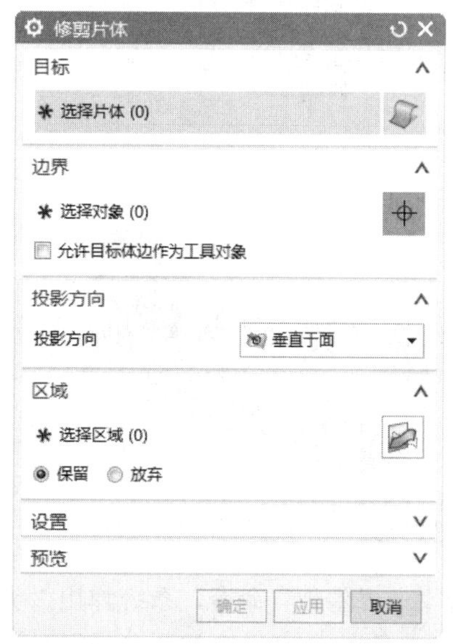

图 6-149　“修剪片体”对话框

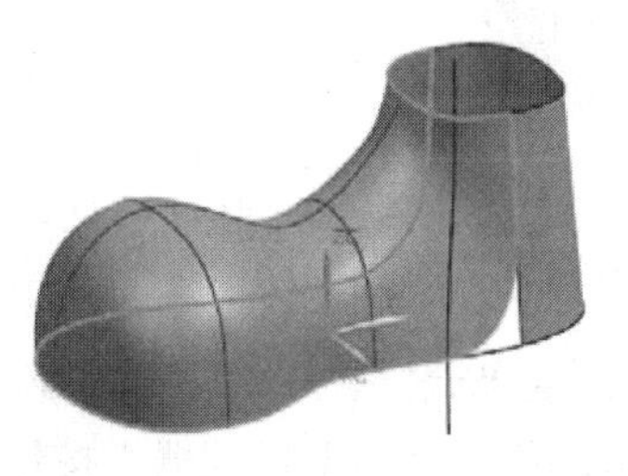

图 6-150　选择目标片体

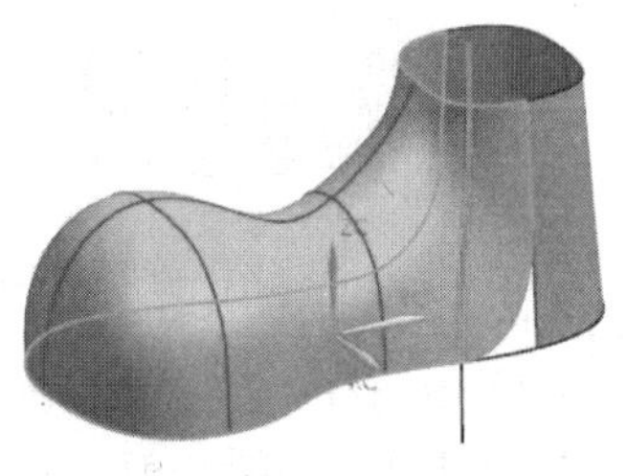

图 6-151 选择边界对象

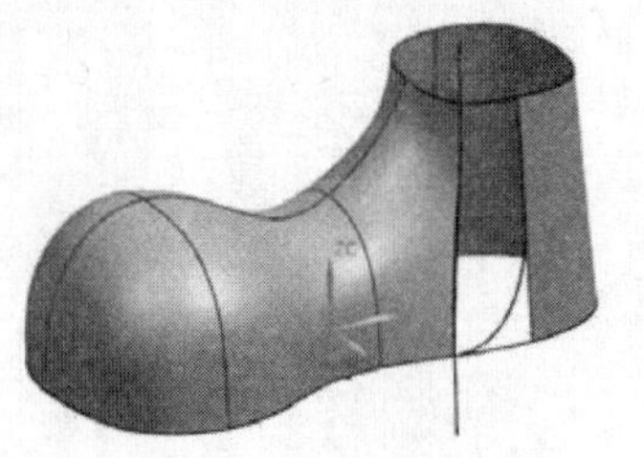
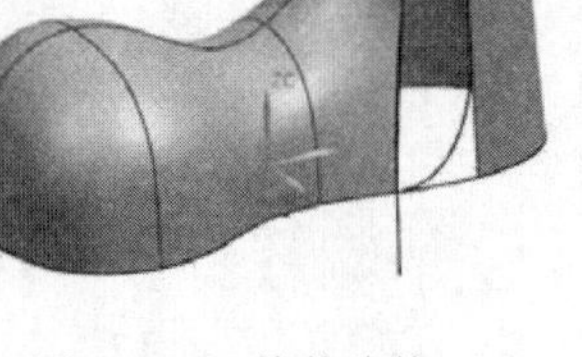

图 6-152　修剪片体　　图 6-153　选择要隐藏的曲线 1　　图 6-154　隐藏曲线 1

“第一主线串”的连续性设置为“G1（相切）”，如图 6-157 所示；选择相切面 1，如图 6-158 所示。“第二主线串”的连续性设置也为“G1（相切）”，如图 6-159 所示，选择相切面 2，如图 6-160 所示。

其余选项保持为默认值，单击“确定”按钮，创建的网格曲面如图 6-161 所示。另一面中间部位曲面的创建方法同上，最后完成鞋子中部曲面的创建，如图 6-162 所示。

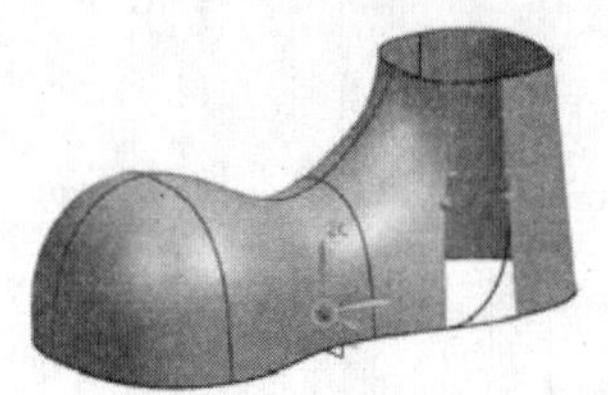

图 6-155　选择主曲线 6

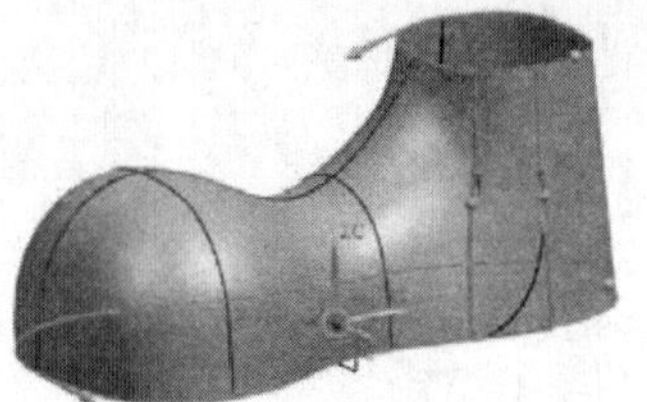

图 6-156　选择交叉曲线 3

连续性	
全部应用	
第一主线串	G1（相切）
✱ 选择面 (0)	
最后主线串	G0（位置）
第一交叉线串	G0（位置）
最后交叉线串	G0（位置）

图 6-157　“第一主线串”的连续性设置

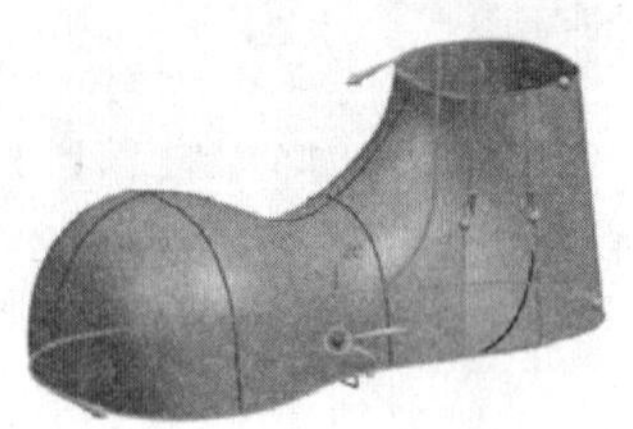

图 6-158　选择相切面 1

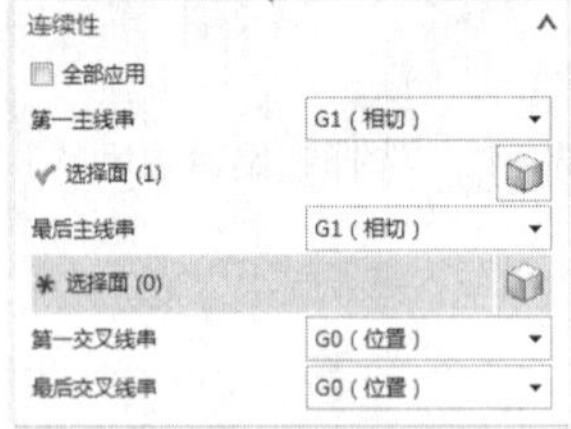

连续性	
全部应用	
第一主线串	G1（相切）
✔ 选择面 (1)	
最后主线串	G1（相切）
✱ 选择面 (0)	
第一交叉线串	G0（位置）
最后交叉线串	G0（位置）

图 6-159　“第二主线串”的连续性设置

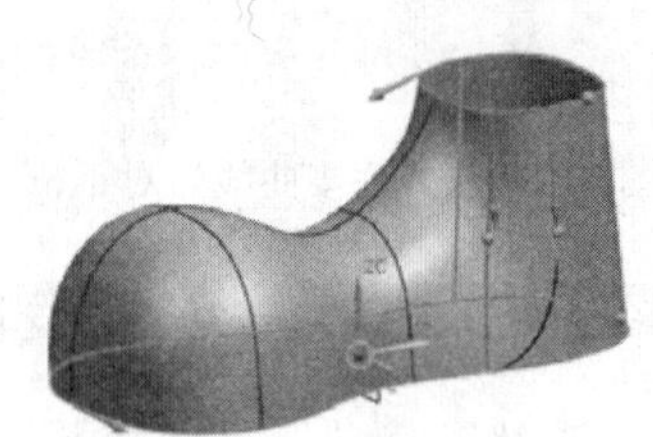

图 6-160　选择相切面 2

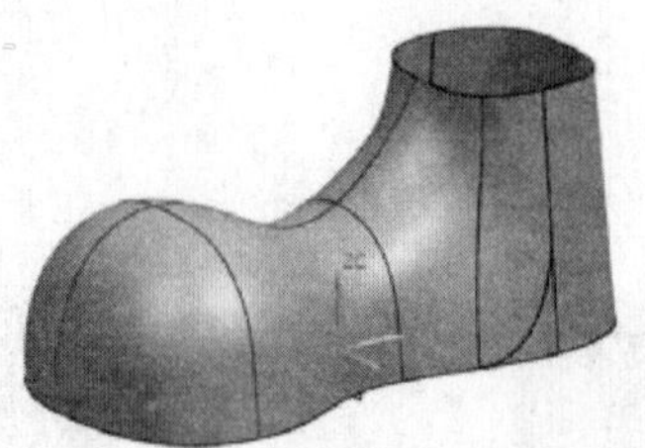

图 6-161　创建的曲线网格曲面

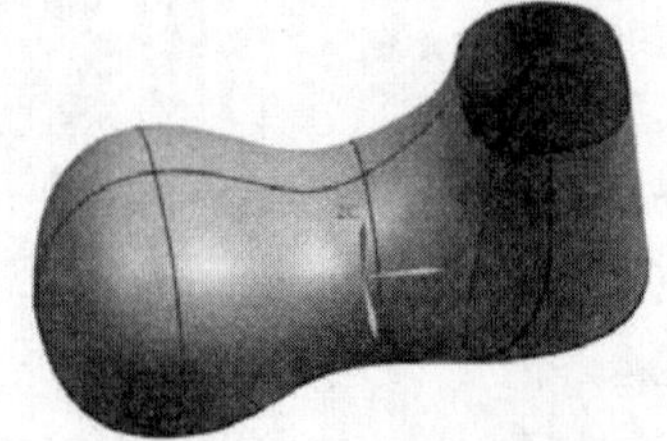

图 6-162　创建鞋子的中部曲面

05 隐藏曲线。执行菜单中的“编辑”→“显示和隐藏”→“隐藏”命令，系统弹出“类选择”对话框，如图 6-163 所示。单击“类型过滤器”按钮，系统弹出“按类型选择”对话框如图 6-164 所示，选择“曲线”并单击“确定”按钮，单击“全选”按钮。单击“确定”按钮，鞋子的曲线被隐藏，如图 6-165 所示。

图 6-163　“类选择”对话框

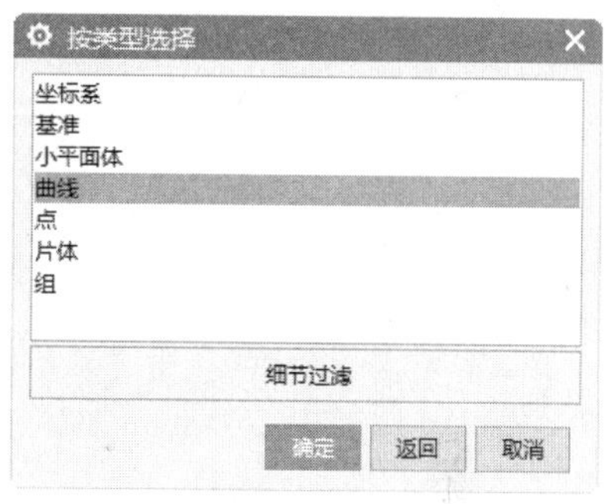

图 6-164　“按类型选择”对话框

06 创建鞋子的底部曲面。

❶连接底部曲线。执行菜单中的→“插入”→“派生曲线”→“复合曲线”命令，或者单击“曲线”功能区“派生曲线”库中的“复合曲线”图标，系统弹出如图 6-166 所示的“复合曲线”对话框。选择鞋子的底部曲线为要复合的曲线，如图 6-167 所示。单击“确定”按钮，创建复合曲线。

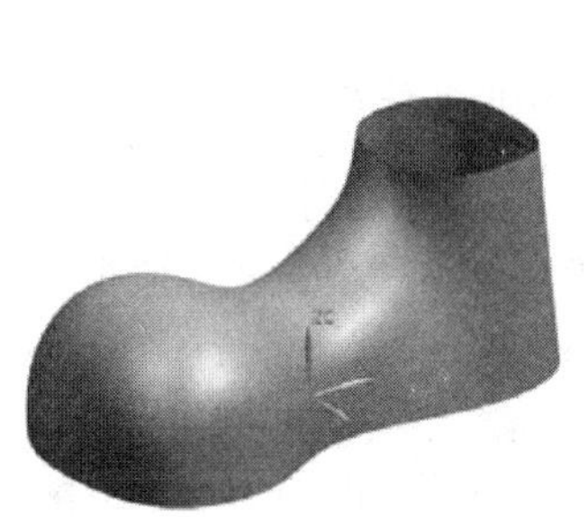

图 6-165　隐藏鞋子的曲线

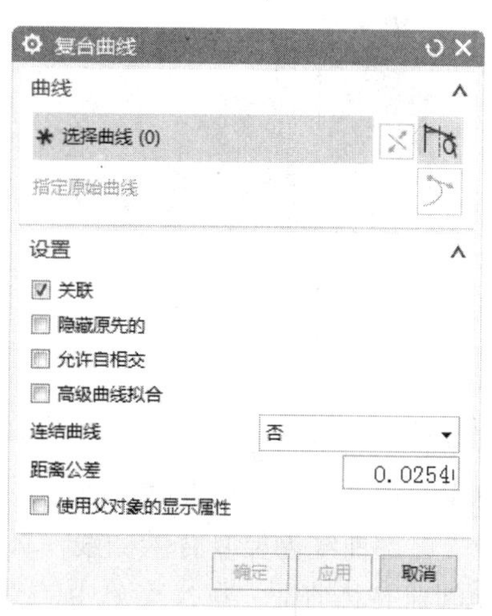

图 6-166　“复合曲线”对话框

❷创建N边曲面。执行菜单中的“插入”→“网格曲面”→“N边曲面”命令，或者单击“曲面”功能区“曲面”组中的“N边曲面”图标，系统弹出如图6-168所示的“N边曲面”对话框。选择“已修剪”类型，选择图6-169所示的底部曲线为外环，“UV方向”选择“区域”，勾选“设置”选项组中的“修剪到边界”复选框，其余选项保持默认值。单击“确定”按钮，创建鞋子的底部曲面，如图6-170所示。

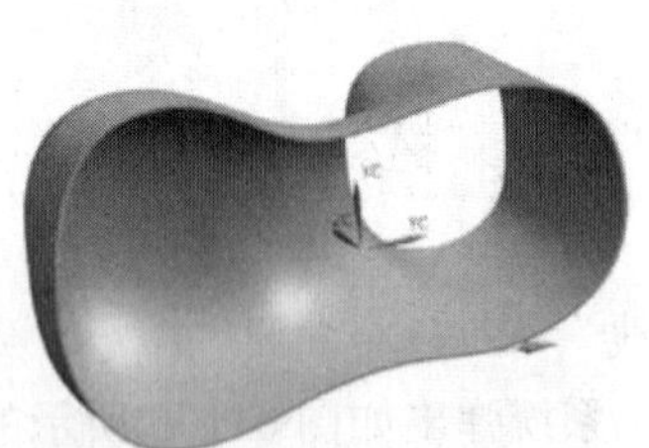

图6-167 选择要复合的曲线1

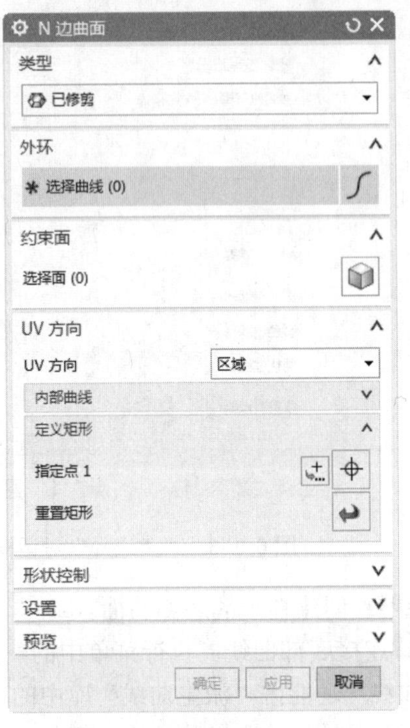

图6-168 “N边曲面”对话框

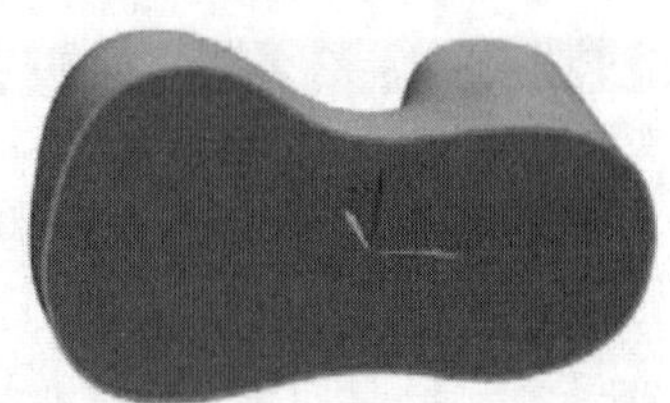

图6-169 选择外环曲线1

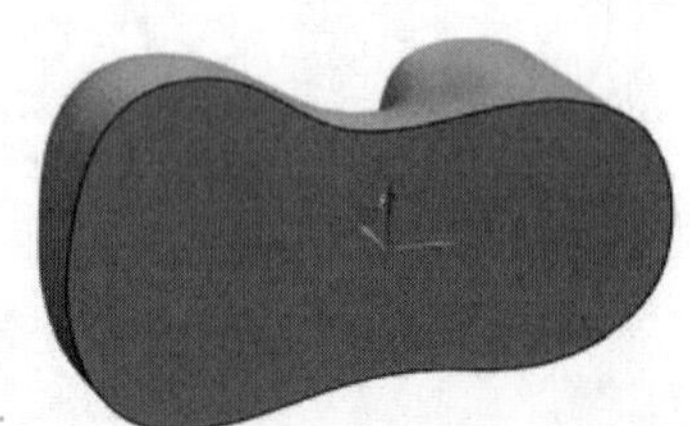

图6-170 创建鞋子的底部

07 创建鞋子的上部曲面。

❶连接上部曲线。执行菜单中的→“插入”→“派生曲线”→“复合曲线”命令，或者单击“曲线”功能区“派生曲线”库中的“复合曲线”图标，系统弹出“复合曲线”对话框。选择鞋子上部曲线为要复合的曲线，如图6-171所示。单击“确定”按钮，创建复合曲线。

❷创建N边曲面。执行菜单中的“插入”→“网格曲面”→“N边曲面”命令，或者单击“曲面”功能区“曲面”组中的“N边曲面”图标，系统弹出“N边曲面”对话框。选择“已修剪”类型，选择图6-172所示的上部曲线为外环，“UV方向”选择“区域”，其余选项保持默

认值。单击“确定”按钮，创建鞋子的上部曲面，如图6-173所示。

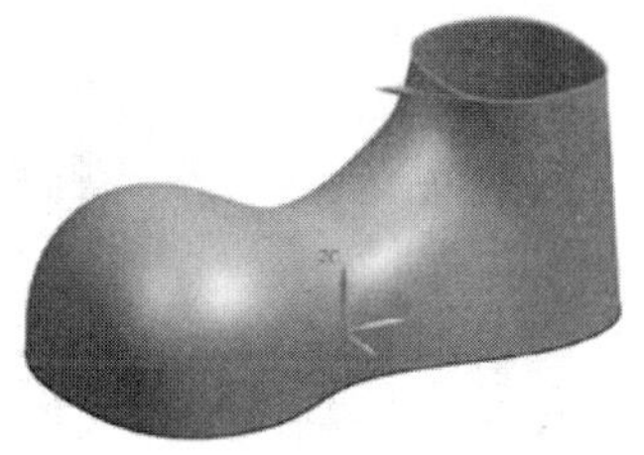

图6-171　选择要复合的曲线2

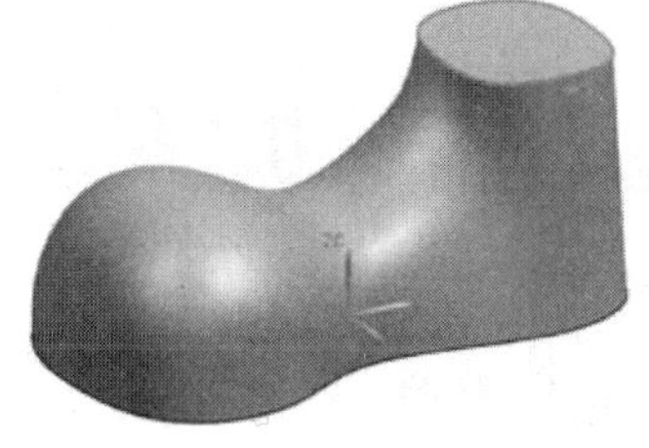

图6-172　选择外环曲线2

08 缝合曲面。

❶隐藏曲线。单击选择图6-174所示的将要被隐藏的曲线，然后执行菜单中的“编辑”→“显示和隐藏”→“隐藏”命令，或者按住Ctrl+B键，选择曲线被隐藏，如图6-175所示。

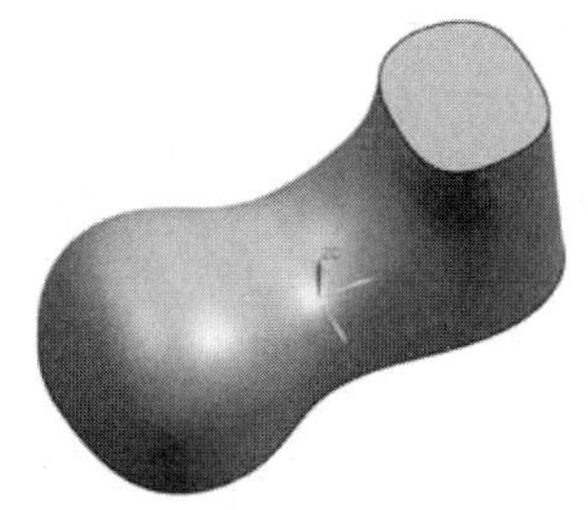

图6-173　创建鞋子的上部

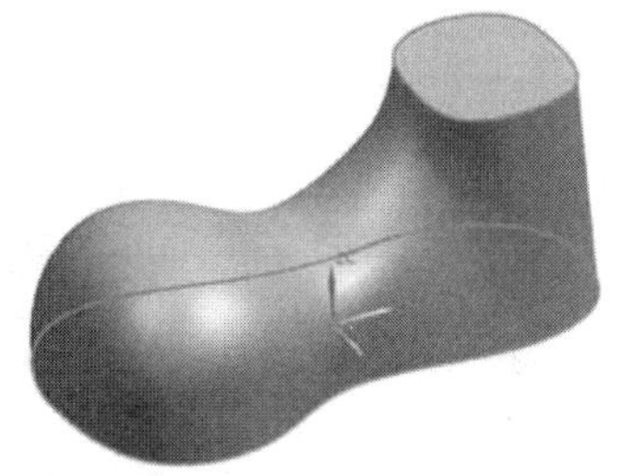

图6-174 选择要隐藏的曲线2

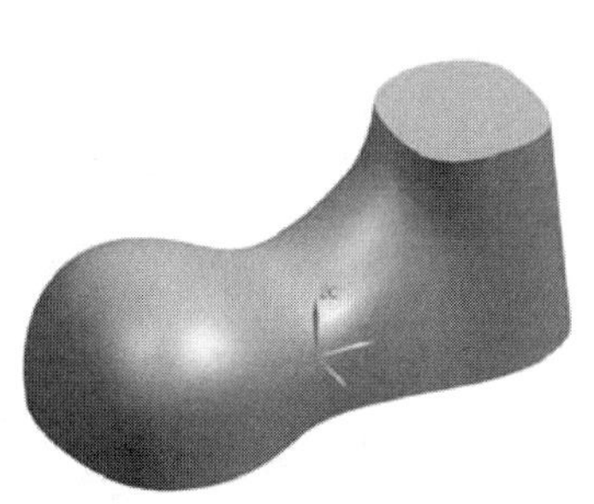

图6-175　隐藏曲线2

图6-176　“缝合”对话框

❷曲面缝合。执行菜单中的“插入”→“组合”→“缝合”命令，或者单击“曲面”功能区“曲面操作”组中的“缝合”图标，系统弹出如图6-176所示的“缝合”对话框。“类型”选择“片体”，目标选择鞋子的上部曲面，如图6-177所示，工具选择其余的片体如图6-178所示。单击“确定”按钮，鞋子的曲面被缝合，创建如图6-179所示的鞋子实体模型。

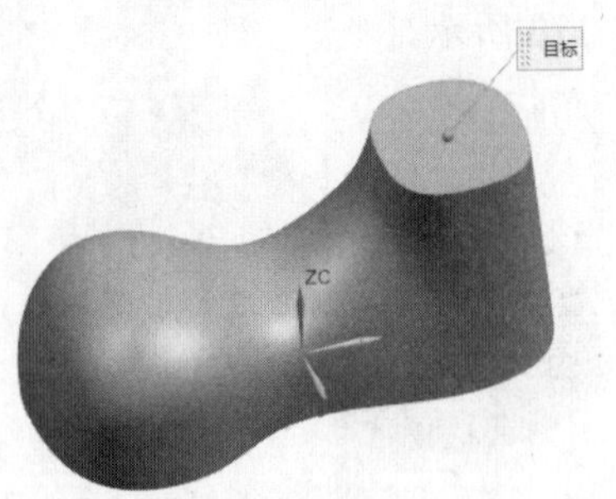

图 6-177　目标选择

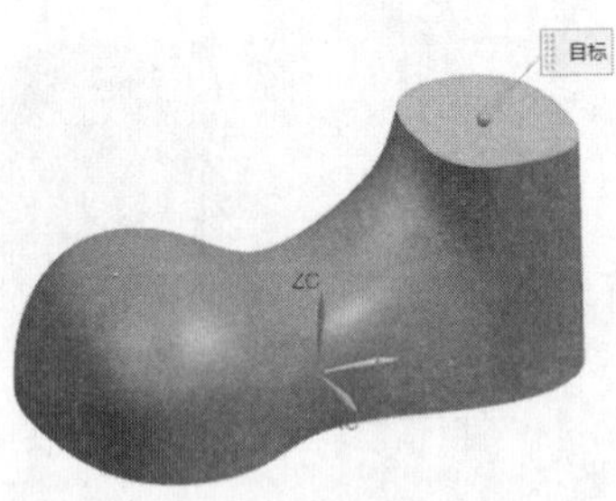

图 6-178　工具选择

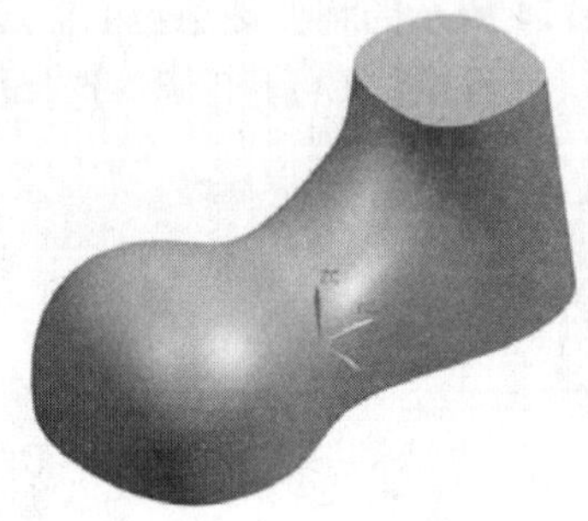
图 6-179　创建的鞋子实体模型

第7章

曲面的编辑

在 UG 中完成曲面的创建后，一般还需要对曲面进行相关的编辑工作。本章将讲述部分常用的曲面编辑功能。

重点与难点

- 移动定义点、极点
- 等参数修剪/分割
- 片体边界
- 更改边
- 法向反向
- 曲面变形、变换
- 按模板成型
- 按函数整体变形
- 按曲面整体变形

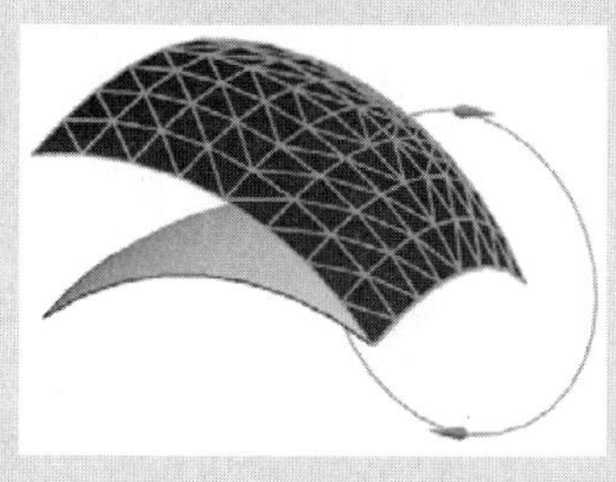

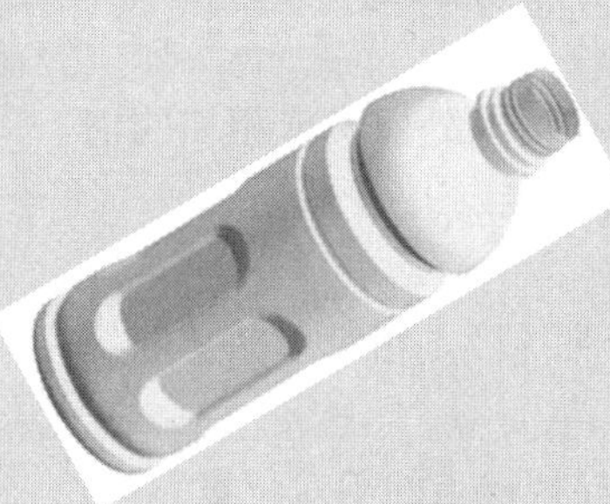

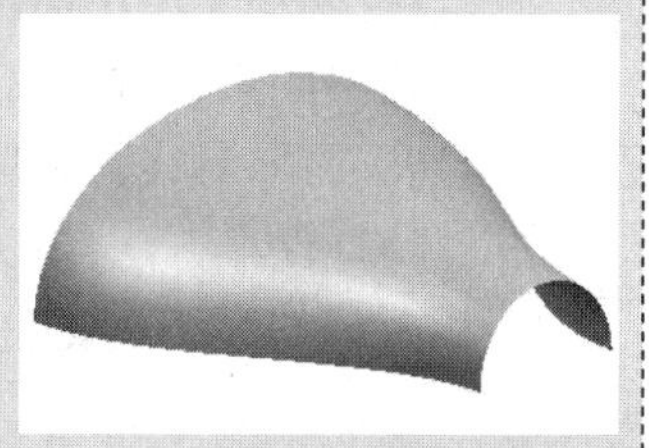

7.1 X 型

“X 型”是通过动态地控制极点的方式来编辑曲面或曲线。

7.1.1 “X 型”命令

执行菜单中的“编辑”→“曲面”→“X 型”命令，或者单击“曲面”功能区“编辑曲面”组中的“X 型”图标，弹出如图 7-1 所示的“X 型”对话框。

（1）曲线或曲面：

1）选择对象：用于选择单个或多个要编辑的曲面，或“使用面查找器”选择。

2）操控

①任意：用于移动单个极点、同一行上的所有点或同一列上的所有点

②极点：用于指定要移动的单个点。

③行：用于移动同一行内的所有点。

3）自动取消选择极点：勾选此复选框，当选择其他极点后，前一次所选择的极点将被取消。

（2）参数化：在更改曲面的过程中，用于调节曲面的次数与补片数量。

（3）方法：用于控制极点的运动，可以是移动、旋转、比例缩放，以及将极点投影到某一平面。

1）移动：通过 WCS、视图、矢量、平面、法向和多边形等方法来移动极点。

2）旋转：通过 WCS、视图、矢量和平面等方法来旋转极点。

3）比例：通过 WCS、均匀、曲线所在平面、矢量和平面等方法来缩放极点。

4）平面化：当极点不在一个平面内时，可以通过此方法将极点控制到一个平面上。

（4）边界约束：允许在保持边缘处曲率或相切的情况下，沿切矢方向对成行或成列的极点进行交换。

（5）特征保存方法：

1）相对：在编辑父特征时保持极点相对于父特征的位置。

2）静态：在编辑父特征时保持极点的绝对位置。

（6）微定位：用于指定使用微调选项时动作的精细度。

图 7-1 “X 型”对话框

7.1.2　实例——通过“X 型”编辑曲面

01 打开文件 7-1.prt，进入建模模块，如图 7-2 所示。

02 执行菜单中的“编辑”→“曲面”→“X 型”命令，或者单击“曲面”功能区“编辑曲面”组中的“X 型”图标，系统弹出“X 型”对话框。

03 捕捉工作区中的曲面为选择对象，在“操控”下拉列表框中选择“行”，“方法”选择“移动”“WCS”和 Y 方向矢量”。在工作区中选择要编辑的行，如图 7-3 所示。

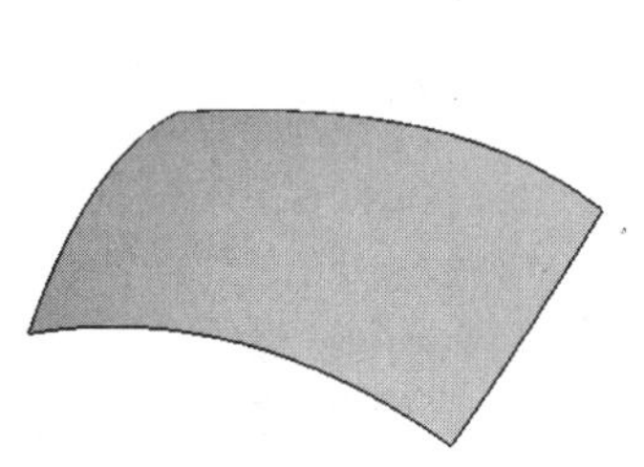

图 7-2　文件 7-1.prt

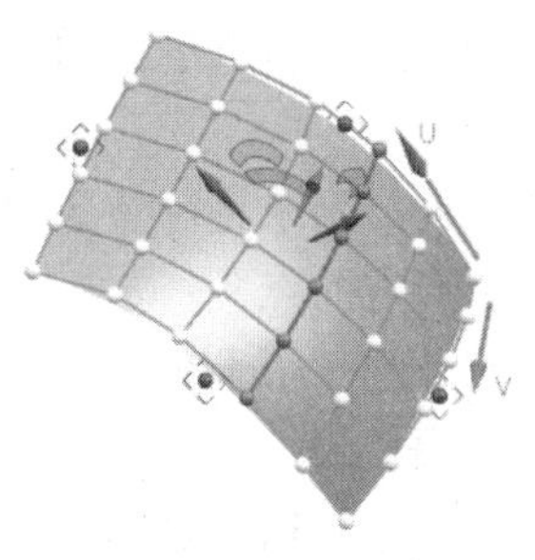

图 7-3　选择要编辑的曲面

04 取消勾选“比率”选项，设置“步长值”为 100，单击按钮-，曲面发生变化，如图 7-4 所示。

05 其他选项选择默认值，单击“确定”按钮，完成曲面的编辑，如图 7-5 所示。

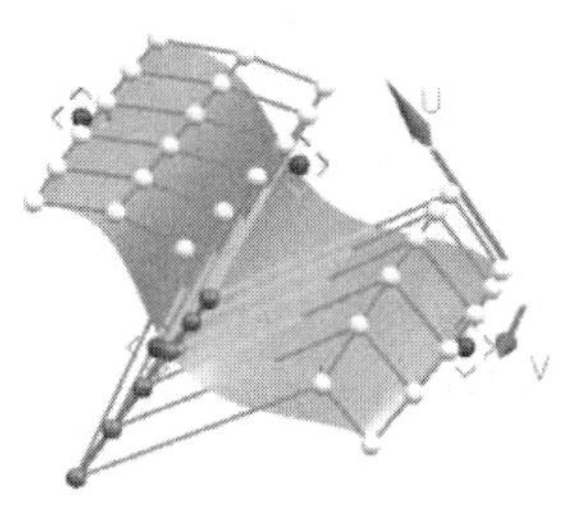

图 7-4　变化的曲面

图 7-5　编辑后的曲面

7.2　I 型

“I 型”是通过控制内部的 UV 参数线来修改面。它可以对 B 曲面和非 B 曲面进行操作，也可以对已修剪的面进行操作；可以对片体操作，也可对实体操作。

7.2.1　“I 型”命令

执行菜单中的“编辑”→“曲面”→“I 型”命令，或者单击“曲面”功能区“编辑曲面”

组中的“I 型”图标，系统弹出如图 7-6 所示的“I 型”对话框。其中部分选项的功能如下。

（1）选择面：用于选择单个或多个要编辑的面，或者使用“面查找器”来选择。

（2）等参数曲线：

1）方向：用于选择要沿其创建等参数曲线的 U 方向/V 方向。

2）位置：用于指定将等参数曲线放置在所选面上的位置方法。

①均匀：用于将等参数曲线按相等的距离放置在所选面上。

②通过点：用于将等参数曲线放置在所选面上，使其通过每个指定的点。

③在点之间：用于在两个指定的点之间按相等的距离放置等参数曲线。

3）数量:用于指定要创建的等参数曲线的总数。

（3）等参数曲线形状控制：

1）插入手柄：通过均匀、通过点和在点之间等方法在曲线上插入控制点。

2）线性过渡：勾选此复选框，当拖动一个控制点时，整条等参数的区域变形。

3）沿曲线移动手柄：勾选此复选框，在等参数线上移动控制点，也可以单击鼠标右键来选择此选项。

（4）曲面形状控制：

1）局部：当拖动控制点时，只有控制点周围的局部区域变形

2）全局：当拖动一个控制点时，整个曲面跟着变形。

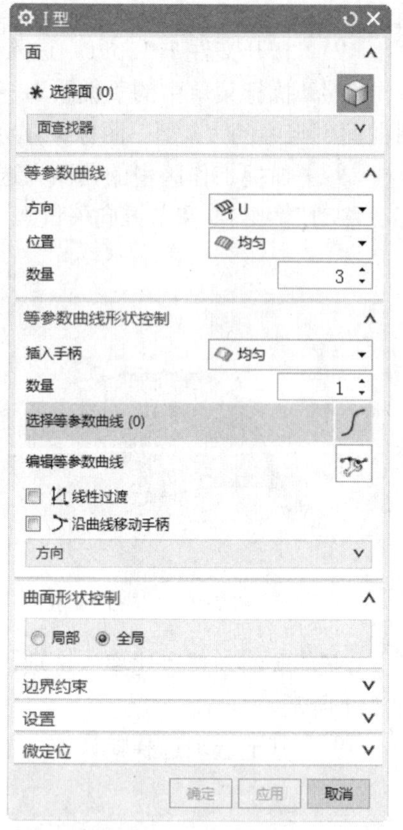

图 7-6 “I 型”对话框

7.2.2 实例——通过“I 型”编辑曲面

01 打开文件 7-2.prt，进入建模模块，如图 7-7 所示。

02 执行菜单中的“编辑”→“曲面”→“I 型”命令，或者单击“曲面”功能区“编辑曲面”组中的“I 型”图标，系统弹出“I 型”对话框。

03 在工作区中选择要编辑的曲面，如图 7-8 所示。

04 “方向”选择 U，“位置”选择“均匀”，“数量”设置为 3，选择曲面上的直线作为等参数曲线。其他选项选择默认值。

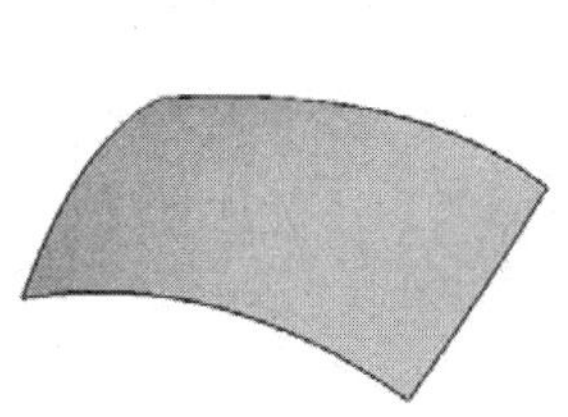

图 7-7　文件 7-2.prt

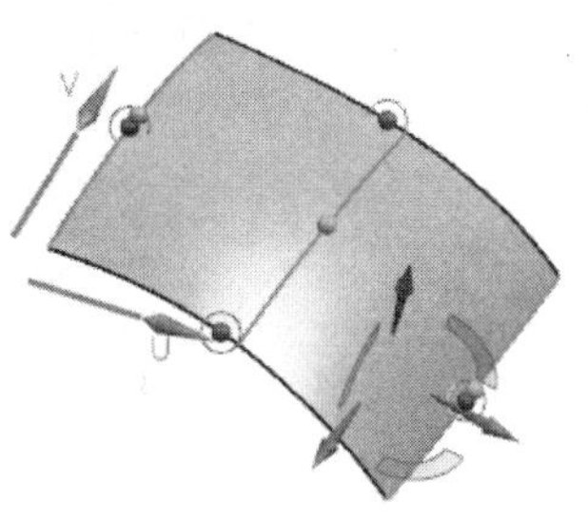

图 7-8　选择要编辑的曲面

05 选择工作区中的一个极点，向任意方向拖动极点，如图 7-9 所示。单击“确定”按钮，完成曲面的编辑，形成新的曲面，如图 7-10 所示。

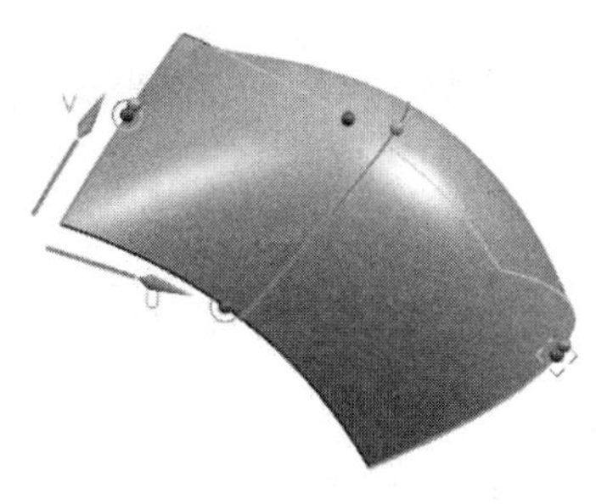

图 7-9　拖动极点

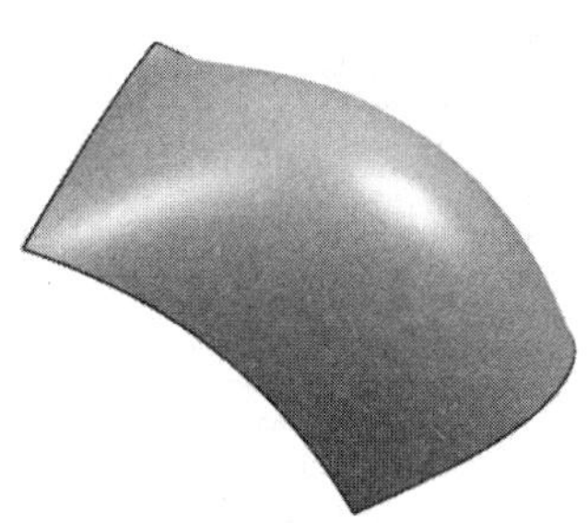

图 7-10　编辑后的曲面

7.3 替换边

“替换边”用于修改或替换曲面的边界。

7.3.1　“替换边”命令

执行菜单中的“编辑”→“曲面”→“替换边”命令，或者单击“曲面”功能区“编辑曲面”组中的“替换边”图标，系统弹出如图 7-11 所示的“替换边”对话框

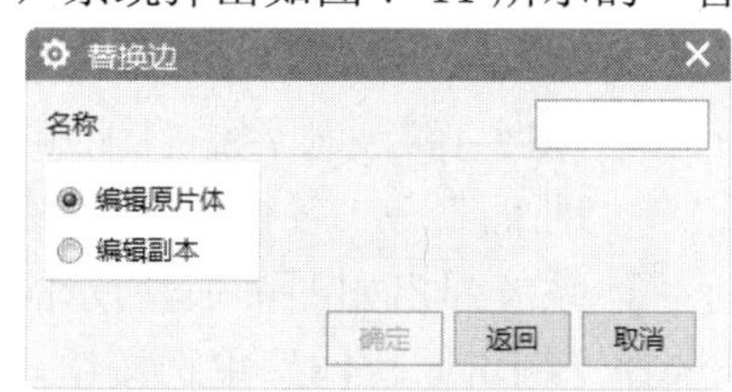

图 7-11　“替换边”对话框

如果在“替换边”对话框中选择的是“编辑原片体”单选按钮，系统会弹出如图 7-12 所示的“确认”信息提示框。单击“是”按钮，系统弹出如图 7-13 所示的“类选择”对话框。

如果选择的是“编辑副本”单选按钮，系统会弹出如图 7-13 所示的“类选择”对话框。选择要被替换的边后，单击“确定”按钮，系统弹出如图 7-14 所示的“替换边”对象对话框。

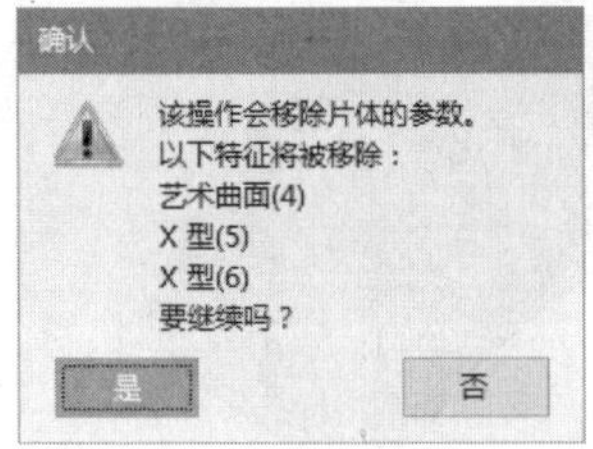

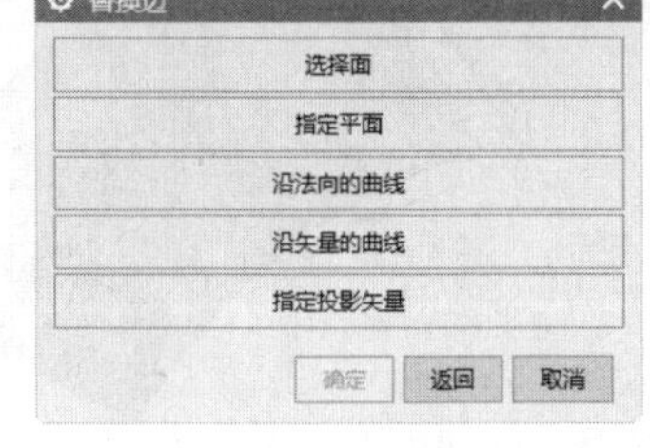

图 7-12 “确认”信息提示框　　图 7-13 “类选择”对话框　　图 7-14 “替换边”对象对话框

7.3.2 实例——通过“替换边”编辑曲面

01 打开文件 7-3.prt，进入建模模块，如图 7-15 所示。

图 7-15 文件 7-3.prt

02 执行菜单中的“编辑”→“曲面”→“替换边”命令，或者单击“曲面”功能区“编辑曲面”组中的“替换边”图标，系统弹出如图 7-14 所示的“替换边”对象对话框。

03 在“替换边”对话框选择“编辑原片体”单选按钮，单击大曲面，将其选择为要编辑的曲面。

04 选择要编辑的曲面后，系统会弹出“确认”信息提示框。单击“是”按钮，系统会弹出“类选择”对话框，如图 7-16 所示，在工作区中选择要替换的边，单击“确定”按钮。

05 系统弹出如图 7-17 所示的“替换边”对象对话框。单击“沿矢量的曲线”按钮，弹出“矢量”对话框。选择默认设置，单击“确定”按钮。

图 7-16　“类选择”对话框

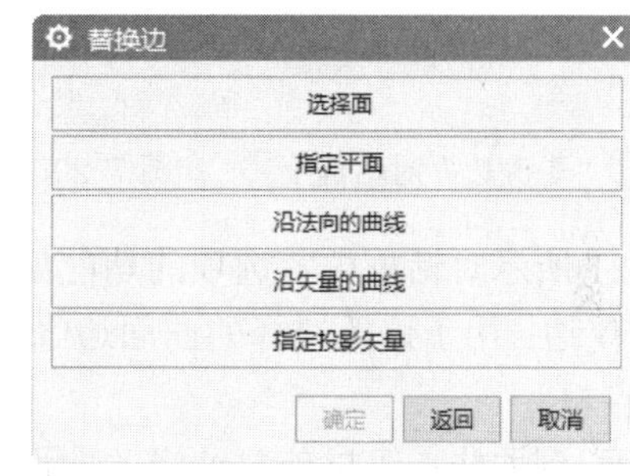

图 7-17　“替换边”对象对话框

06 系统弹出“类选择”对话框。在工作区中选择替换边，连续三次单击“确定”按钮，在工作区中选择下半个曲面为保留的部分，单击“确定”按钮，完成替换边的操作，如图 7-18 所示。

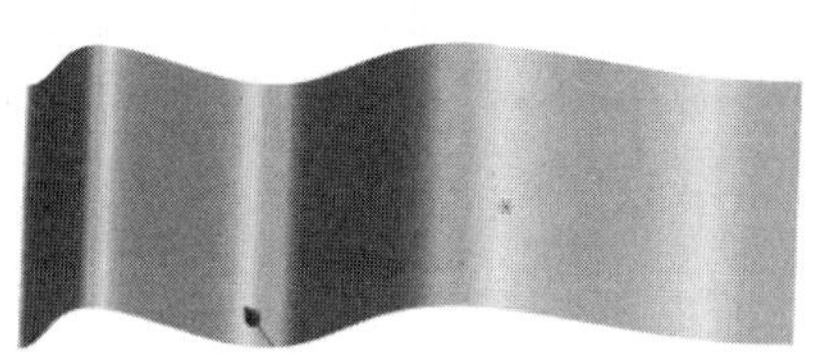

图 7-18　替换边后的曲面

7.4 更改边

“更改边”用于修改曲面边缘，可以匹配曲线或匹配体等，即可令曲面的边缘与要匹配的曲线重合进行匹配曲线，或者使曲面的边缘延伸至一体上进行匹配体等。

UG NX 12.0

7.4.1 “更改边”命令

执行菜单中的“编辑”→“曲面”→“更改边”命令，或者单击“曲面”功能区“编辑曲面”组中的“更改边”图标，系统弹出如图 7-19 所示的“更改边”对话框 1。如果选择的是“编辑原片体”单选按钮，选择要编辑的曲面后，系统会弹出“确认”信息提示框。单击“是”按钮，系统弹出如图 7-20 所示的“更改边”对话框 2。如果选择的是“编辑副本”单选按钮，选择要编辑的曲面后，系统会弹出如图 7-20 所示的“更改边”对话框 2。选择要编辑的边后，系统弹出如图 7-21 所示的“更改边”对话框 3。

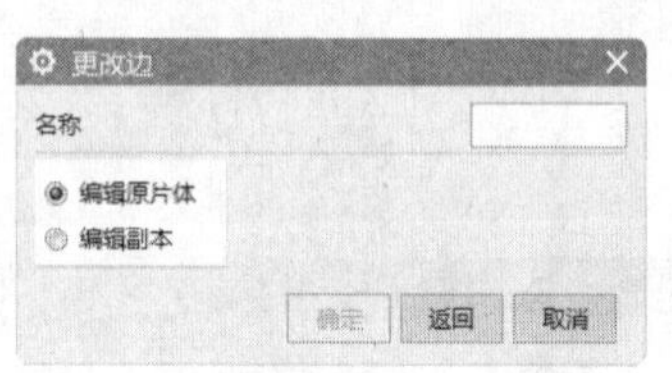

图 7-19 “更改边”对话框 1

图 7-20 “更改边”对话框 2

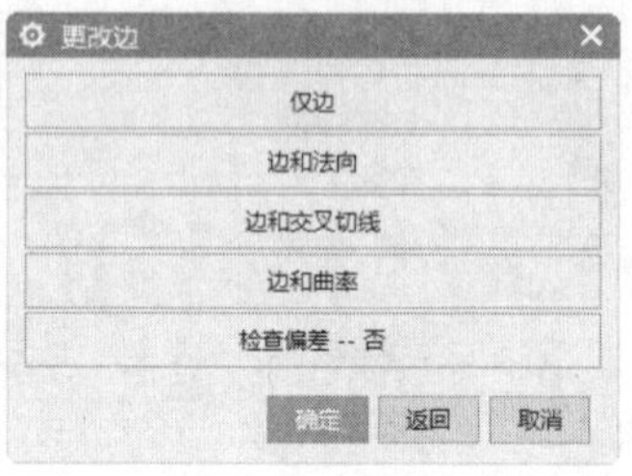

图 7-21 “更改边”对话框 3

图 7-21 所示对话框中各选项的功能如下。

（1）仅边：用于修改选择的曲面边缘。单击“仅边”按钮，系统弹出如图 7-22 所示的“更改边”对话框。

1）匹配到曲线：可以使要编辑的曲面边缘与要匹配的曲线形状和位置相匹配。

2）匹配到边：可以使要编辑的曲面边缘与另一体上要匹配的边缘形状和位置相匹配。

3）匹配到体：可以使要编辑的曲面边缘与要匹配的体相匹配。

4）匹配到平面：可以使要编辑的曲面边缘与要匹配的平面相匹配，即曲面的边缘会延伸至平面上。

（2）边和法向：用于修改选择的曲面边缘和法向，与不同的对象相匹配。单击“边和法向”按钮，系统弹出如图 7-23 所示的“边和法向”-“更改边”对话框。

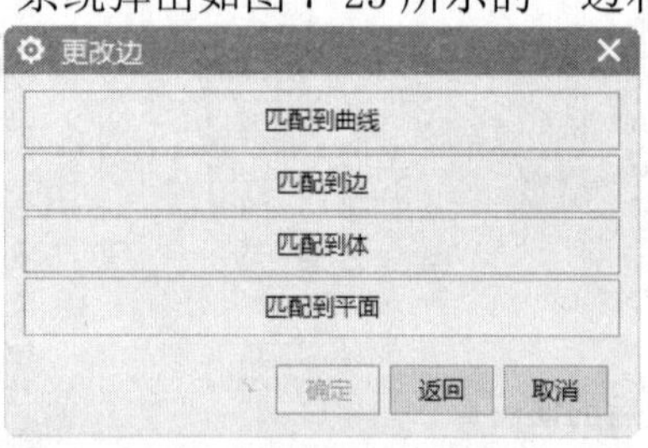

图 7-22 “更改边”对话框

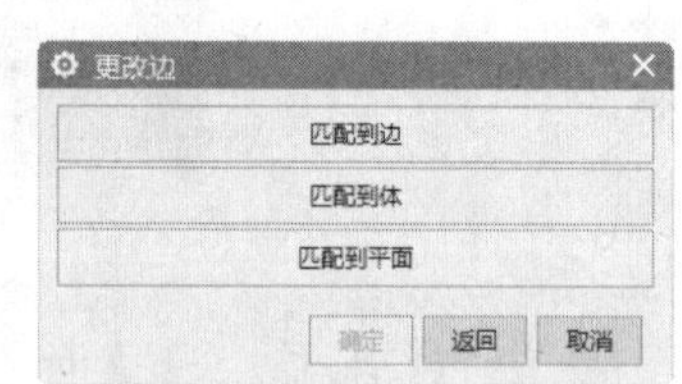

图 7-23 “边和法向”-“更改边”对话框

1）匹配到边：可以使要编辑的曲面边缘和法向与另一体上要匹配的边缘形状和位置相匹配。

2）匹配到体：可以使要编辑的曲面边缘和法向与要匹配的体相匹配。

3）匹配到平面：可以使要编辑的曲面边缘和法向与要匹配的平面相匹配，即曲面的边缘会延伸至平面上。

（3）边和交叉切线：用于修改选择的曲面边缘和边的横向切矢，使之与不同的对象相匹配。单击“边和交叉切线”按钮，系统弹出如图 7-24 所示的“边和交叉切线”-“更改边”对话框。

1）瞄准一个点：可以使要编辑的曲面边缘上的每一点处的横向切矢通过指定的点。

2）匹配到矢量：可以使要编辑的曲面边缘上的每一点处的横向切矢与指定的矢量平行。

3）匹配到边：可以使要编辑的曲面边缘与另一体上要匹配的边缘在适当的位置和横向切矢处相匹配。

（4）边和曲率：该选项可以使曲面间的曲率连续。单击“边和曲率”按钮，系统弹出如图 7-25 所示的“选择第二个面”-“更改边”对话框。

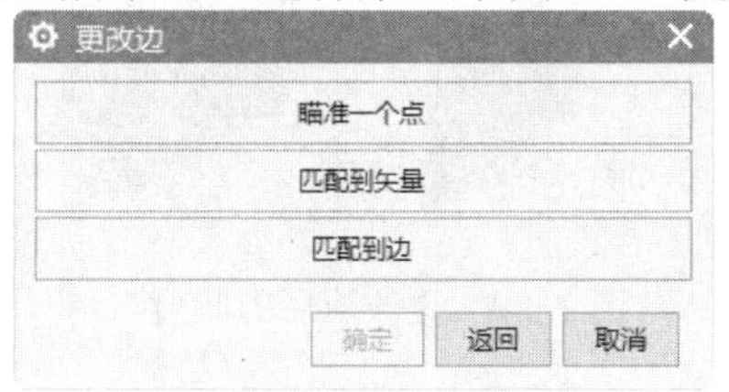

图 7-24　“边和交叉切线”-“更改边”对话框

图 7-25　“选择第二个面” -“更改边”对话框

（5）检查偏差－否：该选项可以用来切换对信息窗口的打开和关闭。如果是“检查偏差－否”按钮，系统将关闭信息窗口；单击“检查偏差－否”按钮，会变为“检查偏差－是”按钮，系统将打开信息窗口。

UG NX 12.0

7.4.2　实例——通过“更改边”编辑曲面

01 打开文件 7-4.prt，进入建模模块，如图 7-26 所示。

02 执行菜单中的“编辑”→“曲面”→“更改边”命令，或者单击“曲面”功能区“编辑曲面”组中的“更改边”图标，系统弹出 “更改边”对话框。

03 在“更改边”对话框选择“编辑原片体”单选按钮，单击曲面，将其选择为要编辑的曲面。

04 选择要编辑的曲面后，系统弹出“确认”信息提示框，单击“是”按钮。

05 选择要编辑的曲面后，系统弹出如图 7-20 所示的“更改边”对话框 2。选择要编辑的 B 曲面边，如图 7-27 所示。

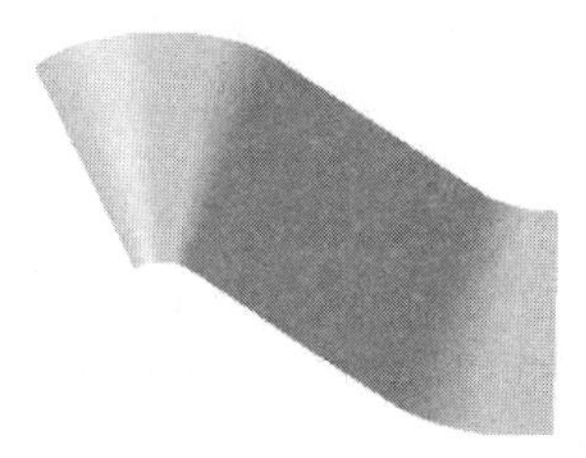

图 7-26　文件 7-4.prt

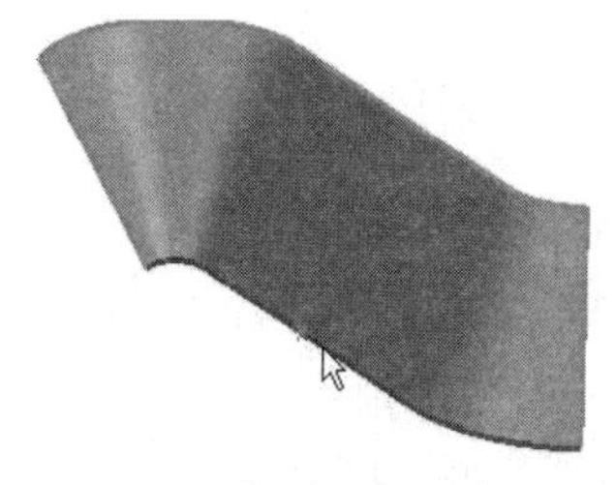

图 7-27　选择要编辑的 B 曲面边

06 选择要编辑的边后，系统弹出如图7-21所示的“更改边”对话框3。单击“仅边”按钮，系统弹出出如图7-22所示的“更改边”对话框。

07 单击“匹配到平面”按钮，系统弹出如图7-28所示的“平面”对话框。

08 选择“XC-YC 平面”类型，在“距离”文本框中输入-100，单击“确定”按钮，更改边后的曲面如图7-29所示。

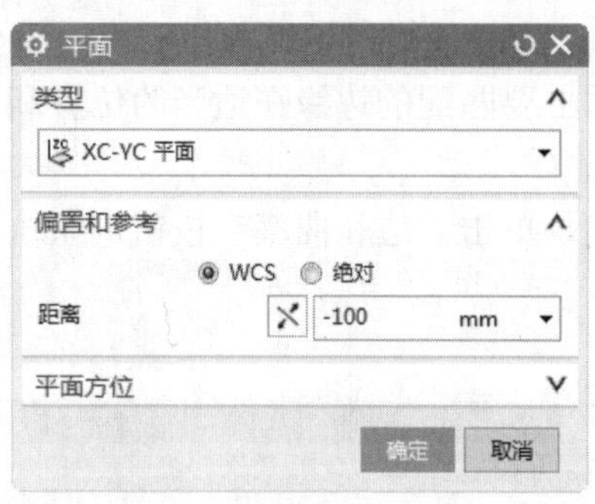

图7-28 “平面”对话框

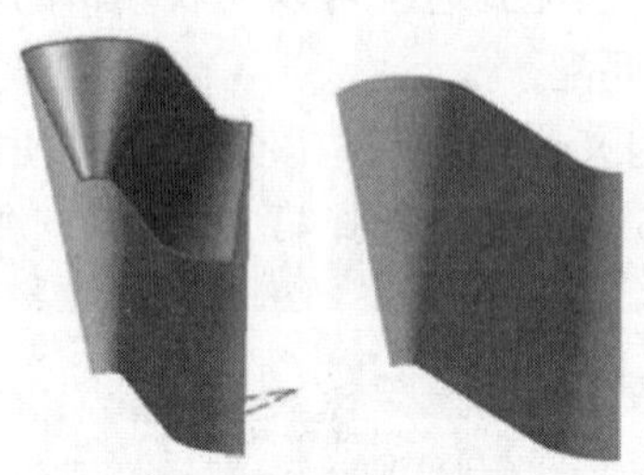

图7-29 更改边后的曲面

7.5 法向反向

“法向反向”用于反转片体的曲面法向。

7.5.1 “法向反向”命令

执行菜单中的“编辑”→“曲面”→“法向反向”命令，或者单击“曲面”功能区“编辑曲面”组中的“法向反向”图标，系统弹出如图7-30所示的“法向反向”对话框。

图7-30 “法向反向”对话框

选择要编辑的曲面后，单击“确定”按钮，曲面的法向将反转180°。

7.5.2 实例——通过“法向反向”编辑曲面

01 打开文件7-5.prt，进入建模模块，如图7-31所示。

02 执行菜单中的“编辑”→“曲面”→“法向反向”命令，或者单击“曲面”功能区“编辑曲面”组中的“法向反向”图标，系统弹出如图7-30所示的“法向反向”对话框。

03 单击选择要编辑的曲面，如图7-32所示。

04 单击“法向反向”对话框中的“应用”按钮，曲面的法向方向反转180°，如图7-33

所示。

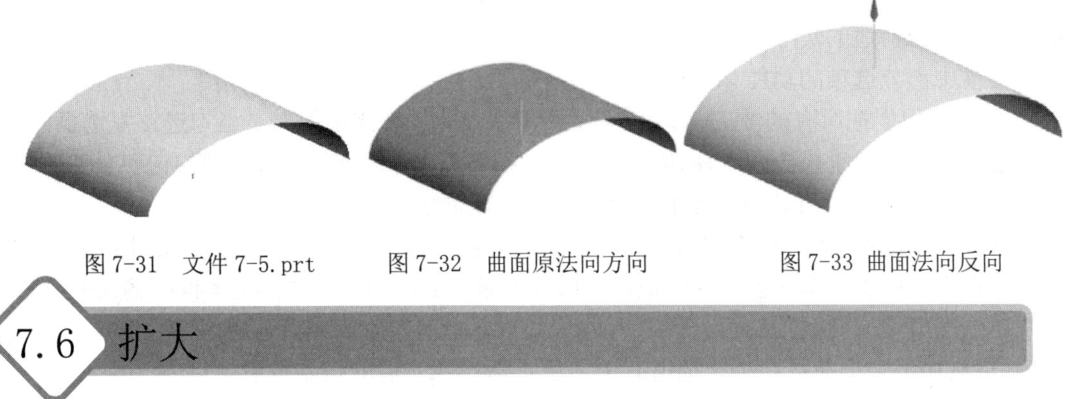

图 7-31　文件 7-5.prt　　图 7-32　曲面原法向方向　　图 7-33　曲面法向反向

7.6 扩大

“扩大”命令用于改变未修剪片体的大小。方法是创建一个新的特征，该特征与原始的、覆盖的未修剪面相关。

7.6.1　“扩大”命令

执行菜单中的“编辑”→“曲面”→“扩大”命令，或者单击“曲面”功能区“编辑曲面”组中的“扩大”图标，系统弹出如图 7-34 所示的“扩大”对话框。

图 7-34　“扩大”对话框

用户可以根据设定的百分比改变 ENLARGE（扩大）特征的每个未修剪边。

当使用片体创建模型时，将片体创建得足够大是一个良好的习惯，这样可以消除后续实体建模的问题。如果用户没有把这些原始片体创建的足够大，则当用户不使用“等参数修剪/分

割”功能时就会不能改变它们的大小。然而，“等参数修剪”是不相关的，并且在使用时会打断片体的参数化。“扩大”选项让用户创建一个新片体，它既和原始的未修剪面相关，又允许用户改变各个未修剪边的尺寸。

该对话框中部分选项的功能如下。

（1）全部：用于把所有的“U/V 最小/最大”滑块作为一个组来控制。当勾选该复选框时，拖动任一滑块，所有的滑块会同时移动并保持它们之间已有的百分率。若取消勾选“全部”复选框，则用户可以通过拖动滑块对各个未修剪的边进行单独控制。

（2）U 向起点百分比、U 向终点百分比、V 向起点百分比和 V 向终点百分比：拖动滑块，或者在它们各自的文本框中输入数值，可以改变未修剪边的大小。在文本框中输入的值或拖动滑块达到的值是原始尺寸的百分比。可以在文本框中输入数值或表达式。

（3）重置调整大小参数：用于把所有的滑块重新设回它们的初始位置。

（4）模式

1）线性：用于在一个方向上线性地延伸扩大片体的边。选择“线性”选项，可以增大扩大特征的大小，但不能减小它。

2）自然：用于沿着边的自然曲线延伸扩大片体的边。选择“自然”选项，既可以增大也可以减小它的大小。

7.6.2　实例——通过“扩大”编辑曲面

01 打开文件 7-6.prt，进入建模模块，如图 7-35 所示。

02 执行菜单中的“编辑”→“曲面”→“扩大”命令，或者单击“曲面”功能区“编辑曲面”组中的“扩大”图标，系统弹出如图 7-36 所示的“扩大”对话框。

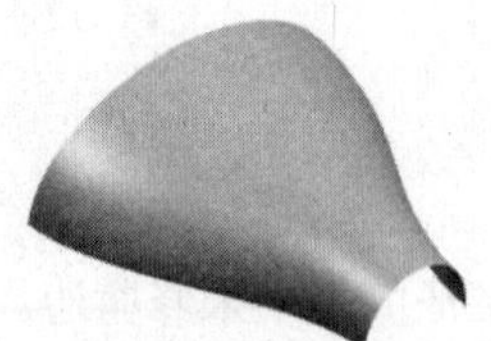

图 7-35　文件 7-6.prt

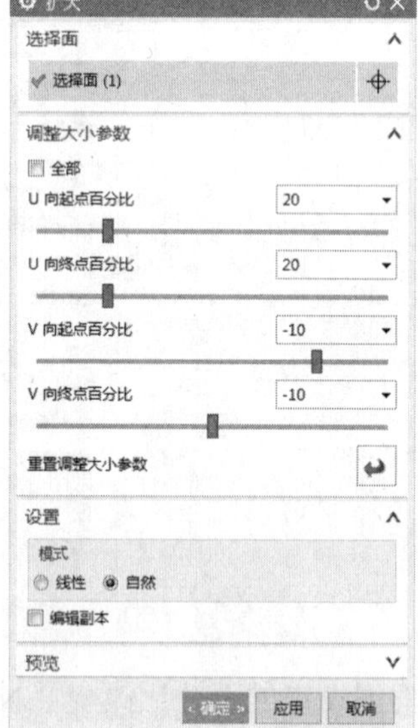

图 7-36　“扩大”对话框

03 选择要扩大的曲面，如图 7-37 所示。

04 通过拖动“U 向起点百分比”滑块，设置值为 20，通过拖动“U 向终点百分比”滑块，设置值为 20，通过拖动“V 向起点百分比”滑块，设置值为-10，通过拖动“V 向终点百分比”滑块，设置值为-10。

05 在“设置”选项组中选择“自然”模式，单击“确定”按钮，通过“扩大”比较的曲面如图 7-38 所示。

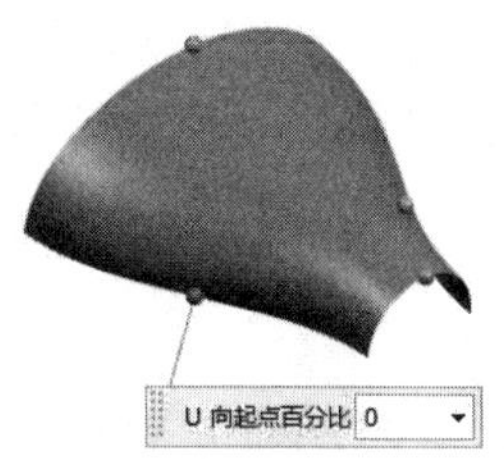

图 7-37　选择要扩大的曲面

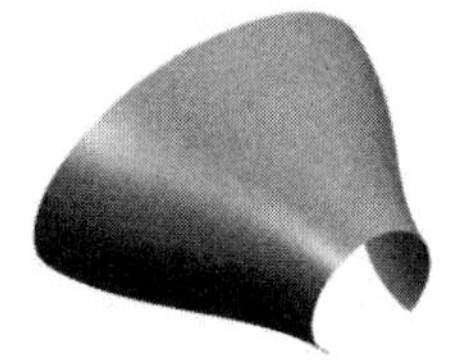

图 7-38　通过“扩大”比较的曲面

7.7 整体变形

利用“整体变形”可以在实体或曲面上选择一个或一部分区域，通过不同的方法来创建新的曲面。利用“整体变形”对曲面形状改变的结果是完全相关的，并且可以进行预测，也可以保持原曲面的美学特性。

7.7.1　按函数“整体变形”命令

执行菜单中的“编辑”→“曲面”→“整体变形”命令，或者单击“曲面”功能区“编辑曲面”组中的“整体变形”图标，系统弹出如图 7-39 所示的“整体变形”对话框。其中部分选项的功能如下。

（1）类型：在该下拉列表框中提供了多种根据函数创建整体变形的方法。

1）目标点：可以以一点作为整体变形的终点。选择该类型。可以设置按照终点类型变化的整体变形曲面的参数，并创建整体变形曲面。

2）到曲线：可以选择若干条曲线作为整体变形曲面的终点。选择该类型，如图 7-40 所示。在该对话框中反映出此类整体变形曲面的选择顺序和参数设置。该对话框中增加了“目标曲线

1”和“目标曲线 2”的选项组。

3）开放区域：可以选择一开放区域作为整体变形的结束区域。选择该类型，对话框如图 7-41 所示，在创建整体变形曲面时，需要定义整体变形区域的开放区域。

4）壁变形：采用变形的壁面作为整体变形的区域。选择该类型，对话框如图 7-42 所示，需要定义整体变形的边界，在该边界定义的区域内，进行曲面的整体变形操作。

5）过弯：曲面将以过弯曲作为变化方式。选择该类型，对话框如图 7-43 所示，选择曲面的边线，设置参数后，将以该边线为旋转轴，旋转一定的角度，创建整体变形曲面。

图 7-39 “整体变形”对话框

图 7-40 “到曲线”类型

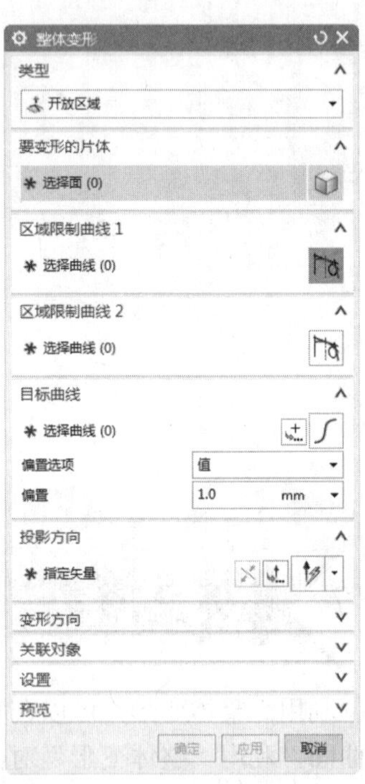

图 7-41 “开放区域”类型

6）匹配到片体：将片体作为整体变形的终点。选择该类型，如图 7-44 所示。

7）拉长至点：曲面可以延伸到所选择的点处。选择该类型，如图 7-45 所示，将根据所选的拉伸方向及投影方向来对曲面进行整体变形。

8）拉长至曲线：整体变形曲面可以以曲线为整体变形的终点变化。选择该类型，如图 7-46 所示。将根据所选的曲线来对曲面进行整体变形。

（2）要变形的区域：单击“选择曲线”按钮，选择曲线所围成的区域作为区域边界来创建整形曲面。

（3）投影方向：可以通过矢量构造器创建投影矢量，即曲面变形的方向。默认为边界对象平面的法线方向。

（4）变形方向：用于指定全局变形时曲面的变形变化方向。可以选择的选项包括“投影方向”和“垂直于片体”。

（5）设置：

1）过渡：

匹配相切：即创建的曲面通过相切方式进行匹配；

受控制的形状：通过调节滑块的位置来控制整体变形曲面的变化形状；

按规律：用于设定整体变形的规律方式。提供了常见的 7 种规律方式，即恒定、线性、三次、沿着脊线的线性、沿着脊线的三次、根据方程、根据规律曲线。

图 7-42　“壁变形”类型

图 7-43　“过弯”类型

图 7-44　“匹配到片体”类型

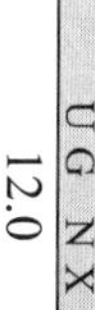

2）保留输入片体：勾选该复选框，在进行曲面整体变形时，原始曲面形状将会保持不变。

3）体类型：用于选择创建的整体变形结果为“实体”或“片体”。

4）角度公差/距离公差：用于设置具体的整体变形公差数值，从而能够控制曲面整体变形的范围。

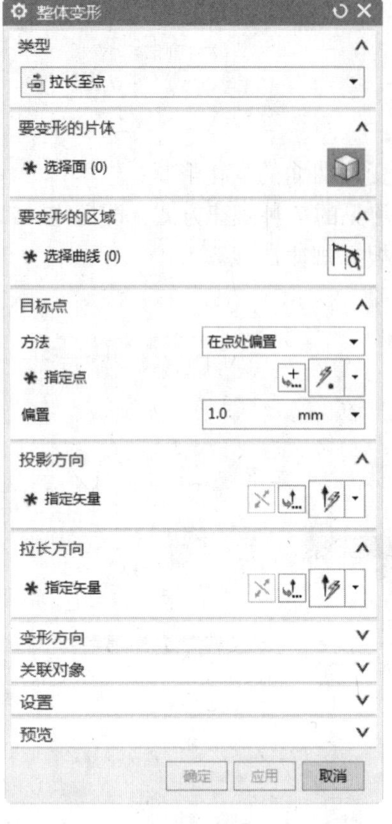

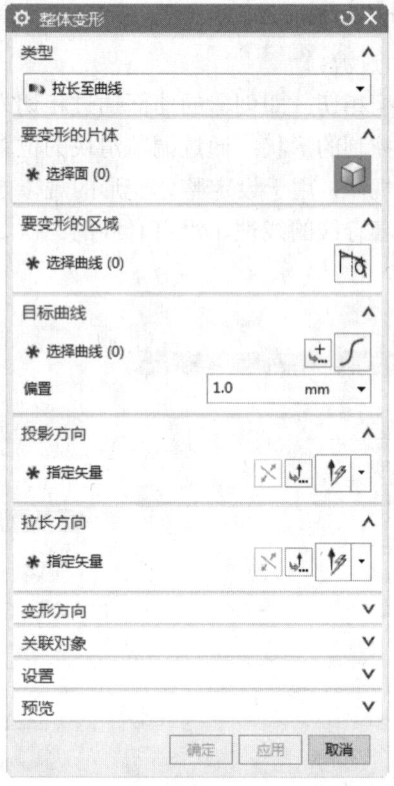

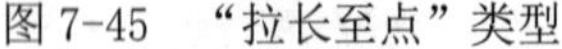

图 7-45　“拉长至点”类型　　　　图 7-46　“拉长至曲线”类型

7.7.2　实例——通过“整体变形”创建弯曲曲面

01 打开文件 7-7.prt，进入建模模块，如图 7-47 所示。

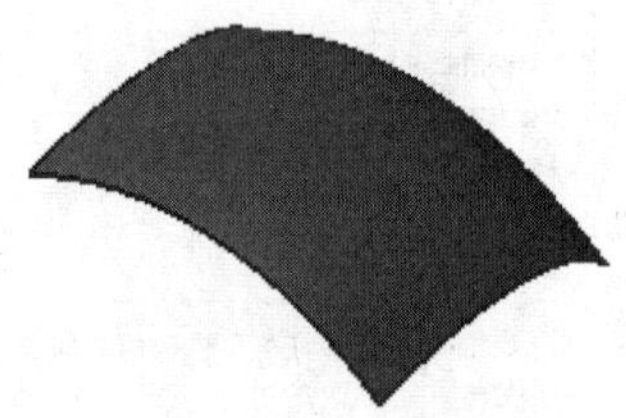

图 7-47　文件 7-7.prt

02 执行菜单中的“编辑”→“曲面”→“整体变形”命令，或者单击“曲面”功能区“编辑曲面”组中的“整体变形”图标，系统弹出“整体变形”对话框。

03 在“类型”下拉列表框中选择“过弯”选项，在工作区中选择曲面为要变形的片体。

04 选择曲面上如图 7-48 所示的曲线为弯曲线，即曲面上的边 1。

05 在“角度定义”选项组的“角度选项”下拉列表框中选择“值”，在“旋转角度”文本框中输入 30°。

06 其他选项采用默认值，单击“确定”按钮，创建与原曲面成 30° 角的曲面，如图 7-49 所示。

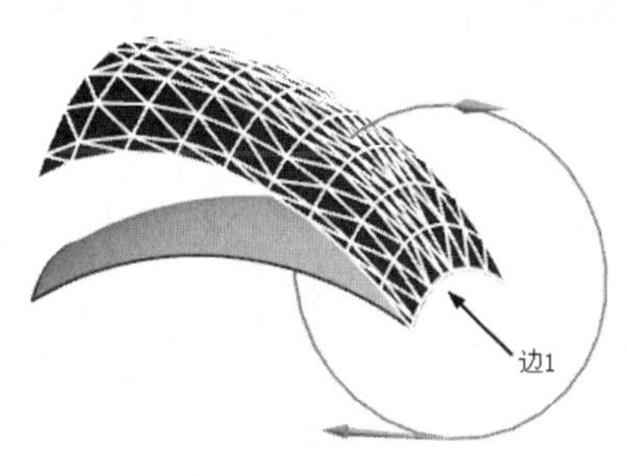

图 7-48　选择曲线

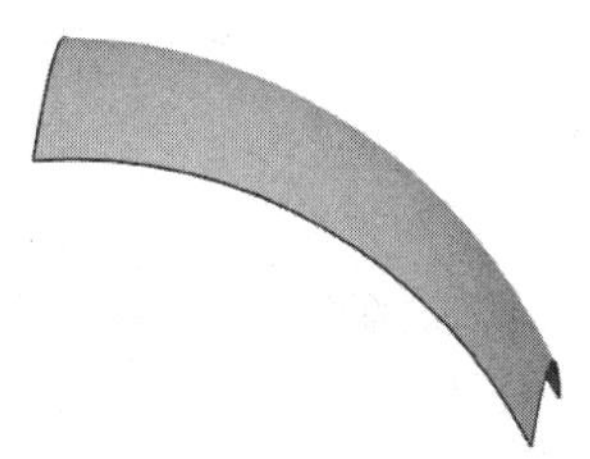

图 7-49　通过“整体变形”创建弯曲曲面

7.8　综合实例——饮料瓶

前几节已经介绍了曲面的各种编辑命令，本节将通过设计饮料瓶的外形来综合应用曲面的编辑命令。

饮料瓶的创建流程如图 7-50 所示。

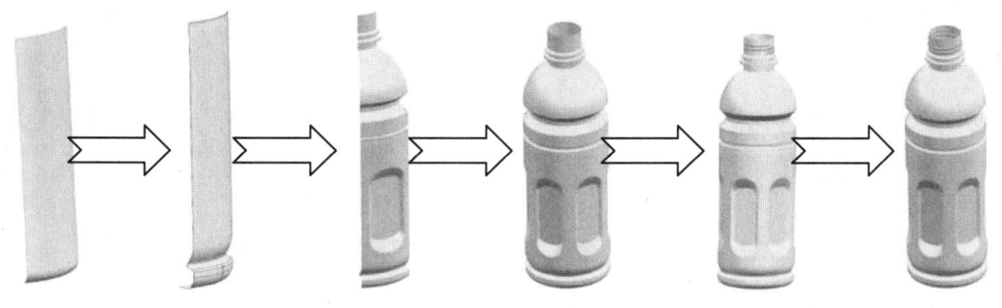

图 7-50　饮料瓶的创建流程

具体的操作步骤如下：

01 创建一个新文件。执行菜单中的“文件”→“新建”选项或者单击“标准”组中的“新建”图标，弹出“新建”对话框。“单位”设置为“毫米”，在“模板”中选择“模型”选项，在“新文件名”的“名称”中输入 “yinliaoping”，然后在“新文件名”的“文件夹”中选择文件保存的位置，如图 7-51 所示。完成后单击“确定”按钮，进入建模模块。

02 创建旋转曲面。

❶创建直线 1 和直线 2。执行菜单中的“插入”→“曲线”→“直线”命令，或者单击“曲线”功能区“曲线”组中的“直线”图标，系统弹出如图 7-52 所示的“直线”对话框。单击“开始”选项组中的“点对话框”按钮，系统弹出“点”对话框，设置起点坐标为（22，0，0）如图 7-53 所示，单击“确定”按钮。单击“结束”选项组中的“点对话框”按钮，

系统弹出“点”对话框，设置终点坐标为（25，0，0），单击“确定”按钮。在“直线”对话框中单击“应用”按钮，创建直线1。利用同样的方法创建直线2，起点坐标为（30，0，5），终点坐标为（30，0，8），创建的直线2如图7-54所示。

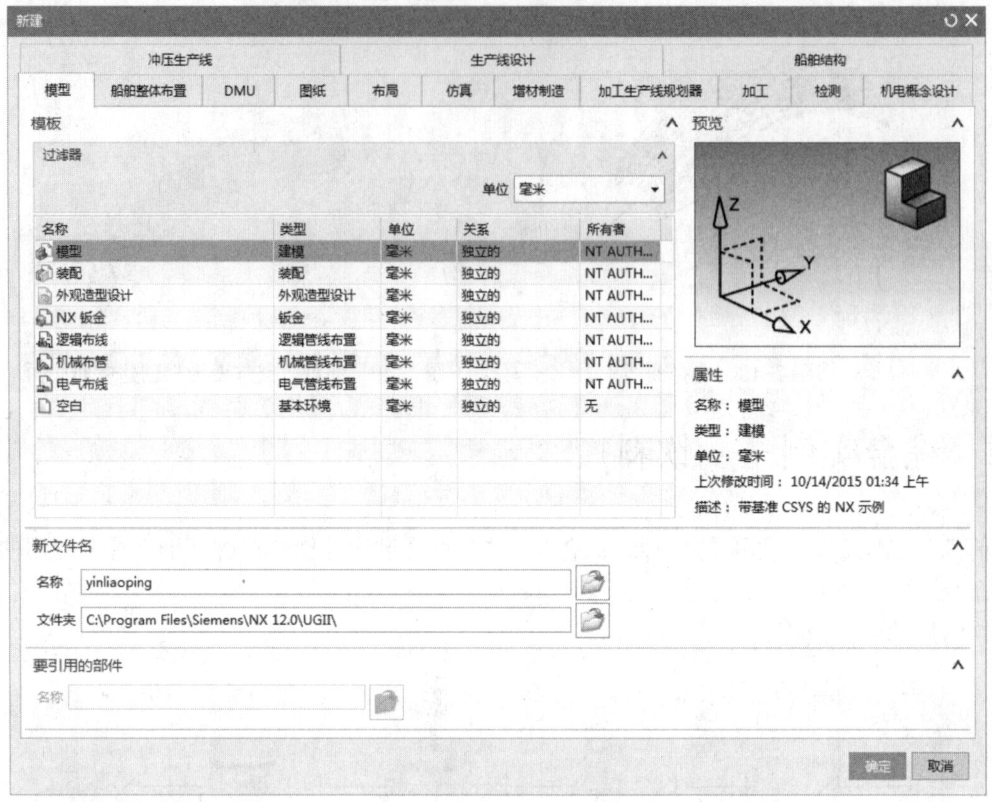

图7-51　新建文件

图7-52　“直线”对话框

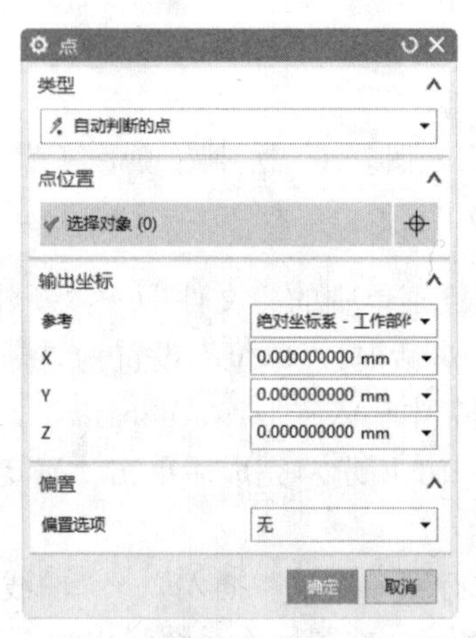

图7-53　设置直线起点坐标

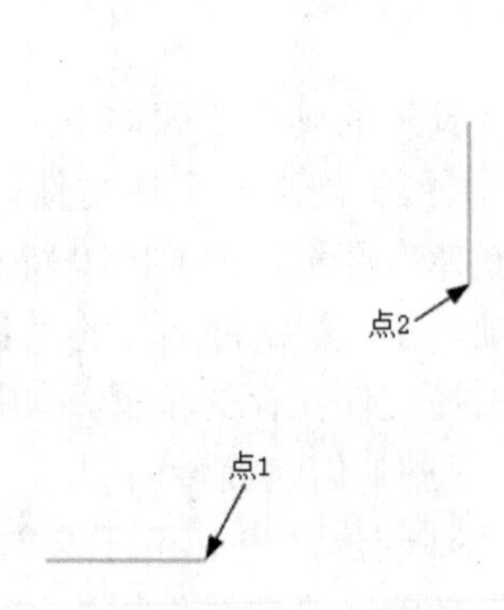

图7-54　创建直线2

❷创建圆弧。执行菜单中的“插入”→“曲线”→“圆弧/圆”命令，或者单击“曲线”

功能区“曲线”组中的“圆弧/圆”图标，弹出如图 7-55 所示的“圆弧/圆”对话框。创建以点 1 为起点，点 2 为端点，半径为 5 的圆弧，如图 7-56 所示。

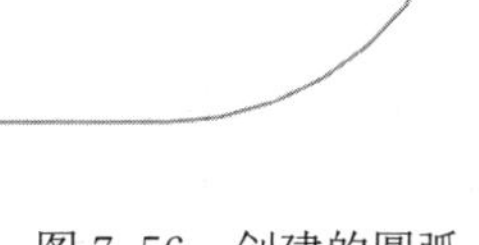

图 7-55　“圆弧/圆”对话框　　　　图 7-56　创建的圆弧

❸旋转。执行菜单中的“插入”→“设计特征”→“旋转”命令，或者单击“主页”功能区“特征”组中“旋转”图标，系统弹出如图 7-57 所示的“旋转”对话框。选择创建的直线和圆弧为旋转曲线，在“指定矢量”下拉列表框中选择“ZC 轴”，单击“指定点”中的“点对话框”按钮，系统弹出“点”对话框。设置指定点为（0，0，0）。“开始”的“角度”设置为-30，“结束”的“角度”设置为 30，单击“旋转”对话框中的“确定”按钮，创建的旋转体 1 如图 7-58 所示。

❹隐藏曲线。执行菜单中的“编辑”→“显示和隐藏”→“隐藏”命令，或按住 Ctrl+B 键，系统弹出如图 7-59 所示的“类选择”对话框。单击“类型过滤器”按钮，系统弹出如图 7-60 所示的“按类型选择”对话框。选择“曲线”选项，单击“确定”按钮，在“类选择”对话框中单击“全选”按钮，隐藏的对象为曲线，单击“确定”按钮，曲线被隐藏如图 7-61 所示。

03 规律延伸曲面。执行菜单中的“插入”→“弯边曲面”→“规律延伸”命令，或者单击“曲面”功能区“曲面”组中的“规律延伸”图标，系统弹出如图 7-62 所示的“规律延伸”对话框。选择“面”类型，单击“选择曲线”按钮，选择如图 7-63 所示的曲线为要延伸的曲线，单击鼠标中键，选择旋转曲面为基准面，如图 7-64 所示，在“长度规律”选项组的“值”文本框中输入 100，在“角度规律”选项组的“值”文本框中输入 0，单击“规律延

伸”对话框中的“确定”按钮，创建的规律延伸曲面如图 7-65 所示。

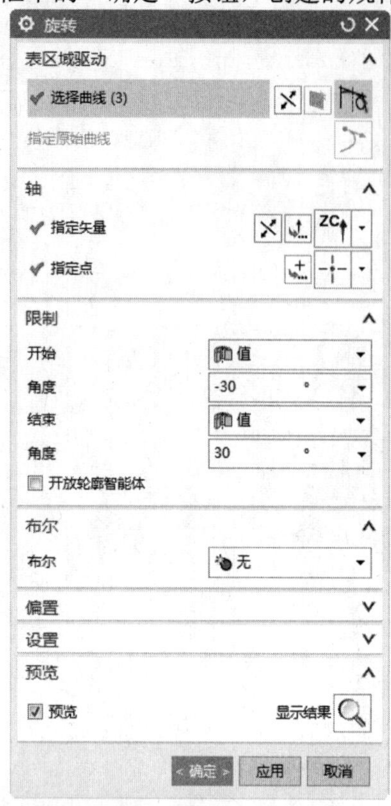

图 7-57 “旋转”对话框

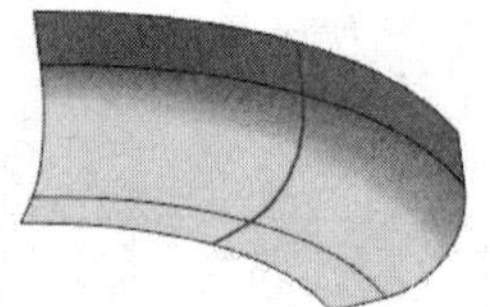

图 7-58 旋转体 1

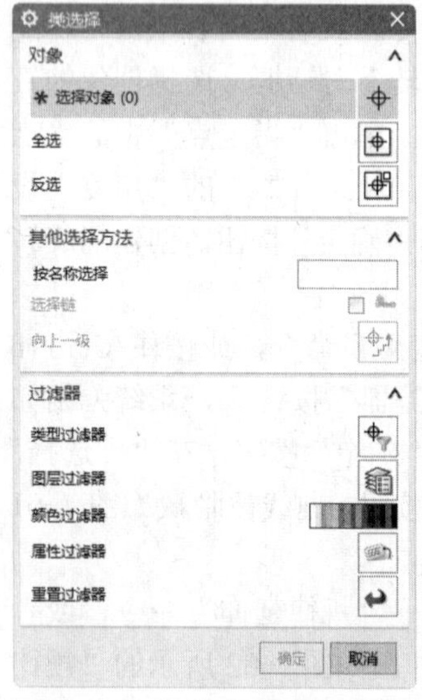

图 7-59 “类选择”对话框

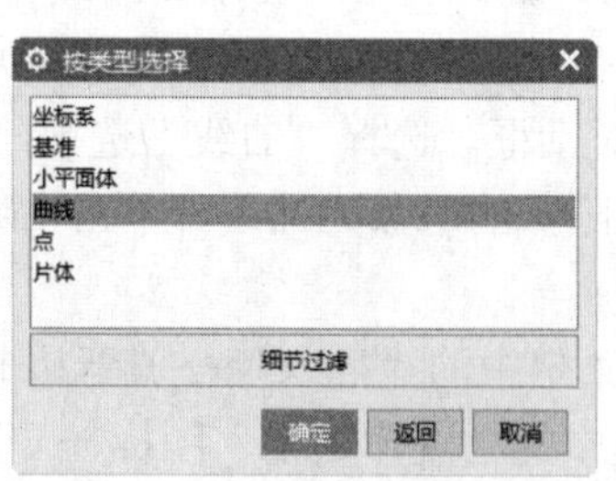

图 7-60 “按类型选择”对话框

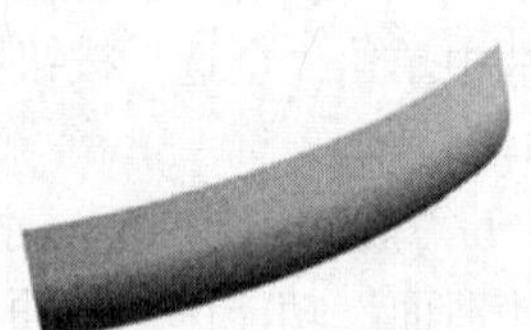

图 7-61 隐藏曲线

图 7-62　“规律延伸”对话框

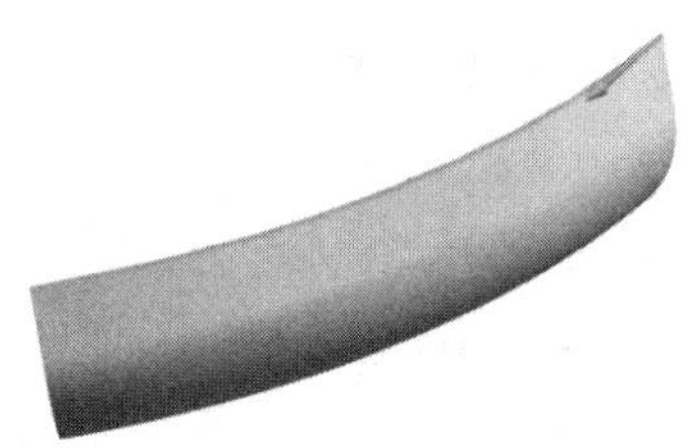

图 7-63　要延伸的曲线

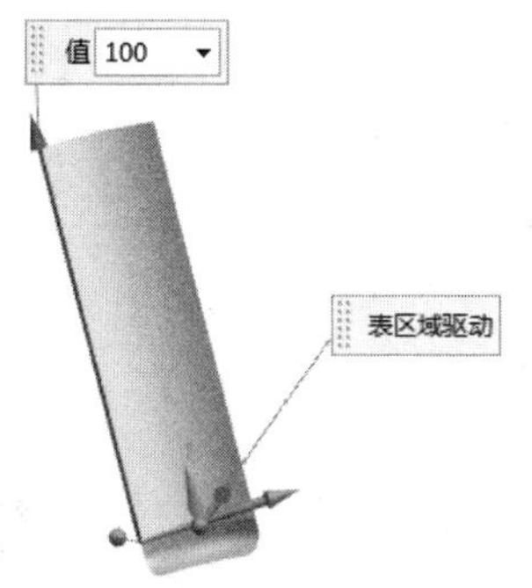

图 7-64　选择旋转曲面

图 7-65　创建的规律延伸曲面

04 更改曲面次数。执行菜单中的“编辑”→“曲面”→“次数”命令，或者单击“曲面”功能区“编辑曲面”组中的“更改次数”图标X^{z^3}，系统弹出如图 7-66 所示的“更改阶次”对话框 1。选择“编辑原片体”单选按钮，选择要编辑的曲面为规律延伸曲面（见图 7-67）后，系统弹出如图 7-68 所示的“更改次数”对话框 2。将“U 向次数”更改为 20，“V 向次数”更

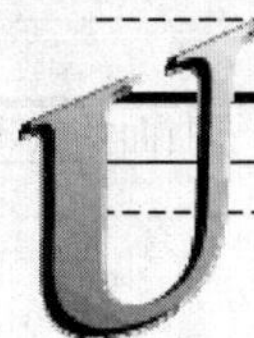

改为5，单击“确定”按钮。

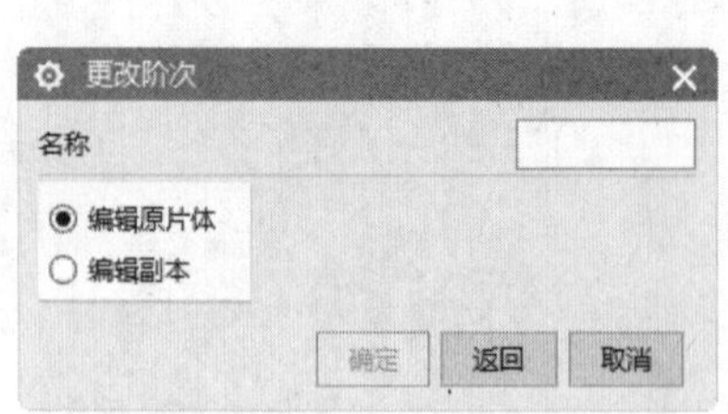

图7-66 “更改阶次”对话框1

图7-67 选择要编辑的曲面

图7-68 “更改次数”对话框2

05 X型。

❶执行菜单中的“编辑”→“曲面”→ “X型”命令，或者单击“曲面”组“编辑曲面”组中的“X型”图标，系统弹出如图7-69所示的“X型”对话框。

❷选择规律延伸曲面为要编辑的曲面，如图5-70所示。

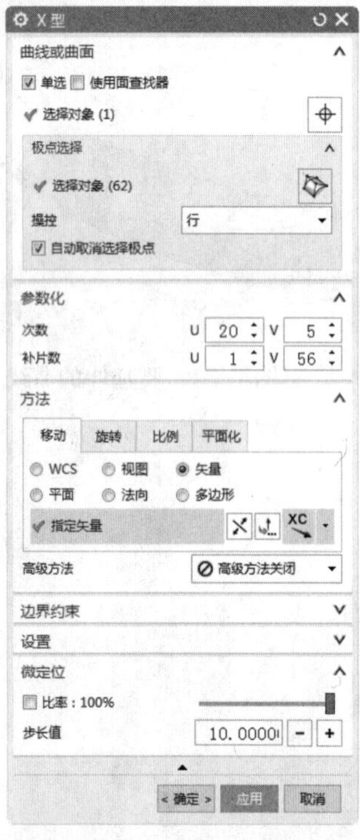

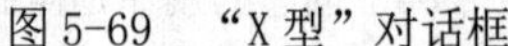

图5-69 “X型”对话框

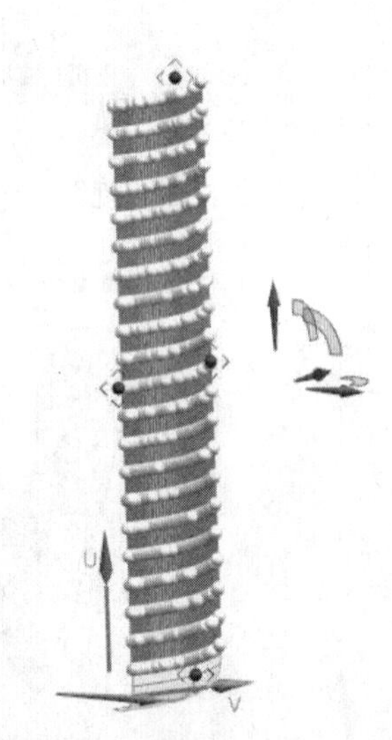

图5-70 选择要编辑的曲面

❸在对话框中的“操控”下拉列表中选择“行”选项，选择要编辑的行，系统自动进行判别，如图5-71所示。

❹在选择完被移动的行后，在“移动”中选择“矢量”单选按钮，指定矢量为XC轴。

❺在对话框中更改“步长值”为10并单击“负增量”按钮[-]，单击“确定”按钮，该行

的所有点被移动编辑后的曲面，如图 5-72 所示。

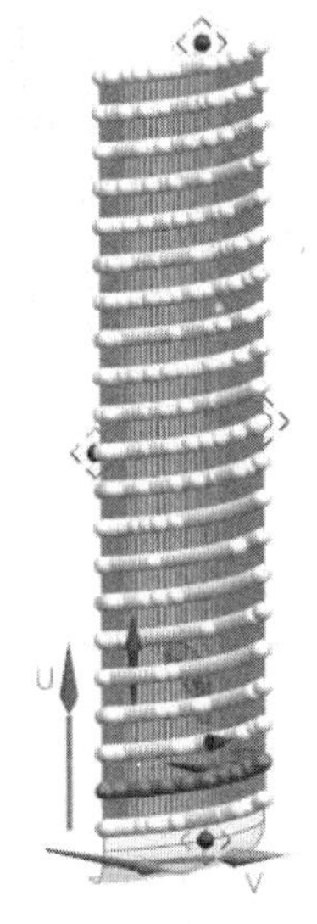

图 5-71　选择要编辑的行

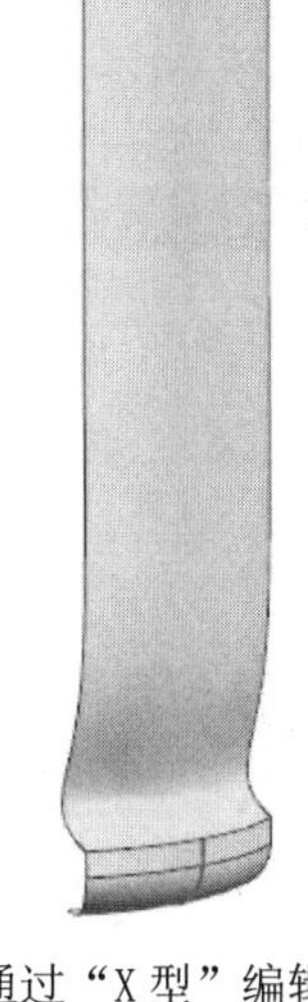

图 5-72　通过“X 型”编辑曲面

06 曲面缝合。执行菜单中的“插入”→“组合”→“缝合”命令，或者单击“曲面”功能区“曲面操作”组中的“缝合”图标，系统弹出如图 7-73 所示的“缝合”对话框。“类型”选择“片体”，目标选择旋转曲面，如图 7-74 所示。工具选择规律延伸曲面，如图 7-75 所示，单击“确定”按钮，两曲面被缝合。

图 7-73　“缝合”对话框

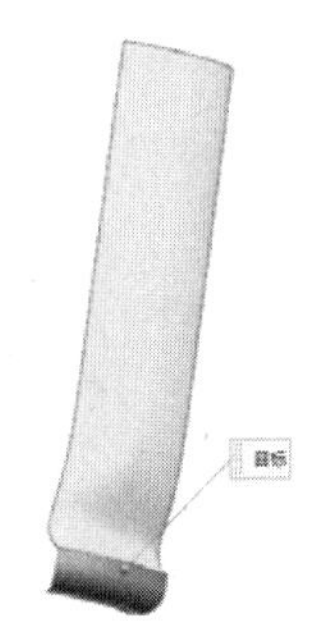

图 7-74　目标选择 1

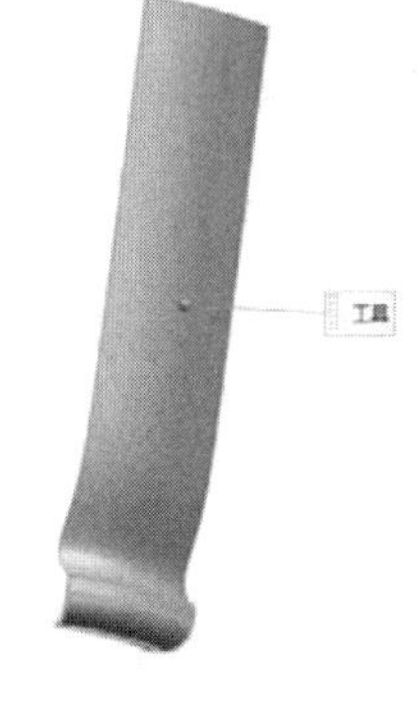

图 7-75　工具选择

07 曲面边倒圆。执行菜单中的“插入”→“细节特征”→“边倒圆”命令，或者单击“主页”功能区“特征”组中的“边倒圆”图标，系统弹出如图 7-76 所示的“边倒圆”对话框，选择边倒圆的边 1 如图 7-77 所示，边倒圆的“半径”设置为 1，单击“确定”按钮，创建如图 7-78 所示的边倒圆。

08 创建直线 3 和直线 4。执行菜单中的“插入”→“曲线”→“直线”命令，或者单击“曲线”功能区“曲线”组中的“直线”图标，系统弹出“直线”对话框。单击“开始”

选项组中的“点对话框”按钮，系统弹出“点”对话框。设置起点坐标为（26，10，35），单击“确定”按钮。单击“结束”选项组中的“点对话框”按钮，系统弹出“点”对话框，设置终点坐标为（26，10，75），单击“确定”按钮。在“直线”对话框中单击“应用”按钮，创建直线3，如图7-79所示。利用同样的方法创建直线4，起点坐标为（26，－10，35），终点坐标为（26，－10，75），创建的直线4如图7-80所示。

图7-76 “边倒圆”对话框

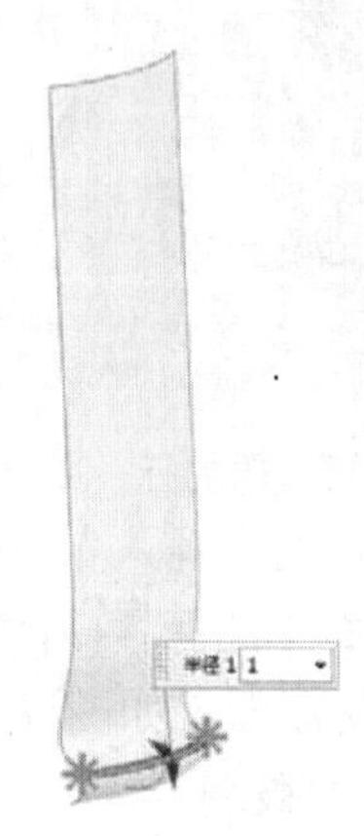

图7-77 圆角边的选择

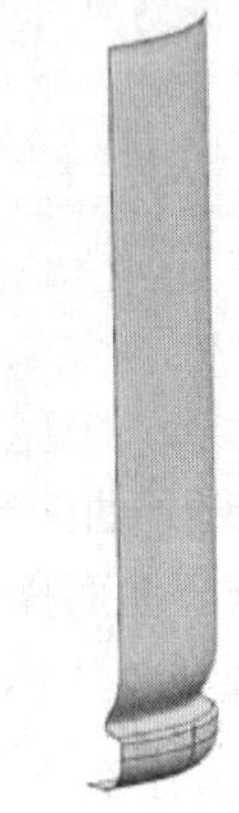

图7-78 倒圆角后的模型

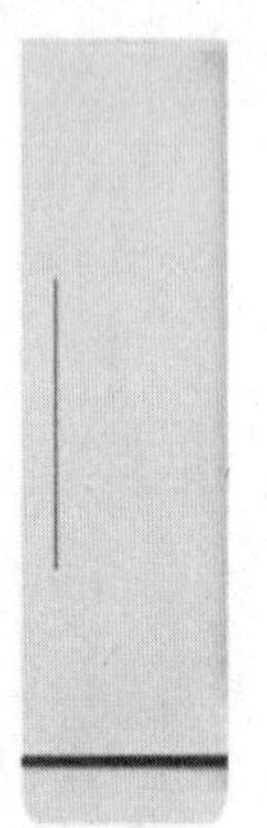

图7-79 创建的直线3

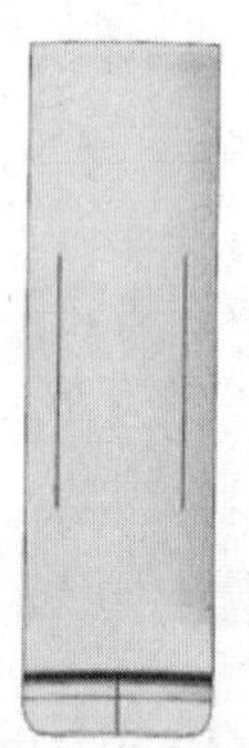

图7-80 创建的直线4

09 创建圆弧。执行菜单中的“插入”→“曲线”→“圆弧/圆”命令，或者单击“曲线”功能区“曲线”组中的“圆弧/圆”图标，系统弹出“圆弧/圆”对话框。“类型”选择“三点画圆弧”，如图7-81所示。

单击“起点”选项组中的“点对话框”按钮，系统弹出“点”对话框。设置起点（26，10，75）。单击“端点”选项组中的“点对话框”按钮，系统弹出“点”对话框。设置端点

（26，-10，75），单击“确定”按钮。在“中点选项”下拉列表框中选择“相切”选项，相切选择上面创建的直线，如图 7-82 所示，双击箭头，改变创建圆弧的方向 1，如图 7-83 所示，单击“确定”按钮，创建圆弧 1，如图 7-84 所示。用同样的方法创建圆弧 2，如图 7-85 所示。

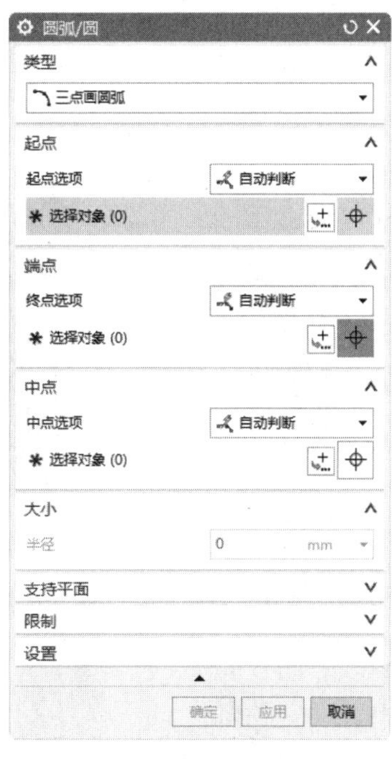

图 7-81　“圆弧/圆”对话框

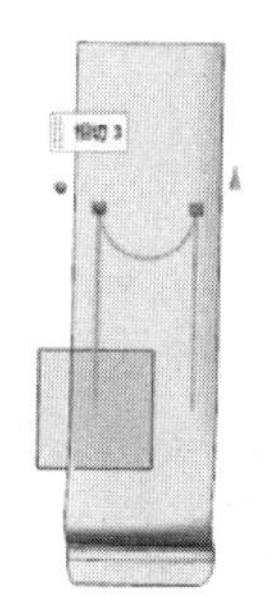

图 7-82　选择相切对象

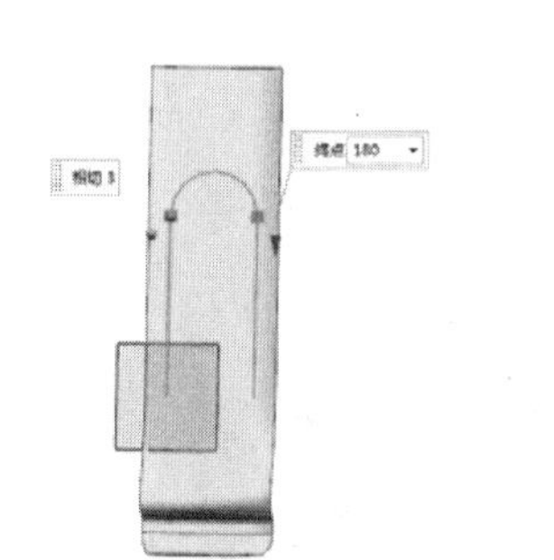

图 7-83　改变圆弧创建方向 1

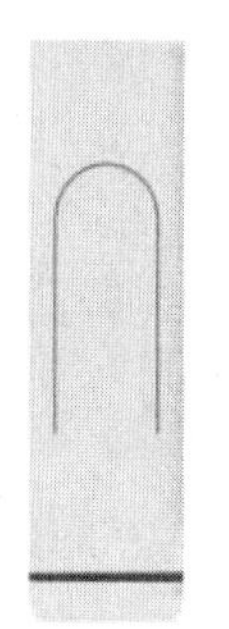

图 7-84　创建的圆弧 1

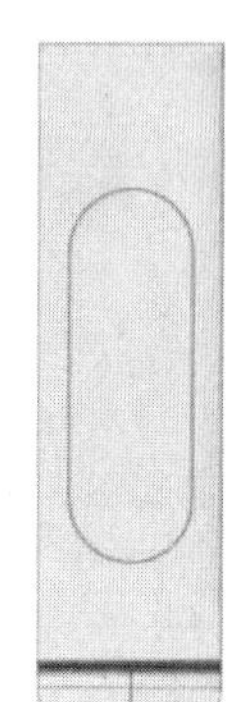

图 7-85　创建的圆弧 2

10 修剪片体。执行菜单中的“插入”→“修剪”→“修剪片体”命令，或者单击“曲面”功能区“曲面操作”组中的“修剪片体”图标，系统弹出如图 7-86 所示的“修剪片体”对话框。

选择目标 1 如图 7-87 所示。单击鼠标中键，选择边界对象 1 如图 7-88 所示。其余选项保持默认值，单击“确定”按钮，修剪片体 1 如图 7-89 所示。

11 创建通过曲线网格曲面。执行菜单中的“插入”→“网格曲面”→“通过曲线网格”

命令，或者单击“曲面”功能区“曲面”组中的“通过曲线网格”图标，系统弹出如图 7-90 所示的“通过曲线网格”对话框。选择主线串和交叉线串如图 7-91 所示。其余选项保持默认状态，单击“确定”按钮，创建的曲面如图 7-92 所示。

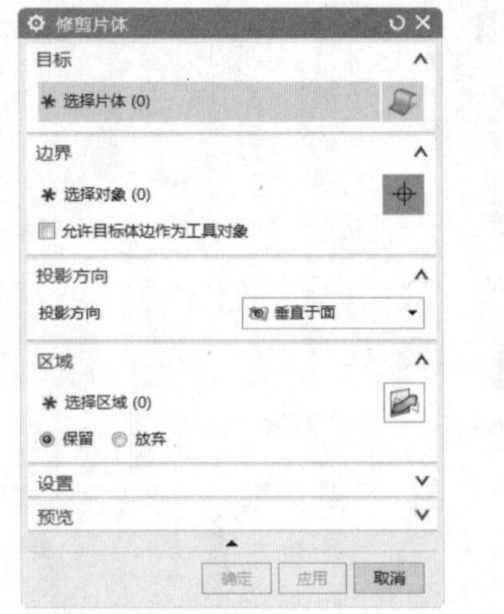

图 7-86 “修剪片体”对话框

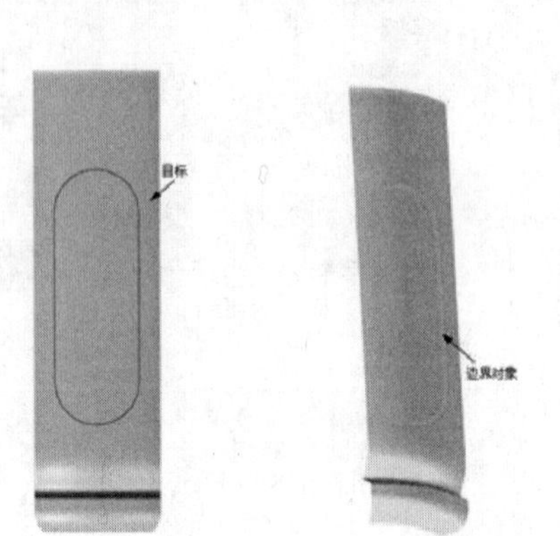

图 7-87 选择目标 1　图 7-88 选择边界对象 1

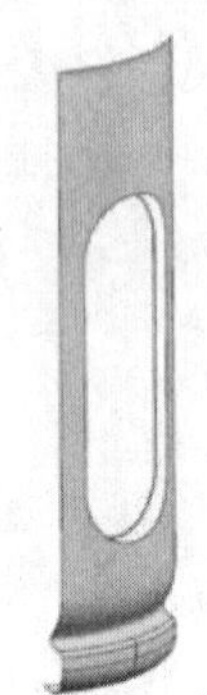

图 7-89 修剪片体 1

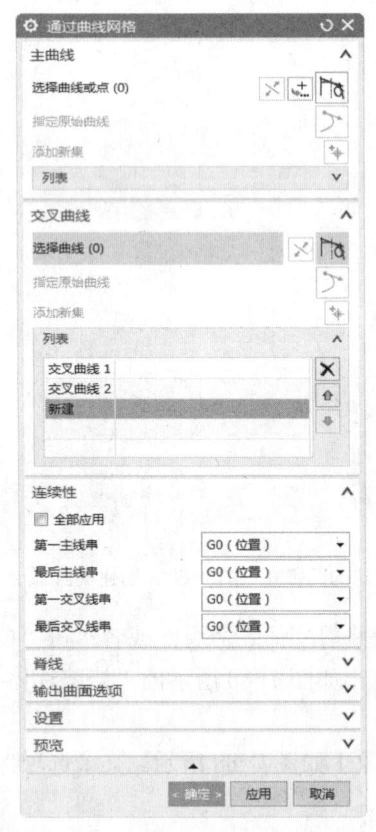

图 7-90 “通过曲线网格”对话框

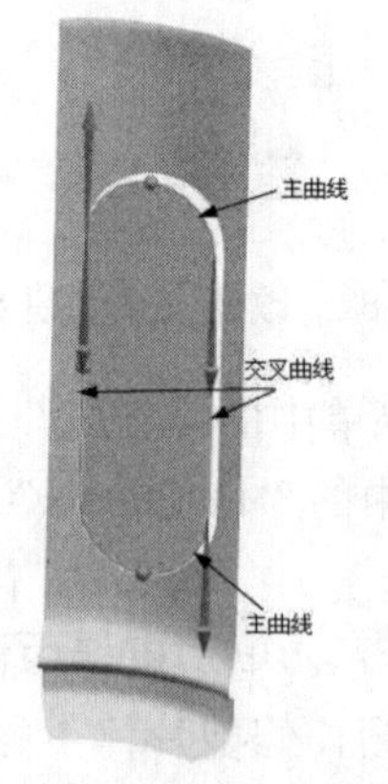

图 7-91 选择主线串和交叉线串

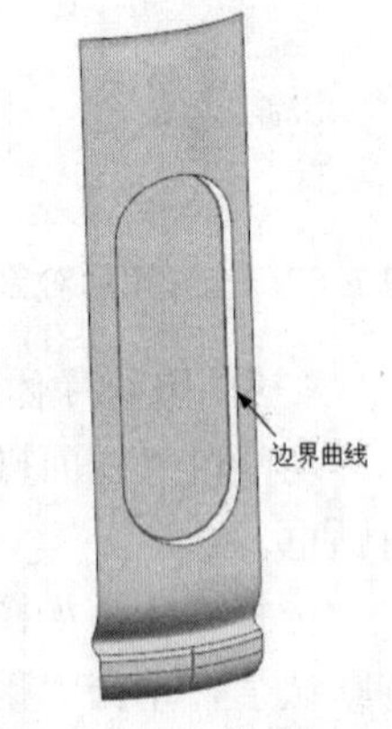

图 7-92 创建的曲面

12 创建 N 边曲面。执行菜单中的“插入”→“网格曲面”→“N 边曲面”命令，或者单击“曲面”功能区“曲面”组中的“N 边曲面”图标，系统弹出如图 7-93 所示的“N 边曲面”对话框。

选择“三角形”类型单击，选择如图 7-92 所示的曲线为外环，勾选尽可能合并面复选框，在“形状控制”的“控制”下拉列表框中选择“位置”，调整 Z 滑动条至 42 左右，其余选项保持默认值，单击“确定”按钮，创建如图 7-94 所示的多个三角补片类型的 N 边曲面 1。

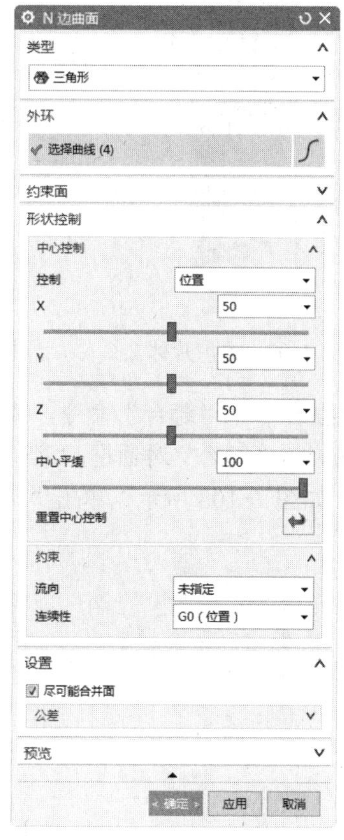

图 7-93　“N 边曲面”对话框

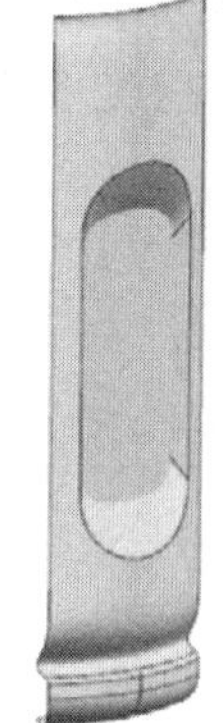

图 7-94　创建多个三角补片类型的 N 边曲面 1

13 修剪片体。执行菜单中的“插入”→“修剪”→“修剪片体”命令，或者单击“曲面”功能区“曲面操作”组中的“修剪片体”图标，系统弹出“修剪片体”对话框。选择目标 2 如图 7-95 所示。单击鼠标中键，选择边界对象 2 如图 7-96 所示。选择“放弃”单选按钮，其余选项保持默认值，单击“应用”按钮，修剪片体 2 如图 7-97 所示。

继续修剪片体，选择目标 3 如图 7-98 所示，单击鼠标中键，选择边界对象 3 如图 7-99 所示。选择“放弃”单选按钮，其余选项保持默认值，单击“确定”按钮，修剪片体 3 如图 7-100 所示。

14 隐藏曲线。执行菜单中的“编辑”→“显示和隐藏”→“隐藏”命令，或按住 Ctrl+B 键，系统弹出“类选择”对话框。单击“类型过滤器”按钮，系统弹出“按类型选择”对话

框。选择“曲线”，单击“确定”按钮。在“类选择”对话框中单击“全选”按钮，隐藏的对象为曲线，单击“确定”按钮，曲线被隐藏如图 7-101 所示。

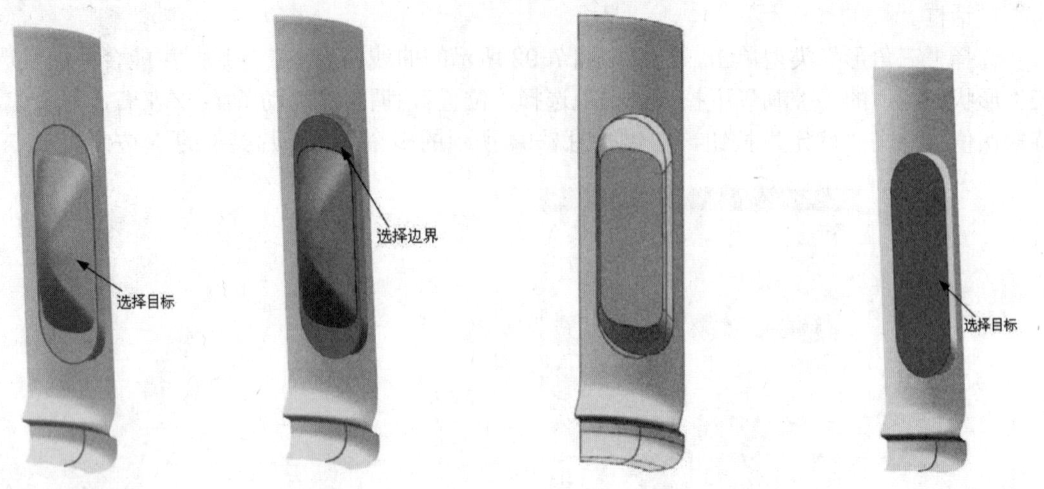

图 7-95　选择目标 2　　图 7-96　选择边界对象 2　　图 7-97　修剪片体 2　　图 7-98　选择目标 3

15 曲面缝合。执行菜单中的“插入”→“组合”→“缝合”命令，或者单击“曲面”功能区“曲面操作”组中的“缝合”图标，系统弹出“缝合”对话框。“类型”选择“片体”，目标选择 2 如图 7-102 所示。工具选择其余曲面，如图 7-103 所示，单击“确定”按钮，曲面被缝合。

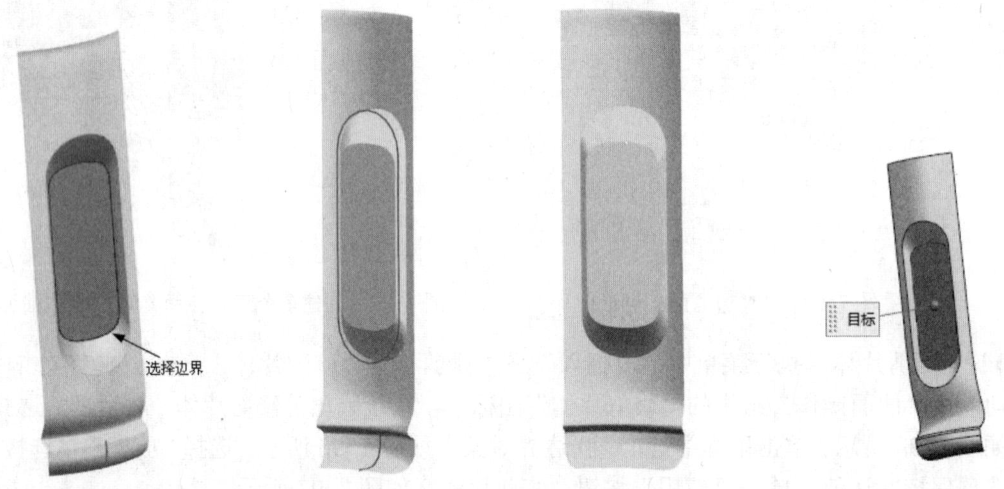

图 7-99　选择边界对象 3　　图 7-100　修剪片体 3　图 7-101　隐藏曲线 2　　图 7-102　选择目标 2

16 曲面边倒圆。执行菜单中的“插入”→“细节特征”→“边倒圆”命令，或者单击“主页”功能区“特征”组中的“边倒圆”图标，系统弹出“边倒圆”对话框。选择边倒圆的边 2，如图 7-104 所示，边倒圆的“半径”设置为 1.5，单击“确定”按钮，创建如图 7-105 所示的边倒圆 2。

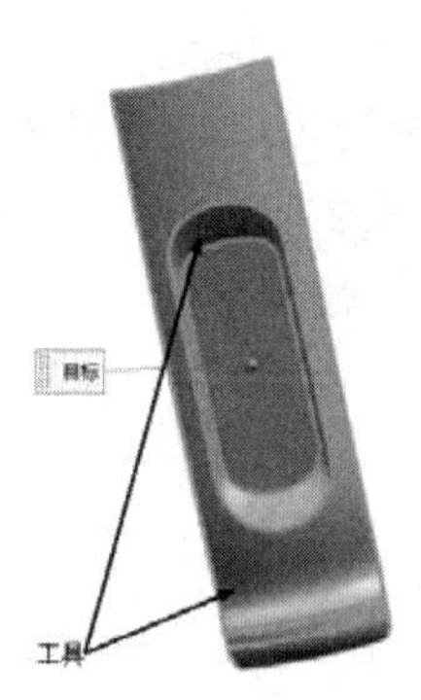

图7-103　工具选择2

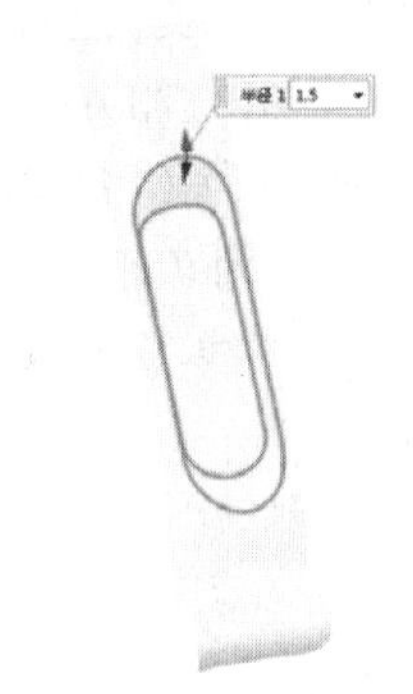

图7-104　选择边倒圆的边2

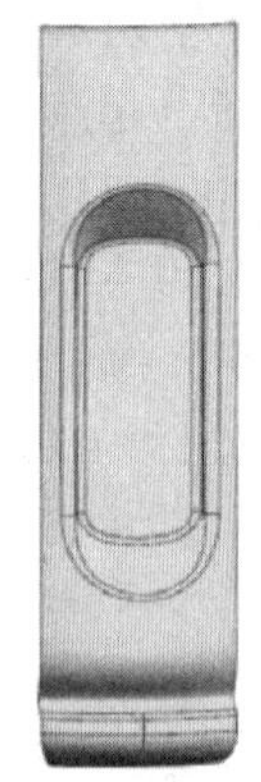

图7-105　创建边倒圆2

17 创建回转曲面。

❶创建直线5～11。执行菜单中的“插入”→“曲线”→“直线”命令，或者单击“曲线”功能区“曲线”组中的“直线”图标，系统弹出“直线”对话框。单击“开始”选项组中的“点对话框”按钮，系统弹出“点”对话框。设置起点坐标为（30，0，108），单击“确定”按钮。单击“结束”选项组中的“点对话框”按钮，系统弹出“点”对话框，输入终点坐标为（28，0，108），单击“确定”按钮。在“直线”对话框中单击“应用”按钮，创建直线5。利用同样的方法创建直线6，起点坐标为（28，0，108），终点坐标为（28，0，110）；直线7，起点坐标为（28，0，110），终点坐标为（30，0，110）；直线8，起点坐标为（30，0，110），终点坐标为（30，0，120）；直线9，起点坐标为（30，0，120），终点坐标为（25，0，125）；直线10，起点坐标为（25，0，125），终点坐标为（25，0，128）；直线11，起点坐标为（25，0，128），终点坐标为（30，0，133）。创建的直线5～11如图7-106所示。

❷创建圆弧。执行菜单中的“插入”→“曲线”→“圆弧/圆”命令，或者单击“曲线”功能区“曲线”组中的“圆弧/圆”图标，系统弹出“圆弧/圆”对话框。“类型”选择“三点画圆弧”。单击“起点”选项组中的“点对话框”按钮，系统弹出“点”对话框。设置起点坐标为（30，0，133）。单击“端点”选项组中的“点对话框”按钮，系统弹出“点”对话框，输入端点坐标为（12，0，163），单击“确定”按钮。“中点”选择“相切”选项，相切选择上面创建的直线8，双击箭头改变创建圆弧的方向，如图7-107所示，单击“确定”按钮，创建圆弧3，如图7-108所示。

❸创建直线12～22。执行菜单中的“插入”→“曲线”→“直线”命令，或者单击“曲线”功能区“曲线”组中的“直线”图标，系统弹出“直线”对话框。单击“开始”选项组中的“点对话框”按钮，系统弹出“点”对话框。设置起点坐标为（12，0，163），单击“确定”按钮；单击“结束”选项组中的“点对话框”按钮，系统弹出“点”对话框。设置终点坐标为（12，0，168），单击“确定”按钮。在“直线”对话框中单击“应用”按钮，创建直线12。

利用同样的方法创建直线13，起点坐标为（12，0，168），终点坐标为（15，0，168）；直线14，起点坐标为（15，0，168），终点坐标为（15，0，170）；直线15，起点坐标为（15，0，

170)，终点坐标为（12，0，170)；直线16，起点坐标为（12，0，170)，终点坐标为（12，0，171.5)；直线17，起点坐标为（12，0，171.5)，终点坐标为（13，0，171.5)；直线18，起点坐标为（13，0，171.5)，终点坐标为（13，0，173)；直线19，起点坐标为（13，0，173)，终点坐标为（14，0，173)； 直线20，起点坐标为（14，0，173)，终点坐标为（14，0，174)；直线21，起点坐标为（14，0，174)，终点坐标为（12，0，175)；直线22，起点坐标为（12，0，175)，终点坐标为（12，0，188)。创建的直线12～22如图7-109所示。

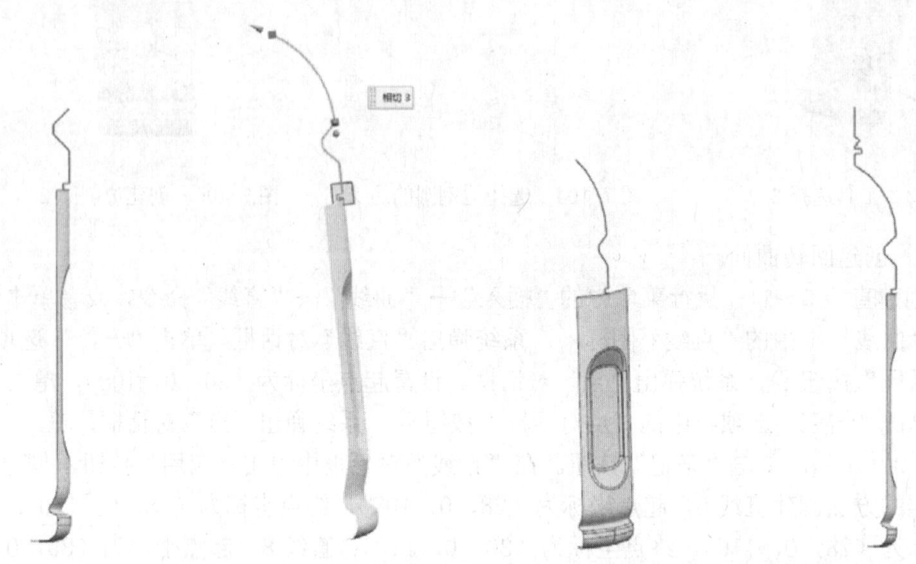

图7-106 创建直线5～11 图7-107 改变圆弧方向 图7-108 创建圆弧3 图7-109 创建直线12～22

❹旋转。执行菜单中的“插入”→“设计特征”→“旋转”命令，或者单击“主页”功能区“特征”组中的“旋转”图标，系统弹出“旋转”对话框。截面选择如图7-110所示，单击“指定矢量”选项中的“矢量对话框”按钮，系统弹出“矢量”对话框。单击按钮，单击“矢量”对话框中的“确定”按钮。单击“指定点”中的“点对话框”按钮，系统弹出“点”对话框，设置指定点为（0，0，0)，“开始”的“角度”设置为−30，“结束”的“角度”设置为30，单击“旋转”对话框中的“确定”按钮，创建的旋转体2如图7-111所示。

❺隐藏曲线。执行菜单中的“编辑”→“显示和隐藏”→“隐藏”命令，或者单击“实用工具”工具栏中“隐藏”图标，或者按住Ctrl+B键，系统弹出“类选择”对话框。单击“类型过滤器”按钮，系统弹出“按类型选择”对话框。选择“曲线”，单击“确定”按钮，在“类选择”对话框中单击“全选”按钮，隐藏的对象为曲线，单击“确定”按钮，曲线被隐藏，如图7-112所示。

18 曲面缝合。执行菜单中的“插入”→“组合”→“缝合”命令，或者单击“曲面”功能区“曲面操作”组中的“缝合”图标，系统弹出“缝合”对话框。“类型”选择“片体”，目标选择旋转曲面，如图7-113所示；工具选择其余曲面，如图7-114所示。单击“确定”按钮，曲面被缝合。

19 曲面边倒圆。执行菜单中的“插入”→“细节特征”→“边倒圆”命令，或者单击

"主页"功能区"特征"组中的"边倒圆"图标，系统弹出"边倒圆"对话框。选择边倒圆的边3，如图7-115所示。边倒圆的"半径1"设置为1，单击"确定"按钮，创建如图7-116所示的边倒圆3。

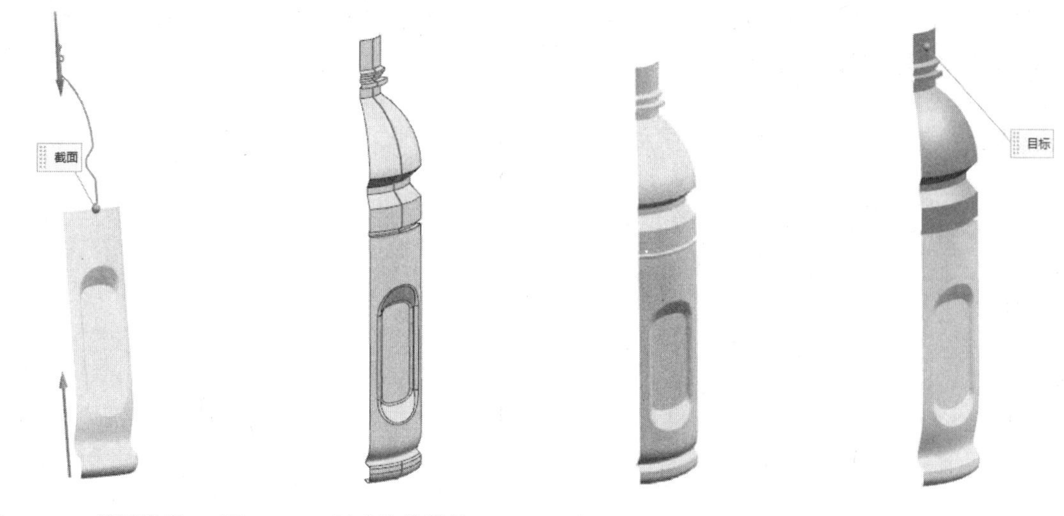

图7-110　截面选择　图7-111　创建的旋转体2　图7-112　隐藏曲线　图7-113　目标选择

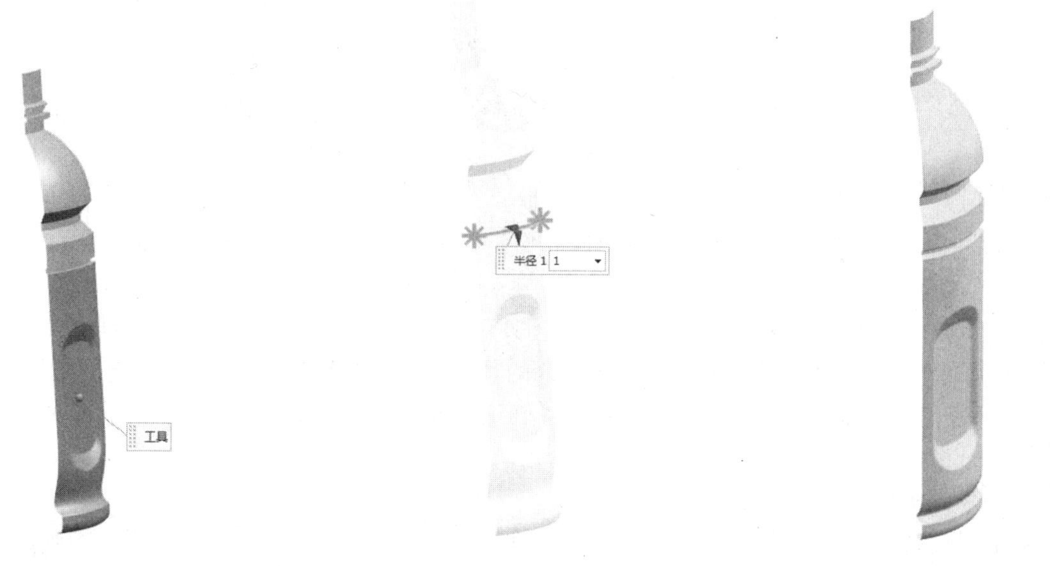

图7-114　工具选择　图7-115　选择边倒圆的边3　图7-116　创建边倒圆3

20 通过移动编辑曲面。单击"工具"功能区"实用工具"组中的"移动对象"图标，系统弹出"移动对象"对话框如图7-117所示。选择整个曲面为移动对象，在"运动"下拉列表框中选择"角度"，在"指定矢量"下拉列表框中选择"ZC轴"，单击"点对话框"按钮，系统弹出"点"对话框。保持默认的点坐标（0，0，0），单击"确定"按钮。在"角度"文本框中输入60，选择"复制原先的"选项，在"非关联副本数"中输入为5。单击"确定"按钮，

通过移动编辑曲面，如图 7-118 所示。

21 曲面缝合。执行菜单中的“插入”→“组合”→“缝合”命令，或者单击“曲面”功能区“曲面操作”组中的“缝合”图标，系统弹出“缝合”对话框。“类型”选择“片体”，目标选择曲面，如图 7-119 所示。工具选择其余曲面，单击“确定”按钮，曲面被缝合。

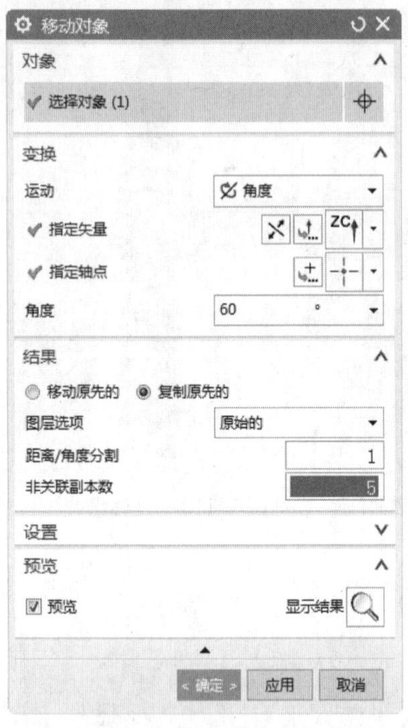

图 7-117 “移动对象”对话框

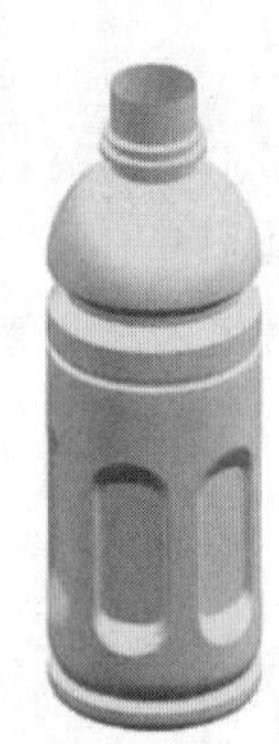

图 7-118 通过移动编辑曲面

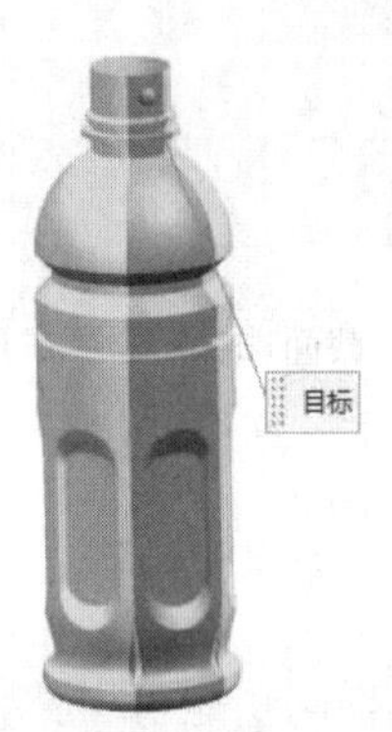

图 7-119 目标选择

22 创建N边曲面。执行菜单中的“插入”→“网格曲面”→“N边曲面”命令，或者单击“曲面”功能区“曲面”组中的“N边曲面”图标，系统弹出“N边曲面”对话框。选择“三角形”类型，选择如图 7-120 所示的曲线为外环，选择如图 7-121 所示的曲面为约束面，选择“尽可能合并面”复选框，在“形状控制”的“控制”下拉列表框中选择“位置”，调整Z滑块至 58 左右，其余选项保持默认值，单击“确定”按钮，创建如图 7-122 所示的多个三角补片类型的N边曲面 2。

23 创建截面曲面。

❶创建螺旋线。执行菜单中的“插入”→“曲线”→“螺旋”命令，系统弹出“螺旋”对话框，如图 7-123 所示。“类型”选择“沿矢量”，单击“方位”选项组中的“坐标系对话框”按钮，系统弹出“坐标系”对话框，如图 7-124 所示。“类型”选择“动态”，设置指定方位坐标为（0，0，177），单击“确定”按钮，返回“螺旋”对话框。“圈数”设置为 2，“螺距”设置为 3，“半径”设置为 12，单击“确定”按钮，创建螺旋线，如图 7-125 所示。

❷创建直线。执行菜单中的“插入”→“曲线”→“直线”命令，或者单击“曲线”功能区“曲线”组中的“直线”图标，系统弹出“直线”对话框。单击“开始”选项组中的“点对话框”按钮，系统弹出“点”对话框。设置起点坐标为（12，0，183），单击“确定”按

钮，单击“结束”选项组中的“点对话框”按钮，系统弹出“点”对话框。设置终点坐标为（0，0，188），单击“确定”按钮，在“直线”对话框中单击“应用”按钮，创建直线 23。利用同样的方法创建直线 24，起点坐标为（12，0，177），终点坐标为（0，0，182）。选择瓶身并按住 Ctrl+B 键，瓶身被隐藏，创建的直线 23 和直线 24 如图 7-126 所示。

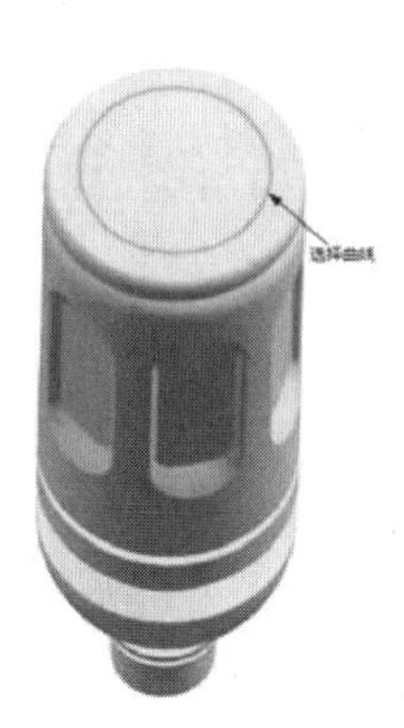

图 7-120　选择曲线

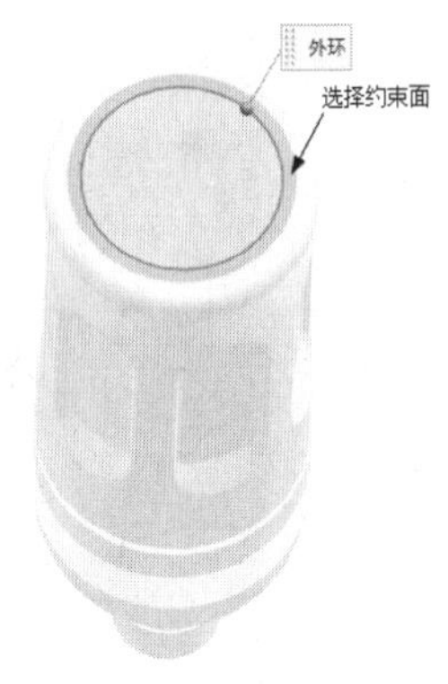

图 7-121　选择约束面

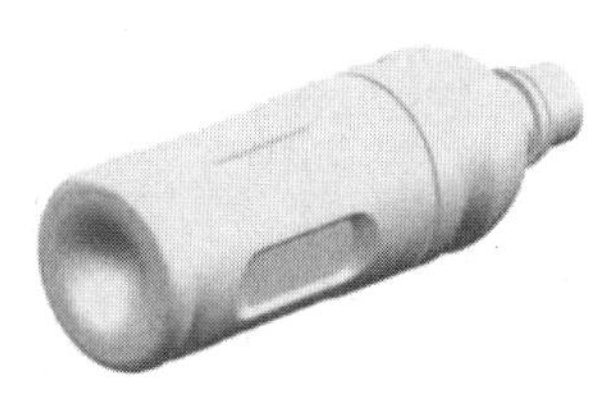

图 7-122 创建多个三角补片类型的 N 边曲面 2

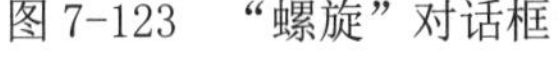

图 7-123　“螺旋”对话框

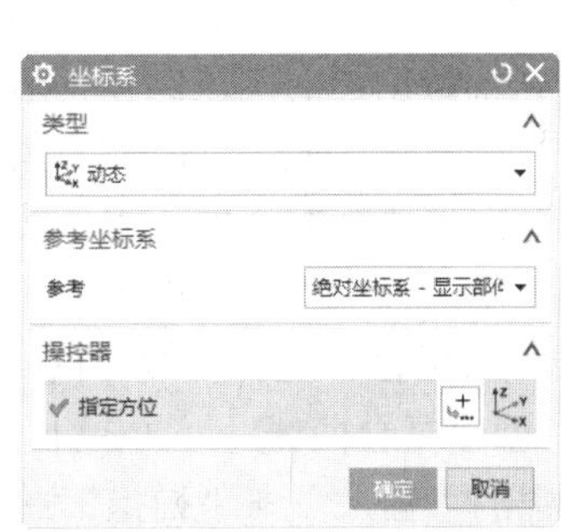

图 7-124　“坐标系”对话框

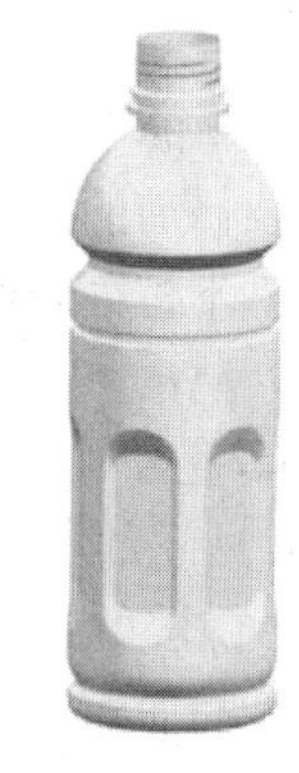

图 7-125　创建螺旋线

❸创建圆角。执行菜单中的“插入”→“派生曲线”→“圆形圆角曲线”命令，系统弹出“圆形圆角曲线”对话框，如图 7-127 示。单击“曲线 1”选项组中的“选择曲线”按钮，选择螺旋线，单击“曲线 2”选项组中的“选择曲线”按钮，选择直线 23，在“半径选项”下拉

列表框中选择“值”，在“半径”文本框中输入 3，单击“应用”按钮，创建圆角 1。

继续单击直线 24 和螺旋线作为曲线 1 和曲线 2，单击“确定”按钮，创建圆角 2，如图 7-128 所示。

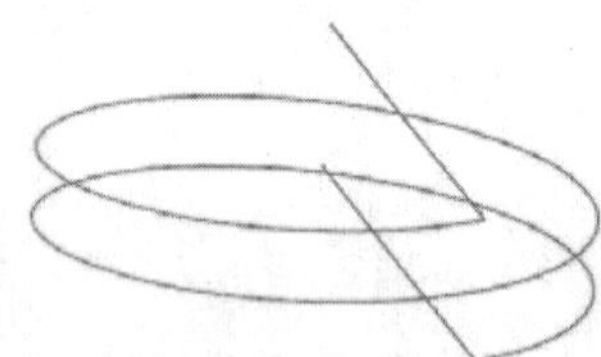

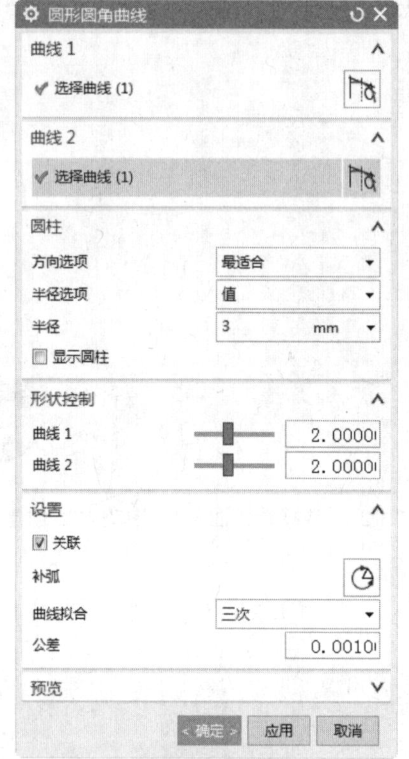

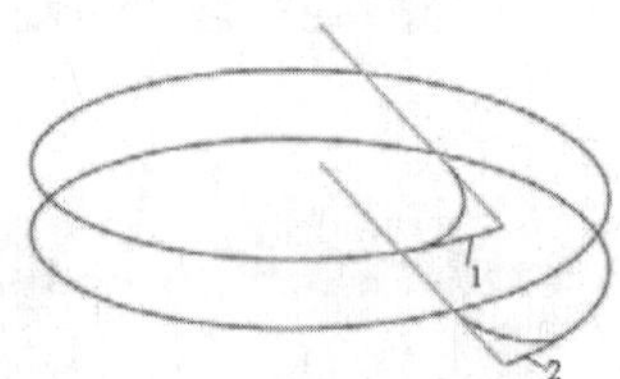

图 7-126 创建的直线 23 和直线 24　图 7-127 “圆形圆角曲线”对话框　图 7-128 创建圆角 1 和圆角 2

❹执行菜单中的“编辑”→“曲线”→“修剪”命令，或者单击“曲线”功能区“编辑曲线”组中的“修剪曲线”图标，系统弹出如图 7-129 所示的“修剪曲线”对话框。选择螺旋线为要修剪的曲线，选择步骤❸创建的两段圆弧为边界对象，在“修剪或分割”选项组“指定矢量”下拉列表框中选择“YC 轴”，选择“放弃”单选按钮，选择直线 23 和直线 24 为放弃的区域，单击“确定”按钮，完成曲线的修剪，将直线 23 和直线 24 隐藏，如图 7-130 所示。

❺复合曲线。执行菜单中的“插入”→“派生曲线”→“复合曲线”命令，系统弹出如图 7-131 所示的 “复合曲线”对话框。选择要复合的曲线如图 7-132 所示，“距离公差”设置为 0.3，单击“确定”按钮，创建复合曲线。

截面曲面。执行菜单中的“插入”→“扫掠”→“截面”命令，或者单击“曲面”功能区“曲面”组中的“截面曲面”图标，系统弹出如图 7-133 所示的“截面曲面”对话框。选择“圆形”类型，选择“中心半径”模式，选择复合曲线作为起始引导线，选择复合曲线为脊线，在“半径规律”的“值”文本框中输入 0.8，单击“确定”按钮，创建的截面如图 7-134 所示。

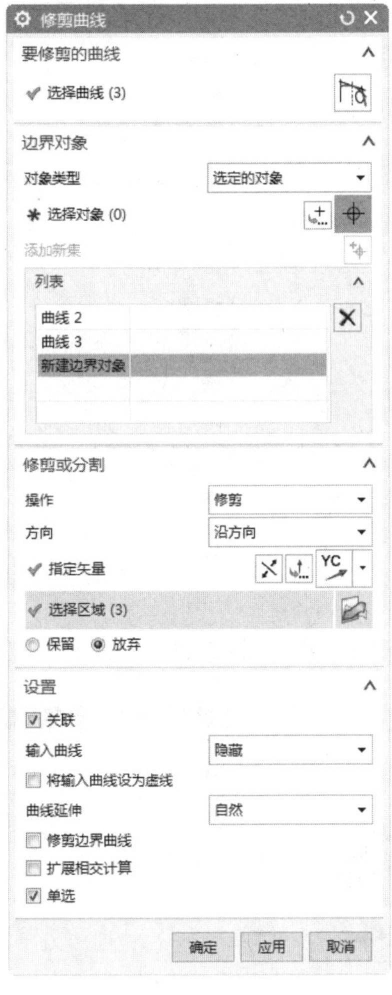

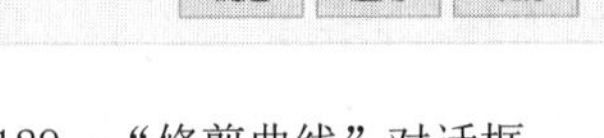

图 7-129　“修剪曲线”对话框

图 7-130　修剪曲线

❻隐藏曲线。执行菜单中的“编辑”→“显示和隐藏”→“隐藏”命令，或者单击“视图”功能区“可见性”组中的“隐藏”图标，或者按住 Ctrl+B 键，系统弹出“类选择”对话框。单击“类型过滤器”按钮，系统弹出“按类型选择”对话框。选择“曲线”，单击“确定”按钮。在“类选择”对话框中单击“全选”按钮，隐藏的对象为曲线，单击“确定”图标，曲线被隐藏如图 7-135 所示。

24 抽取曲面。执行菜单中的“插入”→“关联复制”→“抽取几何特征”命令，或者单击“曲面”功能区“曲面操作”组中的“抽取几何特征”图标，系统弹出如图 7-136 所示的“抽取几何特征”对话框。“类型”选择“面”，“面选项”选择“单个面”，选择截面曲面后单击“确定”按钮。

选择截面曲面，按住 Ctrl+B 键，使实体被隐藏，抽取的曲面如图 7-137 所示。在左边的“部件导航器”中单击瓶身的缝合曲面，单击“实用工具”工具栏中“显示”图标，显示模型，如图 7-138 所示。

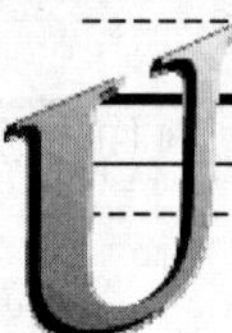

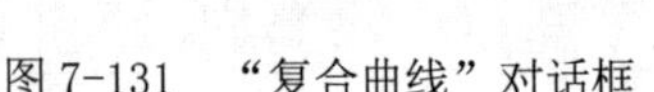

图 7-131 “复合曲线”对话框

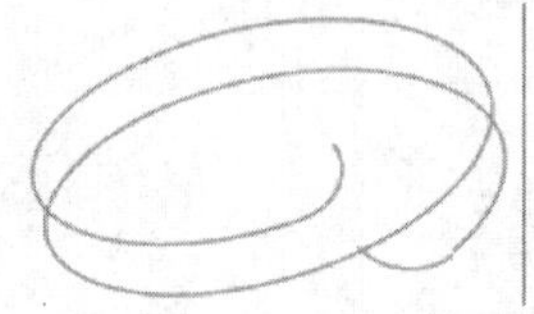

图 7-132 选择要复合的曲线

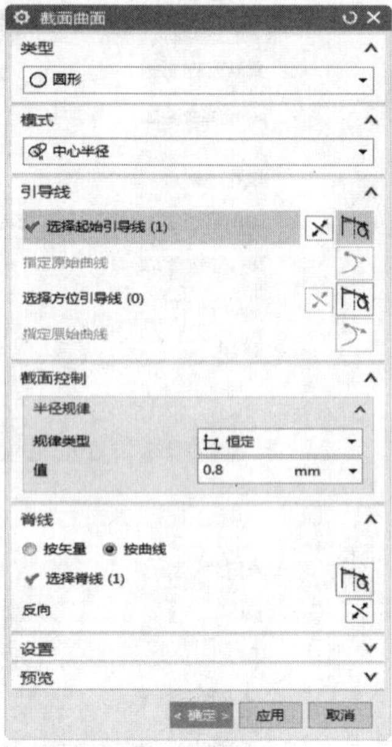

图 7-133 “截面曲面”对话框

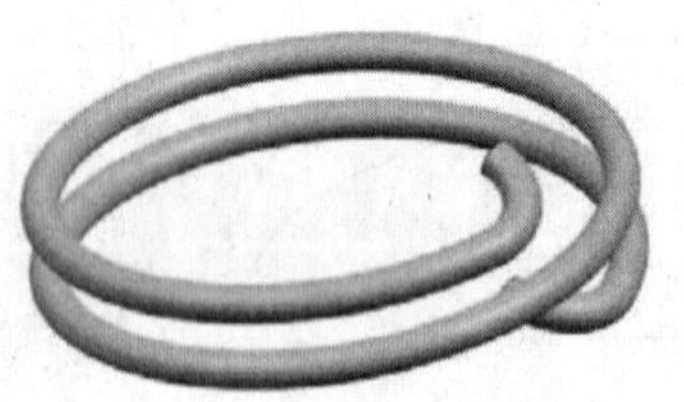

图 7-134 创建的截面曲面

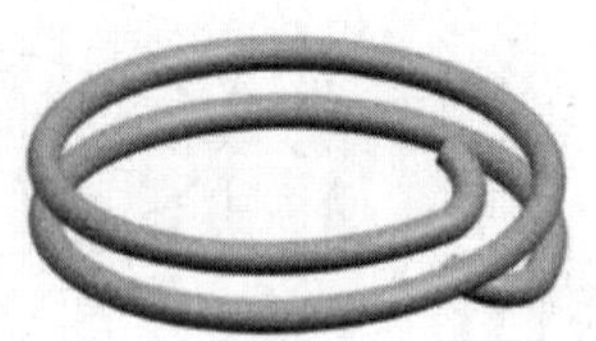

图 7-135 隐藏曲线 4

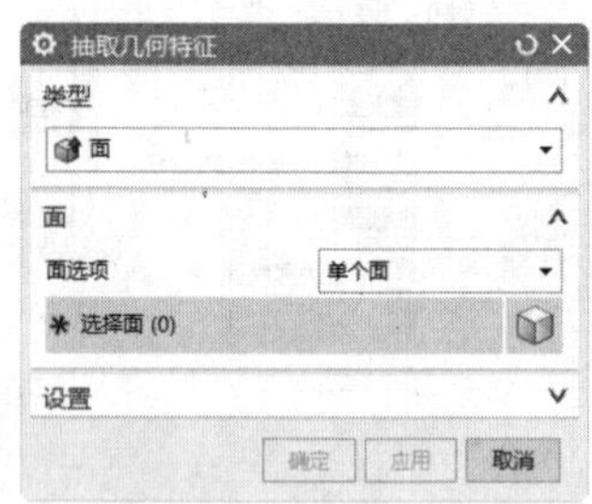

图 7-136 “抽取几何特征”对话框

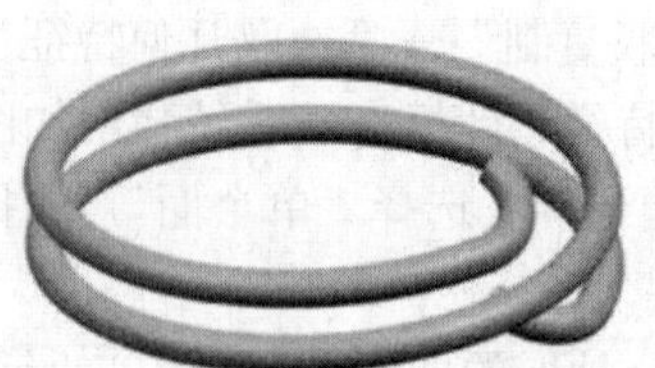

图 7-137 抽取的曲面

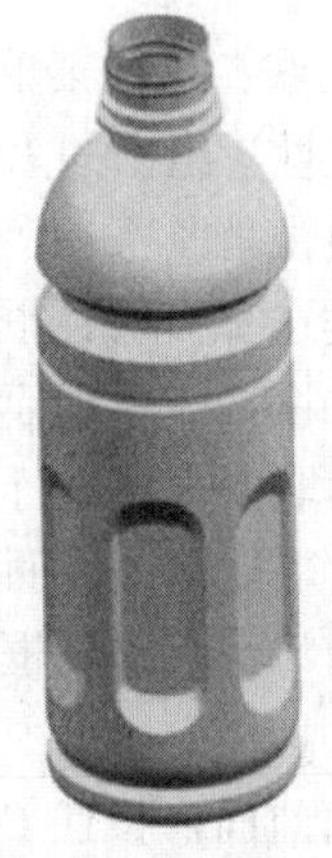

图 7-138 显示模型

25 修剪片体。执行菜单中的“插入”→“修剪”→“修剪片体”命令，或者单击“曲面”功能区“曲面操作”组中的“修剪片体”图标，系统弹出“修剪片体”对话框。选择目标如图 7-139 所示，单击鼠标中键，选择边界对象如图 7-140 所示。选择“保留”单选按钮，其余选项保持默认值，单击“应用”按钮，修剪片体 4，如图 7-141 所示。

继续修剪片体。目标选择瓶身，如图 7-142 所示。单击鼠标中键，选择边界对象如图 7-143 所示，选择“保留”单选按钮，其余选项保持默认值，单击“确定”按钮，修剪片体 5，如图 7-144 所示。

26 曲面缝合。执行菜单中的“插入”→“组合”→“缝合”命令，或者单击“曲面”功能区“曲面操作”组中的“缝合”图标，系统弹出“缝合”对话框。“类型”选择“片体”，目标选择曲面；如图 7-145 所示，工具选择其余曲面，如图 7-146 所示。单击“确定”按钮，曲面被缝合。创建的饮料瓶曲面模型如图 7-147 所示。

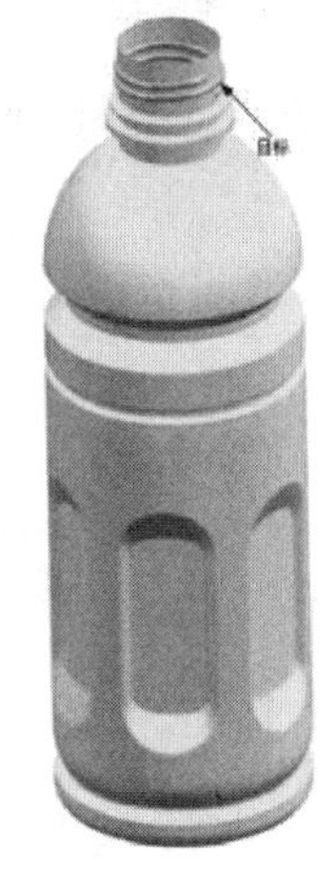

图 7-139　选择目标 4

图 7-140 选择边界对象 4

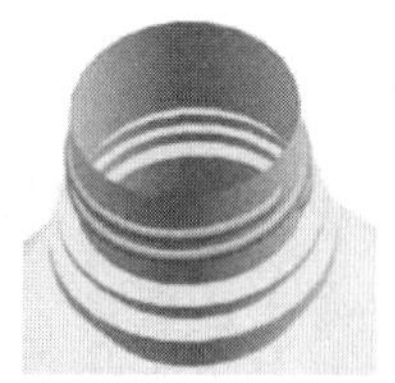

图 7-141　修剪片体 4

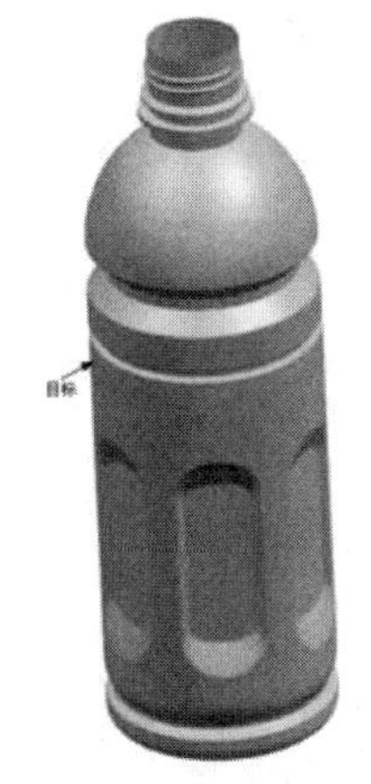

图 7-142　选择目标 5

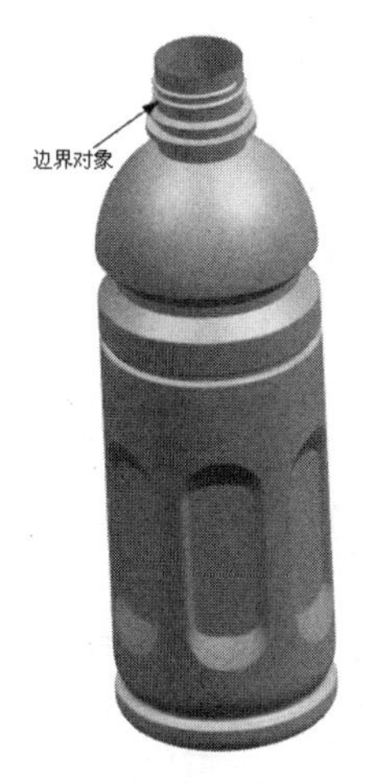

图 7-143　选择边界对象 5

图 7-144　修剪片体 5

UG NX 12.0

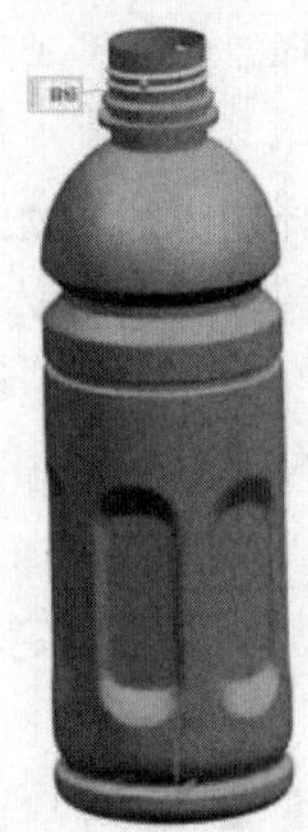

图 7-145　目标选择

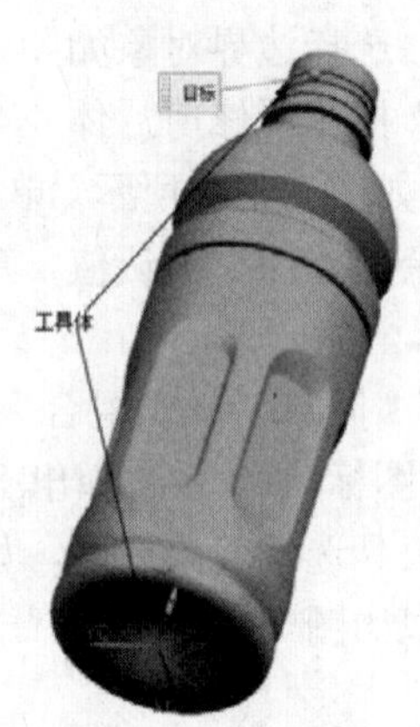

图 7-146　工具选择

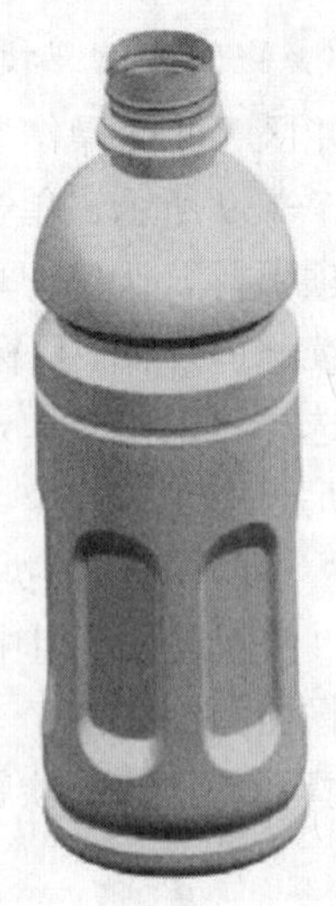

图 7-147　饮料瓶曲面模型

第8章

曲线和曲面分析

在 UG 中，曲线的质量直接影响了构建曲面的质量，从而影响了产品的质量，所以需要在造型过程中对构建的曲线质量和曲面质量进行分析和验证，从而保证构建的曲面质量符合设计要求。本章将简要讲述如何对曲线的特征点和曲线的分布进行分析,以及截面分析、高亮线分析和曲面连续性分析等基本的曲面分析内容。

重点与难点

- 显示极点
- 曲率梳分析
- 峰值、拐点、图表、截面和高亮线分析
- 曲面连续性、半径、反射、斜率和距离分析

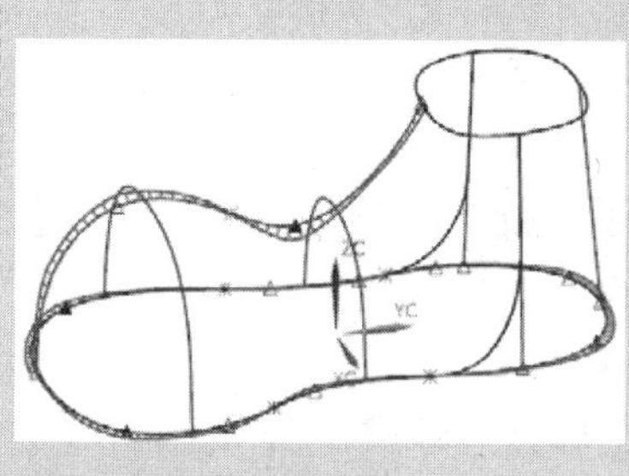

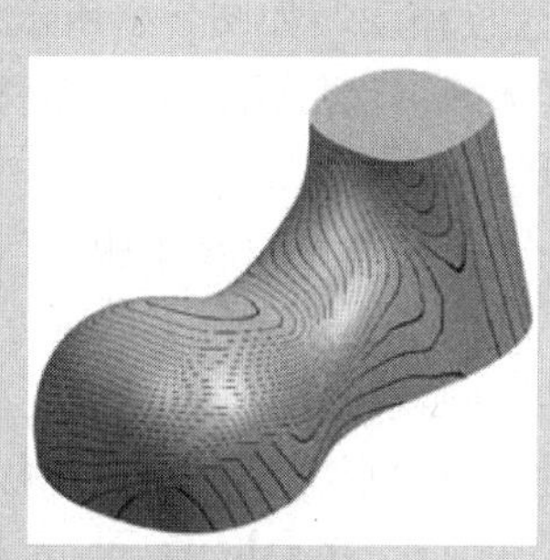

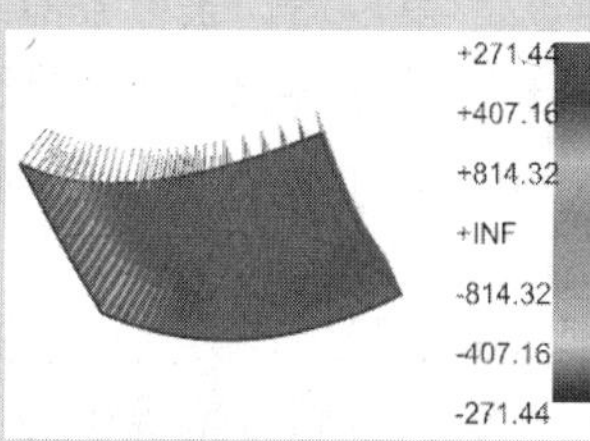

8.1 显示极点

曲线分析用于分析和评估曲线的质量，以给用户一个动态的反馈信息。“显示极点”用于显示控制多边形。当“显示极点”用于选定的样条曲线时，会显示出样条曲线的极点。当选择需要进行分析极点的曲线时，可以一次选择一条曲线，也可以一次选择多条曲线。

8.1.1 “显示极点”命令

执行菜单中的“分析”→“形状”→“显示极点”命令，或者打开“分析”功能区，如图 8-1 所示。其中有分析曲线和曲面的各种工具命令，单击“显示极点”图标。

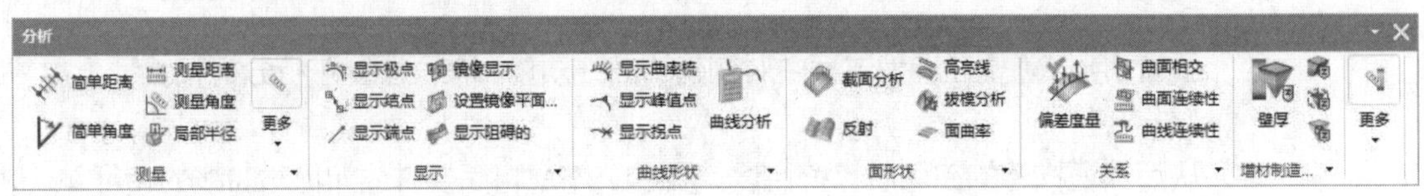

图 8-1 “分析”功能区

“显示极点”可以分为以下两种情况操作。

（1）当曲线不处于编辑状态：

1）选择一条或多条样条曲线。

2）执行菜单中的“分析”→“形状”→“显示极点”命令，或者单击“分析”功能区“显示”组中的“显示极点”图标，可以显示选择曲线的极点。

3）取消显示。只需再次执行单栏中的“分析”→“形状”→“显示极点”命令，或者单击“分析”功能区“显示”组中的“显示极点”图标即可。

（2）当曲线处于编辑状态：用户可以在任何时候执行菜单中的“分析”→“形状”→“显示极点”命令，或者单击“分析”功能区“显示”组中的“显示极点”图标来显示正在编辑中的曲线的极点；再次单击，取消显示。

8.1.2 实例——显示样条曲线极点

（1）打开文件 8-1.prt，进入建模模块，如图 8-2 所示。

（2）单击第一条样条曲线将其选择；然后同样把光标移到第二条样条曲线上，单击鼠标左键，这样这组样条曲线将被作为分析对象。

（3）执行菜单中的“分析”→“形状”→“显示极点”命令，或者单击“分析”功能区“显示”组中的“显示极点”图标，“分析”功能区“显示极点”图标变亮，表明“显示极点”功能已经开启。样条曲线的极点显示如图 8-3 所示。

（4）再次执行菜单中的“分析”→“形状”→“显示极点”命令，或者单击“分析”功能区“显示”组中的“显示极点”图标，将会取消“显示极点”功能。

图 8-2　文件 8-1.prt

图 8-3　样条曲线的极点显示

8.2 曲率梳分析

UG 系统用梳状图形方式来显示曲线上各点的曲率变化情况，可以应用曲率梳分析功能分析曲线上各点的曲率半径、曲率方向等参数。用户在选择需要进行曲率梳分析的曲线时，可以一次选择一条曲线，也可以一次选择多条曲线。

可以通过曲率梳分析来判定曲线的连续关系。曲线的连续性通常是曲线之间的端点连续问题，曲线连续性通常有 4 种类型。

（1）G0（位置连续）

1）G0（位置连续）：指曲线在端点处连接，但连接处的切线方向和曲率都不一致。

2）数学解释：曲线处处连续。

3）判定方法：曲线不断，切线方向不一致，曲率梳的外形是不连续的，如图 8-4 所示。

（2）G1（相切连续）

1）G1（相切连续）：指曲线在端点处连接，并且两条曲线在连接点处具有相同的切向且切线夹角为 0°。

2）数学解释：一阶导数连续。

3）判定方法：曲线不断，平滑无尖角，切线方向一致，曲率梳的外形是不连续的，如图 8-5 所示。

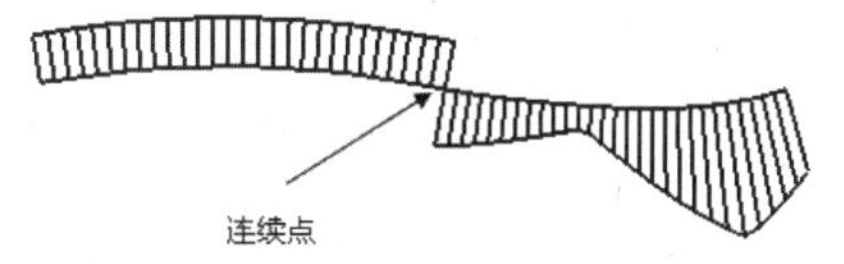

图 8-4　位置连续

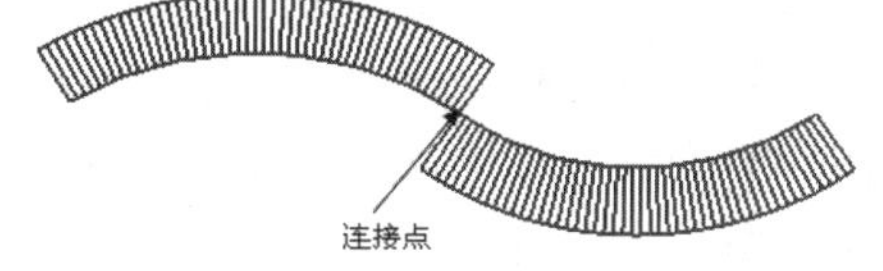

图 8-5　相切连续

（3）G2（曲率连续）

1）G2（曲率连续）：指要求在 G1 连续的基础上，还要求曲线在连接点处曲率具有相同的方向，并且曲率的大小相等。

2）数学解释：二阶导数连续。

3）判定方法：对曲线做曲率分析，曲率梳的外形连续无断点，如图 8-6 所示。

（4）G3（曲率相切连续）

1）G3（曲率相切连续）：指要求曲线具有 G2 连续，并且要求曲率梳具有 G1 连续。

2）数学解释：三阶导数连续。

3）判定方法：对曲线做曲率分析，曲率梳的外形相切连续，如图 8-7 所示。

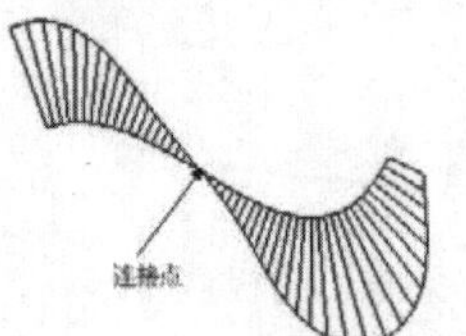

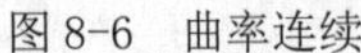

图 8-6　曲率连续

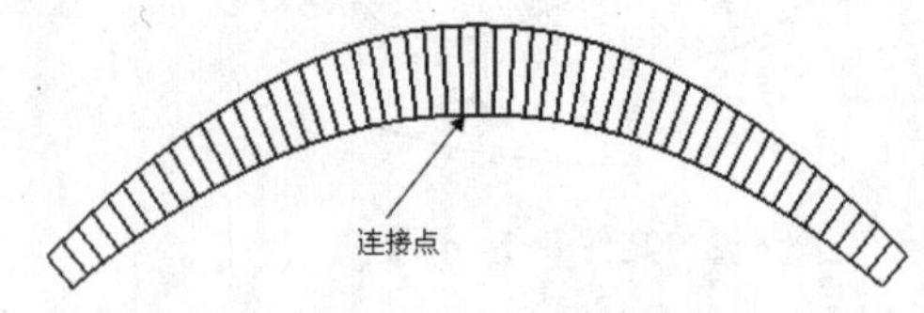

图 8-7　曲率相切连续

8.2.1　“显示曲率梳”命令

执行菜单中的“分析”→“曲线”→“显示曲率梳”命令，或者单击“分析”功能区“曲线形状”组中的“显示曲率梳”图标。如果要取消显示曲率梳，选择要取消的曲线，再次执行菜单中的“分析”→“曲线”→“显示曲率梳”命令，或者单击“分析”功能区“曲线分析”组中的“显示曲率梳”图标即可。

用户可以通过“曲线分析”功能自定义各种参数来调整曲率梳。执行菜单中的“分析”→“曲线”→“曲线分析”命令，或者单击“分析”功能区“曲线形状”组中“曲线分析”图标，可激活该命令，系统弹出“曲线分析”对话框，如图 8-8 所示。其中部分选项的功能如下。

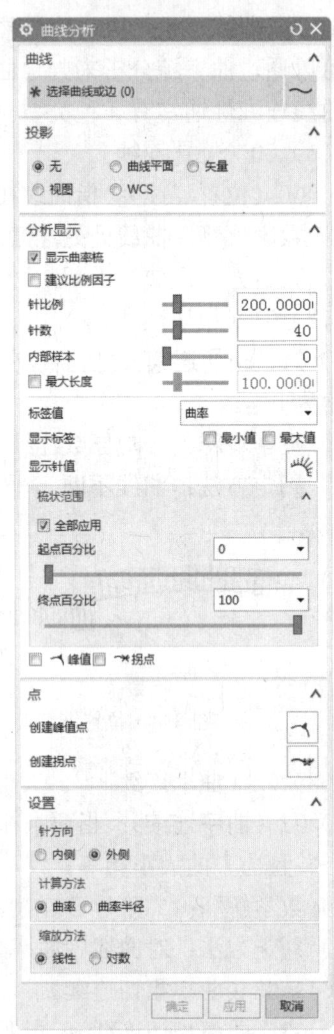

图 8-8　“曲线分析”对话框

（1）比例：用于调整曲率梳的长度。在对话框中的“针比例”文本框中输入比例值，或者直接拖动滑块来动态改变曲率梳的长度。勾选对话框中的“建议比例因子”复选框，可以使曲率梳达到最合适的长度。以图 8-7 所示的曲线为例，选择对话框中的“建议比例因子”复选框后，曲率梳分析图如图 8-9 所示。

（2）偏差矢量密度：用于改变曲率梳的密度。在“针数”文本框中输入密度值，或者通过拖动滑块来动态调整密度。改变偏差矢量密度后的曲率梳分析图如图 8-10 所示。

（3）起点百分比：用于改变曲率梳开始的百分比位置。在“起点百分比”文本框中输入曲率梳开始值，或者通过拖动滑块来动态调整曲率梳开始的百分比位置。

（4）终点百分比：用于改变曲率梳结束的百分比位置。在“终点百分比”文本框中输入曲率梳结束值，或者通过拖动滑块来动态调整曲率梳结束的百分比位置。

改变起点百分比和终点百分比后的曲率梳分析图如

图 8-11 所示。

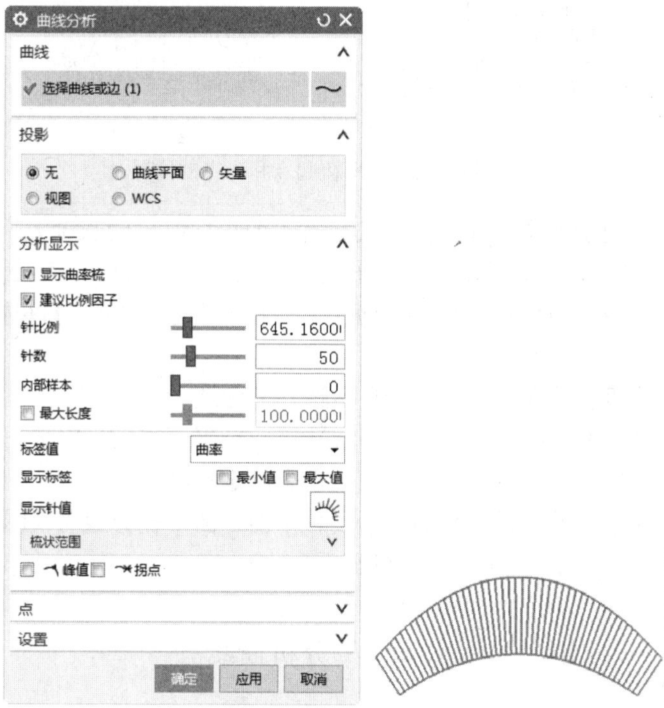

图 8-9　改变曲率梳长度

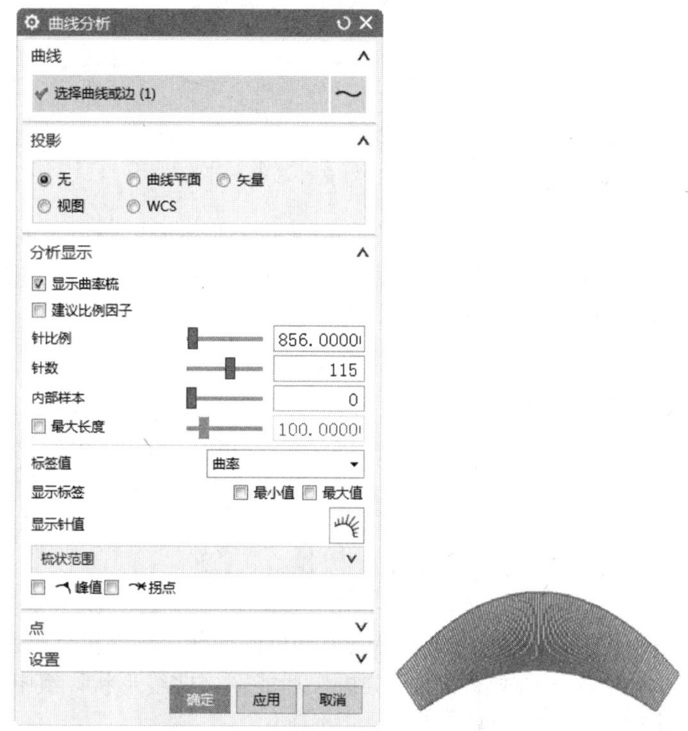

图 8-10　改变曲率梳偏差矢量密度

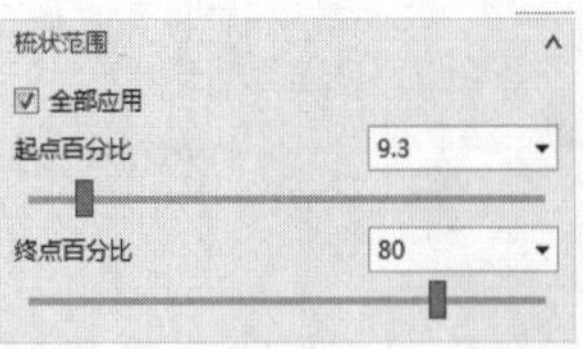

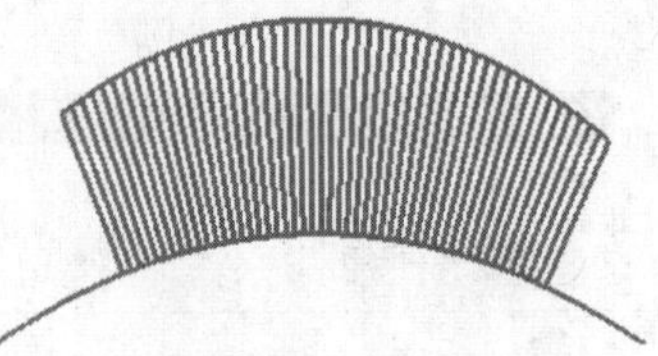

图 8-11　改变曲率梳起点和终点的位置

（5）最大长度：用于设置曲率梳的最大长度。如果曲率梳的长度大于设定的值，系统会将曲率梳修剪至最大长度值。勾选对话框中的“最大长度”复选框后输入最大长度值。

（6）投影：用于指定曲率梳的投影平面。在“投影”选项组中可以选择曲率梳的投影方式。

1）无：不使用用投影平面，曲率分析在所选择的曲线上进行。

2）曲线平面：系统根据所选择的曲线形状计算一个平面作为投影平面。

3）矢量：用于通过指定投影平面的法向矢量来确定投影平面。

4）视图：系统使用当前的视图平面作为投影平面，曲率梳会随着视图的旋转自动更新。

5）WCS：用于指定 X、Y、Z 平面作为投影平面。

8.2.2　实例——应用“显示曲率梳”分析曲线

01 打开文件 8-2.prt，进入建模模块，如图 8-12 所示。

02 单击曲线将其选中，这组曲线将被作为分析对象。

图 8-12　文件 8-2.prt

03 执行菜单中的“分析”→“曲线”→“显示曲率梳”命令，或者单击“分析”功能区“曲线形状”组中的“显示曲率梳”图标，“显示曲率梳”图标变亮，表明功能已经开启。曲线的曲率梳显示如图 8-13 所示。

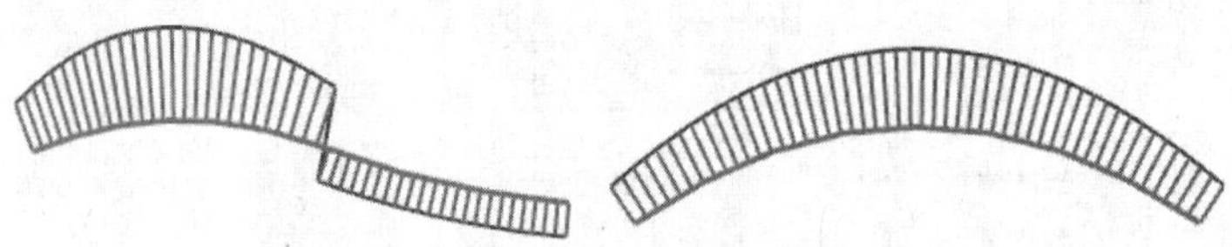

图 8-13　曲率梳显示

04 如果要取消显示曲率梳，选择要取消分析的曲线，再次执行菜单中的“分析”→“曲线”→“显示曲率梳”命令，或者单击“分析”功能区“曲线形状”组中的“显示曲率梳”图标，“显示曲率梳”图标变暗。

8.3 峰值分析

“显示峰值点”用于在所选择的曲线上显示曲线的峰值点，此时曲线的曲率半径达到局部的最大值。当选择需要进行峰值分析的曲线时，可以一次选择一条曲线，也可以一次选择多条曲线。

8.3.1 “显示峰值点”命令

执行菜单中的“分析”→“曲线”→“显示峰值点”命令，或者单击“分析”功能区“曲线形状”组中的“显示峰值点”图标。如果要取消峰值分析，选择要取消分析的曲线，再次执行菜单中的“分析”→“曲线”→“显示峰值”命令，或者单击“分析”功能区“曲线形状”组中的“显示峰值点”图标即可。用户可以通过“峰值”选项自定义各种参数来调整峰值。执行菜单中的“分析”→“曲线”→“曲线分析”命令，或者单击“分析”功能区“曲线形状“组中“曲线分析”图标，可激活该命令，系统弹出“曲线分析”对话框，勾选“峰值”复选框，进行曲线峰值分析。

8.3.2 实例——应用“显示峰值点”分析曲线

01 打开文件 8-3.prt，进入建模模块，如图 8-14 所示。

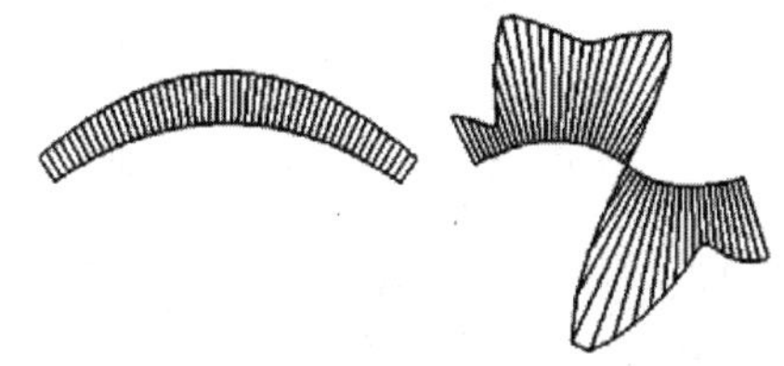

图 8-14　文件 8-3.prt

02 单击曲线将其选中，这样这组曲线将被作为分析对象。

03 执行菜单中的“分析”→“曲线”→“显示峰值点”命令，或者单击“分析”功能区“曲线形状”组中的“显示峰值点”图标，此图标变亮，表明功能已经开启，曲线的峰值点显示如图 8-15 所示。

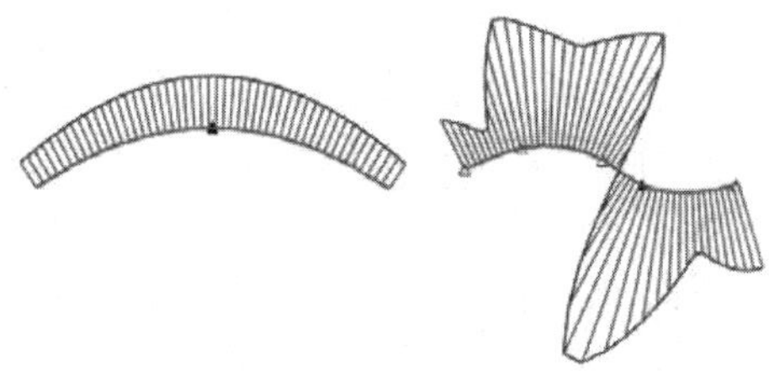

图 8-15　峰值点显示

UG NX 12.0

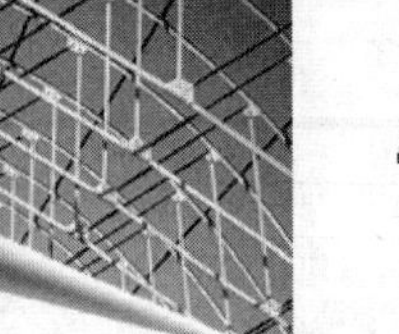

04 取消显示曲率梳和峰值。选择要取消分析的两条曲线，分别执行菜单中的“分析”→“曲线”→“显示曲率梳”命令和菜单中的“分析”→“曲线”→“显示峰值点”命令，或者单击“分析”功能区“曲线形状”组中的“显示曲率梳”图标和“显示峰值点”图标，取消显示后如图 8-16 所示。

图 8-16　取消曲率梳和峰值的曲线

❶单击图 8-16 所示的两条曲线，曲线将被选中，执行菜单中的“分析”→“曲线”→“显示峰值点”命令，或者单击“分析”功能区“曲线形状”组中的“显示峰值点”图标；接着执行菜单中的“分析”→“曲线”→“曲线分析”命令，或者单击“分析”功能区中“曲线形状”组中的“曲线分析”图标，系统弹出“曲线分析”对话框，“投影”设置为“无”，单击“确定”按钮，在分析的每个峰值点处创建点，如图 8-17 所示。

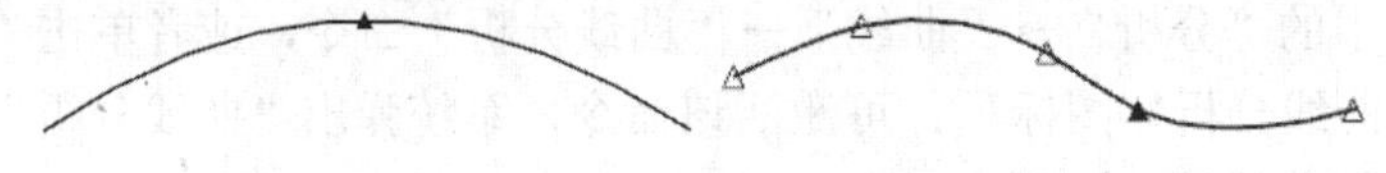

图 8-17　创建峰值点

❷取消显示峰值。选择要取消分析的曲线，再次执行菜单中的“分析”→“曲线”→“显示峰值点”命令，或者单击“分析”功能区“曲线形状”组中的“显示峰值点”图标，“显示峰值点”命令被关闭，但峰值点已经被创建，如图 8-18 所示。

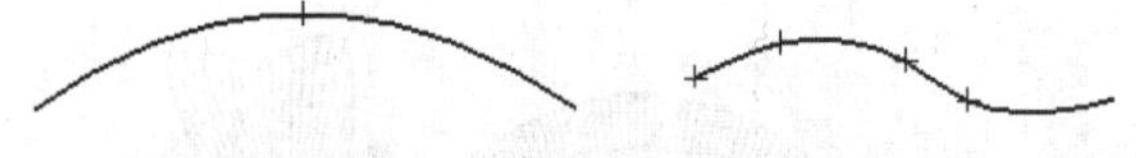

图 8-18　取消显示峰值的曲线

8.4 拐点分析

“显示拐点”用于在所选择的曲线上显示曲线的曲率拐点，即曲线曲率由凹变到凸或由凸变到凹的反向点。当选择需要进行拐点分析的曲线时，可以一次选择一条曲线，也可以一次选择多条曲线。

8.4.1 “显示拐点”命令

执行菜单中的“分析”→“曲线”→“显示拐点”命令，或者单击“分析”功能区“曲线形状”组中的“显示拐点”图标。如果要取消拐点分析，选择要取消分析的曲线，再次单击菜单中的“分析”→“曲线”→“显示拐点”命令，或者单击“分析”功能区“曲线形状”组中的“显示拐点”图标即可。用户可以通过“拐点”选项自定义各种参数来调整拐点。执行菜单中的“分析”→“曲线”→“曲线分析”命令，或者单击“分析”功能区中“曲线形状”组中的“曲线分析”图标，系统弹出“曲线分析”对话框。勾选“拐点”复选框，即可进行曲线拐点分析。

8.4.2　实例——应用“显示拐点”分析曲线

01 打开文件 8-4.prt，进入建模模块，如图 8-19 所示。

02 单击曲线将其选择，这样这条曲线将被作为分析对象。

03 执行菜单中的“分析”→“曲线”→“显示拐点”命令，或者单击“分析”功能区“曲线形状”组中的“显示拐点”图标，如图 8-20 所示。

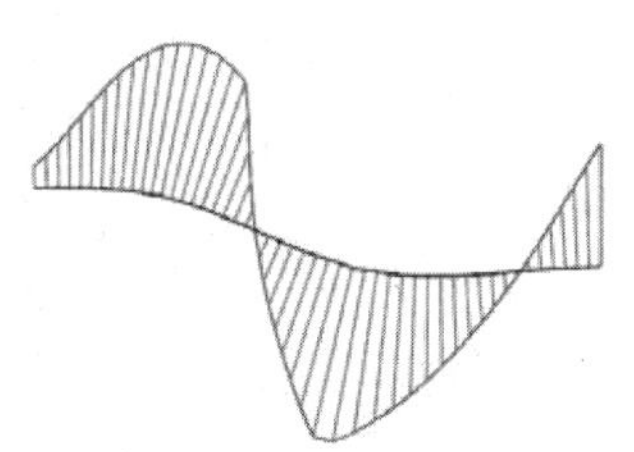

图 8-19　文件 8-4.prt

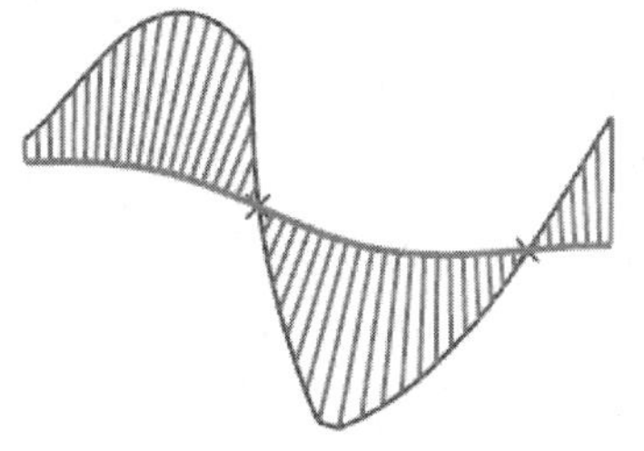

图 8-20　创建拐点

8.5 图表分析

图表功能能够将曲线的曲率显示在曲率图表窗口中，系统自动使用Excel软件将图表打开。当选择需要进行图表分析的曲线时，可以一次选择一条曲线，也可以一次选择多条曲线。

8.5.1　“图”命令

执行菜单中的“分析”→“曲线”→“图”命令，或者单击“分析”功能区“更多”组“曲线形状”中的“曲率图”图标。

8.5.2　实例——图表分析

01 打开文件 8-5.prt，进入建模模块，如图 8-21 所示。

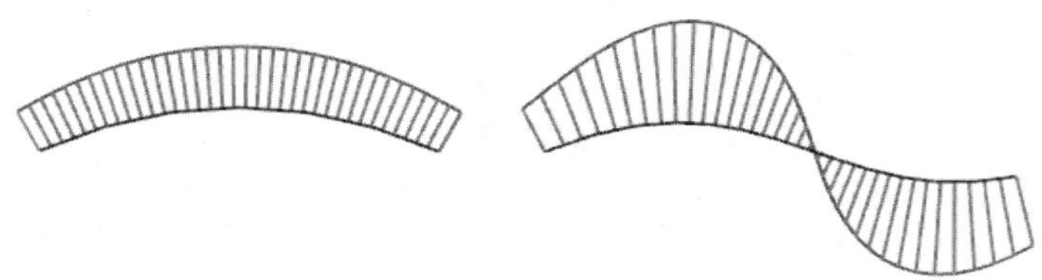

图 8-21　文件 8-5.prt

02 单击左侧曲线组将其选中，这样这组曲线将被作为分析对象。

03 执行菜单中的“分析”→“曲线”→“图”命令，或者单击“分析”功能区“更多”组“曲线形状”中的“曲率图”图标。系统自动打开 Excel 图表，如图 8-22 所示。

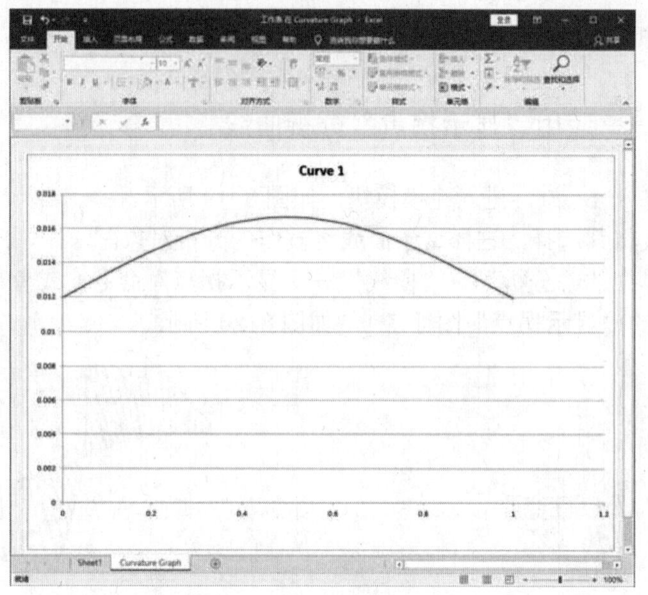

图 8-22　图表分析

8.6 综合实例——鞋子曲线分析

曲线的质量直接影响了曲面的质量，所以需要在造型过程中对构建的曲线的质量进行分析和验证，从而保证构建的产品的质量符合设计要求。本节将首先对模型曲线质量做出分析，然后对曲线进行完善，使其符合要求。

鞋子曲线的分析流程如图 8-23 所示。

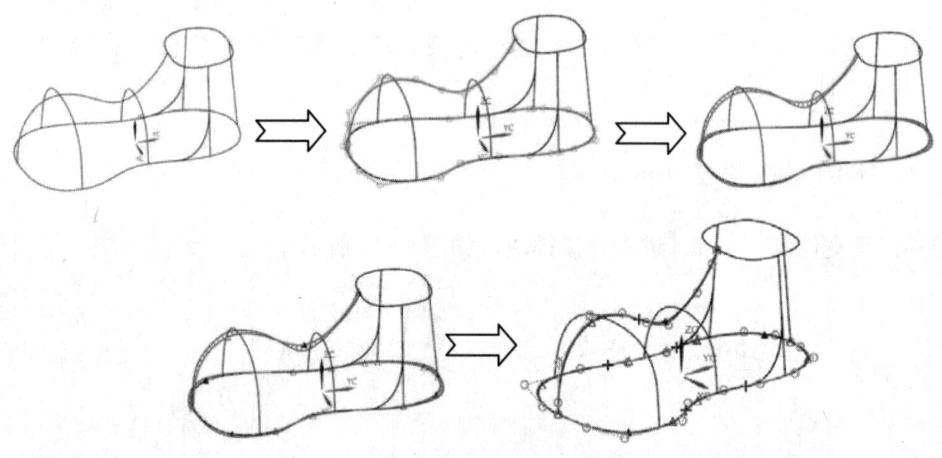

图 8-23　鞋子曲线的分析流程

具体的操作步骤如下：

01 打开文件 xieziquxian.prt，如图 8-24 所示，进入建模模块。

02 单击鞋子曲线的鞋底和鞋帮曲线，如图 8-25 所示。

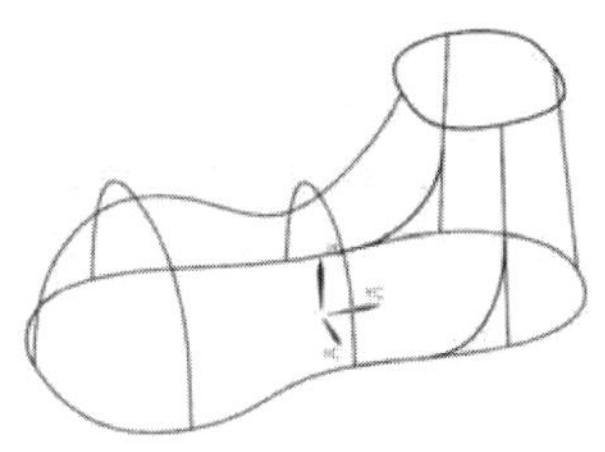

图 8-24　文件 xieziquxian.prt

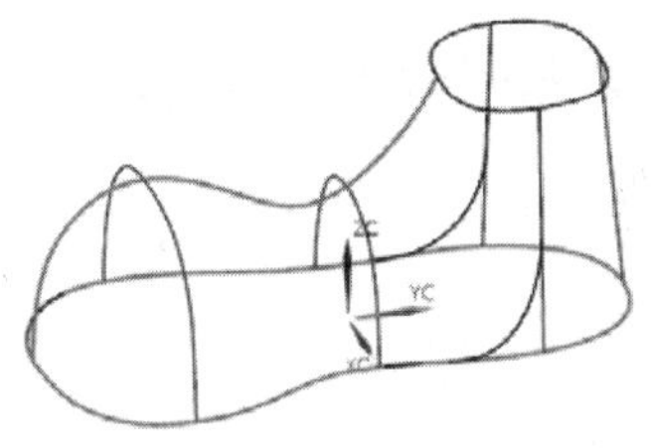

图 8-25　选择曲线

03 执行菜单中的“分析”→“形状”→“显示极点”命令，或者单击“分析”功能区“显示”组中的“显示极点”图标，显示选择曲线的极点，如图 8-26 所示。

04 执行菜单中的“分析”→“曲线”→“显示曲率梳”命令，或者单击“分析”功能区“曲线形状”组中的“显示曲率梳”图标，此图标变亮，表明功能已经开启，曲线的曲率梳显示如图 8-27 所示。

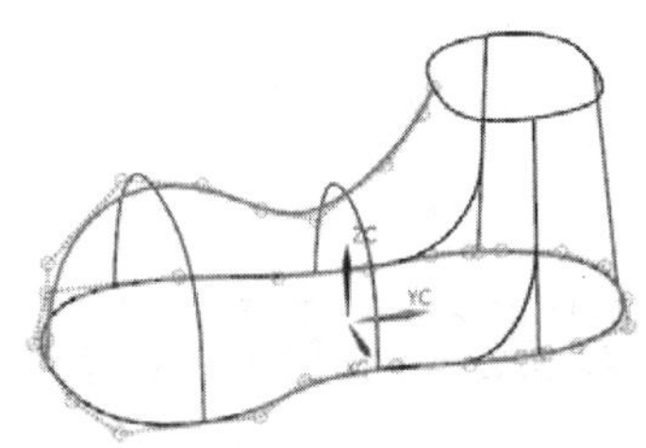

图 8-26　显示曲线极点

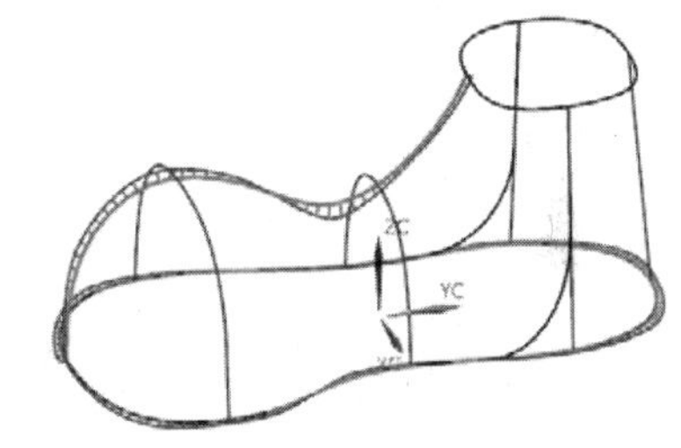

图 8-27　曲率梳分析图

05 执行菜单中的“分析”→“曲线”→“显示峰值点”命令，或者单击“分析”功能区“曲线形状”组中的“显示峰值点”图标，此图标变亮，表明功能已经开启，曲线的峰值点显示如图 8-28 所示。

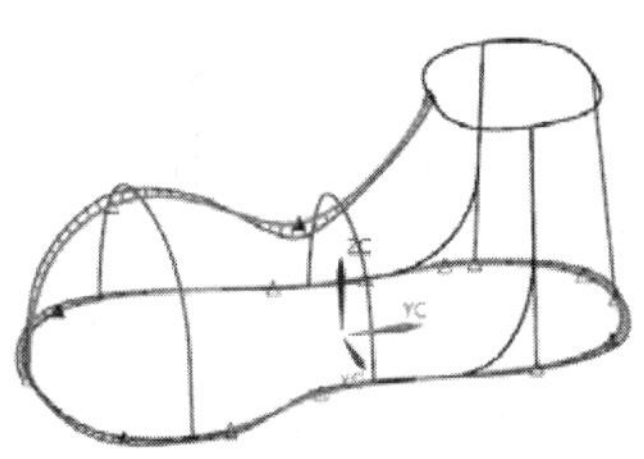

图 8-28　峰值点显示

06 执行菜单中的“分析”→“曲线”→“曲线分析”命令，或者单击“分析”功能区“曲线形状”组中的“曲线分析”图标，系统弹出如图 8-29 所示的“曲线分析”对话框，“投影”设置为“曲线平面”，在对话框中单击“创建拐点”按钮，单击“确定”按钮，在分析的每个拐点处创建点，如图 8-30 所示。

07 选择三条曲率梳，执行菜单中的“分析”→“曲线”→“图”命令，或者单击“分

析”功能区“更多”组“曲线形状”中的“曲率图”图标。系统自动打开 Excel 图表，如图 8-31 所示。

图 8-29 “曲线分析”对话框

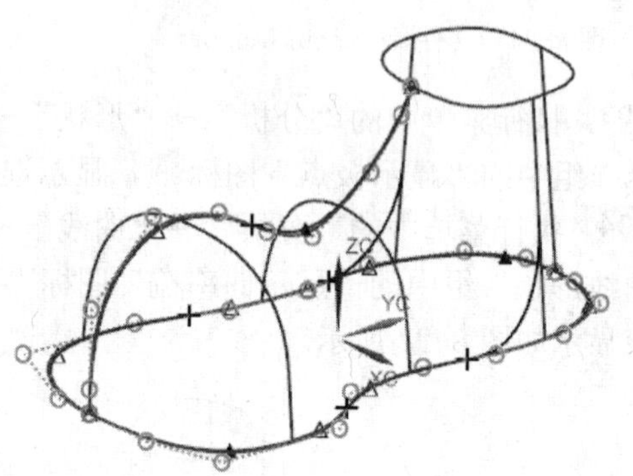

图 8-30 拐点分析

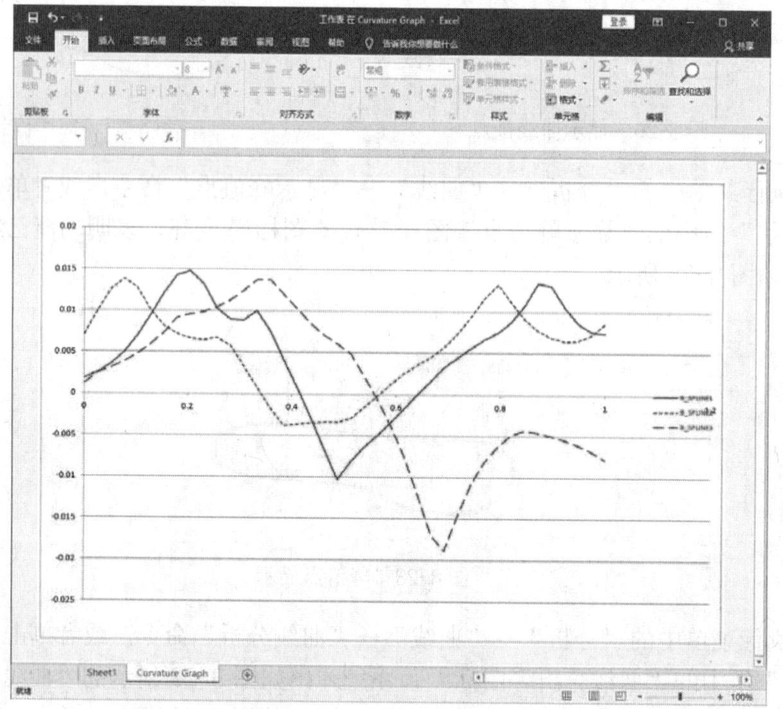

图 8-31 图表分析

08 执行菜单中的“分析”→“曲线”→“分析信息”命令，或者单击“分析”功能区

“更多”组“曲线形状”中的“曲线分析信息”图标。系统自动打开“信息”窗口，如图 8-32 所示。列表中分别列出了曲线 1 的曲率和拐点的分析数据，曲线 2 的峰值的分析数据。

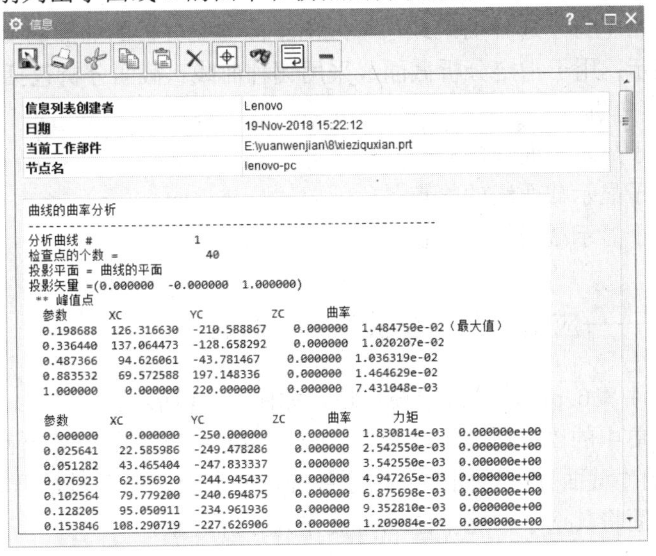

图 8-32　“信息”窗口

8.7 截面分析

曲面分析用于分析和评估曲面的质量，以给用户一个动态的反馈信息。“截面分析”功能可以用指定的平面与需要分析的曲面相交，通过分析交线的曲率、峰值和拐点等情况，从而分析曲面的情况。

8.7.1　“截面分析”命令

执行菜单中的“分析”→“形状”→“截面分析”命令，或者单击“分析”功能区“面形状”组中的“截面分析”图标，系统弹出“截面分析”对话框如图 8-33 所示。其中部分选项的功能如下。

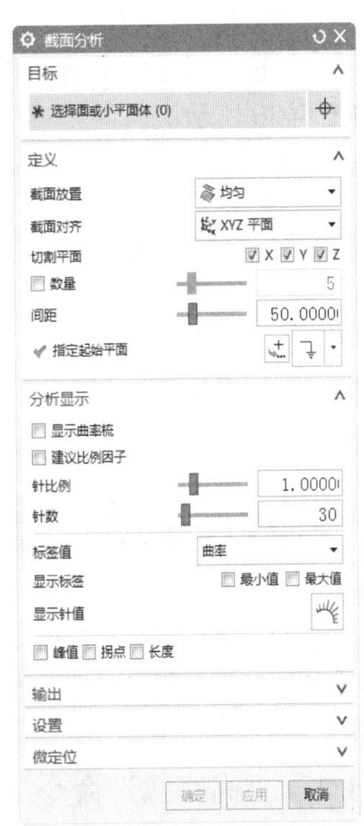

图 8-33　“截面分析”对话框

（1）截面对齐：用于选择与需要分析的曲面相交的截面的类型。

1）XYZ 平面：用于指定切割平面为 X、Y 和 Z 平面中的任意平面，可以设置平面的数量和平面之间的间距。

2）平行平面：用于指定一组平行平面和需要分析的曲面相交生成一组交线，可以设置平行平面的数量和平面之间的间距。

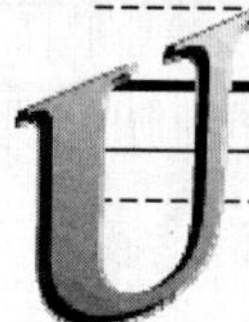

3）等参数：等参数的截面线是曲面的 U、V 方向等参数曲线，以等参数曲线作为分析曲线。可以设置曲面 U、V 方向上的数量和间距。

4）径向：使用垂直于选择曲线或边缘线的平面与要分析的曲面的交线来作为分析曲线。

（2）分析显示：用于指定分析截面线采用哪种曲线。截面分析包括曲率梳图、比例因子、峰值、拐点和长度等选项。

1）峰值：用于显示截面线的峰值点。

2）拐点：用于显示截面线的拐点。

3）长度：用于显示截面线的弧长。

8.7.2 实例——应用“截面分析”分析曲面

01 打开文件 8-6.prt，进入建模模块，如图 8-34 所示。

02 执行菜单中的“分析”→“形状”→“截面分析”命令，或者单击“分析”功能区“面形状”组中的“截面分析”图标，系统弹出“截面分析”对话框。

03 单击曲面将其选中，这个曲面将被作为分析对象。

04 在对话框中的“截面对齐”下拉列表框中选择“平行平面”，“切割平面”设置为 YC 平面。

05 “数量”设为 3，“间距”设置为 50，如图 8-35 所示。

06 勾选“显示曲率梳”和“建议比例因子”复选框，单击“确定”按钮，完成曲面分析，如图 8-36 所示。

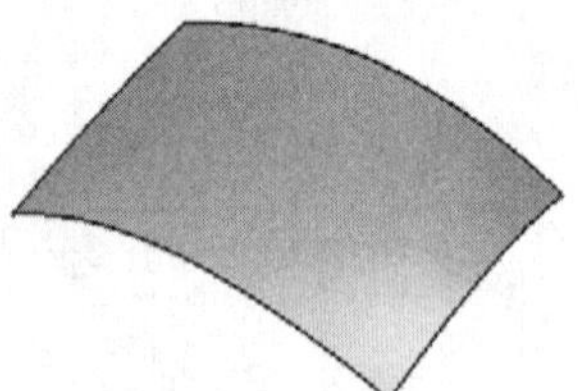
图 8-34 文件 8-6.prt

图 8-35 截面参数设置

图 8-36 曲面分析

8.8 高亮线分析

“高亮线”分析指通过一组特定的光源投影到曲面上，形成一组反射线，通过旋转曲面的视角可以方便地分析曲面的质量。高亮线会随着旋转、平移、修改要分析的曲面而实时更新。

8.8.1 “高亮线”命令

执行菜单中的“分析”→“形状”→“高亮线”命令，或者单击“分析”功能区“面形状”组中的“高亮线”图标，系统弹出“高亮线”对话框，如图 8-37 所示。其中部分选项功能如下。

（1）类型

1）反射：用于将一束光线投射到选择要分析的曲面上，在视角方向观察到反射线。产生的反射线随视角的旋转而改变。

2）投影：用于将一束光线沿着动态坐标系的 y 轴投射到选择要分析的曲面上，产生反射线，但产生的反射线不随视角的旋转而改变。

（2）光源设置

1）光源放置：用于选择一种光源的类型，包括以下 3 种类型：

均匀：等间距的光源。

通过点：用于指定一个或多个曲面上的点，光源通过指定的点。

在点之间：用于在曲面上指定两个点，光源在两个点之间，两个点是光源的边界点。

2）光源数：用于设定投影到曲面上光源的条数，最大值为 200。

3）光源间距：用于设定光源的间距。

（3）分辨率：用于设定高亮线的显示质量。包括粗糙、标准、精细、特精细、超精细和极精细 6 种。

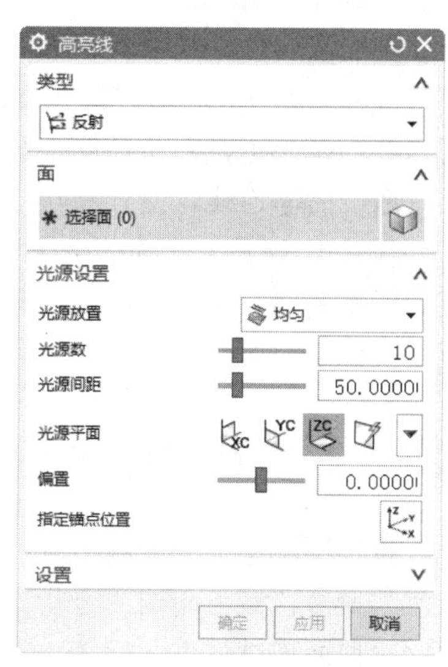

图 8-37　“高亮线”对话框

8.8.2　实例——应用“高亮线”分析曲面

01 打开文件 8-7.prt，进入建模模块，如图 8-38 所示。

02 执行菜单中的“分析”→“形状”→“高亮线”命令，或者单击“分析”功能区“面形状”组中的“高亮线”图标，系统弹出“高亮线”对话框。

03 “类型”选择“反射”。

04 单击要进行反射线分析的曲面。显示反射线如图 8-39 所示。投影的光束是沿着动态坐标系的 zc 轴方向进行的，旋转坐标系的方向，或者改变屏幕视角的方向，可以改变反射线的形状。

05 在曲面上选择一点作为描点位置，单击“确定”按钮，完成曲面的高亮线分析，如图 8-40 所示。

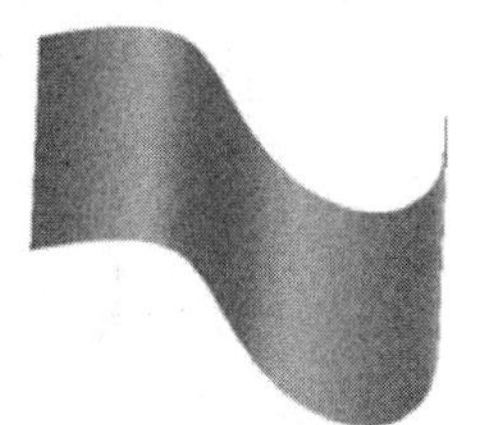

图 8-38　文件 8-7.prt

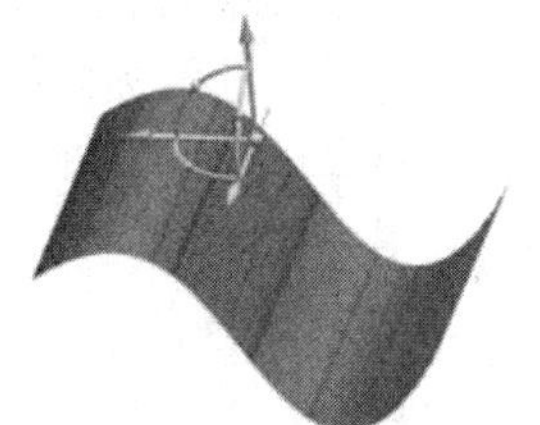

图 8-39　显示反射线

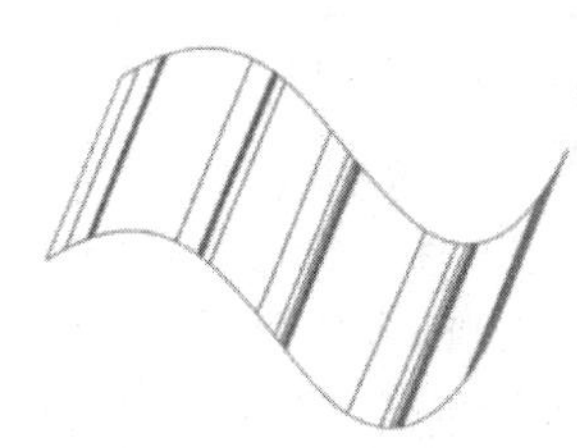

图 8-40　高亮线分析

8.9 曲面连续性分析

“曲面连续性”用于分析两组曲面之间的连续性。曲面连续性通常有 4 种类型：

（1）G0（位置）连续：曲面在边线处连接。

（2）G1（相切）连续：曲面在边线处连接，并且在连接线上的任何一点，两个曲面都具有相同的法向。

（3）G2（曲率）连续：要求两个曲面在曲面相切连续的基础上，两个曲面与公共曲面的交线还要具有曲线曲率连续。

（4）G3（流）连续：要求两个曲面在曲面曲率连续的基础上，两个曲面与公共曲面的交线还要具有曲线曲率相切连续。

8.9.1 “曲面连续性”命令

执行菜单中的“分析”→“形状”→“曲面连续性”命令，或者单击“分析”功能区“关系”组中的“曲面连续性”图标，系统弹出“曲面连续性”对话框，如图 8-41 所示。其中部分选项的功能如下。

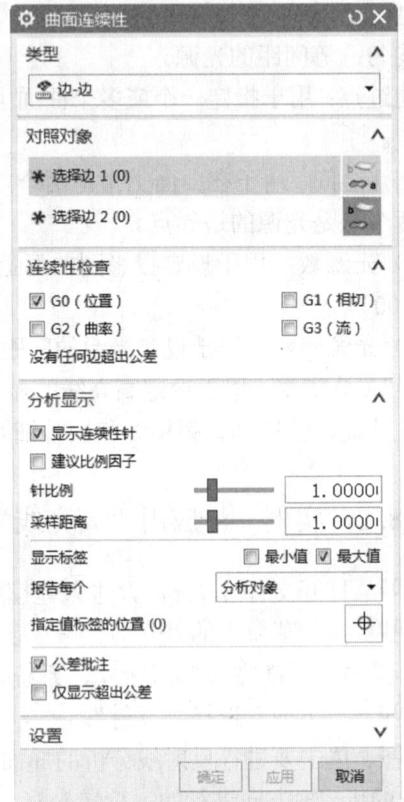

图 8-41 “曲面连续性”对话框

（1）类型：

1）边-边：用于两组边缘线之间连续性关系的分析。

2）边-面：用于曲面的边缘线与另一个曲面之间连续性关系的分析。

（2）对照对象：

1）选择边 1：用于选择要分析的第一组边缘线。利用鼠标在曲面上靠近需要分析边缘的位置单击，该曲面靠近鼠标光标位置的边缘线被选中并作为分析边缘线。

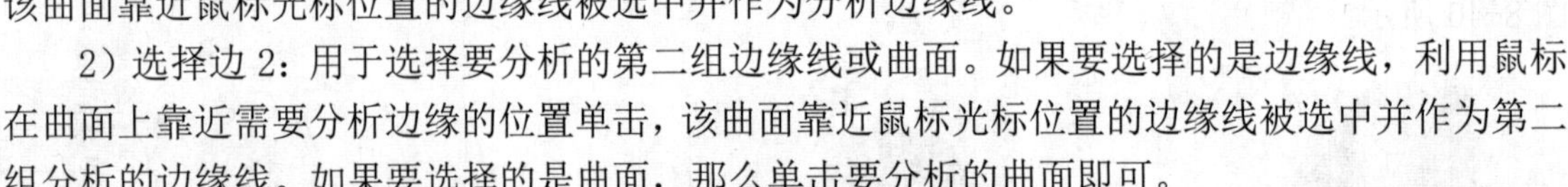
2）选择边 2：用于选择要分析的第二组边缘线或曲面。如果要选择的是边缘线，利用鼠标在曲面上靠近需要分析边缘的位置单击，该曲面靠近鼠标光标位置的边缘线被选中并作为第二组分析的边缘线。如果要选择的是曲面，那么单击要分析的曲面即可。

（3）连续性检查：用于选择需要分析的连续性类型。

（4）曲率检查：当用户指定“连续性检查”为“G2（曲率）”时，“曲率检查”被激活，“曲率检查”包括“截面”“高斯”“平均”和“绝对”4 个选项。

（5）分析显示：用于指定曲面边缘之间的距离、斜率、曲率和曲率变化率梳状显示。包括“显示连续性针”“最小值显示标签”“最大值显示标签”“针比例”和“采样距离”等选项。

8.9.2　实例——应用“曲面连续性”分析曲面

01 打开文件 8-8.prt，进入建模模块，首先分析如图 8-42 所示的曲面。

02 执行菜单中的“分析”→“形状”→“曲面连续性”命令，或者“分析”功能区“关系”组中的“曲面连续性”图标，系统弹出“曲面连续性分析”对话框。

03 在“类型”下拉列表框中选择“边-边”选项。

04 选择边 1。在曲面 1 上靠近分析边缘的位置上单击，选择曲面 1 靠近光标位置的边缘线 1 作为分析的第一个边线。选择完成第一个边集后，单击“选择边 2”按钮，同样在曲面 2 上靠近分析边缘的位置上单击，选择曲面 2 靠近光标位置的边缘线 2 作为分析的第二个边线，如图 8-43 所示。

05 在“连续性检查”选项组中勾选“G0（位置）”复选框，显示两条边线之间的距离分布，位置连续的误差单位是长度。

06 在“分析显示”选项组中勾选“显示连续性针”和“建议比例因子”复选框。设置“针比例”为 0.3。勾选“显示标签”的“最大值”复选框。

07 单击“确定”按钮，曲面连续性分析如图 8-44 所示。可见，两个曲面并不是位置连续。

图 8-42　文件 8-8.prt

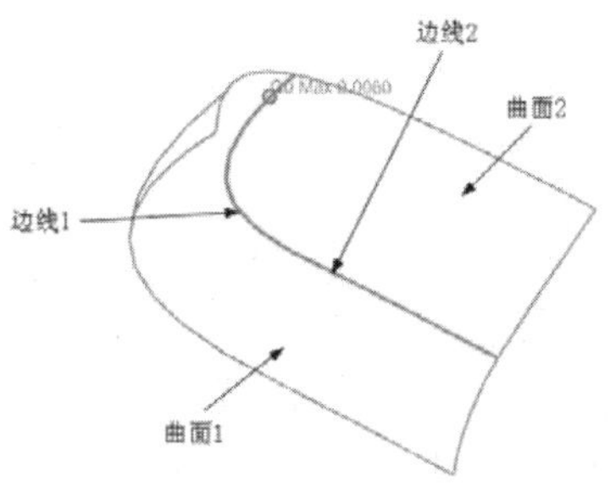

图 8-43　选择边线

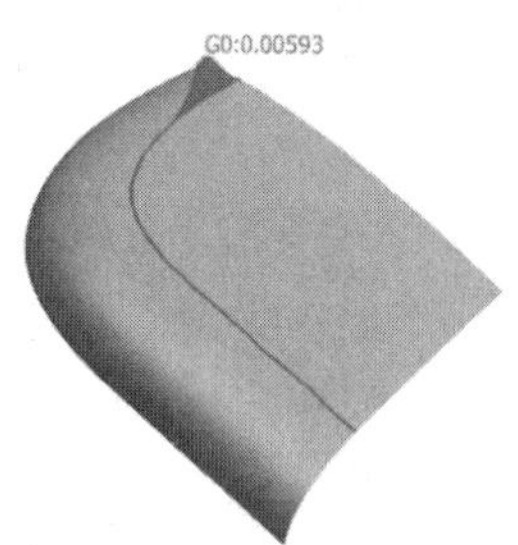

图 8-44　曲面连续性分析

8.10　半径分析

“半径”分析用于分析曲面的曲率半径。系统可以用不同的颜色区分曲面上不同曲率半径的区域，从而可以清楚分辨曲率半径的分布情况以及曲率变化。

8.10.1　“半径”分析命令

执行菜单中的“分析”→“形状”→“半径”命令，或者单击“分析”功能区“更多”组“面形状”中的“半径”图标，系统弹出“半径分析”对话框，如图 8-45 所示。其中部分选项的功能如下。

（1）类型：用于选择曲率半径的类型，包括 8 个选项。

1）高斯：用于显示曲面上每一点的高斯曲率半径。

2）最大值：用于显示曲面上每一点的最大曲率半径值。

3）最小值：用于显示曲面上每一点的最小曲率半径值。

4）平均：用于显示曲面上每一点曲率半径中最大值和最小值的平均值。

5）正常：用于显示在剖切平面中测量的由局部曲面法向和指定矢量定义的曲率。

6）截面：用于显示基于平行于参考面的一个截平面产生的半径。参考面可以是平面、基准面或实体面。

7）U：用于分析曲面的U方向曲率半径。

8）V：用于分析曲面的V方向曲率半径。

（2）分析显示：

1）云图：曲面上不同的颜色代表了不同的曲率半径，如图8-46所示。如果曲面的颜色只有一种，表示曲面曲率无变化如图8-47所示。

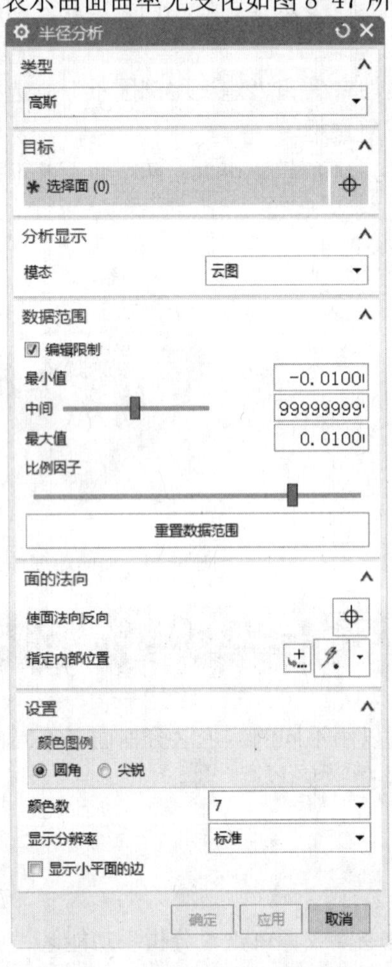

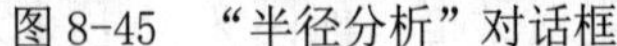
图8-45 “半径分析”对话框

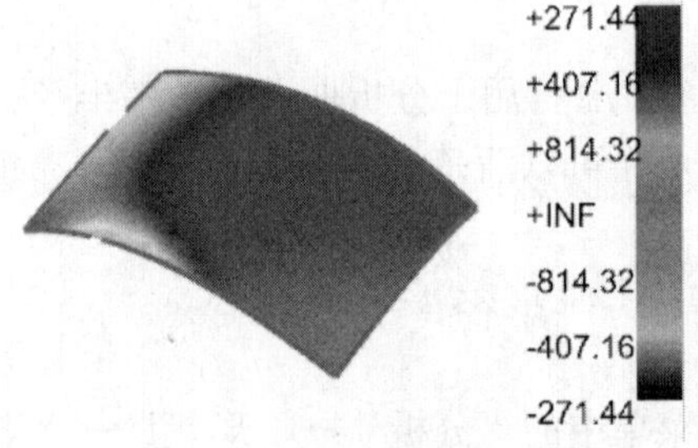

图8-46 云图

2）刺猬梳：用于显示曲面上各栅格点的曲率半径梳图，也是不同的颜色代表不同的曲率半径如图8-48所示。每一点上的曲率半径梳直线垂直于曲面，可以自定义刺猬梳的锐刺长度。

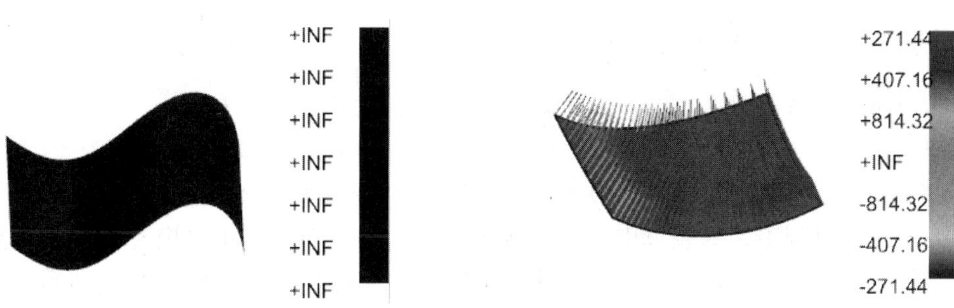

图 8-47　曲率无变化云图　　　　图 8-48　刺猬梳

3）轮廓线：用轮廓线来表达曲率半径，不同的颜色代表不同的曲率半径，如图 8-49 所示。可以在“线的数量”文本框中输入显示的轮廓线条数。

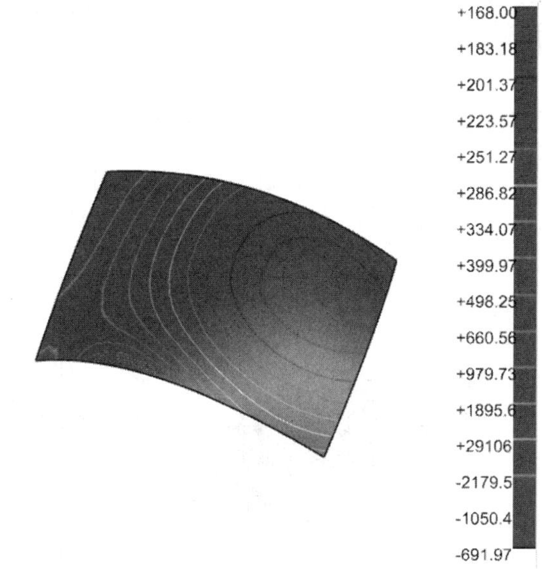

图 8-49　轮廓线

（3）编辑限制：允许通过指定与计算结果不同的最小值和最大值来修改图示的固定数据范围。

（4）比例因子：可以通过拖动滑块改变曲率半径某个范围值的显示面积比例。

（5）显示分辨率：用于设定曲率半径的显示质量。包括“粗糙”“标准”“精细”“特精细”“超精细”“极精细”和“用户定义”7 个选项。

（6）面的法向：通过两种方法之一来改变被分析表面的法线方向。“指定内部位置”是通过在表面的一侧指定一个点来指示表面的内侧，从而决定法线方向；“使面法向反向”是通过选择表面，使被分析表面的法线方向反转。

（7）颜色图例：用于改变曲率半径的颜色变化，包括圆角和尖锐两个选项。

（8）颜色数：用于设定曲率半径的颜色数。

8.10.2 实例——应用“半径”分析曲面

01 打开文件 8-9.prt，进入建模模块，如图 8-50 所示。

02 执行菜单中的“分析”→“形状”→“半径”命令，或者单击 “分析”功能区“更多”组“面形状”中的“半径”图标，系统弹出“半径分析”对话框。

03 在“类型”下拉列表框中选择“高斯”，在“分析显示”的“模态”下拉列表框中选择“刺猬梳”，其余选项为默认值，单击“应用”按钮，刺猬梳分析如图 8-51 所示。

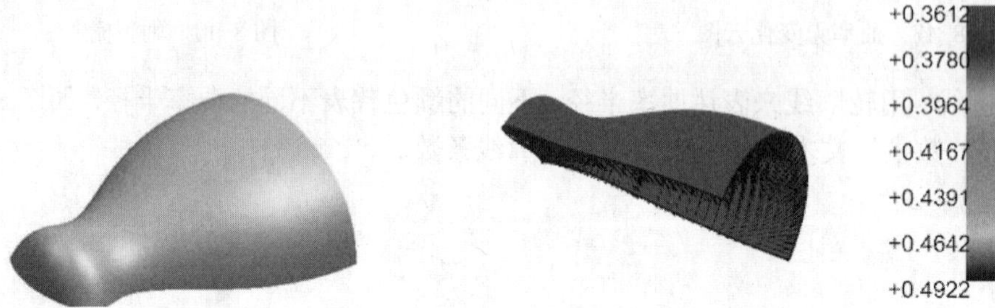

图 8-50　文件 8-9.prt　　　图 8-51　刺猬梳分析

04 选择“使面法向反向”选项，并在分析曲面上显示出现在法向的方向，如图 8-52 所示。单击曲面，法向方向变为反方向，如图 8-53 所示，单击“确定”按钮返回“半径分析”对话框。

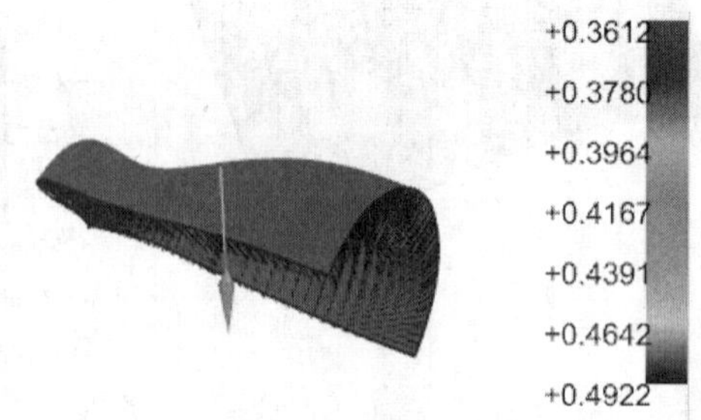

图 8-52　曲面法向

05 在“刺猬梳”的锐刺“长度”中输 10，单击“确定”按钮，完成曲率半径分析，如图 8-54 所示。

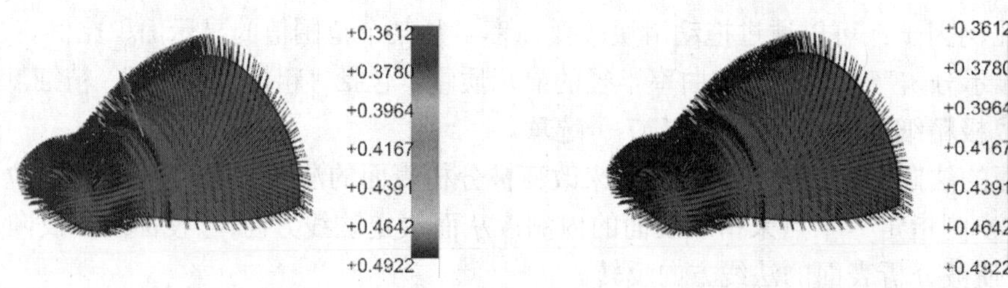

图 8-53　更改曲面法向　　　图 8-54　曲率半径分析

8.11 反射分析

“反射”分析用于分析曲面的反射特性，可以选择黑线、斑马线、彩色线，还可以用模拟场景的方式来分析曲面的反射性能。

8.11.1 “反射”分析命令

执行菜单中的“分析”→“形状”→“反射”命令，或者单击“分析”功能区“面形状”组中的“反射”图标，系统弹出“反射分析”对话框，如图 8-55 所示。其中部分选项的功能如下。

图 8-55　“反射分析”对话框

（1）类型：

1）直线图像：用直线图形进行曲面的反射分析。选择这种类型，可以有黑线、黑白线和彩色线 3 种条纹。线的数量、线的方向和线的宽度都可以设置。

2）场景图像：用系统提供的场景图像进行曲面的反射分析。

3）文件中的图像：可以调入用户指定的图片作为场景图像进行曲面的反射分析。

（2）面反射率：用于改变曲面反射的强弱。

（3）图像方位：可以水平、竖直和旋转来移动反射图像。

（4）图像大小：用于指定反射图像的大小，有“保持当前”和“减小比例”两个选项。

（5）显示分辨率：用于设定反射线的显示质量。包括“粗糙”“标准”“精细”“特精细”“超精细”“极精细”和“用户定义”7 个选项。

（6）面的法向：通过两种方法之一来改变被分析表面的法线方向。“指定内部位置”是通过在表面的一侧指定一个点来指示表面的内侧，从而决定法线方向；“使面法向反向”是通过选择表面，使被分析表面的法线方向反转。

8.11.2 实例——应用“反射”分析曲面

01 打开文件 8-10.prt，进入建模模块，如图 8-56 所示。

02 执行菜单中的“分析”→“形状”→“反射”命令，或者单击“分析”功能区“面形状”组中的“反射”图标，系统弹出“反射分析”对话框。

03 选择需要反射分析的曲面。

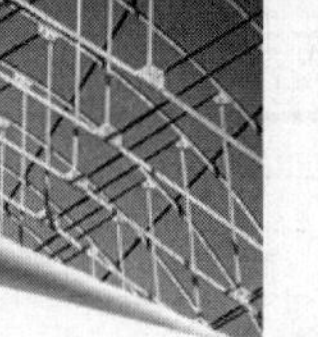

04 在“类型”下拉列表框中选择“直线图像”，然后单击“黑白线”按钮，“线的数量”选择 64，“线的方向”为“水平”，其余选项设置为默认状态。

05 单击“确定”按钮，完成曲面的反射分析，如图 8-57 所示。

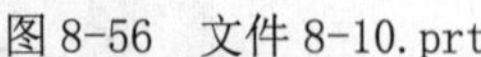

图 8-56　文件 8-10.prt

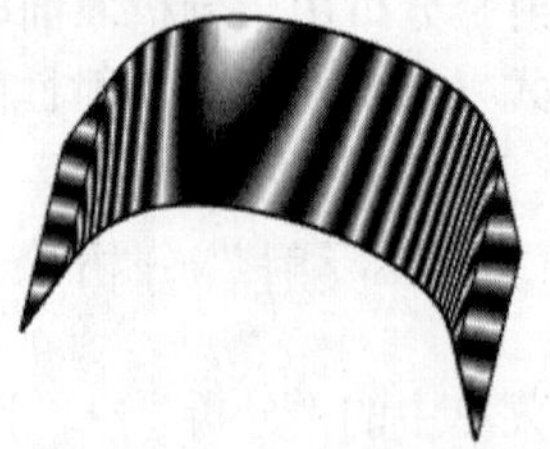

图 8-57　曲面反射分析

8.12　斜率分析

“斜率”分析用于分析曲面上所有点的曲面法向与垂直于参考矢量的平面之间的夹角关系，并用不同的颜色在曲面上表示出来。斜率分析方法在模具设计中应用得比较广泛，如果以模具的拔模方向为参考矢量，对曲面进行斜率分析，可以分析曲面的拔模性能。

8.12.1　“斜率”分析命令

执行菜单中的“分析”→“形状”→“斜率”命令，或者单击“分析”功能区“更多”组“面形状”中的“斜率”图标，系统弹出“斜率分析”对话框如图 8-58 所示。其中部分选项的功能如下。

（1）模态：

1）云图：曲面上不同的颜色代表了不同的斜率。

2）刺猬梳：用于显示曲面上各栅格点的斜率梳图，也是不同的颜色代表不同的斜率。每一点上的斜率梳直线垂直于曲面，可以自定义刺猬梳的锐刺长度。

3）轮廓线：用轮廓线来表达斜率，不同的颜色代表不同的斜率。可以在“线的数量”中输入显示的轮廓线条数。

（2）编辑限制：允许通过指定与计算结果不同的最小值和最大值来修改图示的固定数据范围。

（3）比例因子：可以通过拖动滑块改变斜率某个范围值的显示面积比例。

（4）参考矢量：单击“矢量对话框”按钮，系统弹出“矢量”对话框，可以改变参考矢量。

（5）显示分辨率：用于设定斜率的显示质量。包括“粗糙”“标准”“精细”“特精细”“超精细”“极精细”和“用户定义”7 个选项。

（6）面的法向：通过两种方法之一来改变被分析表面的法线方向。“指定内部位置”是通过在表面的一侧指定一个点来指示表面的内侧，从而决定法线方向；“使面法向反向”是通过

选择表面，使被分析表面的法线方向反转。

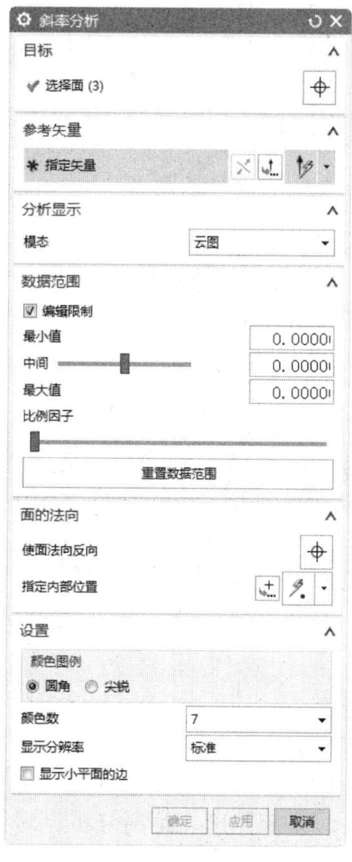

图 8-58 “斜率分析”对话框

（7）颜色图例：用于改变斜率的颜色变化，包括“圆角”和“尖锐”两个选项。

（8）颜色数：设定斜率的颜色数。

8.12.2 实例——应用“斜率”分析曲面

01 打开文件 8-11.prt，进入建模模块，如图 8-59 所示。

02 执行菜单中的“分析”→“形状”→“斜率”命令，或者单击“分析”功能区“更多”组“面形状”中的“斜率”图标，系统弹出“斜率分析”对话框。在“指定矢量”下拉列表中选择“YC 轴”如图 8-60 所示。

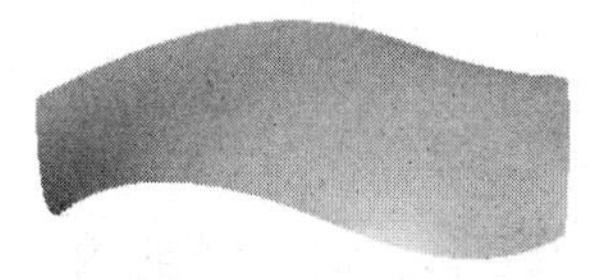

图 8-59 文件 8-11.prt

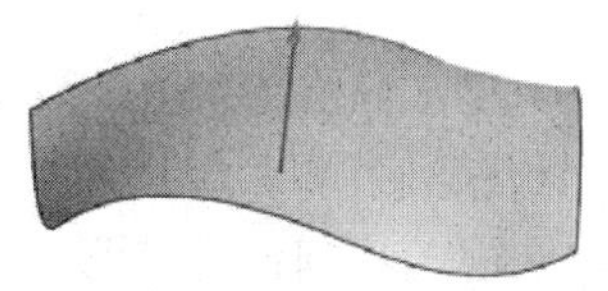

图 8-60 指定矢量

03 单击要分析的曲面。在“模态”下拉列表框中选择“云图”，其余选项为默认值，单击“确定”按钮，曲面斜率分析如图 8-61 所示。

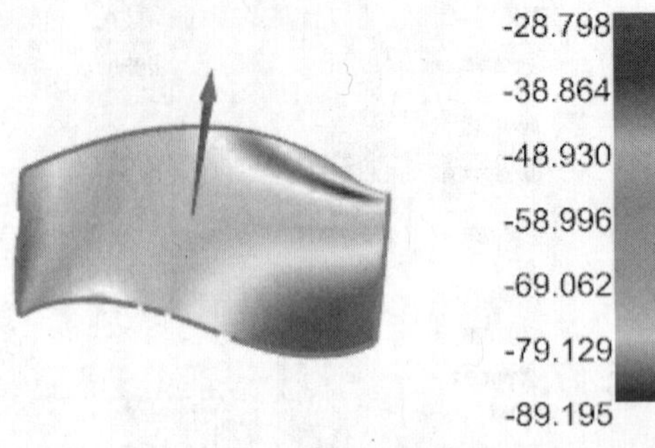

图 8-61 曲面斜率分析

8.13 距离分析

“距离”分析用于分析曲面上所有点到指定参考平面的距离，并用不同的颜色在曲面上表示出来。

8.13.1 “距离”分析命令

执行菜单中的“分析”→“形状”→“距离”命令，或者单击“分析”功能区“更多”组“面形状”中的“距离”图标，系统弹出“距离分析”对话框如图 8-62 所示。其中部分选项的功能如下。

（1）模式：

1）云图：曲面上不同的颜色代表了不同的距离。

2）刺猬梳：用于显示曲面上各栅格点的距离梳图，也是不同的颜色代表不同的距离。每一点上的距离梳直线垂直于曲面，可以自定义刺猬梳的锐刺长度。

3）轮廓线：用轮廓线来表达要分析曲面上每一点和参考平面的距离，不同的颜色代表不同的距离。可以在“线的数量”中输入显示的轮廓线条数。

（2）编辑限制：允许通过指定与计算结果不同的最小值和最大值来修改图示的固定数据范围。

（3）比例因子：可以通过拖动滑块改变距离某个范围值的显示面积比例。

（4）参考平面：单击“平面对话框”按钮后系统弹出“平面”对话框，可以改变参考平面。

（5）显示分辨率：用于设定距离的显示质量。包括“粗糙”“标准”“精细”“特精细”“超精细”“极精细”和“用户定义”7 个选项。

（6）面的法向：通过两种方法之一来改变被分析表面的法线方向。“指定内部位置”是通过在表面的一侧指定一个点来指示表面的内侧，从而决定法线方向；“使面法向反向”是通过选择表面，使被分析表面的法线方向反转。

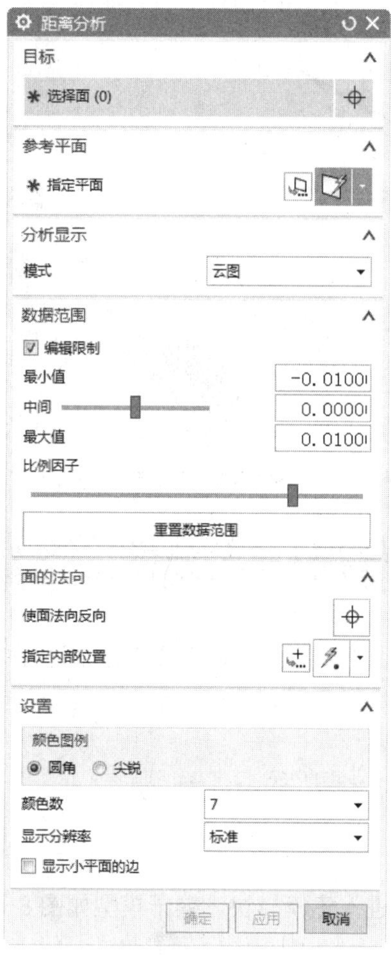

图 8-62　“距离分析”对话框

（7）颜色图例：用于改变距离的颜色变化，包括“圆角”和“尖锐”两个选项。

（8）颜色数：用于设定距离的颜色数。

8.13.2　实例——应用“距离”分析曲面

01 打开文件 8-12.prt，进入建模模块，如图 8-63 所示。

02 执行菜单中的“分析”→“形状”→“距离”命令，或者单击“分析”功能区“更多”组“面形状”中的“距离”图标，系统弹出“距离分析”对话框，在“指定平面”下拉列表框中选择“XC-ZC 平面”，设置“距离”为 20，如图 8-64 所示。

03 单击要分析的曲面。

04 在“模式”下拉列表框中选择“云图”，其余项为默认值，单击“确定”按钮，曲面距离分析如图 8-65 所示。

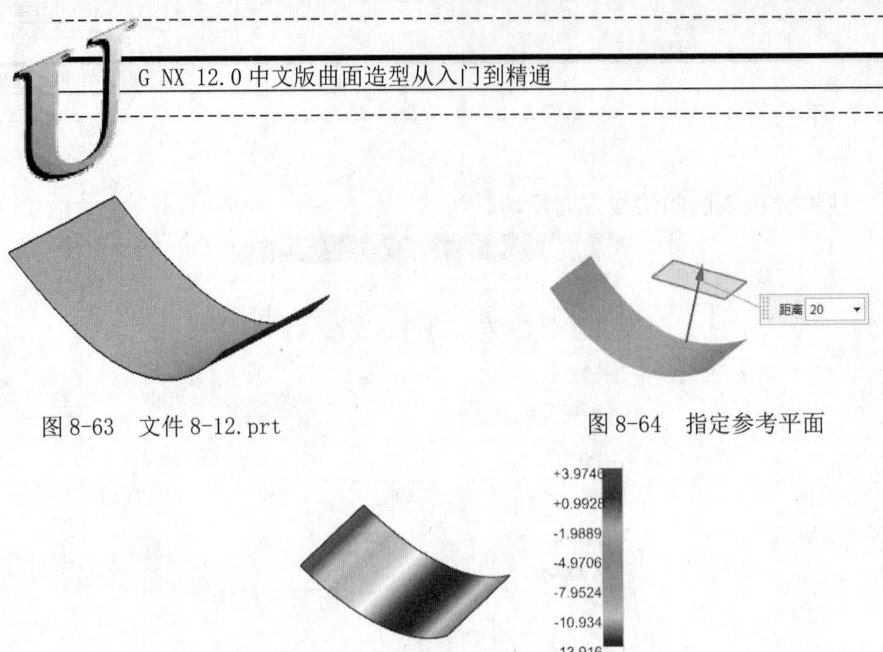

图 8-63　文件 8-12.prt　　　图 8-64　指定参考平面

图 8-65　曲面距离分析

8.14 综合实例——鞋子曲面分析

曲面的质量直接影响了产品的质量，所以需要在造型过程中对构建的曲面质量进行分析和验证，从而保证构建的产品质量符合设计要求。本节将首先对模型曲面质量做出分析，然后对模型进行完善，使其符合要求。

鞋子曲面的分析流程如图 8-66 所示。

具体的操作步骤如下：

01 分析模型曲面质量。

❶打开文件 xiezi.prt，进入建模模块，鞋子模型如图 8-67 所示。

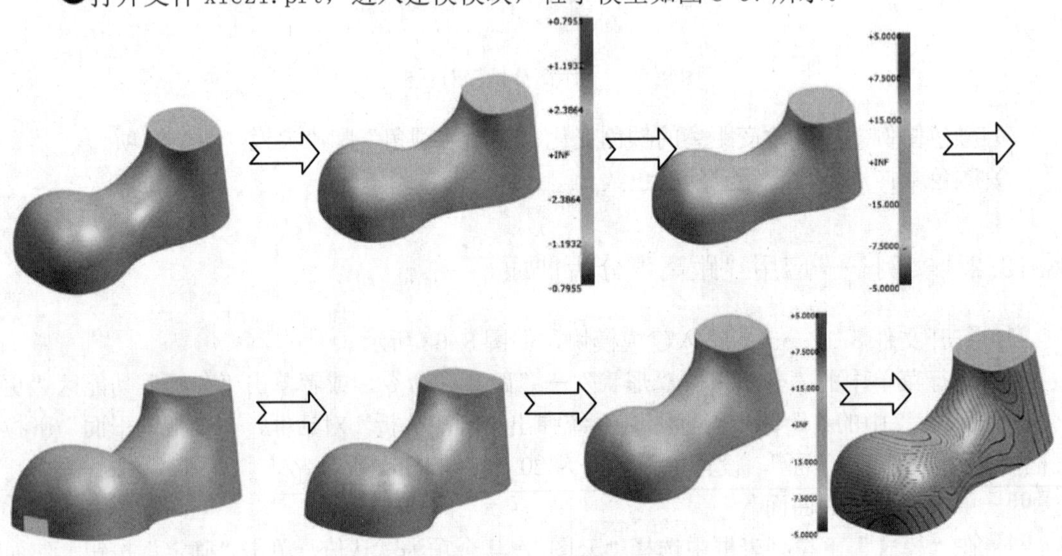

图 8-66　鞋子曲面的分析流程

❷执行菜单中的“分析”→“形状”→“半径”命令，或者单击“分析”功能区“更多”组“面形状”中的“半径”图标，系统弹出“半径分析”对话框，如图 8-68 所示。在“类型”下拉列表框中选择“高斯”，在“模态”下拉列表中选择“云图”，其余选项保持默认值，选择鞋子的表面作为分析曲面，如图 8-69 所示。

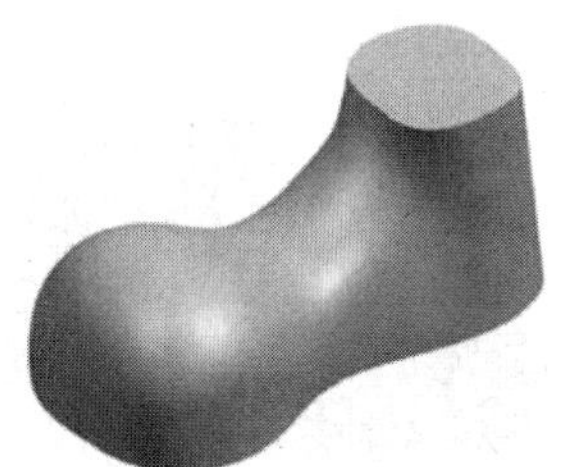

图 8-67　鞋子模型

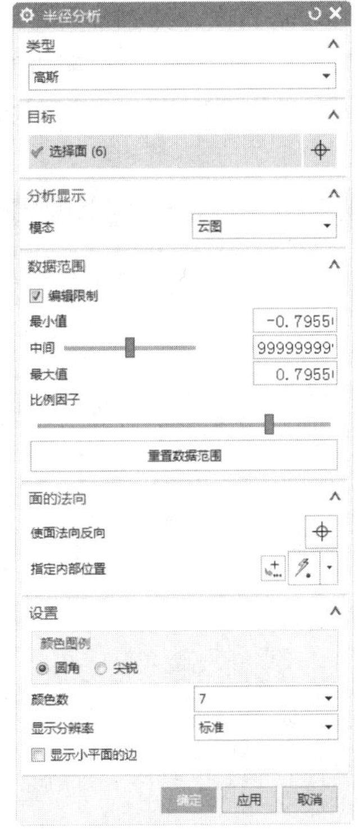

图 8-68　“半径分析”对话框

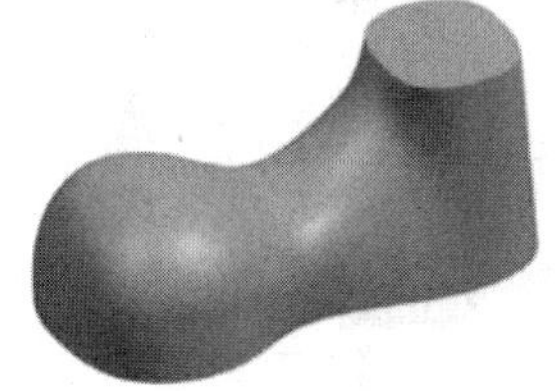

图 8-69　选择分析曲面

❸单击“应用”按钮，完成曲面的半径分析 1 如图 8-70 所示

❹此时的半径分析云图不易判断曲面的质量，在“半径分析”对话框中把“最小值”设为 −5，“最大值”设为 5，单击“应用”按钮，曲面半径分析如图 8-71 所示。由曲面半径分析云图的颜色变化可知，鞋子的曲面存在 1 个收敛点，为了改善曲面质量需要移除该收敛点。

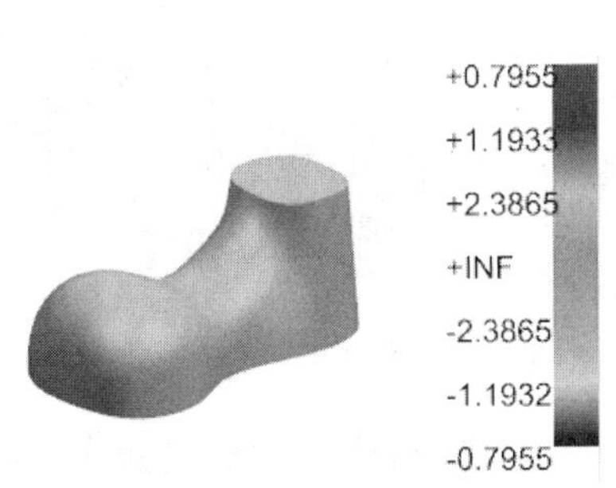

图 8-70　曲面的半径分析 1

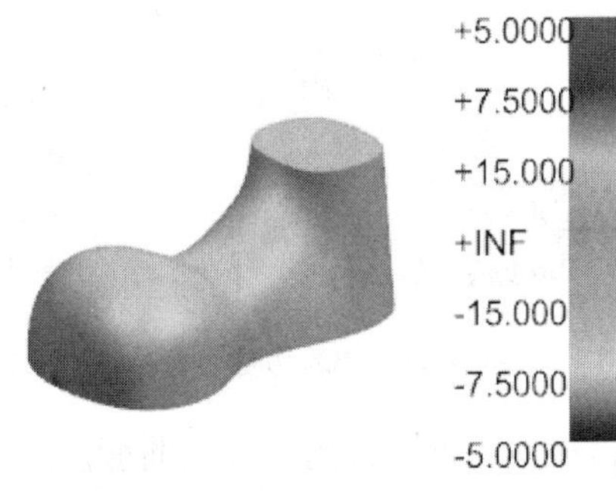

图 8-71　更改半径后的曲面半径分析

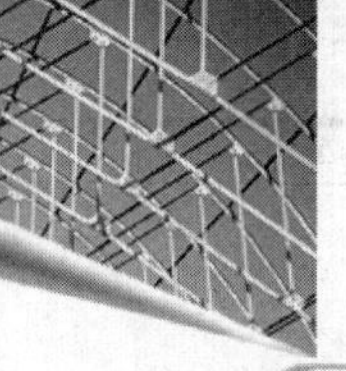

02 移除鞋子曲面上的收敛点。

❶删除已经完成的缝合曲面。

❷执行菜单中的“插入”→“曲线”→“直线”命令，系统弹出“直线”对话框。创建坐标点分别为（-30,0，-30）、（-30,0,30）；（-30,0,30）、（30,0，30）；（30,0,30）、（30,0，-30）和（30,0，-30）、（-30,0，-30）的4条直线，如图8-72所示。

❸执行菜单中的“插入”→“修剪”→“修剪片体”命令，或者单击“曲面”功能区“曲面操作”组中的“修剪片体”图标，系统弹出如图8-73所示的“修剪片体”对话框。选择目标片体如图8-74所示。

图8-72　创建直线

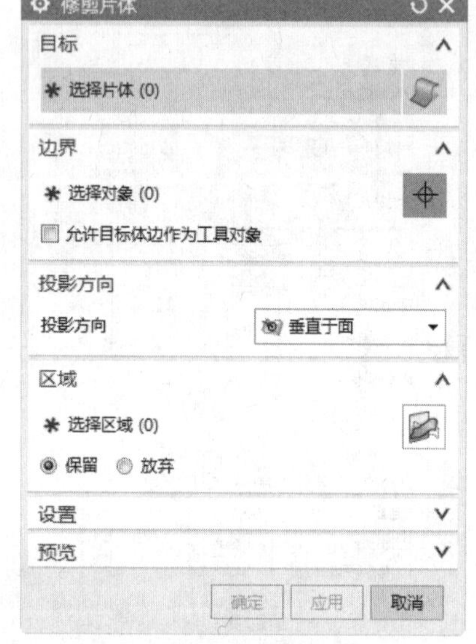

图8-73　“修剪片体”对话框

图8-74　选择目标片体

❹单击，进行对象选择。选择上步创建的直线作为修剪片体的边界对象，如图8-75所示。“投影方向”选择“沿矢量”，“指定矢量”选择-YC，如图8-76所示。单击“确定”按钮，完成片体的修剪，如图8-77所示。单击直线曲线，然后选择“编辑”→“显示和隐藏”→“隐藏”命令，或按住Ctrl+B键，选择的曲线被隐藏。

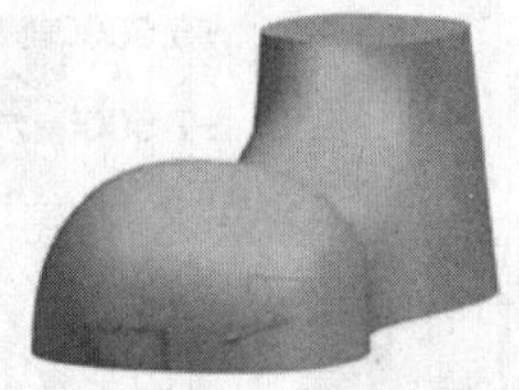

图8-75　选择修剪片体的边界对象

图8-76　设定投影方向

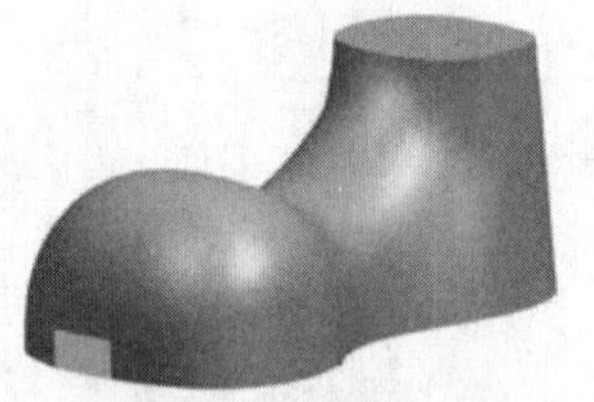

图8-77　修剪的片体

03 通过曲线网格创建曲面。执行菜单中的“插入”→“网格曲面”→“通过曲线网格”命令，或者单击“曲面”功能区“曲面”组中的“通过曲线网格”图标，系统弹出如图8-78所示的“通过曲线网格”对话框。选择主线串，如图8-79所示。单击鼠标中键，选择交叉线串，如图 8-80 所示。

图 8-78　“通过曲线网格”对话框

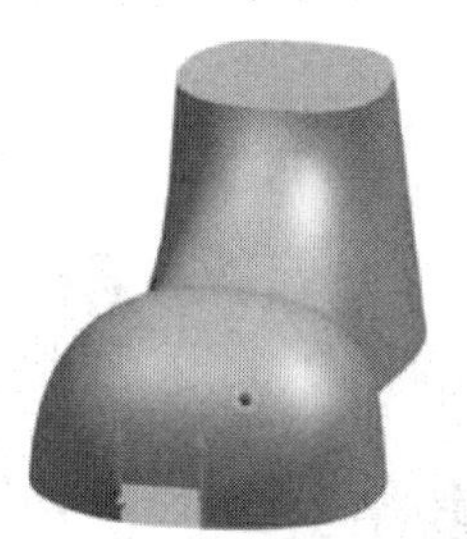

图 8-79　选择主线串

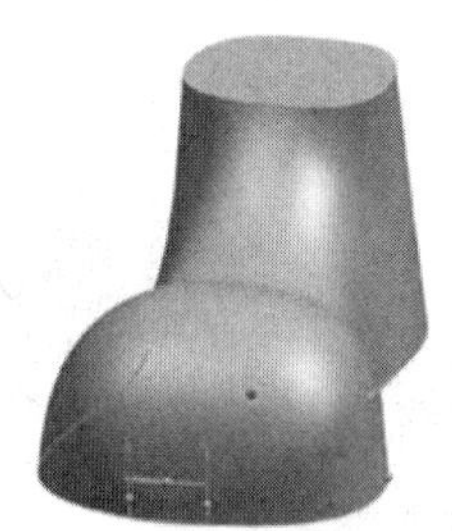

图 8-80　选择交叉线串

“第一主线串”的“连续性”设置为“G1（相切）”，如图 8-81 所示，选择相切面如图 8-82 所示。“最后主线串”的“连续性”设置为“G1（相切）”，如图 8-83 所示，选择相切面如图 8-82 所示。“第一交叉线串”的“连续性”设置为“G1（相切）”，如图 8-84 所示，选择相切面如图 8-82 所示。

其余选项保持为默认值，单击“确定”按钮，创建的网格曲面如图 8-85 所示。

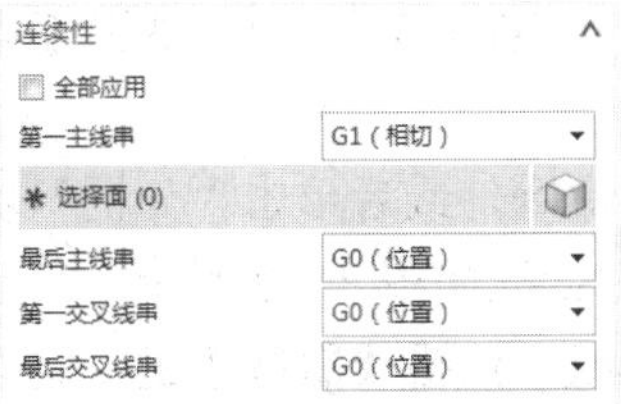

图 8-81　第一主线串连续性设置

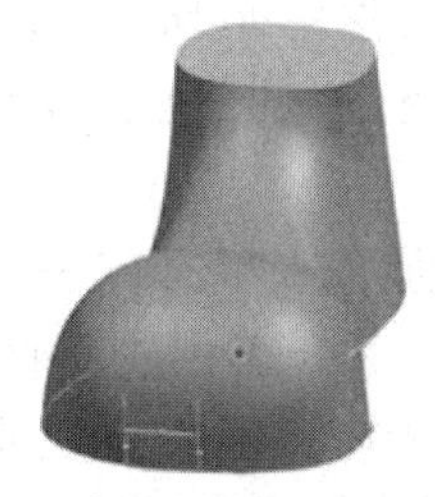

图 8-82　选择相切面

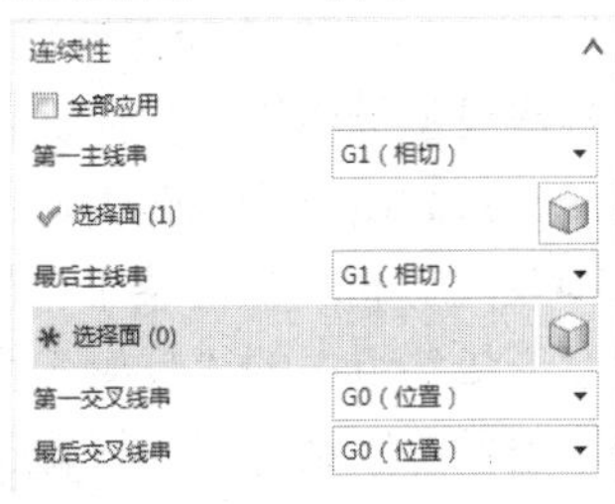

图 8-83　最后主线串连续性设置

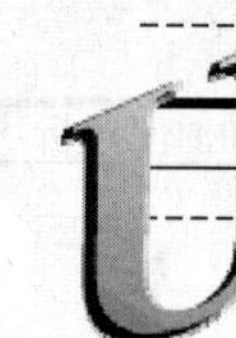

04 曲面缝合。执行菜单中的“插入”→“组合”→“缝合”命令，或者单击“曲面”功能区“曲面操作”组中的“缝合”图标，系统弹出如图8-86所示的“缝合”对话框。“类型”选择“片体”，目标选择鞋子的上部曲面，如图8-87所示；工具选择其余的片体，如图8-88所示。“设置”中的“输出多个片体”复选框取消勾选，单击“确定”按钮，鞋子的曲面被缝合，修改后的鞋子实体模型如图8-89所示。

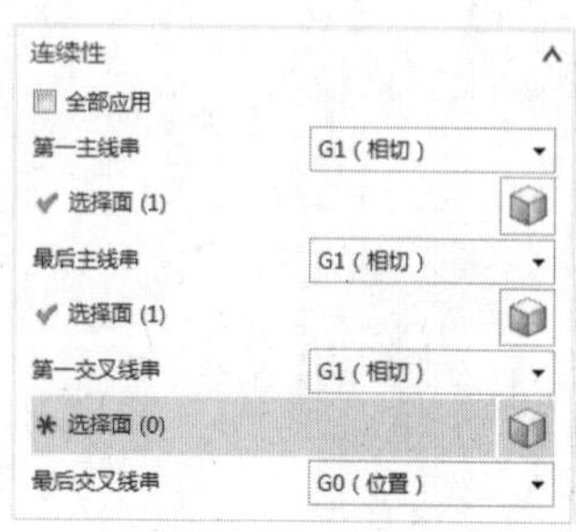

图8-84 “第一交叉线串连续性设置”

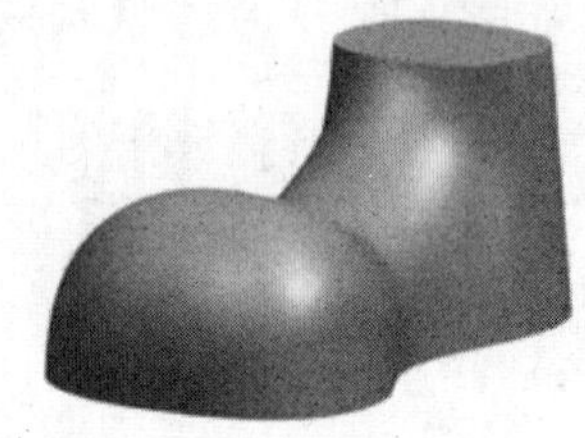

图8-85 创建的网格曲面

图8-86 “缝合”对话框

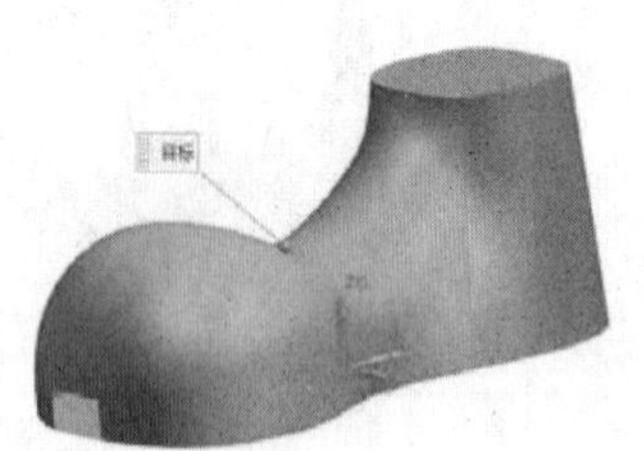

图8-87 目标选择

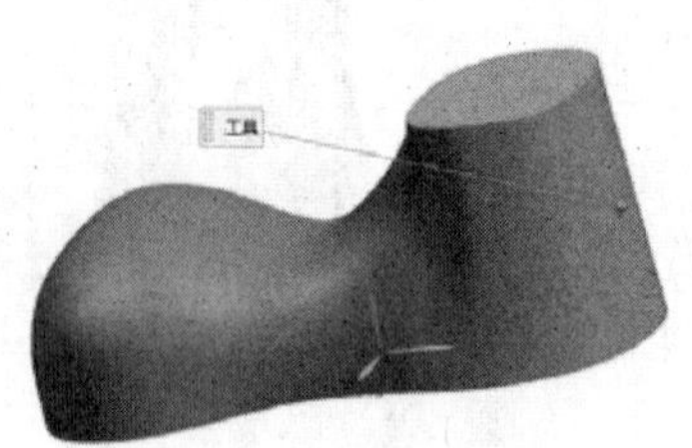

图8-88 工具选择

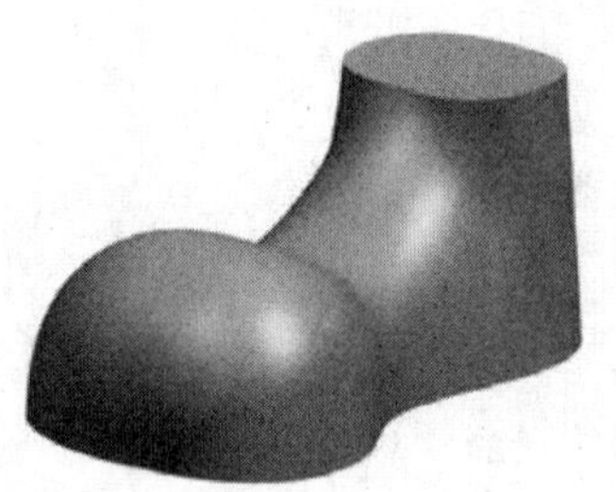

图8-89 修改后的鞋子实体模型

05 对效果后的模型曲面分析。

❶曲率半径分析。执行菜单中的“分析”→“形状”→“半径”命令，或者单击“分析”功能区“更多”组“面形状”中的“半径”图标，系统弹出“半径分析”对话框。在“类型”下拉列表框中选择“高斯”，在“模态”下拉列表框中选择“云图”，“最小值”设为−5，“最大值”设为5，其余选项保持默认值，如图8-90所示。选择鞋子的表面作为分析曲面。单击“应用”按钮或鼠标中键，完成曲面的半径分析2，如图8-91所示。由图8-91可见，曲面不存在收敛点，曲面质量得到改善。

❷反射分析。执行菜单中的“分析”→“形状”→“反射”命令，或者单击“分析”功能区“面形状”组中的“反射”图标，系统弹出“反射分析”对话框如图8-92所示。对话框中的选项保持默认值，选择鞋子的表面作为分析曲面。单击“应用”按钮或鼠标中键，完成曲面的反射分析，如图8-93所示。通过旋转观察反射纹的变化情况来确认修改后的模型曲面是否达到设计要求。

图 8-90　设置“半径分析”对话框中的参数

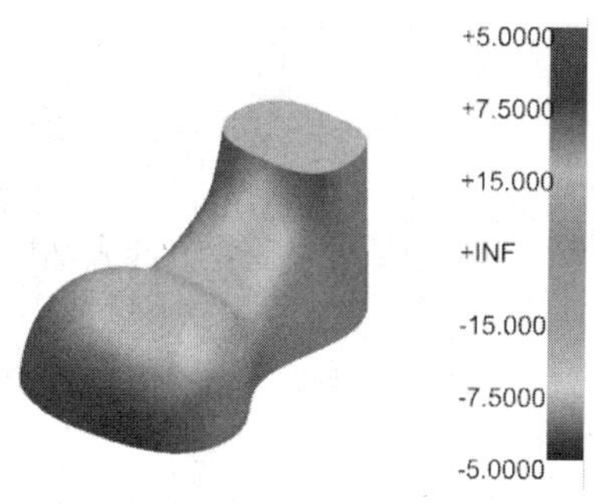

图 8-91　曲面的半径分析 2

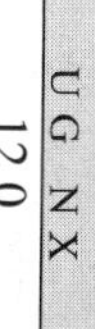

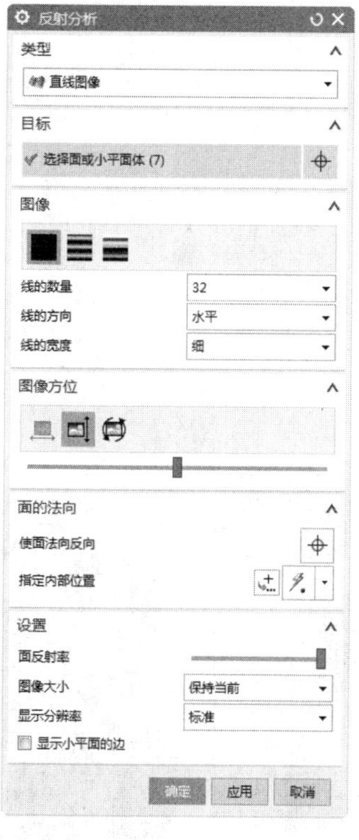

图 8-92　“反射分析”对话框

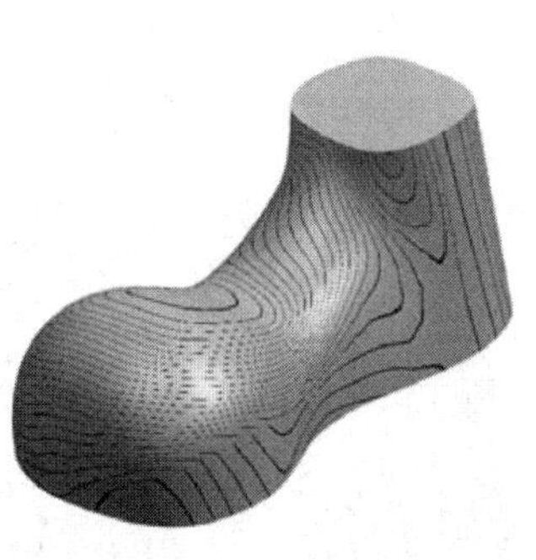

图 8-93　曲面的反射分析

第9章

渲染

UG 的渲染功能为工业设计人员提供了一种更有效的表示设计概念所需的工具，让工业设计人员快速实现模型概念化，生成光照、颜色效果，形成逼真的图片，减少原型样机成本并能快速地将产品投放市场。本章主要讲述如何创建高质量图像和艺术图像，如何对材料及纹理、灯光效果和视觉效果进行设置。

重点与难点

- 高质量图像
- 艺术图像
- 材料及纹理设置
- 灯光效果
- 视觉效果

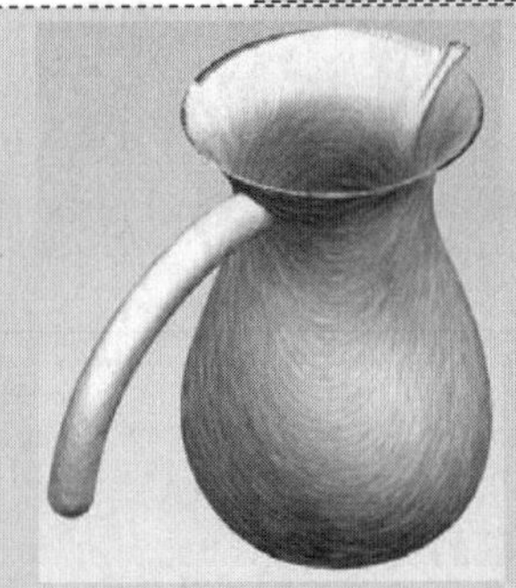

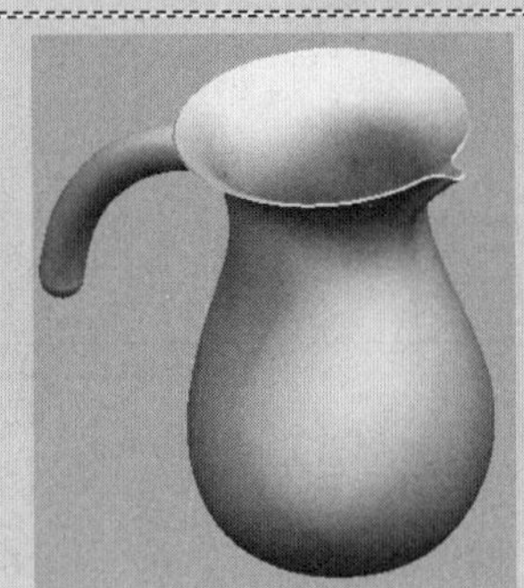

9.1 高质量图像

UG 渲染功能可以对模型进行光照处理、材料与纹理设置、颜色效果设置和背景设置等，创建逼真的图片，快速实现模型概念化，能够有效而准确地表达设计概念。利用”高质量图像”功能，可以创建出具有 24 位颜色，类似于照片效果的图片。

执行菜单中的“视图”→“可视化”→“高质量图像”命令，系统弹出如图 9-1 所示的对话框。其中部分选项的功能如下.

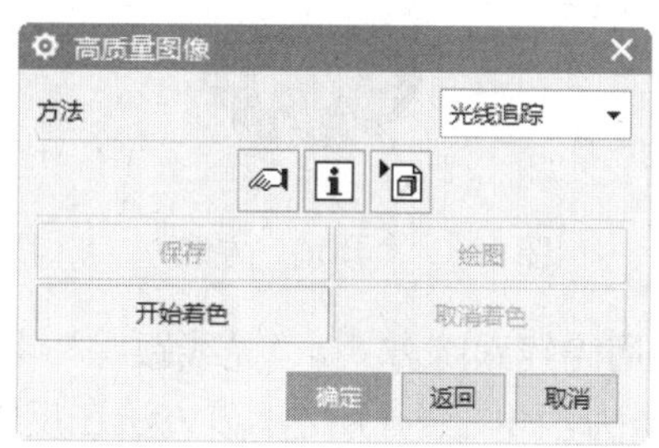

图 9-1　“高质量图像”对话框

1. 方法

在“方法”下拉列表框中列出了多种渲染图片的方法。

（1）平面：将曲面分成很多小平面，每一个小平面用同一种颜色表现出来。平面方法就是以不同亮度的平面色块表现曲面的明暗变化，如图 9-2 所示。

（2）哥拉得：使用光滑的差值颜色来渲染图片，曲面明暗变化比较光滑连续，但高亮区仍可看到有些不光滑，如图 9-3 所示。这种方法着色质量比“平面”方法好，但这种方法的着色速度比“平面”方法慢。

（3）范奇：曲面明暗变化光滑连续，高亮区比“哥拉得”方法更光滑，如图 9-4 所示。着色质量比“哥拉得”方法好，但着色速度比“哥拉得”方法慢。

图 9-2　“平面”方法

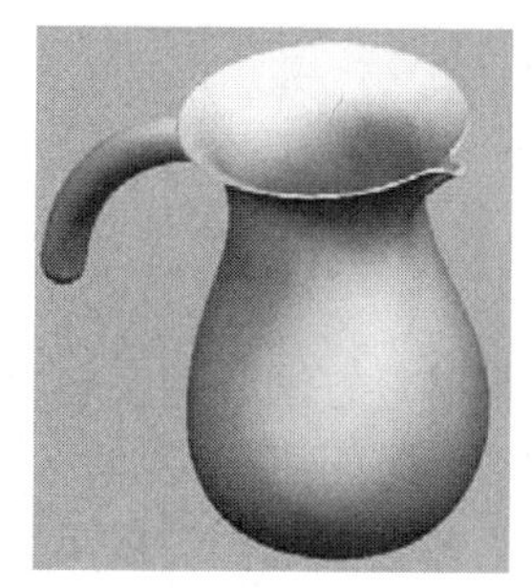

图 9-3　“哥拉得”方法

图 9-4　“范奇”方法

（4）改进：在“范奇”的基础上增加了纹理、材料、高亮反光和阴影的表现能力，如图 9-5 所示。效果类似于逼真照片，但着色速度慢于“范奇”方法。

（5）预览：在“改进”的基础上增加了对材料透明特性的支持，如图 9-6 所示。该方法已具备较高的拟真性，但着色速度比“改进”方法慢。

（6）照片般逼真：在“预览”的基础上增加了反锯齿设置的功能，但不能消减镜像的边缘锯齿，如图 9-7 所示。渲染图像效果好，但图像的创建时间是“改进”方法的 2～3 倍。

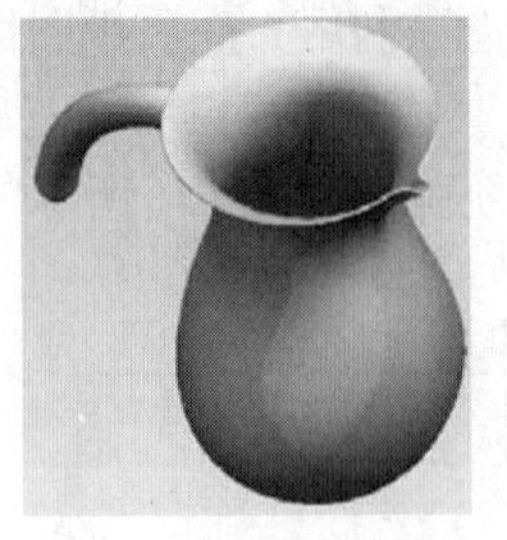
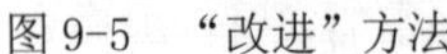

图 9-5　“改进”方法

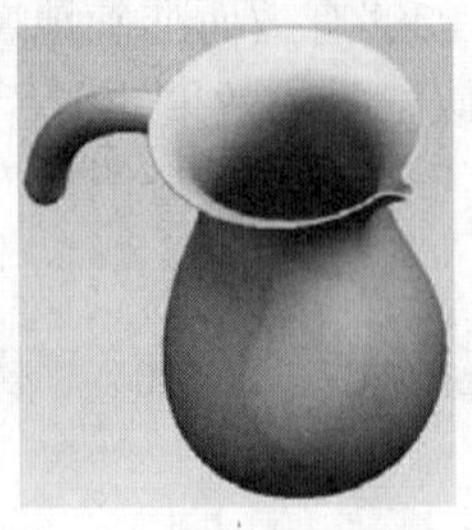

图 9-6　“预览”方法

图 9-7　“照片般逼真”的方法

（7）光线追踪：该方法采用光线跟踪方式，“光线跟踪”考虑了反射光和折射光的影响，增加了消减镜像的边缘锯齿的能力，如图 9-8 所示。该方法在反锯齿、渲染和纹理处理上比“照片般逼真”的方法更加准确，因此图像更真实，能够达到真实照片水平，但是着色速度比“照片般逼真”的方法慢。

（8）光线追踪/FFA：在低分辨率下能够创建高度反锯齿的图像，在创建图像时，系统在颜色突变处进行反锯齿处理，对模型细小部位的表现更准确。该方法着色速度比“光线追踪”方法慢很多，因此没有细小结构的模型不必使用。

（9）辐射：该方法类似“照片般逼真”的方法，速度略慢，但可以产生放射光和柔和照明等效果，如图 9-9 所示。如果光照效果对于所创建的图像很重要，可以采用这种方法。

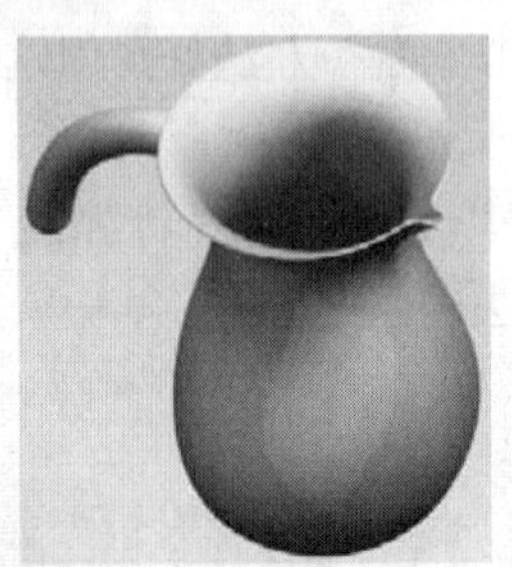

图 9-8　“光线追踪”方法

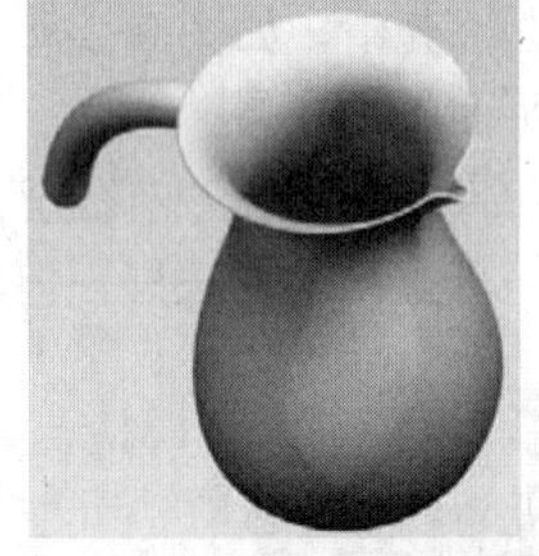

图 9-9　“辐射”方法

（10）混合辐射：该方法类似“辐射”方法，速度略慢，但照明更柔和。

2. 图像首选项

在“高质量图像”对话框中单击“图像首选项”按钮，系统弹出如图 9-10 所示“图像首选项”对话框。该对话框用于设置图像格式、显示、图像大小、分辨率和阴影等渲染参数。

（1）格式：用于指定表面上着色的类型。“光栅图像”格式用于创建高质量静态图像，“QTVR 全景”“QTVR 对象（低）”和“QTVR 对象（高）”这三种格式则用于创建全景 MOV 格式的动画。

（2）显示：用于设置将图像转换为 8 位颜色显示的方法。有 RGB＋噪点、FS RGB、FS RGB

＋噪点、单色、灰度、最接近的RGB、有序抖动和TC＋噪点8个转换方法。不同的转换方法，其图像的质量也不同。抖动和噪声技术是提高着色简单图像的视觉质量的方法。

（3）图像大小：由于设置图片的尺寸。

（4）解析：用于设置图片的分辨率。分辨率只有在“图像大小”不是“填充视图”时才可以设置，有5个选项：“草图”对应75DPI，“低”对应180 DPI，“中”对应300 DPI，“高”对应400 DPI，“用户定义”可以在DPI文本框中输入一个具体的DPI值。

（5）绘图质量：用于设置图片绘制的质量。有“精细”“中等”“粗略”和“粗糙”4个选项，这4个选项质量逐渐降低。绘图质量是利用软件方法决定绘制图片的实际质量。

（6）用子区域：勾选该复选框，然后单击“应用”按钮，可以用鼠标左键在工作区中拖出一个选择框来确定一个区域，这样只有在这个区域中会产生渲染效果，如图9-11所示。这在只需检验局部效果的时候，可以节省渲染的时间。

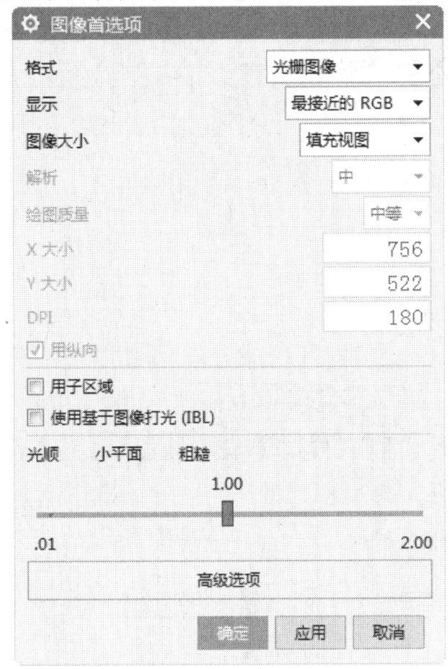

图9-10　“图像首选项”对话框

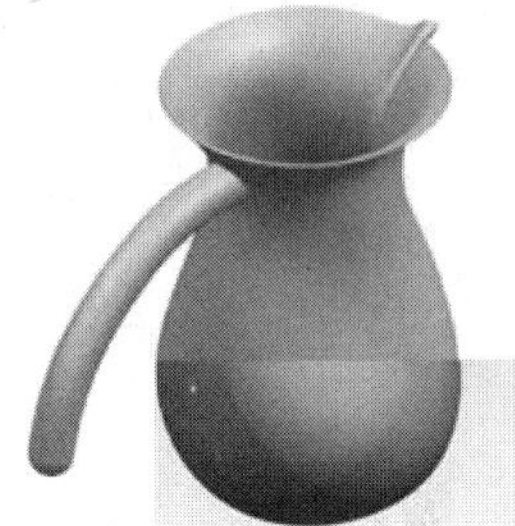

图9-11　用子区域渲染

（7）光顺/小平面/粗糙：通过拖动滑块可以改变渲染所产生的多变形数量，数值越小多边形的数量则越多，渲染的模型越光滑。

（8）高级选项：在“图像首选项”对话框中单击“高级选项”按钮，系统弹出如图9-12所示的“高级图像选项”对话框。

1）允许透明阴影：用于控制是否需要精确计算通过透明或半透明物体的光。前提是首先需要在“高质量图像”对话框的“方法”下拉列表框中选择“光线追踪”，只有这种方法才能产生透明阴影。在 “高级图像选项”对话框中勾选“允许透明阴影”复选框。

2）禁用光线跟踪：用于取消光线跟踪，可以减少创建图片所需的时间。

3）超级采样：“超级采样”利用软件反锯齿的方法改善图像细节。采样范围为1～5，5代表最大采样。

4）细分深度：采用放大功能放大零件局部进行渲染将花费很长时间，但增加“细分深度”

值，则会节省时间。

5）光线追踪内存：用于修改虚拟内存空间，最大128MB。

6）辐射质量：用于计算房间中或环境中非直接光的照明分布。通常用于内部情景，消耗磁盘空间，计算量大。

7）分布多余的光：用于分配剩余光，将其传递到环境中的遗留光像一般环境光一样均匀加入到视图中。

8）使用中点采样：用于精确改变光施加到表面的形式。

3. 信息

在“高质量图像”对话框中单击“信息”按钮，系统弹出如图9-13所示“信息”窗口。用于显示当前信息，包括当前的渲染设置信息、图像信息，以及当前文件中所有材料、纹理和光源等信息。

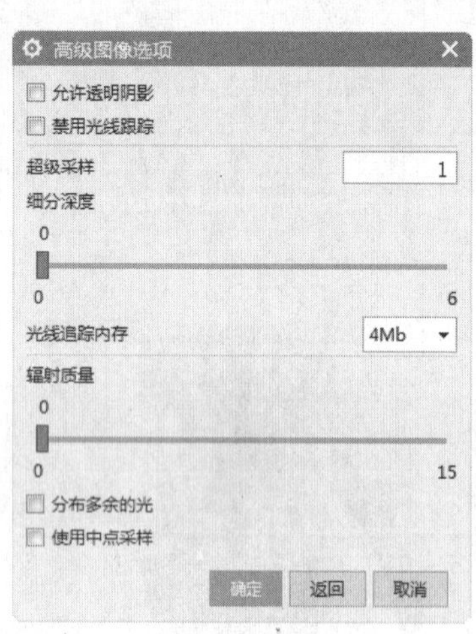

图9-12 “高级图像选项”对话框

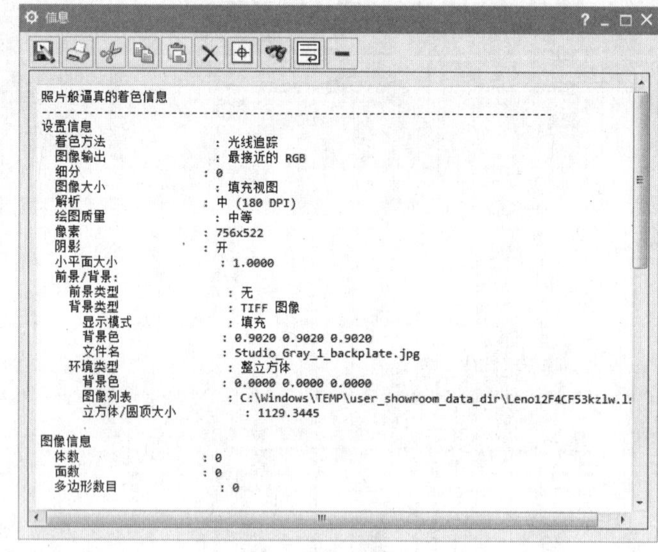

图9-13 “信息”窗口

4. 开始着色

在“高质量图像”对话框中单击“开始着色”按钮，渲染过程开始。根据模型的大小、复杂程度以及各种渲染参数的不同，创建渲染图像所需要的时间也会不同。渲染图像创建后，“保存”“绘图”和“取消着色”按钮会亮显，表示几个功能被激活。

5. 保存

单击“保存”按钮，系统弹出如图9-14所示的“保存图像”对话框。用户可以将已创建的渲染图像保存为“.tif”图像文件。在“保存图像”对话框中，单击“列出文件”按钮，用户可以指定保存路径，输入文件名称。如果要压缩文件数据，选取“压缩图像”复选框，然后单击“确定”按钮，渲染图像将被保存。

6. 绘图

在“高质量图像”对话框中单击“绘图”按钮，系统弹出如图9-15所示的“绘图”对话框。用户可以在“绘图”对话框中设置解析、绘图质量等图像参数，并将当前渲染图像通过绘图机打印出来。

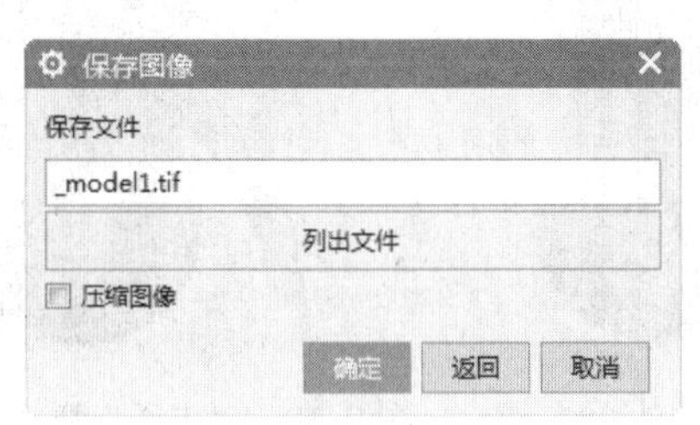

图 9-14　“保存图像”对话框

图 9-15　“绘图”对话框

7. 取消着色

在“高质量图像”对话框中单击“取消着色”按钮，可以取消已创建的渲染。

9.2 艺术图像

“艺术图像”用于制作出非现实的艺术化图像，渲染成类似素描、水彩画或油画的静态图像。

执行菜单中的“视图”→“可视化”→“艺术图像”命令，系统弹出如图 9-16 所示的“艺术图像”对话框。利用该对话框中的 8 种艺术图像样式能够创建 8 种不同风格的艺术化图像。

1. 卡通

采用该样式可以创建由线条、片色和局部简单的着色点构成的图像，图像基本呈平面感。其对话框的设置如图 9-16 所示。

（1）轮廓颜色：单击“轮廓颜色”右侧的色块，系统弹出“颜色”对话框，用户可以在其中选择轮廓的颜色。

（2）轮廓宽度：拖动“轮廓宽度”的滑块可以改变卡通图像轮廓线的宽度，从左到右由细变粗。

下面通过实例具体说明如何应用“卡通”样式来创建艺术图像。

（1）打开文件 9-1.prt，进入建模模块，如图 9-17 所示。

（2）执行菜单中的“视图”→“可视化”→“艺术图像”命令，系统弹出“艺术图像”对话框。

（3）在“艺术图像”对话框中单击“卡通”按钮，“轮廓颜色”设置为黑色，其余选项设置为默认值。

（4）单击“开始着色”按钮，创建的“卡通”样式艺术图像如图 9-18 所示。

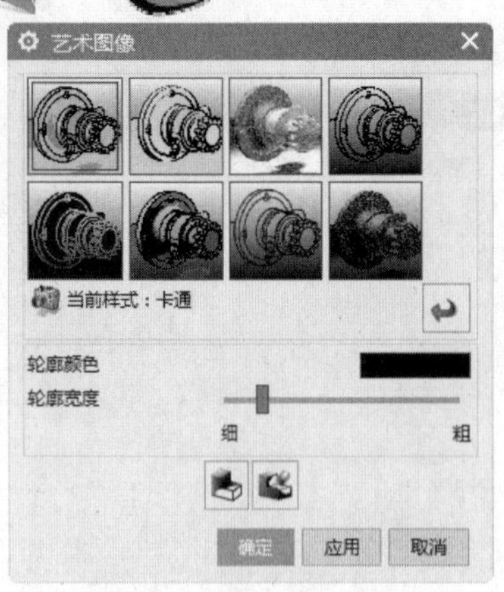

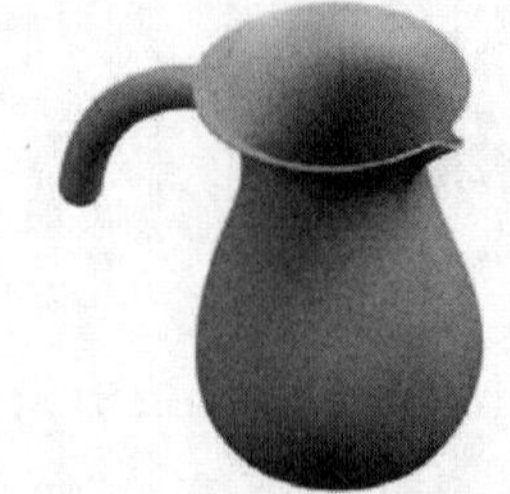

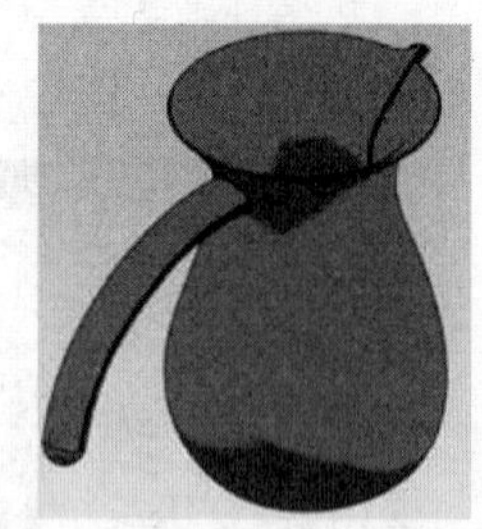

图 9-16 “艺术图像”对话框　　图 9-17 建模文件 9-1.prt　　图 9-18 “卡通”样式艺术图像

2. 颜色衰减

采用该样式可以创建具有徒手效果的不等宽度和水彩色的图像效果。相应对话框的设置如图 9-19 所示。

（1）轮廓颜色：单击“轮廓颜色”右侧的色块，系统弹出“颜色”对话框，用户可以在其中选择轮廓线的颜色。

（2）轮廓宽度：拖动“轮廓宽度”的滑块可以改变轮廓线的宽度，从左到右由细变粗。

（3）颜色变化：用于设置涂色的均匀程度，拖动“颜色变化”的滑块，从左到右颜色由均匀到条纹。

（4）衰减颜色：通过拖动“衰减颜色”的滑块来设置颜色的浓度，从左到右颜色由鲜艳到柔和。

还是以图 9-17 所示的文件为例，样式选择“颜色衰减”，其余选项保持默认值，创建的“颜色衰减”样式艺术图像如图 9-20 所示。

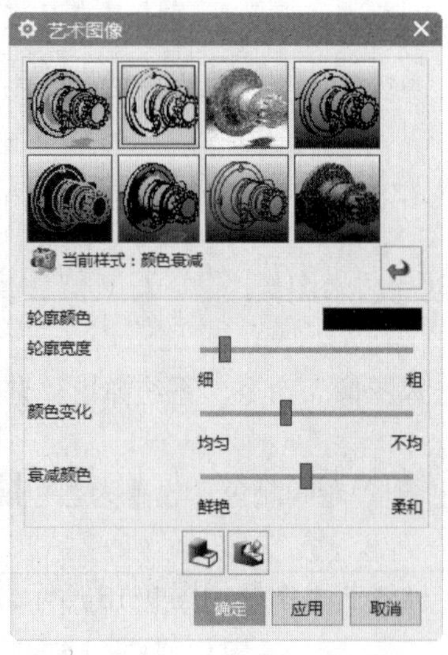

图 9-19 “颜色衰减”样式“艺术图像”对话框

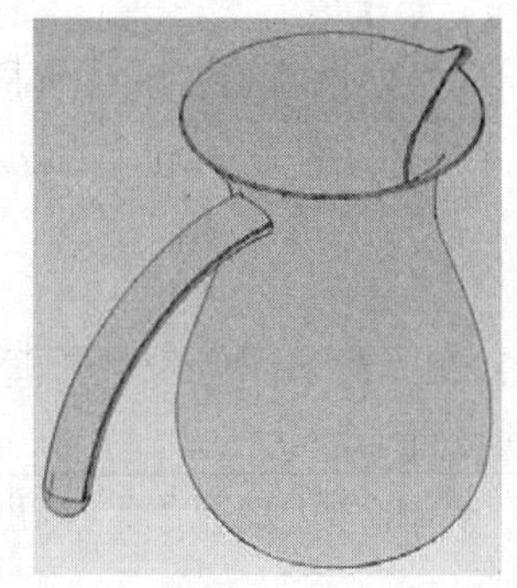

图 9-20 “颜色衰减”样式艺术图像

3. 铅笔着色

采用该样式可以创建类似炭条涂画的效果，涂抹规律并不符合实际的明暗变化。其相应对话框的设置如图 9-21 所示。

（1）线条颜色：更新“线条颜色”复选框可以设置线条颜色，否则系统会默认为灰色。

（2）笔画长度：通过拖动“笔画长度”右侧的滑块来改变涂抹笔画的长度，从左到右笔画长度由简短到冗长。

（3）笔画密度：通过拖动“笔画密度”右侧的滑块来改变涂抹笔画的密度，从左到右笔画密度由浅色到深色。

以图 9-17 所示的文件为例，样式选择“铅笔着色”，其余选项保持默认值，单击“开始着色”按钮，创建的“铅笔着色”样式艺术图像如图 9-22 所示。

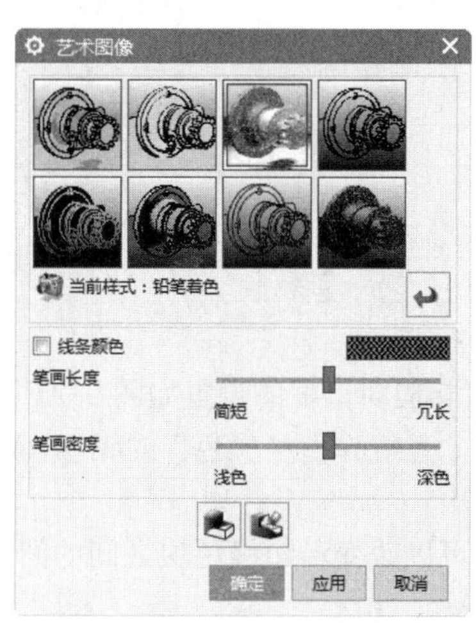

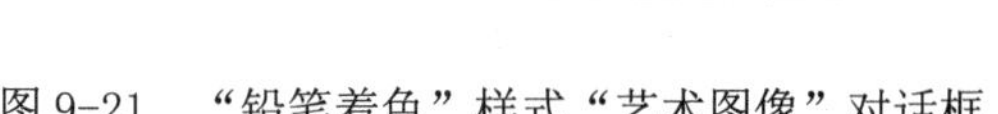

图 9-21　“铅笔着色”样式“艺术图像”对话框

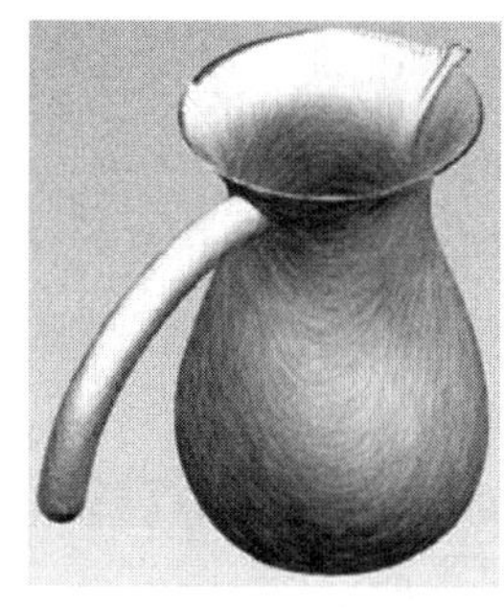

图 9-22　“铅笔着色”样式艺术图像

4. 手绘

采用该样式可以创建类似于手绘线条的效果，线条呈由粗到细的扭曲变化。其相应对话框的设置如图 9-23 所示。

（1）轮廓颜色：单击“轮廓颜色”右侧的色块，系统弹出“颜色”对话框。用户可以在其中选择轮廓的颜色。

（2）轮廓宽度：通过拖动“轮廓宽度”的滑块可以改变手绘图像的轮廓线的宽度，从左到右由细变粗。

（3）直线偏差：通过拖动“直线偏差”的滑块可以改变线条偏离模型边缘的程度，从左到右由真实到很大，滑块越往右，图形失真越严重。

（4）直线规律性：通过拖动“直线规律性”的滑块可以改变线条扭曲程度，从左到右由平滑到粗糙。

（5）直线锥角：通过拖动“直线锥角”的滑块可以改变线条从一端到另一端由粗到细的收缩率，从左到右由最小到最大。

以图 9-17 所示的文件为例，样式选择手绘，“轮廓颜色”选择红色，其余选项保持默

认值，单击“开始着色”按钮，创建的“手绘”样式艺术图像如图9-24所示。

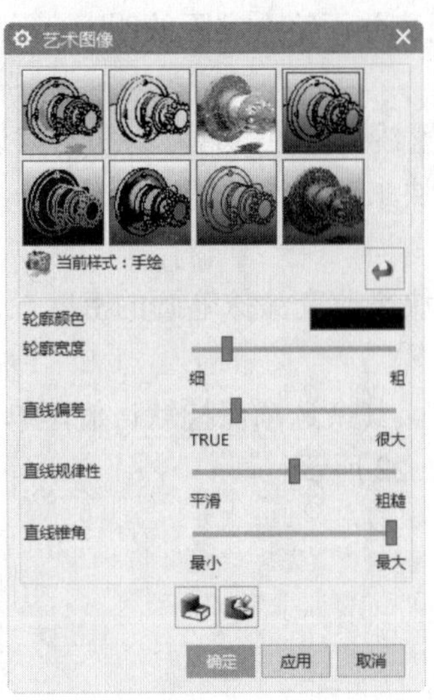

图9-23 “手绘”样式“艺术图像”对话框

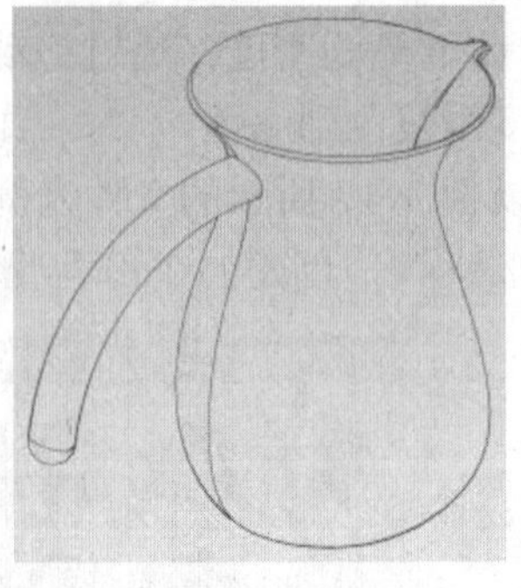

图9-24 “手绘”样式艺术图像

5.喷墨打印

采用该样式可以创建具有单色水印画的效果。其相应对话框的设置如图9-25所示。

（1）喷墨颜色：单击“喷墨颜色”右侧的色块，系统弹出“颜色”对话框，在其中用户可以选择喷墨的颜色。

（2）缝隙宽度：通过拖动“缝隙宽度”的滑块可以改变沿边缘色块之间的间隙大小，从左到右由窄到宽。

以图9-17所示的文件为例，样式选择“喷墨打印”，“喷墨颜色”选择蓝色，其余选项保持默认值，单击“开始着色”按钮，创建的喷墨打印样式艺术图像如图9-26所示。

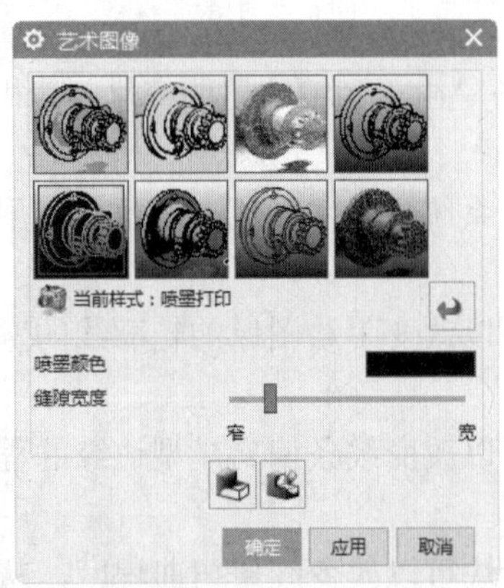

图9-25 “喷墨打印”样式“艺术图像”对话框

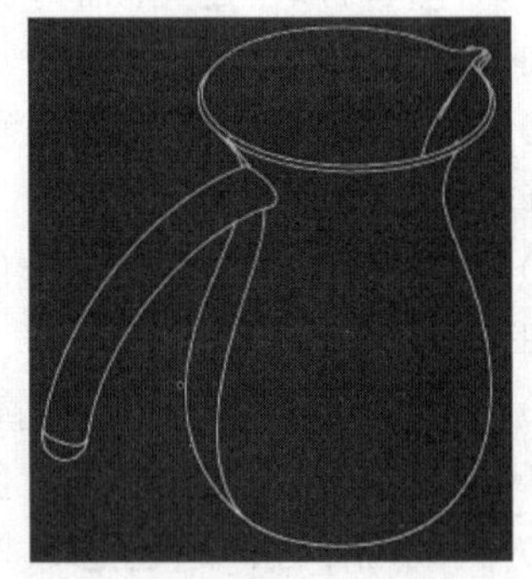

图9-26 “喷墨打印”样式艺术图像

6.线条和阴影

采用该样式可以创建由线条和阴影构成的图像，线条和阴影的颜色可以不相同。其相应对话框的设置如图 9-27 所示。

（1）轮廓颜色：单击“轮廓颜色”右侧的色块，系统弹出“颜色”对话框。用户可以在其中选择轮廓的颜色。

（2）轮廓宽度：通过拖动“轮廓宽度”的滑块可以改变线条和阴影图像的轮廓线的宽度，从左到右由细变粗。

（3）阴影颜色：单击“阴影颜色”右侧的色块，系统弹出“颜色”对话框。用户可以选择阴影的颜色。

以图 9-17 所示的文件为例，样式选择“线条和阴影”，“轮廓颜色”选择蓝色，“阴影颜色”选择黄色，其余选项保持默认值，单击“开始着色”按钮，创建的“线条和阴影”样式艺术图像如图 9-28 所示。

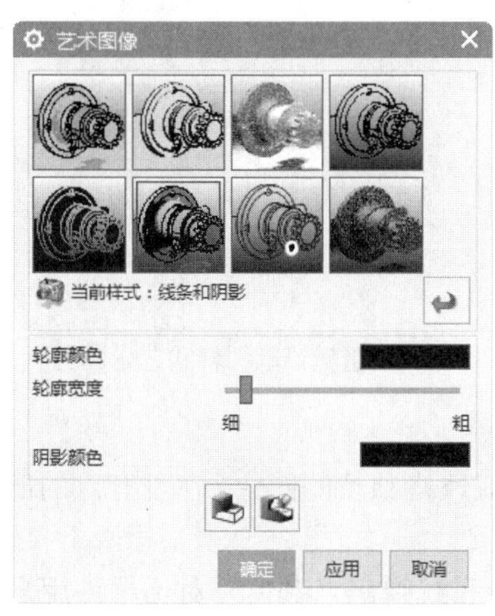

图 9-27　“线条和阴影”样式“艺术图像”对话框

图 9-28　“线条和阴影”样式艺术图像

7. 粗糙铅笔

采用该样式可以创建由铅笔沿模型边缘反复描画构成的粗线轮廓图像，其相应对话框的设置如图 9-29 所示。

（1）轮廓颜色：单击“轮廓颜色”右侧的色块，系统弹出“颜色”对话框。用户可以在其中选择轮廓的颜色。

（2）轮廓宽度：通过拖动“轮廓宽度”的滑块可以改变粗糙铅笔图像的轮廓线的宽度，从左到右由细变粗。

（3）直线数量：通过拖动直线数量的滑块可以改变粗线内部反复描画的细线数量，从左到右由很少到很多。

（4）直线偏差：通过拖动“直线偏差”的滑块可以改变线条偏离模型边缘的程度，从左到右由真实到很大，滑块越往右，图形失真越严重。

（5）直线规律性：通过拖动“直线规律性”的滑块可以改变线条扭曲程度，从左到右由平滑到粗糙。

以图 9-17 所示的文件为例，样式选择“粗糙铅笔”，“轮廓颜色”选择红色，

其余选项保持默认值，单击“开始着色”按钮，创建的“粗糙铅笔”样式艺术图像如图 9-30 所示。

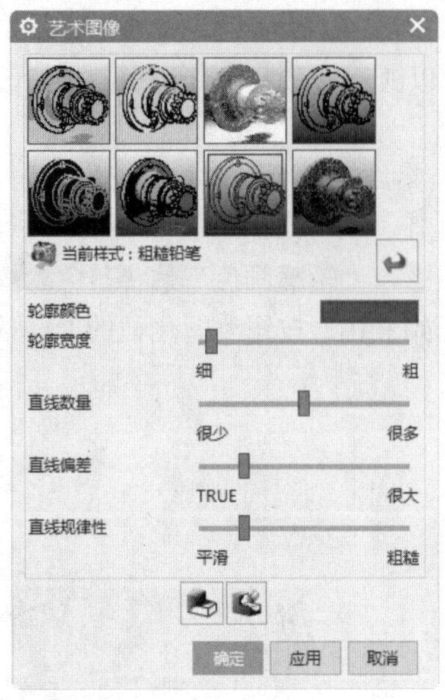

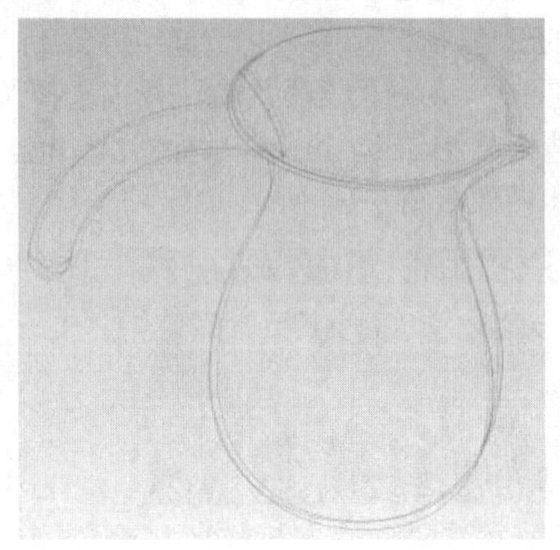

图 9-29　“粗糙铅笔”样式“艺术图像”对话框

图 9-30　“粗糙铅笔”样式艺术图像

8. 点刻

采用该样式可以创建由指定颜色深浅不同的点构成风格独特的图像，在没有点的部位透出的是背景颜色。其相应对话框的设置如图 9-31 所示。

（1）圆点颜色：单击“圆点颜色”右侧的色块，系统弹出“颜色”对话框。用户在其中可以选择圆点的颜色。

（2）圆点数量：通过拖动“圆点数量”的滑块可以改变着色点的数量，从左到右圆点数量由稀疏到密集。

以图 9-17 所示的文件为例，样式选择“点刻”，“圆点颜色”选择蓝色，其余选项保持默认值，单击“开始着色”按钮，创建的“点刻”样式艺术图像如图 9-32 所示。

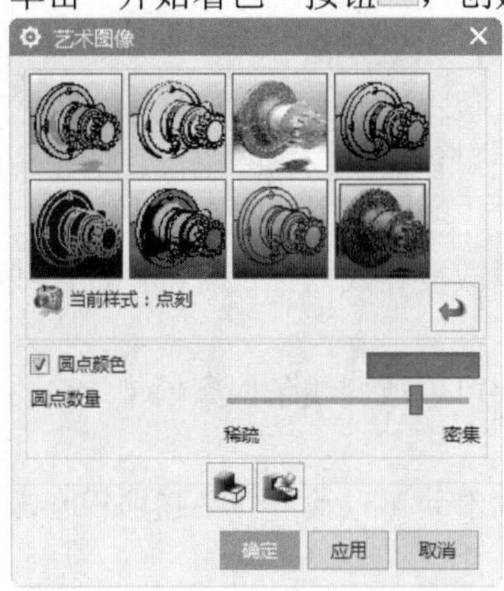

图 9-31　“点刻”样式“艺术图像”对话框

图 9-32　“点刻”样式艺术图像

9.3 材料与纹理设置

利用“材料/纹理”功能，可以将指定的材料或纹理应用到相应的零件上，零件将会在高质量图像中表现出特定的视觉效果。UG的材质实质上是一系列描述特定材料表面光学特性的参数的集合，UG 的纹理是对模型表面图样、粗糙起伏性状的描述。

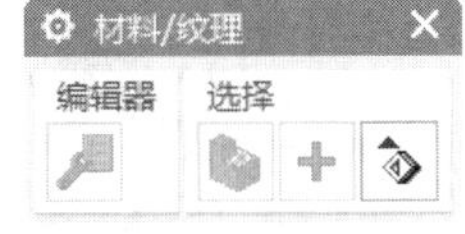

图 9-33　“材料/纹理”对话框

执行菜单中的“视图”→“可视化”→“材料/纹理”命令，系统弹出如图 9-33 所示的“材料/纹理”对话框。

将材料应用到零件中的方法如下：

1）将需要的材料从材料库中添加到部件中的材料中.

在绘图窗口的左侧单击“材料库”按钮，系统会显示出现有的材料库，如图 9-34 所示。其中包括了金属、塑料、橡胶、陶瓷和玻璃等一些典型的材料，单击“+”号可以展开每一层，展开到最后一层可以看到具体的材料名称。双击需要的材料，该材料将被加入到部件中的材料中，单击“绘图”窗口左侧的“部件中的艺术外观材料”按钮，如图 9-35 所示。在窗口中列出了所有从材料库选择添加的材料。

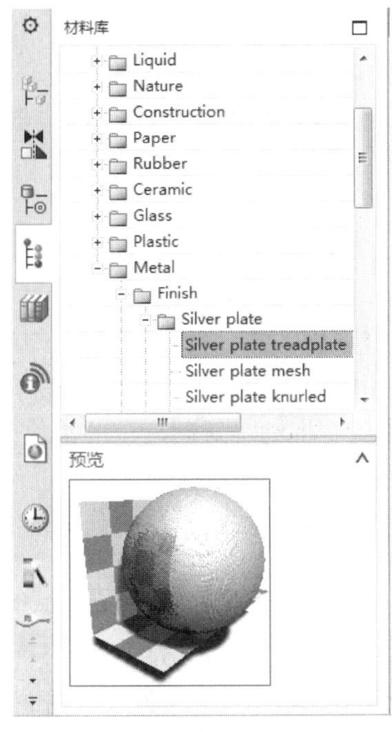

图 9-34　材料库

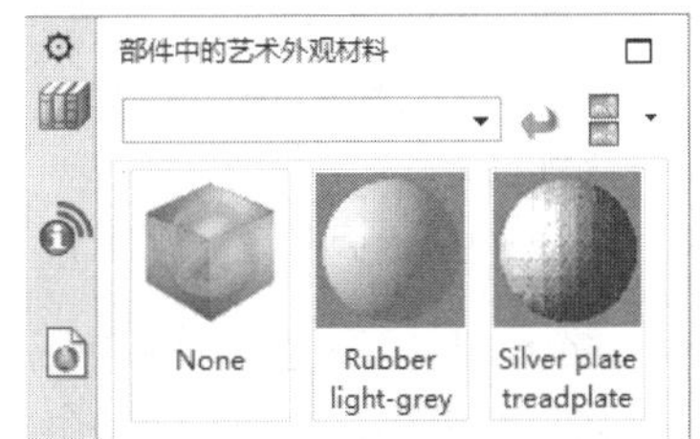

图 9-35　部件中的艺术外观材料

2）把材料应用到零件上。从部件中的材料窗口中用鼠标将需要应用的材料拖到零件上，如图 9-36 所示。如果要改变零件的材料，可以将想要应用的材料直接从部件中的材料用鼠标拖到零件上，零件材料自动更改为新应用的材料。如果想要去除零件上的材料，可以用鼠标将图标拖到零件上即可。

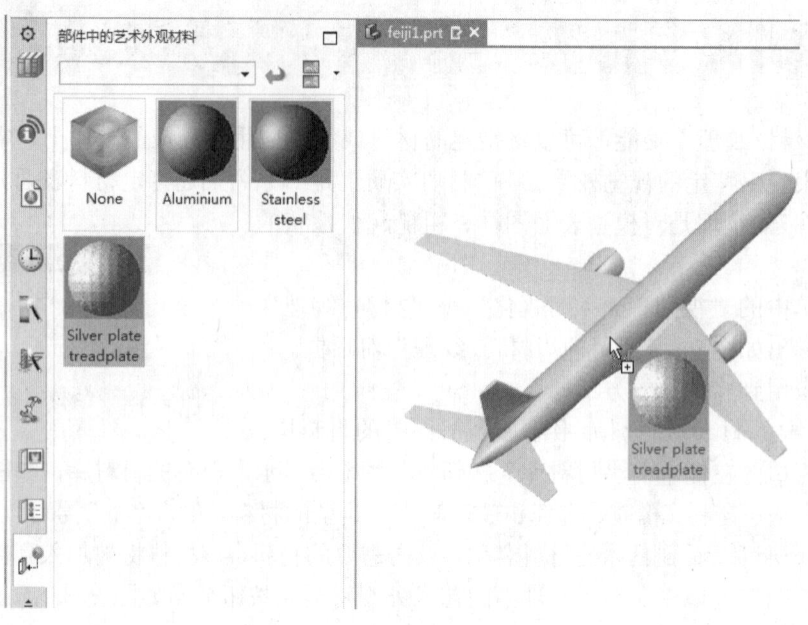

图 9-36　将材料应用到零件上

将材料应用到零件上后，“材料/纹理”对话框中的功能被激活，其中的“编辑器”用于对应用在零件上的材料进行编辑，可以设置材料的颜色、亮度和纹理等。单击“编辑器”按钮，系统弹出如图 9-37 所示的“材料编辑器”对话框。

1. 常规

在“材料编辑器”对话框中选择“常规”选项卡，如图 9-37 所示，在其中可以设置材料的颜色、透明度、背景材料和类型。

（1）材料颜色：由于设置或者修改零件材料的颜色。单击“材料颜色”右侧的色块，系统弹出“颜色”对话框，如图 9-38 所示。在该对话框中用户可以设置或者改变材料的颜色。

（2）透明度：用于设置零件材料的透明度。从左到右拖动“透明度”的滑块为增加所选零件的透明度，或者在该选项的文本框中输入 0～1 的数值来设置零件的透明度。

（3）背景材料：如果勾选“背景材料”复选框，系统会将选定的材料作为渲染图片的背景，从而产生特殊的效果。

（4）类型：在“类型”下拉列表框中包括了 16 种材质类型。

1）恒定：该类型材质忽略所有场景中的光源，仅相当于在亮度值为 1.0 的环境光照射下的效果，零件表面为单色、无亮度变化。除了材料颜色外，没有其余参数，如图 9-39 所示。

2）镜：该类型材质是没有光泽的。可以设置材料颜色、透明度和漫射等参数，如图 9-40 所示。适合表现砖块、混凝土和织物类材料。

3）金属：该类型材质表现出简化的金属反射效果。可以设置材料颜色、透明度、环境、反光和粗糙度等参数，如图 9-41 所示。由于不能形成其他物体的镜像，所以不能逼真表现金属效果，只能简单化地表现金属材质，通常应用于金属材料。图 9-42 所示为采用“金属”材质的效果。

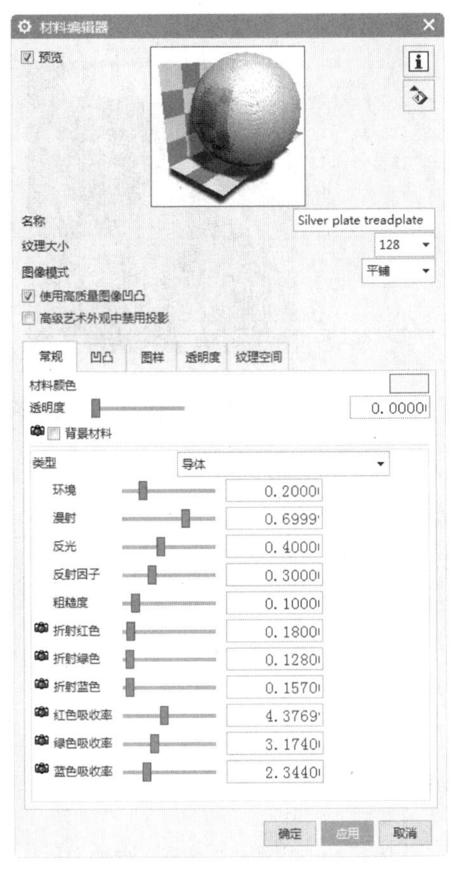

图 9-37　“材料编辑器”对话框

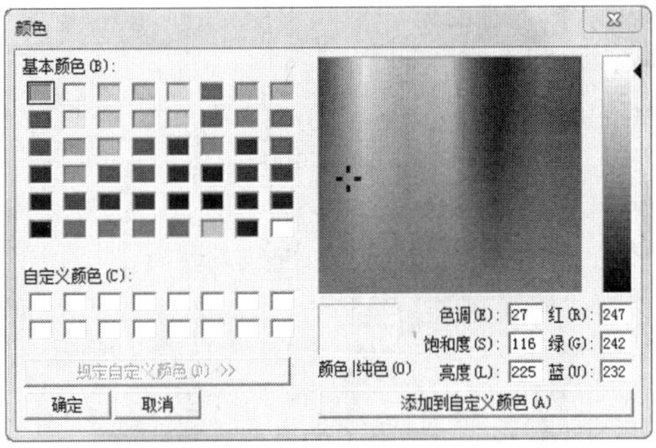

图 9-38　“颜色”对话框

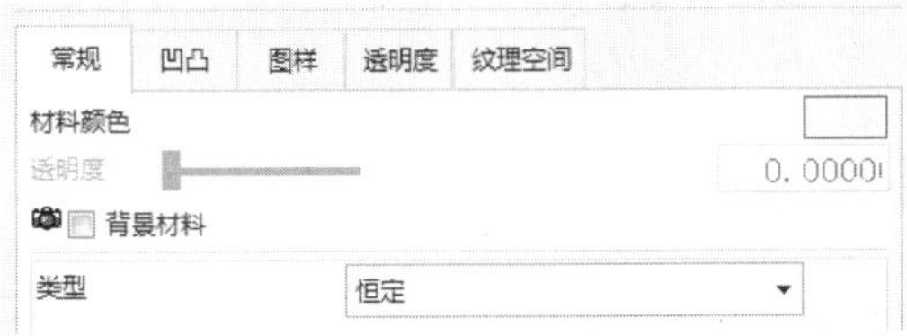

图 9-39　“恒定”的设置参数

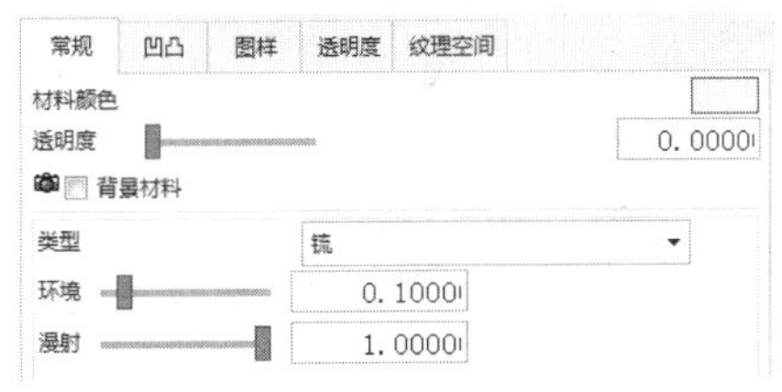

图 9-40　“铳”的设置参数

4）范奇：该类型表现出类似塑料反光效果的抛光陶瓷类材质。可以设置材料颜色、透明度、环境和反光等参数，如图 9-43 所示。一般应用于表面抛光陶瓷制品等材质。

5）塑料：该类型材质表现出塑料类的特有性质。可以设置材料颜色、环境、反光和粗糙度等参数，如图 9-44 所示。一般用于塑料或油漆过表面的材质。

6）导体：该类型能够真实地表现各种金属材质。可以设置材料颜色、环境、反光和反射因子等参数，如图 9-45 所示。

7）绝缘体：该类型能够真实地表现各种玻璃类材质。可以设置材料颜色、环境、反射和粗糙度等参数，如图 9-46 所示。光线跟踪可以表现二次反射光和折射光的效果，能形成其他

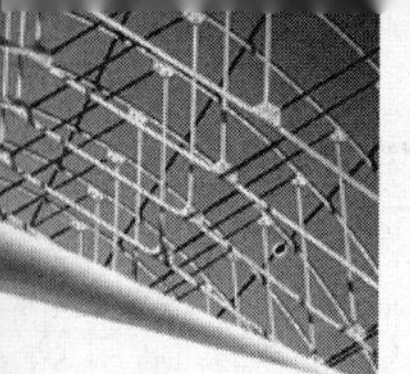
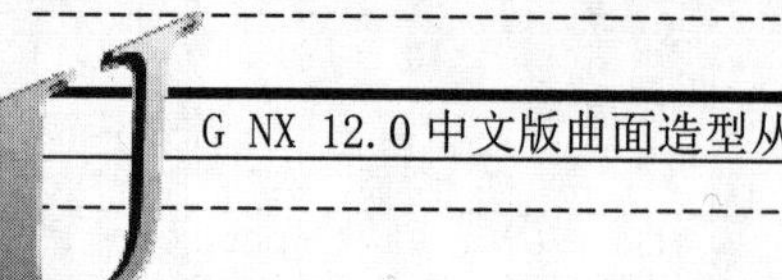

物体的镜像，能够真实地表现各种玻璃类材质。

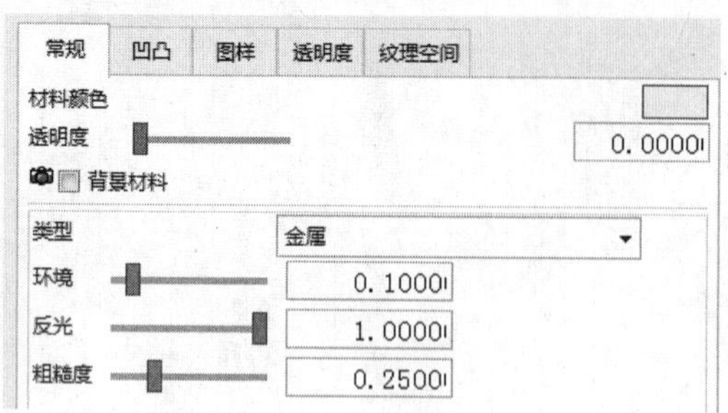

图 9-41 “金属”的设置参数

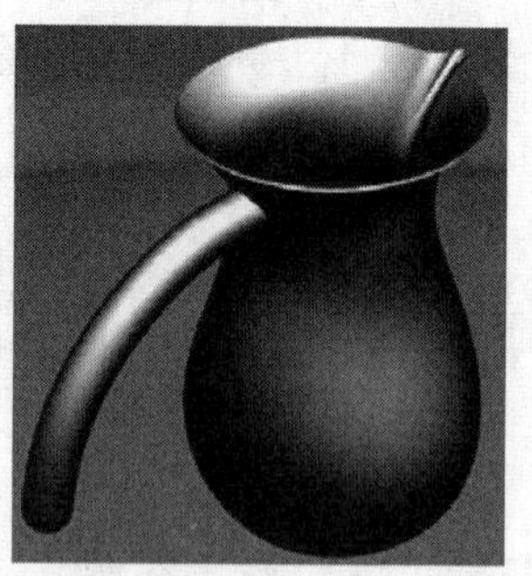

图 9-42 “金属”材质

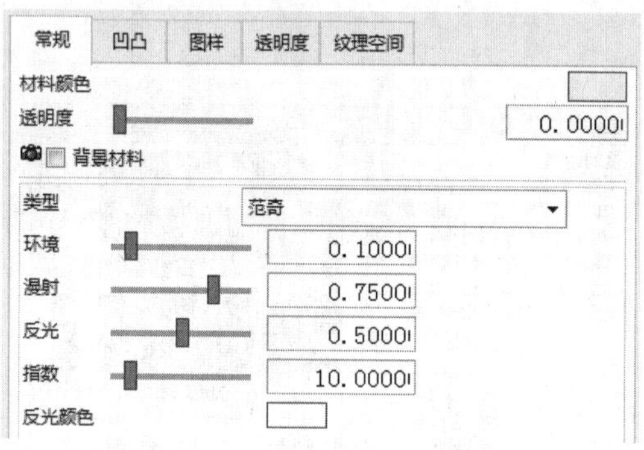

图 9-43 “范奇”的设置参数

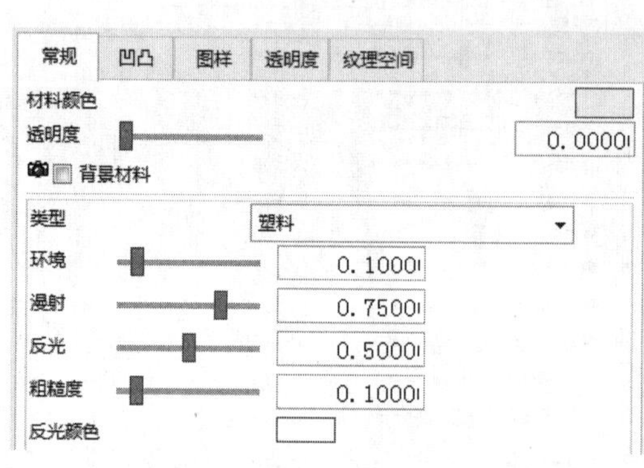

图 9-44 “塑料”的设置参数

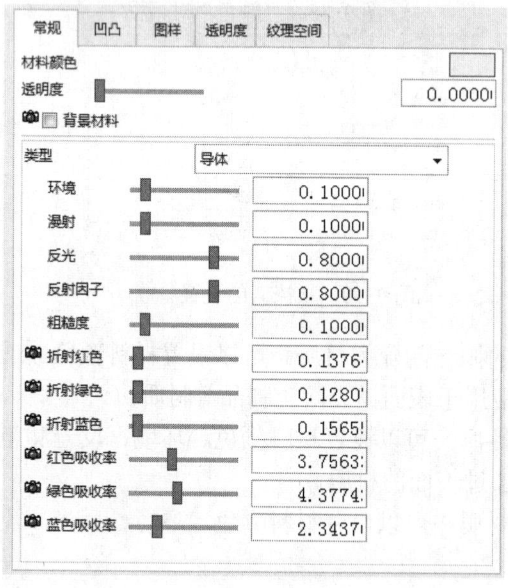

图 9-45 “导体”的设置参数

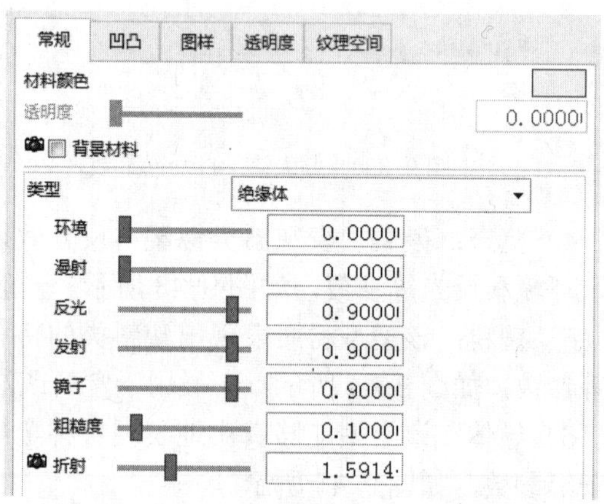

图 9-46 “绝缘体”的设置参数

8）环境：当使用环境图像作为背景时，采用此类型能将环境反射到材料上。可以设置材料颜色、环境、反光和粗糙度等参数，如图 9-47 所示。该类型最适合反光材料，如光亮金属。

9）玻璃：该类型能够表现简化的玻璃效果。可以设置材料颜色、反光、发射和粗糙度等参数，如图 9-48 所示。光线跟踪可以表现二次反射光和折射光的效果，能形成其他物体的镜像，但表现能力不及“绝缘体”。

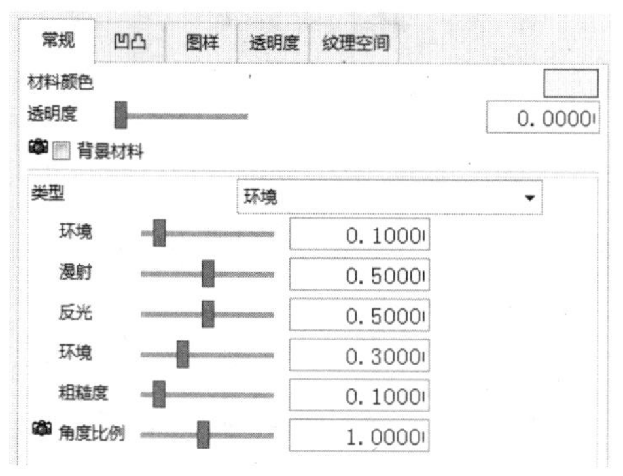

图 9-47　“环境”的设置参数

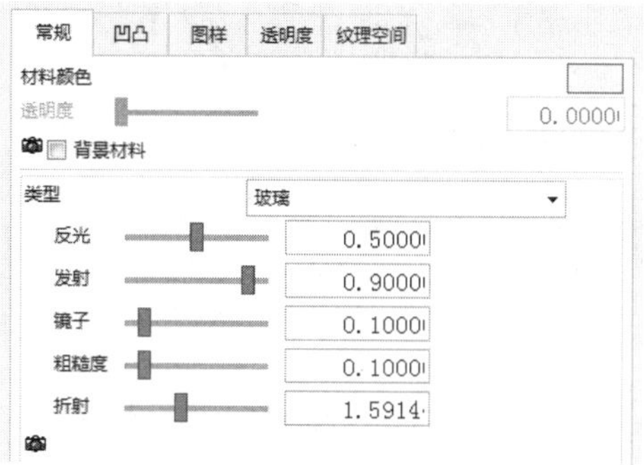

图 9-48　“玻璃”的设置参数

10）镜子：该类型用于表现具有镜面效果的材质。可以设置材料颜色、环境、反光、镜子和粗糙度等参数，如图 9-49 所示。光线跟踪可以形成镜面中的镜像，一般用于镜面抛光的材质。

11）单向缠绕（仅用于高质量图像）：该类型能够表现类似于缠绕格子的表面效果。可以设置材料颜色、环境、反光、反光颜色和粗糙度等参数，如图 9-50 所示。

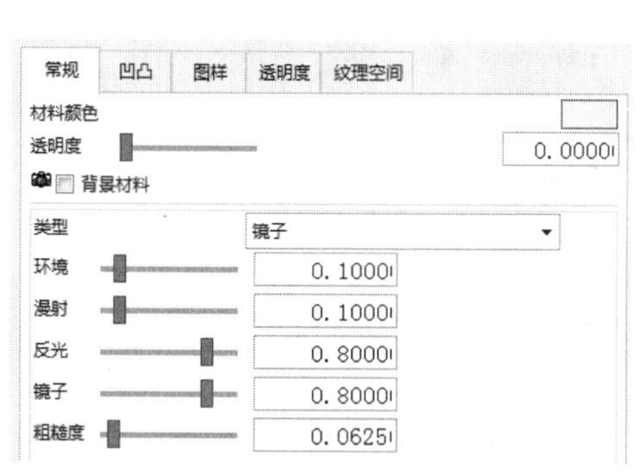

图 9-49　“镜子”的设置参数

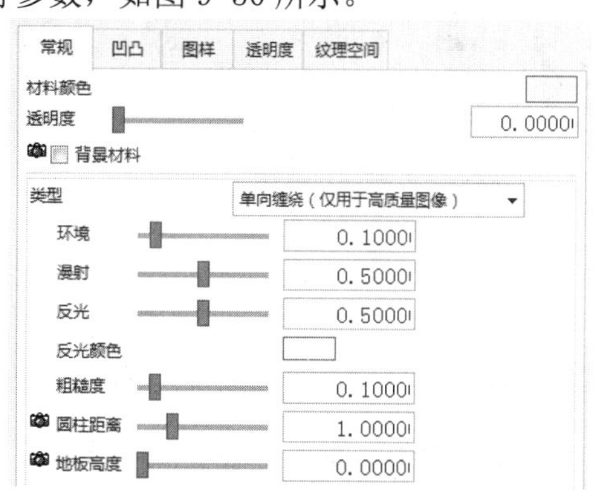

图 9-50　“单向缠绕”的设置参数

12）圆形单向缠绕（仅用于高质量图像）：该类型能够表现类似于在整个圆周方向缠绕格子的表面效果。可以设置材料颜色、环境、漫射、反光、反光颜色和粗糙度等参数，如图 9-51 所示。

13）透明塑料（仅用于高质量图像）：该类型能够表现高度抛光或发亮的透明材质。可以设置材料颜色、漫射、反光、反光颜色和粗糙度等参数，如图 9-52 所示。

14）多层涂色（仅用于高质量图像）：该类型能够表现多层染色的效果。可以设置材料颜

色、蜡克反光、蜡克反射、金属材质层和金属材质比例等参数，如图 9-53 所示。

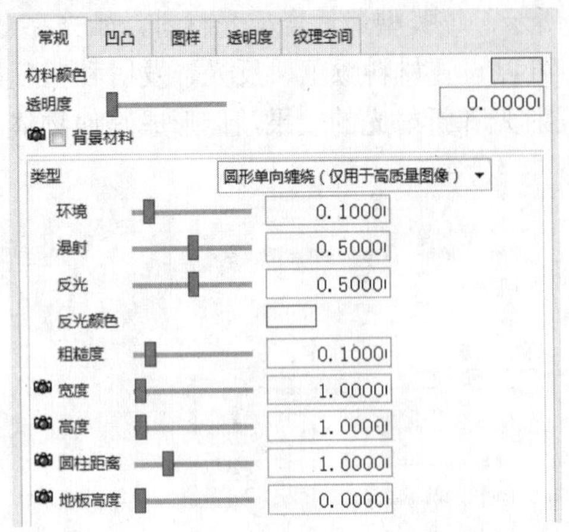

图 9-51　“圆形单向缠绕”的设置参数

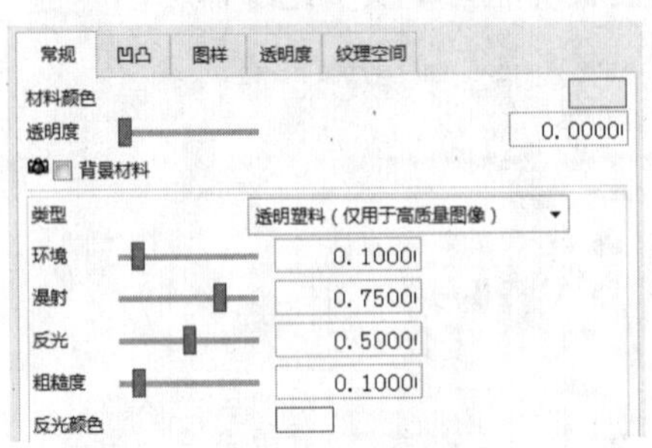

图 9-52　“透明塑料”的设置参数

15）汽车喷漆：该类型能够表现汽车喷漆的效果。可以设置基本环境、基本漫射、蜡克反光、反射模式、晶片颜色、晶片因子等参数，如图 9-54 所示。

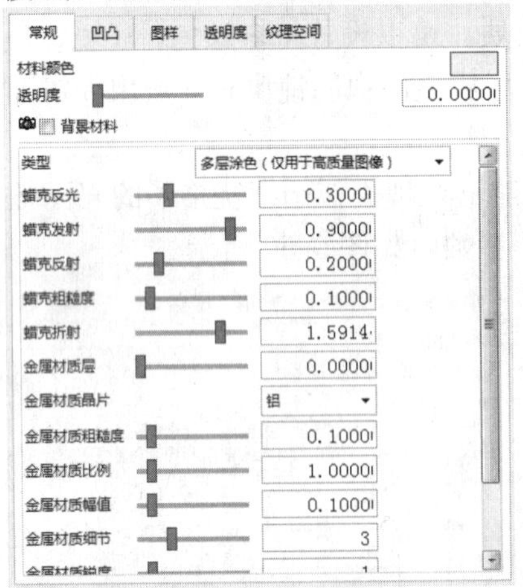

图 9-53　“多层涂色”的设置参数

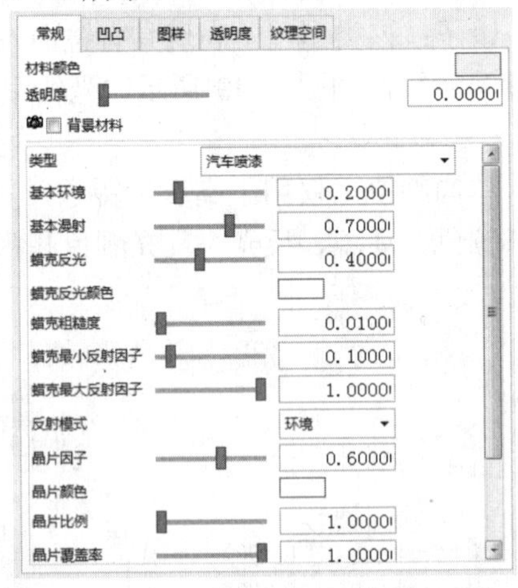

图 9-54　“汽车喷漆”的设置参数

16）无：该类型用于不设置材料类型。除了颜色外，没有其余参数，如图 9-55 所示。

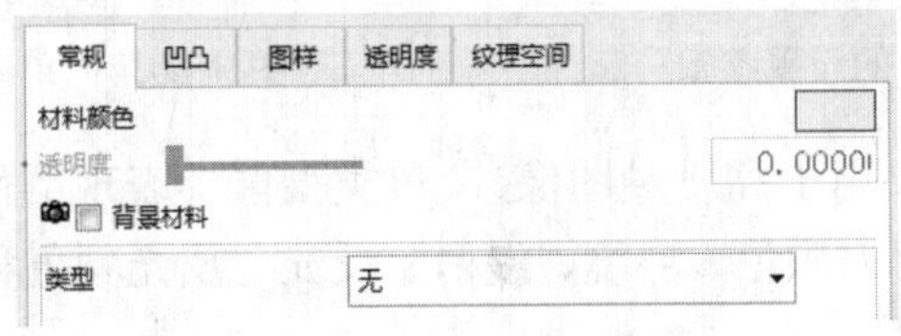

图 9-55　“无”的设置参数

2. 凹凸

在“材料编辑器”对话框中选择“凹凸”选项卡，如图 9-56 所示。在“类型”下拉列表框中列出了多种零件表面凹凸的纹理类型。下面将简单介绍各种类型及其对应的参数。

（1）无：该类型可以把材料表面设置为无纹理情况。没有对应的参数需要设置。

（2）铸造面（仅用于高质量图像）：该类型可以把材料表面设置成铸造面的效果。可以设置比例、浇注幅度、凹进幅度、凹进比例、凹进阈值和详细度6个参数。该类型的设置参数如图9-56所示。

（3）粗糙面（仅用于高质量图像）：该类型可以把材料表面设置成粗糙面的效果。可以设置比例、粗糙幅值、详细度和锐度4个参数。该类型的设置参数如图9-57所示。

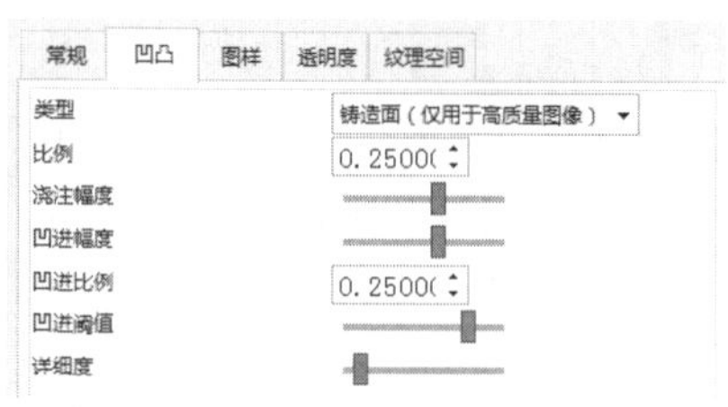

图9-56　“凹凸”选项卡

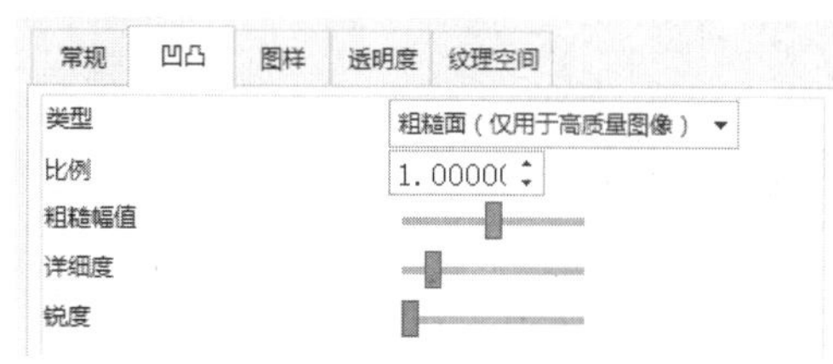

图9-57　“粗糙面”的设置参数

（4）缠绕凹凸点：该类型可以把材料表面设置成缠绕的凹凸点效果。可以设置比例、分隔、半径、中心深度和混合5个参数，该类型的设置参数如图9-58所示。“缠绕凹凸点”的渲染效果如图9-59所示。

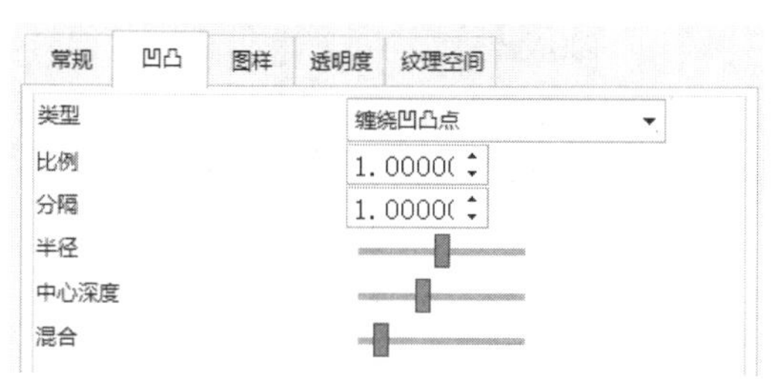

图9-58　“缠绕凹凸点”的设置参数

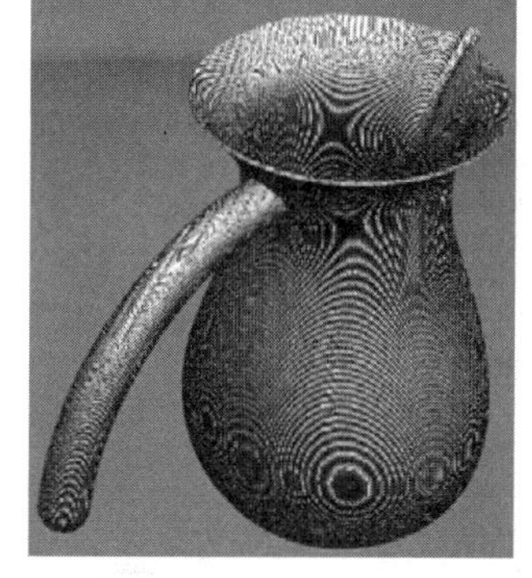

图9-59　“缠绕凹凸点”的渲染效果

（5）缠绕粗糙面：该类型该可以把材料表面设置成缠绕粗糙面的效果。可以设置比例、粗糙幅值、详细度和锐度4个参数。该类型的设置参数如图9-60所示。

（6）缠绕图像：该类型该可以把材料表面设置成缠绕图像的效果。可以设置柔软度、幅值和图像3个参数。该类型的设置参数如图9-61所示。

（7）缠绕隆起：该类型该可以把材料表面设置成缠绕隆起的效果。可以设置比例、混合和幅值3个参数。该类型的设置参数如图9-62所示。

（8）缠绕螺纹：该类型该可以把材料表面设置成缠绕螺纹的效果。可以设置比例、半径、混合和幅值4个参数。该类型的设置参数如图9-63所示。

（9）皮革（仅用于高质量图像）：该类型该可以把材料表面设置成皮革的效果。可以设置比例、不规则度和粗糙幅值等参数。该类型的设置参数如图 9-64 所示。

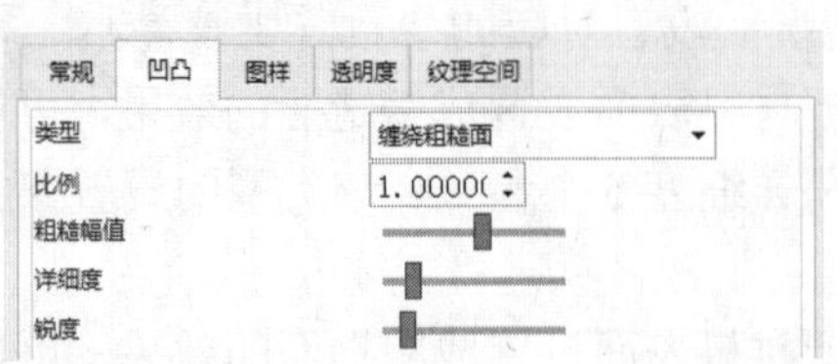

图 9-60 “缠绕粗糙面”的设置参数

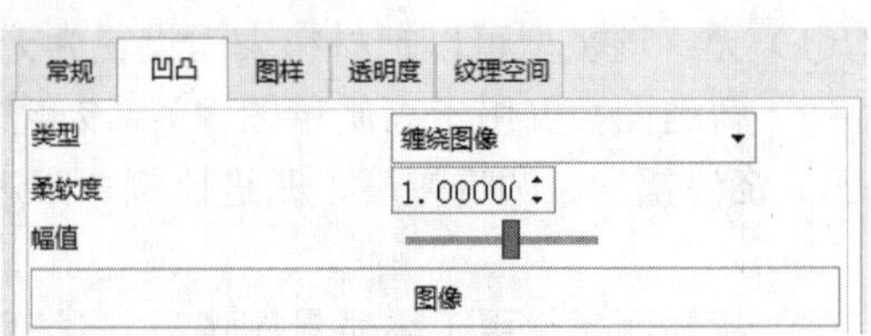

图 9-61 “缠绕图像”的设置参数

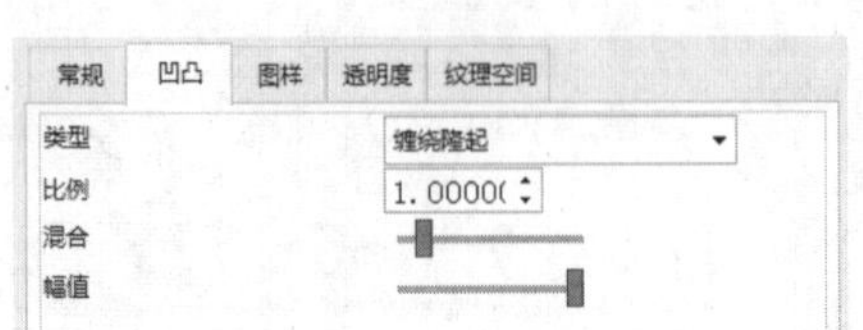

图 9-62 “缠绕隆起”的设置参数

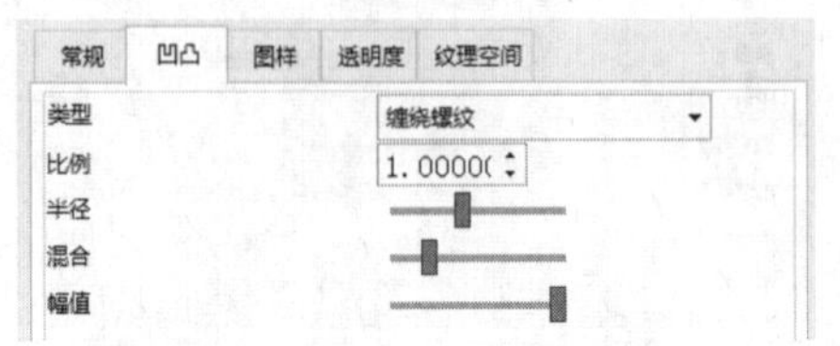

图 9-63 “缠绕螺纹”的设置参数

（10）缠绕皮革：该类型该可以把材料表面设置成缠绕皮革的效果。可以设置比例、不规则度和粗糙幅值等参数。该类型的设置参数如图 9-65 所示。

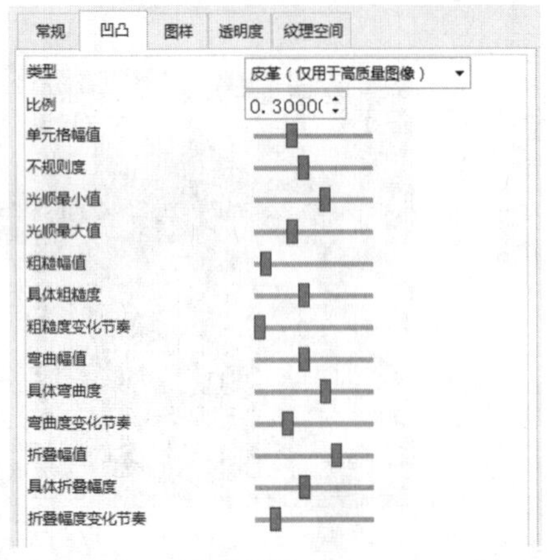

图 9-64 “皮革”的设置参数

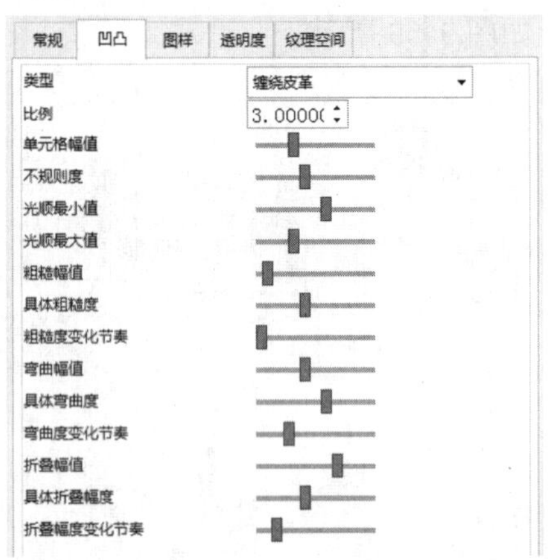

图 9-65 “缠绕皮革”的设置参数

3. 图样

在“材料编辑器”对话框中选择“图样”选项卡，如图 9-66 所示。在“类型”下拉列表框中列出了多种零件表面的图样类型。下面将简单介绍几种类型及其对应参数。

（1）无：该类型可以把材料表面设置为无图样情况。没有对应的参数需要设置。

（2）蓝色大理石（仅用于高质量图像）：该类型可以把材料表面设置成铸造面的效果。可以设置比例和详细两个参数。

（3）大理石（仅用于高质量图像）：该类型可以把材料表面设置成大理石面的效果。可以设置比例、详细、纹理颜色、纹理对比度、条纹和条纹比例 6 个参数。该类型的设置参数如图

9-66 所示。

（4）铬（仅用于高质量图像）：该类型可以把材料表面设置成铬的效果。可以设置矢量和混合两个参数。该类型的设置参数如图 9-67 所示。“铬”的渲染效果如图 9-68 所示。

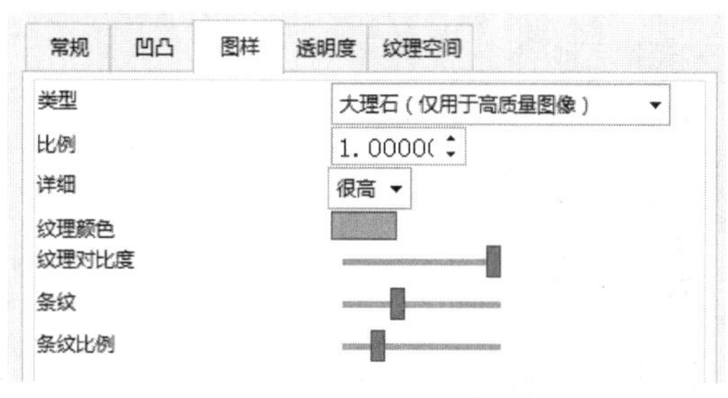

图 9-66　材料编辑器“图样”选项卡

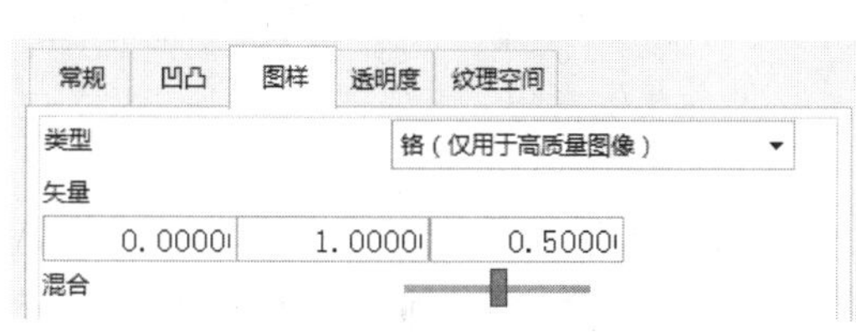

图 9-67　“铬”的设置参数

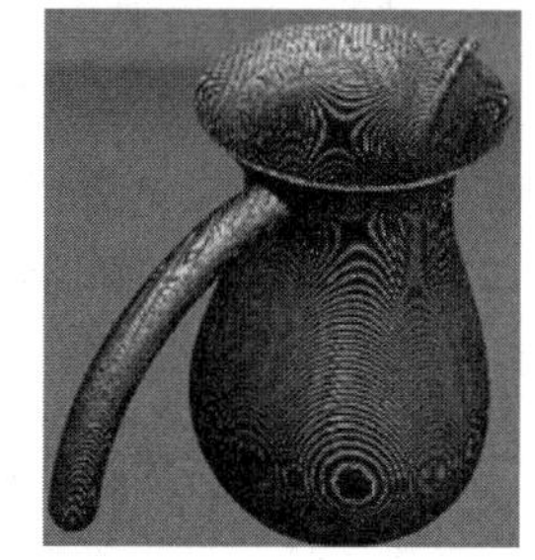

图 9-68　“铬”的渲染效果

（5）缠绕图像：该类型可以把材料表面设置成缠绕图像的效果。可以设置图像和 TIFF 图板两个参数。该类型的设置参数如图 9-69 所示。单击“图像”按钮，系统弹出“图像文件”对话框，如图 9-70 所示，选择一种 TIFF 格式的图像作为零件表面的图样。单击“TIFF 图板”按钮，系统弹出“TIFF 图板”对话框，其中有多种常用的材料纹理图样。选择“自然”图板，如图 9-71 所示。“缠绕图像”的渲染效果如图 9-72 所示。

图 9-69　“缠绕图像”的设置参数

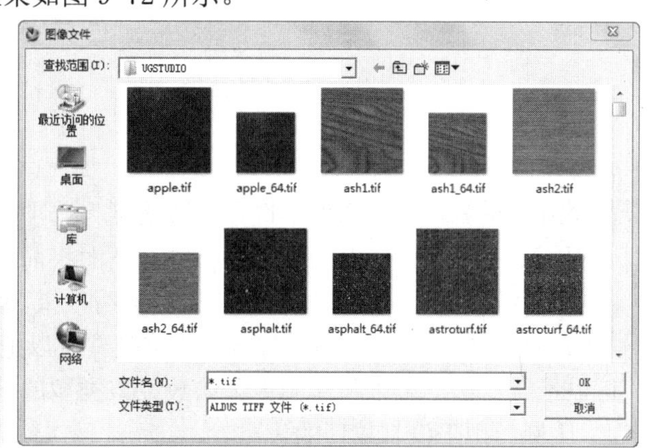

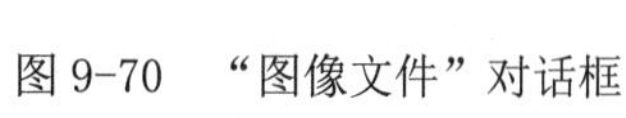

图 9-70　“图像文件”对话框

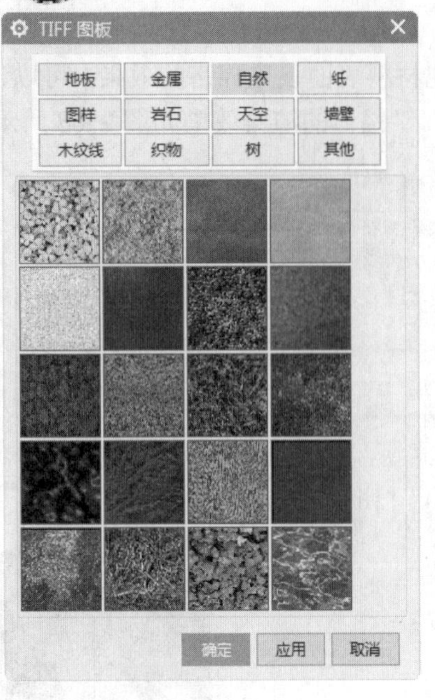

图 9-71 选择“自然”图板

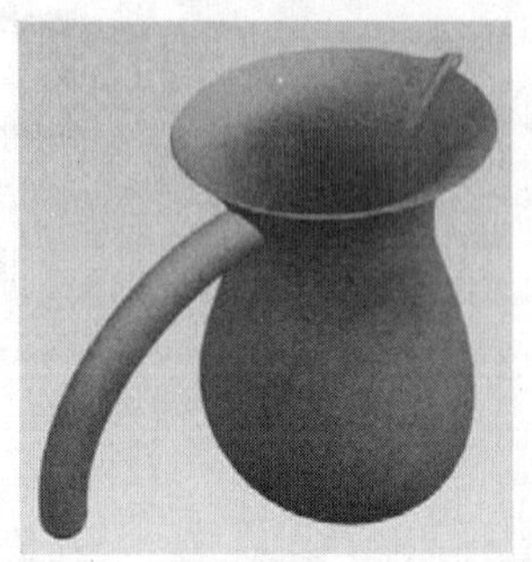

图 9-72 “缠绕图像”的渲染效果

（6）缠绕砖：该类型可以把材料表面设置成缠绕砖的效果。可以设置比例、砖宽度、砖高度、灰泥大小、灰泥颜色和模糊 6 个参数。该类型的设置参数如图 9-73 所示。“缠绕砖”的渲染效果如图 9-74 所示。

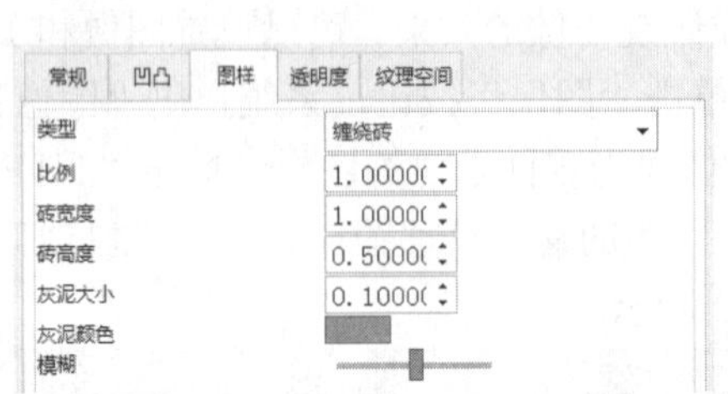

图 9-73 “缠绕砖”的设置参数

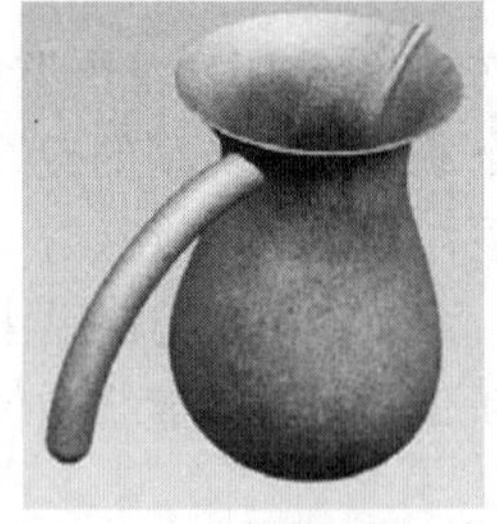

图 9-74 “缠绕砖”的渲染效果

4.透明度

在“材料编辑器”对话框中选择“透明度”选项卡，如图 9-75 所示。在“类型”下拉列表框中列出了 6 种零件表面的透明度类型。下面将简单介绍这几种类型及其对应的参数。

（1）无：该类型可以把材料设置为不透明效果。没有对应的参数需要设置。

（2）被腐蚀（仅用于高质量图像）：该类型可以把材料设置成有腐蚀斑块状的透明纹理效果。可以设置比例、范围和模糊 3 个参数。该类型的设置参数如图 9-75 所示。

1）比例：用于控制纹理的大小。

2）范围：用于设置不透明部分在整个零件表面上所占的比例。

3）模糊：用于设置腐蚀部位边缘的清晰程度。

"被腐蚀"的渲染效果如图9-76所示。

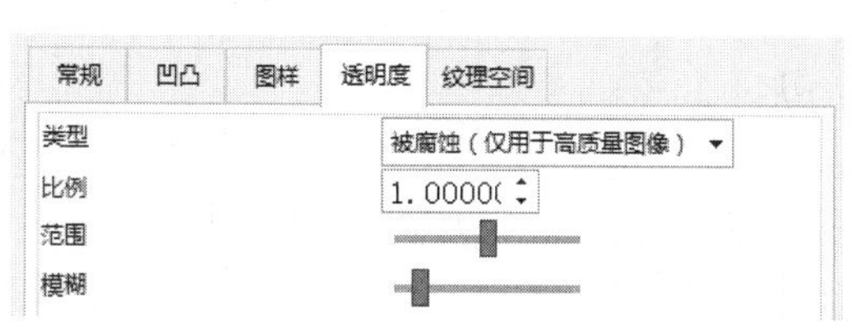

图9-75　"透明度"选项卡

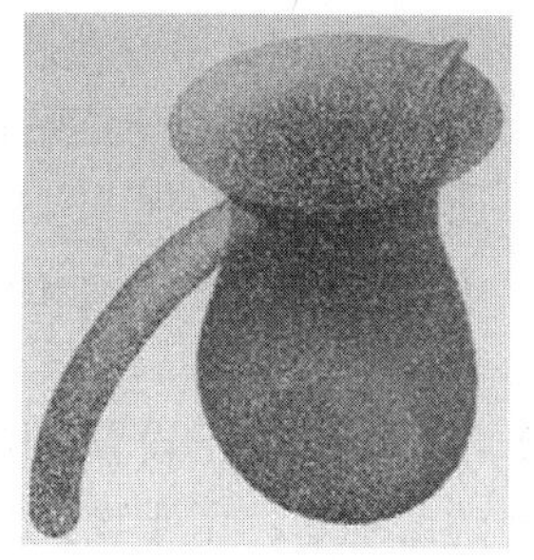

图9-76　"被腐蚀"的渲染效果

（3）缠绕栅格：该类型可以把材料设置成有栅格状的透明纹理的效果。可以设置比例、宽度、高度、栅格大小、透明度和模糊6个参数。该类型的设置参数如图9-77所示。

1）比例：用于控制纹理的大小。

2）宽度：用于设置透明格眼的宽度。

3）高度：用于设置透明格眼的高度。

4）栅格大小：用于设置格线的宽度。

5）透明度：用于设定格线的透明度。

6）模糊：用于设置缠绕栅格部位边缘的清晰程度。

"缠绕栅格"的渲染效果如图9-78所示。

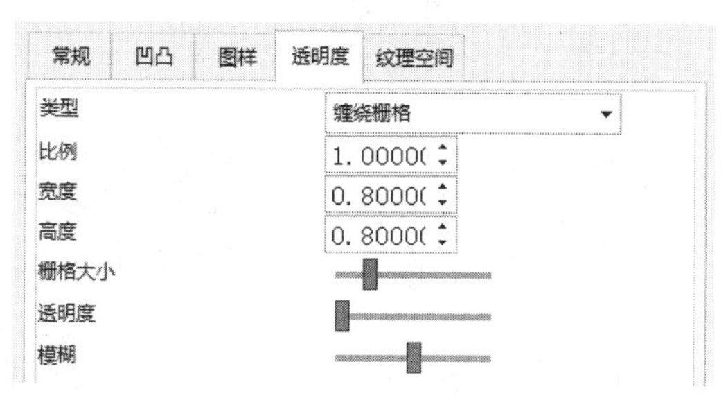

图9-77　"缠绕栅格"的设置参数

图9-78　"缠绕栅格"的渲染效果

（4）缠绕图像：该类型可以把材料设置成有覆盖图像的透明纹理效果。可以设置图像参数。该类型的设置参数如图9-79所示。单击"图像"按钮，设置所需的图像。

（5）缠绕刻花：该类型可以把材料设置成有类似于蜡纸模板覆盖的透明纹理效果。可以设置图像参数。该类型的设置参数如图9-80所示。单击"图像"按钮，设置所需的图像。

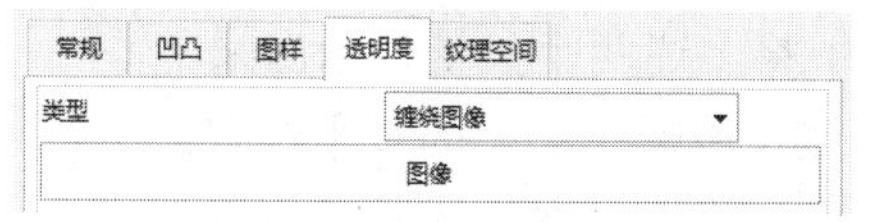

图9-79　"缠绕图像"的设置参数

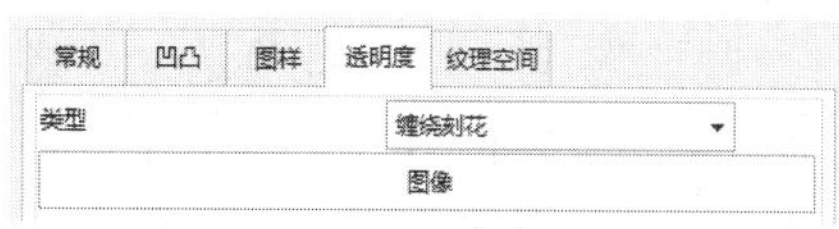

图9-80　"缠绕刻花"的设置参数

（6）辉光（仅用于高质量图像）：该类型可以把材料设置成模仿光源大气产生光散射的效果。可以设置比例、中心范围、边缘范围、零角度、边缘缩退、杂质密度和详细 7 个参数，该类型的设置参数如图 9-81 所示。

1）比例：用于控制纹理的大小。

2）中心范围：用于设置光晕中心强度的大小。

3）边缘范围：用于设置光晕边缘范围的大小。

4）零角度：用于设置由光晕中心开始计算的角度，光强度开始衰减的位置。

5）边缘缩退：用于设置光晕强度在边缘处的衰减速度。

6）杂质密度：用于设置光晕强度的一致性。

7）详细：用于设置光晕强度的变化。

“辉光”的渲染效果如图 9-82 所示。

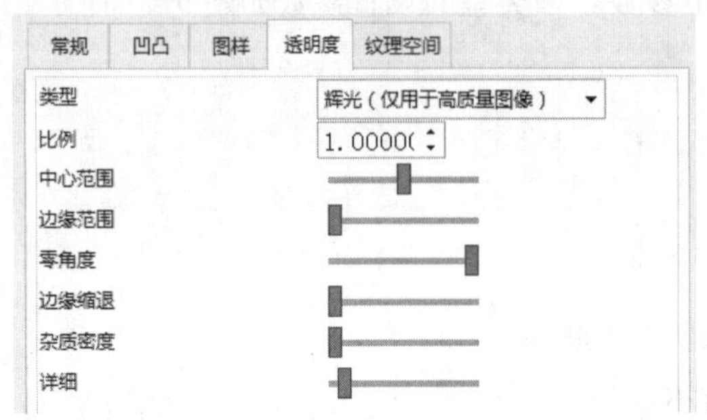

图 9-81 “辉光”的设置参数

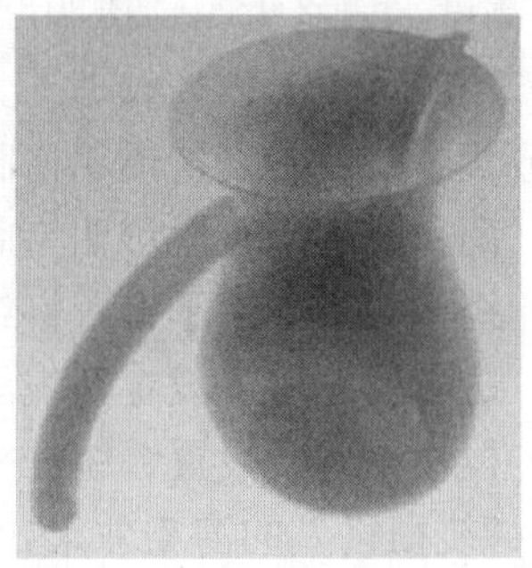

图 9-82 “辉光”的渲染效果

5. 纹理空间

在“材料编辑器”对话框中选择“纹理空间”选项卡，如图 9-83 所示。在“类型”下拉列表框中列出了 5 种零件的纹理空间类型。下面将简单介绍这几种类型及其相应的参数。

（1）任意平面：用于设置纹理的投影面。设置一个投影平面，纹理先分布于这个投影平面上，然后沿这个投影平面的法线方向将纹理投影到零件表面。可以设置中心点、法向矢量、向上矢量、比例、宽高比、绘制反馈矢量、动态水平位置调节、动态垂直位置调节和动态角度位置调节 9 个参数，该类型的设置参数如图 9-84 所示。

1）中心点：用于指定一点设置纹理中心点在投影平面上的位置。

2）法向矢量：用于指定一个平面的法线矢量来设定投影平面的方位。

3）向上矢量：用于指定一个矢量来设定纹理在投影平面上的方向。

4）比例：用于设置投影平面上纹理的大小。

5）宽高比：用于设置在投影平面上纹理的宽度和高度的比值。

6）绘制反馈矢量：勾选此复选框，将会在工作区中将上述两个矢量显示出来。

7）动态水平位置调节：拖动滑块，动态微调纹理在投影平面上的水平位置。

8）动态垂直位置调节：拖动滑块，动态微调纹理在投影平面上的垂直位置。

9）动态角度位置调节：拖动滑块，动态微调纹理在投影平面上的方向。

“任意平面”的渲染效果如图 9-85 所示。

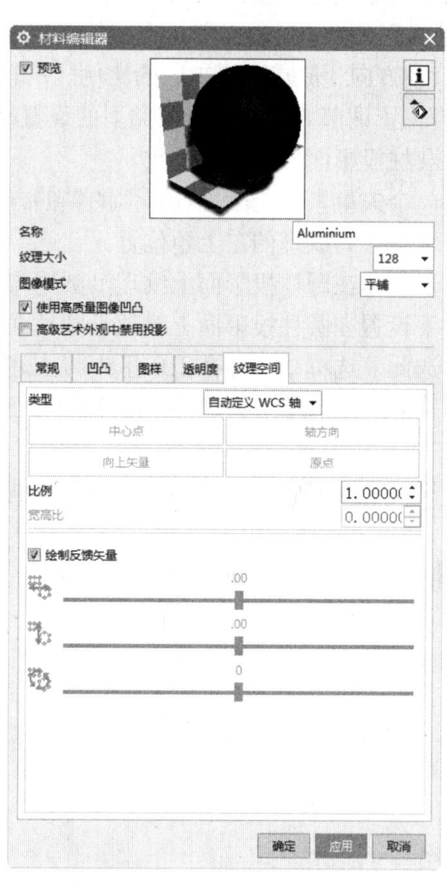

图 9-83　“材料编辑器”对话框“纹理空间”选项卡

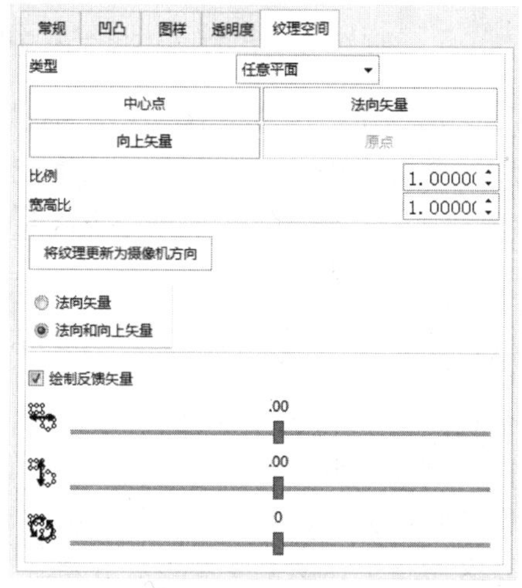

图 9-84　“任意平面”的设置参数

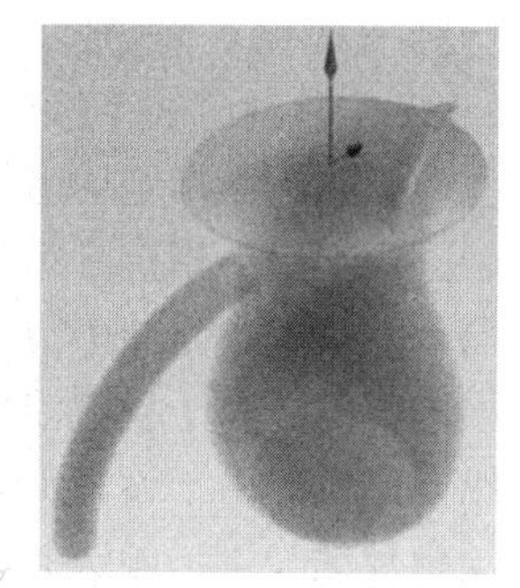

图 9-85　“任意平面”的渲染效果

（2）圆柱坐标系：用于设置纹理的投影面为圆柱面。由一个包围模型的圆柱面作为投影面，纹理先分布在这个圆柱投影面上，然后沿着这个圆柱投影面的法向方向将纹理投影到零件表面上。可以设置中心点、轴方向、原点、绕轴向的比例、沿轴向的比例、绘制反馈矢量、动态垂直位置调节和动态角度位置调节 8 个参数，该类型的设置参数如图 9-86 所示。

1）中心点：用于指定圆柱投影面的轴的通过点。

2）轴方向：用于指定一个矢量来设定圆柱投影面的轴的方向。

3）原点：用于指定一个点作为纹理的左上角位置。

4）绕轴向的比例：用于设置在圆柱投影面上纹理沿圆周方向的大小。

5）沿轴向的比例：用于设置在圆柱投影面上纹理沿圆柱面的轴向的大小。

6）绘制反馈矢量：勾选此复选框，将会在工作区中将上述两个矢量显示出来。

7）动态垂直位置调节：拖动滑块，动态微调圆柱投影面上的纹理沿圆柱投影面的轴向位置。

8）动态角度位置调节：拖动滑块，动态微调圆柱投影面上的纹理沿圆柱投影面的圆周方向的位置。

“圆柱坐标系”的渲染效果如图 9-87 所示。

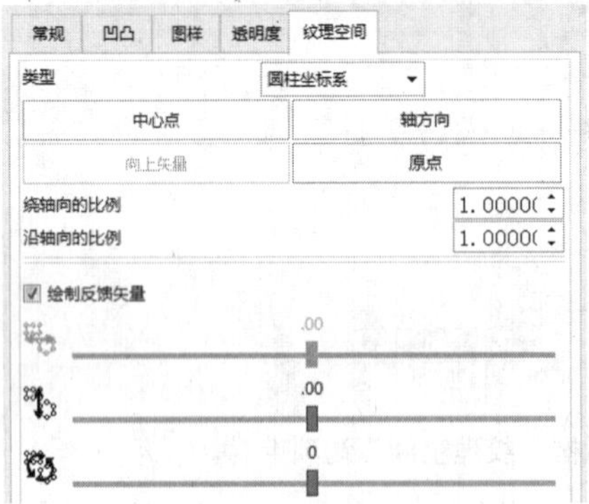

图 9-86 “圆柱坐标系”的设置参数

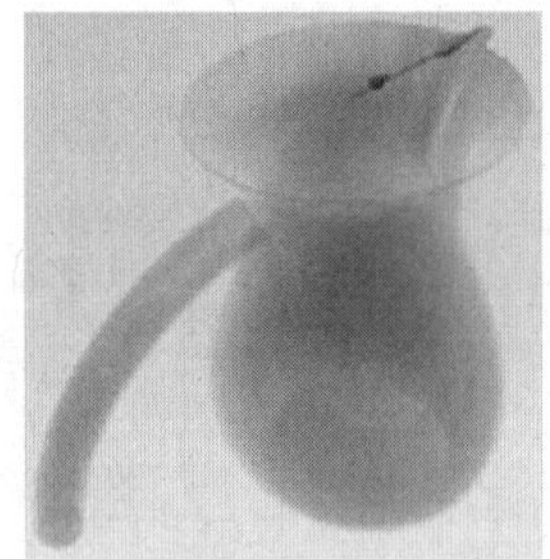

图 9-87 “圆柱坐标系”的渲染效果

（3）球坐标系：用于设置纹理的投影面为球形。由一个包围模型的球面作为投影面，纹理先分布于这个球形投影面上，然后沿着这个球形投影面的法线方向将纹理投影到模型表面上。可以设置中心点、轴方向、原点、横向比例、纵向比例、绘制反馈矢量、动态垂直位置调节和动态角度位置调节 8 个参数。该类型的设置参数如图 9-88 所示。

1）中心点：用于指定球形投影面的球心位置。

2）轴方向：用于指定一个矢量来设定球形投影面的地轴的方向。

3）原点：用于指定一个点作为纹理的左上角位置。

4）横向比例：用于设置沿球形投影面纬线方向的纹理大小。

5）纵向比例：用于设置沿球形投影面经线方向的纹理大小。

6）绘制反馈矢量：勾选此复选框，将会在工作区中将上述两个矢量显示出来。

7）动态垂直位置调节：拖动滑块，动态微调球形投影面上纹理沿地轴方向的位置。

8）动态角度位置调节：拖动滑块，动态微调球形投影面上纹理的绕轴位置。

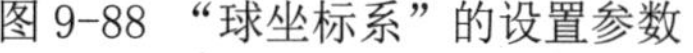

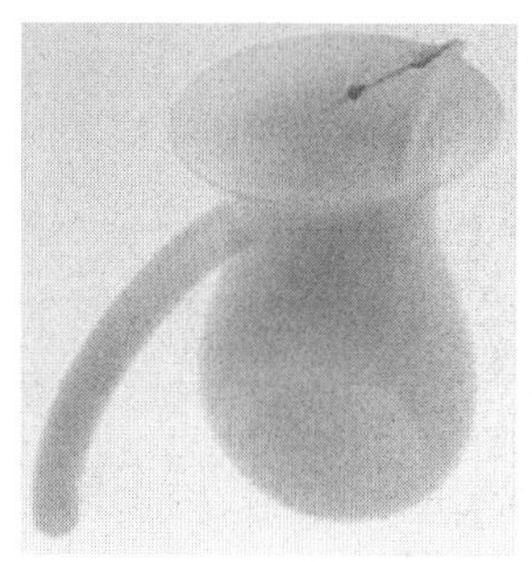

图 9-88 “球坐标系”的设置参数　　图 9-89 “球坐标系”的渲染效果

球坐标系的渲染效果图如图 9-89 所示。

（4）自动定义 WCS 轴：用于设置纹理根据当前的工作坐标系来自动进行排列。只可以设置比例这个参数，该类型的设置参数如图 9-90 所示。

比例：用于设置纹理的大小。

“自动定义 WCS 轴”的渲染效果如图 9-91 所示。

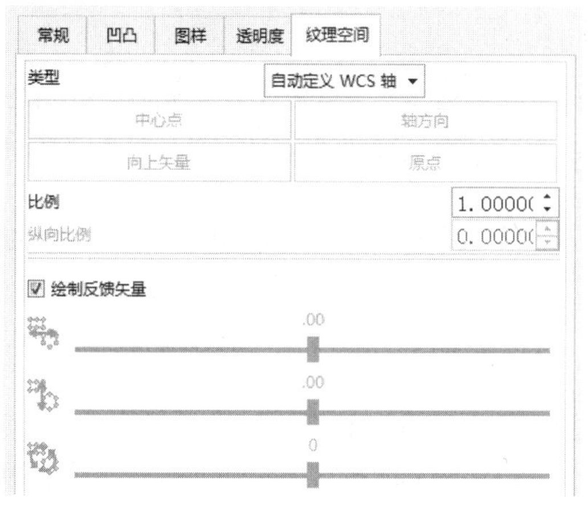

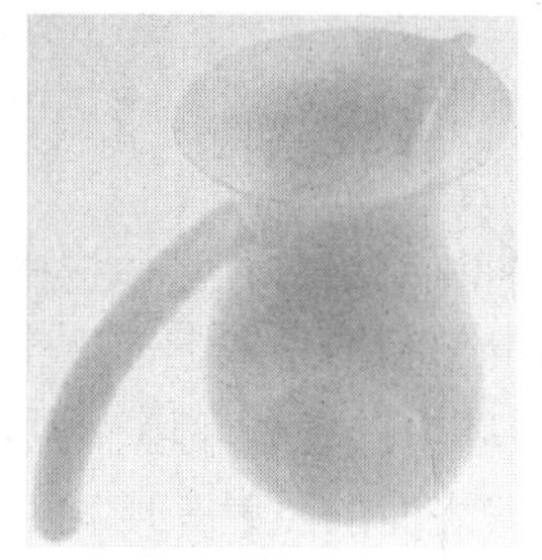

图 9-90 “自动定义 WCS 轴”的设置参数　　图 9-91 “自动定义 WCS 轴”的渲染效果

（5）UV：根据曲面的 U、V 方向设置纹理的投影面。提供一种表面纹理贴图技术，适用不规律或弯曲的复杂弯曲形状。可以设置 U 向比例、V 向比例、动态水平位置调节和动态垂直位置调节调节 4 个参数. 该类型的设置参数如图 9-92 所示。

1）U 向比例：用于控制网格 U 方向纹理总的大小。

2）V 向比例：用于控制网格 V 方向纹理总的大小。

3）动态水平位置调节：拖动滑块，动态微调纹理在 U 方向的位置。

4）动态垂直位置调节：拖动滑块，动态微调纹理在 V 方向的位置。

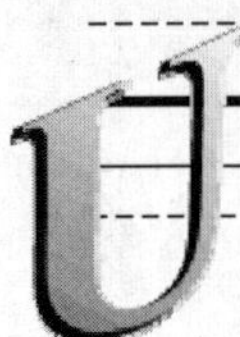

UV 的渲染效果如图 9-93 所示。

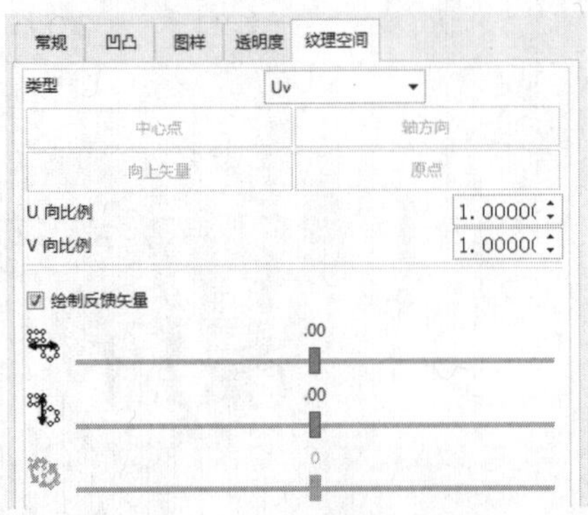

图 9-92　UV 的设置参数

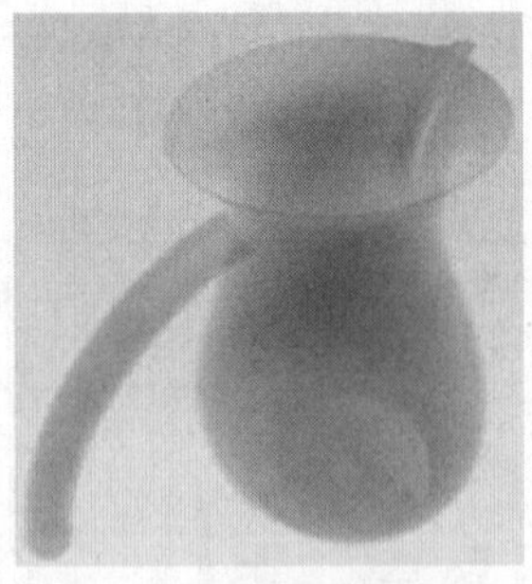

图 9-93　UV 的渲染效果

9.4　灯光效果

为了得到各种特效的渲染图像，需要为渲染场景设计各种光源及其分布。UG NX12.0 的灯光效果分为两部分，一种是基本光源，另一种是高级光源。

9.4.1　基本光源

利用“基本光”可以简单、快捷地设置渲染场景。基本光只有 8 个场景光源，并且场景光源在场景中的位置是固定的，因此缺乏灵活性，不能够满足特别效果的需要，但是能够满足一般的需要。

执行菜单中的“视图”→“可视化”→“基本光”命令，系统弹出如图 9-94 所示的“基本光”对话框。

（1）8 种固定光源：对话框中列出了 8 种固定光源，在系统默认的情况下，只打开场景环境、场景左上部和场景右上部 3 个光源。

1）场景环境：场景环境光源是环境中的散射光。对被照射对象而言，场景环境光源在任何方向对任何表面的照射亮度相等，没有方向性，不会引起阴影。如果需要打开这个光源，把鼠标移动到“场景环境”按钮处单击，即可激活该命令；如果要关闭该光源，只需再次单击该按钮即可。在“场景环境”按钮下方有滑块，拖动滑块可以调节灯光的亮度，数值范围为 0～1，还可以在滑块下方的文本框中输入一个亮度值。

2）场景左上部、场景顶部、场景右上部、场景正前部、场景左下部、场景底部和场景右下部：这些光源都是平行光源，具有方向性，在高质量图像中会产生阴影。如果需要打开这些光源，把鼠标移动到这些光源的按钮处单击即可；如果要关闭这些光源，只需再次单击这些按钮即可。在这些光源的按钮下方有滑块，拖动滑块可以调节灯光的亮度，数值范围为 0～1，还可以在滑块下方的文本框中输入一个亮度值。

将 8 个固定光源全部打开，除了“场景环境”光源外，其他光源将在场景中显示出来，如

图 9-95 所示。

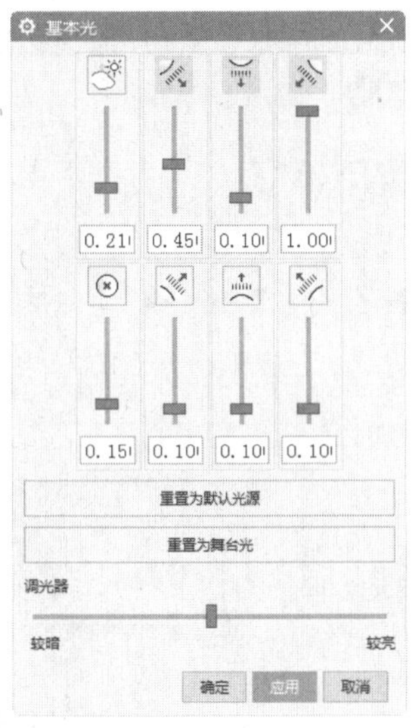

图 9-94 “基本光”对话框

图 9-95　显示所有基本光源

（2）重置为默认光源：单击“重置为默认光源”按钮，基本光源设置回到系统默认状态。在系统默认的情况下，只打开场景环境、场景左上部和场景右上部 3 个光源，如图 9-96 所示。

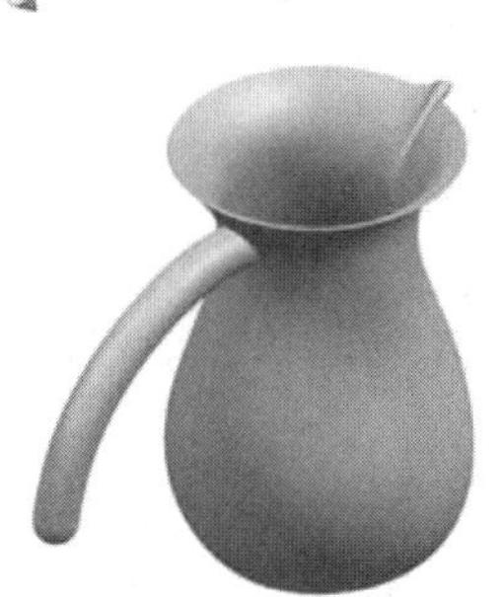

图 9-96　显示默认的基本光源

（3）重置为舞台光：单击“重置为舞台光”按钮，基本光源被设置为舞台光状态。舞台光状态是系统预先设置的状态，所有的基本光源全部打开。

（4）调光器：用于同时增减除“场景环境”光源以外所有被运用到场景的光的亮度。拖动滑块，从左到右光亮度由较暗到较亮。

9.4.2　高级光源

利用“高级光”可以创建新的光源，并且可以设置和修改新的光源。因此，高级光源比基本光源更灵活，能够满足特别效果的需要。

执行菜单中的“视图”→“可视化”→“高级光”命令，系统弹出如图 9-97 所示的“高

级光”对话框。其中部分选项的功能如下。

1. 开

在“开”列表框中显示已经在渲染区内使用的、开启的光源。系统默认的已经开启的有场景环境光源、场景左上部光源和场景右上部光源3个光源 。在该列表框中选择某一光源图标，单击按钮，显示的光源图标将出现在“关”列表框中，选择的光源被关闭。

2. 关

在“关”列表框中显示被关闭的光源。系统默认的已经关闭的有标准视线、标准Z点光源、右上方标准平行光、场景顶部、场景左下部、场景右下部、标准Z平行光、标准Z聚光、左上方标准平行光、场景正前部和场景底部11个光源。在该列表框中选择某一光源图标，单击按钮，显示的光源图标将出现在“开”列表框中，选择的光源将被打开。

图 9-97 “高级光”对话框

3. 名称

选择某一光源图标后，在“名称”文本框中将会显示出该光源的名称。

4. 类型

在“类型”下拉列表框中列出了UG的用户定义光的类型。

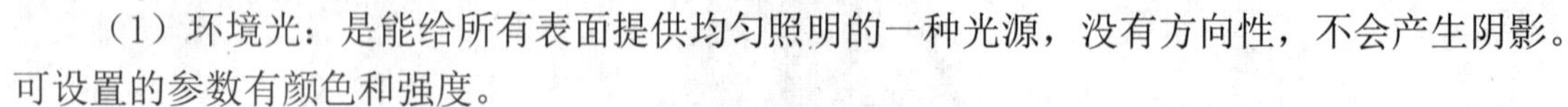
（1）环境光：是能给所有表面提供均匀照明的一种光源，没有方向性，不会产生阴影。可设置的参数有颜色和强度。

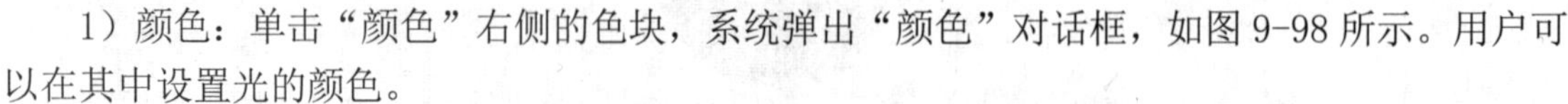
1）颜色：单击“颜色”右侧的色块，系统弹出“颜色”对话框，如图9-98所示。用户可以在其中设置光的颜色。

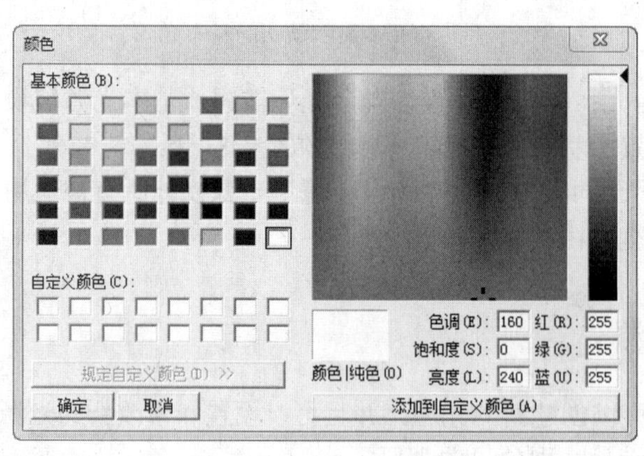

图 9-98 “颜色”对话框

2）强度：通过拖动滑动调来设置光的强度，由左到右光的强度由弱到强。

（2）平行光：能朝某个方向发出平行光的一种光源。一般来自很远的地方，如阳光，在高质量图像中能够产生阴影。可设置的参数有颜色、强度、方向和位置等。

将“标准 Z 平行光”打开，光照效果如图 9-99 所示。

（3）眼光源：从观察视图位置发出的光，也就是光源的原点在观察者眼睛处。这种光源不产生阴影。可设置的参数有颜色和强度。

（4）点光源：从一个点朝向所有方向发出同等强度光线的光源，其亮度随距离而变化。“点光源”在高质量图像中会产生阴影。可设置的参数有颜色、强度、位置和亮度变化规律等。将“标准 Z 点光源”光打开，光照效果如图 9-100 所示。

（5）聚光灯：由单个点光源朝一个方向发出的光源，但发出的光被限制在锥形范围内，只有处在光锥内的对象被照亮，其亮度随距离而变化。“聚光灯”在高质量图像中会产生阴影。可设置的参数有颜色、强度、位置和亮度变化规律等。

将“标准 Z 聚光”打开，光照效果如图 9-101 所示。

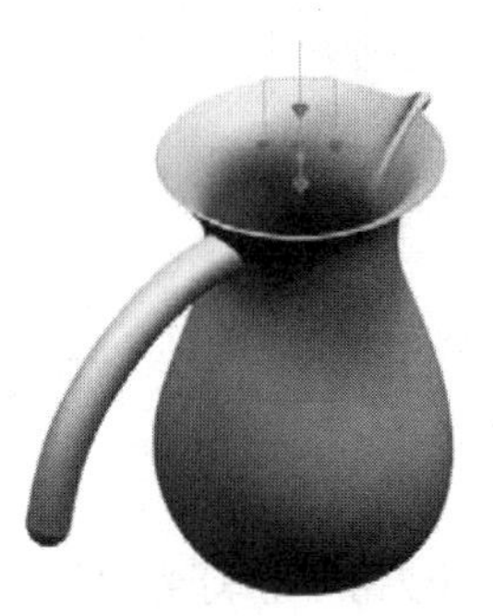

图 9-99　标准 Z 平行光

图 9-100　标准 Z 点光源

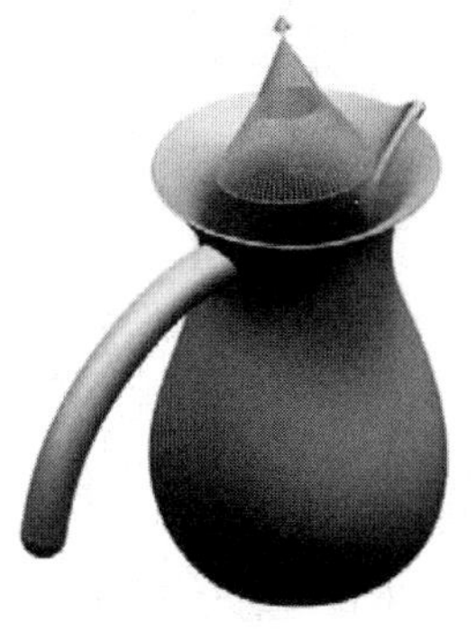

图 9-101　标准聚光灯

5. 操作

“操作”选项组中主要包括以下几个选项，如图 9-102 所示。

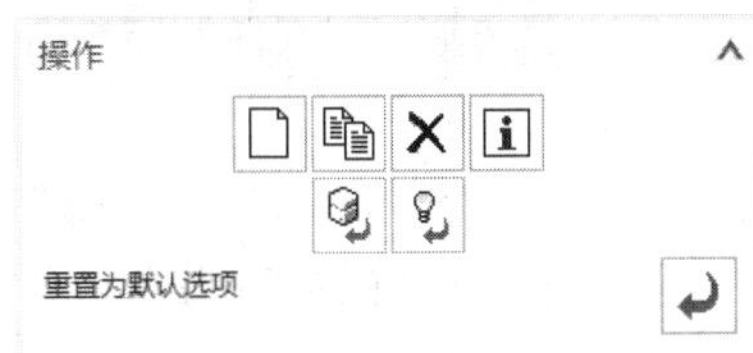

图 9-102　“操作”选项组

（1）新建：在该选项组中单击“新建”按钮，在“类型”中选择一种光源类型，在“名称”文本框中输入新光源的名称，单击“确定”按钮，一个新光源被创建。

（2）复制：从对话框中选择一个已有光源，单击“复制”按钮，认可或修改“名称”文本框中的名称，单击“确定”按钮，一个光源被复制。

（3）删除：从对话框中选择一个已有的用户定义的光源，单击“删除”按钮，该光源被删除。

（4）信息：在选项组中单击“信息”按钮，系统弹出“信息”窗口，如图 9-103 所示。从中可以查看所选光源信息，包括光源颜色、光源类型、光源强度以及光源位置等。

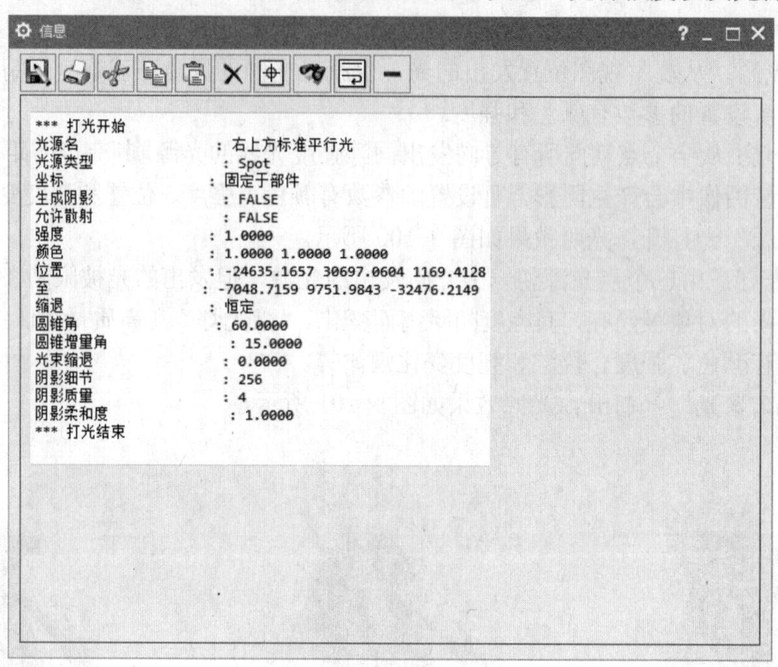

图 9-103 “信息”窗口

（5）重置为默认光源：在该选项组中单击“重置为默认光源”按钮，灯光设置恢复到默认状态。

（6）重置为舞台光：在该选项组中单击“重置为舞台光”按钮，灯光设置恢复到舞台光状态。

9.5 视觉效果

利用“视觉效果”可以设置不同的前景和背景、特殊效果以及基于图像的打光视觉效果。

执行菜单中的“视图”→“可视化”→“视觉效果”命令，系统弹出如图 9-104 所示的“视觉效果”对话框。

1. 前景

在“视觉效果”对话框中选择“前景”选项卡，对话框中会显示“前景”选项卡中的设置选项。在“前景”选项卡中指定一种前景类型后，选项卡中将会显示该前景类型的设置参数。“类型”下拉列表框中包括 7 个选项。

（1）无：无前景产生。

（2）雾：该类型的前景产生一种物体在雾中的效果，雾随距离成指数衰减。可以设置的参数有颜色和距离，如图 9-105 所示。

1）颜色：用于设置雾的颜色。单击“颜色”按钮，系统弹出“颜色”对话框。用户可以在其中设置雾的颜色。

2）距离：代表雾效果开始起作用的距离，随着距离的增加，物体逐渐变得清晰。

“雾”前景的渲染效果如图 9-106 所示。

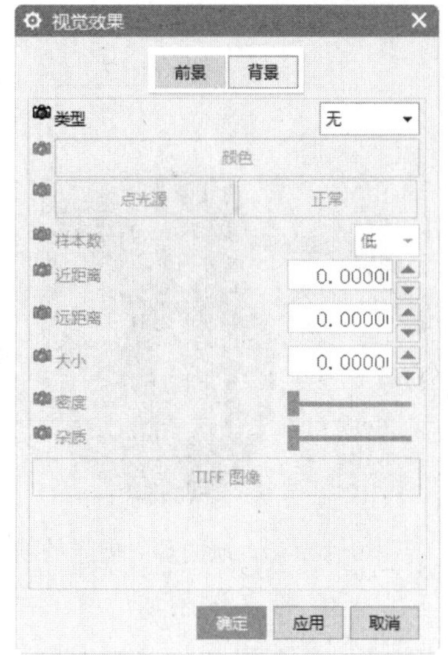

图 9-104　“视觉效果”对话框

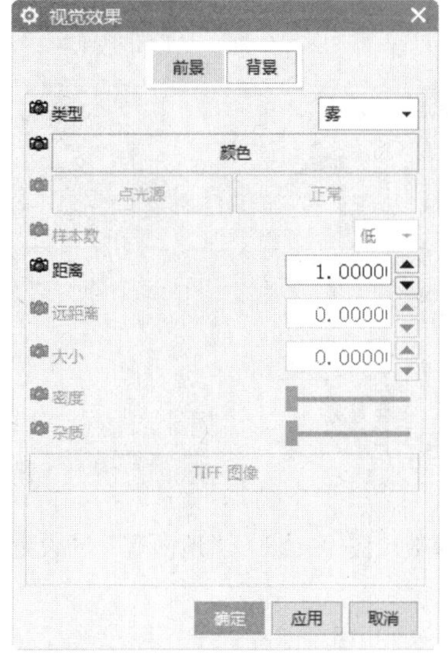

图 9-105　“雾”的设置参数

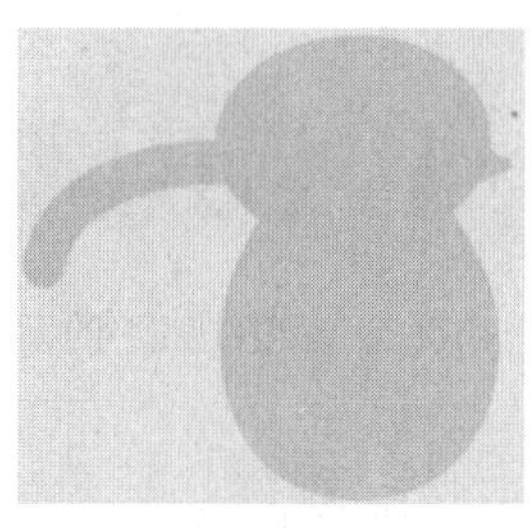

图 9-106　“雾”前景的渲染效果

（3）深度线索：也产生物体在雾中的效果，雾在一个距离范围内成指数衰减。可以设置的参数有颜色、近距离和远距离，如图 9-107 所示。

1）颜色：用于设置雾的颜色，单击“颜色”按钮，系统弹出“颜色”对话框。用户可以在其中设置雾的颜色。

2）近距离：由于设置雾效果开始起作用的距离。

3）远距离：用于设置雾效果将失去作用的距离。

（4）地面雾：产生一种物体在地面雾的效果，雾的浓度随高度的增加逐渐变稀。用户可以设置的参数有颜色、点光源、正常、距离和雾高度，如图 9-108 所示。

1）颜色：用于设置雾的颜色，单击“颜色”按钮，系统弹出“颜色”对话框，用户可以在其中设置雾的颜色。

2）点光源：用于确定地平线的位置，雾只存在于地平线之上。

3）正常：用于确定哪一面为地平面的上面。

4）距离：代表雾效果开始作用的距离，随着距离的增加，物体逐渐变得清晰。

5）雾高度：代表雾效果减少的速度，雾高度值越大，距离地面越远的地方会见到越多的雾。当高度为 0 或小于 0，效果等同于雾的效果。

“地面雾”前景的渲染效果如图 9-109 所示。

（5）雪：产生物体在雪花中的效果。用户可以设置的参数有颜色、近比例、远比例、雪花大小、密度和杂质级别，如图 9-110 所示。

1）颜色：用于设置雪花的颜色。单击“颜色”按钮，系统弹出“颜色”对话框，用户可

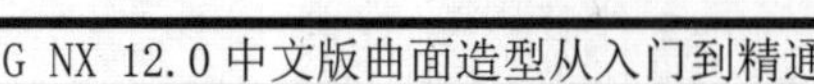

以在其中设置雾的颜色。

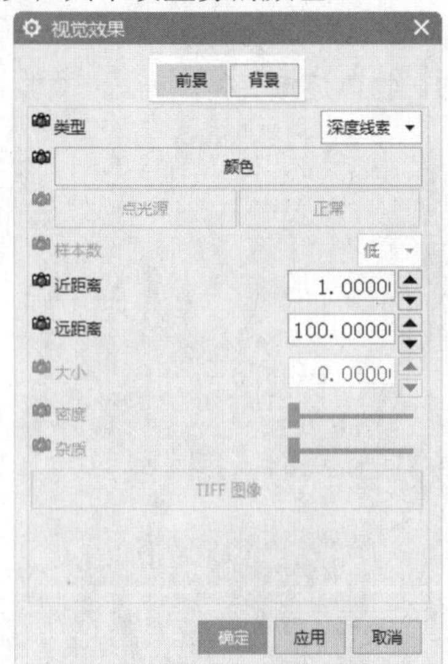

图 9-107 “深度线索”的设置参数

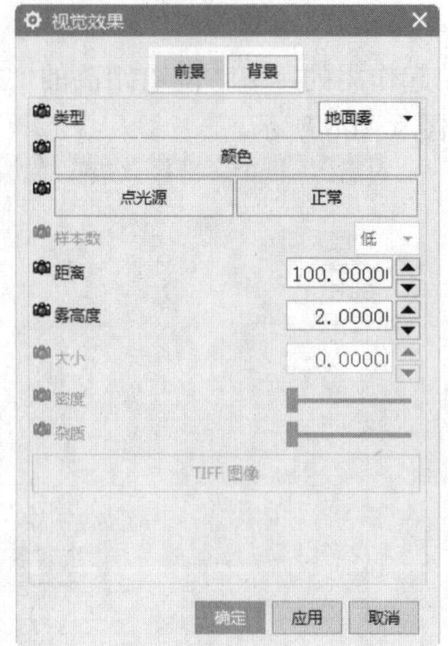

图 9-108 “地面雾”的设置参数

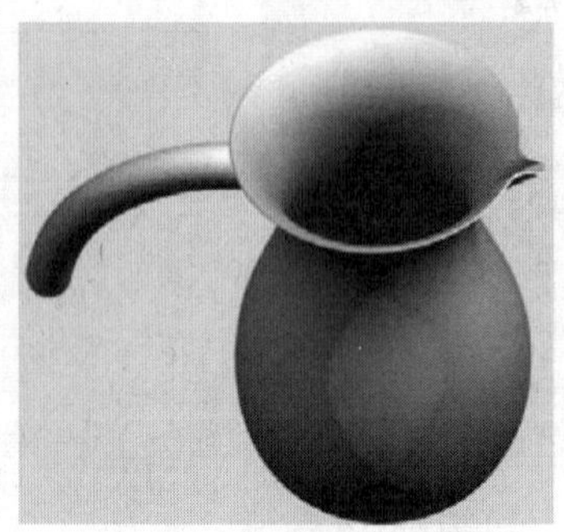

图 9-109 “地面雾”前景的渲染效果

2）近比例：由于设置近距离雪花的大小。

3）远比例：用于设置远距离雪花的大小，远端比例值应小于近比例值。

4）雪花大小：用于设置雪花的大小。

5）密度：用于设置雪花的密度。

6)杂质级别：用于控制雪花分布的不规律性。

“雪”前景的渲染效果如图 9-111 所示。

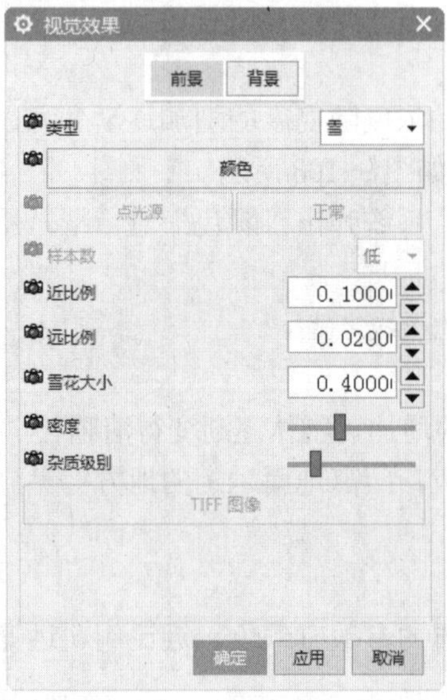

图 9-110 “雪”的设置参数

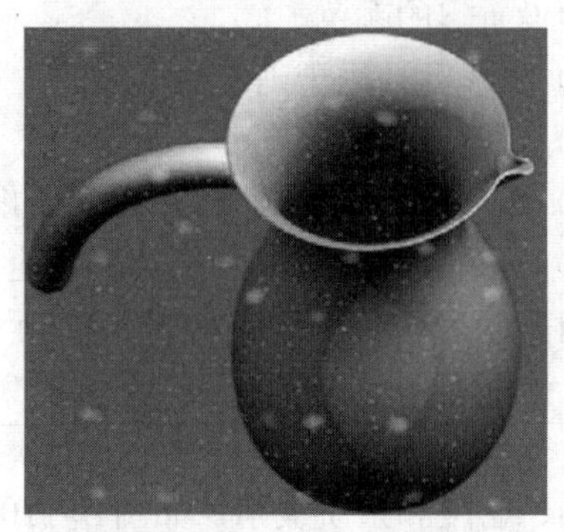

图 9-111 “雪”前景的渲染效果

（6）TIFF 图像：选择一个 TIFF 图像作为前景，此选项一般用于在制作的图片中加入标志。用户可以设置的参数有颜色、X 位置和 Y 位置，如图 9-112 所示。

1）颜色：用于指定一种颜色作为图片上透明部位的颜色，单击“颜色”按钮，系统弹出“颜色”对话框，用户可以在其中设置颜色。

2）X 位置：用于加入图片的 X 坐标位置。

3）Y 位置：用于加入图片的 Y 坐标位置。

“TIFF 图像”前景的渲染效果如图 9-113 所示。

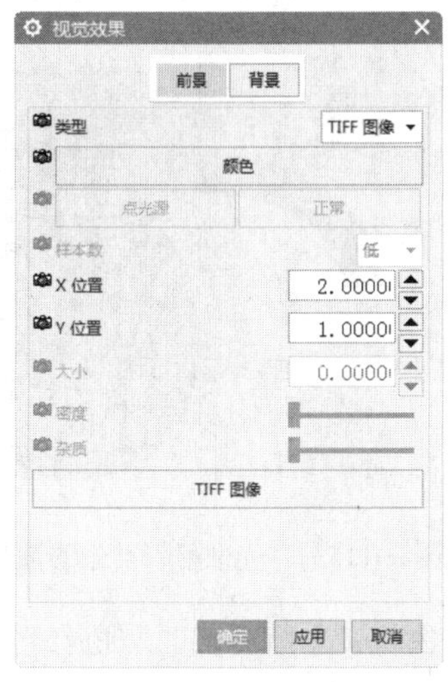

图 9-112　“TIFF 图像”的设置参数

图 9-113　“TIFF 图像”前景的渲染效果

（7）光散射：使聚光灯束呈现一种大气散射效果。用户可以设置的参数有样本数、密度、最大距离、噪波比例、杂质级别和衰减，如图 9-114 所示。

1）样本数：由于决定对光扩散的取样率，低取样值会带来较好的表现效果，但容易导致锯齿。其下拉列表框中包括“低”“中低”“中”“中高”“高”和“很高”6 个选项。

2）密度：用于设置散射光的密度。密度越高，散射光越亮。

3）最大距离：用于控制光散射开始计算的最大距离。值越大，锯齿越有可能发生。

4）噪波比例：用于设定噪音的比例和相对尺寸。

5）杂质级别：用于设定光散射中的光浓度随机变化量。

6）衰减：用于设定光散射中的光浓度从光源随距离衰减的速度。

“光散射”前景的渲染效果如图 9-115 所示。

2. 背景

在“视觉效果”对话框中选择“背景”选项卡，对话框下方会显示“背景”选项卡的设置选项，如图 9-116 所示。在“类型”下拉列表框中列出了 4 种背景的组合形式。

（1）简单：用于设置某种单一的背景。当选择“简单”背景组合形式时，在对话框下方的“类型”下拉列表框中有 5 个选项。

1）无：无背景。

2）纯色：只可以选择某种颜色作为背景。用户可以设置的参数有背景的颜色，如图 9-117

所示。

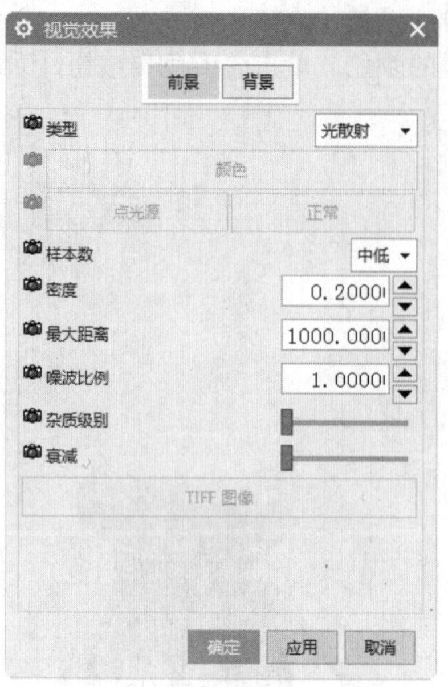

图 9-114 “光散射”的设置参数

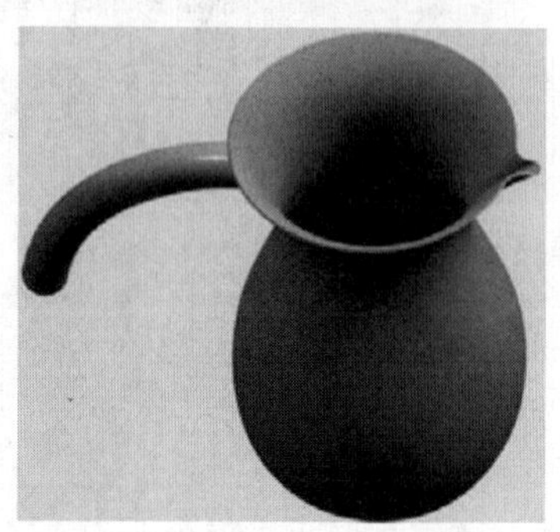

图 9-115 “光散射”前景的渲染效果

颜色：用于设置背景的颜色。单击“颜色”右侧的色块，系统弹出“颜色”对话框。用户可以在其中设置颜色。

图 9-116 “背景”选项卡

图 9-117 “简单”-“纯色”的设置参数

3）云：选择云彩作为背景。用户可以设置的参数有天空颜色、云的颜色、比例和详细，如图 9-118 所示。

天空颜色：用于设置天空的颜色。单击“天空颜色”依次的色块，系统弹出“颜色”对话框。用户可以在其中设置颜色。

云的颜色：用于设置云的颜色。单击“云的颜色”右侧的色块，系统弹出“颜色”对话框。用户可以在其中设置颜色。

比例：用于设置云彩的大小。

详细：详细值越大，云彩扩散的越小或云彩显得越集中。

“云”背景的渲染效果如图 9-119 所示。

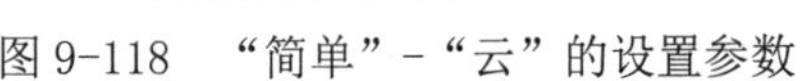
图 9-118　“简单”-“云”的设置参数

图 9-119　“云”背景的渲染效果

4）渐变：选择某种渐变颜色作为背景。用户可以设置的参数有顶部颜色和底部颜色如图 9-120 所示。

顶部颜色：设置顶部的颜色，单击“顶部颜色”右侧的色块，系统弹出“颜色”对话框，用户可以在其中设置颜色。

底部颜色：设置底部的颜色，单击“底部颜色”右侧的色块，系统弹出“颜色”对话框，用户可以在其中设置颜色。

“渐变”背景的渲染效果如图 9-121 所示。

5）用户指定的图像：选择一个图片作为背景。用户可以设置的参数有填充色、填充模式和图像，如图 9-122 所示。

填充色：只有当“填充模式”设为“中心”时这个功能才有效，可以设置图片未覆盖区域的颜色。单击“填充色”右侧的色块，系统弹出“颜色”对话框。用户可以在其中设置颜色。

填充模式：用于指定图像在背景平面上的分布方式。包括中心、平铺和填充 3 种模式。

图像：指定用于背景的图像文件。

“用户指定的图像”背景的渲染效果如图 9-123 所示。

（2）混合：背景是由两个简单的背景按比例合成的。主要的设置参数有主要、次要和混合比率，如图 9-124 所示。

图 9-120　“简单”-“渐变”的设置参数　　图 9-121　“渐变”背景的渲染效果

1）主要：用于设置主背景。按照上面简单背景的设置方法设置第一个简单背景。

2）次要：用于设置第二个背景。按照和上面相同的方法设置第二个简单背景。

3）混合比率：通过拖动“混合比率”右侧的滑块来设置主背景和第二背景在混合背景中所占的比例。

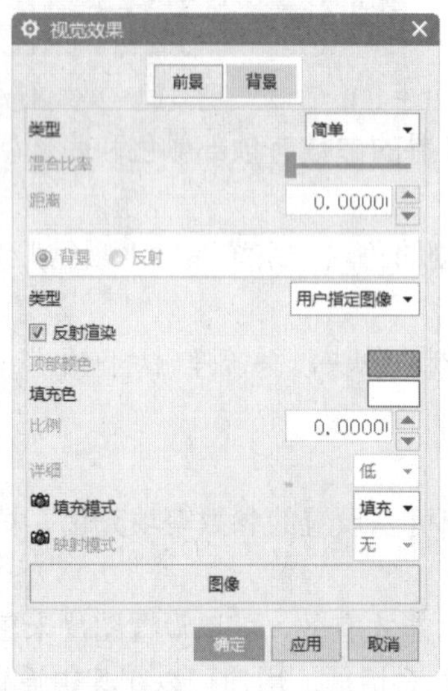

图 9-122　“简单”-“用户指定的图像”的设置参数　　图 9-123　“用户指定的图像”背景的渲染效果

（3）光线立方体：主背景放在模型后方，第二背景放置在观察点的后方，只能通过模型的反射图像才能看到，第二背景在模型的反射从物理上讲是不准确的。主要的设置参数有背景和反射，如图 9-125 所示。

（4）两平面：主背景放在模型后方，第二背景放置在观察点的后方，只能通过模型的反射图像才能看到，第二背景在模型的反射从物理上讲是准确的。主要的设置参数有距离、背景、反射和映射模式，如图 9-126 所示。

图 9-124　“混合”背景的设置参数

图 9-125　“光线立方体”背景的设置参数

映射模式包括无、模糊和平铺 3 种。

1）无：用于在模型上只反射一幅第二背景图像。

2）模糊：用于在模型上反射一幅类似扫描的第二背景图像。

3）平铺：用于在模型上反射平铺的一族第二背景图像。

图 9-126　“两平面”背景的设置参数

第10章

吧台椅设计综合实例

吧台椅由椅座、支撑架、踏脚架和底座组成，该实例综合应用了自由曲面的构造功能来创建外观模型，并且对模型进行了渲染。

重点与难点

- 椅座
- 支撑架
- 踏脚架
- 底座
- 渲染

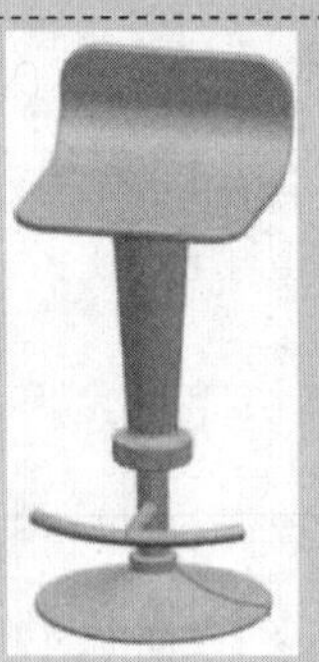

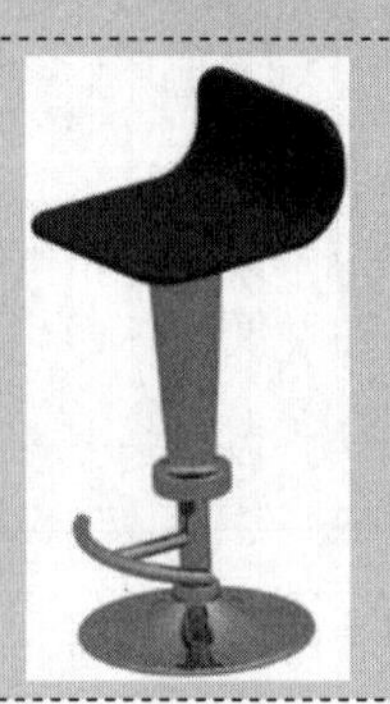

10.1 椅座

椅座的创建流程如图 10-1 所示。

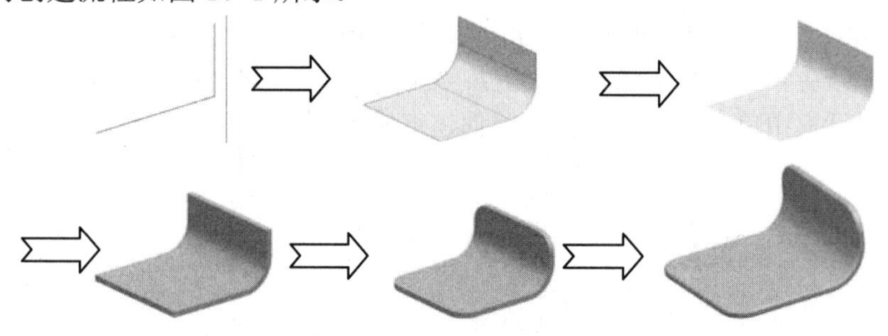

图 10-1　椅座创建流程

具体操作步骤如下：

01 创建一个新文件。执行菜单中的“文件”→“新建”选项，或者单击“标准”组中的“新建”图标，弹出“新建”对话框。“单位”设置为“毫米”，在“模板”中选择“模型”选项，在“新文件名”的“名称”中输入文件名“bataiyi”，然后在“新文件名”的“文件夹”中选择文件的保存位置，如图 10-2 所示。完成后单击“确定”按钮，进入建模模块。

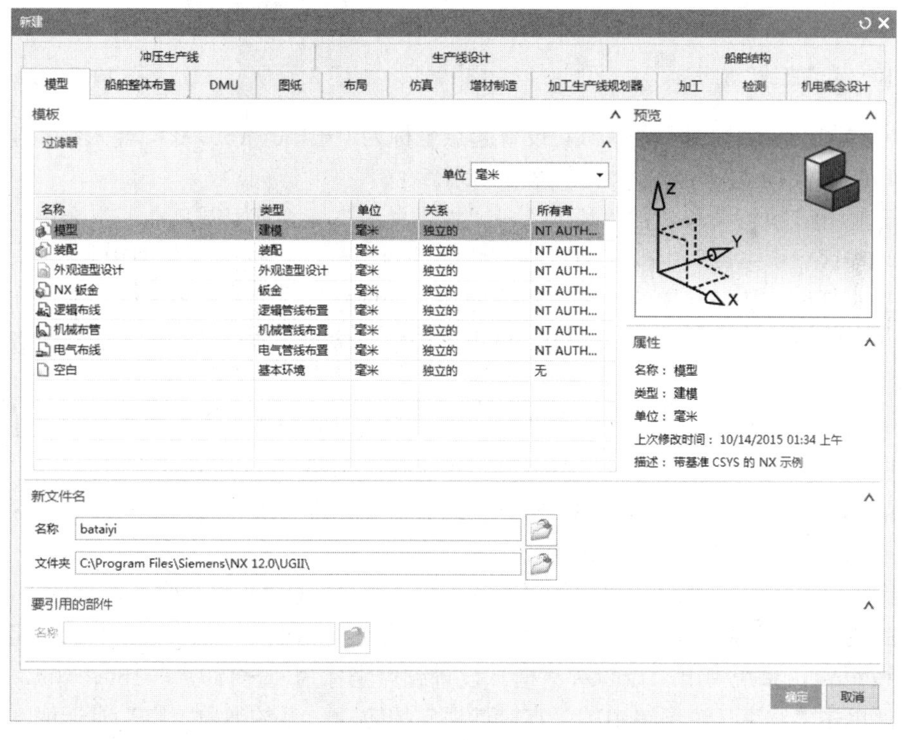

图 10-2　“新建”对话框

02 创建扫掠曲面。

❶创建直线。执行菜单中的“插入”→“曲线”→“直线”命令，或者单击“曲线”功能区“曲线”组中的“直线”图标，系统弹出如图 10-3 所示的“直线”对话框。单击“开始”选项组中的“点对话框”按钮，系统弹出“点”对话框，如图 10-4 所示，设置起点坐标为（−150，150，150），如图 10-4 所示。单击“确定”按钮。单击“结束”选项组中的“点对话框”按钮，系统弹出“点”对话框。设置终点坐标为（−150，150，0），单击“确定”按钮，在“直线”对话框中单击“确定”按钮，创建直线 1，如图 10-5 所示。

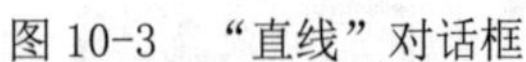

图 10-3 “直线”对话框

图 10-4 “点”对话框

图 10-5 创建直线 1

利用同样的方法创建另一条直线。设置起点坐标为（−150，150，0），输入终点坐标为（−150， −150，0），创建直线 2，如图 10-6 所示。

❷创建圆角。执行菜单中的“插入”→“派生曲线”→“圆形圆角曲线”命令，或者单击“曲线”功能区“更多库”中的“圆形圆角曲线”图标，系统弹出如图 10-7 所示的“圆形圆角曲线”对话框。选择创建的两条直线为曲线 1 和曲线 2，在“半径选项”下拉列表框中选择“值”，在“半径”文本框中输入 80，单击“确定”按钮，完成圆角的创建，如图 10-8 所示。

❸修剪曲线。执行菜单中的“编辑”→“曲线”→“修剪”命令，或者单击“曲线”功能区“编辑曲线”组中的“修剪曲线”图标，系统弹出如图 10-9 所示的“修剪曲线”对话框。选择创建的两条直线为要修剪的曲线，圆角为边界对象，线段 1 和线段 2 为放弃的区域，单击“确定”按钮，完成曲线的修剪，如图 10-10 所示。

❹创建扫掠引导线。执行菜单中的“插入”→“曲线”→“直线”命令，或者单击“曲线”功能区“曲线”组中“直线”图标，系统弹出“直线”对话框。单击“开始”选项组中的“点对话框”按钮，系统弹出“点”对话框。设置起点坐标为（−150，−150， 0），单击“确定”按钮。单击“结束”选项组中的“点对话框”按钮，系统弹出“点”对话框。设置终点坐标为（150，−150，0），单击“确定”按钮。在“直线”对话框中单击“确定”按钮，创建扫掠引导线，如图 10-11 所示。

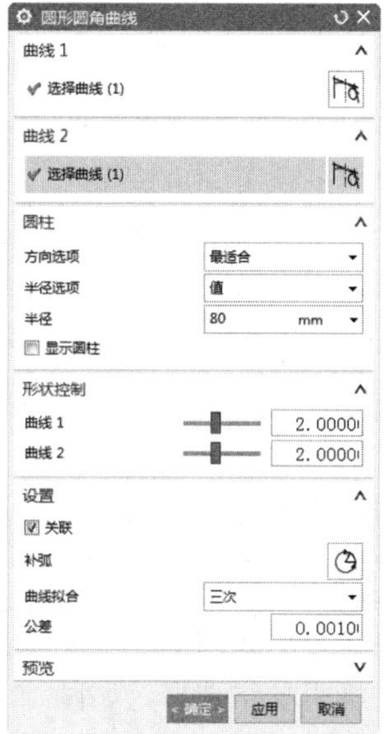

图 10-6　创建直线 2　　图 10-7　“圆形圆角曲线”对话框

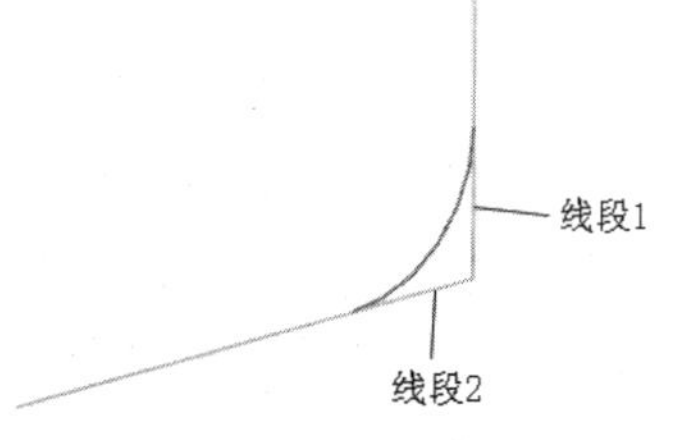

图 10-8　创建圆角

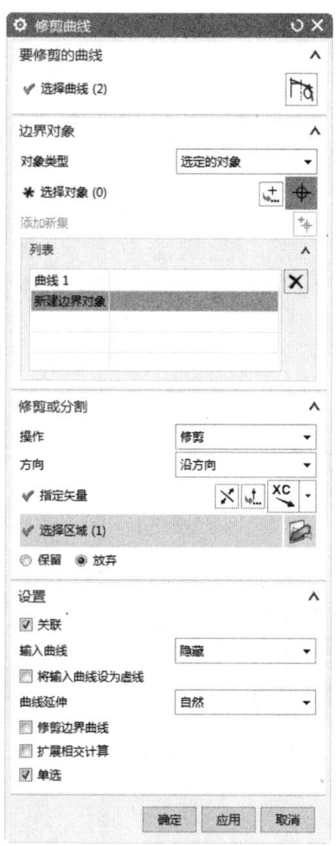

图 10-9　“修剪曲线”对话框

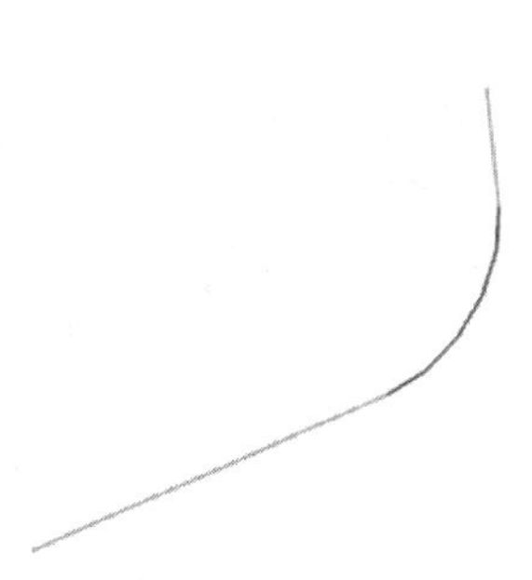

图 10-10　修剪曲线

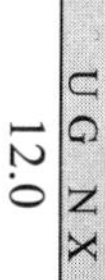

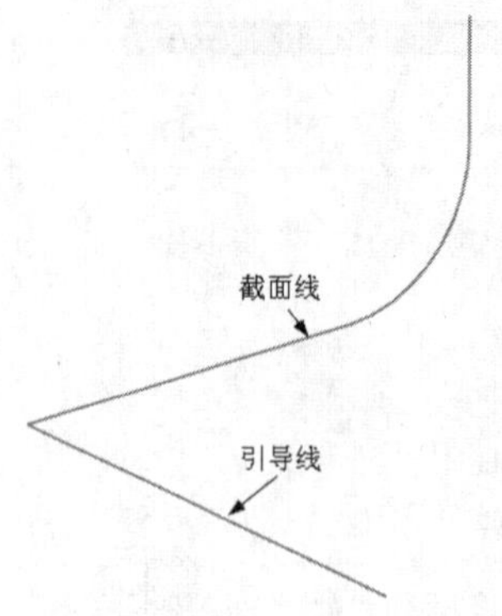

图 10-11　创建的扫掠引导线

❺扫掠。执行菜单中的“插入”→“扫掠”→“扫掠”命令，或者单击“曲面”功能区“曲面”组“更多”中的“扫掠”图标，系统弹出如图 10-12 所示的“扫掠”对话框。截面曲线选择如图 10-11 所示。单击鼠标中键，进行引导线选择，如图 10-11 所示。在“扫掠”对话框中单击“确定”按钮，创建扫掠曲面，如图 10-13 所示。

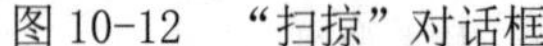

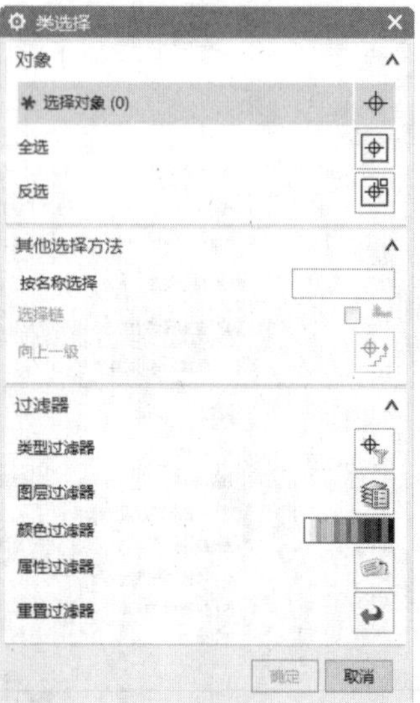

图 10-12　“扫掠”对话框　　图 10-13　创建扫掠曲面　　图 10-14　“类选择”对话框

❻隐藏曲线。执行菜单中的“编辑”→“显示和隐藏”→“隐藏”命令，或者单击“视图”功能区“可见性”组中的“隐藏”图标，或按住 Ctrl+B 键，系统弹出如图 10-14 所示的“类选择”对话框。单击“类型过滤器”按钮，系统弹出如图 10-15 所示的“按类型选择”对话框。选择“曲线”，单击“确定”按钮。在“类选择”对话框中单击“全选”按钮，隐藏的对象为曲线，单击“确定”按钮，曲线被隐藏，如图 10-16 所示。

03 创建加厚曲面。执行菜单中的“插入”→“偏置/缩放”→“加厚”命令，或者单击“曲面”功能区“曲面操作”组中的“加厚”图标，系统弹出如图 10-17 所示的“加厚”对话框。选择曲线扫掠曲面为加厚面，“偏置 1”设置为 0，“偏置 2”设置为 15，偏置方向如图 10-18 所示，单击“确定”按钮，创建加厚曲面。

执行菜单中的“编辑”→“显示和隐藏”→“隐藏”命令，系统弹出“类选择”对话框。单击“类型过滤器”按钮，系统弹出“按类型选择”对话框，选择“片体”选项，单击“确定”按钮，返回到“类选择”对话框。单击“全选”按钮。单击“确定”按钮，片体被隐藏，如图 10-19 所示。

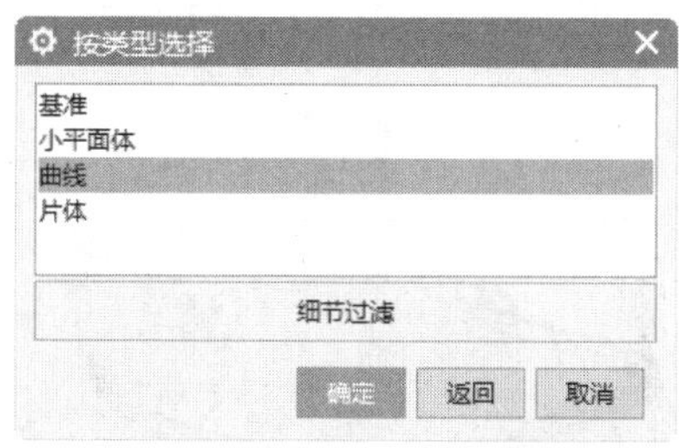

图 10-15　“按类型选择”对话框

图 10-16　隐藏曲线

图 10-17　“加厚”对话框

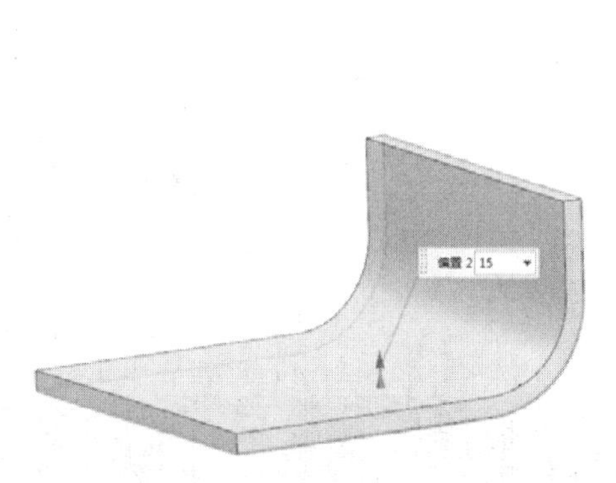

图 10-18　选择要加厚的曲面

04 边倒圆。执行菜单中的“插入”→“细节特征”→“边倒圆”命令，或者单击“主页”功能区“特征”组中的“边倒圆”图标，系统弹出如图 10-20 所示的“边倒圆”对话框。

UG NX 12.0

选择边倒圆的边 1，如图 10-21 所示。边倒圆的“半径 1”设置为 50，单击“确定”按钮，边倒圆后的模型如图 10-22 所示。

图 10-19 创建加厚曲面

图 10-20 “边倒圆”对话框

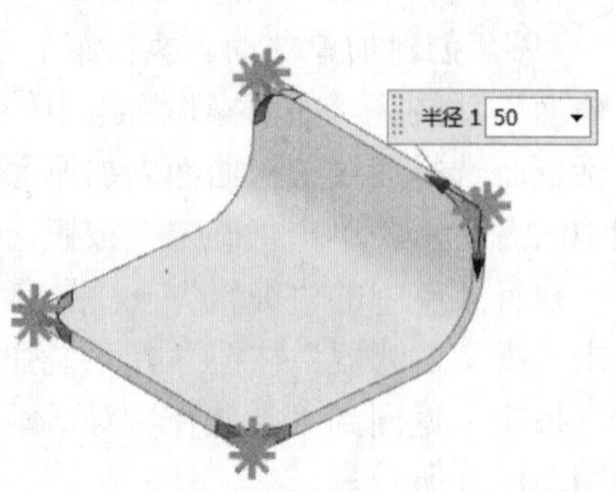

图 10-21 选择边 1

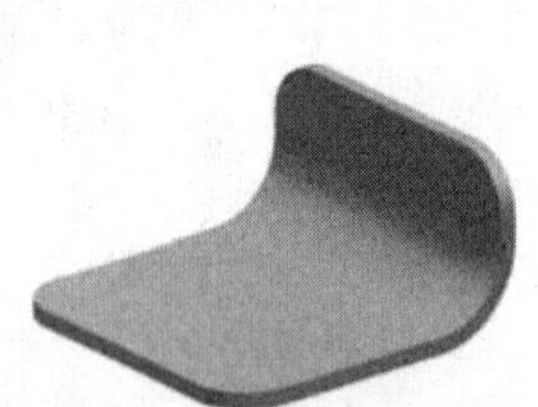

图 10-22 边倒圆后的模型

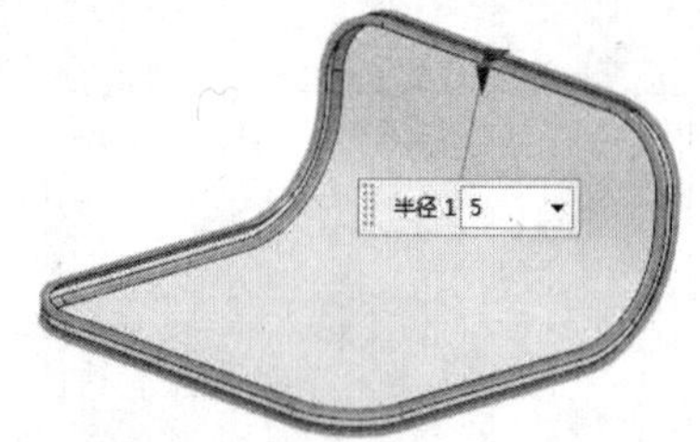

图 10-23 选择边 2

单击“边倒圆”图标，选择边倒圆的边 2，如图 10-23 所示，边倒圆的“半径 1”设置为 5，单击“确定”按钮，创建如图 10-24 所示的座椅模型。

图 10-24 创建座椅模型

10.2 支撑架

支撑架的创建流程如图 10-25 所示。

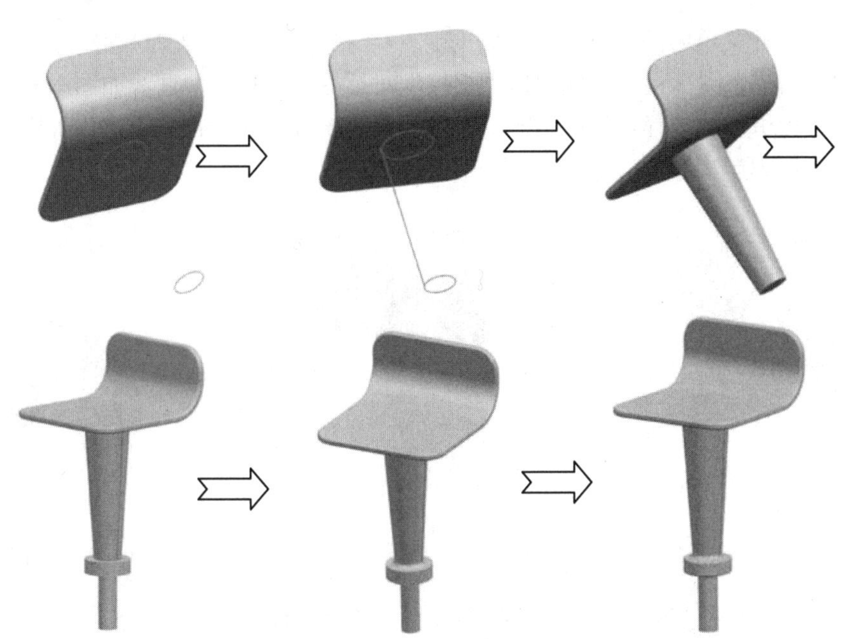

图 10-25　支撑架的创建流程

具体操作步骤如下：

01 创建扫掠曲面。

❶创建圆。执行菜单中的“插入”→“曲线”→“圆弧/圆”命令，或者单击“曲线”功能区“曲线”组中的“圆弧/圆”图标，系统弹出“圆弧/圆”对话框。在“类型”下拉列表框中选择“从中心开始的圆弧/圆”类型，勾选“整圆”复选框，单击“中心点”选项组中的“点对话框”按钮，弹出“点”对话框。设置圆中心点的坐标为（0，0，0），单击“确定”按钮，返回到“圆弧/圆”对话框。单击“通过点”选项组中的“点对话框”按钮，弹出“点”对话框，设置通过点的坐标为（50，0，0），单击“确定”按钮，返回到“圆弧/圆”对话框，单击“确定”按钮，完成圆 1 的创建，如图 10-26 所示。按照上面的步骤创建圆心的坐标为（0，0，－300），通过点为（30，0，-300）的圆 2，创建的曲线模型如图 10-27 所示。

❷创建直线。执行菜单栏中的“插入”→“曲线”→“直线”命令，或者单击“曲线”功能区“曲线”组中的“直线”图标，系统弹出“直线”对话框。起点和终点分别为圆 1、圆 2 的象限点，如图 10-28 所示。在“直线”对话框中单击“确定”按钮，创建直线，如图 10-29 所示。

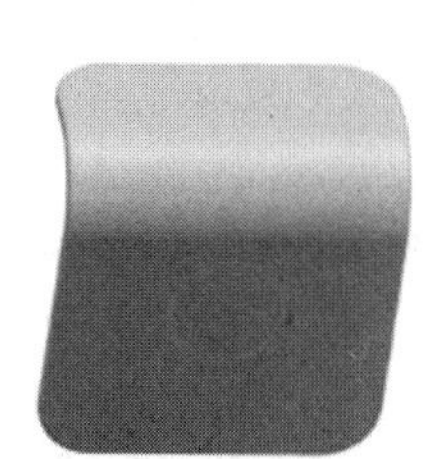

图 10-26　创建圆 1

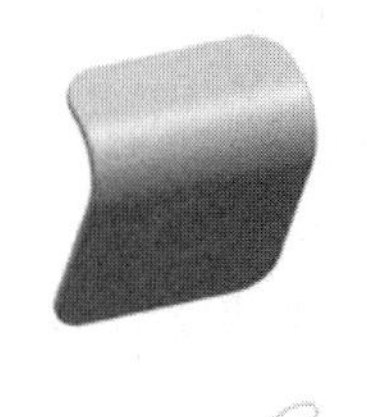

图 10-27　创建曲线模型

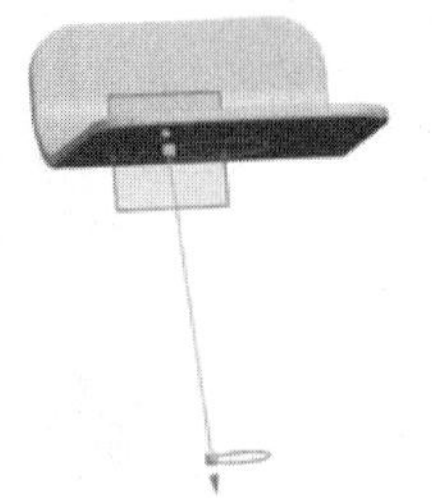

图 10-28　圆 1、圆 2 的象限点

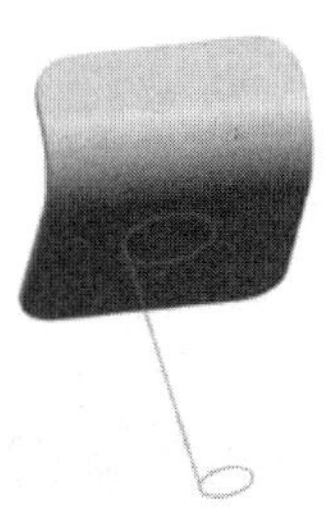

图 10-29　创建直线

❸扫掠。执行菜单中的“插入”→“扫掠”→“扫掠”命令，或者单击“曲面”功能区“曲面”组中的“扫掠”图标，系统弹出“扫掠”对话框。选择截面曲线如图10-30所示，单击鼠标中键，进行引导线选择，如图10-31所示。在“扫掠”对话框中单击“确定”按钮，创建扫掠曲面，如图10-32所示。

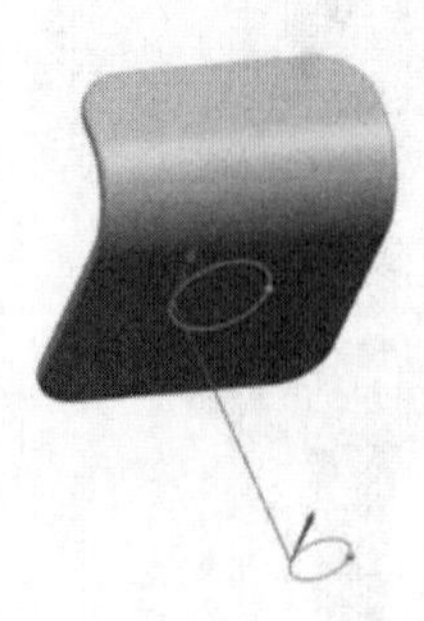
图10-30　选择截面曲线

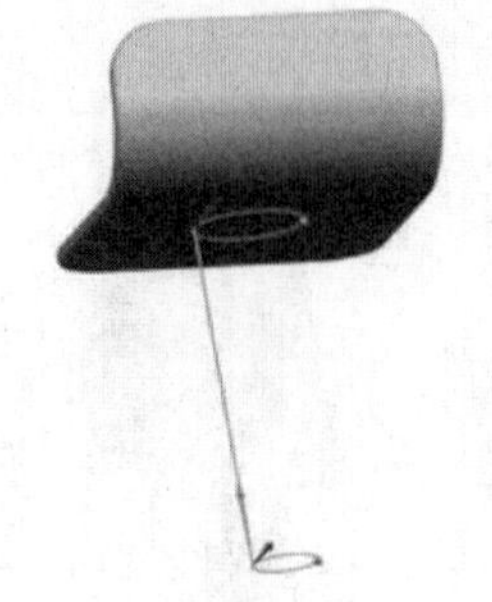
图10-31　选择引导线

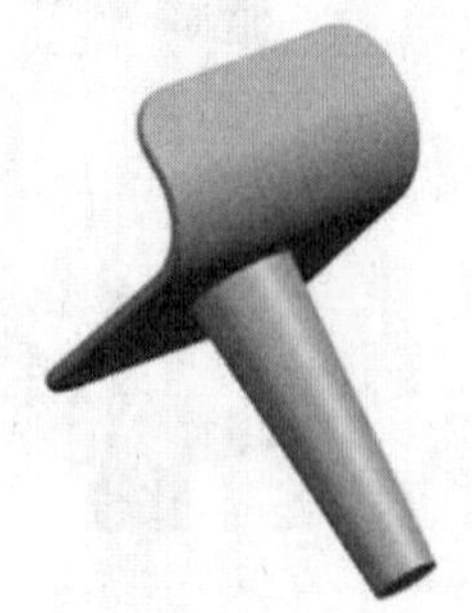
图10-32　创建扫掠曲面

02 创建圆柱体。执行菜单中的“插入”→“设计特征”→“圆柱”命令，系统弹出如图10-33所示的“圆柱”对话框。选择“轴、直径和高度”类型，在“指定矢量”中选择-ZC轴，单击“指定点”中的“点对话框”按钮，弹出“点”对话框。设置点坐标（0，0，−300）为圆柱体的圆心坐标，单击“确定”按钮。设置“直径”“高度”为100、30，在“布尔”下拉列表框中选择“合并”选项。单击“确定”按钮，创建圆柱体1，如图10-34所示。

执行菜单中的“插入”→“设计特征”→“圆柱”命令，系统弹出“圆柱”对话框。选择“轴、直径和高度”类型，在“指定矢量”中选择“-ZC轴”，单击“指定点”中的“点对话框”按钮，弹出“点”对话框。设置点坐标（0，0，−330）为圆柱体的圆心坐标，单击“确定”按钮。设置“直径”“高度”为40、120，在“布尔”下拉列表框中选择“合并”选项。单击“确定”按钮，创建圆柱体2，如图10-35所示。

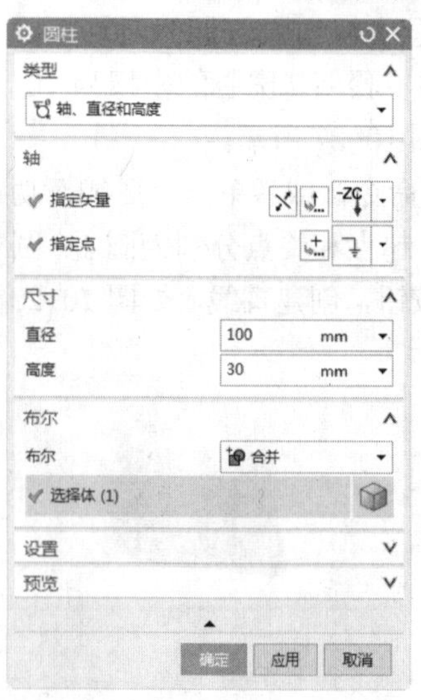

图10-33　“圆柱”对话框

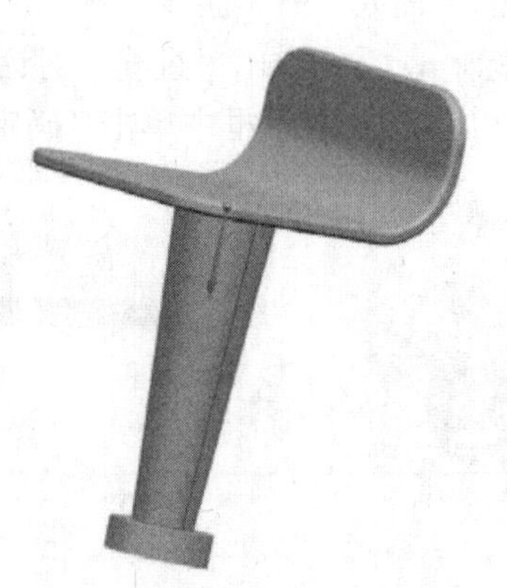
图10-34　创建的圆柱体1

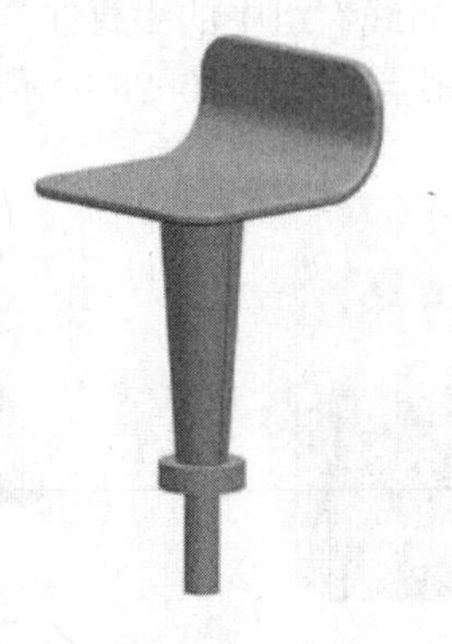
图10-35　创建的圆柱体2

03 边倒圆。执行菜单中的“插入”→“细节特征”→“边倒圆”命令，或者单击“主页”功能区“特征”组中的“边倒圆”图标，系统弹出“边倒圆”对话框，选择边 1，倒圆的“半径 1”设置为 10，如图 10-36 所示。单击“确定”按钮，边倒圆后的模型 1 如图 10-37 所示。

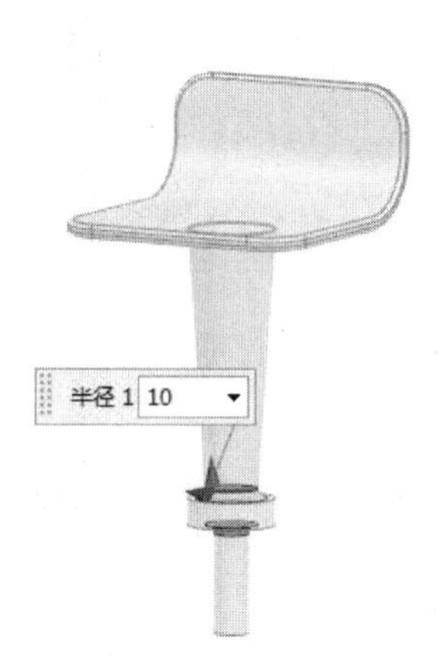

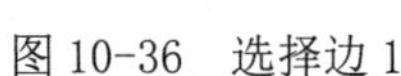
图 10-36　选择边 1

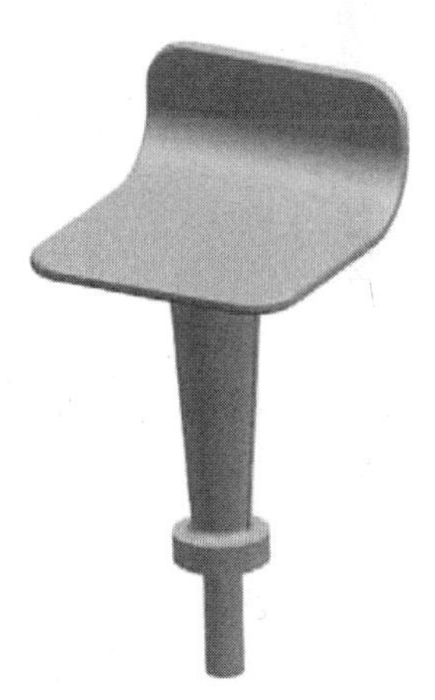

图 10-37　边倒圆后的模型 1

执行菜单中的“插入”→“细节特征”→“边倒圆”命令，系统弹出“边倒圆”对话框，选择边 2，如图 10-38 所示。边倒圆“半径 1”设置为 3，单击“确定”按钮，边倒圆后的模型 2 如图 10-39 所示的模型。

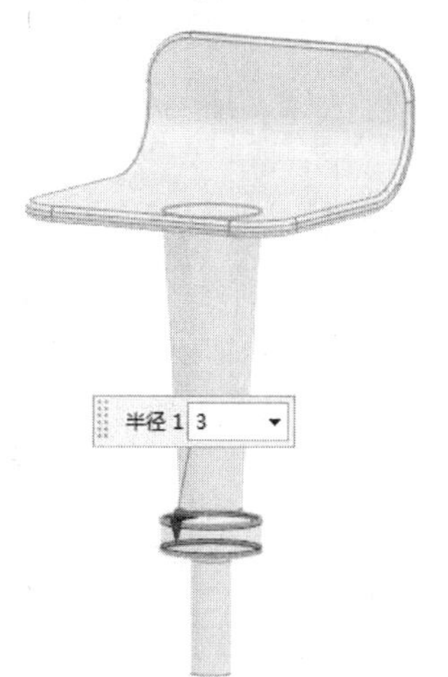

图 10-38　选择边 2

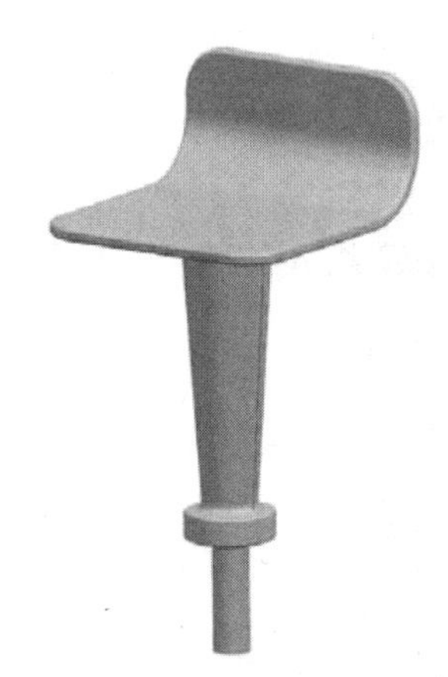

图 10-39　边倒圆后的模型 2

10.3 踏脚架

踏脚架的创建流程如图 10-40 所示。

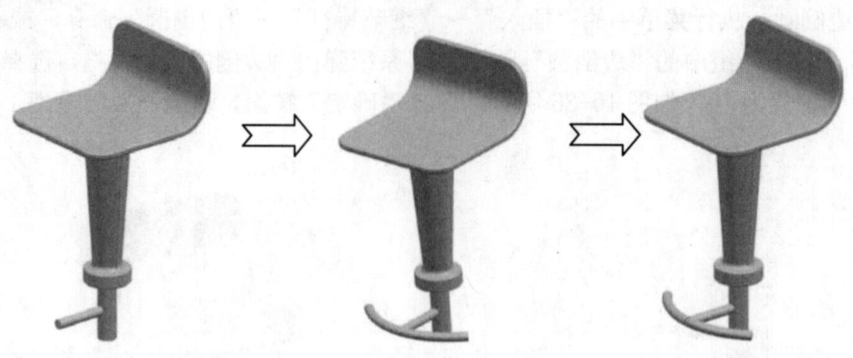
图 10-40　踏脚架的创建流程

具体操作步骤如下：

01 创建圆柱体。执行菜单中的“插入”→“设计特征”→“圆柱”命令，系统弹出“圆柱”对话框，如图 10-41 所示。选择“轴、直径和高度”类型，在“指定矢量”中选择-YC 轴。单击“指定点”中的“点对话框”按钮，弹出“点”对话框，设置点坐标（0，0，－390）为圆柱体的圆心坐标，单击“确定”按钮。设置“直径”“高度”为 20、130，单击“确定”按钮，创建圆柱体，如图 10-42 所示。

02 创建扫掠。

❶创建圆弧。执行菜单中的“插入”→“曲线”→“圆弧/圆”命令，或者单击“曲线”功能区“曲线”组中的“圆弧/圆”图标，系统弹出“圆弧/圆”对话框，如图 10-43 所示。

图 10-41　“圆柱”对话框

图 10-42　创建圆柱体

图 10-43　“圆弧/圆”对话框

“类型”选择“从中心开始的圆弧/圆”，单击“中心点”选项组中的“点对话框”按钮，弹出“点”对话框。设置圆中心点的坐标为（0，60，－390），单击“确定”按钮。单击“通过点”选项组中的“点对话框”按钮，系统弹出“点”对话框。输入通过点的坐标为（0，－130，－390），单击“确定”按钮。在“平面选项”下拉列表框中选择“选择平面”选项，在“指定平面”下拉列表框中选择“XC-YC”平面，在“距离”中输入－390；“限制”选项组中的设置如图10-44所示。预览效果1如图10-45所示.单击“确定”按钮，创建圆弧，如图10-46所示。

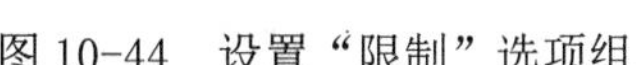
图10-44 设置“限制”选项组

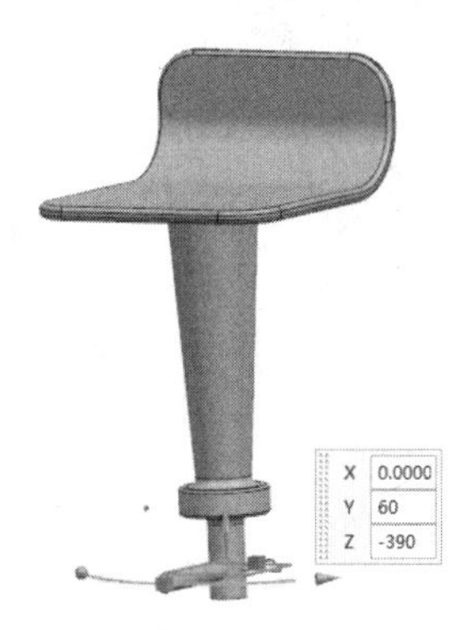

图10-45 预览效果1

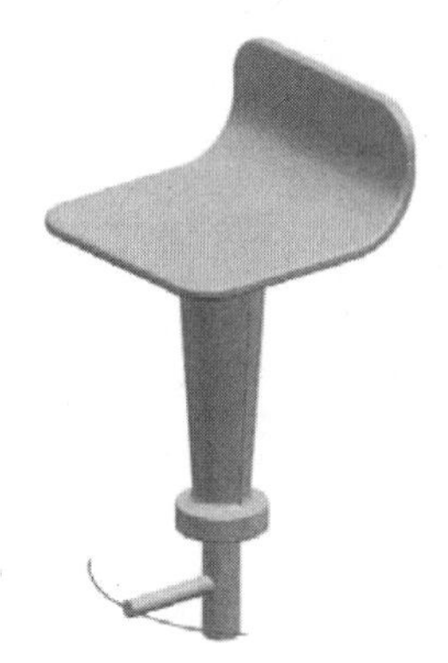
图10-46 创建圆弧

❷创建圆。执行菜单中的“插入”→“曲线”→“圆弧/圆”命令，或者单击“曲线”功能区“曲线”组中的“圆弧/圆”图标，系统弹出“圆弧/圆”对话框。单击“中心点”选项组中的“点对话框”按钮，系统弹出“点”对话框。设置中心点的坐标为（0，－130，－390），单击“确定”按钮。在“通过点”的“终点选项”下拉列表框中选择“半径”，在“半径”中输入10后，按Enter键。在“平面选项”下拉列表框中选择“选择平面”选项，在“指定平面”下拉列表框中选择“YC-ZC平面”，在“距离”中输入0，预览效果2如图10-47所示。在“限制”选项组中，勾选“整圆”复选框，单击“确定”按钮，创建圆如图10-48所示。

❸扫掠。执行菜单中的“插入”→“扫掠”→“扫掠”命令，或者单击“曲面”功能区“曲面”组中的“扫掠”图标，系统弹出“扫掠”对话框。选择截面曲线如图10-49所示，单击鼠标中键，进行引导线选择，如图10-50所示。在“扫掠”对话框中单击“确定”按钮，创建扫掠曲面如图10-51所示。

03 创建组合体。执行菜单中的“插入”→“组合”→“合并”命令，或者单击“主页”功能区“特征”组中“合并”图标，系统弹出“合并”对话框。目标选择支撑架，如图10-52所示。工具选择脚踏架，如图10-53所示。单击“确定”按钮，创建组合体。

04 边倒圆。执行菜单中的“插入”→“细节特征”→“边倒圆”命令，或者单击“主页”功能区“特征”组中的“边倒圆”图标，系统弹出“边倒圆”对话框。选择边倒圆的边，如图10-54所示。边倒圆的“半径1”设置为3，单击“确定”按钮，边倒圆后的模型如图10-55所示。

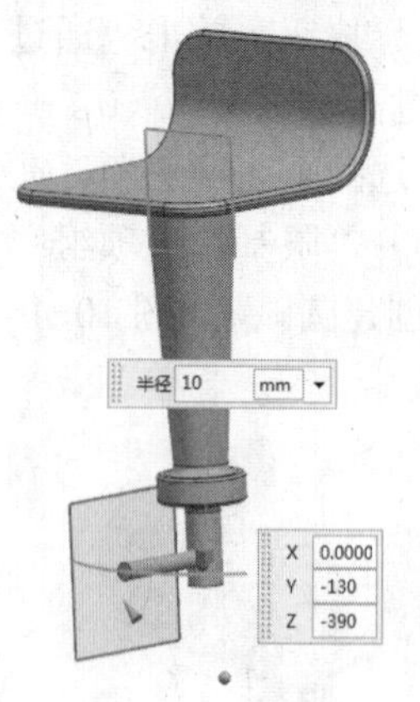
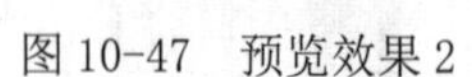

图 10-47 预览效果 2

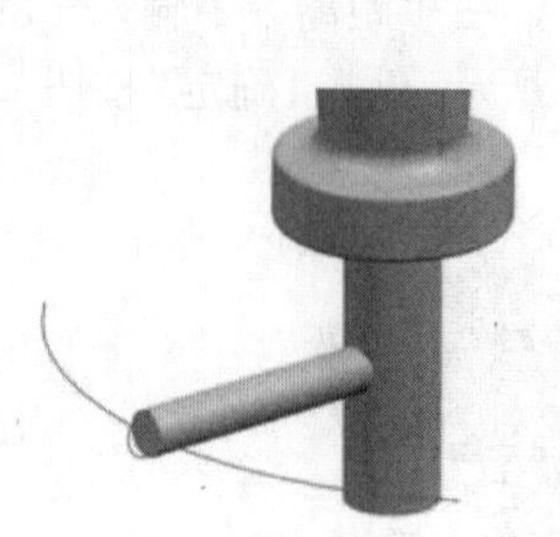

图 10-48 创建圆

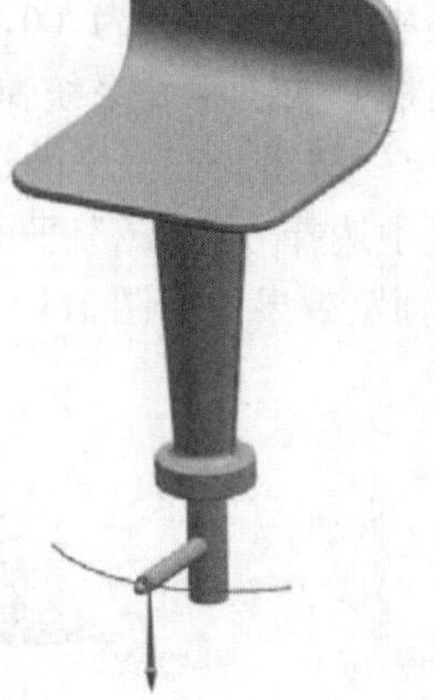

图 10-49 选择截面曲线

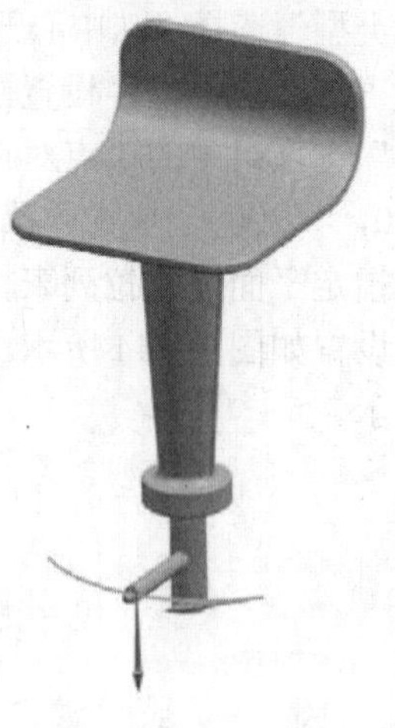

图 10-50 选择引导线

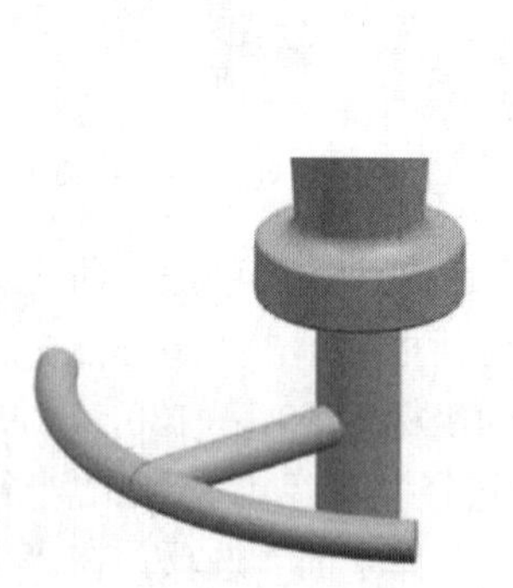

图 10-51 创建扫掠曲面

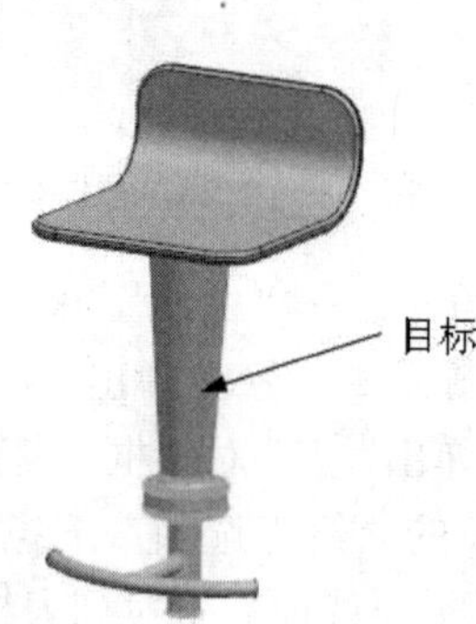

图 10-52 选择目标体

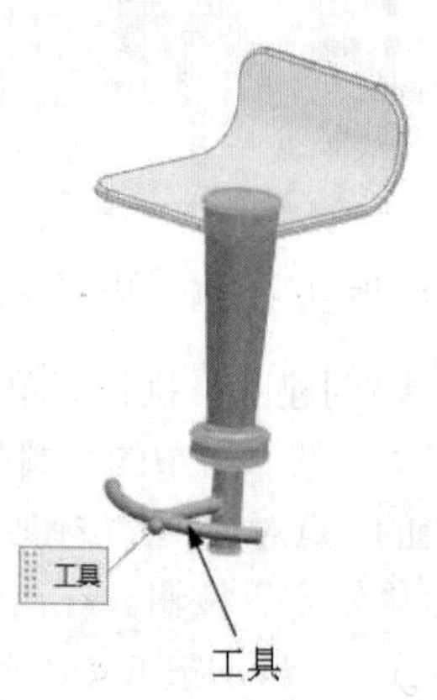

图 10-53 选择工具

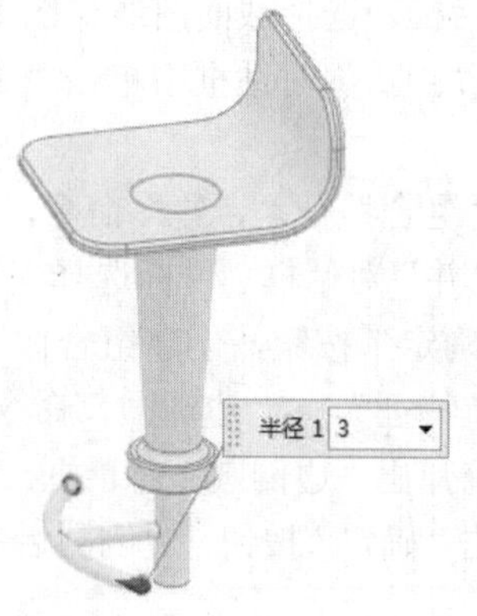

图 10-54 选择边

图 10-55 边倒圆后的模型

10.4 底座

底座的创建流程如图 10-56 所示。

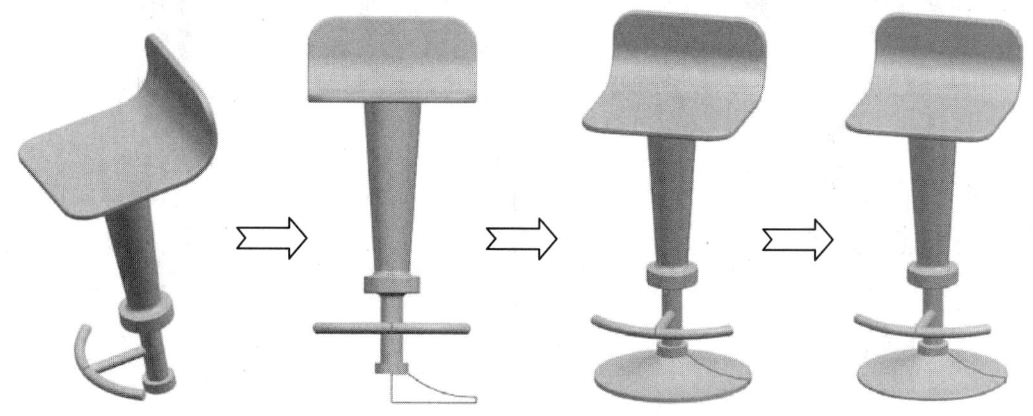

图 10-56 底座的创建流程

具体操作步骤如下：

01 创建圆柱体。执行菜单中的“插入”→“设计特征”→“圆柱”命令，系统弹出“圆柱”对话框。选择“轴、直径和高度”类型，在“指定矢量”下拉列表框中选择“-ZC 轴”，单击“指定点”选项组中的“点对话框”按钮，弹出“点”对话框。设置点坐标（0，0，−450）为圆柱体的圆心坐标，单击“确定”按钮。设置“直径”“高度”为 60、20。单击“确定”按钮，创建圆柱体，如图 10-57 所示。

02 创建回旋体。

❶移动 WCS。执行菜单中的“格式”→“WCS”→“动态”命令，拖动坐标系圆点到刚建的圆柱体底面的圆心上，新坐标系位置如图 10-58 所示。

❷创建直线。将视图转换为前视图。执行菜单中的“插入”→“曲线”→“直线”命令，或者单击“曲线”功能区“曲线”组中的“直线”图标，系统弹出“直线”对话框。单击“开始”选项组中的“点对话框”按钮，系统弹出“点”对话框。设置起点坐标为（0，0，0），点“参考”设置为 WCS，单击“确定”按钮，预览效果 1 如图 10-59 所示。单击“结束”选项中的“点对话框”按钮，系统弹出“点”对话框。设置终点坐标为（30，0，0），点“参考”设置为 WCS，单击“确定”按钮。在“直线”对话框中单击“应用”按钮，创建直线 1，如图 10-60 所示。

采用同样的方法创建直线 2。设置起点坐标为（0，0，0），设置终点坐标为（0，0，−50），在“直线”对话框中单击“应用”按钮，创建直线 2，如图 10-61 所示。创建直线 3，输入起点坐标为（0，0，−50），设置终点坐标为（150，0，−50），在“直线”对话框中单击“应用”按钮，创建直线 3 如图 10-62 所示。创建直线 4，设置起点坐标为（150，0，−50），设置终点坐标为（150，0，−40），在“直线”对话框中单击“应用”按钮，创建直线 4。

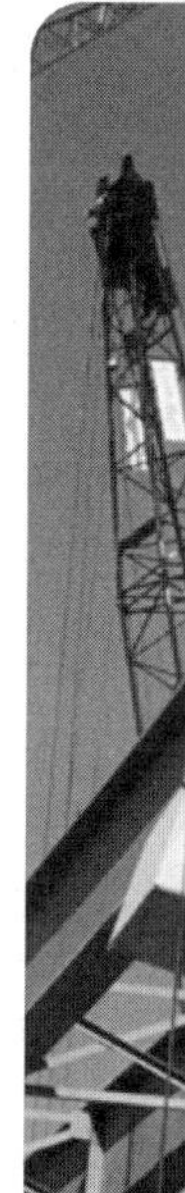

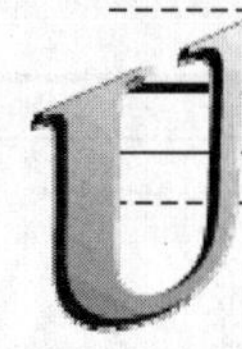

图 10-57　创建圆柱体

图 10-58　新坐标系位置

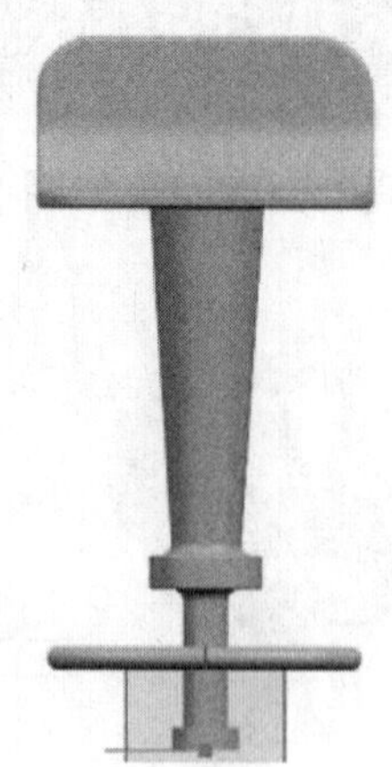
图 10-59　预览效果 1

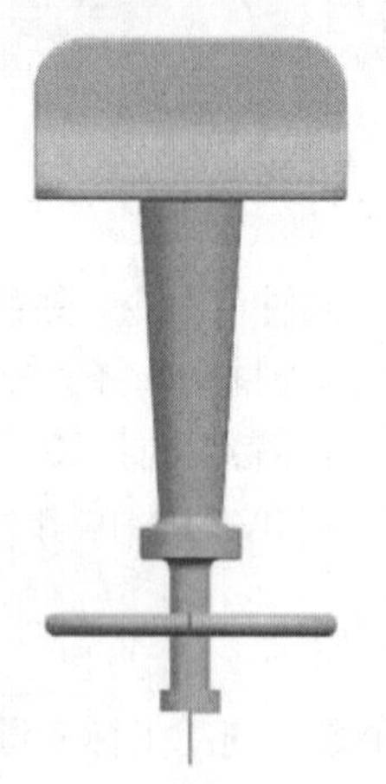
图 10-60　创建直线 1

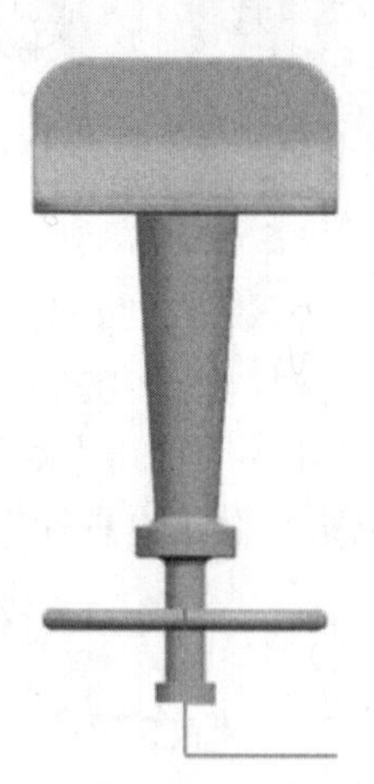
图 10-61　创建直线 2

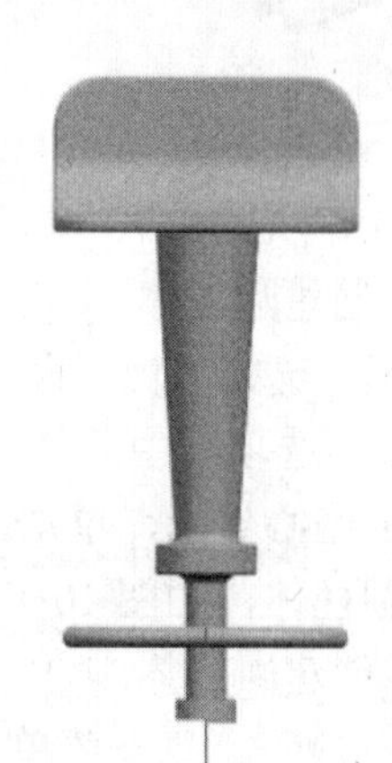
图 10-62　创建直线 3

❸创建圆弧。执行菜单栏中的“插入”→“曲线”→“圆弧/圆”命令，或者单击“曲线”功能区中“圆弧/圆”图标，系统弹出“圆弧/圆”对话框。选择“三点画圆弧”类型，如图 10-63 所示。单击“起点”选项组中的“点对话框”按钮，系统弹出“点”对话框。设置起点坐标（30，0，0），单击“确定”按钮，点“参考”设置为 WCS。单击“端点”选项组中的“点对话框”按钮，弹出“点”对话框。设置端点坐标（150，0，−40），单击“确定”按钮，点“参考”设置为 WCS。单击“中点”选项中的“点对话框”按钮，系统弹出“点”对话框。设置中点坐标为（60，0，−20），单击“确定”按钮，点“参考”设置为 WCS，预览效果 2，如图 10-64 所示。单击“确定”按钮，创建圆弧，如图 10-65 所示。

❹旋转。执行菜单中的“插入”→“设计特征”→“旋转”命令，或者单击“主页”功能区“特征”组中的“旋转”图标，系统弹出如图 10-66 所示的“旋转”对话框。选择截面曲线如图 10-67 所示。在“指定矢量”下拉列表框中选择“ZC轴”。单击“指定点”中的按钮，选择圆心点，如图 10-68 所示。其余选项保持默认值，单击“确定”按钮，创建旋转体，如图

10-69 所示。

图 10-63　“圆弧/圆”对话框

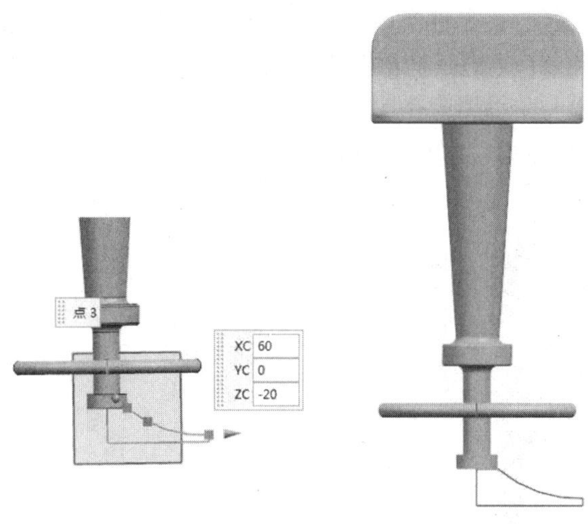

图 10-64　预览效果 2

图 10-65　创建圆弧

图 10-66　“旋转”对话框

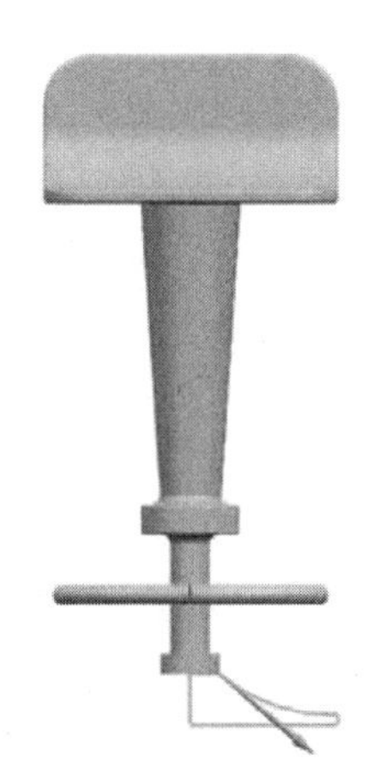

图 10-67　选择截面曲线

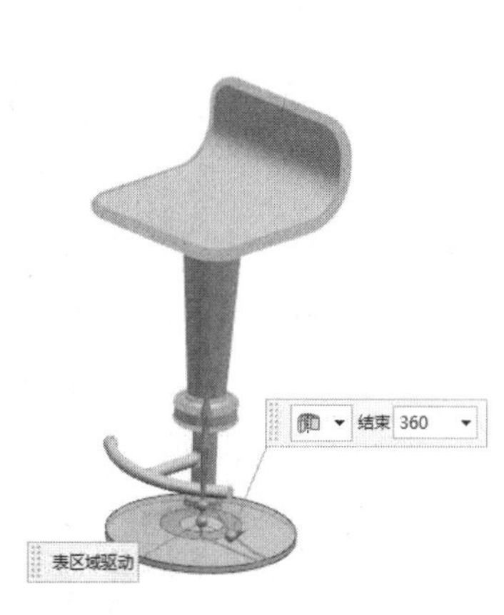

图 10-68　选择圆心点

03 边倒圆。执行菜单中的“插入”→“细节特征”→“边倒圆”命令，或者单击“主

页”功能区“特征”组中的“边倒圆”图标，系统弹出“边倒圆”对话框，选择边倒圆的边1，如图 10-70 所示，边倒圆“半径 1”设置为 3。单击“添加新集”按钮，选择边倒圆的边2 如图 10-71 所示，边倒圆的“半径 1”设置为 4。单击“确定”按钮，创建最终模型如图 10-72 所示。

04 隐藏曲线。执行菜单中的“编辑”→“显示和隐藏”→“隐藏”命令，或者单击“视图”功能区“可见性”中的中“隐藏”图标，或者按住 Ctrl+B 键，系统弹出“类选择”对话框。单击“类型过滤器”按钮，系统弹出“按类型选择”对话框。选择“曲线”，单击“确定”按钮。在“类选择”对话框中单击“全选”按钮，隐藏的对象为曲线。单击“确定”按钮，曲线被隐藏，如图 10-73 所示。

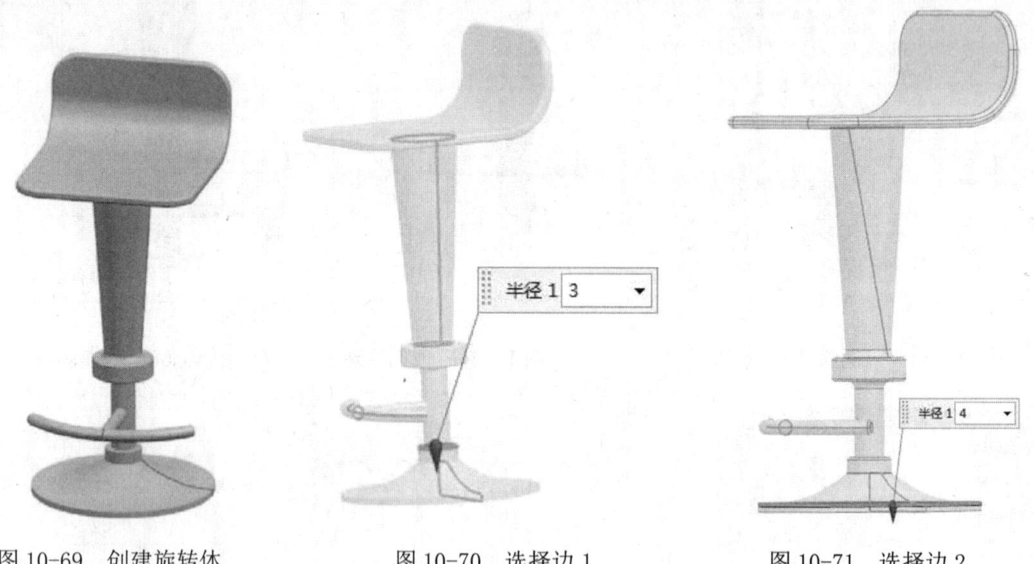

图 10-69 创建旋转体　　图 10-70 选择边 1　　图 10-71 选择边 2

图 10-72 最终模型

图 10-73 隐藏曲线

10.5 渲染

渲染流程如图 10-74 所示。

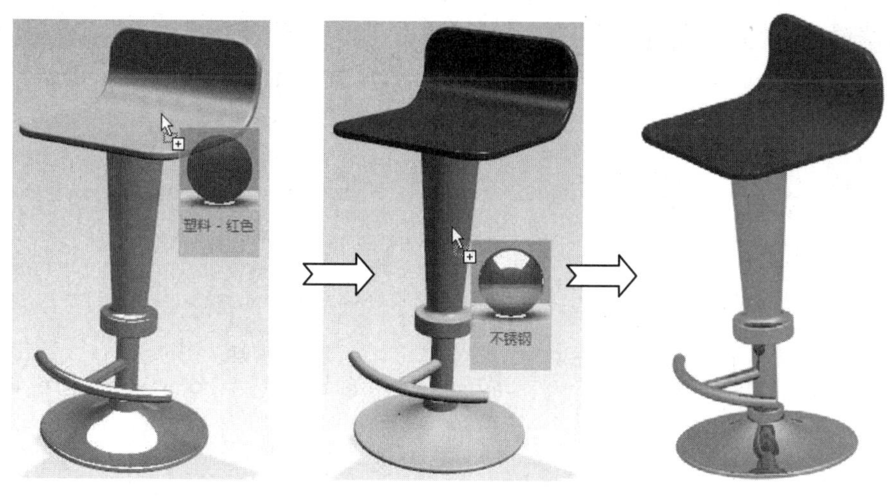

图 10-74　渲染流程

具体操作步骤如下：

01 为实体赋予材料。单击“渲染”功能区“显示”组中的“高级艺术外观”图标，进入“高级艺术外观渲染模式”。单击屏幕左侧的“系统艺术外观材料”图标，弹出“系统艺术外观材料”列表框。单击“塑料”文件夹，如图 10-75 所示。将“塑料-红色”图标拖动到如图 10-76 所示的实体上。打开“金属”文件夹，将“不锈钢”图标拖动到其余的实体上，如图 10-77 所示。

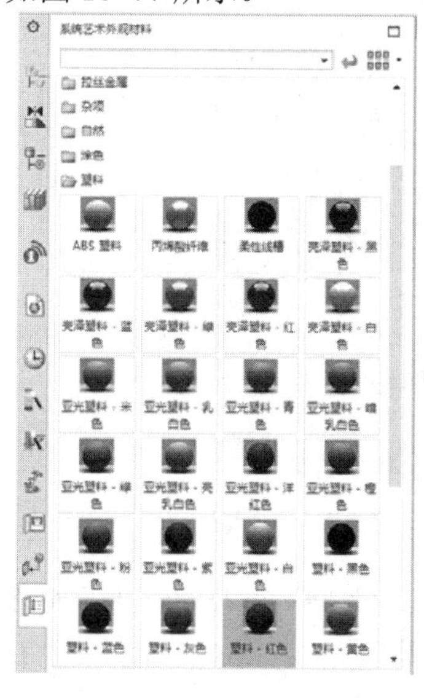

图 10-75　“系统艺术外观材料”列表框

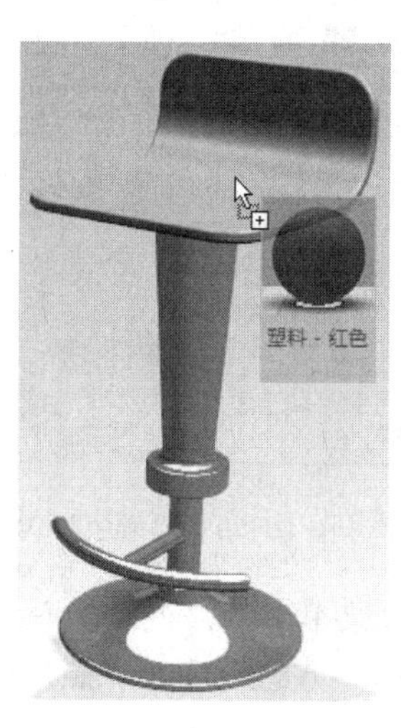

图 10-76　添加红色

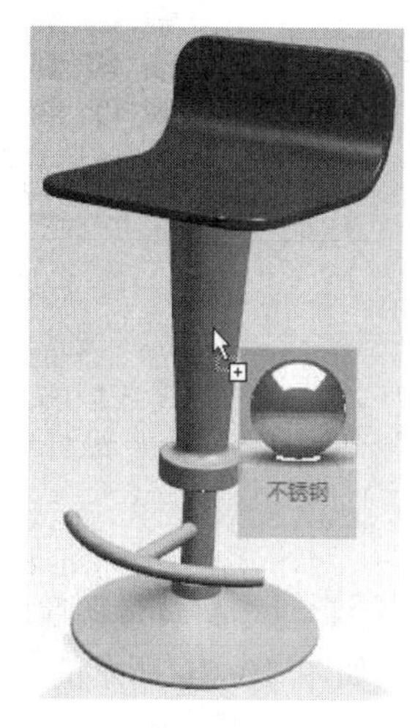

图 10-77　添加不锈钢

02 设置视觉效果。执行菜单中的“视图”→“可视化”→“视觉效果”命令，系统弹出如图 10-78 所示的“视觉效果”对话框。选择“背景”选项卡，如图 10-79 所示。单击“顶部颜色”和“底部颜色”的色块，系统弹出如图 10-80 所示的“颜色”对话框。将顶部颜色和底部颜色设置为白色，单击“视觉效果”对话框中的“确定”按钮。

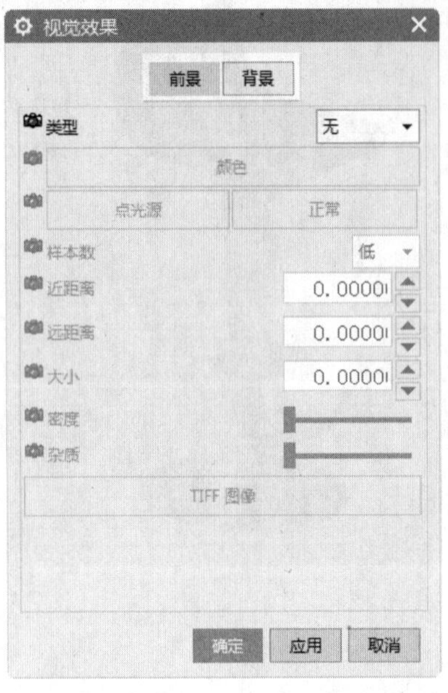

图 10-78 “视觉效果”对话框

图 10-79 “背景”选项卡

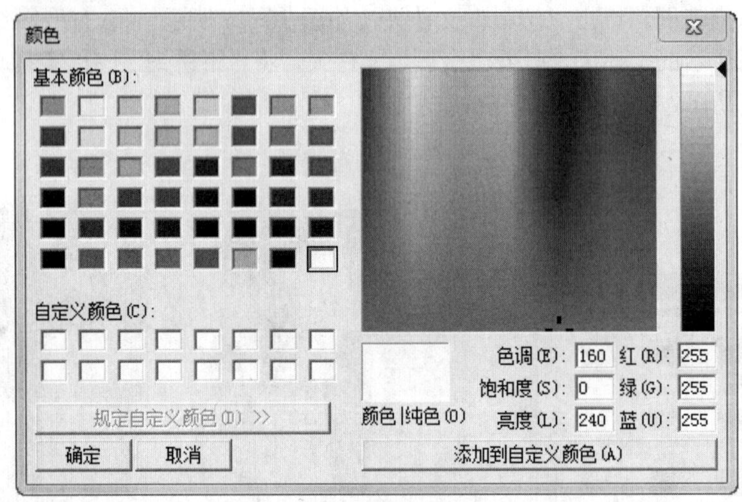

图 10-80 “颜色”对话框

03 创建高质量图像。执行菜单中的“视图”→“可视化”→“高质量图像”命令，系统弹出如图 10-81 所示的对话框。“方法”选择“照片般逼真的”，单击“开始着色”按钮，创建高质量图像，如图 10-82 所示。

图 10-81　“高质量图像”对话框

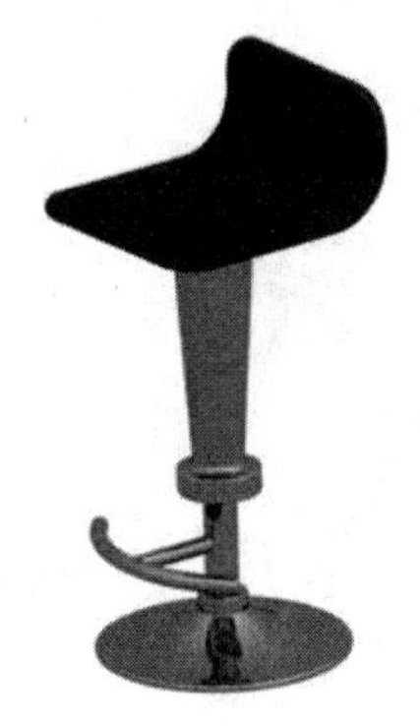

图 10-82　创建高质量图像

第11章

榨汁机设计综合实例

榨汁机由主机、十字刀、果杯组成，通过综合应用自由曲面的构造功能创建榨汁机各部分模型，并将各部件装配成整机。创建模型后对模型进行材料和色彩渲染，生成逼真的榨汁机外观模型。

重点与难点

- 主机
- 十字刀
- 果杯
- 装配

11.1 主机

榨汁机主机的创建流程如图 11-1 所示。

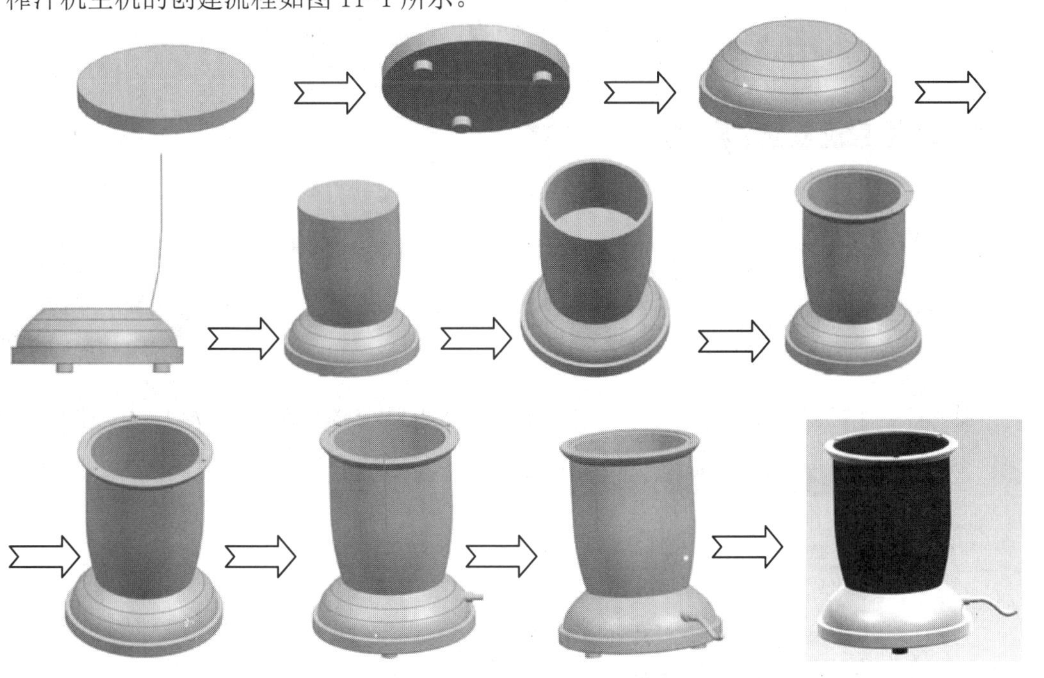

图 11-1　榨汁机主机的创建流程

具体操作步骤如下：

01 创建一个新文件。执行菜单中的“文件”→“新建”选项，或者单击“标准”组中的“新建”图标，弹出“新建”对话框。单位“”设置为“毫米”，在“模板”选项组中选择“模型”选项，在“新文件名”的“名称”中输入文件名“zhuji”，然后在“新文件名”的“文件夹”中选择文件存盘的位置，完成后单击“确定”按钮，进入建模模块。

02 创建圆柱体 1 和圆柱体 2。执行菜单中的“插入”→“设计特征”→“圆柱”命令，系统弹出“圆柱”对话框。选择“轴、直径和高度”类型，单击“指定矢量”中的“矢量对话框”按钮，弹出“矢量”对话框，如图 11-2 所示。单击“确定”按钮。单击“指定点”中的“点对话框”按钮，弹出“点”对话框。设置点坐标（0，0，0）为圆柱体的圆心坐标，单击“确定”按钮。设置“直径”“高度”为 160、15，如图 11-3 所示。单击“应用”按钮，创建圆柱体 1，如图 11-4 所示。

在“圆柱”对话框中选择“轴、直径和高度”类型，单击“指定矢量”中的“矢量对话框”按钮，弹出“矢量”对话框。选择“ZC 轴”，单击“反向”按钮，单击“确定”按钮。单击“指定点”中的“点对话框”按钮，弹出“点”对话框。设置点坐标（60，0，0）为圆柱体的圆心坐标，单击“确定”按钮。设置直径、高度为 16、8，如图 11-5 所示。单击“确定”按钮，创建圆柱体 2，如图 11-6 所示。

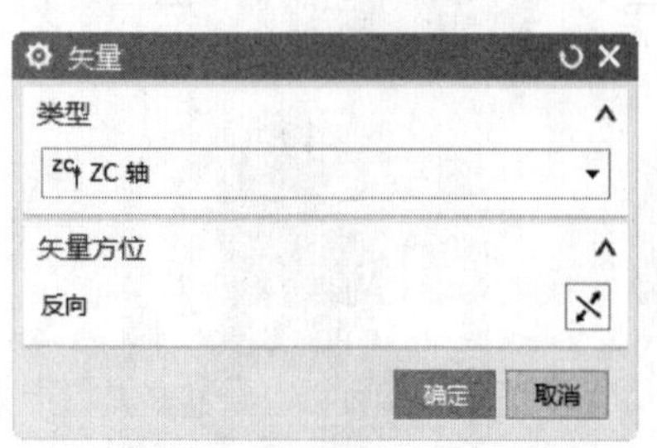

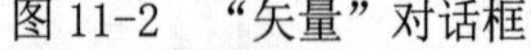
图 11-2 “矢量”对话框

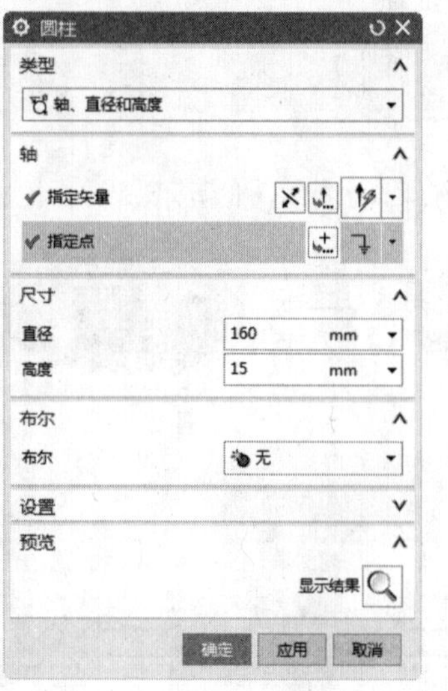

图 11-3 设置圆柱体的参数 1

图 11-4 创建圆柱体 1

图 11-5 设置圆柱体的参数 2

图 11-6 创建圆柱体 2

03 阵列圆柱体。执行菜单中的“插入”→“关联复制”→“阵列特征”命令，或者单击“主页”功能区“特征”组中的“阵列特征”图标，系统弹出“阵列特征”对话框，如图 11-7 所示。选择“圆形”布局，单击“矢量对话框”按钮，在弹出的“矢量”对话框中选择“ZC 轴”，单击“点对话框”按钮，在弹出的“点”对话框设置坐标点为（0,0,0），设置“数量”为 3，“节距角”为 120。选择上步创建的圆柱体 2 为要形成阵列的特征，单击“确定”按钮，阵列圆柱体，如图 11-8 所示。

04 创建曲线模型。执行菜单中的“插入”→“曲线”→“圆弧/圆”命令，系统弹出“圆弧/圆”对话框如图 11-9 所示。勾选“整圆”复选框，在“类型”下拉列表框中选择“从中心开始的圆弧/圆”类型，在“中心点”选项组中单击“点对话框”按钮，弹出“点”对话框。设置圆中心点坐标为（0，0，15），单击“确定”按钮，返回“圆弧/圆”对话框。单击“通过点”选项组中的“点对话框”按钮，弹出“点”对话框。设置通过点坐标为（75，0，15），单击“确定”按钮，返回“圆弧/圆”对话框。单击“确定”按钮，完成圆 1 的创建。按照上面的步骤创建圆心为（0，0，30），通过点为（70,0,30）的圆 2；圆心为（0，0，40），半径为通过点为（61,0,40）的圆 3；圆心为（0，0，50），通过点为（50,0,50）的圆 4。创建的曲线模型如图 11-10 所示。

图 11-7　“阵列特征”对话框

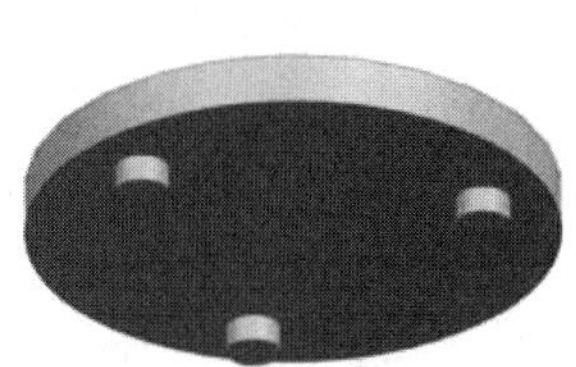

图 11-8　阵列圆柱体

图 11-9　“圆弧/圆”对话框

图 11-10　创建曲线模型

05 通过曲线组创建曲面。执行菜单中的“插入”→“网格曲面”→“通过曲线组”命令，或者单击“曲面”功能区“曲面”组中的“通过曲线组”图标，系统弹出如图 11-11 所示的“通过曲线组”对话框。选择截面线串如图 11-12 所示，其余选项保持默认状态，单击“确定”按钮，通过曲线组创建曲面，如图 11-13 所示。

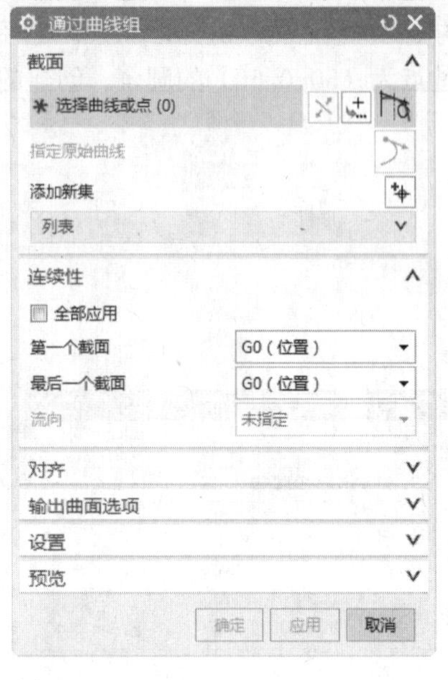

图 11-11 “通过曲线组”对话框

图 11-12 选择截面线串

图 11-13 通过曲线组创建曲面

06 创建扫掠特征。

❶创建直线。将视图转换为前视图。执行菜单中的“插入”→“曲线”→“直线”命令，或者单击“曲线”功能区“曲线”组中的“直线”图标，系统弹出“直线”对话框。单击“开始”选项组中的“点对话框”按钮，系统弹出“点”对话框。设置起点坐标为（60，0，120），单击“确定”按钮。单击“结束”选项组中的“点对话框”按钮，系统弹出“点”对话框。设置终点坐标为（60，0，190），单击“确定”按钮，在“直线”对话框中单击“确定”按钮，创建直线 1，如图 11-14 所示。

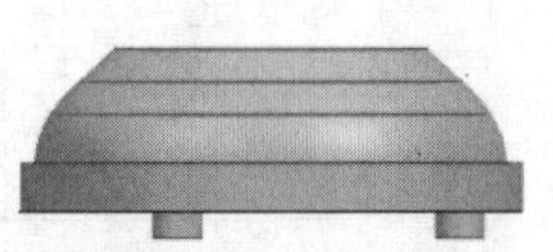

图 11-14 创建直线 1

❷创建圆弧 1 和圆弧 2。执行菜单中的“插入”→“曲线”→“直线和圆弧”→“圆弧（点-点-相切）”命令，系统弹出“圆弧（点-点-相切）”对话框，如图 11-15 所示。设置起点坐标为（60，0，120），每输入完一个坐标值单击 Tab 键可转换到下一个值的输入，单击鼠标左键，或者直接用鼠标左键单击直线的终点位置，如图 11-16 所示。设置终点坐标为（50，0，50），单击，或者直接单击圆的象限点位置，如图 11-17 所示。选择直线为中间相切约束的曲线。创建圆弧 1，如图 11-18 所示。双击圆弧，弹出“圆弧/圆”对话框。单击“补弧”按钮，改变箭头方向如图 11-19 所示。单击“确定”按钮，创建圆弧 2，如图 11-20 所示。

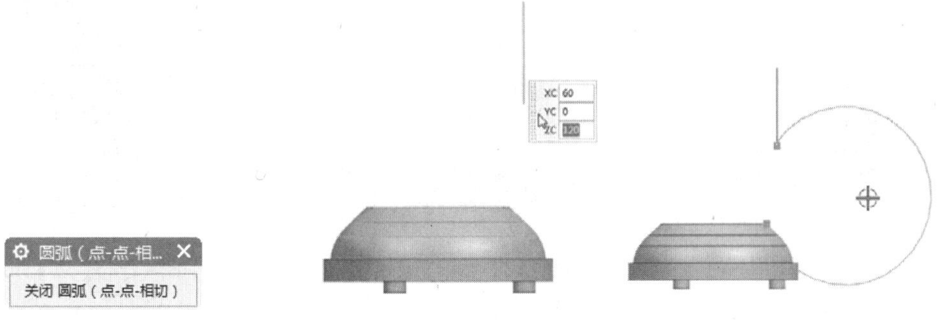

图 11-15 “圆弧（点-点-相切）”对话框　　图 11-16　圆弧起点　　图 11-17 圆弧终点

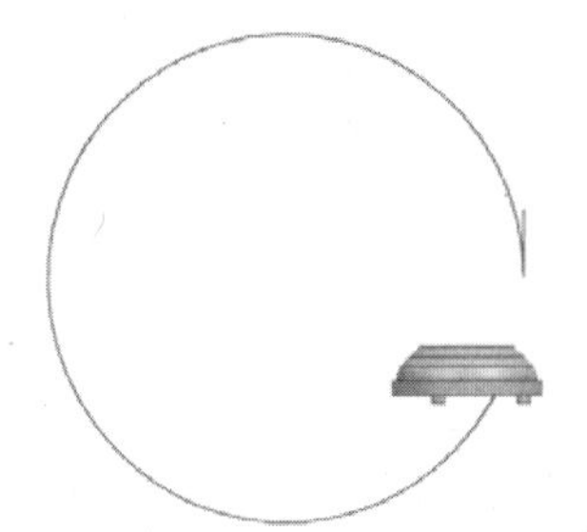

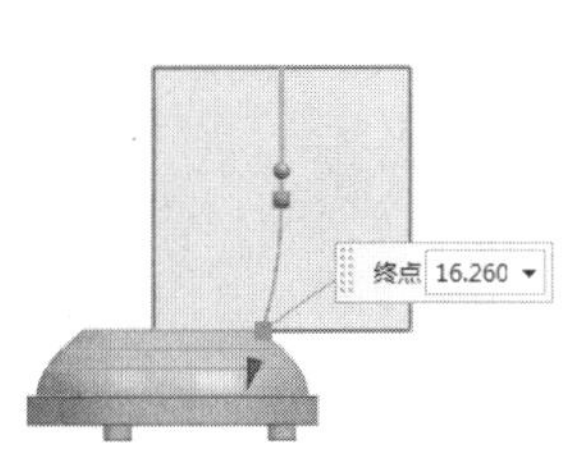

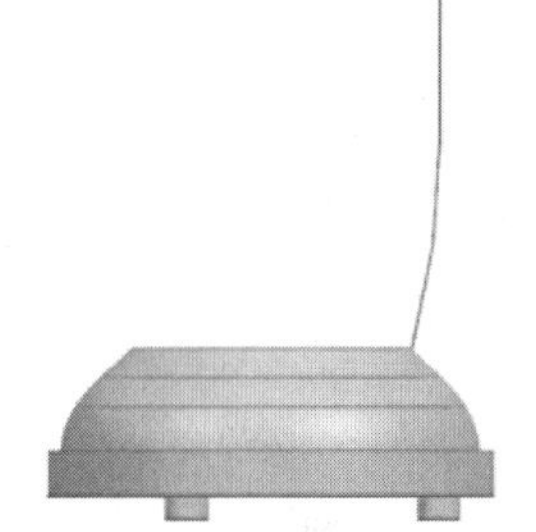

图 11-18　创建圆弧 1　　图 11-19　改变箭头方向　　图 11-20　创建圆弧 2

❸扫掠 1。执行菜单中的“插入”→“扫掠”→“扫掠”命令，或者在“曲面”功能区“曲面”组“更多”中单击“扫掠”图标，系统弹出“扫掠”对话框。选择截面曲线 1 如图 11-21 所示，单击鼠标中键，进行引导线 1 选择，如图 11-22 所示。在“扫掠”对话框中单击“确定”按钮，创建扫掠曲面 1，如图 11-23 所示。

07 创建孔。执行菜单中的“插入”→“设计特征”→“孔”命令，或者单击“主页”功能区“特征”组中的“孔”图标，系统弹出如图 11-24 所示的“孔”对话框。选择“简单孔”类型，设置“直径”为 110，“深度”为 70，拾取扫掠曲面的上表面，进入草图绘制环境，并弹出“点”对话框。设置坐标点为（0，0，0），单击“确定”按钮。单击“完成”按钮，返回建模模块，单击“确定”按钮，创建孔，如图 11-25 所示。

08 创建扫掠特征。

❶创建圆弧 3。执行菜单中的“插入”→“曲线”→“圆弧/圆”命令，或者单击“曲线”

功能区“曲线”组中的“圆弧/圆”图标，系统弹出“圆弧/圆”对话框。选择“三点画圆弧”类型，设置圆弧的起点坐标为（60，0，180），设置圆弧的终点坐标为（70，0，192），设置圆弧上的中点坐标为（65，0，184），单击“确定”按钮，完成圆弧3的创建，如图11-26所示。

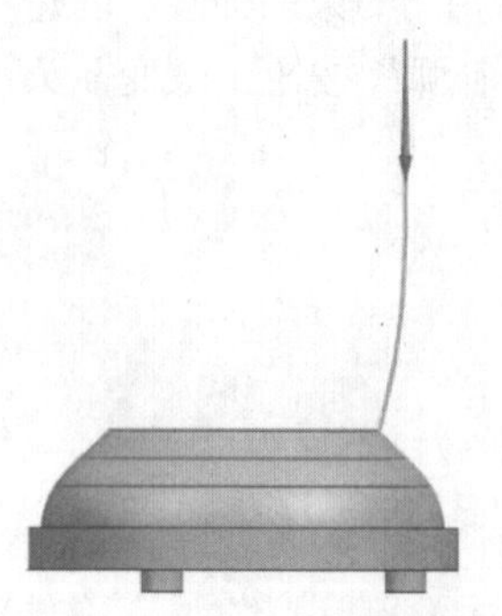

图11-21 选择截面曲线1

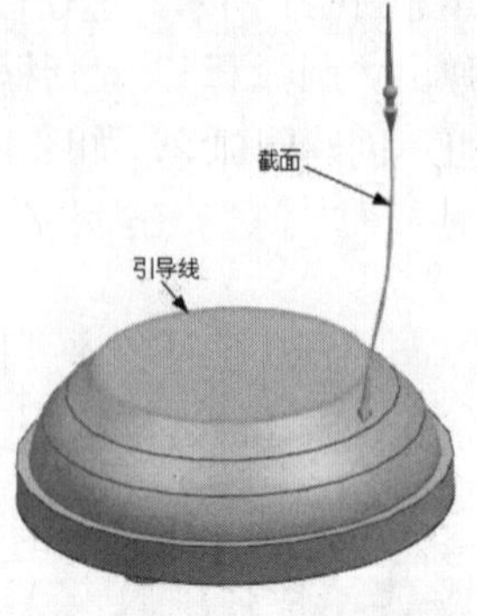

图11-22 选择引导线1

图11-23 创建扫掠曲面1

图11-24 “孔”对话框

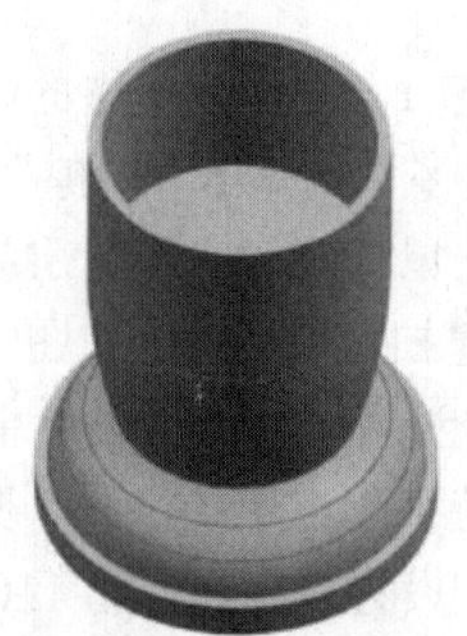

图11-25 创建孔

❷创建直线2和直线3。执行菜单中的“插入”→“曲线”→“直线”命令，或者单击“曲线”功能区“曲线”组中的“直线”图标，系统弹出“直线”对话框。单击“开始”选项组

中的“点对话框”按钮，系统弹出“点”对话框。设置起点坐标为（60，0，180）单击“确定”按钮，单击“结束”的按钮，系统弹出“点”对话框。设置终点坐标为（60，0，192），单击“确定”按钮。在“直线”对话框中单击“应用”按钮，创建直线 2；采用同样的方法构造直线 3，起点坐标（60，0，192），终点坐标（70，0，192），如图 11-27 所示。

图 11-26　创建圆弧 3

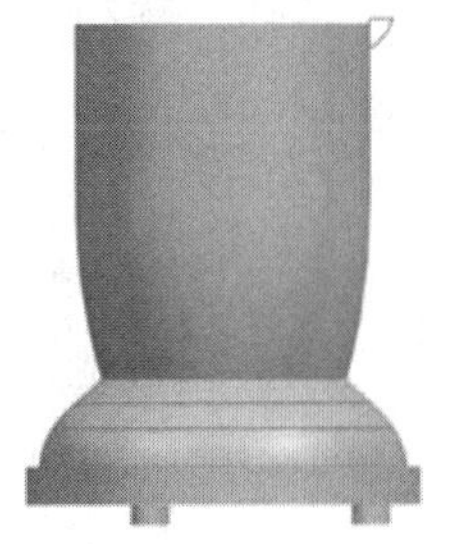

图 11-27　创建直线 2 和直线 3

❸扫掠 2。执行菜单中的“插入”→“扫掠”→“扫掠”命令，或者单击“曲面”功能区中“扫掠”图标，系统弹出“扫掠”对话框。选择截面曲线 2 如图 11-28 所示. 单击鼠标中键，进行引导线 2 的选择，如图 11-29 所示。在“扫掠”对话框中单击“确定”按钮，创建扫掠曲面 2，如图 11-30 所示。

图 11-28　选择截面曲线 2

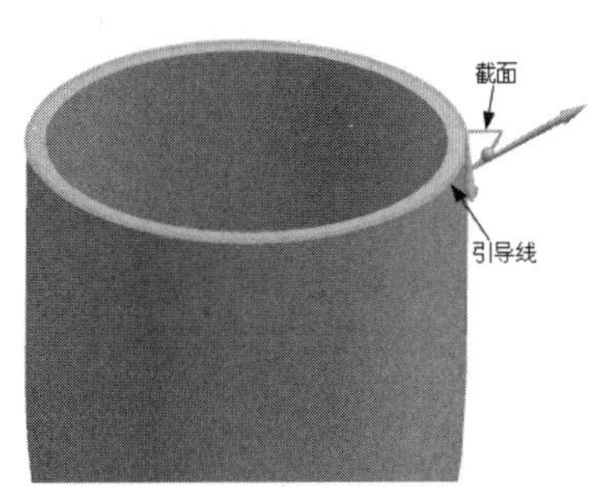

图 11-29　选择引导线 2

图 11-30　创建扫掠曲面 2

09 边倒圆 1。执行菜单中的“插入”→“细节特征”→“边倒圆”命令，或者单击“主页”功能区“特征”组中的“边倒圆”图标，系统弹出“边倒圆”对话框，选择边倒圆的边 1，如图 11-31 所示。边倒圆的“半径 1”设置为 2。单击“确定”按钮，创建边倒圆 1，如图 11-32 所示。

10 创建长方体。执行菜单中的“插入”→“设计特征”→“长方体”命令，系统弹出如图 11-33 所示“长方体”对话框。选择“两个对角点”类型，单击按钮，系统弹出“点”对话框。设置点 1 坐标为（55，−3，190），单击“确定”按钮。单击按钮，系统弹出“点”对话框。设置点 2 坐标为（65，3，192），单击“确定”按钮。在“布尔”下拉列表框中选择“减去”选项，选择步骤 **08** 创建的扫掠曲面 2 为要求差的实体，单击“确定”按钮，创建长方体，如图 11-34 所示。

11 阵列长方体。执行菜单中的“插入”→“关联复制”→“阵列特征”命令，或者单

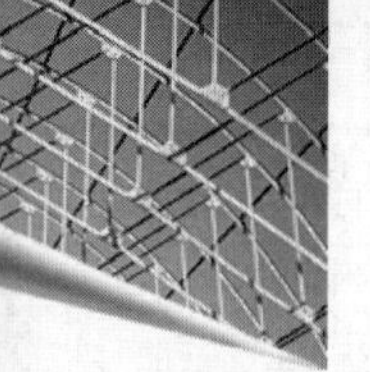

击“主页”功能区“特征”组中的“阵列特征”图标，系统弹出“阵列特征”对话框，如图11-35所示。选择“圆形”布局，单击“矢量对话框”按钮，在弹出的“矢量”对话框中选择“ZC 轴”；单击“点对话框”按钮，在弹出的“点”对话框中设置“点”坐标为（0,0,0）。设置“数量”为3，“节距角”为120。选择上步创建的长方体为要形成阵列的特征，单击“确定”按钮，阵列长方体，如图11-36所示。

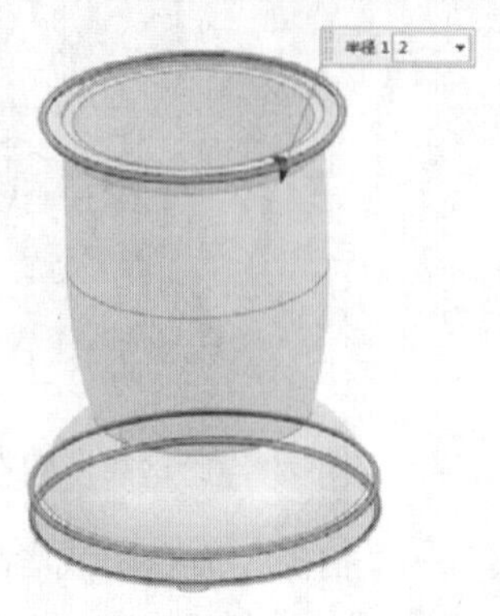

图11-31　选择边倒圆的边1

图11-32　创建边倒圆1

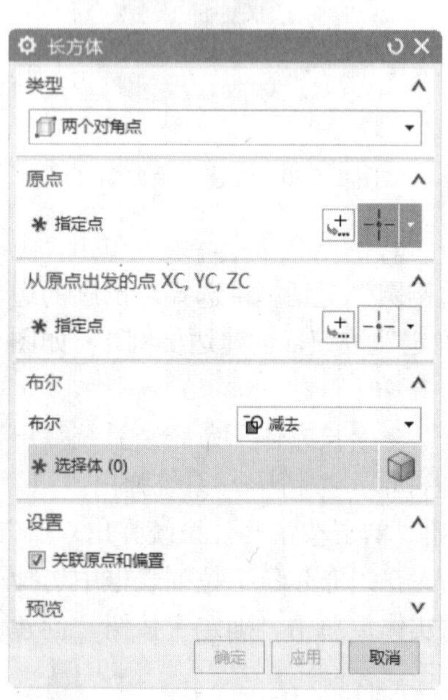

图11-33　“长方体”对话框

图11-34　创建长方体

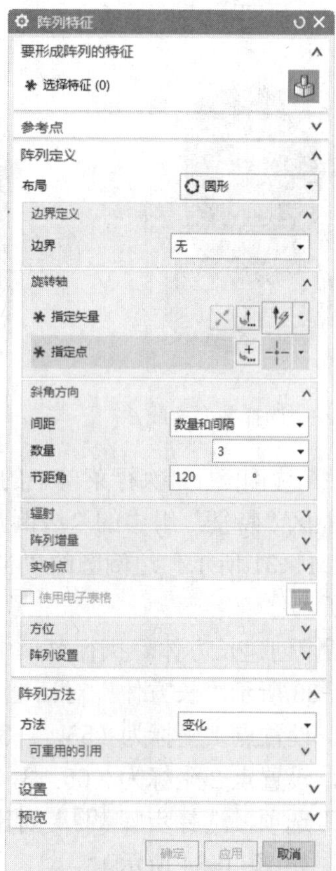

图11-35　“阵列特征”对话框

12 创建圆柱体 3 和圆柱体 4。执行菜单中的“插入”→“设计特征”→“圆柱”命令，系统弹出“圆柱”对话框。选择“轴、直径和高度”类型，在“指定矢量”中的选择“YC 轴”，单击“指定点”中的按钮，弹出“点”对话框。设置“点”坐标（0，60，30）为圆柱体的圆心坐标，单击“确定”按钮。设置“直径”“高度”为 10、18，在“布尔”下拉列表框中选择“合并”选项，如图 11-37 所示。单击“应用”按钮，创建圆柱体 3，如图 11-38 所示。

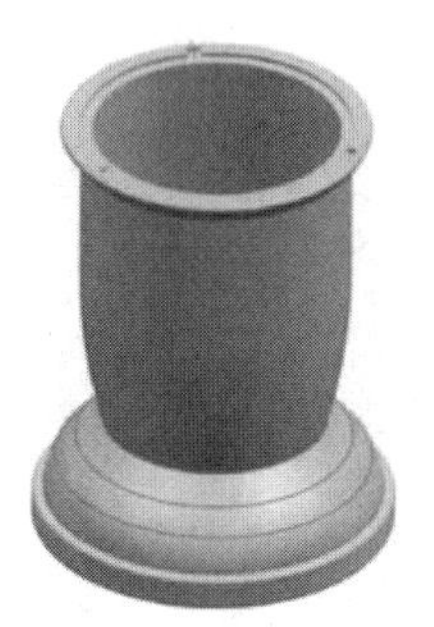

图 11-36　阵列长方体

图 11-37　设置圆柱体的参数 3

图 11-38　创建圆柱体 3

继续创建圆柱体。选择“轴、直径和高度”类型，在“指定矢量”中的选择“YC 轴”，设置“点”坐标（0，78，30）为圆柱体的圆心坐标，设置“直径”“高度”为 6、10，在“布尔”下拉列表框中选择“合并”选项。单击“确定”按钮，创建圆柱体 4 如图 11-39 所示。

13 创建扫掠特征。

❶创建圆。执行菜单中的“插入”→“曲线”→“圆弧/圆”命令，或者单击“曲线”功能区“曲线”组中“圆弧/圆”图标，系统弹出“圆弧/圆”对话框。选择“从中心开始的圆弧/圆”类型，单击“中心点”选项组中的“点对话框”按钮，系统弹出“点”对话框。设置中心点坐标为（0，88，30），单击“确定”按钮；单击“通过点”选项组中的“点对话框”按钮，系统弹出“点”对话框，设置通过点坐标为（2，88，30），单击“确定”按钮。勾选“整圆”复选框，单击“确定”按钮，创建圆，如图 11-40 所示。

图 11-39　创建圆柱体 4

图 11-40　创建圆

❷创建点。执行菜单中的“插入”→“基准/点”→“点”命令，系统弹出“点”对话框。设置点 1 坐标为（0，88，30），单击“应用”按钮，创建点 1。采用同样的方法创建点 2（0，98，28），创建点 3（0，106，22），创建点 4（0，113，16），创建点 5（0，127，17），如图 11-41 所示。

❸创建艺术样条。执行菜单中的“插入”→“曲线”→“艺术样条”命令，或者单击“曲线”功能区“曲线”组中的“艺术样条”图标，系统弹出“艺术样条”对话框，如图 11-42 所示。选择“通过点”类型，“次数”为 3，选择上面创建好的 5 个点，单击“确定”按钮，创建艺术样条，如图 11-43 所示。

图 11-41　创建的点

艺术样条
类型
通过点
点位置
参数化
次数 3
匹配的结点位置
封闭
制图平面
移动
延伸
设置
微定位
确定　应用　取消

图 11-42　“艺术样条”对话框

图 11-43　创建艺术样条

❹扫掠 3。执行菜单中的“插入”→“扫掠”→“扫掠”命令，或者单击“曲线”功能区“曲面”组中的“扫掠”图标，系统弹出“扫掠”对话框。选择截面曲线 3 如图 11-44 所示。单击鼠标中键，进行引导线 3 的选择，如图 11-44 所示。在“扫掠”对话框中单击“确定”按钮，创建扫掠曲面 3，如图 11-45 所示。

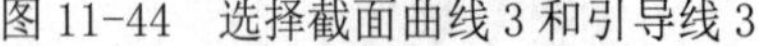
图 11-44　选择截面曲线 3 和引导线 3

图 11-45　创建扫掠曲面 3

14 隐藏点和曲线。执行菜单中的“编辑”→“显示和隐藏”→“隐藏”命令，或者单击“视图”功能区“可见性”组中的“隐藏”图标，系统弹出“类选择”对话框。单击“类型过滤器”按钮，系统弹出“按类型选择”对话框。选择“曲线”和“点”选项，单击“确定”

按钮，单击“全选”按钮。单击“确定”按钮，点和曲线被隐藏，如图 11-46 所示。

15 边倒圆 2。执行菜单中的“插入”→“细节特征”→“边倒圆”命令，或者单击“主页”功能区“特征”组中的“边倒圆”图标，系统弹出“边倒圆”对话框。选择边倒圆的边 2，如图 11-47 所示。边倒圆的“半径”设置为 1。单击“确定”按钮，创建边倒圆 2，如图 11-48 所示。

图 11-46　隐藏点和曲线

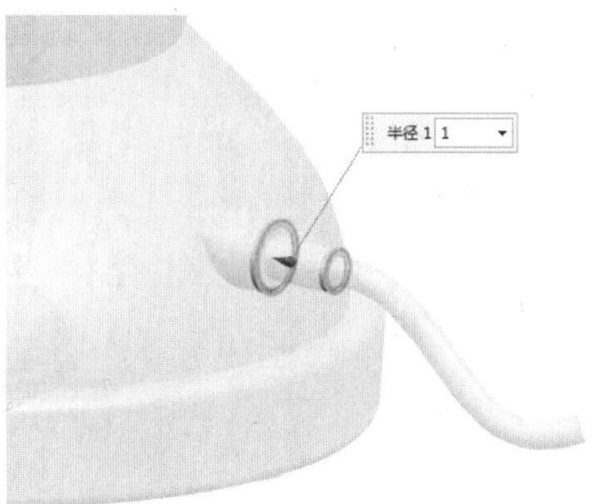

图 11-47　选择边倒圆的边 2

图 11-48　创建边倒圆 2

16 为实体赋予材料。单击“渲染”功能区“显示”组中的“高级艺术外观”图标，进入“高级艺术外观渲染模式”。单击屏幕左侧的“系统艺术外观材料”图标，弹出如图 11-49 所示的“系统艺术外观材料”列表框。单击“塑料”文件夹，如图 11-50 所示。将“亮泽塑料-蓝色”图标拖动到图 11-51 所示的实体上。将“亮泽塑料-白色”图标拖动到图 11-52 和图 11-53 所示的实体上。

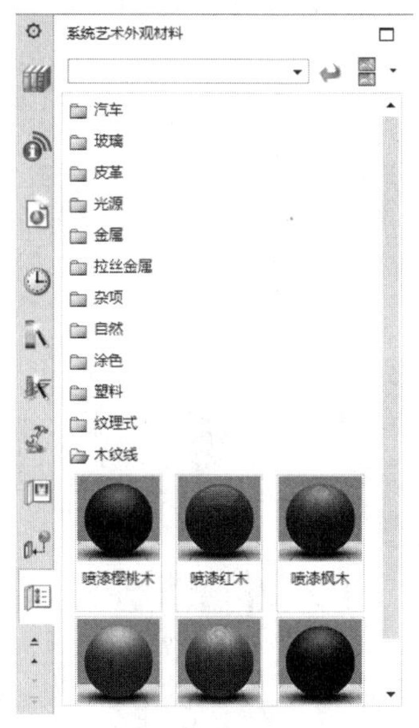

图 11-49　“系统艺术外观材料”列表框

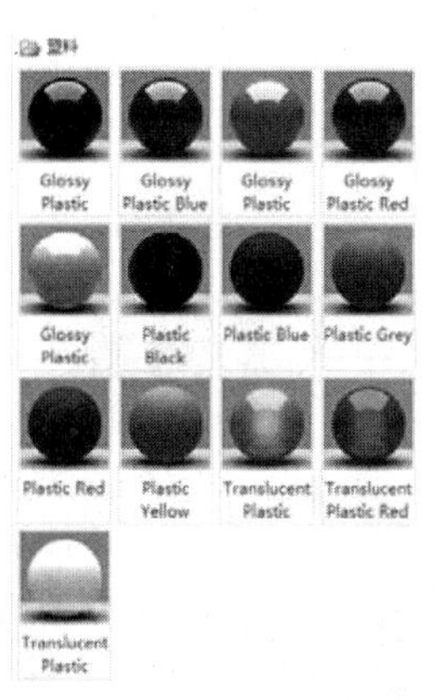

图 11-50　“塑料”文件夹

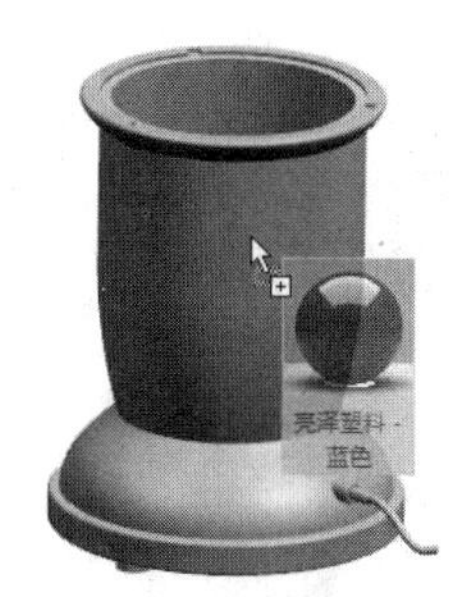

图 11-51　赋予材料 1

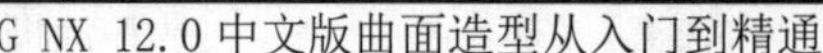

将“塑料-黑色”图标拖动到3个圆柱实体上，如图11-54所示。

17 创建高质量图像。执行菜单中的“视图”→“可视化”→“高质量图像”命令，系统弹出如图11-55所示的对话框。“方法”选择“照片般逼真的”，单击“开始着色”按钮，创建高质量图像，如图11-56所示。

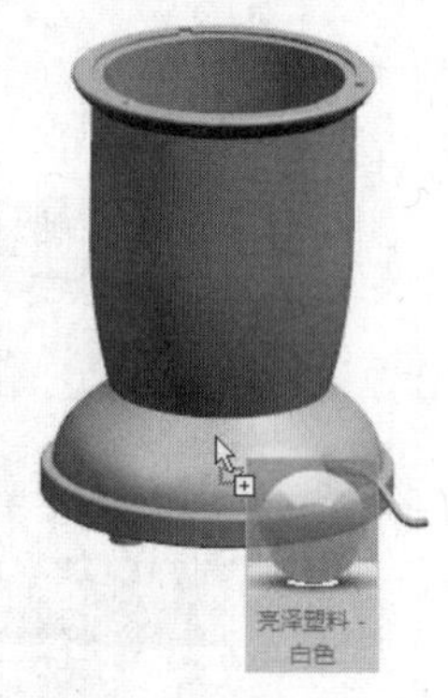

图11-52 赋予材料2

图11-53 赋予材料3

图11-54 赋予材料4

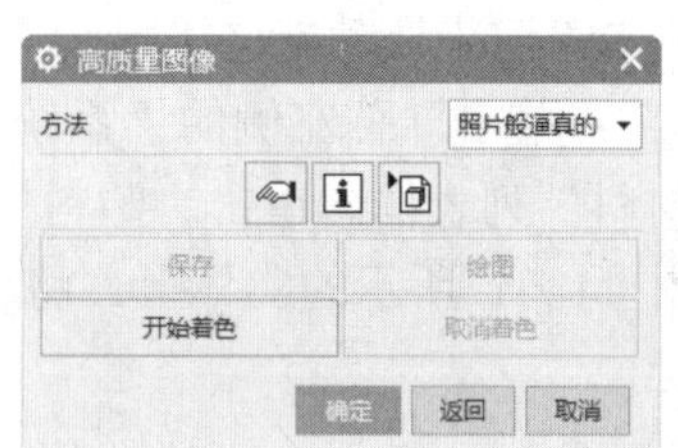

图11-55 “高质量图像”对话框

图11-56 创建高质量图像

11.2 十字刀

十字刀的创建流程如图11-57所示。

图11-57 十字刀的创建流程

具体操作步骤如下：

01 创建一个新文件。执行菜单中的“文件”→“新建”命令，或者单击“标准”组中的“新建”图标，弹出“新建”对话框。单位设置为毫米，在“模板”中选择“模型”选项，在“新文件名”的“名称”中输入文件名“shizidao”，然后在“新文件名”的“文件夹”中选择文件保存的位置，完成后单击“确定”按钮进入建模模式。

02 创建圆柱体 1。执行菜单中的“插入”→“设计特征”→“圆柱”命令，系统弹出“圆柱”对话框。“类型”选择“轴、直径和高度”，在“指定矢量”下拉列表框中选择“ZC 轴”，指定（0，0，0）作为圆柱体的圆心坐标，设置“直径”“高度”为 110、70，如图 11-58 所示。单击“确定”按钮，创建圆柱体 1，如图 11-59 所示。

03 创建孔。执行菜单中的“插入”→“设计特征”→“孔”命令，或者单击“主页”功能区“特征”组中“孔”图标，系统弹出“孔”对话框。选择“简单孔”类型，设置“直径”为 104，深度为 70，如图 11-60 所示。捕捉圆柱体上表面的圆心为孔位置，单击“确定”按钮，创建孔，如图 11-61 所示。

图 11-58　设置圆柱体的参数 1

图 11-59　创建圆柱体 1

图 11-60　设置孔的参数

04 创建圆柱体 2。执行菜单中的“插入”→“设计特征”→“圆柱”命令，系统弹出“圆柱”对话框。选择“轴、直径和高度” 类型，在“指定矢量“下拉列表框中选择“ZC 轴”，单击“指定点”中的“点对话框”按钮，弹出“点”对话框，设置点坐标（0，0，40）作为圆柱体的圆心坐标，单击“确定”按钮。设置“直径”“高度”为 104、5，在“布尔”下拉列表框中选择“合并”，如图 11-62 所示。单击“应用”按钮，创建圆柱体 2，如图 11-63 所示。

图 11-61　创建孔　　图 11-62　设置圆柱体的参数 2　　图 11-63　创建的圆柱体 2

继续创建圆柱体 3，选择“轴、直径和高度”类型，在“指定矢量”下拉列表框中选择“ZC 轴”，单击“指定点”中的“点对话框”按钮，弹出点构造器，设置点坐标（0，0，45）为圆柱体的圆心坐标，单击“确定”按钮。设置直径、高度为 20、5，在“布尔”下拉列表框中选择“合并”，单击“确定”按钮，创建圆柱体 3，如图 11-64 所示。

图 11-64　创建圆柱体 3

05 边倒圆 1。执行菜单中的“插入”→“细节特征”→“边倒圆”命令，或者单击“主页”功能区“特征”组中的“边倒圆”图标，系统弹出“边倒圆”对话框。选择边倒圆的边 1，如图 11-65 所示。边倒圆“半径 1”设置为 2。单击“确定”按钮，创建边倒圆 1，如图 11-66 所示。

06 创建拉伸特征。

❶创建曲线模型。执行菜单中的“插入”→“曲线”→“直线”命令，或者单击“曲线”功能区“曲线”组中的“直线”图标，系统弹出“直线”对话框。单击“开始”选项组中的“点对话框”按钮，系统弹出“点”对话框。设置起点坐标为（−2.5，40，50），单击“确

定”按钮。单击“结束”选项组中的“点对话框”按钮，系统弹出“点”对话框，设置终点坐标为（2.5，40，50），单击“确定”按钮，在“直线”对话框中单击“应用”按钮，创建直线 1。采用同样的方法构造直线 2，起点坐标为（-7，0，50），终点坐标为（7，0，50）；直线 3，起点坐标为（−2.5，40，50），终点坐标为（-7，0，50）；直线 4，起点坐标为（2.5，40，50），终点坐标为（7，0，50）。创建曲线模型，如图 11-67 所示。

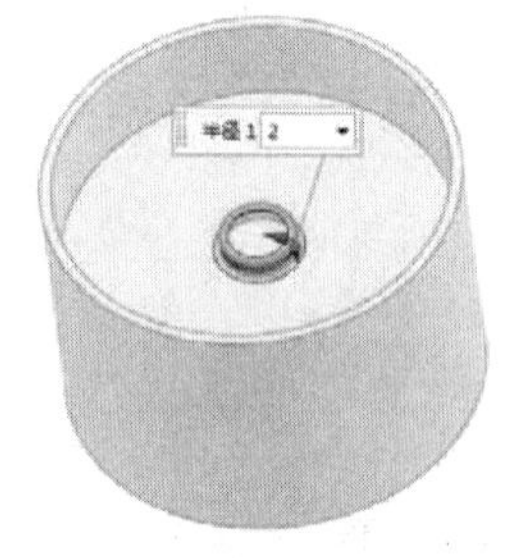

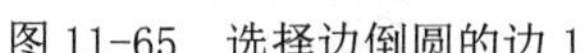

图 11-65　选择边倒圆的边 1

图 11-66　创建边倒圆 1

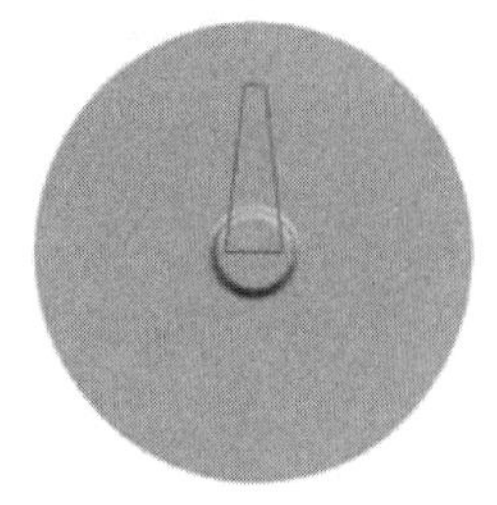

图 11-67　创建曲线模型

❷拉伸。执行菜单中的“插入”→“设计特征”→“拉伸”命令，或者单击“主页”功能区“特征”组中的“拉伸”图标，系统弹出“拉伸”对话框，如图 11-68 所示。选择截面曲线如图 11-69 所示。在“指定矢量”下拉列表框中选择“ZC 轴”，设置“结束”的“距离”为 1.5，单击“确定”按钮，创建拉伸体，如图 11-70 所示。

图 11-68　“拉伸”对话框

图 11-69　选择截面曲线

图 11-70　创建拉伸体

07 创建镜像特征。执行菜单中的“插入”→“关联复制”→“镜像特征”命令，或者单击“主页”功能区“特征”组中的“镜像特征”图标，系统弹出“镜像特征”对话框，如图 11-71 所示。特征选择拉伸体，“平面”设置为“新平面”。在“指定平面”下拉列表框中选择平面，单击“确定”按钮，创建镜像特征，如图 11-72 所示。

图 11-71 “镜像特征”对话框

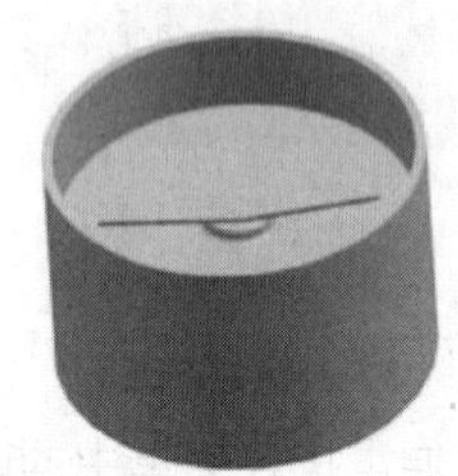

图 11-72 创建镜像特征

08 隐藏曲线。执行菜单中的“编辑”→“显示和隐藏”→“隐藏”命令，或者单击“视图”功能区“可视化”组中的“隐藏”图标，系统弹出“类选择”对话框。单击“类型过滤器”按钮，系统弹出“按类型选择”对话框。选择“曲线”选项，单击“确定”按钮，单击“全选”按钮。单击“确定”按钮，曲线被隐藏。

09 合并。执行菜单中的“插入”→“组合”→“合并”命令，或者单击“主页”功能区“特征”组中的“合并”图标，系统弹出“合并”对话框，如图 11-73 所示。选择拉伸体和镜像特征。单击“确定”按钮，创建合并体，如图 11-74 所示。

图 11-73 “合并”对话框

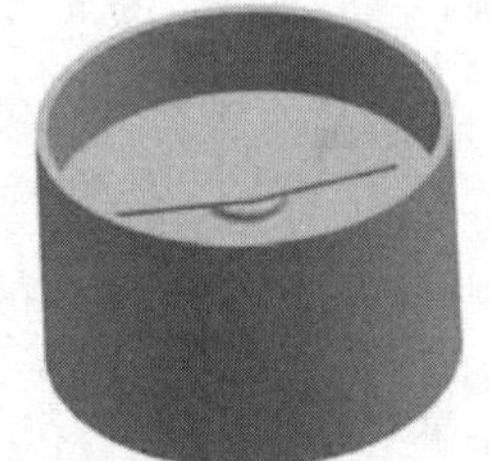

图 11-74 创建合并体

10 边倒圆 2。执行菜单中的“插入”→“细节特征”→“边倒圆”命令，或者单击“主页”功能区“特征”组中“边倒圆”图标，系统弹出“边倒圆”对话框。选择边倒圆的边 2，如图 11-75 所示。边倒圆的“半径 1”设置为 2。单击“确定”按钮，创建边倒圆 2，如图 11-76

所示。

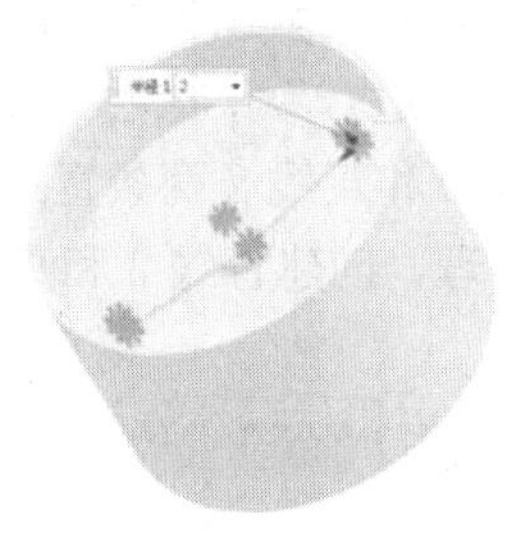

图 11-75　选择边倒圆的边 2

图 11-76　创建边倒圆 2

11 倒斜角 1。执行菜单中的“插入”→“细节特征”→“倒斜角”命令，或者单击“主页”功能区“特征”组中的“倒斜角”图标，系统弹出“倒斜角”对话框如图 11-77 所示，选择倒斜角边 1，如图 11-78 所示。“偏置”的“距离”设置为 1。单击“确定”按钮，创建倒斜角 1，如图 11-79 所示。

图 11-77　“倒斜角”对话框

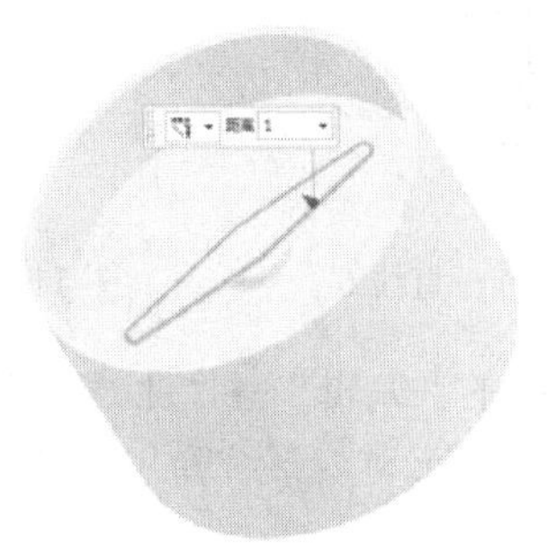

图 11-78　选择倒斜角边 1

图 11-79　创建倒斜角 1

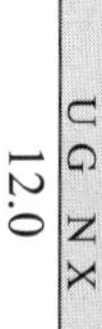

12 创建扫掠曲面。

❶创建直线 1～直线 6。执行菜单中的“插入”→“曲线”→“直线”命令，或者单击“曲线“功能区“曲线”组中的“直线”图标，系统弹出“直线”对话框。单击“开始”选项组中的“点对话框”按钮，系统弹出“点”对话框，设置起点坐标为（0，7，51.5），单击“确定”按钮。单击“结束”选项组中的“点对话框”按钮，系统弹出“点”对话框。设置终点坐标为（0，−7，51.5），单击“确定”按钮。在“直线”对话框中单击“应用”按钮，创建直线 1。采用同样的方法创建直线 2，起点坐标为（0，7，51.5），终点坐标为（−6，6，51.5）；直线 3，起点坐标为（−6，6，51.5），终点坐标为（−30，2.5，86.5）；直线 4，起点坐标为（−30，2.5，86.5），终点坐标为（−30，−2.5，86.5）；直线 5，起点坐标为(−30，−2.5，86.5），终点坐标为（−6，−6，51.5）；直线 6，起点坐标为（−6，−6，51.5），终点坐标为（0，−7，51.5）。创建的直线 1～直线 6，如图 11-80 所示。

❷创建圆角。执行菜单中的“插入”→“派生曲线”→“圆形圆角曲线”命令，或者单击“曲线”功能区“更多库”中的“圆形圆角曲线”图标，系统弹出如图11-81所示的“圆形圆角曲线”对话框。在“方向选项”下拉列表框中选择“最适合”，在“半径选项”下拉列表框中选择“值”，在“半径”文本框中输入4。选择直线1和直线2两条直线为曲线1和曲线2，单击“应用”按钮，创建圆角1，如图11-82所示。同理，创建直线3和直线4的圆角2，，如图11-83所示。

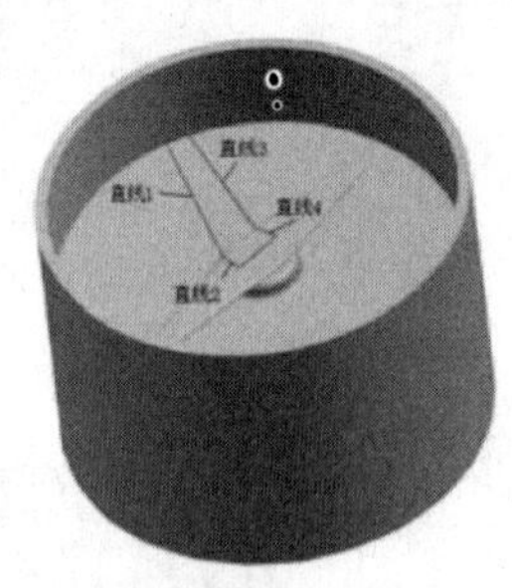

图11-80 创建直线1～直线6

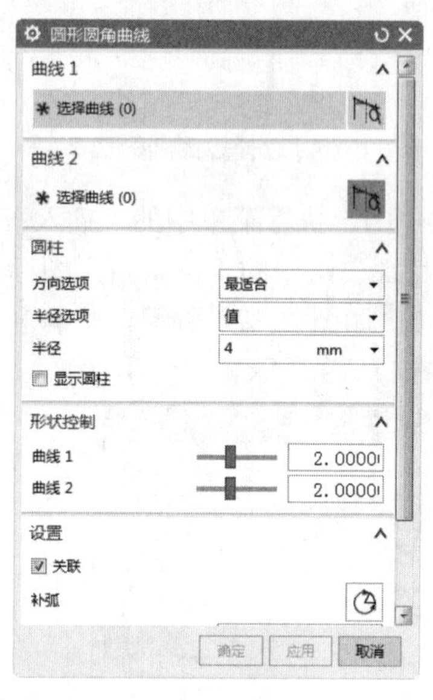

图11-81 “圆形圆角曲线”对话框

❸修剪曲线。执行菜单中的“编辑”→“曲线”→“修剪”命令，或者“曲线”功能区“编辑曲线”组中的“修剪曲线”图标，系统弹出“修剪曲线”对话框。对曲线1、2、3和4进行修剪，如图11-84所示。

❹创建直线7。执行菜单中的“插入”→“曲线”→“直线”命令，或者单击“曲线”功能区“曲线”组中“直线”图标，系统弹出“直线”对话框。单击两个圆弧的端点作为直线的起点和终点，创建的直线7，如图11-85所示。

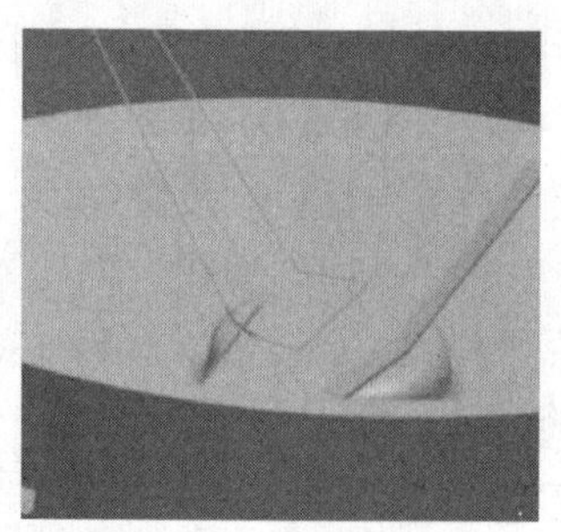

图11-82 创建圆角1

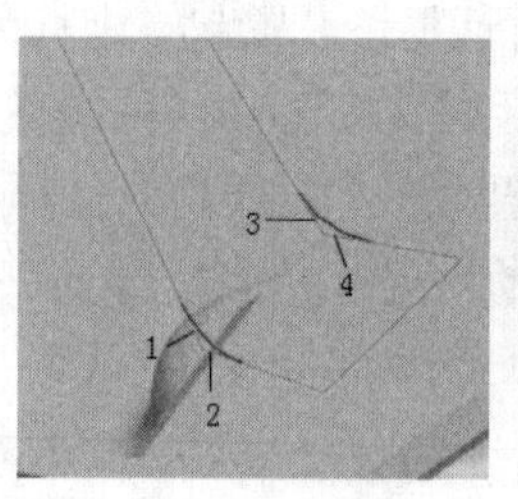

图11-83 创建圆角2

图11-84 修剪曲线　图11-85 创建的直线7

❺扫掠。执行菜单中的“插入”→“扫掠”→“扫掠”命令，或者单击“曲面”功能区“曲面”组中的“扫掠”图标，系统弹出“扫掠”对话框。截面选择如图 11-86 所示。单击鼠标中键，进行引导线选择，如图 11-87 所示。在“扫掠”对话框中单击“确定”按钮，创建扫掠曲面，如图 11-88 所示。

图 11-86　截面选择

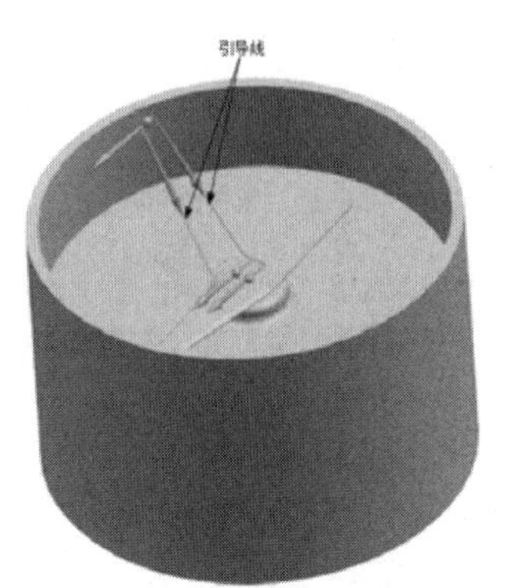

图 11-87　引导线选择

图 11-88　创建扫掠曲面

❻隐藏曲线。执行菜单中的“编辑”→“显示和隐藏”→“隐藏”命令，或者单击“视图”功能区“可视化”组中的“隐藏”图标，或按住 Cztrl+B 键，系统弹出“类选择”对话框。单击“类型过滤器”按钮，系统弹出“按类型选择”对话框。选择“曲线”，单击“确定”按钮，在“类选择”对话框中单击“全选”按钮，隐藏的对象为曲线，单击“确定”按钮，曲线被隐藏，如图 11-89 所示。

13 创建加厚曲面。执行菜单中的“插入”→“偏置/缩放”→“加厚”命令，或者单击“曲面”功能区“曲面操作”组中的“加厚”图标，系统弹出“加厚”对话框。选择加厚面为扫掠曲面，“偏置 1”设置为 0，“偏置 2”设置为 1.5，偏置方向如图 11-90 所示，单击“确定”按钮，创建加厚曲面。选择“编辑”→“显示和隐藏”→“隐藏”命令，或者单击“视图”功能区“可视化”组中的“隐藏”图标，系统弹出“类选择”对话框。单击“类型过滤器”按钮，系统弹出“按类型选择”对话框，选择“片体”选项，单击“确定”按钮，返回类选择对话框，单击“全选”按钮，单击“确定”按钮，片体被隐藏，如图 11-91 所示。

图 11-89　隐藏曲线

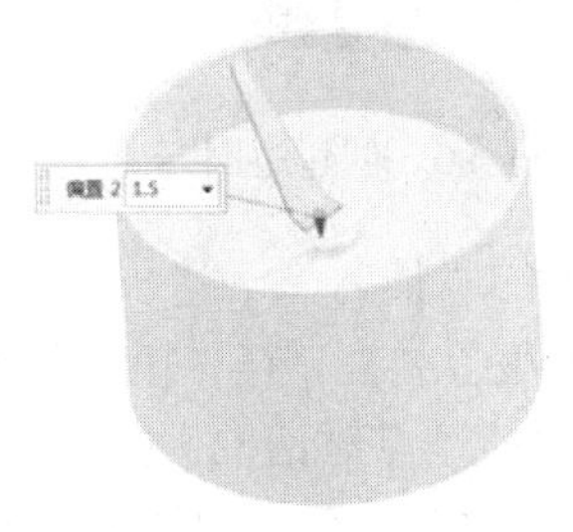

图 11-90　偏置方向

图 11-91　加厚曲面并隐藏片体

14 创建镜像特征。执行菜单中的“插入”→“关联复制”→“镜像特征”命令，或者

单击“主页”功能区“特征”组中的“镜像特征”图标，系统弹出“镜像特征”对话框。特征选择加厚体，“平面”设置为“新平面”。在“指定平面”下拉列表框中选择，单击“确定”按钮，创建镜像特征，如图 11-92 所示。

15 创建组合体。执行菜单中的“插入”→“组合”→“合并”命令，或者单击“主页”功能区“特征”组中“合并”图标，系统弹出“合并”对话框。选择目标体如图 11-93 所示，选择工具体如图 11-94 所示。单击“确定”按钮，创建组合体并隐藏曲面。

图 11-92　创建镜像特征

图 11-93　选择目标体

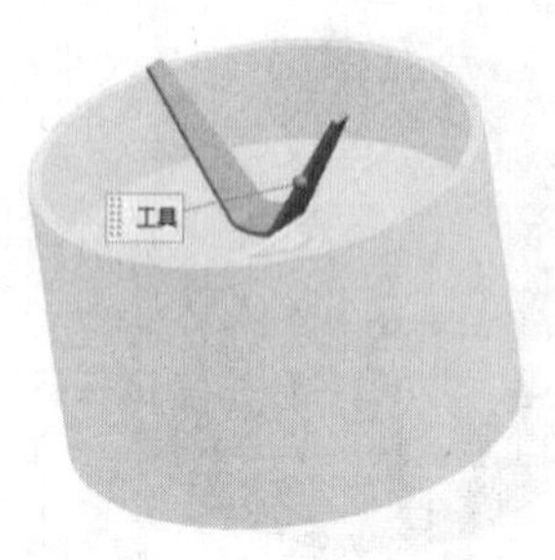

图 11-94　选择工具体

16 边倒圆 3。执行菜单中的“插入”→“细节特征”→“边倒圆”命令，或者单击“主页”功能区“特征”组中的“边倒圆”图标，系统弹出“边倒圆”对话框。选择边倒圆的边 3，如图 11-95 所示。边倒圆的“半径 1”设置为 2。单击“确定”按钮，创建边倒圆 3，如图 11-96 所示。

17 倒斜角 2。执行菜单中的“插入”→“细节特征”→“倒斜角”命令，或者单击“主页”功能区“特征”组中“倒斜角”图标，系统弹出“倒斜角”对话框。选择倒斜角边 2 如图 11-97 所示。“偏置”的距离设置为 1。单击“确定”按钮，创建倒斜角 2，如图 11-98 所示。

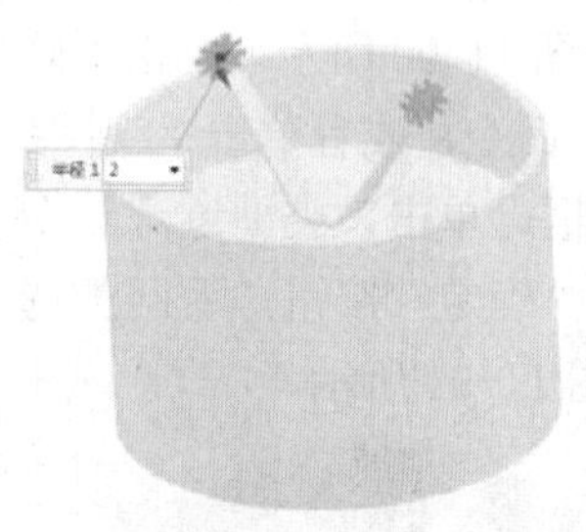
图 11-95　选择边倒圆的边 3

图 11-96　创建边倒圆 3

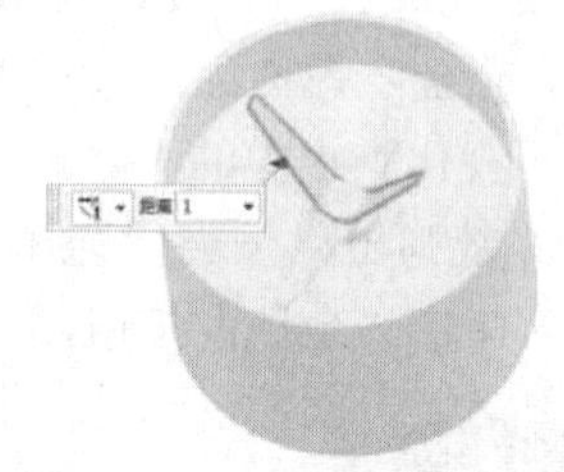
图 11-97　选择倒斜角的边 2

18 创建圆柱体 4。执行菜单中的“插入”→“设计特征”→“圆柱”命令，系统弹出“圆柱”对话框。选择“轴、直径和高度”类型，在“指定矢量”下拉列表框中选择“ZC 轴”，单击“确定”按钮。单击“指定点”中的“点对话框”按钮，弹出“点”对话框。设置点坐标（0，0，53）为圆柱体的圆心坐标，单击“确定”按钮。设置“直径”“高度”为 8、3，在“布尔”下拉列表框中选择“合并”选项，如图 11-99 所示。单击“确定”按钮，创建圆柱体 4，如图 11-100 所示。

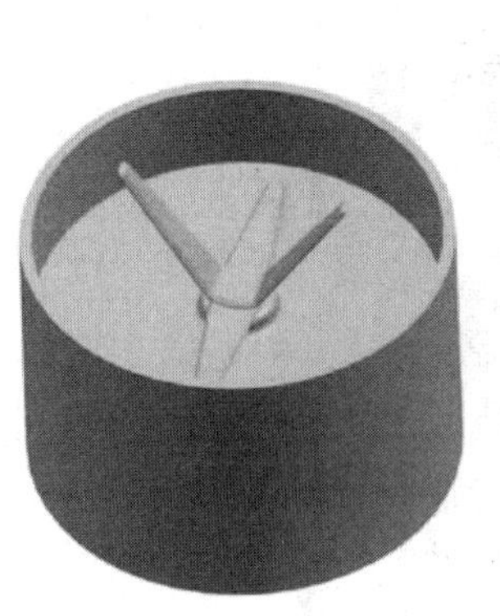

图 11-98　创建倒斜角 2

图 11-99　设置圆柱体的参数 3

图 11-100　创建圆柱体 4

19 为实体赋予材料。单击“渲染”功能区“显示”组中的“高级艺术外观”图标，进入“高级艺术外观渲染模式”。单击屏幕左侧的“系统艺术外观材料”图标，弹出“系统艺术外观材料”列表框，如图 11-101 所示。单击“塑料”文件夹，将“亮泽塑料-蓝色”图标拖动到如图 11-102 所示的实体上。

单击“金属”文件夹，如图 11-103 所示。将“不锈钢”图标拖动到刀片和圆柱体上，如图 11-104 所示。

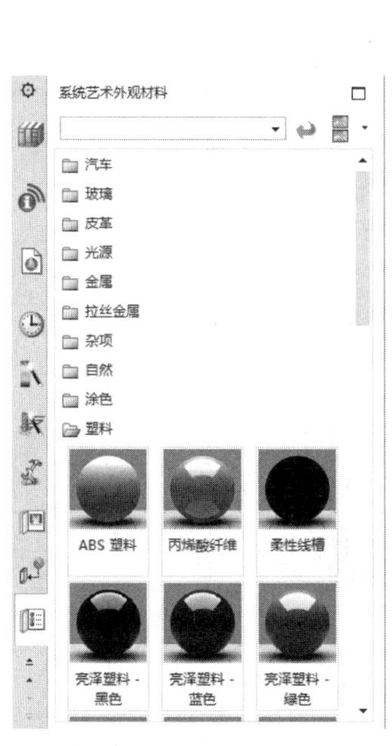

图 11-101　“系统艺术外观材料”列表框

图 11-102　赋予材料 1

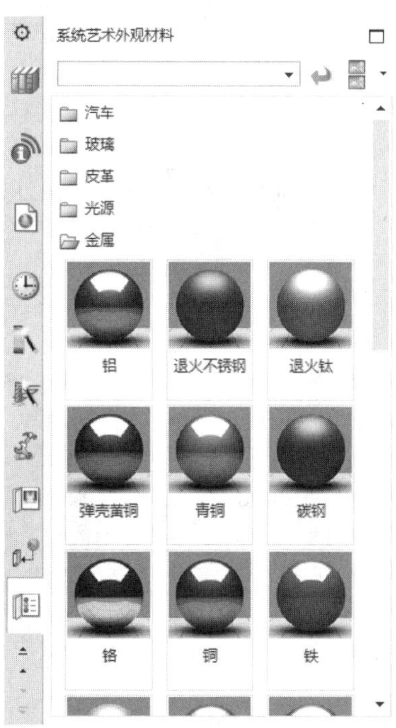

图 11-103　“金属”文件夹

20 创建高质量图像。执行菜单中的“视图”→“可视化”→“高质量图像”命令，系统弹出“高质量图像”对话框。“方法”选择“照片般逼真的”，单击“开始着色”按钮，创建高质量图像，如图 11-105 所示。

图 11-104 赋予材料 2

图 11-105 创建高质量图像

11.3 果杯

果杯的创建流程如图 11-106 所示。

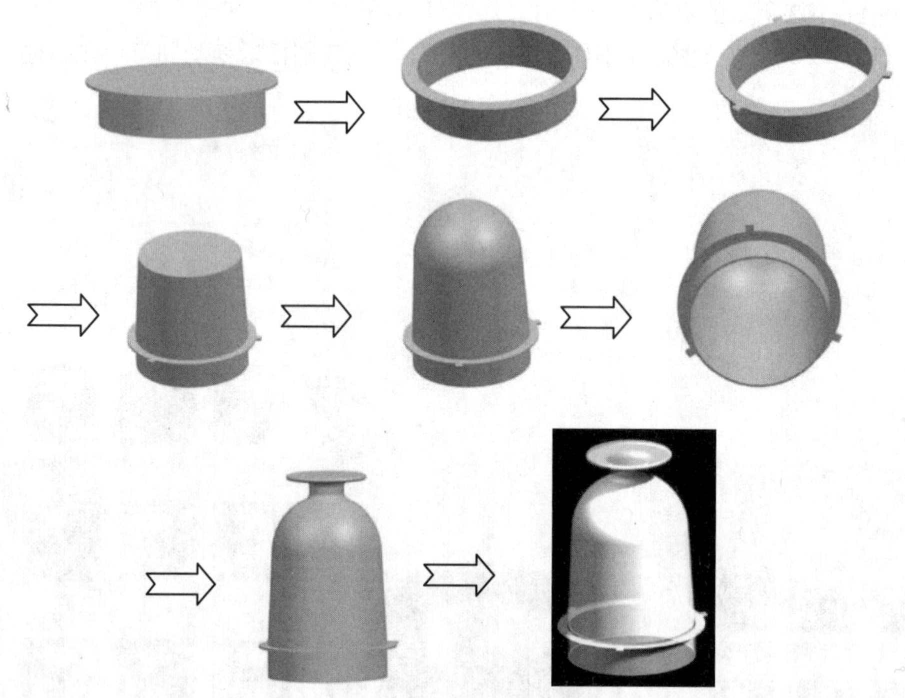

图 11-106 果杯的创建流程

具体操作步骤如下：

01 创建一个新文件。执行菜单中的“文件”→“新建”命令，或者单击“标准”组中的“新建”图标，弹出“新建”对话框。“单位”设置为“毫米”，在“模板”中选择“模型”选项，在“新文件名”的“名称”中输入文件名“guobei”，然后在“新文件名”的“文件夹”中选择文件保存的位置，完成后单击“确定”按钮，进入建模模块。

02 创建圆柱体 1。执行菜单中的“插入”→“设计特征”→“圆柱”命令，系统弹出“圆柱”对话框。选择“轴、直径和高度”类型，在“指定矢量”中选择“ZC 轴”选项，单击“指定点”中的“点对话框”图标，弹出“点”对话框。设置点坐标（0，0，0）为圆柱体的圆心坐标，单击“确定”按钮。设置“直径”“高度”为 104、25，如图 11-107 所示。单击“应用”按钮，创建圆柱体 1，如图 11-108 所示。

继续创建圆柱体 2，选择“轴、直径和高度”类型，在“指定矢量”下拉列表框中选择 ZC 轴，单击“指定点”中的“点对话框”图标，弹出“点”对话框。设置点坐标（0，0，25）为圆柱体的圆心坐标，单击“确定”按钮。设置“直径”“高度”为 120、2，在“布尔”下拉列表框中选择“合并”选项。单击“确定”按钮，创建圆柱体 2，如图 11-109 所示。

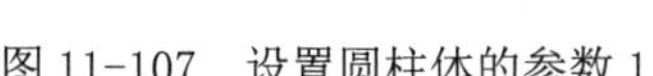
图 11-107　设置圆柱体的参数 1

图 11-108　创建圆柱体 1

图 11-109　创建圆柱体 2

03 创建圆柱体 3。执行菜单中的“插入”→“设计特征”→“圆柱”命令，系统弹出“圆柱”对话框。选择“轴、直径和高度”类型，在“指定矢量”下拉列表框中选择“ZC 轴”，单击“指定点”中的“点对话框”图标，弹出“点”对话框。设置点坐标（0，0，0）为圆柱体的圆心坐标，单击“确定”按钮。设置“直径”“高度”为 100、27，在“布尔”下拉列表框中选择“减去”选项，如图 11-110 所示。系统自动选择前面创建的圆柱体。单击“应用”按钮，创建圆柱体 3，如图 11-111 所示。

04 创建长方体。执行菜单中的“插入”→“设计特征”→“长方体”命令，选择“两个对角点”类型，单击“指定点”中的“点对话框”按钮，系统弹出“点”对话框。设置点 1 坐标为（55，-3，25），单击“确定”按钮。单击“指定点”中的“点对话框”图标，系统弹出“点”对话框。设置点 2 坐标为（65，3，27），单击“确定”按钮。在“长方体”对话框中的“布尔”下拉列表框中选择“合并”选项，单击“确定”按钮，创建长方体，如图 11-112 所示。

图 11-110　设置圆柱体的参数 2

图 11-111　创建圆柱体 3

05 阵列长方体。执行菜单中的“插入”→“关联复制”→“阵列特征”命令，或者单击“主页”功能区“特征”组中的“阵列特征”图标，系统弹出“阵列特征”对话框。选择“圆形”布局，单击“矢量对话框”按钮，在弹出的“矢量”对话框中选择“ZC 轴”，单击“点对话框”按钮，在弹出的“点”对话框，输入坐标点为（0,0,0），输入数量为 3，节距角为 120。选择上步创建的长方体为要形成阵列的特征，单击“确定”按钮创建模型如图 11-113 所示。

图 11-112　创建长方体

图 11-113　创建阵列的特征

06 创建拔模特征。

❶创建圆柱体 4。执行菜单中的“插入”→“设计特征”→“圆柱”命令，系统弹出“圆柱”对话框。选择“轴、直径和高度”类型，在“指定矢量”下拉列表框中选择“ZC 轴”，单击“指定点”中的“点对话框”图标，弹出“点”对话框。设置点坐标（0，0，27）为圆柱体的圆心坐标，单击“确定”按钮。设置“直径”“高度”为 104、80，在“布尔”下拉列表框中选择“合并”选项，如图 11-114 所示。单击“确定”按钮，创建圆柱体 4，如图 11-115 所示。

❷拔模。执行菜单中的“插入”→“细节特征”→“拔模”命令，或者单击“主页”功能区“特征”组中的“拔模”图标，系统弹出“拔模”对话框如图 11-116 所示。选择“边”类型，在“指定矢量”下拉列表框中选择“ZC 轴”。选择边如图 11-117 所示。设置“角度 1”

为 3，单击“确定”按钮，创建拔模体，如图 11-118 所示。

图 11-114　设置圆柱体的参数 3

图 11-115　创建圆柱体 4

图 11-116　“拔模”对话框

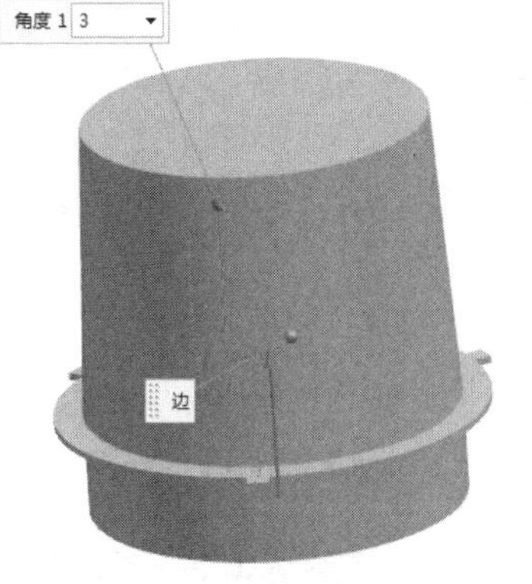

图 11-117　选择边

图 11-118　创建拔模体

07 创建旋转特征。

❶创建直线。执行菜单中的“插入”→“曲线”→“直线”命令，或者单击“曲线”功能区“曲线”组中的“直线”图标，系统弹出“直线”对话框。启用捕捉象限点功能，选择拔模体上下圆的象限点作为直线的起点和终点，如图 11-119 所示。在“直线”对话框中单击“确定”按钮，创建直线，如图 11-120 所示。

❷创建圆弧。执行菜单中的“插入”→“曲线”→“圆弧/圆”命令，或者单击“曲线”功能区“曲线”组中“圆弧/圆”图标，系统弹出“圆弧/圆”对话框，如图 11-121 所示。选择“三点画圆弧”类型。起点选择直线端点，单击“端点”选项中的“点对话框”按钮，

UG NX 12.0

系统弹出“点”对话框。设置端点坐标为（-15，0，150），单击“确定”按钮。“中点选项”选择“相切”选项，相切选择上面创建的直线，如图 11-122 所示。单击“补弧”按钮，其他为默认值。单击“确定”按钮，创建圆弧如图 11-123 所示。

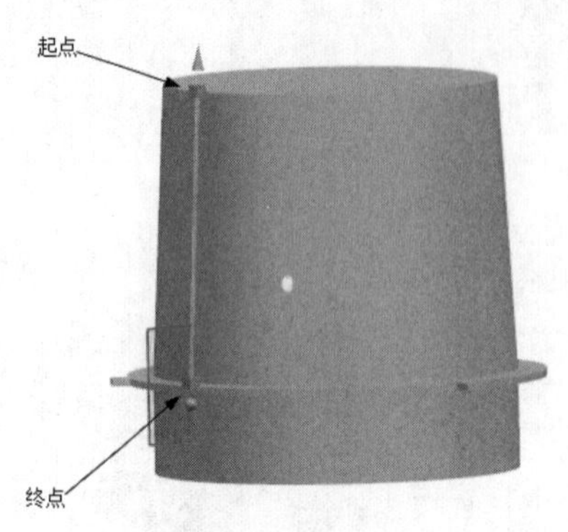

图 11-119　选择直线的起点和终点

图 11-120　创建直线

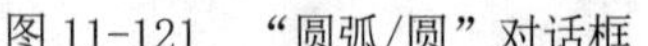

图 11-121　“圆弧/圆”对话框

图 11-122　选择“相切”直线

图 11-123　创建圆弧

❸旋转。执行菜单中的“插入”→“设计特征”→“旋转”命令，或者单击“主页”功能区“特征”组中的“旋转”图标，系统弹出如图 11-124 所示的“旋转”对话框。选择截面曲线如图 11-125 所示。在“指定矢量”下拉列表框中选择“ZC 轴”。“指定点”设置为（0，

0，0），其余选项保持默认值。在“旋转”对话框中的“布尔”下拉列表框中选择“合并”选项，单击“确定”按钮，创建旋转体，如图 11-126 所示。

❹隐藏曲线。执行菜单中的“编辑”→“显示和隐藏”→“隐藏”命令，或者按住 Ctrl+B 键，系统弹出“类选择”对话框。单击“类型过滤器”按钮，系统弹出“按类型选择”对话框。选择“曲线”，单击“确定”按钮，在“类选择”对话框中单击“全选”按钮，隐藏的对象为曲线。单击“确定”按钮，曲线被隐藏，如图 11-127 所示。

08 创建抽壳特征。执行菜单中的“插入”→“偏置/缩放”→“抽壳”命令，或者单击“主页”功能区“特征”组中的“抽壳”图标，系统弹出“抽壳”对话框，如图 11-128 所示。选择组合体的底面作为要穿透的面，“厚度”设置为 1，其余选项保持默认值。单击“确定”按钮，创建抽壳体，如图 11-129 所示。

09 创建圆柱体 5。执行菜单中的“插入”→“设计特征”→“圆柱”命令，系统弹出“圆柱”对话框。选择“轴、直径和高度”类型，在“指定矢量”下拉列表框中选择“ZC 轴”。单击“指定点”中的“点对话框”按钮，弹出“点”对话框。设置点坐标（0，0，150）为圆柱体的圆心坐标，单击“确定”按钮。设置“直径”“高度”为 30、15，在“布尔”下拉列表框中选择“合并”选项，如图 11-130 所示。单击“应用”按钮，创建圆柱体 5，如图 11-131 所示。

图 11-124　“旋转”对话框

图 11-125　选择截面曲线

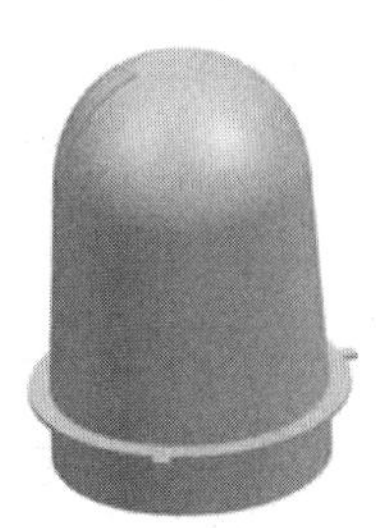

图 11-126 创建旋转体

UG NX 12.0

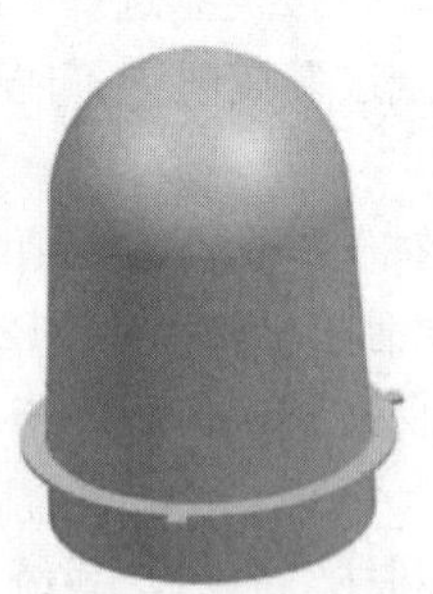

图 11-127 隐藏曲线

图 11-128 “抽壳”对话框

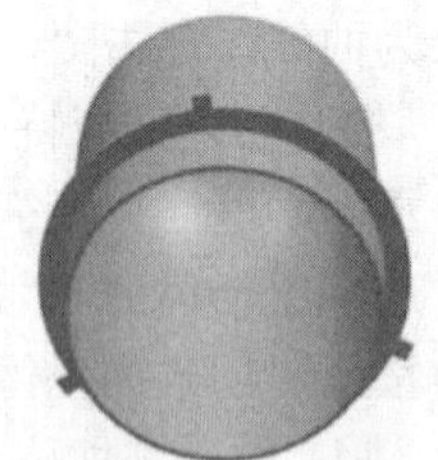

图 11-129 创建抽壳体

继续创建圆柱体 6。再次选择“轴、直径和高度” 类型，在“指定矢量”下拉列表框中选择“ZC 轴”。单击“指定点”中的按钮，弹出“点”对话框。设置点坐标（0，0，165）为圆柱体的圆心坐标，单击“确定”按钮。设置“直径”“高度”为 70、4，在“布尔”下拉列表框中选择“合并”选项，如图 11-132 所示。单击“确定”按钮，创建圆柱体 6，如图 11-133 所示。

图 11-130 设置圆柱体的参数 4　图 11-131 创建圆柱体 5　图 11-132 设置圆柱体的参数 5

10 边倒圆。执行菜单中的“插入”→“细节特征”→“边倒圆”命令，或者单击“主页”功能区“特征”组中的“边倒圆”图标，系统弹出“边倒圆”对话框。选择边倒圆的边 1，如图 11-134 所示。边倒圆的“半径 1”设置为 6。单击“添加新集”按钮，选择边倒圆的边 2，如图 11-135 所示。边倒圆的“半径 2”设置为 2。单击“确定”按钮，创建模型，如图 11-136 所示。

11 为实体赋予材料。单击“渲染”功能区“显示”组中的“高级艺术外观”图标，进入“高级艺术外观渲染模式”。单击屏幕左侧的“系统艺术外观材料”图标，弹出“系统艺术外观材料”列表框，如图 11-137 所示。单击“塑料”文件夹，将“亮泽塑料-白色”图标拖动到如图 11-138 所示的实体上。

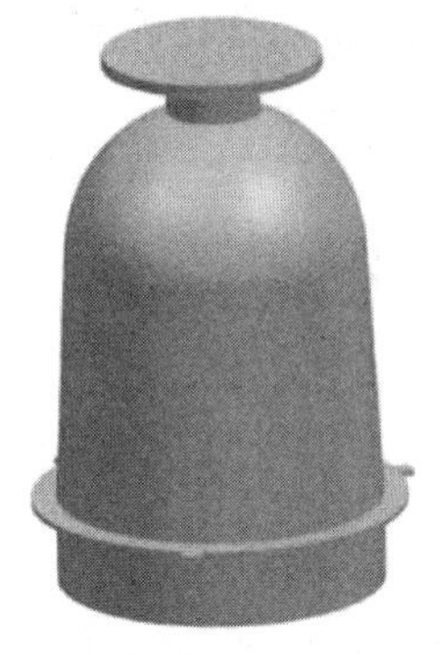

图 11-133　创建圆柱体 6

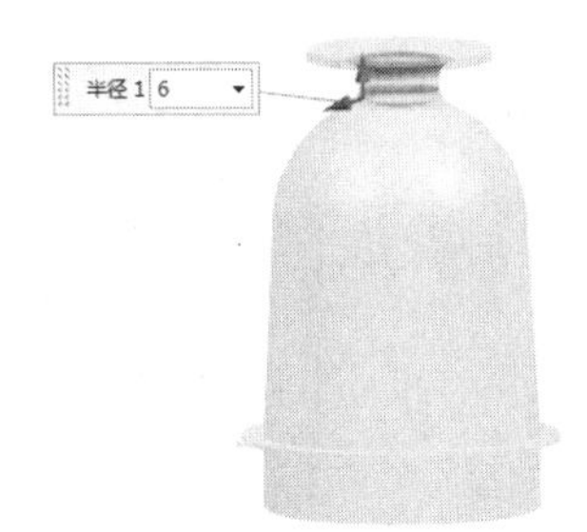

图 11-134　选择边倒圆的边 1

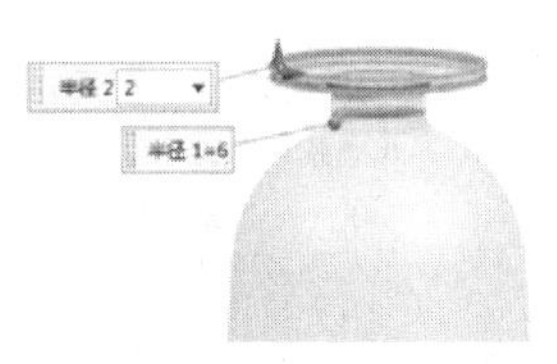

图 11-135　选择边倒圆的边 2

图 11-136　创建边倒圆

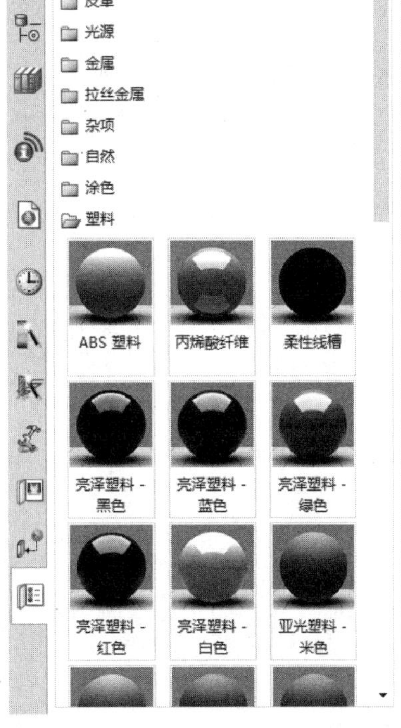

图 11-137 “系统艺术外观材料”列表框

图 11-138　赋予材料

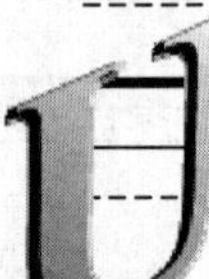

执行菜单中的“视图”→“可视化”→“材料/纹理”命令，系统弹出如图11-139所示的“材料/纹理”对话框。屏幕左侧显示“部件中的艺术外观材料”列表框，如图11-140所示。单击“部件中的艺术外观材料”列表框中的“亮泽塑料-白色”图标，“材料/纹理”对话框中的材料编辑器被启动。单击“编辑器”按钮，系统弹出如图11-141所示的“材料编辑器”对话框。拖动“透明度”的滑块或输入0.8，“类型”选择“透明塑料（仅用于高质量图像）”，“漫射”设置为0.05，“反光”设置为0.1，“粗糙度”设置为0.2，如图11-142所示。单击“确定”按钮。

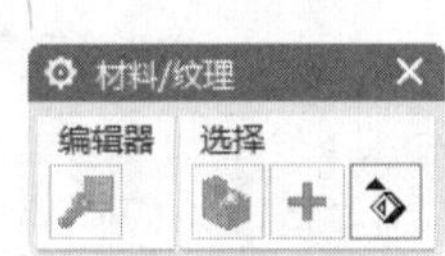

图11-139　“材料/纹理”对话框

图11-140　“部件中的艺术外观材料”列表框

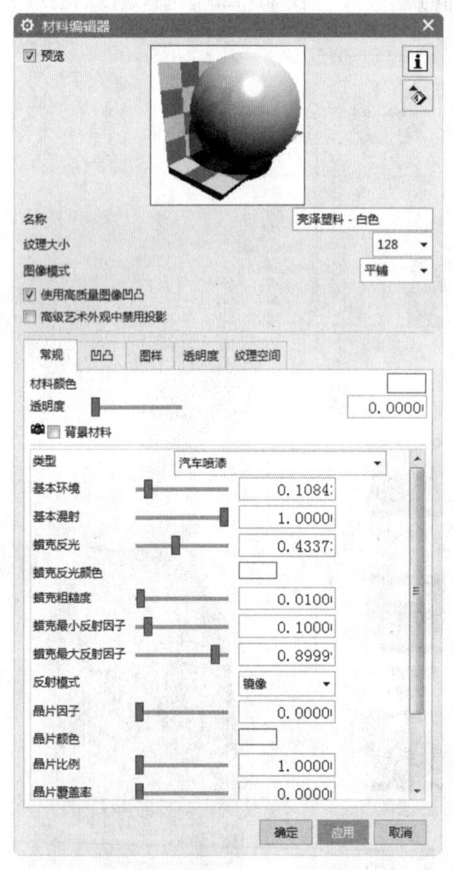

图11-141　“材料编辑器”对话框

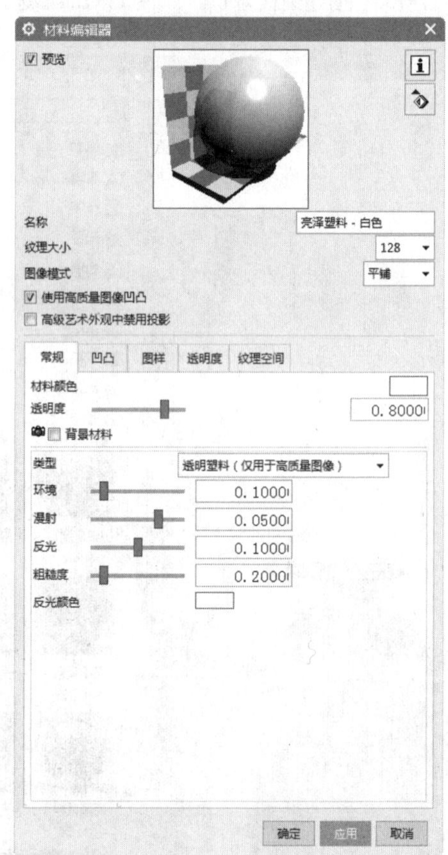

图11-142　编辑材料参数

12 创建高质量图像。执行菜单中的“视图”→“可视化”→“高质量图像”命令，系统弹出“高质量图像”对话框。“方法”选择“照片般逼真的”，单击“开始着色”按钮，创建高质量图像，如图 11-143 所示。

图 11-143　创建高质量图像

11.4 装配

榨汁机的装配流程如图 11-144 所示。

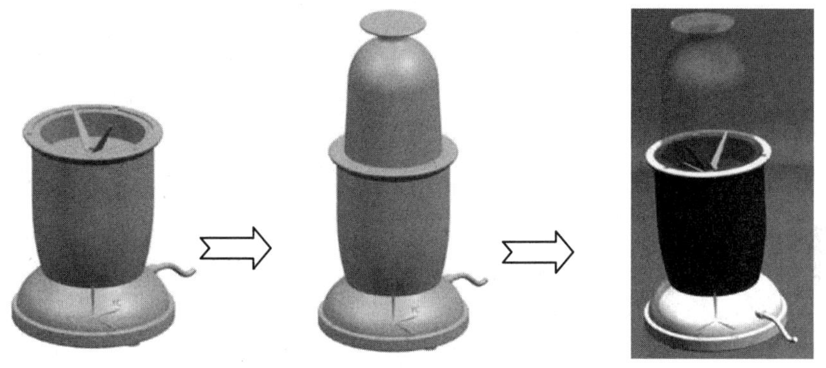

图 11-144　榨汁机的装配流程

具体操作步骤如下：

01 创建一个新文件。执行菜单中的“文件”→“新建”命令，或者单击“主页”功能区“标准”组中的“新建”图标，弹出“新建”对话框。“单位”设置为“毫米”，在“模板”中单击“装配”选项，在“新文件名”的“名称”中输入文件名“zhazhiji”，然后在“新文件名”的“文件夹”中选择文件保存的位置，如图 11-145 所示。单击“确定”按钮，进入装配模块。

02 添加组件。执行菜单中的“装配”→“组件”→“添加组件”命令，或者单击“装配”功能区“组件”组中的“添加”图标，系统弹出“添加组件”对话框，如图 11-146 所

示。单击“打开”按钮，系统弹出“部件名”对话框，如图 11-147 所示。根据路径选择部件 zhuji，单击“OK”按钮，弹出如图 11-148 所示的主机组件预览。“装配位置”设置为“绝对坐标系-工作部件”，单击“应用”按钮，将实体定位在原点。

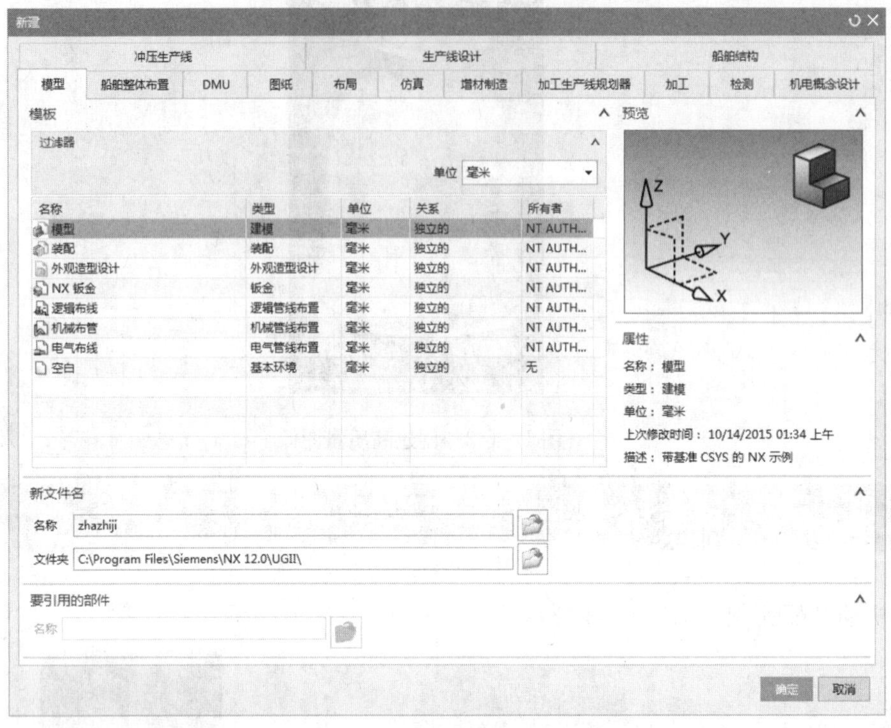

图 11-145 “新建”对话框

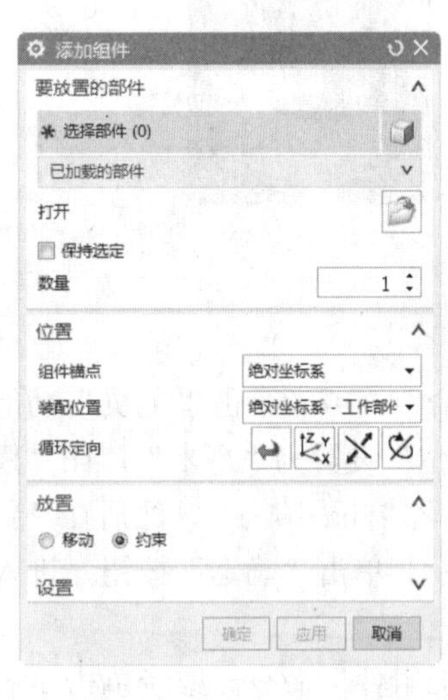

图 11-146 “添加组件”对话框

图 11-147 “部件名”对话框

再次单击“打开”按钮，系统弹出“部件名”对话框。根据路径选择部件 shizidao，单击“OK”按钮，弹出如图 11-149 所示的十字刀组件预览。“装配位置”设置为“对齐”，单击“点对话框”按钮，系统弹出“点”对话框。设置点坐标为（0，0，120），单击“确定”按钮，将实体定位在该点，如图 11-150 所示。

图 11-148　主机组件预览

图 11-149　十字刀组件预览

图 11-150　对齐装配

图 11-151　果杯组件预览

继续单击“打开”按钮，系统弹出“部件名”对话框。根据路径选择最后部件 guobei，单击“OK”按钮，弹出如图 11-151 所示的果杯组件预览，“装配位置”设置为“对齐”，单击“点对话框”按钮，系统弹出“点”对话框。设置点坐标值为（0，0，165），单击“确定”按钮，将实体定位在该点，最终装配模型如图 11-152 所示。

03 创建高质量图像。执行菜单中的“视图”→“可视化”→“高质量图像”命令，系统弹出“高质量图像”对话框。“方法”选择“照片般逼真的”，单击“开始着色”按钮，创建高质量图像，如图 11-153 所示。

图 11-152　最终装配模型

图 11-153　创建高质量图像

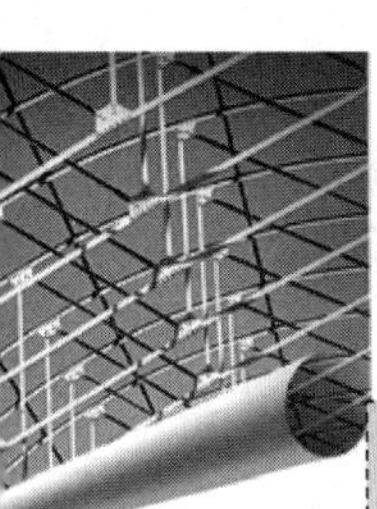

第12章

飞机造型设计综合实例

本章主要介绍飞机模型的建模过程。飞机主要由机身、机翼、尾翼、发动机等组成，通过本章的学习使读者掌握通过曲线创建曲面的方法和技巧。

重点与难点

- 机身
- 机翼
- 尾翼
- 发动机

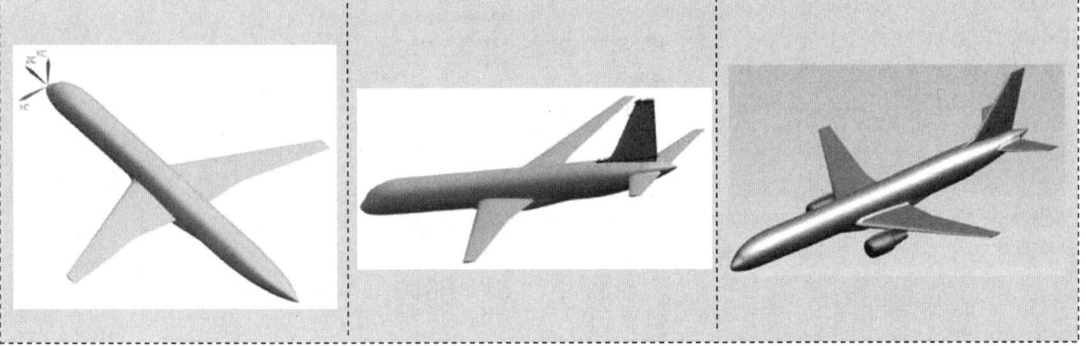

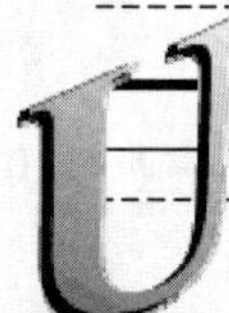

12.1 机身

机身的创建流程如图 12-1 所示。

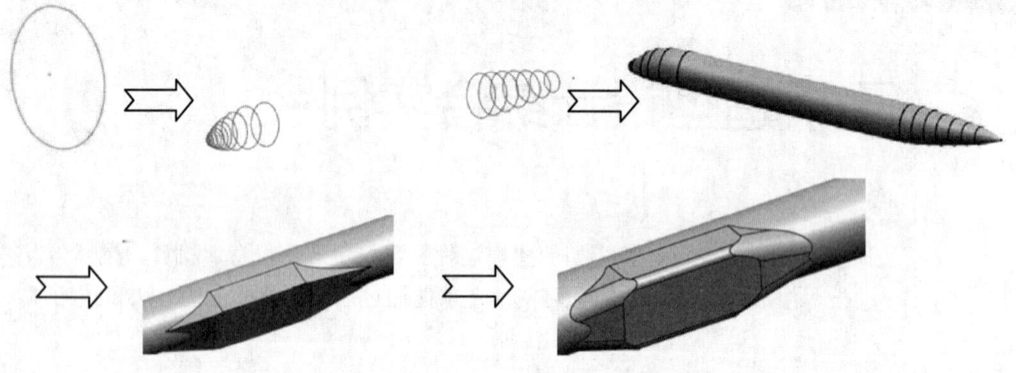

图 12-1 机身的创建流程

首先绘制艺术样条曲线，然后通过曲线组创建曲面，最后利用长方体、边倒圆等命令得到机身。

具体操作步骤如下：

01 执行菜单中的“文件”→“新建”命令，或者单击“标准”组中的“新建”图标，弹出“新建”对话框。“单位”设置为“毫米”，在“模板”中单击“模型”选项，在“新文件名”的“名称”中输入文件名“feiji”，然后在“新文件名”的“文件夹”中选择文件保存的位置，完成后单击“确定”按钮，进入建模模块。

02 创建点。执行菜单中的“插入”→“基准/点”→“点”命令，弹出如图 12-2 所示的“点”对话框。

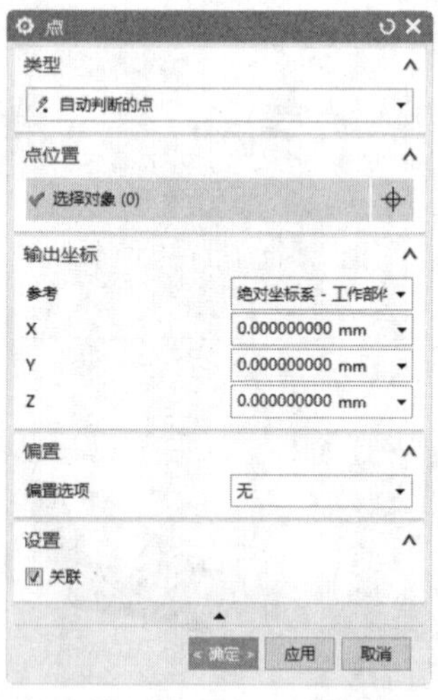

图 12-2 “点”对话框

分别创建表 12-1 所示的各点。

表　12-1　创建点

点	坐标	点	坐标
点 1	0，0，0	点 2	0，-131，-20
点 3	78，-103，-20	点 4	118，-30，-20
点 5	104，52，-20	点 6	44，109，-20
点 7	-44，109，-20	点 8	-104，52，-20
点 9	-118，-30，-20	点 10	-78，-103，-20

03 绘制艺术样条。执行菜单中的“插入”→“曲线”→“艺术样条”命令，或者单击“曲线”功能区“曲线”组中的“艺术样条”图标，弹出如图 12-3 所示“艺术样条”对话框。“类型”选择“通过点”，勾选“封闭”复选框。

单击“点对话框”按钮，弹出如图 12-4 所示“点”对话框。选择“现有点”类型，在工作区中依次选择点 2、点 3、点 4、点 5、点 6、点 7、点 8、点 9、点 10，并连续单击“确定”按钮，创建如图 12-5 所示艺术样条 1。

图 12-3　“艺术样条”对话框

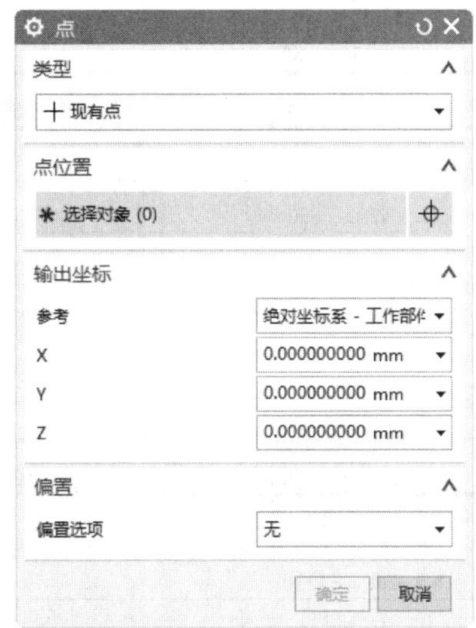

图 12-4　“点”对话框

图 12-5　艺术样条 1

按照同样的方法创建艺术样条 2～艺术样条 20，艺术样条各点的坐标见分表 12-2～表 12-20 所示。

表 12-2 艺术样条 2 各坐标点

点	坐标	点	坐标
点 1	0，-275，-100	点 2	180，-213，-100
点 3	271，-47，-100	点 4	236，140，-100
点 5	94，266，-100	点 6	-94，266，-100
点 7	-236，140，-100	点 8	-271，-47，-100
点 9	-180，-213，-100		

表 12-3 艺术样条 3 各坐标点

点	坐标	点	坐标
点 1	0，-462，-300	点 2	313，-343，-300
点 3	489，-58，-300	点 4	436，273，-300
点 5	167，475，-300	点 6	-167，475，-300
点 7	-436，273，-300	点 8	-489，-58，-300
点 9	-313，-343，-300		

表 12-4 艺术样条 4 各坐标点

点	坐标	点	坐标
点 1	0，-612，-600	点 2	453，-450，-600
点 3	708，-43，-600	点 4	644，434，-600
点 5	241，701，-600	点 6	-241，701，-600
点 7	-644，434，-600	点 8	-708，-43，-600
点 9	-453，-450，-600		

表 12-5 艺术样条 5 各坐标点

点	坐标	点	坐标
点 1	0，-698，-850	点 2	548，-513，-850
点 3	851，-23，-850	点 4	782，551，-850
点 5	290，859，-850	点 6	-290，859，-850
点 7	-782，551，-850	点 8	-851，-23，-850
点 9	-548，-513，-850		

表 12-6 艺术样条 6 各坐标点

点	坐标	点	坐标
点 1	0，-768，-1110	点 2	637，-565，-1110
点 3	985，1，-1110	点 4	905，663，-1110
点 5	337，1013，-1110	点 6	-337，1013，-1110
点 7	-905，663，-1110	点 8	-985，1，-1110
点 9	-637，-565，-1110		

表 12-7 艺术样条 7 各坐标点

点	坐标	点	坐标
点 1	0，-832，-1410	点 2	743，-597，-1410
点 3	1131，75，-1410	点 4	1021，848，-1410
点 5	391，1305，-1410	点 6	-391，1305，-1410
点 7	-1021，848，-1410	点 8	-1131，75，-1410
点 9	-743，-597，-1410		

表 12-8 艺术样条 8 各坐标点

点	坐标	点	坐标
点 1	0，-883，-1710	点 2	840，-611，-1710
点 3	1262，161，-1710	点 4	1112，1034，-1710
点 5	440，1605，-1710	点 6	-440，1605，-1710
点 7	-1112，1034，-1710	点 8	-1262，161，-1710
点 9	-840，-611，-1710		

表 12-9 艺术样条 9 各坐标点

点	坐标	点	坐标
点 1	0，-951，-2210	点 2	957，-628，-2210
点 3	1433，260，-2210	点 4	1245，1256，，-2210
点 5	501，1936，-2210	点 6	-501，1936，-2210
点 7	-1245，1256，-2210	点 8	-1433，260，-2210
点 9	-957，-628，-2210		

表 12-10 艺术样条 10 各坐标点

点	坐标	点	坐标
点 1	0，-1033，-3210	点 2	1101，-634，-3210
点 3	1655，398，-3210	点 4	1451，1555，-3210
点 5	583，2340，-3210	点 6	-583，2340，-3210
点 7	-1451，1555，-3210	点 8	-1655，398，-3210
点 9	-1101，-634，-3210		

表 12-11 艺术样条 11 各坐标点

点	坐标	点	坐标
点 1	0，-1067，-4710	点 2	1204，-607，-4710
点 3	1804，541，-4710	点 4	1617，1824，-4710
点 5	643，2671，-4710	点 6	-643，2671，-4710
点 7	-1617，1824，-4710	点 8	-1804，541，-4710
点 9	-1204，-607，-4710		

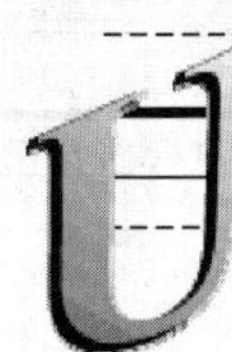

表 12-12 艺术样条 12 各坐标点

点	坐标	点	坐标
点 1	0，-1065，-7100	点 2	1364，-464，-7100
点 3	1884，944，-7100	点 4	1372，2352，-7100
点 5	0，2948，-7100	点 6	-1372，2352，-7100
点 7	-1884，944，-7100	点 8	-1364，-464，-7100

表 12-13 艺术样条 13 各坐标点

点	坐标	点	坐标
点 1	0，-1169，-35200	点 2	1241，-652，-35200
点 3	1841，572，-35200	点 4	1672，1917，-35200
点 5	674，2823，-35200	点 6	-674，2823，-35200
点 7	-1672，1917，-35200	点 8	-1841，572，-35200
点 9	-1241，-652，-35200		

表 12-14 艺术样条 14 各坐标点

点	坐标	点	坐标
点 1	0，-1020，-36700	点 2	1224，-540，-36700
点 3	1833，640，-36700	点 4	1656，1950，-36700
点 5	660，2808，-36700	点 6	-660，2808，-36700
点 7	-1656，1950，-36700	点 8	-1833，640，-36700
点 9	-1224，-540，-36700		

表 12-15 艺术样条 15 各坐标点

点	坐标	点	坐标
点 1	0，-808，-38200	点 2	1189，-390，-38200
点 3	1796，719，-38200	点 4	1612，1966，-38200
点 5	633，2752，-38200	点 6	-633，2752，-38200
点 7	-1612，1966，-38200	点 8	-1796，719，-38200
点 9	-1189，-390，-38200		

表 12-16 艺术样条 16 各坐标点

点	坐标	点	坐标
点 1	0，-538，-39700	点 2	1124，-196，-39700
点 3	1713，815，-39700	点 4	1526，1969，-39700
点 5	590，2661，-39700	点 6	-590，2661，-39700
点 7	-1526，1969，-39700	点 8	-1713，815，-39700
点 9	-1124，-196，-39700		

表 12-17 艺术样条 17 各坐标点

点	坐标	点	坐标
点 1	0，-225，-41200	点 2	1020，41，-41200
点 3	1568，929，-41200	点 4	1388，1957，-41200
点 5	529，2545，-41200	点 6	-529，2545，-41200
点 7	-1388，1957，-41200	点 8	-1568，929，-41200
点 9	-1020，41，-41200		

表 12-18 艺术样条 18 各坐标点

点	坐标	点	坐标
点 1	0，98，-42700	点 2	872，304，-42700
点 3	1343，1053，-42700	点 4	1187，1926，-42700
点 5	450，2414，-42700	点 6	-450，2414，-42700
点 7	-1187，1926，-42700	点 8	-1343，1053，-42700
点 9	-872，304，-42700		

表 12-19 艺术样条 19 各坐标点

点	坐标	点	坐标
点 1	0，438，-44200	点 2	675，605，-44200
点 3	1025，1197，-44200	点 4	909，1879，-44200
点 5	350，2276，-44200	点 6	-350，2276，-44200
点 7	-909，1879，-44200	点 8	-1025，1197，-44200
点 9	-675，605，-44200		

表 12-20 艺术样条 20 各坐标点

点	坐标	点	坐标
点 1	0，1372，-46965	点 2	81，1453，-46965
点 3	0，1534，-46965	点 4	-81，1453，-46965

结果创建如图 12-6 所示的艺术样条 2～艺术样条 20。

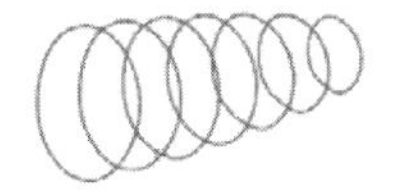

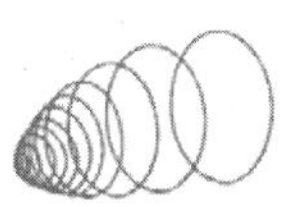

图 12-6　创建艺术样条 2～20

04 创建曲面。执行菜单中的“插入”→“网格曲面”→“通过曲线组”命令，或者单击“曲面”功能区“曲面”组中的“通过曲线组”图标，弹出如图 12-7 所示的“通过曲线组”对话框。选择步骤 **02** 创建的点 1，单击鼠标中键；选择艺术样条 1，单击鼠标中键，选择艺术样条 2，单击鼠标中键，选择艺术样条 3，单击鼠标中键，并保持艺术样条的矢量方向一致，如图 12-8 所示。单击“确定”按钮，完成曲面 1 的创建，如图 12-9 所示。

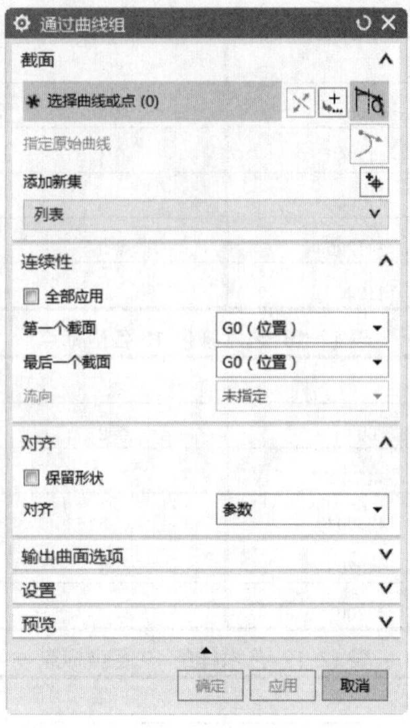

图 12-7 “通过曲线组”对话框

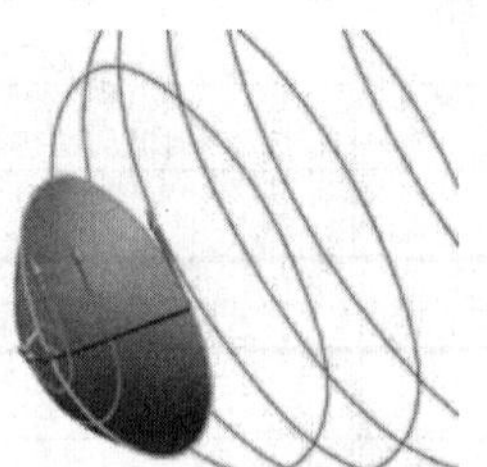

图 12-8 选择截面线或点

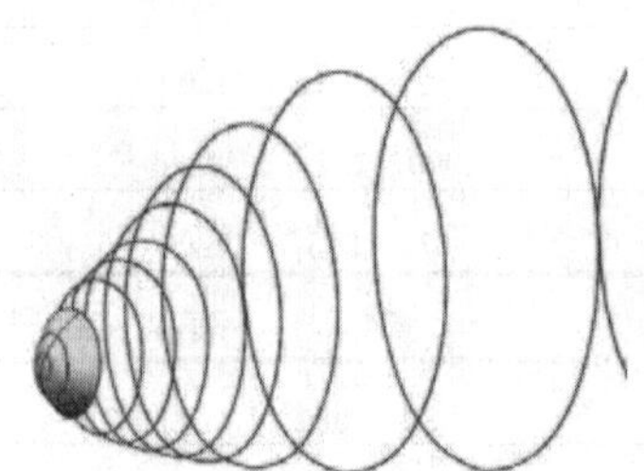

图 12-9 创建曲面 1

执行菜单中的“插入”→“网格曲面”→“通过曲线组”命令，或者单击“曲面”功能区“曲面”组中的“通过曲线组”图标，弹出“通过曲线组”对话框。选择艺术样条 3，单击鼠标中键；选择艺术样条 4，单击鼠标中键，以此进行操作，直到艺术样条 20，如图 12-10 所示。

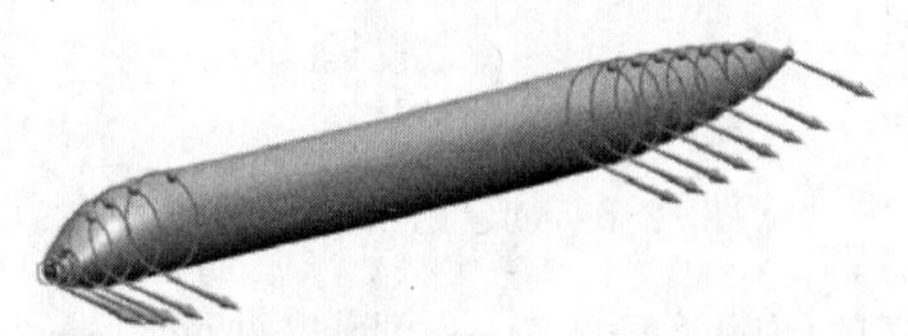

图 12-10 选择截面曲线

单击 “通过曲线组”对话框中的“确定”按钮，创建如图 12-11 所示的曲面。

05 隐藏曲线和点。选择菜单中的“编辑”→“显示和隐藏”→“隐藏”命令，弹出如

图 12-12 所示“类选择”对话框。单击“类型过滤器”按钮，弹出如图 12-13 所示的“按类型选择”对话框，选择“曲线”和“点”选项，单击“确定”按钮。返回“类选择”对话框。单击“全选”按钮，选择工作区中所有的曲线和点，单击“确定”按钮，隐藏曲线和点，如图 12-14 所示。

图 12-11　创建曲面

图 12-12　“类选择”对话框

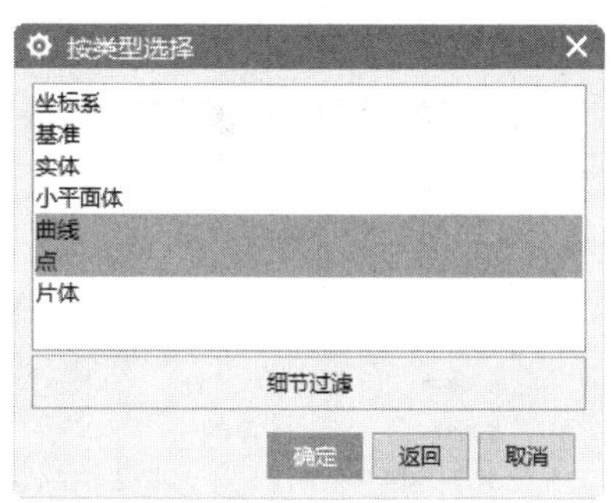

图 12-13　“按类型选择”对话框

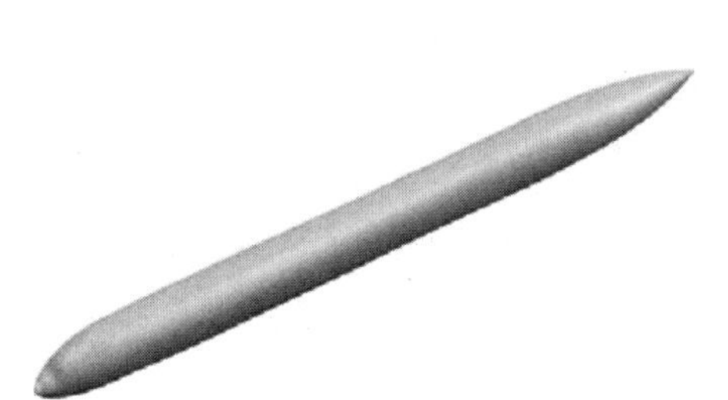

图 12-14　隐藏曲线和点

06 创建长方体。执行菜单中的“插入”→“设计特征”→“长方体”命令，弹出“长方体”对话框。选择“两个对角点”类型，如图 12-15 所示。单击“点对话框”按钮，在弹出的“点”对话框中设置点 1 的坐标为（1860，-1480，-18829），单击“确定”按钮。设置点 2 的坐标为（-1860，607，-26455），单击“确定”按钮，返回“长方体”对话框。在“布尔”中选择“合并”，单击“确定”按钮，完成长方体的创建。

07 创建倒斜角。执行菜单中的“插入”→“细节特征”→“倒斜角”命令，或者单击

“主页”功能区“特征”组中的“倒斜角”图标，弹出“倒斜角”对话框。选择“非对称”横截面，在“距离1”中输入500，“距离2”中输入100，如图12-16所示。选择长方体前面的两条边，单击“应用”按钮，完成倒斜角1的创建，如图12-17所示。

同上步骤在“距离1”中输入500，“距离2”中输入50，选择长方体后面两条边，单击“确定”按钮，完成倒斜角2的创建。

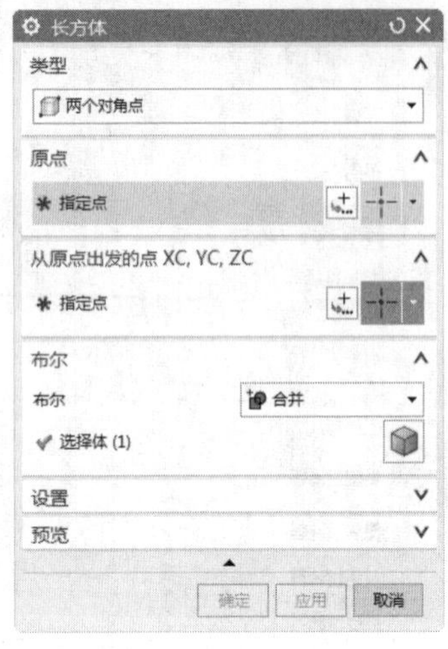

图12-15 “长方体”对话框

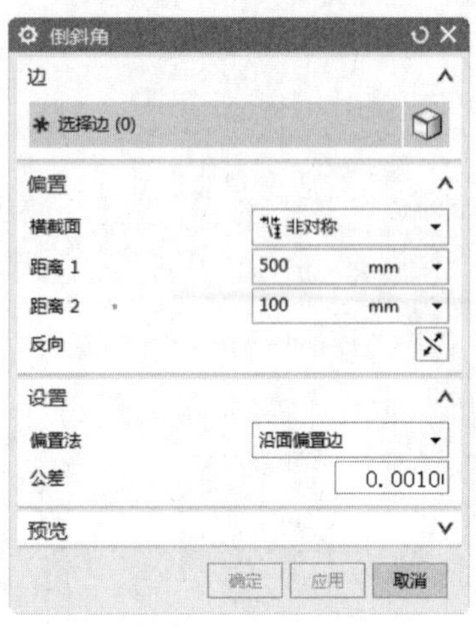

图12-16 设置倒斜角的参数

08 创建拔模角。执行菜单中的“插入”→“细节特征”→“拔模”命令，或者单击“主页”功能区“特征”组中的“拔模”图标，弹出“拔模”对话框。在“角度”文本框中输入70，如图12-18所示。选择长方体的底面为固定面，选择“-YC轴”为拔模方向，选择长方体的前表面为要拔模的面，单击“应用”按钮，完成前表面的拔模，如图12-19所示。

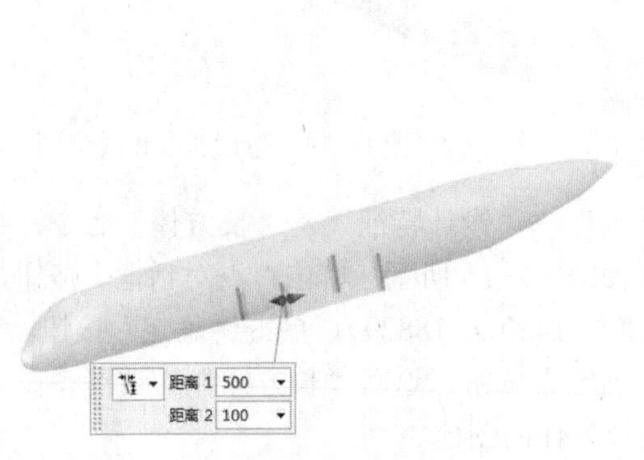

图12-17 创建倒斜角1

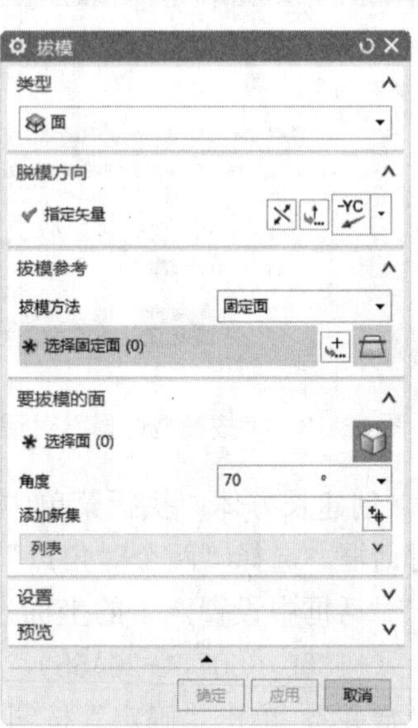

图12-18 设置拔模的参数

同样步骤，对长方体后表面进行拔模，拔模“角度”为75，拔模效果如图12-20所示。

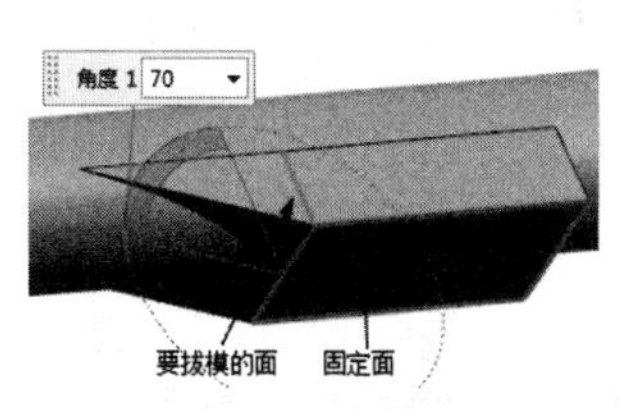

图12-19 前表面的拔模

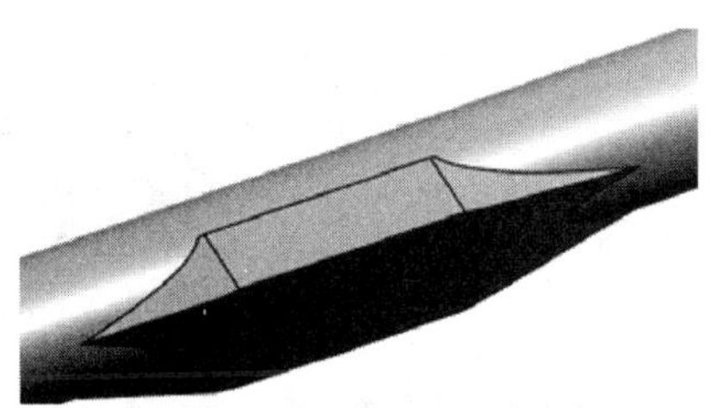

图12-20 拔模效果

09 边倒圆。执行菜单中的“插入”→“细节特征”→“边倒圆”命令，或者单击“主页”功能区“特征”组中的“边倒圆”图标，弹出“边倒圆”对话框，如图12-21所示。在“半径1”文本框中输入800。选择图12-22和图12-23所示的边，单击“应用”按钮，完成边倒圆操作，如图12-24所示。

图12-21　“边倒圆”对话框

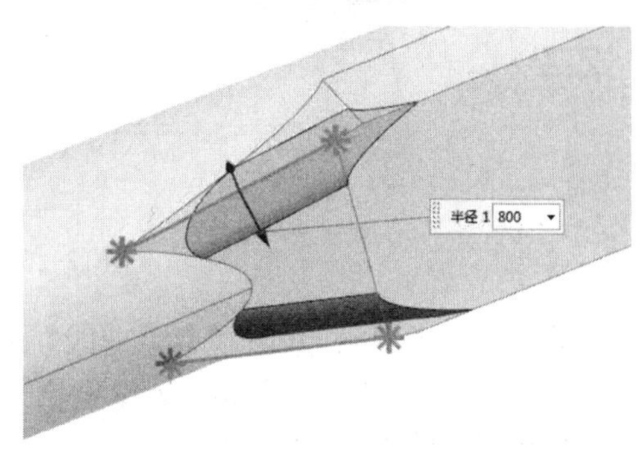

图12-22　选择边1

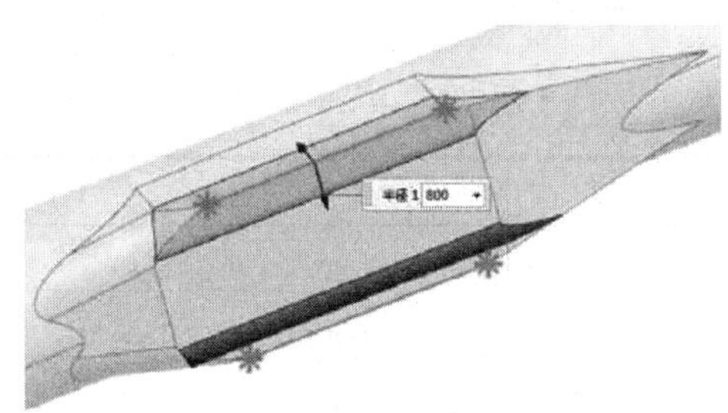

图12-23　选择边2

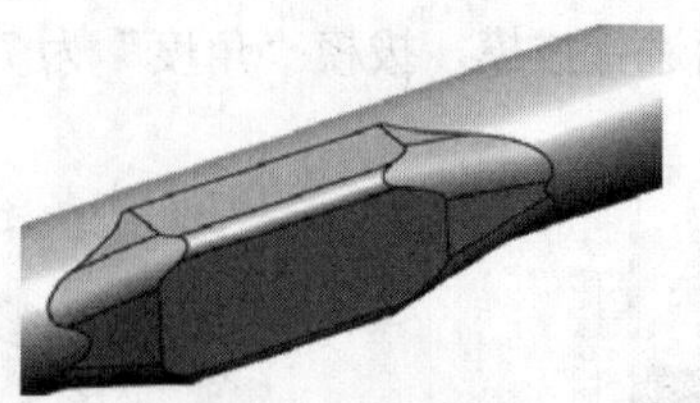

图 12-24 创建边倒圆

12.2 机翼

机翼的创建流程如图 12-25 所示。

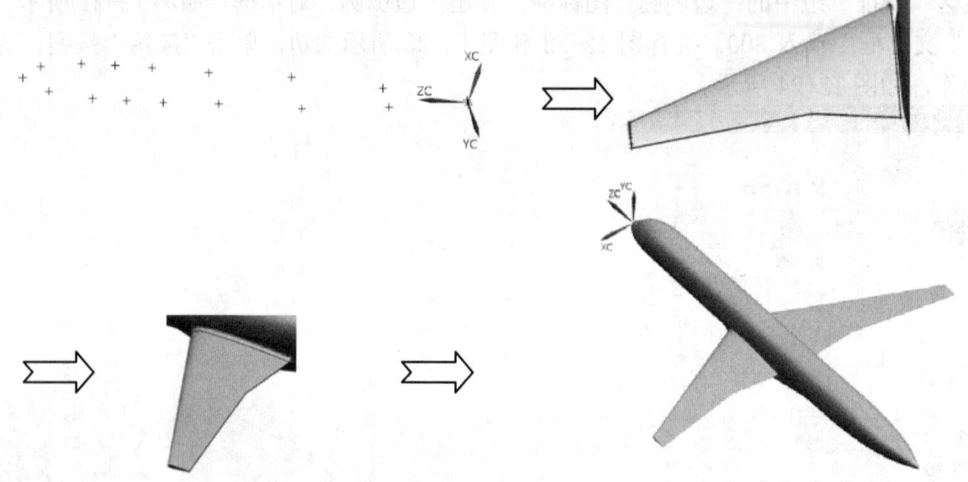

图 12-25 机翼的创建流程

首先绘制艺术样条，利用“复合曲线”命令连接曲线，然后利用“扫掠”命令扫掠成曲面，最后利用“拔模”“边倒圆”和“镜像特征”等命令完成两边机翼的创建。

具体操作步骤如下：

01 创建艺术样条 1 各坐标点。执行菜单中的“插入”→“基准/点”→“点”命令，或者单击“曲线”功能区“曲线”组中的“点”图标十，弹出“点”对话框，分别创建艺术样条 1 各坐标点，见表 12-21。

表 12-21 艺术样条 1 各坐标点

点	坐标	点	坐标
点 1	18740，1359，-29015	点 2	18740，1319，-28689
点 3	18740，1294，-28329	点 4	18740，1286，-27990
点 5	18740，1275，-27756	点 6	18740，1274，-27607
点 7	18740，1276，-27471	点 8	18740，1303，-27301
点 9	18740，1372，-27213	点 10	18740，1372，-29015

02 移动坐标。选择“菜单”→“格式”→“WCS”→“动态”命令，选择点 10 为动态坐标系的原点，单击鼠标中键，完成动态坐标系的设置。

03 镜像点。执行菜单中的“编辑”→“变换”命令，弹出如图 12-26 所示“变换”对话框。选择点 1～点 9 各点，单击“确定”按钮。弹出如图 12-27 所示“变换”对象对话框。单击“通过-平面镜像”按钮，弹出如图 12-28 所示“平面”对话框，选择“XC-ZC 平面”类型，单击“确定”按钮。弹出如图 12-29 所示“变换”公共参数对话框。单击“复制”按钮，完成变换操作，创建如图 12-30 所示的点集。

图 12-26　“变换”对话框

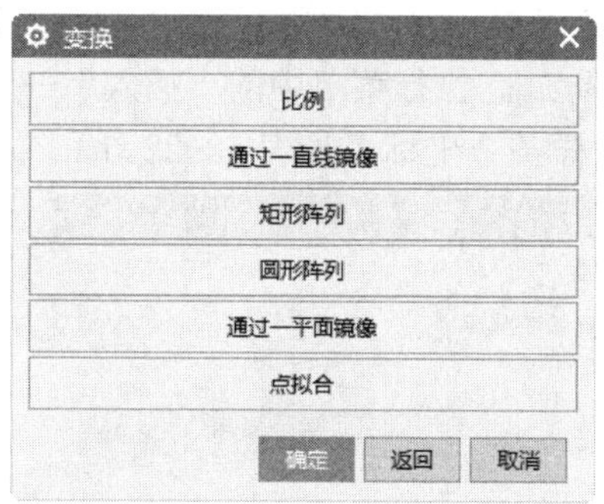

图 12-27　“变换”对象对话框

图 12-28　“平面”对话框

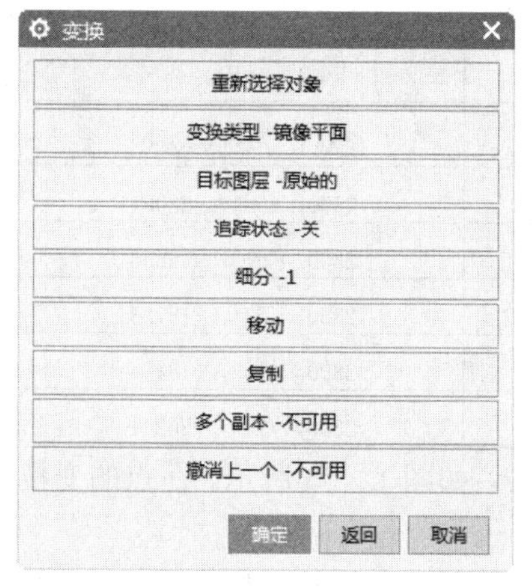

图 12-29　“变换”公共参数对话框

图 12-30　创建点集

04 创建曲线 1。执行菜单中的“插入”→“曲线”→“艺术样条”命令，弹出“艺术样条”对话框。“类型”选择“通过点”，取消“封闭”复选框的勾选，连接图 12-30 中的所有点。执行菜单中的“插入”→“曲线”→“直线”命令，捕捉点 1 及点 1 的复制点，创建直线，

完成曲线 1 的创建，如图 12-31 所示。

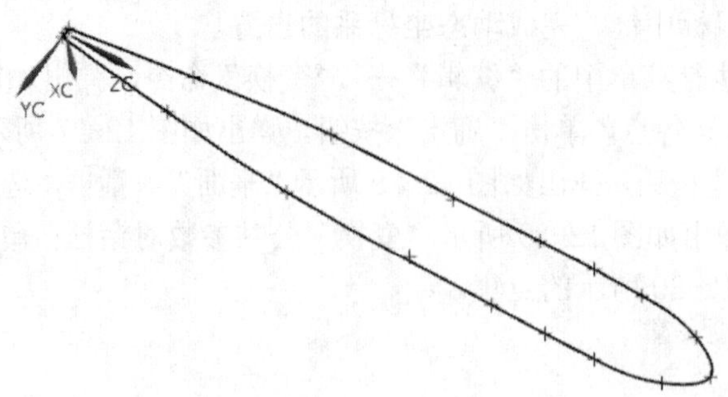

图 12-31 创建曲线 1

05 转换坐标系。选择“菜单”→“格式”→“WCS”→“定向”命令，弹出如图 12-32 所示“坐标系”对话框。选择“绝对坐标系”类型，单击“确定”按钮，完成坐标系的转换。

06 创建艺术样条 2 各坐标点。。执行菜单中的“插入”→“基准/点”→“点”命令，弹出“点”对话框. 分别创建艺术样条 2 坐标点见表 12-22。

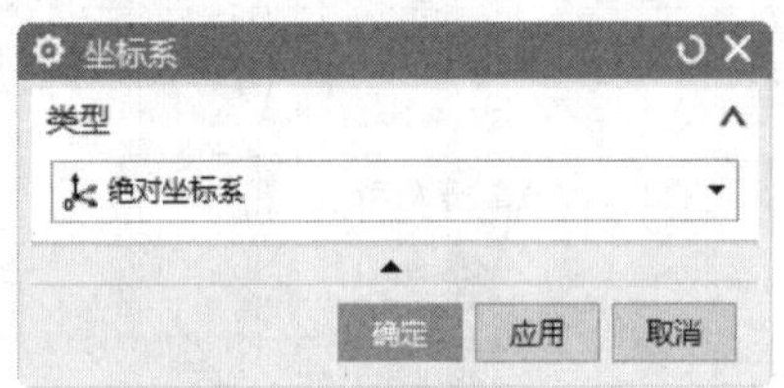

图 12-32 “坐标系”对话框

表 12-22 艺术样条 2 各坐标点

点	坐标	点	坐标
点 1	2300，-172，-26241	点 2	2300，-377，-24203
点 3	2300，-475，-23272	点 4	2300，-586，-22021
点 5	2300，-643，-21137	点 6	2300，-679，-19836
点 7	2300，-581，-18863	点 8	2300，-531，-18723
点 9	2300，-458，-18581	点 10	2300，-353，-18434
点 11	2300，-159，-18320	点 12	2300，-159，-26241

07 创建曲线 2。同步骤 **04** 和步骤 **05** 创建曲线 2，如图 12-33 所示。在点的变换过程中，将坐标系移动到点 12 上。

08 创建直线。执行菜单中的“插入”→“曲线”→“直线”命令，或者单击“曲线”功能区“曲线”组中的“直线”图标，弹出如图 12-34 所示的“直线”对话框。设置起点坐标为（18740，1372，-27213），设置终点坐标为（2300，-172，-26241），连续单击“确定”按钮，完成直线 1 的创建。

同上步骤，设置起点坐标为（18740，1359，-29015），终点坐标为（7591，429，-26241）

的直线 2；起点坐标为（7591，429，-26241），终点坐标为（2300，-159，-26241）的直线 3。创建直线，如图 12-35 所示。

09 连接曲线。执行菜单中的“插入”→“派生曲线”→“复合曲线”命令，或者单击“曲线”功能区“派生曲线”组中的“复合曲线”图标，弹出“复合曲线”对话框，设置复合曲线的参数如图 12-36 所示。依次选择组成曲线 1 的艺术样条和直线，单击“应用”按钮，完成连接操作。

同上步骤，完成组成曲线 2 的艺术样条和直线的连接，完成直线 2 和直线 3 的连接。

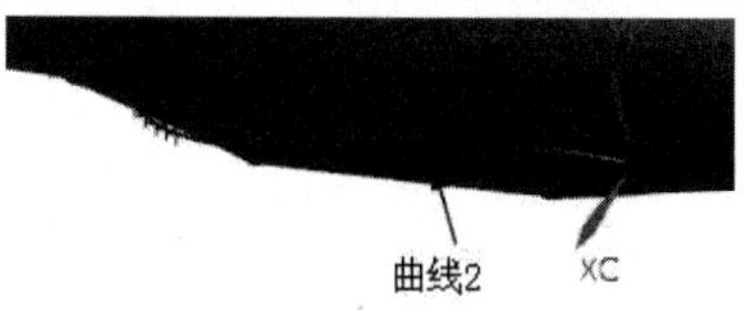

图 12-33　创建曲线 2

图 12-34　“直线”对话框

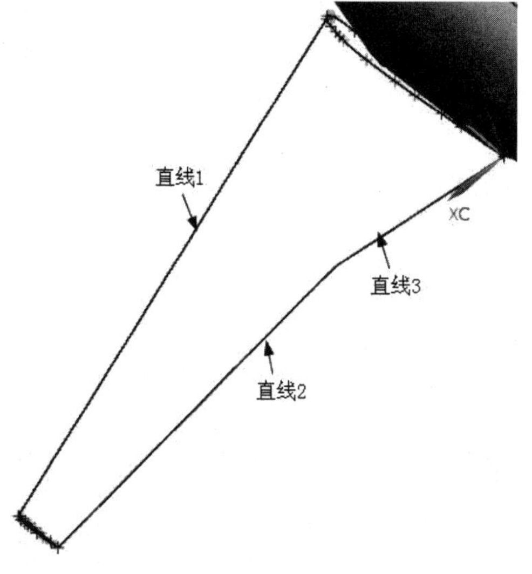

图 12-35　绘制直线 1～直线 3

图 12-36　设置复合曲线的参数

10 创建网格曲面。选择菜单中的“插入”→“网格曲面”→“通过曲线网格”命令，或者单击“曲面”功能区“曲面”组中的“通过曲线网格”图标，弹出“通过曲线网格”对话框，如图 12-37 所示。选择曲线 1 和曲线 2 组成的复合曲线为主曲线，选择直线 1、直线 2

和直线 3 组成的连接曲线为交叉曲线。单击“确定”按钮，完成网格曲面创建，如图 12-38 所示。

11 创建拉伸体。执行菜单中的“插入”→“设计特征”→“拉伸”命令，或者单击“主页”功能区“特征”组中的“拉伸”图标，弹出“拉伸”对话框，如图 12-39 所示。选择样式样条 2 组成的连接曲线为拉伸曲线，选择“-XC”为曲线的拉伸方向，设置“结束”的“距离”为 600，在“布尔”下拉列表框中选择“合并”，单击“确定”按钮，完成拉伸操作。

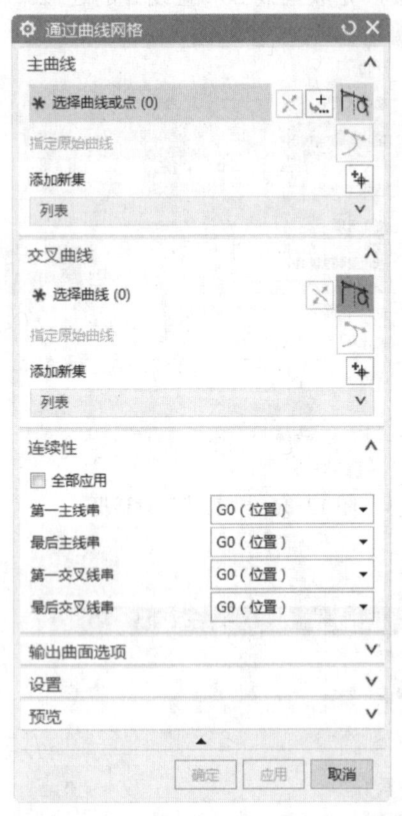

图 12-37 “通过曲线网格”对话框

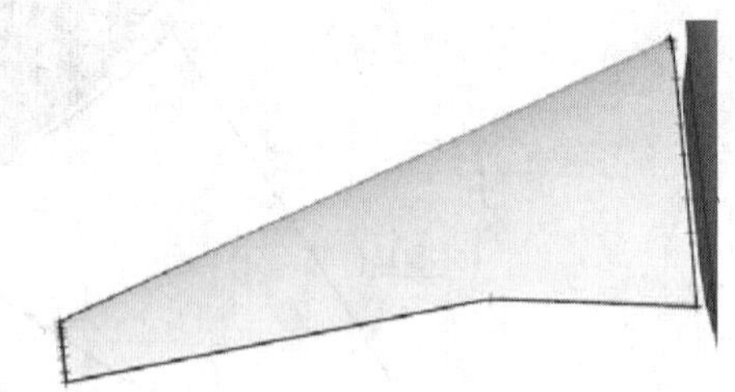

图 12-38 创建网格曲面

12 拔模。执行菜单中的“插入”→“细节特征”→“拔模”命令，或者单击“主页”功能区“特征”组中的“拔模”图标，弹出“拔模”对话框，如图 12-40 所示。选择拉伸体的底面为固定面，选择“XC 轴”为拔模方向，选择拉伸体的侧面为要拔模的面，设置“角度”为 30。单击“应用”按钮，完成前平面的拔模，如图 12-41 所示。

将飞机的机身部分进行隐藏，完成机翼的创建后，显示机身部分，并隐藏创建机翼所使用的点和曲线。

13 合并操作。执行菜单中的“插入”→“组合”→“合并”命令，或者单击“主页”功能区“特征”组中的“合并”图标，弹出如图 12-42 所示“合并”对话框。依次选择机身和机翼，单击“确定”按钮，完成机身和机翼的合并操作。

图 12-39　“拉伸”对话框

图 12-40　“拔模”对话框

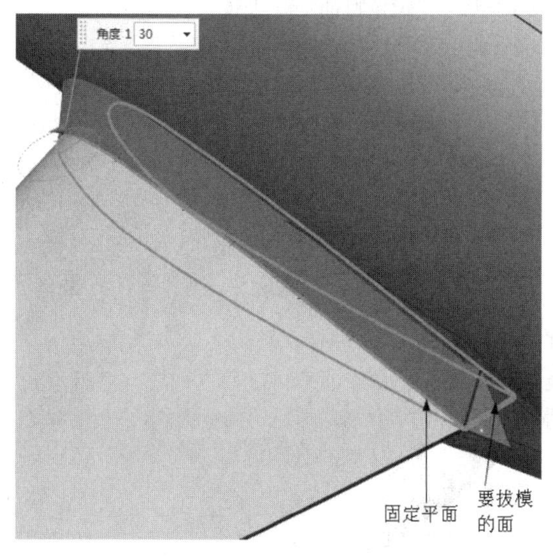

图 12-41　前平面拔模

图 12-42　“合并”对话框

14 边倒圆。执行菜单中的“插入”→“细节特征”→“边倒圆”命令，或者单击“主页”功能区“特征”组中的“边倒圆”图标，弹出“边倒圆”对话框。设置“半径 1”为 200，将机身与机翼结合部分进行边倒圆，结果如图 12-43 所示。

(15) 镜像特征。将坐标系放置到绝对坐标系。执行菜单中的“插入”→“关联复制”→“镜像特征”命令，或者单击“主页”功能区“特征”组中的“镜像特征”图标，弹出如图 12-44 所示“镜像特征”对话框。在工作区选择网格曲面和拉伸后的两项特征。在“平面”下拉列表框中选择“新平面”选项，在“指定平面”下拉列表框中选择“YC-ZC 平面”，单击“确定”按钮。完成镜像特征操作。

同步骤(13)和步骤(14)，对机翼和机身进行合并及边倒圆操作，创建如图 12-45 所示机翼和机身。

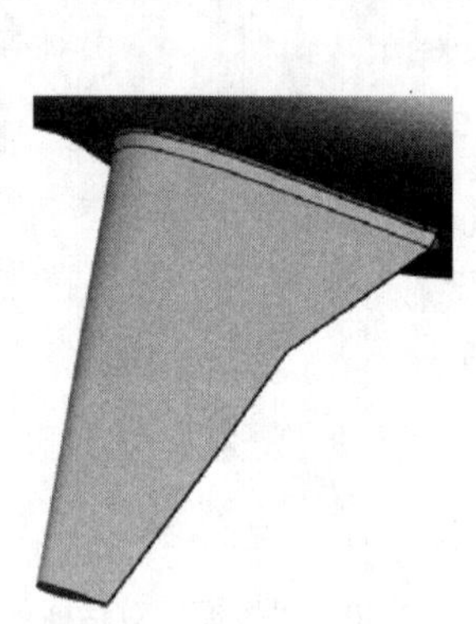

图 12-43 边倒圆

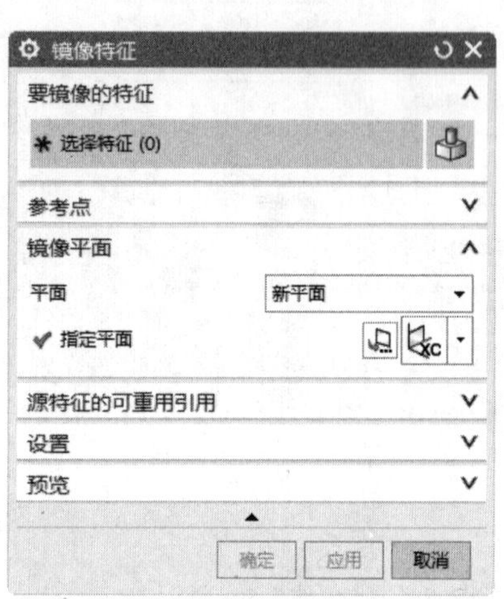

图 12-44 “镜像特征”对话框

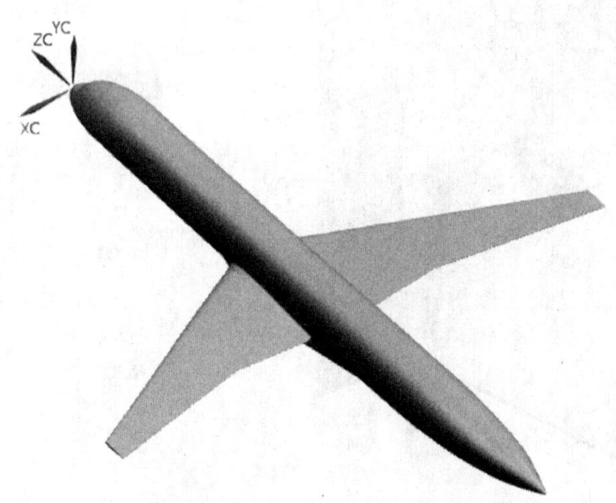

图 12-45 创建机翼和机身

12.3 尾翼

尾翼的创建流程如图 12-46 所示。

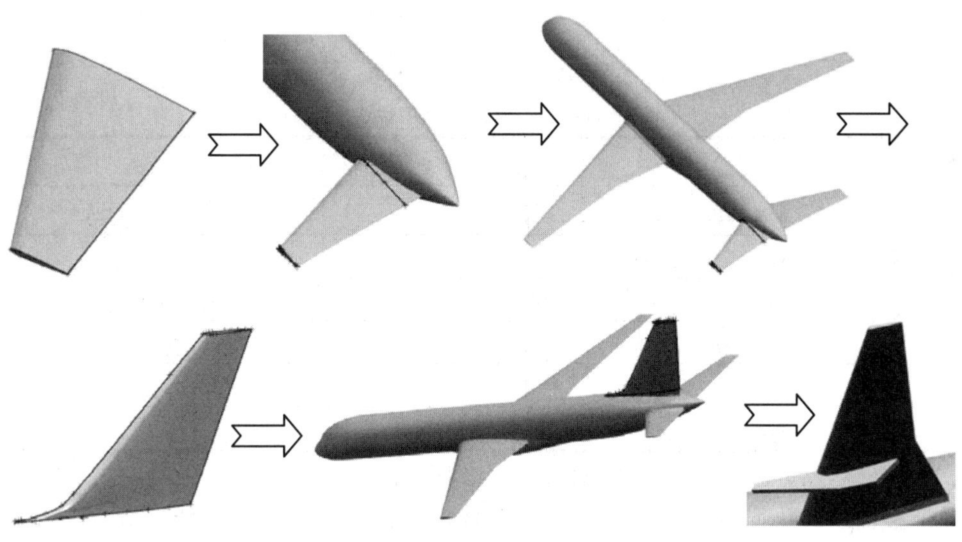

图 12-46　尾翼创建流程

首先创建曲线，然后利用“通过曲线组”命令创建尾翼曲面，最后利用“边倒圆”和“拉伸”等建模命令完成尾翼的创建。

具体操作步骤如下：

01 创建曲线 1 和曲线 2。执行菜单中的“插入”→“基准/点”→“点”命令，弹出“点”对话框. 分别创建艺术样条 1 各坐标点，见表 12-23。

表 12-23 艺术样条 1 各坐标点

点	坐标	点	坐标
点 1	7450, 2113, -46637	点 2	7450, 2101, -46495
点 3	7450, 2061, -45867	点 4	7450, 2047, -45462
点 5	7450, 2046, -45207	点 6	7450, 2048, -45175
点 7	7450, 2054, -45111	点 8	7450, 2062, -45069
点 9	7450, 2075, -45012	点 10	7450, 2087, -44966
点 11	7450, 2105, -44919	点 12	7450, 2126, -44897
点 13	7450, 2126, -46637		

将坐标原点移到点 13 上，并将上述点 1～点 12 各点进行平面（XC-ZC ）镜像复制操作，产业 12.1 节的步骤 **02** ～步骤 **04** ，创建曲线 1，如图 12-47 所示。

执行菜单中的“插入”→“基准/点”→“点”命令，弹出“点”对话框，分别创建表 12-24

中艺术样条 2 各坐标点。

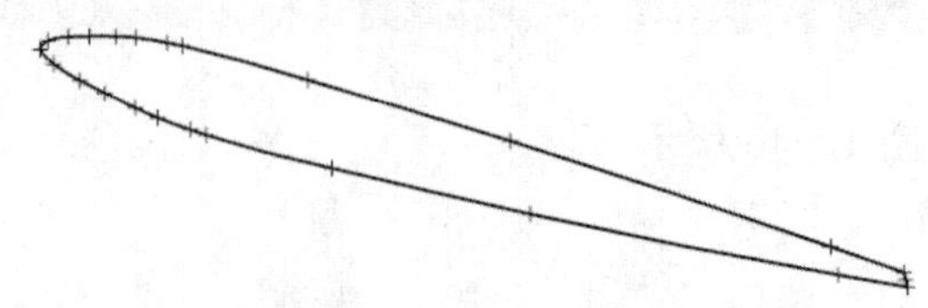

图 12-47 创建曲线 1

表 12-24 艺术样条 2 各坐标点

点	坐标	点	坐标
点 1	1650, 1319, -45186	点 2	1650, 1233, -44262
点 3	1650, 1148, -43321	点 4	1650, 1103, -42671
点 5	1650, 1077, -41879	点 6	1650, 1080, -41634
点 7	1650, 1104, -41396	点 8	1650, 1131, -41263
点 9	1650, 1184, -41071	点 10	1650, 1250, -40919
点 11	1650, 1332, -40870	点 12	1650, 1332, -45186

以点 12 为坐标原点，创建曲线 2，如图 12-48 所示。

02 连接曲线。执行菜单中的“插入”→“派生曲线”→“复合曲线”命令，或者单击“曲线”功能区“派生曲线”组中的“复合曲线”图标，弹出“复合曲线”对话框。依次选择组成曲线 1 的样条曲线和直线，并在对话框“设置”选项组中勾选“隐藏原先的”复选框，其他按系统默认设置。单击“应用”按钮，完成连接操作。

采用同样的步骤，完成曲线 2 中的样条曲线和直线的连接操作。

03 通过曲线组创建曲面。执行菜单中的“插入”→“网格曲面”→“通过曲线组”命令，或者单击“曲面”功能区“曲面”组中的“通过曲线组”图标，弹出“通过曲线组”对话框。选择曲线 1，单击鼠标中键；选择曲线 2，单击鼠标中键。单击“确定”按钮，完成曲面的创建，如图 12-49 所示。

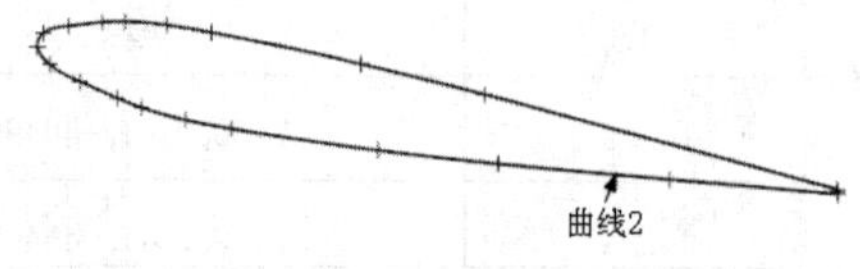

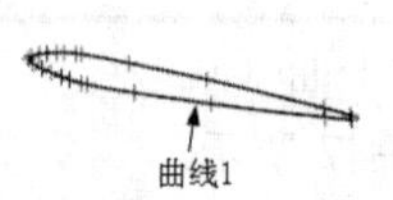

图 12-48　创建曲线 2

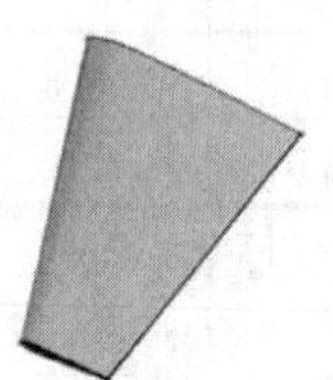

图 12-49　通过曲线组创建曲面

04 设置坐标系。选择菜单中的“格式”→“WCS”→“定向”命令，弹出“坐标系”对话框。选择“绝对坐标系”类型,单击“确定”按钮，将坐标系返回绝对坐标系。显示机身和机翼，设置工作层，如图 12-50 所示。

05 创建拉伸体 1。执行菜单中的“插入”→“设计特征”→“拉伸”命令，或者单击“主页”功能区“特征”组中的“拉伸”图标，弹出如图 12-51 所示“拉伸”对话框。选择曲线 2 为拉伸曲线。单击“指定矢量”中的按钮。弹出如图 12-52 所示“矢量”对话框。选择“两点”类型，在“指定出发点”中选择曲线 1 的点 13，在“指定终止点”选择曲线 2 的点 12，单击“确定”按钮，返回“拉伸”对话框。在“拉伸”对话框中的“结束”的“距离”文本框中输入 1000，单击“确定”按钮，完成拉伸操作，如图 12-53 所示。

图 12-50　设置工作层

图 12-51　“拉伸”对话框

图 12-52　“矢量”对话框

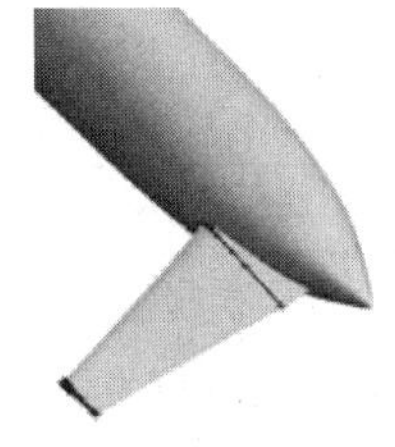

图 12-53　创建拉伸体 1

06 镜像特征。执行菜单中的“插入”→“关联复制”→“镜像特征”命令，或者单击

“主页”功能区“特征”组“更多”中的“镜像特征”图标，弹出“镜像特征”对话框。在工作区中选择曲面实体和拉伸特征。单击“平面”按钮，弹出“平面”对话框。选择“YC-ZC”，连续单击“确定”按钮，完成镜像特征操作，如图 12-54 所示。

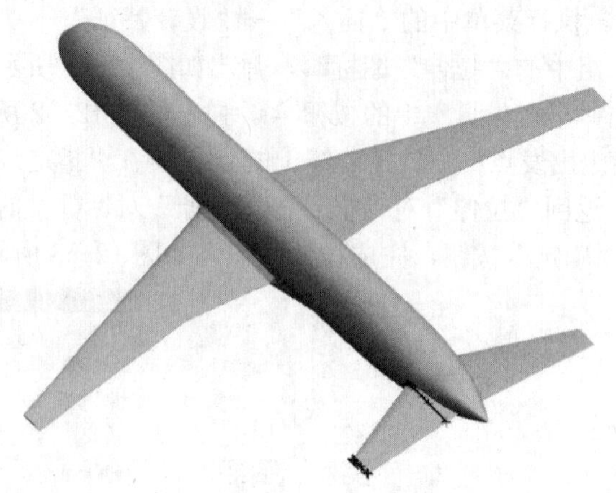

图 12-54　镜像特征

07 合并操作。执行菜单中的“插入”→“组合”→“合并”命令，或者单击“主页”功能区“特征”组中的“合并”图标，弹出“合并”对话框。依次选择两尾翼与机身，单击“确定”按钮，完成将两尾翼与机身的合并操作。

08 边倒圆。执行菜单中的“插入”→“细节特征”→“边倒圆”命令，或者单击“主页”功能区“特征”组中的“边倒圆”图标，弹出“边倒圆”对话框，设置“半径 1”为 50，将尾翼与机身结合部分进行边倒圆。设置 44 层为工作层，并隐藏层 1。

09 创建曲线和直线。执行菜单中的“插入”→“基准/点”→“点”命令，弹出“点”对话框，分别创建表 12-25 中曲线 3 各坐标点。

表 12-25　曲线 3 各坐标点

点	坐标	点	坐标
点 1	0，10034，-47316	点 2	46，10034，-47004
点 3	93，10034，-46691	点 4	134，10034，-46377
点 5	162，10034，-46063	点 6	178，10034，-45432
点 7	175，10034，-45275	点 8	163，10034，-45117
点 9	123，10034，-44965	点 10	0，10034，--44880

采用 12.2 节中的步骤 **02** ～步骤 **04** ，将坐标原点移到点 10，以“YC-ZC 平面”为镜像平面，变换复制点 1～点 9 各点。通过上述各点及复制点创建曲线 3，并将坐标系返回绝对坐标系。

执行菜单中的“插入”→“基准/点”→“点”命令，弹出“点”对话框. 分别创建表 12-26 中曲线 4 各坐标点。

表 12-26　曲线 4 各坐标点

点	坐标	点	坐标
点 1	0，2942，-44567	点 2	126，2942，-43492
点 3	203，2942，-42411	点 4	234，2942，-41328
点 5	234，2942，-40245	点 6	219，2942，-39162
点 7	200，2942，-38079	点 8	178，2942，-36860
点 9	147，2942，-36252	点 10	97，2942，-36056
点 11	0，2942，-35973		

采用 12.2 节中的步骤 02 ～步骤 04 ，将坐标原点移到点 11，以“YC-ZC 平面”为镜像平面，变换复制点 1～点 10 各点。

创建如图 12-55 所示的曲线 4，曲线 4 由 5 段艺术样条组成，并将各段艺术样条进行连接操作。将坐标系返回绝对坐标系。

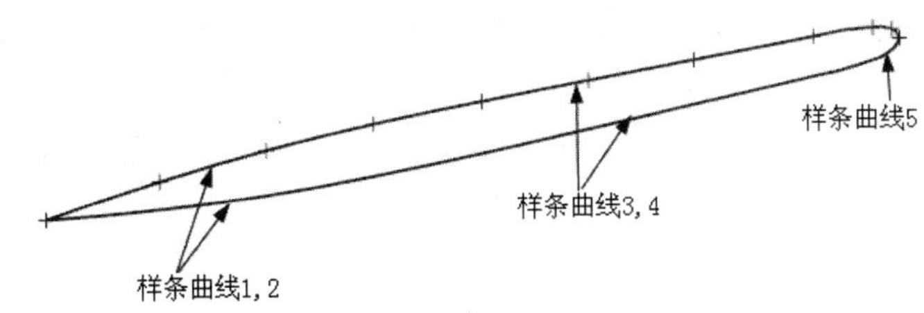

图 12-55　创建曲线 4

执行菜单中的“插入”→“基准/点”→“点”命令，弹出“点”对话框，分别创建表 12-27 中曲线 5 各坐标点。

表 12-27　曲线 5 各坐标点

点	坐标	点	坐标
点 1	0，10034，-44880	点 2	0，8451，-43314
点 3	0，3868，-38779	点 4	0，3419，-38230
点 5	0，3149，-37460	点 6	0，2942，-35973

创建由各点形成的艺术样条。由起点（0，10034，-47316）和终点（0，2942，-44567）创建直线，如图 12-56 所示。

10 扫掠创建曲面。执行菜单中的“插入”→“扫掠”→“扫掠”命令，或者单击“曲面”功能区“曲面”组中的“扫掠”图标，弹出“扫掠”对话框。选择曲线 3 和曲线 4 为截面曲线，选择曲线 5 和直线为引导线，单击“确定”按钮，完成扫掠操作，如图 12-57 所示。

11 创建拉伸体 2。执行菜单中的。插入”→“设计特征”→“拉伸”命令，或者单击“主页”功能区“特征”组中的“拉伸”图标，弹出“拉伸”对话框。选择曲线 4 为拉伸曲线，指定直线段为矢量方向，在“结束”的“距离”文本框中输入 1000，在“布尔”下拉列表框中选择“合并”，单击“确定”按钮，完成拉伸操作，如图 12-58 所示。

UG NX 12.0

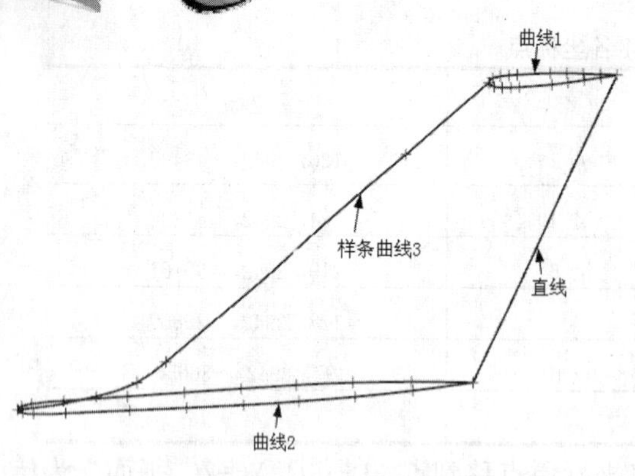

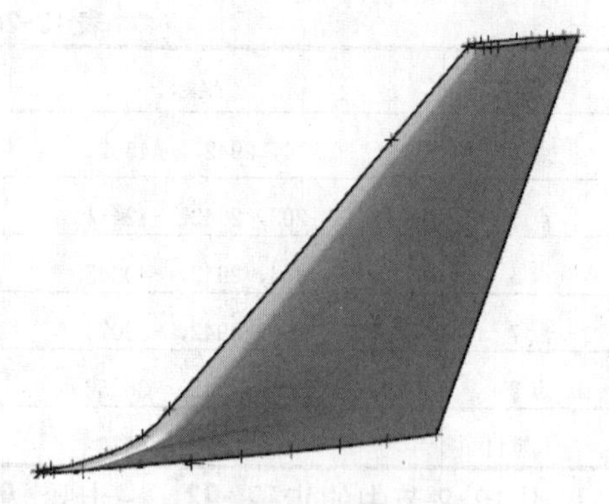

图 12-56　创建曲线和直线　　　　图 12-57　扫掠创建曲面

12 创建长方体。执行菜单中的“插入”→“设计特征”→“长方体”命令，弹出“长方体”对话框，如图 12-59 所示。选择“原点和边长”类型，在弹出的“点”对话框中设置长方体的起点坐标为（6088，-900，-24941），连续单击“确定”按钮，完成长方体的创建。

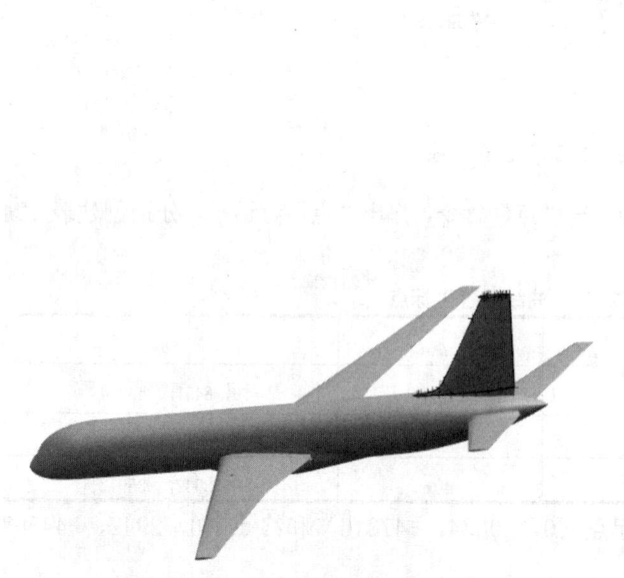

图 12-58　创建拉伸体 2

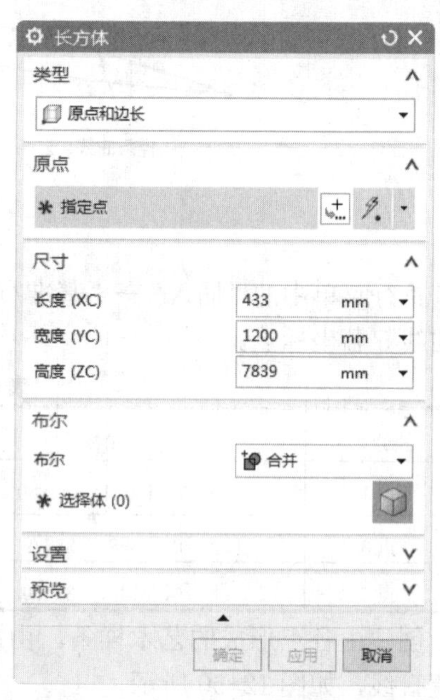

图 12-59　“长方体”对话框

13 创建倒斜角。执行菜单中的“插入”→“细节特征”→“倒斜角”命令，或者单击“主页”功能区“特征”组中的“倒斜角”图标，弹出“倒斜角”对话框，设置参数如图 12-60 所示，选择长方体的前端面的下边，单击“应用”按钮，完成倒斜角 1 的操作。

采用同样步骤，分别在“距离 1”和“距离 2”中输入 1200 和 1000，选择长方体的后端面的下边，单击“确定”按钮，完成倒斜角 2 的操作，如图 12-61 所示。

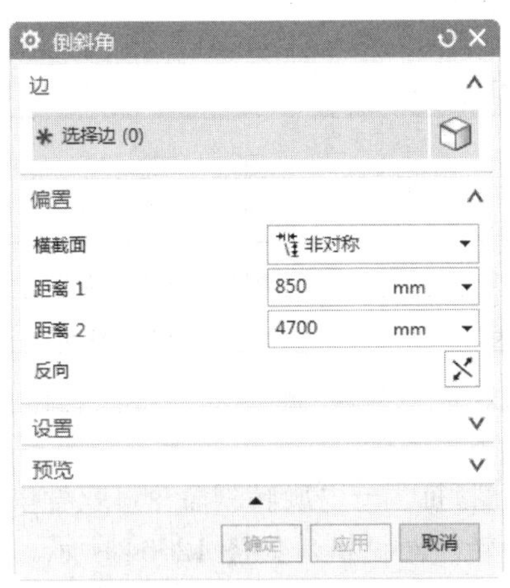

图 12-60　设置倒斜角的参数

图 12-61　创建倒斜角 2

12.4 发动机

发动机的创建流程如图 12-62 所示。

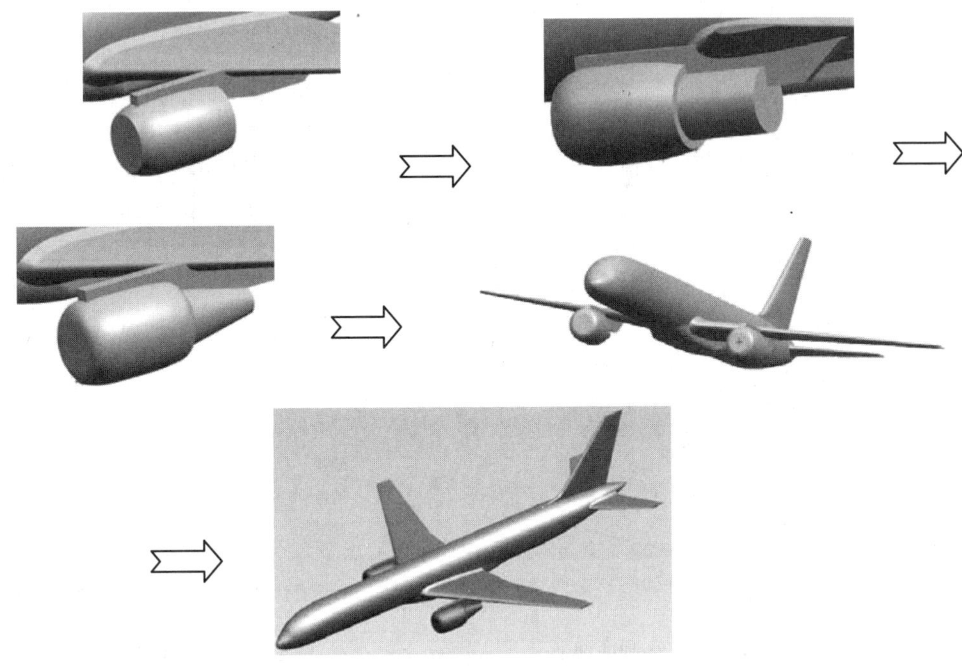

图 12-62　发动机的创建流程

首先创建曲线，利用“旋转”命令创建发动机的基体，然后利用“凸台”“拔模”“边倒圆”以及“镜像特征”命令完成发动机的创建，最后对飞机模型赋予材料。

01 创建曲线。执行菜单中的“插入”→“基准/点”→“点”命令，弹出“点”对话框，

分别创建表 12-28 中曲线各坐标点。

表 12-28　曲线各坐标点

点	坐标	点	坐标
点 1	6340, -2241, -16631	点 2	6346, -2356, -16818
点 3	6384, -2520, -18066	点 4	6420, -2490, -19256
点 5	6451, -2337, -20277	点 6	6342, -1048, -16699
点 7	6451, -1248, -20277		

创建如图 12-63 所示曲线。

02 创建旋转体。执行菜单中的“插入”→“设计特征”→“旋转”命令，或者单击“主页”功能区“特征”组中的“旋转”图标，弹出“旋转”对话框，如图 12-64 所示。选择图 12-63 所示艺术样条为截面曲线，选择直线为旋转轴，并在“开始”的“角度”和“结束”的“角度”文本框中分别输入 0 和 360，单击“确定”按钮，完成回转操作，生成模型如图 12-65 所示。

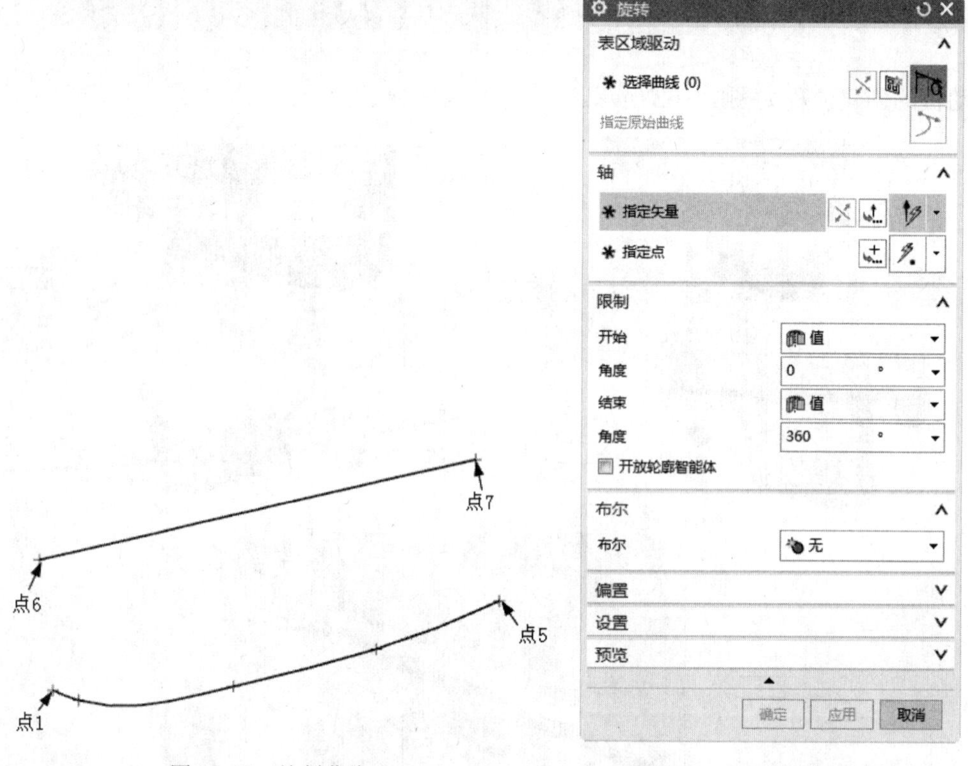

图 12-63　绘制曲线　　　图 12-64　“旋转”对话框

03 创建凸台。执行菜单中的“插入”→“设计特征”→“凸起”命令，或者单击“主页”功能区“特征”组中的“凸起”图标，弹出 “凸起”对话框，如图 12-66 所示，单击“绘制截面”按钮，以上步创建的旋转体后端面为草图绘制平面，绘制以旋转体后端面圆心为圆心，直径为 1720 的圆。单击“完成”按钮，返回“凸起”对话框。“表区域驱动”选项组中的“旋转曲线”选择刚创建的草图，“要凸起的面”选项组中的“旋转面”选择旋转体的后端面，在“指定方向”下拉列表框中选择“-ZC 轴”，在“几何体”下拉列表框中选择“凸起的面”，在“位置”下拉列表中选择“偏置”，在“距离”文本框中输入 2322，在“凸度”下拉列表框中选择“凸垫”，单击“确定”按钮，完成凸台的创建，如图 12-67 所示。

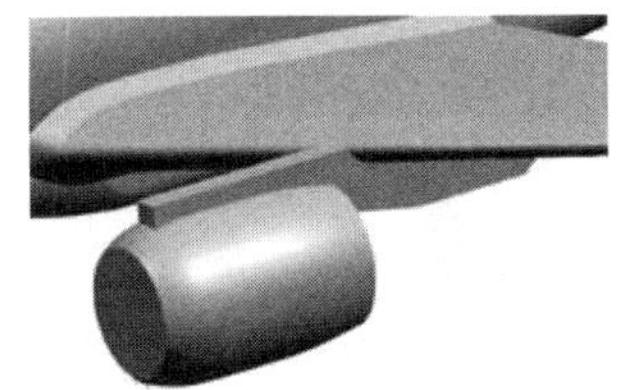

图 12-65　创建旋转体

图 12-66　“凸起”对话框

图 12-67　创建凸台

UG NX 12.0

04 拔模操作。执行菜单中的“插入”→“细节特征”→“拔模”命令，或者单击“主页”功能区“特征”组中的“拔模”图标，弹出“拔模”对话框，如图 12-68 所示。在“指定矢量”下拉列表框中选择“ZC 轴”为拔模矢量方向，选择旋转体的底面为固定面，选择凸台的圆柱面为要拔模的面，设置拔模的“角度”为 12，单击“确定”按钮，完成拔模操作，如图 12-69 所示。

图 12-68　“拔模”对话框

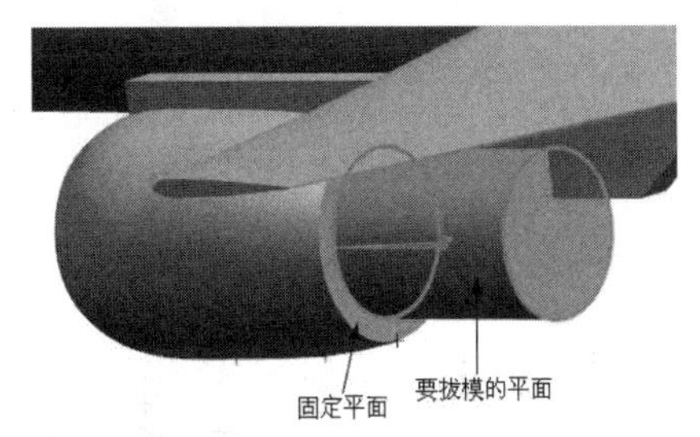

图 12-69　拔模示意

05 边倒圆。执行菜单中的“插入”→“细节特征”→“边倒圆”命令，或者单击“主页”功能区“特征”组中的“边倒圆”图标，弹出“边倒圆”对话框。对图 12-70 所示各边进行边倒圆，边倒圆“半径 1”为 500。

06 镜像特征。执行菜单中的“插入”→“关联复制”→“镜像特征”命令，或者单击“主页”功能区“特征”组“更多”中的“镜像特征”图标，弹出“镜像特征”对话框。选择长方体特征、旋转体特征和凸起特征为要镜像的特征。单击“平面”按钮，弹出“平面”对话框，选择“YC-ZC”，连续单击“确定”按钮，完成镜像特征操作，并在镜像的特征中完成边倒圆操作，最后生成如图 12-71 所示模型。

07 渲染处理。按住鼠标右键并保持一会，在工作区中弹出如图 12-72 所示的快捷菜单。单击“艺术外观”按钮，单击屏幕左侧的“系统艺术外观材料”图标，弹出如图 12-73 所示的“系统艺术外观材料”列表框。

单击其中的“金属”文件夹，弹出如图 12-74 所示各种金属材料材质。单击“Aluminum”，并拖至飞机机身处，完成机身色彩的渲染。

图 12-70 边倒圆

图 12-71 镜像特征和边倒圆

图 12-72 快捷菜单

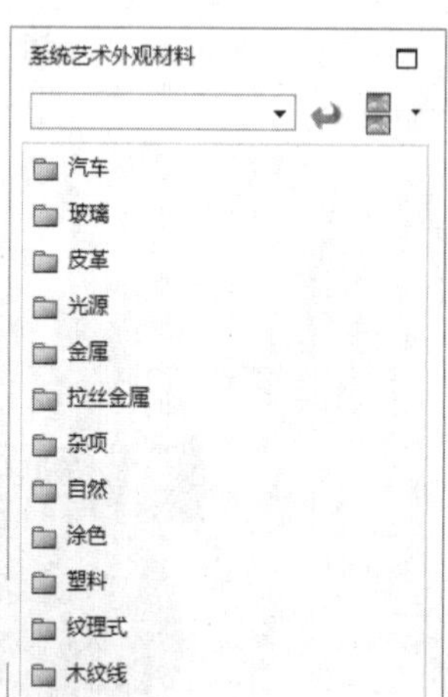

图 12-73 “系统艺术外观材料”列表框

图 12-74 各种金属材料材质

单击“Stainless Steel”，并拖至两个发动机处，完成发动机的色彩渲染，创建如图

12-75 所示飞机模型。

图 12-75　飞机模型